# 建 筑 原 理
## ——空间叙事的方法

谢 璞 编著

上海大学出版社
·上海·

图书在版编目（CIP）数据

建筑原理：空间叙事的方法 / 谢璞编著 . -- 上海：上海大学出版社, 2025.8. -- ISBN 978-7-5671-2859-0

Ⅰ . TU-8

中国国家版本馆 CIP 数据核字第 20253UY226 号

责任编辑　严　妙　邹亚楠
封面设计　缪炎栩
技术编辑　金　鑫　钱宇坤

**建筑原理——空间叙事的方法**

谢　璞　编著

上海大学出版社出版发行
（上海市上大路99号　邮政编码200444）
（https：//www.shupress.cn　发行热线021-66135112）
出版人　余　洋

\*

南京展望文化发展有限公司排版
上海华业装潢印刷厂有限公司印刷　各地新华书店经销
开本787 mm×1092 mm　1/16　印张31　字数678千
2025年8月第1版　2025年8月第1次印刷
ISBN 978-7-5671-2859-0/TU·30　定价　98.00元

版权所有　侵权必究
如发现本书有印装质量问题请与印刷厂质量科联系
联系电话：021-56475919

# 前言

《建筑原理——空间叙事的方法》的出版，适逢国家"双一流"专业教材建设契机。本书是一本适应新文科和产教融合，面向科技前沿和经济主战场，呈现新面貌和经济转型期的时代特征、发展趋势，以建筑原理为主线的专业基础教材。"建筑原理"在智能化高速发展的社会环境下面临新阶段与新需求、新趋势与新挑战、新思路与新理念三大方面的变化，这些，进行学科多维融合的专业教材建设势在必行。应对学科发展变化和社会需求变化的策略与路径做出相应的策略性调整。

设计不仅关乎社会发展方式，更是一种生产力和创造力。受国际政治环境、经济环境及数字信息、人工智能等新兴科技的迭代发展影响，建筑设计正处在一个社会转型与生态环境急剧变革的时代。建筑原理定义的内涵与外延及其在建筑、空间、环境、文化、主体、功能、行为、心理、活动、目标等空间载体的巨变与重构，在物质、行为、精神层面，都处在一个百年未有之大变局历史进程中的重要节点上。建筑设计的焦点从原来的安全、经济、美观扩展到策划、更新、社区与用户参与、综合评价、服务过程及对建筑整个生命周期构成的全系统、全产业链的系统性思考。面向新时代、新环境、新形势，如果不分国情、直接使用翻译教材，依旧采用直接照搬、照本宣科、简单植入、随意组合、粗暴嫁接等方式、方法进行教学，则会产生与新时代、新质生产力的发展无法匹配等诸多问题，其长期负面影响难以从本源上解决。面对新形势下的教育改革、跨学科融合的人才培养与社会需求，本书内容不但融会建筑与策划、空间叙事、基地与建筑室内外环境、绿色生态与片区管理等固化的界面，还贯通观察、分析、理解建筑局部与整体设计及空间环境多样性语境的表达方法，恰好是时代对跨学科专业人才培养需求转换的核心驱动力。

本书针对艺术设计和跨学科方向人才培养目标的特点，重点突出、延续了路易斯·I.康提出的"结合艺术学院特色风格"的建筑原理与基础知识的建构。在理解建筑策划、设计思维、空间叙事、设计内容、项目程序、材料与设备、建筑生命周期等知识的基础上，学员可以共同思考课程内容、相关社会问题、各自设定的项目设计课题，以及解决问题的方法和路径。本书探讨如下问题：通过设计思维模式与表述策略聚焦，如何创造一个从图像到图解意象、从多模态心理图像到叙事空间，颇具想象力、叙事体验感的建筑室内外空间环境的系统性及学科性的新界面？如何在教学改革与人才培养过程中，始终能保持建筑空间的趣味性、兼具创意性的设计策略、方法、路径？如何提升从概念类型、模式步骤、决策关系、评价判断，到建设主体、利益主体、主要功能、行为规范、评价体系和价值导向等纬度的"教与学"的持续有效性？如何从物质、行为、精神三个层面，构建扎实、有力的系统性专业基础知识等关键性问题的应对策略与路径，对发展趋势做出积极、具体、有效的回应？

通过以课程目标为导向（OBE），每章增添了与"课题互动+问题答疑、分析思考与设计实践"环节紧密相关的单元练习，并有课堂成果演讲、评议环节。旨在体现以下三点目标内容：(1)能力导向。基于问题与设计项目制订课程问题导向和目标导向，学员重点把握问题导向与主要需求，通过AI检索获得阅读大量文献资料、最新资讯、开展现场调研、动手制作等的方法与实现路径，才能解决问题、完成项目。(2)目标导向。基于理论、实证、实践综合系统分析，多元模式交流，设定必要的项目条件，学员自由选择、自主设计完成开放的课题，培养学员的综合思维、自我驱动、实践创新、沟通交流与团队协作能力的提升。(3)需求导向。挑战与追求项目的功能与指标极限，鼓励主动寻找、有效应用与设计"主题理念"相关的资料。项目的结果是开放的，涉及问题答案基于多元要素、多视角、多层次、非唯一性。课题围绕针对性、有效性、性能指标的设定可以不断追求提升，为最终设计系统目标成果服务。

本书可一本多用，由上下篇两个部分构成，上篇聚焦理论原理，下篇注重设计实践。理论与实践相互关照、互为印证，从不同层面构建理论、实践的内在联系逻辑，强调理论技术化，从根本上解决顾此失彼的问题。所涉及的主要知识结构内容，适用于设计学、建筑学、艺术学理论等学科，适合环境设计、建筑学、公共艺术、艺术与科技、影视舞台美术等相关专业的学员和兴趣爱好者以及社会相关群体学习。

本书内容构成在专注建筑设计专业化的同时，兼顾其他领域的发展。为丰富学员的想象力和创意思维，提升设计师的综合素养，课程内容设定了必要的理论溯源与原理解读、思考。设计师的创造力来自丰富的知识积累，在夯实建筑基础知识的同时，增加了建筑策划与空间叙事、低碳生态发展实践、建筑评价、建筑生命周期与建筑再生等内容，以及近些年国内外新建建筑的典型案例。

笔者曾在甘肃省博物馆从事展览策划、展陈设计与布展实施、藏品管理工作8年；随后赴日本和南加州建筑大学学习建筑学，相继取得建筑学硕士与艺术学博士学位；在日本一级建筑事务所工作；后在上海大学从事建筑与环境设计教学工作近20年。其间承担了沈阳盛京医院沈北院区建筑规划设计、江苏靖江市骥江路步行街设计、常州宝林寺规划与建筑设计、重庆大佛寺文化园区修建性详细规划设计、扬州泰山殿历史文化遗存街区规划与建筑设计、新疆克拉玛依市科技展览馆展示设计、克拉玛依市天盾城规划与建筑设计、安徽省巢湖市尖山湖农业生态园修建性详规设计、国家电网上海经济研究院双创中心室内设计、苏州设计周文化新经济展示中心设计、甘肃奇正藏药集团总部室内办公设计、奇正藏药集团中央工厂综合楼室内设计等20多项中标实施项目。

笔者结合自身经历、设计实践和自身的学科背景，在本书编写过程中融合多学科知识与人文思想，结合课程设计与教学实践，借鉴吸收国内外建筑原理的相关文献、书籍的优质资源，使之与中国传统智慧和地域特色设计优势互补，融合通用人工智能，直面提升新质生产力的新时代需求。

基于历史发展进程中的"西风东渐"与江南地区地域性特色，海派建筑设计实践与城市化理论历史的发展轨迹受到关注。早在民国时期，政府便在上海设立了官办设计机构，提出"发扬光大民国固有文化"，中国的建筑师们学贯中西，逐步挑起本土设计师的大梁，在上海创办了一批设计机构。从业者被动或主动地开始学习新技术和新结构，兴办设计教育，组织建筑研究会。例如，上海圣约翰大学、杭州之江大学的建筑设计教育以及上海美专与杭州艺专图案设计课程的设立，开启了海派设计原理课程探讨的先河。

在中西、新旧文化交融的转型之际，上海的社会人文和各阶层生活方式的转变对建筑功能、形态、布局、配套设施、空间表达方式、方法、技术路线、实现路径等产生了积极的影响。建筑演变与社会发展相互作用，在传承创新过程中形成了特定的建筑空间与设计文化生态，对于我们深刻理解中国建筑美学、现代海派设计原理与空间叙事表达，以寓情之意表现建筑内在精神，塑造城市和美丽乡村的建筑形制，探索中国智慧保护与利用，传承与提升新质生产力创新，仍具有重要价值与借鉴意义。

因此，本书所举案例突出长三角地区地域性相关案例的特点和创新发展新成果，侧重海派文化与建筑、室内外环境设计、打造城市活力空间、低碳生态发展实践的新趋势的内容部分。在编写过程中尽可能择其大要，甄选具有中国特色的、长三角地区的代表性案例和近年来在建筑学领域取得的新成果，便于师生作为重点讨论、研究的对象，集中时间与精力开展实地勘测、大数据信息对照调研，并对基地环境与建筑空间设计理念、发展历程进行深入理解和有效学习。本书通过对具体教学内容的多元整合、架构设计，以及实施路径的科学组织、全面联通与合理安排，以理论联系实际，以期达到显著提升学员在建筑空间与环境设计方面的想象力、认知力、理解力、思考力、职业感知力、产业前沿结合能力和社会责任感的培养目标。

本书力求寻找当代建筑原理的教育传播途径，指导学员学习理论原理，与设计实践互通互融，以期符合时代潮流和国家发展目标，达到可用性广、操作性强、传承中国传统设计智慧、实现人才培养的迫切目标，为构建、塑造中国特色海派建筑设计进行了系统性尝试与体系性思考。

同时，关注构建、塑造学员建筑基础知识的国际视野，挖掘区域特色优势与个性化塑造。基于上海的特殊地域特征和城市特性所产生的建筑表达，以海派文化影响下的海派建筑民族性特征视角，表现中国传统设计智慧、在地性、继承性、开放性、进步性和多元性的表现形式，帮助设计师把握未来时代潮流，积极探索创新与传承之间的平衡，体现新时代精神，从增强认知到积极践行转化的文化自信。意在努力构建新时代中国海派特色，思考建筑原理与空间环境设计教学的系统问题及未来发展前瞻问题。

此外，利用网络信息平台技术转化，基于线上、线下混合式教学模式，集教学内容、知识管理、课程学习、专题设计、授课、作业提交、综合评价于一体，提供随时随地学习与启发式、合作式、研讨式、参与式等互动研究的云端数字化教学环境，促进专业基础课教学课程与网络信息技术平台支撑模式的深度融合发展。

本书希望构建中国特色、海派风格的建筑设计原理体系，包括针对社会人士、员工培训等社会化教育、人才培养的新系统，旨在建立一套兼具理论性、实用性、可操控性、在地性强的教学、育人系统的理论与实践探讨体系。本教材作为适应新时代、全系统、全产业链、系统性需求的调整与尝试，初次以这种角度、视野和方式关注"建筑原理与设计实践"。由于可直接参照的专著书籍、文献资料有限，内容难免出现生涩、偏颇等问题，这需要不断进行教学体验交流，发现问题，总结经验，修改完善。

谢 璞

2024年10月于上海大学中国艺术产业研究院

# 作者简介

谢璞，留日建筑学学士、建筑学硕士、艺术学博士；上海大学上海美术学院副教授、硕士研究生导师；兼任上海大学中国艺术产业研究院研究员，创意设计中心主任等职。曾在海内外发表学术论文20余篇，博士学位论文被日本国会图书馆收藏。

研究领域聚焦四个方面：建筑与室内外环境艺术设计研究；工业遗产与艺术场域更新设计研究；疗愈空间环境设计研究；非物质文化遗产展示空间设计研究；曾获上海市教学成果一等奖；"文明美育·科普中国"双百工程优秀影视短片奖；上海市园林景观协会"金笔奖"；全国高等院校计算机基础教育研究会举办的第一届高校数字技能大赛优秀奖；参加爱丁堡艺穗节·上海文化周——上海青年创意设计展等。

主持完成中国医科大学附属圣京医院沈北院区建设规划国际竞标方案设计；江苏省靖江市骥江东路步行街设计；江苏省常州市宝林寺规划与建筑设计；重庆市大佛寺文化园区修建性详细规划设计；安徽省马鞍山市博龙生态旅游产业集聚区概念性规划；江苏省扬州市泰山殿历史文化遗存街区规划与建筑方案设计；新疆维吾尔自治区克拉玛依天盾城建筑方案设计；安徽省巢湖市尖山湖生态园区修建性详细规划；苏州设计周——姑苏文化新经济展中心展示设计；国家电网上海经济设计研究院有限公司双创基地室内设计；甘肃奇正藏药集团总部股份公司室内设计；上海市精神卫生中心儿少科室内设计与户外"疗愈花园"大型涂鸦墙设计；奇正集团中央工厂综合楼室内设计等落地项目。

# 目　录

## 理　论　篇

**第一章　建筑空间的叙事要素与美学**　　003
　第一节　建筑的概念　　004
　　一、什么是建筑　　004
　　二、建筑空间语言　　007
　　三、当现代建筑空间语言　　011
　第二节　建筑空间的叙事要素　　016
　　一、功能要素　　016
　　二、技术要素　　025
　　三、艺术要素　　037
　第三节　建筑美学　　039
　　一、中国传统建筑美学　　039
　　二、统一均衡与比例尺度　　047
　　三、韵律序列与性格风格　　054
　【单元练习】
　"主题设计"开题　　072
　　一、提出问题　　072
　　二、基地调研　　072
　　三、设计案例调研　　073

**第二章　建筑表达的类分与项目设计程序**　　074
　第一节　建筑表达　　075

　　　　一、东西方建筑叙事表达　　　　　　　　　　075
　　　　二、影响建筑表达的要因　　　　　　　　　　075
　　　　三、建筑构成体系与评价标准　　　　　　　　083
　　第二节　建筑学与建筑设计的内容范围　　　　　　089
　　　　一、建筑学　　　　　　　　　　　　　　　　089
　　　　二、建筑设计　　　　　　　　　　　　　　　089
　　　　三、设计的内容与范围　　　　　　　　　　　103
　　第三节　建筑类分项目程序与设计特性　　　　　　104
　　　　一、建筑的分类与分级　　　　　　　　　　　104
　　　　二、工程项目运作程序与工作职责　　　　　　110
　　　　三、建筑设计的特性与基本形态　　　　　　　112
　　【单元练习】
　　空间行为、审美经验提升与建筑作品调研　　　　　119
　　　　一、建筑与空间心理、行为分析　　　　　　　119
　　　　二、审美经验提升　　　　　　　　　　　　　119
　　　　三、建筑大师设计理念与作品调研　　　　　　120

## 第三章　建筑策划技术路线与空间叙事　　　　　　123
　　第一节　建筑策划原理　　　　　　　　　　　　　124
　　　　一、建筑策划的历史　　　　　　　　　　　　124
　　　　二、建筑策划的定义　　　　　　　　　　　　125
　　　　三、建筑策划的系统与结构　　　　　　　　　125
　　　　四、规划策划与建筑设计的关系　　　　　　　127
　　第二节　建筑策划的技术路线　　　　　　　　　　132
　　　　一、方法概念与类型　　　　　　　　　　　　132
　　　　二、方法模式与步骤　　　　　　　　　　　　133
　　　　三、决策体系与判断　　　　　　　　　　　　141
　　第三节　建筑策划与空间叙事　　　　　　　　　　144
　　　　一、建筑策划的操作体系　　　　　　　　　　144
　　　　二、空间策划的跨学科路线　　　　　　　　　147
　　　　三、建筑策划指导思想与语义学　　　　　　　150
　　【单元练习】
　　设计选题调研　　　　　　　　　　　　　　　　　151
　　　　一、艺术家调研　　　　　　　　　　　　　　151
　　　　二、归纳总结与选题图解　　　　　　　　　　152

## 第四章　建筑设计的思维模式与表述策略　　168
### 第一节　设计原则与思维模式构思　　169
　　一、设计基本原则　　169
　　二、构思思维模式　　170
　　三、约定事项构思　　181
### 第二节　建筑设计语言与方法　　186
　　一、形态的基本要素与特征　　187
　　二、几何形的构成与空间叙事　　197
### 第三节　建筑表述的策略　　208
　　一、解释性历史表述与定性研究　　208
　　二、相关性表述和实验性与准实验性表述　　215
　　三、模拟建模与逻辑论证　　221
　　四、案例研究与综合策略　　225
### 【单元练习】
主题设计要素调研　　228
　　一、基地要素　　228
　　二、主体要素　　231
　　三、互动＋答疑、问题思考与讨论　　235

## 第五章　建筑结构与造型　　236
### 第一节　建筑的荷载与变形移位　　237
　　一、建筑荷载　　237
　　二、变形移位　　239
### 第二节　结构选型与空间构造　　242
　　一、结构选型　　242
　　二、结构布置　　250
　　三、空间结构与构造　　251
### 第三节　建筑造型与形态设计　　266
　　一、建筑造型构思特征　　266
　　二、建筑形态设计　　266
　　三、立面设计　　272
### 【单元练习】
设计构思　　276
　　一、目的、目标、方案　　276
　　二、构思特征与模式　　277
　　三、地形利用与布局　　279

四、手绘空间图式语言　281

**第六章　空间功能组织与建筑类型设计实践**　287
　第一节　建筑叙事性功能组织　288
　　一、建筑叙事与场地的关系　288
　　二、空间功能组织与建筑平面　292
　　三、建筑结构与空间形式　293
　　四、叙事性空间布局　299
　第二节　竖向空间组织　301
　　一、建筑剖面与立面解析　301
　　二、建筑层数与各部分高度　303
　　三、剖面空间叙事形式　311
　第三节　立面设计与空间叙事表达　315
　　一、立面设计与形态演绎　315
　　二、立面设计与叙事表达　317
　第四节　建筑类型与当代创作实践　328
　　一、建筑类型　328
　　二、中国当代建筑创作的类型实践　333

【单元练习】
场地文脉、空间叙事功能组织与多元类型尝试　336
　　一、场地文脉解读　336
　　二、叙事功能组织与竖向空间表达　336
　　三、多元建筑类型尝试　337

**第七章　建筑的材料、设备**　338
　第一节　建筑施工材料　339
　　一、建筑材料与分类　339
　　二、材料与力学性质　341
　　三、防水材料　378
　　四、材料特征与设计思维　378
　第二节　建筑设备　381
　　一、采暖通风与空调　381
　　二、给水与排水　383

　　　　三、电力电气　　　　　　　　　　　　　　　　　385
　【单元练习】
　　案例调研与项目设计系统　　　　　　　　　　　　　387
　　　　一、案例、项目解读　　　　　　　　　　　　　387
　　　　二、复习思考　　　　　　　　　　　　　　　　387
　　　　三、系统设计训练　　　　　　　　　　　　　　387

第八章　建筑模型　　　　　　　　　　　　　　　　　　389
　第一节　建筑模型的种类与空间元素　　　　　　　　　390
　　　　一、建筑模型定义与意义　　　　　　　　　　　391
　　　　二、建筑模型的历史演变及应用　　　　　　　　393
　　　　三、建筑模型的材质分类与制作流程　　　　　　400
　　　　四、建筑模型的空间元素　　　　　　　　　　　401
　　　　五、设计模型的表达形式　　　　　　　　　　　401
　第二节　建筑模型材料　　　　　　　　　　　　　　　410
　　　　一、建筑模型的主料　　　　　　　　　　　　　411
　　　　二、建筑模型的辅料　　　　　　　　　　　　　416
　　　　三、常用的环境模型材料　　　　　　　　　　　418
　　　　四、模型工具　　　　　　　　　　　　　　　　419
　第三节　建筑模型制作的程序方法与趋势　　　　　　　420
　　　　一、建筑模型制作程序与方法　　　　　　　　　420
　　　　二、未来智能建筑模型与可持续发展　　　　　　430
　　　　三、创新高效与模型进化　　　　　　　　　　　431
　【单元练习】
　　模型表达与制作　　　　　　　　　　　　　　　　　432
　　　　一、模型表达与主要作用　　　　　　　　　　　432
　　　　二、设计流程与制作步骤　　　　　　　　　　　433
　　　　三、设计成果分析归纳总结　　　　　　　　　　434

第九章　经济技术与建筑更新　　　　　　　　　　　　　435
　第一节　建筑经济技术与节能　　　　　　　　　　　　436
　　　　一、主要技术经济指标　　　　　　　　　　　　436
　　　　二、绿色建筑　　　　　　　　　　　　　　　　439
　　　　三、建筑综合评价　　　　　　　　　　　　　　446
　第二节　保持建筑的生命力　　　　　　　　　　　　　451
　　　　一、建筑安全与维护　　　　　　　　　　　　　452

二、建筑综合征与日常维护　　455
　　三、动态变化与翻新扩建　　456
第三节　建筑再生与微更新　　459
　　一、建筑再生类型与流程　　459
　　二、建筑诊断　　468
　　三、微更新　　471
　　四、建筑更新的设计策略　　473
【单元练习】
经济技术指标与建筑更新及设计成果发表和评议　　475
　　一、主要经济技术指标　　475
　　二、建筑更新　　475
　　三、设计成果发表和评议　　476

**参考文献**　　477

理论篇

# 第一章
# 建筑空间的叙事要素与美学

## 章前导言

本章内容涉及建筑的基本概念、定义、空间、叙事要素及建筑美学。建筑美学侧重对传统中国建筑美学的讲解,在此基础上展开对统一、均衡、比例、尺度、韵律、序列、空间性格与建筑美学构建与风格的学习。以分析各自熟悉的生活空间问题为导向,提出问题的同时对基地的历史与现状展开勘测调查,并进行相关类型优秀设计案例的解析与研究。

## 本章聚焦

在廓清什么是建筑、什么是建筑空间语汇的基础上,对中国优秀传统建筑进一步认识,分析建筑空间叙事的功能、技术、艺术三要素,聚焦探讨建筑与环境美学理论及其风格与内在逻辑联系。

## 学习目标

学习掌握建筑的含义与语汇,立足中华优秀建筑体系,理解建筑空间叙事的功能、技术、艺术等核心要素以及建筑美学理论发展脉络和关键因素,明确理解建构建筑与环境统一、均衡、比例、尺度、韵律、序列、空间性格与建筑风格的系统性专业知识与体系建构。

**知识点导图**

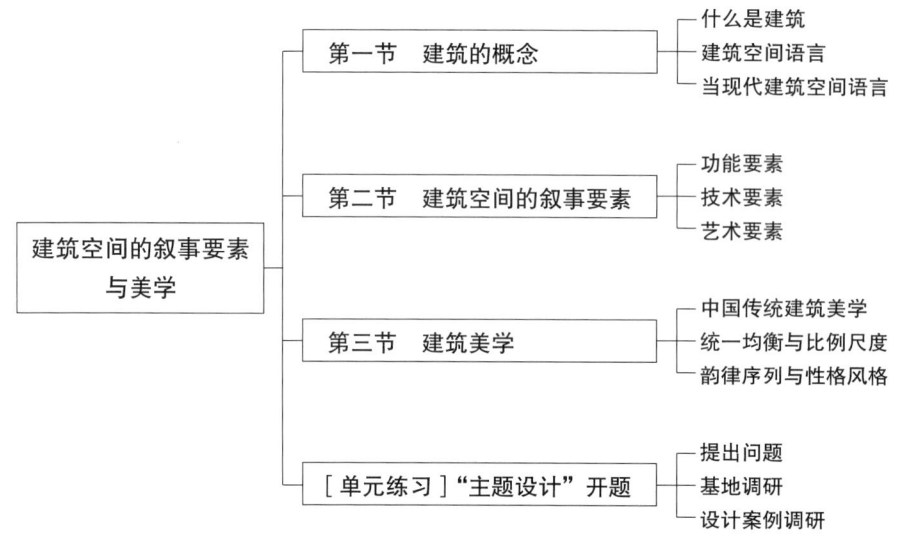

# 第一节　建筑的概念

## 一、什么是建筑

建筑就是人类文明下营造的空间。何为空间？最初对空间的认识是其内部不存在任何东西，是物质界存在的基本条件；随着时间的流逝，空间具有向任何方向扩展的可能；这种无限的扩展可以用立体几何学来表示；物理学认为空间和时间是一体而不可能分割的，并以四维形式存在。

### （一）建筑的起源

建筑源于最初人类为保护自己不受各种敌人、野兽伤害和躲避恶劣天气而建立的简易起点的庇护所。早在原始社会，人们就用树枝、树干、石块构筑巢穴以躲避风雨、雷电、野兽和敌对者的侵袭，开始最早的原始建筑活动。从本质上来看，庇护性的空间并非人的发明，是人类与动物出于本能需要寻求的场所。晚上睡觉时，人类和动物往往会尽可能地避免阴冷、潮湿且低洼的河床或山谷，而选择在地势较高、远离野兽的地方睡卧，甚至尽量搭建构筑物在朝东的斜坡上，这样容易被早上的第一缕阳光唤醒。

人类以利用自然地形，提高庇护所的品质为目的选择建筑基址时，会考虑太阳朝向、常年风向、清洁水源，巧妙地利用适宜的地形。例如：在炎热的夏天种植乔木遮阳，在背风的地形后植栽灌木丛躲避冬季凛冽的寒风。

人工简单堆砌东西，通过墙体及其热容量，夏季可在墙体的北侧实现一片清凉的区域。冬季，墙体吸收白天太阳的热量，则在墙的南侧构建出温暖少风的区域，日落后将白天的储能释放出来，延长了庇护所温暖舒适的时间。人类在日益复杂的环境中采取干预手段，如在地面铺上石头或木板让地面干燥洁净，建造倾斜的屋顶避免积水或积雪；在门口生火通过墙壁反射热量取暖，并通过石墙吸收部分热量，入夜火熄灭时仍可延续室内的温度；冬季或夜里将火移入室内，使用动物皮毛或纤维织物封闭敞开的门窗，使室内变得温暖舒适（图1-1）。

**图1-1**[①]　**庇护所的演化**

我国早在新石器时代（约公元前10000—前3500年）就出现了穴居与巢居不同的原始建筑。"穴而处"的"穴居"和"构木为巢"的"巢居"是两种主要构筑方式。如黄土高原的窑洞源于穴居建筑，是土木混合结构建筑的主要渊源之一（图1-2）。

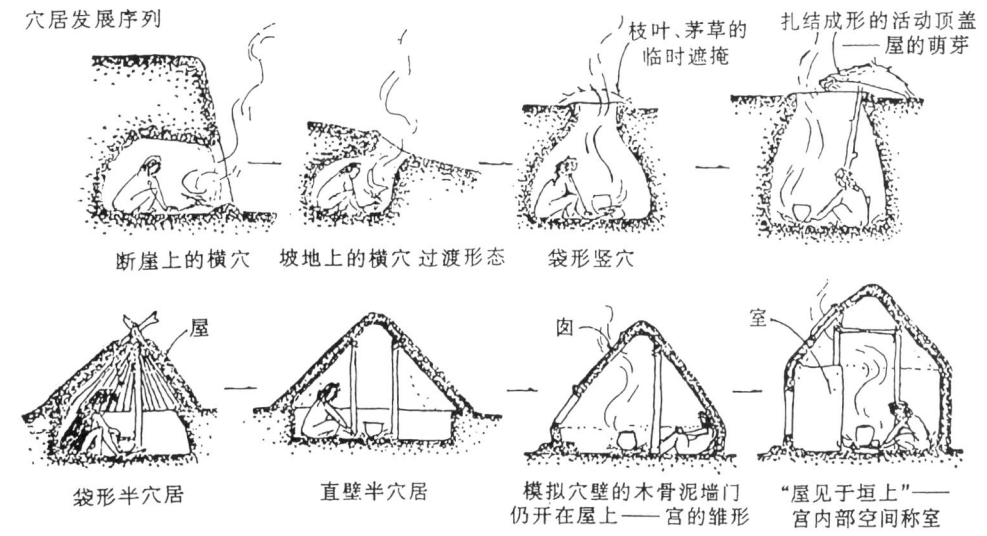

**图1-2**[②]　**原始"穴居"发展示意图**

---

① 爱德华·艾伦.建筑初步［M］.冯刚，汪江华，译.南京：江苏凤凰科学技术出版社，2020：33.
② 罗哲文，王振复.中国建筑文化大观［M］.北京：北京大学出版社，2001：151.

而沼泽地带的巢居建筑的发展是穿斗式木结构建筑的主要渊源。据《易经·系辞》记载"上古穴居而野处，后世圣人易之以宫室，上栋下宇，以待风雨，盖取诸大壮"。"栋"为梁木构架；"宇"为封闭而有规限的空间；"取诸大壮"意指构造坚固。春秋战国末年，《韩非子·五蠹》记载"上古之世，人民少而禽兽众，人民不胜禽兽虫蛇。有圣人作，构木为巢，以避群害，而民悦之，使王天下，号之曰有巢氏"。《礼记》记载："昔者先王未有宫室，冬则居营窟（洞），夏则居橧巢。"（图1-3）

图1-3[①]　橧巢发展过程示意图

## （二）建筑的含义

"建筑"的一般理解—房子或建筑物，可以说是建筑的第一层含义，作为名词指向"建筑学"专业的目的物—形态和空间。"建""筑"二字在字面意义上还有动词的用法，"建"包含了"创立、设置、树立、提出"的意义，"筑"包含了"捣土使坚实、造房子、建土木工事"等含义。这也指向了建筑专业上的第二层含义，即达到目的物的营造活动，这是一系列的动作以及与动作相对应的"思维活动"。与营造活动相配合，"建筑"一词还指向了营造过程中的一系列技术、工艺、规范制度，即实现目的物的手段和标准。如建造过程中的砌筑工艺、榫卯技术，建造过程控制的"营造法则"柱式、样式，国家和地方建筑标准规范，国家层面的"实用、经济、绿色、美观"建筑方针，还包括诸如注册建筑师制度、建筑学专业教学评估制度等。这是建筑的第三层含义，即指向了"建筑"可以理解评价的部分，也构成这一专业"学""术"两方面的内容。而"建筑"在可理性评价的部分之外，还有超出理性评价的地方。既有对工艺和技术、对建造过程的极致追求，也有对建筑物本身的欣赏，对永恒性、纪念性等主观感受的诉求，评级标准的模糊和多元，既依赖社会总体的感受，又源于个体的认知差异。这些超出理性评价的部分构成了"建筑"的第四层含义。建筑是艺术的观点，也可以说是这层意义的体现。

建造房屋是人类最早的生产活动之一，对从远古走来的人类而言，森林中的树木是

---

① 罗哲文，王振复.中国建筑文化大观［M］.北京：北京大学出版社，2001：150.

一种特别的空间结构存在，将树木竖起成为立柱或许是建筑营造的原点。建筑的目的总是不外乎获取一种人为的环境，供人们从事各种活动。

"建筑"一词是从"architecture"翻译过来的舶来语，是指"建筑学、体系结构、建筑设计、建筑风格与（总体、层次）结构，有别于house（房子）、building（建筑物），structure（构筑物）"。Architecture一词的词根词缀可拆解为archi-（首要的）、tect（建造）和-ure（名词后缀），其字面含义指向"主导建造的学科"。词根archi-与tect的结合，揭示了建筑学的双重属性——技术性（tect）和艺术性与权威性（archi-）。所以，"architecture"既有"学"的理性可以理性评价的技术内容（技术、结构、知识、理论、哲学等），又有"术"的非理性难以评价的美学内容（艺术、美学、价值观等），这些都离不开建筑的功能、技术与审美等基本要素。

## 二、建筑空间语言

### （一）建筑与空间语言

解读建筑，好比解读单词和句子，建筑空间形式取决于它被如何"读出"，以及它对于"读者"（体验者）形成哪种具体的印象，它对于建筑语言而言具有赋能作用，并承担其空间语言的意义与潜力。

建筑空间同时是世界的年鉴，当歌曲和传说已经缄默的时候，建筑依旧保持着叙事与表达的功效。建筑是一种文化符号，表达了社会、历史与文化的意义。"在中国古代汉语中，称作'营造'，或'营建''兴建'等等。'营造'包括规划、设计和施工的全工程。营者，规划设计；造者，建筑施工也。所以'营造'一词，尤其能概括中国人对建筑文化的认识、领悟与传统的观念，它是从物质到精神、精神到物质相互转化，建筑文化创造的整个历程。"[①]

早在19世纪之前，以维特鲁威（Marcus Vitruvius Pollio）[②]、阿尔伯蒂（L. B. Leon Battista Alberti）[③]、列奥纳多·达·芬奇（Leonardo da Vinci）[④]、帕拉第奥（Andrea Palladio）[⑤]和维尼奥拉（Giacomo Vignola）[⑥]等为代表建立了建筑原理与法则等理论，奠

---

① 罗哲文，王振复：中国建筑文化大观［M］.北京：北京大学出版社，2001：6.
② 维特鲁威生卒不详，公元前1世纪古罗马作家、建筑师和工程师。著有《建筑十书》，在建筑和历史上有重要地位。
③ 阿尔伯蒂（1404—1472），意大利文艺复兴时期的建筑师和建筑理论家。著有《建筑论》（阿尔伯蒂建筑十书），这是文艺复兴时期第一部完整的建筑理论著作，也是对当时流行的古典建筑的比例、柱式以及城市规划理论和经验的总结，推动了文艺复兴建筑的发展。
④ 列奥纳多·达·芬奇（1452—1519），文艺复兴时期画家、自然科学家、工程师，与米开朗琪罗、拉斐尔并称"文艺复兴后三杰"。
⑤ 安德烈亚·帕拉第奥（1508—1580），著名建筑师，曾对古罗马建筑遗迹进行测绘和研究，著有《建筑四书》（1570年版）。设计作品以邸宅和别墅为主，最著名的为位于维琴察的圆厅别墅（1550—1551年），其平面完全对称，四面各有六柱的柱廊，中央圆厅有穹隆顶。此外还有威尼斯的圣马焦雷教堂等，其建筑设计和著作的影响在18世纪时达到顶峰，"帕拉第奥主义"当时传遍世界各地。
⑥ 贾科莫·维尼奥拉（1507—1573），文艺复兴时期著名的建筑师与建筑理论家。他曾在波洛尼亚学习绘画与建筑，著有《五种柱式规范》（1562年版）代表文艺复兴晚期以及后来古典复兴、折中主义建筑的法国古典式。晚年对法国文艺复兴建筑也产生了很大的影响。维尼奥拉不仅擅长建筑设计，（转下页）

定了西方世界古典建筑的语言学基础。

建筑史学家彼得·柯林斯（Peter Collins）在《现代建筑设计思想的演变》中的论述将建筑比拟作语言，比用机械或生物比拟更为贴切，并指出从18世纪开始，法国的一些学者曾将建筑与语言相比拟。

"线脚以及其他组成一座房屋的部件对于建筑，如单词对于语言一样。"[①]（柯林斯语）

古典建筑理论家盖特梅尔·昆西（Quatremère de Quincy）主张建筑的创造必须与语言的存在相比，它们不能归因于个人，二者都是人类的属性。

19世纪上半叶，许多学者在关于建筑的论述中明确地提出了"建筑语言""建筑字母"的命题。他们认为建筑空间风格之间的关联，类似文学中语言与语系有着类似的关联或共同的词根，像文学语言那样，建筑风格具有其独特的美以及特有的力量。并主张追溯建筑空间语言语系的起源。

艺术史学家约翰·萨莫森（John Summerson）[②]，在其《建筑的古典语言》一书中，将建筑作为一种语言进行考查，并指出自文艺复兴至现代的5个世纪期间，西方世界几乎使用的是共同的建筑空间语言。

有许多描述建筑的著名表述，如"牛顿解剖了宇宙，达·芬奇解剖了人体，而柯布西耶解剖了城市"（黑川纪章语）。"我理解的建筑是指让到目前为止未曾出现的事物在世界上出现"（矶崎新语）。建筑"这不仅仅是一扇窗户，更是看待世界的角度"（里伯斯金语）。

### （二）中国传统建筑空间语言

1. 中国传统建筑的分类（表1-1）

表1-1　中国传统建筑的分类

| 1. 宫廷府第建筑 | 2. 陵墓建筑 |
|---|---|
| 如皇宫、衙署、殿堂、宅第等。<br>宫殿是帝王居住和处理朝政的地方，是皇权的象征，为传统建筑之精华，具有规模宏大、装饰富丽堂皇、陈设豪华的特点。<br>中国古代宫殿建筑采取严格的中轴对称的布局方式，古代宫殿建筑物自身也被分为两部分，即"前朝后寝"："前朝"是帝王上朝治政、举行大典之处，"后寝"是皇帝与后妃们居住生活的所在。<br>代表性建筑：北京故宫、沈阳故宫等。 | 如石阙、石坊、崖墓、祭台以及帝王陵寝宫殿等。<br>陵墓建筑是中国古建筑中最宏伟、最庞大的建筑群之一。中国陵园的布局大都是四周筑墙，四面开门，四角建造角楼。陵前建有甬道，甬道两侧有门阙石人、石兽雕像，陵园内松柏苍翠、树木森森，给人肃穆、宁静之感。<br>在历史演变过程中，陵墓建筑逐步与绘画、书法、雕刻等诸艺术门派融为一体，成为反映多种艺术成就的综合体。<br>代表性建筑：唐十八陵、明十三陵等。 |

---

（接上页）也从事过许多园林创作，代表性作品有卡普拉罗拉的法尔尼斯府邸（1550年）、罗马教堂尤利乌斯三世别墅（1550—1555年）、巴尼亚亚的朗特别墅与水景园（1566年）等。

① 彼得·柯林斯.现代建筑思想的演变1750—1950［M］.英若聪，译.北京：中国建筑工业出版社，2003：169.

② 约翰·萨莫森，英科学院院士、英建筑史学家，曾任牛津和剑桥大学讲座教授，代表作有《建筑的古典语言》《英国建筑史1530—1830》《维多利亚女皇时期的伦敦建筑》《十八世纪的建筑》等。

（续　表）

| 3. 纪念性建筑 | 4. 设施性建筑 |
|---|---|
| 如市楼、钟楼、鼓楼、过街楼、牌坊、牌楼、影壁（照壁）等。<br>这些纪念性建筑一般具有庆祝性、表彰性、宣传性、祭祀性和装饰性、标志性。<br>代表性建筑：西安钟楼、鼓楼等。 | 主要包括城垣建筑的城墙、城楼、角楼、垛口等防御工事，军事防御设施的长城、烽火台和关隘，水陆交通设施的堤坝、闸口、桥梁、码头、驿站、道路等。<br>代表性建筑：长城、卢沟桥等。 |
| 5. 园囿建筑 | 6. 礼制建筑 |
| 如御园、宫囿、花园、别墅等。<br>园林建筑指经过人类加工创造的一处自然环境，在我国主要有江南园林、北方园林、岭南园林等分类。<br>代表性建筑：圆明园、承德避暑山庄、苏州园林等。 | 主要包括坛庙祭祀建筑和祠堂建筑，以及宗族家祠和家庙。"礼"集中地反映了封建社会中的天人关系、阶级和等级关系、人伦关系、行为准则等，能够体现宗法礼制的建筑就称为礼制建筑。<br>代表性建筑：天坛、月坛、日坛、太庙、孔庙、关帝庙、历代帝王庙、包公祠、武侯祠等。 |
| 7. 宗教建筑 | 8. 民居建筑 |
| 如汉式的佛寺、佛塔和石窟和道教的宫观庵庙等。<br>代表性建筑：四大石窟、佛光寺东大殿、独乐寺观音阁、应县木塔、布达拉宫等。 | 窑洞、茅屋、草庵、民宅、庭堂、院落等中国的民居往往因地制宜。山陵地区的民居依地形而建，江南水乡多临水而建，西北地区有窑洞式民居，福建地区有土楼式民居等等。其中，最具特点的民居有北京四合院、广东镬耳屋、西北黄土高原的窑洞、安徽的古民居、潮汕下山虎、福建和广东等地的土楼、内蒙古的蒙古包等。<br>代表性建筑：窑洞、四合院、徽派建筑、客家土楼、毡包等。 |

**2．中国古代建筑空间语汇**

中国古代建筑空间语言具有抽象性，语言语法构成中的词汇、句子、修辞手法可以概括为空间的隐喻和象征、引经据典、意境传达。中国古代建筑的词汇，根据建筑的结构性能与实际用途产生，部分词汇随着营造技艺发展功能性逐渐削弱，词汇属性趋向装饰性。因此，中国古代建筑词汇可以分为功能性词汇和装饰性词汇两大类。

（1）功能性空间词汇

屋顶是中国古代建筑极具特色的符号，轻盈、奇巧、流畅的曲线造型具有排出积水、增加光照的优势。如《诗经·小雅·斯干》"如鸟斯革，如翚斯飞"，朱熹《诗集传》"其栋宇峻起，如鸟之警而革也，其檐阿华采而轩翔，如翚之飞而矫其翼也，盖其堂之美如此"等描述。

屋顶不仅是中国古代建筑不可或缺的重要空间词汇，而且是建筑形制规制分类的基本标准与等级象征。如庑殿顶、歇山顶等，雍容华贵，突显皇家庄严之"气"派，一般用于宫廷建筑；硬山式、悬山式、卷棚顶等，形态朴素简洁，适用于市井民用普通建筑；此外有攒尖顶等，适用于亭台楼阁。各式各样屋顶以单檐、重檐和素瓦、琉璃及用色象征等级与权力（图1-4）。

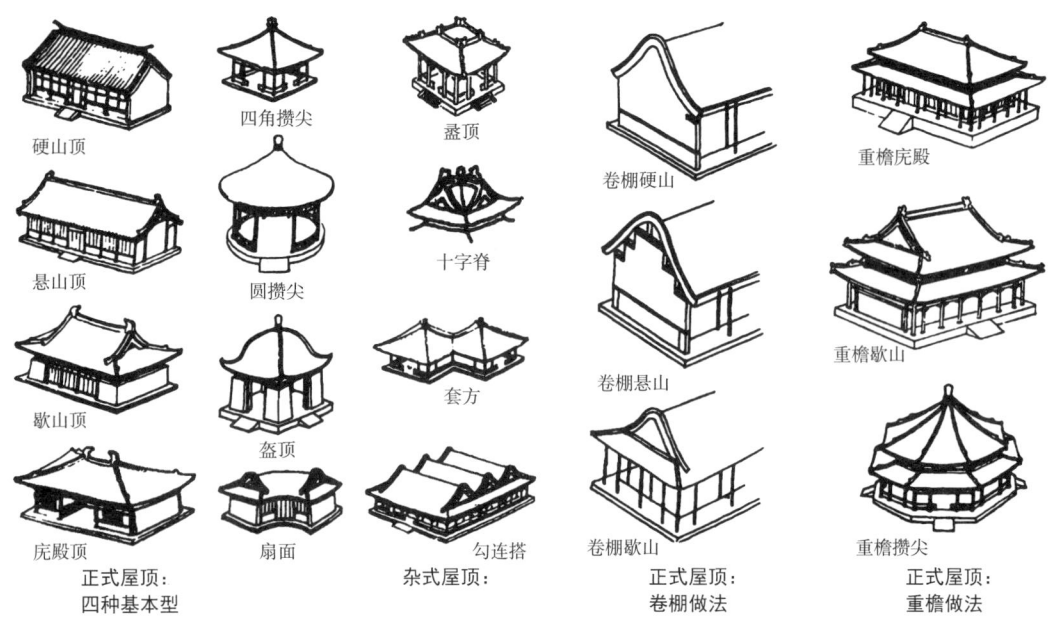

图1-4① 中国传统建筑屋顶样式

中国古代建筑空间语言中的句子表达方式大体可以概括为以下几点：

① 采用对称轴、网状平面布局的空间句式

中国古建筑的布局遵照传统社会的宗法礼乐之"道"，具有特色明显的空间叙事方式。以建筑围合成院落为一个空间构成单元"进"，可以前后、左右自由组合，通过轴线对称布局，使建筑群形成一个舒张自如的有机整体。

② 采用线性构图的二维立面句式

中国古代建筑的立面构图规矩，多用直线，同平面布局一样讲究轴线对称构图，这样的建筑空间更趋于扁平化、二维化、散点、非线性叙事，不同于西方的线性聚焦空间，更具有符号性。

③ 虚实结合，张弛有度，气韵生动

中国古代建营造单元与单元之间的衔接方式注重空间虚实结合，经营位置讲究留白与空灵，重视灵活转换及使空间产生丰富的节奏与韵律，以形写神体现独特的东方空间意境。

④ 注重空间单元组合与语境的关联

中国古代建筑的空间单元间的表达与语境有紧密联系，而不是孤立存在的，每个空间单元与前后左右形成移步异景、景随时换、空间传承、起降脉络的联系，尤为紧密。表现在"因天才，就地利"，注重建筑与自然环境的"天人合一"，比如际山枕水、依山而建等建造法则。

---

① 侯幼彬，李婉贞.中国古代建筑历史图说［M］.北京：中国建筑工业出版社，2007：184.

（2）装饰性词

中国古代建筑具有与文学完美融合的优良传统。例如极具风雅与建筑装饰性修辞的中国建筑特有的语汇"匾额、楹联"。其主要出现在建筑空间转换的出入口处。匾额和楹联本身是诗词歌赋与书法、文学、雕刻结合的表现形式，起到画龙点睛的作用，体现出建筑空间环境主人的情趣喜好与精神世界的追求，使建筑空间与室内外环境有了灵魂的注入。

原本在建筑空间结构中起到连接、过渡、支撑作用的功能构件如雀替、悬鱼等词语，在长期的建筑空间演变过程中，其原有功能逐渐被替代，但它们美观的造型演变成重要的审美因素，成为中国古建筑空间的重要标志性装饰修辞词汇之一。

传统建筑空间沿袭几千年的传统做法，庙宇、宫殿、园林、住宅等大都在梁枋构建表面绘制彩画装饰的建筑修辞句法；此外，在木作、瓦作、石作诸项完成后，进行地仗油漆工程，其后才是涂漆或绘制彩绘。彩绘是用油漆绘在梁、枋、斗拱、柱子等部位的花纹，表达的内容丰富多样，包括奇珍异兽、故事传说、花鸟鱼虫、自然风光等，具有装饰性与趣味性，根据等级和功能有所不同。彩画除有重要的防腐防蛀的作用外，还改变了木构架本身建筑语义的单调乏味，使建筑空间华丽精致，富有人文气息。

古代工匠运用各种建筑材料或空间环境的"隐喻""象征"等修辞手法，提高建筑空间语言表达效果，使之准确、鲜明、生动。结合空间组合单元、构成结构、功能布局展开更深层次的营造技艺与美学"趣"味的符号探讨，中国古建筑空间语言的修辞手法可以概括为隐喻和象征、意境传达与引经据典。

隐喻象征。传统吉祥纹样中的蝙蝠、寿、喜、福、禄等字形寓意美好生活形态，对其使用"象"的隐喻，不是直白生硬的陈述，而是将其形态由象形图案进行提炼、精简之"韵"，抽象成符号，应用到具体的隔扇、雀替、牌坊等各处，随类赋彩进而使之产生不言而喻的美感，这具有隐喻和象征的意义。

意境传达。意境的传达形式注重传神，关注主观对象本体"人"自身的心灵感悟之"道"，建筑空间气韵、风度的意境传达包括自然环境因素、人文环境因素的影响，融合建筑与环境空间中生活或体验者的感情世界和思想，不是简单的形式模仿所能够呈现出来的精神、气质内涵。

引经据典。中国传统建筑与环境空间语言的表达中常会引用修辞手法。一方面是延续经典，取其精髓，比如建筑空间功能性构建修辞与传统装饰符号的保留与发展；另一方面海纳百川，在顺应建筑基地与环境空间营造的客观条件下取舍概括、博采众长、传承创新。

### 三、当现代建筑空间语言

#### （一）当现代建筑空间语言

建筑理论家罗杰·斯克鲁登（Roger Scruton）在《建筑美学》一书中认为，"像语言学表达一样，建筑物也有其特殊的意象性。但是不是简单地把建筑艺术看作是一种'象征主义'或'表意'的形式。建筑艺术表现为一种句法，建筑的各个部分以一种有意义的方法组合起来，建筑的整体含义又将反映和依靠各部分组合的方式"[①]。

20世纪初的现代主义建筑运动，勒·柯布西耶（Le Corbusier）[②]和格罗皮乌斯（Walter Gropius）[③]，都试图创造一种建立在"功能、结构和知觉"作用法则下的、图像符号基础上的"通用"世界语言。勒·柯布西耶提倡超越文化的纯粹主义，不受历史、文化和地域的影响，他认为房屋是住的机器，建筑空间是一种思维，而非一门手艺。

意大利建筑语言学学者、有机建筑学派理论家布鲁诺·赛维（Bruno Zevi），从广义的视角理解建筑与语言的类比，他在《现代建筑语言》一书中总结了现代建筑语言的基本法则，提出了以下七条现代建筑空间语言的普遍原则：

（1）在所有原则中提纲挈领作用的按照空间功能进行设计的原则，是所有现代语言法则中的基本前提；

（2）非对称构图和不协调的审美观念；

（3）与表现主义和立体主义的发展同时产生的反古典的三维透视法；

（4）时空一体的四维分解法，对建筑物的观察是从动态的无数的位置进行的；

（5）在建筑中引进新的工程结构技术，如悬挑、薄壳和薄膜结构等，这是运用结构手法表现各个建筑单元的原理；

（6）时间与空间的连续，亦即流动空间；

（7）建筑、城市和自然景观的组合。[④]

以上七条现代建筑空间语言原则的构建，经历了一个多世纪的历程，塞维认为每个建筑师都必须沿着这条路线循序前行。现代建筑空间语言既是批判主义的评价的工具，又是检验建筑师在何种程度上成为现代建筑师的试金石。

美国建筑评论家查尔斯·詹克斯（Charles Jencks）在其《后现代主义语言》一书中认为，建筑空间语言就像叙事的语言文字一样，必须运用大家熟悉的空间意义的单元"词汇"。他阐述了许多建筑空间语言的基本问题，诸如"象征""隐喻""词汇""句法""单价的形式与内涵""多价的形式与内涵"等。

美国建筑师、建筑语言学理论家、建筑设计方法学创始人克里斯托弗·亚历山大（Christopher Alexander）在建筑空间语言学逻辑、理性的基础上，关注形式与关联领域之间的契合。亚历山大的空间"模式"语言是一种场所形态，是由模式的不同层次所组成的系统组合起来构成的空间模式语言。他在其《模式语言》一书中列举了不在同一层次上的三组（城镇、建筑物和建造）253种空间模式。

---

① 罗杰·斯克鲁登.建筑美学[M].刘先觉，译.北京：中国建筑工业出版社，1992：150-151.
② 勒·柯布西耶（1887—1965），20世纪最著名的建筑大师、城市规划家和作家，是现代建筑运动的激进分子和主将，是现代主义建筑的主要倡导者，机器美学的重要奠基人，被称为"现代建筑的旗手"，是功能主义建筑的泰斗，被称为"功能主义之父"。
③ 格罗皮乌斯（1883—1969），德国现代建筑师和建筑教育家，现代主义建筑学派的倡导人和奠基人之一，公立包豪斯（BAUHAUS）学校的创办人。
④ 郑时龄.建筑批评学[M].北京：中国建筑工业出版社，2016：251.

荷兰结构主义建筑师阿尔多·凡艾克（Aldo Van Eyck）认为城市与建筑的空间网络结构关系是整体与局部的关系，由此形成城市的意义，从而构成了结构主义建筑空间的语言规则。同为荷兰的结构主义建筑师、建筑教育家赫曼·赫茨伯格（Herman Hertzberger）认为每个句子因构成句子的词而产生意义，每个词又因为作为整体句子的一部分而产生意义。同时，每个好的空间设计都有一个统一独特的主题作背景，一种由词汇、材料和建筑手法构成建筑空间的统一性。

美国建筑师、建筑理论家罗伯特·文丘里（Robert Venturi），在以往建筑空间语言研究的基础上，在探究建立现代建筑思想与符号学理论方面对建筑界产生深远影响。他在其《后现代主义语言》（2004）一书中认为这个时代已不再是表现主义的时代，而是手法主义的时代，这个时代与其说建筑是空间，不如说建筑是空间符号，并提出了以下12点主张：

（1）建筑应当具有形象性的外表，而不是结构清晰的形式；
（2）建筑是显而易见的视觉传达，而不是艺术表现；
（3）建筑应当具有形象性，而不是抽象表现主义；
（4）建筑是电子技术，而不是电子游戏；
（5）建筑是数字的辉煌，而不是郁闷的闪光；
（6）建筑是信息和装饰的多样性变换，而不是抽象的纯粹；
（7）建筑是日常和普通的因袭，而不是原创的戏剧性；
（8）建筑是普通的地域性庇护所，而不是表现异域风情的雕塑；
（9）建筑是进化的实用主义，而不是革命性的意识形态；
（10）建筑是手法主义的多元媒体，而不是表现主义的纯粹；
（11）地域性商业化建筑作为符号，是充满活力和健康的符号，而不是平庸；
（12）有效的城市化，重视汽车交通也同样关注公共交通。[①]

这些体现了文丘里复杂性与矛盾性建筑空间的多元文化论、象征主义和形象论，以依托建筑符号的建筑空间语言构成基础。

### （二）建筑空间语言的结构

建筑空间语言是建筑符号的模式，基本上是一种构成语言，这种构成语言是实用性与符号学的结合。建筑空间的构成语言包括建筑空间与城市构成语言、空间体积构成语言、结构与施工工程技术构成语言、设备与建筑技术构成语言。

**1. 建筑空间与城市构成语言**

众所周知，城市空间环境形成建筑场所与环境。建筑空间的构成除内部功能、建筑技术与空间叙事的构成关系外，还包括建筑对城市以及城市对建筑的构成关系。

意大利建筑师、建筑理论家阿尔多·罗西（Aldo Rossi）的设计实践作品不仅与城市密切联系，建筑作品本身就是构成城市的微城市，他在《城市建筑学》一书中，对城

---

① 郑时龄.建筑批评学［M］.北京：中国建筑工业出版社，2016：253.

图1-5a① 罗西手稿

市本质、城市文脉涉及的建筑形式及其意义进行了开拓性的研究,成为城市和城市设计理论的一座里程碑(图1-5)。西班牙建筑师安东尼·高迪(Antonio Gaudi)的建筑作品中,植入了丰富城市代码,充满着巴塞罗那与加泰罗尼亚文化的各种隐喻与空间象征语言。

2. 空间体积构成语言

挪威建筑理论家克里斯蒂安·诺伯格·舒尔茨(Christian Norberg-Schulz)认为建筑空间是人所存在空间,即身体行为实用空间的具体化,直接定位的知觉空间;环境方面为人形成稳定形象的存在空间,是一种空间布局、空间顺序、空间交叠的构成关系。空间是一种表现手段,或模式化空间的排列与叠合。空间、结构、体量相互之间产生必然的联系。

图1-5b② 奎尔府邸剖面

图1-5c③ 巴特略公寓与龙的隐喻

---

① 郑时龄.建筑批评学[M].北京:中国建筑工业出版社,2016:460.
② 大卫·沃特金.西方建筑史[M].沈在红,译.北京:北京美术摄影出版社,2019:556.
③ 郑时龄.建筑批评学[M].北京:中国建筑工业出版社,2016:259.

他认为场所是存在空间的基本要素之一。场所对于包围它的外部而言，是作为内部来体验的。场所、领域、路线，既是定位的基本图式，又是存在空间的构成要素。存在空间一般包括几个场所。所有的场所都存在空间也具有方向性，场所通过路线体系而与各种方向发生关系。

诺伯格·舒尔茨认为，空间图式有各种类型，即使是同一个人，一般也有一个以上的图式，因此可以充分感觉各种状况。图式是由文化决定的，要求对空间环境感性地定位，这样做可以使得到的结果具有质的特性。实用空间把人统一在自然有机环境中；知觉空间对于人的同一性来说是必不可少的；存在空间把人类归属于整个社会文化；认识空间意味着人对空间进行思考；理论空间则是提供描述其他各种空间的工具。

美国建筑师路易斯·康（Louis Isadore Kahn）将建筑空间的结构语言划分为主体空间和服务空间，提倡对建筑语言，对本源、事物本质进行探索，用创造力的根源来替代客户的想法和先入为主的观念；重视主要矛盾的和谐性，以及明显的非相关因素的内在联系。其对于建筑本质的探索过程，是通过图纸语言表达出来的，图纸语言也能表达出场地的本质、人的本质以及整个设计过程的本质。其代表作宾夕法尼亚大学理查德医学研究楼（1957—1964）依据医学研究特定的空间功能需求，主体研究空间为三座塔楼，且围绕着一个设备中心，每座研究塔楼周边围绕着配套服务空间，如疏散楼梯、用于废气排放的小塔楼等。

3. 结构与施工工程技术构成语言

结构是一种建筑的本质表现，是建筑空间简洁叙述构成的基本要素语言。从雅典的帕特农神庙、古罗马的万神殿到巴黎圣母院教堂等，这些经典建筑都清晰地呈现出结构构成的空间语言。其之所以成为经典，离不开同样结构体系中，在建筑师的空间语言创造下，升华出的艺术般的品质。

4. 设备与建筑技术构成语言

设备和建筑技术是重要的建筑空间语言的表达手段。如意大利建筑师伦佐·皮亚诺（Renzo Piano）和英国建筑师理查德·罗杰斯（Richard Rodgers）设计的巴黎蓬皮杜艺术中心，两位建筑师突破了传统的设计手法，把结构、设备和管道全部暴露在建筑的外侧，使实用空间与设备内外翻转，并为不同的设备管道涂上各自鲜明的颜色以作区分，这体现出高技术派建筑空间设计语言已开始被公众所认知和接受（图1-6）。

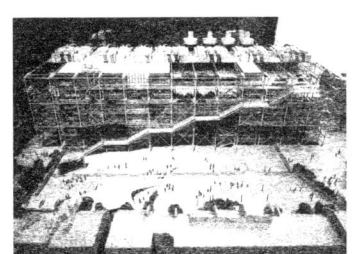

图1-6 巴黎蓬皮杜艺术中心模型（谢璞 绘）

## 第二节　建筑空间的叙事要素

### 一、功能要素

建筑功能要素。主要是指建筑的用途和使用要求，人们在营建空间时总是为了达到具体的目的，为人的各种物质活动和精神活动营造良好的环境，满足一个人一生中绝大部分时间都是在建筑和室内外环境营造的空间中度过的要求，这在建筑上称作功能。

#### （一）建筑空间的原形

据《礼记·礼运》记载"昔先王未有宫室，冬则居营窟（穴居），夏则居橧巢（巢居）"。《孟子·滕文公下》有"当尧之时，水逆行泛滥于中国，蛇龙居之，民无所定。下者（地势低矮潮湿）为巢，上者（地势高耸干燥）为营窟"。约公元前4000年前后的聚落遗址普遍证实，河姆渡文化巢居建筑、半坡文化穴居建筑分别是我国长江流域与黄河流域地区的新石器文化典型代表（表1-2）。

表1-2　河姆渡文化与半坡文化比较

| 文化类型 | 河姆渡文化 | 半坡文化 |
| --- | --- | --- |
| 年代与社会形态 | 距今约7 000年新石器时代的母系氏族公社 | 距今约6 000年新石器时代的母系氏族公社 |
| 定居地区 | 长江下游钱塘江流域浙江余姚河姆渡遗址 | 黄河中游渭河流域陕西西安浐河东岸半坡遗址 |
| 自然环境 | 亚热带季风气候，温暖湿润，遍布湖泊、沼泽，水系丰富 | 温带季风气候，夏季高温多雨、冬季寒冷干燥、河流较少 |
| 采集果实 | 橡子、菱角、酸枣、芡实 | 榛子、松子、朴树籽 |
| 生产方式 | 以种植水稻为主的水田原始农耕、渔猎、饲养猪、狗、水牛、鱼等 | 以粟为主的半旱作原始农耕、纺织、渔猎、饲养猪、狗、羊、鸡等 |
| 工具、陶器 | 耒耜磨制石器、骨器与烧制黑陶 | 纺轮磨制石器、骨木器与烧制彩陶 |
| 居住方式 | 巢居 | 穴居 |
| 建筑类型 | 干阑式木构建筑 | 土炕、半地穴式木构建筑 |

我国目前考古发掘出的最早的榫卯结构的建筑实物遗址位于浙江余姚的河姆渡村遗址的第四文化层，发现大量距今约7 000年的圆桩、方桩、板桩以及梁、柱、地板之类的木构件（图1-7）。

图1-7a① 河姆渡村遗址房屋构建　　　图1-7b 河姆渡遗址的干阑式建筑复原（谢焱 绘）

距今约6 900—5 800年的西安半坡遗址中，在聚落居住功能区的中心位置，"有一座规模相当大、面积为12.5 m×14 m、近于方形的房屋，可能是氏族的公共活动、氏族会议、节日庆祝、宗教活动的场所"②（图1-8）。

大地湾遗址（约前5500—前3000年）位于聚落中心的"F901"地块，建筑主体坐北朝南（面向西南偏约25度），平面功能、空间布局以梯形主室"堂"为中心，左右有侧室（旁）、后侧有后室残基。主室"堂"正面墙开三门，中门向南出门斗，面积竟达130 m²，

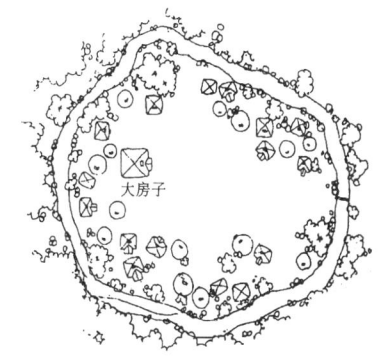

图1-8a③ 西安半坡聚落遗址

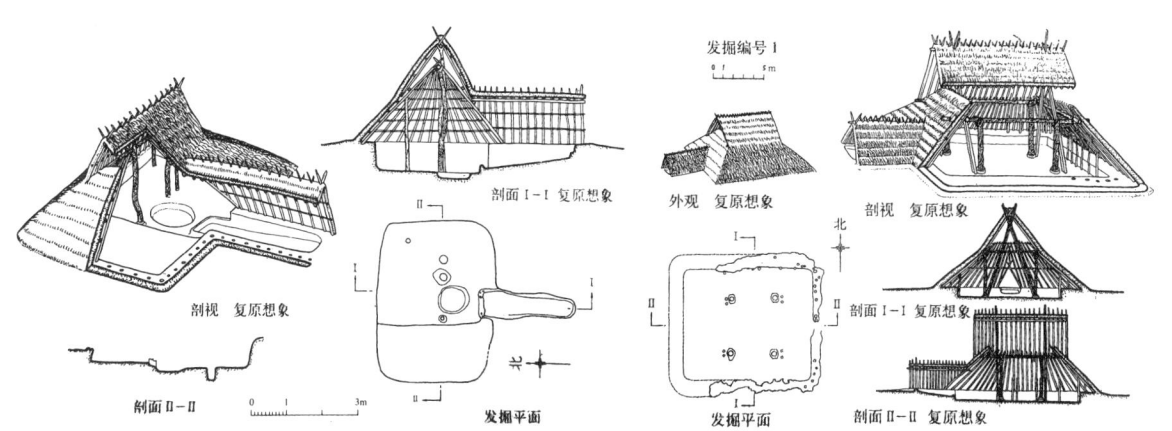

图1-8b④ 西安半坡遗址房屋复原

---

① 侯幼彬，李婉贞.中国古代建筑历史图说［M］.北京：中国建筑工业出版社，2007：2.
② 刘敦桢.中国古代建筑史［M］.北京：中国建筑工业出版社，2018：23.
③ 侯幼彬，李婉贞.中国古代建筑历史图说［M］.北京：中国建筑工业出版社，2007：4.
④ 刘敦桢.刘敦桢全集（第六卷）［M］.北京：中国建筑工业出版社，2007：11-12.

室内中心位置设直径2.6 m的火塘。主室（堂）中轴线前，建等宽三行六列柱"轩"，与堂共同构成，用于集会、议事、庆典的空间，后室作为首领住所，表明其以当时部落酋邦为中心的建筑功能。"前轩、中朝、后室"空间布局的呈现，表明初级宫殿式建筑雏形已形成，反映出文明曙光时期核心建筑的风貌（图1-9）。

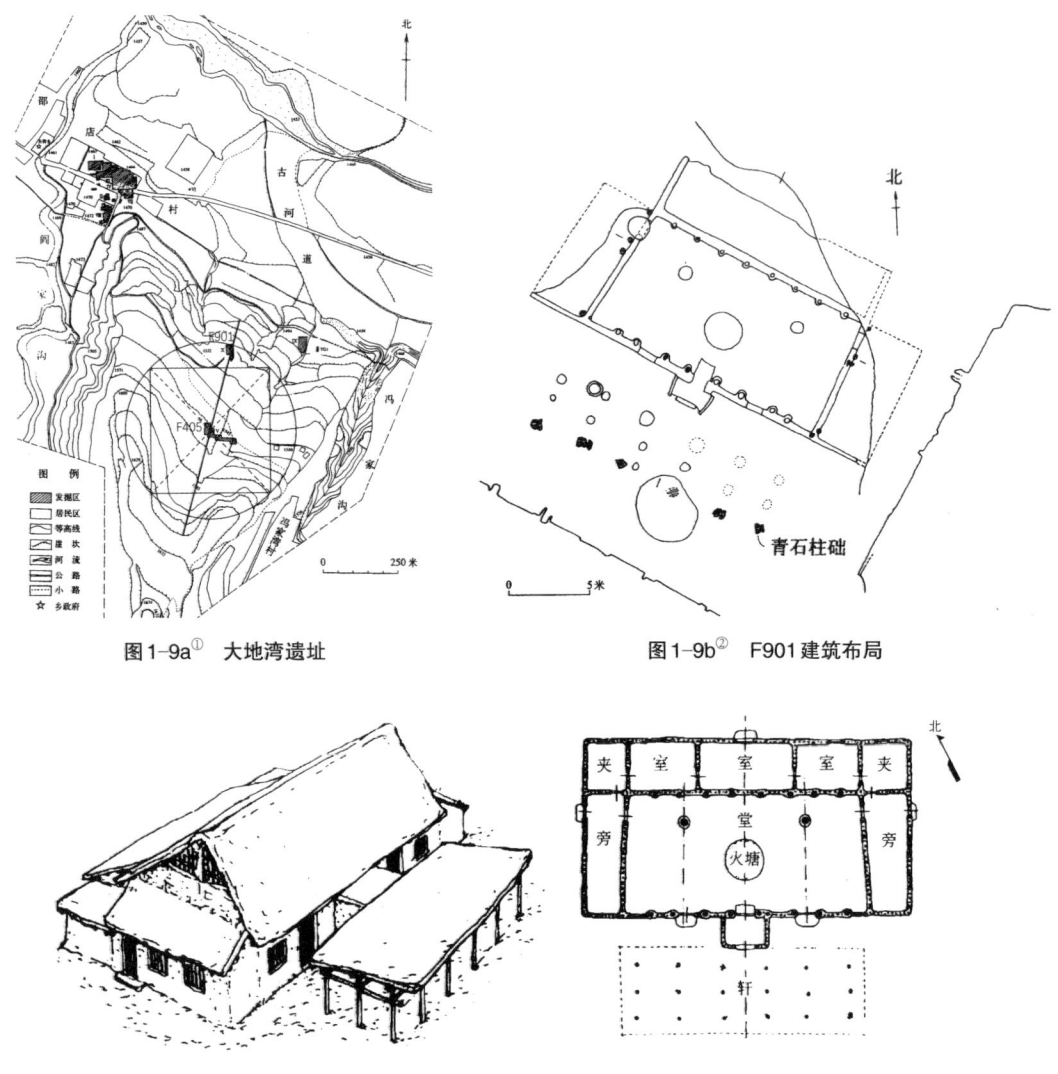

图1-9a[①]  大地湾遗址　　　　　　　　图1-9b[②]  F901建筑布局

图1-9c  大地湾遗址建筑复原图（杨鸿勋 复原）

仰韶文化氏族的聚落选址多位于便于原始农业生产、畜牧、渔猎的河流两岸台地或河流交汇处比较高亢平坦的自然用地。聚落功能一般由居住、制陶窑场和公共墓地三部

---

[①] 甘肃省文物考古研究所.秦安大地湾——新石器时代遗址发掘报告（上册）[M].北京：文物出版社，2006：3.
[②] 侯幼彬，李婉贞.中国古代建筑历史图说[M].北京：中国建筑工业出版社，2007：6.

分构成。而烧制日用陶器的窑场多集中在居住区外侧，陶器装饰色彩常用红彩、褐彩、黑彩和少数白衣，装饰纹样以几何形态为主。在艺术处理上，其已初步体现出多样统一、平衡对称、具秩序性的格局。

建筑与生活环境营造是中国文化一个典型的组成部分，它如悠久的中国文化一样，始终连续相继、没有中断、完整和统一地发展至今。陶瓦出现于距今约4 000年的新石器时代晚期。从新石器时代晚期到夏商时期，陶瓦主要作为上层社会的建筑材料，少量发现于大型建筑基址周围。

夏朝（约前2070年—前1600年）晚期的河南偃师二里头一号宫殿遗址，有可能是夏都斟鄩的一组宫殿。是已发掘的最早的大型殿址，堪称"华夏文明第一殿"。庭院功能构成突出门与堂的主要关系，形成廊屋环绕的廊院式平面布局，中国木构建筑体系的许多特点都可以在这里找到渊源。靠近背部的主体殿堂，东西宽30.4 m，南北深11 m，下部有宽大的夯土台基。殿堂内柱不存，四周柱洞排列整齐，组成面阔八间，进深三间的殿堂平面。根据《考工记》"夏后氏世室"记载，单体建筑的功能布局，已有可能存在"前堂后室"空间功能布局的系统划分（图1-10）。

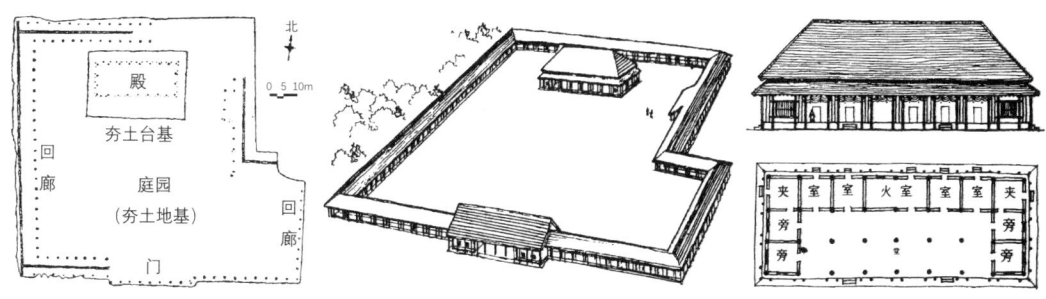

图1-10① 偃师二里头一号宫殿

商朝（前1600年—前1046年）出土了数以万计的占卜记事的甲骨文，后期青铜手工十分发达，至今遗留下成千上万的礼器、兵器、生活用器、工具、马车具等，这些铜器大都形制精美，花纹繁密厚重。

因房屋是具体的事物，在描述建筑、创建文字的时候，就将建筑营造的形态、内容和情况通过"缩略图式的文字"记载下来。房屋的营造活动远比文字产生得要早，随着文化的发展，文字出现了，我国的象形文字起源于"图画"，人们再将"图画"简略到无法再少的文字，进行叙事表述记录，逐步约定俗成为较早定下来的文字和字体。中国文字本身已写出了中国建筑发展史实的第一章，今天我们通过以龟壳或兽骨为物质介质镌刻的"甲骨文"可以看到代表房屋营造的一些典型字体，这是反映当时建筑的"平面、立面、剖面图"简约结构的建筑文字记述（表1-3）。

---

① 侯幼彬，李婉贞.中国古代建筑历史图说[M].北京：中国建筑工业出版社，2007：10.

表 1-3 甲骨文中的建筑"平、立、剖面图"

| 分类 | 甲骨文 | | | | | | | |
|---|---|---|---|---|---|---|---|---|
| 平面图 | 囿 | 席 | 井 | 行 | 牢 | 贮 | 埔 | 宫 |
| 立面图 | 房 | 高 | 亶 | 宫 | 囚 | 门 | 户 | 宿 |
| 剖面图 | 内 | 牢 | 室 | 寝 | 客 | 宅 | 宗 | 京 |

西周（前1046—前771年）代表性的建筑，如早期的陕西岐山凤雏村建筑遗址，是我国迄今为止发现最早的一座相当严整的二进式四合院建筑句法类型。这组建筑营造在一个东西宽32.5 m、南北长45.2 m、高1.3 m的夯土台之上，中轴线上依次为平（影壁）、门屋、前堂、穿廊、后室，两侧为南北通长的东庑、西庑，平面功能布局呈现出严谨的二进院组群空间格局，在中国建筑空间与环境营造史上具有里程碑性的意义（图1-11）。

图 1-11a[①] 西周岐山凤雏建筑平面鸟瞰图（傅熹年 复原）

---

① 侯幼彬，李婉贞.中国古代建筑历史图说［M］.北京：中国建筑工业出版社，2007：12.

图1-11b<sup>①</sup>　岐山凤雏建筑剖面图（傅熹年 复原）

公元前1世纪，古罗马建筑师维特鲁威在《建筑十书》中表明"实用、坚固、美观"为构成建筑的三大要素的表述，而这三要素又通过建筑功能、建筑技术和建筑艺术的叙事手段得以体现。维特鲁威在《建筑十书》中指出建筑产生的基本动机是人类想要躲避风雨的侵蚀，人类建造的第一座房屋源于自然构筑物的模仿，如树叶构成的棚子、燕子的巢、洞穴等。这些原型住所不仅标志了建筑本身的起源，还参考人体的比例尺度包容了比例与柱式的概念。

建筑的原点是砍伐森林里的树木，立起柱子形成实用空间。马克·安东尼·洛吉耶（Marc-Antoine Laugier）根据维特鲁威的描述绘制的场景画面中远处的木制棚屋，就是当时人们认为的"原始棚屋"（图1-12a、图1-12b），原始人根据树干和树枝的结构创

图1-12a<sup>②</sup>　最早的建筑　　　图1-12b<sup>③</sup>　棚屋建造

---

① 侯幼彬，李婉贞.中国古代建筑历史图说［M］.北京：中国建筑工业出版社，2007：12.
② 约瑟夫·里克沃特.亚当之家：建筑史中关于原始棚屋的思考［M］.李保，译.北京：中国建筑工业出版社，2006：45.
③ 约瑟夫·里克沃特.亚当之家：建筑史中关于原始棚屋的思考［M］.李保，译.北京：中国建筑工业出版社，2006：113.

造的房屋的结构,直到今天还经常出现在建筑教科书的开篇里。"原始棚屋"由四根粗壮的树木,在人的高度以上简单架构了横梁与椽子构成的"三角屋顶"结构空间,成为遮阳避雨的房屋雏形。那几棵直立的树,支撑了一个开敞的由原木和树枝组成的过梁和斜屋面的上部结构句法(图1-12c)。

公元前16世纪,在希腊半岛南端的伯罗奔尼撒半岛东北,迈锡尼奴隶制国家建立了。建于公元前1350—公元前1300年的迈锡尼城西北角的城门即狮子门,其高3.2 m,上横石梁(长5 m,高0.9 m),石梁上置正三角形山花巨石,巨石居中雕刻着方形柱头圆形立柱,两侧各一雄狮昂首抬起前爪立于祭台之上,形成双狮拱卫之状,是古典建筑"三角形山花门楣"形态的原型,对后来古希腊的建筑句法样式产生了深远的影响(图1-13)。

图1-12c① 原始棚屋

图1-13② 迈锡尼狮子门(前1250年)

无论是新石器时代的河姆渡、半坡、大地湾遗址、西方的原始棚屋,还是有主题意识构筑的迈锡尼的狮子门,东西方都从"三角屋面"留下的记忆为出发点,呈现出别有营造意味的建筑原型"三角坡"屋顶句型。

无论是云南、广西等少数民族聚集地区的干栏式民居,还是古都西安、五台山以及日本京都、奈良等地的建筑,总有一种唐韵遗风的怀旧感。这类建筑气势壮阔、气魄宏大、严整开朗、形体俊美,庄重而不呆板,华美而不纤巧,舒展而不张扬,古朴却富有活力,其原型都是由三角形的"坡屋顶"空间表达句式发展而来(图1-14)。

---

① 约瑟夫·里克沃特.亚当之家:建筑史中关于原始棚屋的思考[M].李保,译.北京:中国建筑工业出版社,2006:51.
② 沈福煦,李彦伯.建筑美学[M].北京:中国建筑工业出版社,2021:9.

图1-14a[①] 干栏式建筑傣族竹楼　　　　图1-14b[②] 桂北干栏式民居

随着社会生产和生活的发展，有不同功能要求的建筑类型将会产生，不同的建筑类型又有着不同的建筑特点与不同的使用要求。建筑功能往往会对建筑的结构材料、平面空间构成、空间尺度、建筑形象产生直接影响；另外，各类建筑的建筑功能随着社会的发展和物质文化水平的提高也会有更高的精细化分工要求。

需要指出的是，对现当代建筑理论的探讨，长期以来基本上是建立在西方的叙事语境基础之上的，要建立以"汉文化圈"为代表的新时代东方建筑空间叙事语境，就需要在中国营造学理论的基础上构建中国特色的现代化建筑理论体系。我们要有海纳百川的胸怀、开拓未来的传承与创新精神，肩负起承载在我们身上的历史使命和时代责任。

**（二）建筑的功能**

（1）为人类的新陈代谢提供最直接的必需品。

① 清新的空气。

② 供饮用、洗涤食物或冲刷废物的清洁水。

③ 某类建筑中的烹饪和就餐设施。

④ 废物（包括粪便、污水、剩饭、剩菜和生活垃圾）的清除和再利用。

（2）为人类的热舒适提供必要的条件。

① 控制平均辐射温度。

② 控制室内空气温度。

③ 控制人体可以直接碰触的室内表面的热力学特征。

④ 控制空气湿度和水蒸气的流动。

⑤ 控制空气流通。

（3）为非温度感官舒适度、效率和私密性提供必要的条件。

① 理想的视觉条件。

---

① 田学哲，郭逊.建筑初步［M］.北京：中国建筑工业出版社，2020：94.
② 田学哲，郭逊.建筑初步［M］.北京：中国建筑工业出版社，2020：94.

② 保证视觉私密性。
③ 理想的听觉条件。
④ 保证听觉私密性。

（4）控制各种生物的进出，从病毒到大象大小不等，也包括人类。

（5）以较集中的方式将电力分配到方便的地方，为各种光源、工具和装置提供电能。

（6）提供与外界联系和沟通的最新渠道，包括窗户、电话、信箱、电脑、电视、卫星天线等。

（7）通过地板、墙壁、楼梯、书架、工作台、凳子等有用的表面，为人们的生产和生活提供的便利条件，并确保安全、舒适。

（8）为建筑中的人、财产和设备提供稳定的结构支撑，并对外界的风、雪、地震等提供结构抗力。

（9）保护建筑自身的结构、表面、内部机械和电气系统，以及其他建筑设备，免受降雨或其他水分的浸湿。

（10）适应因地基沉降、热胀冷缩，以及建筑材料含水率变化引起的正常变形，而不损坏主体结构。

（11）为建筑中的人、财产和建筑自身提供合理的保护，免受火灾所造成的损害。

（12）建造建筑时造价不要太高，方便施工。

（13）以既经济又实用的方式运行、维持和改进。①

当今建筑与社会的生产方式、生活方式有非同一般的密切联系，社会的科学技术水平、文化艺术特征，反映着人类社会不同时代的生活物质水平和精神风貌（图1-15）。

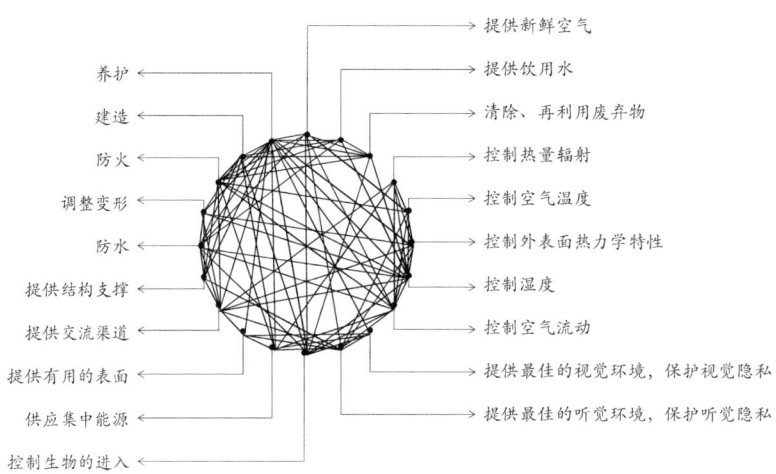

图1-15② 建筑功能的相互关联与运行

---

① 爱德华·艾伦.建筑初步（第三版）[M].冯刚，汪江华，译.南京：江苏凤凰科学技术出版社，2020：34-35.
② 爱德华·艾伦.建筑初步（第三版）[M].冯刚，汪江华，译.南京：江苏凤凰科学技术出版社，2020：39.

## 二、技术要素

### (一) 营造技术

建筑营造,需要人为的、科学的物质构成。因此,建筑首先是一定的技术与艺术的文化综合体,是人类构建的"生活空间生态系统"。西方传统观念长期将建筑归于艺术一类,现代主义建筑观中建筑是技术,是人类居住的机器(勒·柯布西耶)。

距今7 800年至4 800年的秦安大地湾遗址汇聚了新石器早、中、晚期的文化。在一期出土了最早农作物"稷",四期遗址F901地块出现了类似宫殿式的建筑,其主室"堂"柱子排列整齐、木构架结构与墙分割空间分工明确,堂轩用于聚会、庆典等仪式活动,后室、旁、夹用作住所,功能上已具有"前朝后寝"的雏形,不仅呈现出典型的"前堂后室"建筑布局,而且客观地反映了华夏文明曙光期西北地区的建筑风貌(图1-16)。

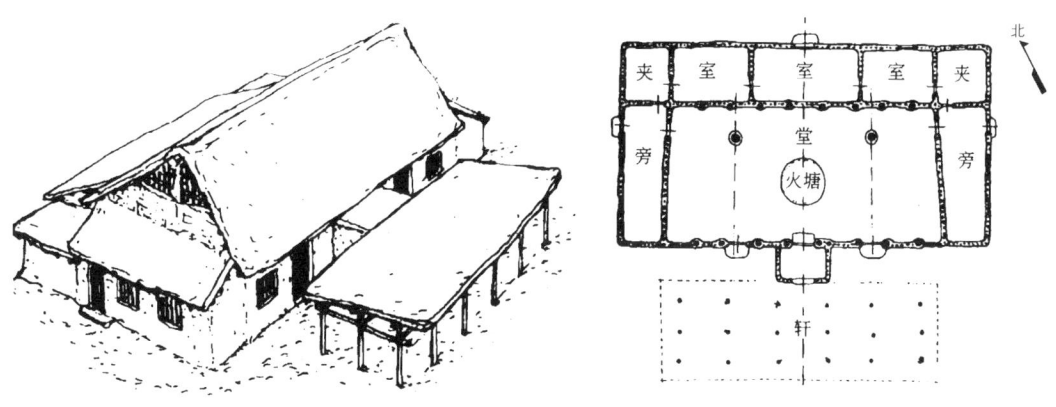

图1-16[①]　大地湾F901遗址平面(杨鸿勋 复原)

在料礓石烧制的原始水泥材料中掺拌三分之二的陶质骨料调成灰浆构成类似于现代的100号水泥的材料,其被誉为世界上最古老的"混凝土",用它对地面、墙体、灶台和木柱的表面进行涂抹,可呈现光洁坚硬的白灰面层,起到防潮、清洁和明亮的效果。

当时的艺术审美体现在陶器烧造技艺方面,在遗址出土的上千件人头形器口彩陶瓶中,塑有人像的彩陶瓶仅一件。"如果说这一陶瓶形象可能是母系氏族社会的崇拜标志,那么它瓶身图案的韵律节奏及对称均衡的形式美,不仅显示出人们物质生产发展到一定水平,而且也浓缩了大地湾先民的审美意识及其他丰富的社会历史内涵"[②](图1-17)。

---

① 侯幼彬,李婉贞.中国古代建筑史图说[M].北京:中国建筑工业出版社,2007:6.
② 贾建威.人头形器口彩陶瓶[J].文物天地,2015:23.

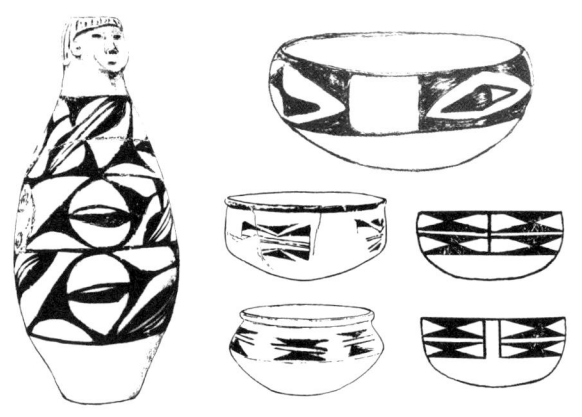
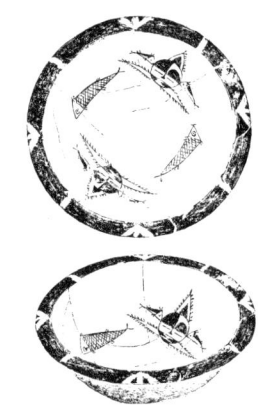

图1-17① 大地湾出土的彩陶　　　　图1-18② 人面鱼纹彩陶盆

西安半坡遗址的原始氏族人利用自然材料（土、木、石）等，按照生活活动的需要构筑而成建筑。"人"字形的坡屋顶既可以遮阳挡雨、抵御风寒，又不会倒塌，稳固结实；屋顶两侧敞开三角形既可以采光、通风和排烟，又可以防止雨水侵入；出入口设门，既可以防虫兽侵袭、御寒防敌，又可以方便人出入；房屋内地面中心位置建有略凹陷的火坑，用于烧烤食物和取暖。从新石器时代视角看，原始时代半坡遗址的建筑技术已经很了不起。当时的制陶工艺已经能熟练地控制窑温，并且彩绘艺术也达到了很高的水平。生产工艺有别刺纹、红陶黑彩、多鱼，代表性的有动物图案装饰形式变化序列完整的鱼纹彩陶盆修辞语汇（图1-18）。

在龙山文化（前2500年—前2000年）遗址中发现了土坯砖、石柱础、居室装饰图案。如河南安阳后岗遗址，房基用夯土筑成，墙体用土坯砖或木骨泥墙、室内地面和墙面用人工烧制的石灰抹面，柱在下垫石础；山西襄汾陶寺村遗址白灰墙上刻画的图案，是我国已知最古老的居室装饰。

在江西清江营盘里遗址出土的新石器时代晚期陶器上的装饰，为脊长檐短的梯形屋顶（图1-19）。这种屋顶除见于云南这个缙云出土的西汉中叶随葬铜器的装饰上和日本古代明器以外，现在还盛行于马来半岛及南洋群岛等处。

《史记·轩辕本纪》记载有黄帝"筑城邑"，《竹书纪年》记载有"夏桀作琼宫瑶台，殚百姓之财"的大规模营造工程技术。

商、周时期（前2070—前221年）是中国木架构建筑与环境营造体系的奠定期。夏、商继承原始住居的营造经验，把木构技术和夯土技术相结合，形成了"茅茨土阶"的构筑技术。如夏朝晚期的二里头宫殿，开创了中国宫殿建筑与环境营造的先河。中国木构架营造体系的许多特征，均已见其端倪。例如，西周的岐山凤雏、扶风召陈等多处宫殿将"茅茨"演进为"瓦屋"，形成了中国建筑与环境营造以土、木、瓦、石为基本

---

① 吴山.中国纹样全集（新石器时代和商·西周·春秋卷）[M].济南：山东美术出版社，2009：102，103，109.
② 吴山.中国纹样全集（新石器时代和商·西周·春秋卷）[M].济南：山东美术出版社，2009：96.

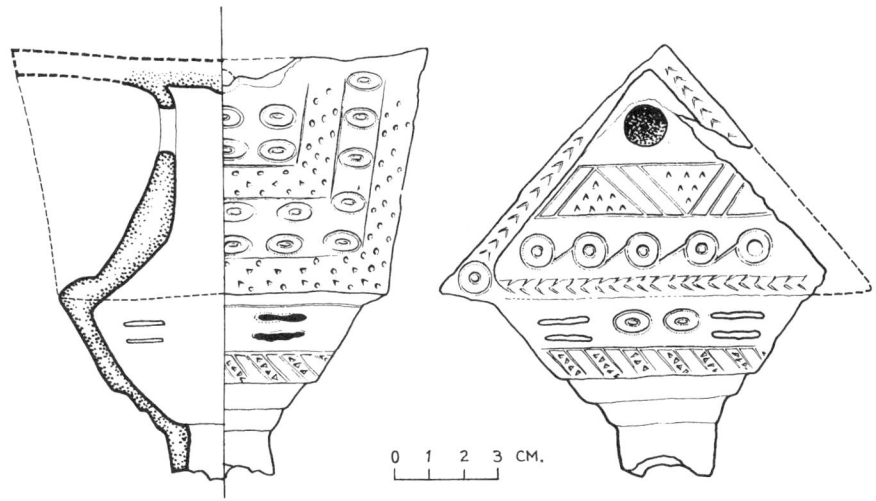

图1-19[①]　陶器上的建筑形象

综合材料的悠久传统，而非古希腊式的石材结构。

瓦是以泥土、水泥、砂、骨料及其他材料，按照一定的比例拌合，通过磨具压制成型、窑烧而成，具有阻水、泄水、隔热、保温作用，古朴庄重。陶瓦的使用是西周建筑上的突出成就，其分布范围和使用程度得到扩展。

西周凤雏遗址东至召陈一带的宫殿宗庙区出土的陶瓦、铺地方砖等建筑材料丰富、数量众多，夯土墙或土坯墙面用三合土（白灰+砂+黄泥）抹面，充分说明了建筑与环境营造技术从"茅茨土阶"简陋状态进入比较高级的阶段。在凤雏建筑的基址上发现带瓦钉或瓦环的绳纹陶板瓦和筒瓦，其以泥质灰陶为主，瓦面装饰粗绳纹（图1-20a）。

西周中晚期的召陈建筑遗址发现大量型号多样的板瓦、筒瓦和瓦当，其上出现了瓦钉、瓦舌、斜口，瓦面装饰除绳纹外，出现之字纹、波折纹、回字纹等；西周晚期的云塘、齐镇等地的建筑基址群发现大量陶板瓦和筒瓦堆积以及由筒瓦和板瓦扣合而成的墙下排水管道（图1-20b）。在商周中晚期的一些手工作坊区（如铸铜、制骨、制玉等遗址）发现少量陶瓦，反映了作坊等建筑同样存在用瓦的情况。

春秋时期（前770年—前476年），铁器耕牛的使用极大地提高了社会生产力的水平，促进了封建生产关系的出现，涌现出公输般（鲁班）这样的能工巧匠，推出以阶梯形土台为核心、逐层构筑的木构房屋，一种土木结合的台榭建筑与环境营造新方式，把以往简易营造大体量的建筑与环境的技术潜能发挥到极致。

《史记》称秦人在凤翔建造了雍太寝、雍高寝、雍受寝等著名宫寝。据现有资料显示，雍城内有三大宫殿区。如陕西凤翔秦国都城雍城宗庙遗址，其平面布局坐南朝北，由大门建筑和大小相近的三座殿屋组成四合院。居中主殿为太祖庙，前方左昭、右穆二

---

[①] 刘敦桢.中国古代建筑史［M］.北京：中国建筑工业出版社，2009：28.

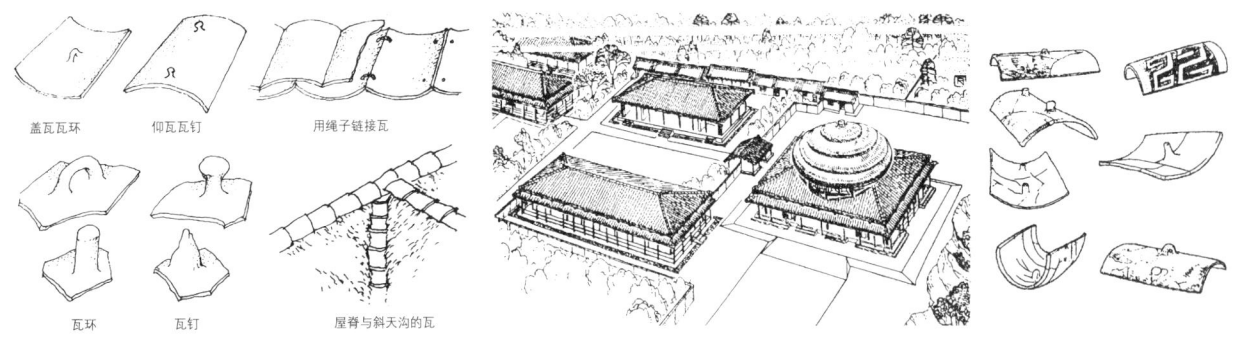

图1-20a① 凤雏遗址瓦件　　　　　　　图1-20b② 召陈遗址建筑复原与出土瓦件

庙,其室内均划分出前堂、后室与两夹。中间主位太祖庙由前堂、中室、东西夹和后堂(东、西、北堂)组成。太祖庙后方建一亭式建筑,整组建筑营造左右对称、布局严整,屋顶有精美的砖瓦纹饰,呈现出特有的材料特性和肌理之美,展示出春秋诸侯国宗庙建筑的典型空间格局组织与营造手法(图1-21)。

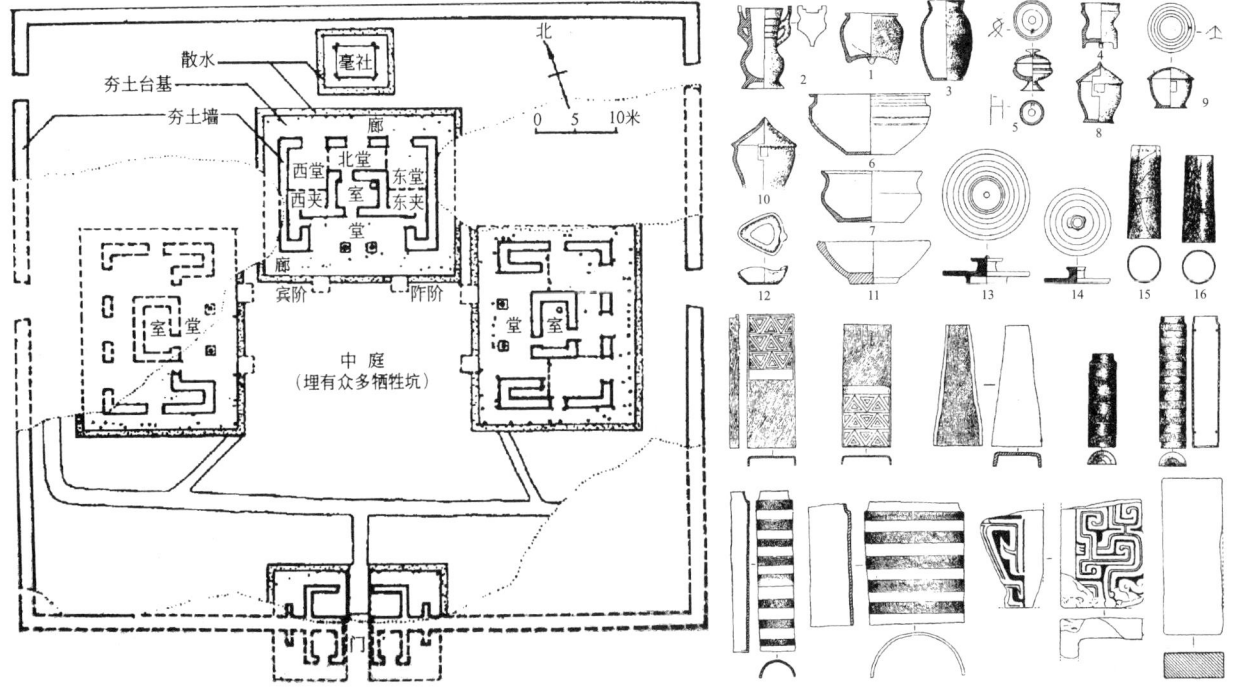

图1-21a③ 秦都雍城宗庙遗址　　　　　图1-21b④ 出土的砖瓦与陶器

---

① 潘谷西.中国建筑史[M].北京:中国建筑工业出版社,2017:26.
② 侯幼彬,李婉贞.中国古代建筑历史图说[M].北京:中国建筑工业出版社,2007:13.
③ 侯幼彬,李婉贞.中国古代建筑历史图说[M].北京:中国建筑工业出版社,2007:13.
④ 韩伟,尚志儒,马振智,等.凤翔马家庄一号建筑群遗址发掘简报[J].文物,1985:19.

当代新津·知美术馆（2011年）和中国美术学院民艺馆（2015年）的建筑屋顶与立面的设计，回归了到对瓦的传统原点的探讨，获得了非同凡响的效果。"瓦原本是'活着的'点，点制造的节奏会给屋顶赋予表情和尺度感……独立的点随机聚焦在一起，变为一片云霞般模糊不明确的'瓦幕'"。①（图1-22）

今天我们依然可以从世界遗产福建客家土楼所使用的土、木、瓦、石等建筑与环境营造技术中普遍使用的传统有机材料中看到台榭建筑的遗风（图1-23）。

客家圆形土楼民居的空间叙事形式在当代传承创新，如顺德和美术馆（图1-24）、巴黎商业交易所博物馆改造项目（图1-25）等空间构成叙事的表达得以持续发展与设计创新。

日本的伊势神宫内宫（690年建），保留了传统的"式年迁宫"（Shikinen Sengu）的重建工程特点。建筑自身由两块建设用地组成，每隔20年重建一次，在整体建筑构成样式不变的情况下，建筑师移至旁边的另一建筑用地上重新建造内宫，保证了这一祭祀建筑技术的世代相传、延续至今，呈现出一个可以追溯到7世纪的建筑传统技艺的传承（图1-26）。

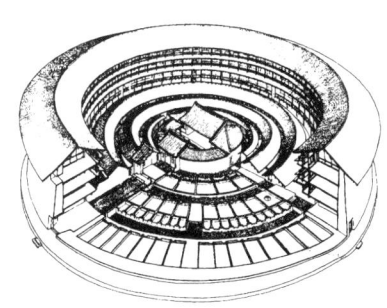

图1-22a　成都新津·知美术馆（隈研吾 设计　王雨薇 绘）　　图1-22b　中国美术学院民艺馆（隈研吾 设计　包立 绘）

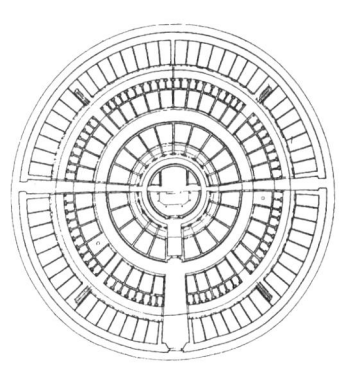
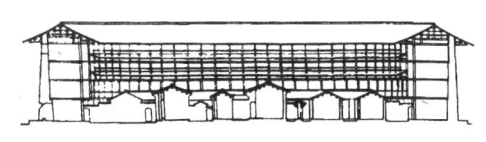

图1-23②　福建客家土楼承启楼

---

① 隈研吾.点线面［M］.陆宇星，译.北京：中信出版集团，2022：87-90.
② 侯幼彬，李婉贞.中国古代建筑历史图说［M］.北京：中国建筑工业出版社，2007：207.

图1-24a　和美术馆安藤忠雄手稿（安藤忠雄 设计　谢璞 摄）　　图1-24b　和美术馆模型（安藤忠雄 设计　包立 摄）

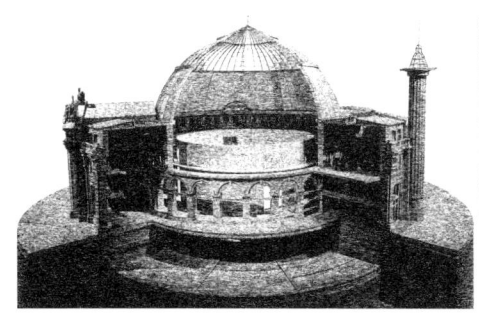

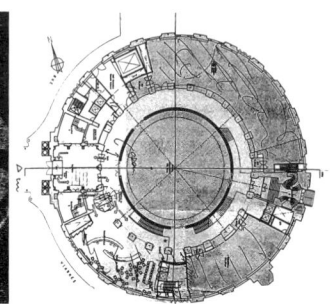

图1-25　巴黎商业交易所博物馆（安藤忠雄 设计　谢璞 摄）

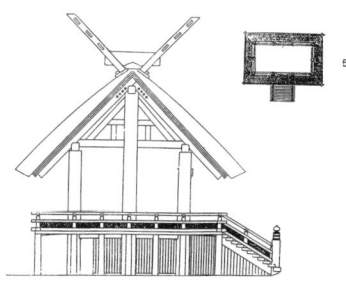
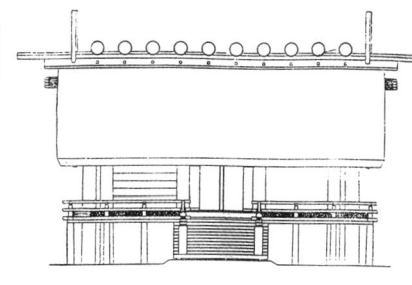

图1-26a[①]　伊势神宫正殿　　　　　　　　　图1-26b[②]　伊势神宫大神宫正殿测绘

　　伴随着技术的进步和环境的改变，"式年迁宫"建筑规模与建筑形式依旧遵循古制，只是增加了一些细微的变化，以便与相关时代的参拜者保持相同步的对话。这类传统建筑技术同样在民居建筑方面得以充分传承和体现。

　　不同的历史和社会条件产生不同的价值观念，由此产生不同的建筑态度以及不同的对技术方案选择的语汇标准。以我国为代表的"汉字文化圈"的木结构建筑，是中国古代人民经历了长期的生产实践，经过详细分析和比较，从历史的进化中最终选择和确认下来的一种以人为中心的建筑与环境、人与自然和谐共生，互通融合的东方智慧营造体系。

---

[①] 丘博文.伊势神宫：已重生63次的日本千年神社［EB/OL］.（2020-02-21）［2024-09-11］. https://zhuanlan.zhihu.com/p/108216253.

[②] 丘博文.伊势神宫：已重生63次的日本千年神社［EB/OL］.（2020-02-21）［2024-09-11］. https://zhuanlan.zhihu.com/p/108216253.

我国古代最完整的建筑技术书籍是北宋时期李诫[①]编写的《营造法式》(1091年),它是在两浙工匠喻皓《木经》的基础上编写而成,也是北宋官方颁布的一部建筑设计、施工的规范书,标志着中国古代建筑语汇已经发展到了较高阶段。

时至今天,我们依然娴熟运用榫卯技术的巅峰代表,是世界上现存最古老、最高大的古木建筑山西应县木塔(辽代1065年),它与几乎同时代的意大利比萨斜塔(The Campanile,Pisa,1174年)同比例放在一起,在高度、体量、规模和建筑成就上来讲,具有可再生、可循环、施工便捷、低碳、可持续发展的特色和体系优势(图1-27)。

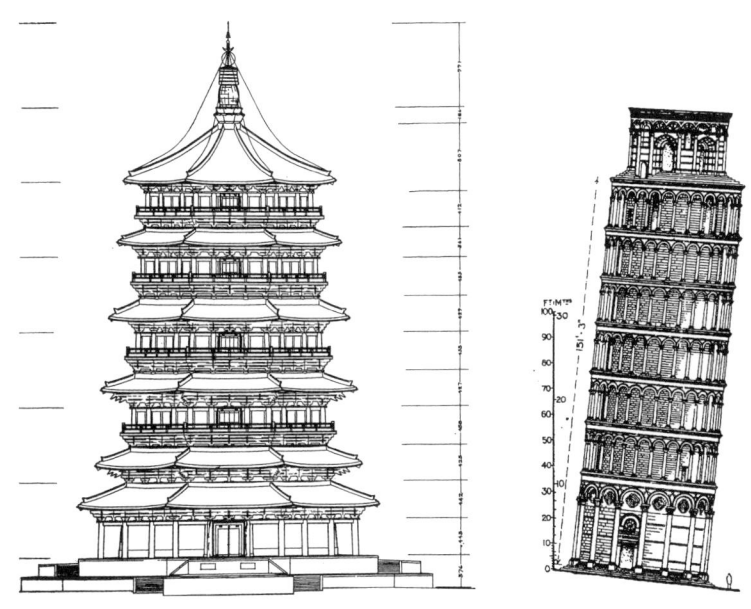

图1-27a[②]　应县木塔与比萨斜塔同比例比较

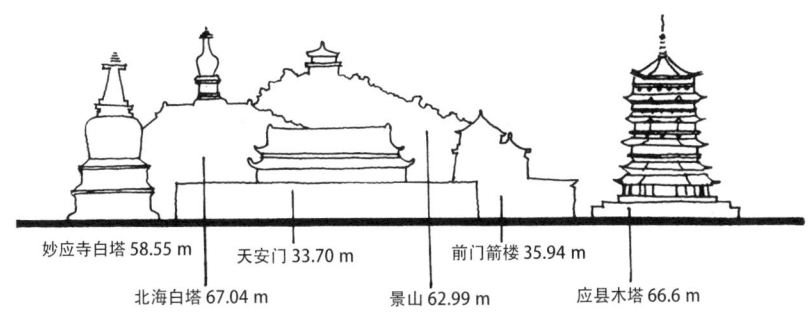

图1-27b[③]　应县木塔的体量

---

[①] 李诫(1034—1110),北宋著名建筑学家,编写了记录中国古代建筑营造规范《营造法式》,始编于北宋熙宁间(1068—1077年),元祐六年(1091年)成书。绍圣四年(1097年)李诫奉敕重修,元符三年(1100年)修订完毕,并经御览,崇宁二年(1103年)付梓。
[②] 李允鉌. 华夏艺匠:中国古典建筑原理分析[M]. 天津:天津大学出版社,2012:73.
[③] 李雄飞. 城市规划与古建保护[M]. 天津:天津科学技术出版社,1989:90.

据史料记载，中国有过很多建造相当体量高大建筑的纪录。在13世纪之前，建筑在空间体量方面并不落后于西方。在当代，2021年的东京奥运会主会场东京新国立竞技场，所有建造用的木材取自日本的47个县市，是体现东方建筑融入环境营造理念并与现代技术相结合的很好例证。

在公元前5世纪中叶的欧洲，古雅典人为纪念对波斯战争的胜利，重建了雅典卫城。古希腊建筑如前所述，源自砍伐森林的树木，竖起柱子搭建"植物棚屋"的建筑原型，以"三种柱形"与"三角形"山墙屋顶为建筑的基本营造语言。如多里克柱式，还遗存着类似树皮纹理的沟槽肌理，科林斯柱式柱头留有象征智慧与艺术的莨苕叶子形雕刻。直至今天卫城山丘之上还遗存着经典三种柱形与"三角山花"屋顶构成的主题建筑帕特农神庙与伊瑞克提翁神庙等，这些都是留给后世的宝贵建筑语汇和遗产（图1-28）。

早在文艺复兴的大繁荣前夜，当时的意大利学者们就发现了消失多年的古罗马建筑技术和雕刻的方法，这些先进技术被人们重新认识与使用，佛罗伦萨大教堂在技术革新

图1-28a 雅典卫城（戚鑫杰 绘）

图1-28b[①] 帕特农神庙

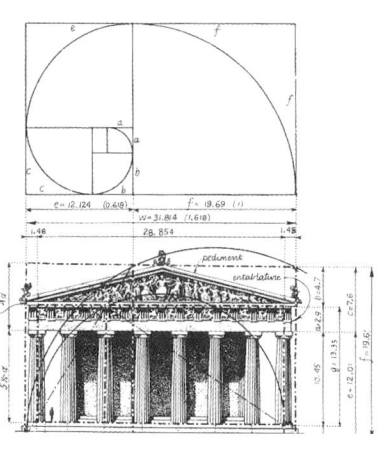

图1-28c[②] 帕特农神庙

---

① 大卫·沃特金.西方建筑史[M].沈在红,译.北京：北京美术摄影出版社,2019：34.
② 喵君大熊.达·芬奇密码之《维特鲁威人》中暗藏的黄金分割秘密[EB/OL].（2017-09-30）[2024-09-11].https://huaban.com/pins/1339362712.

的基础上获取了大教堂巨大的穹顶。当时从上流社会到普通民众都非常关心建筑与艺术创作，统治者们有心把佛罗伦萨建成基督教世界最美丽的城市。技术的发展结合具有广泛社会性基础的评价标准等外部环境的改善，促成了文艺复兴时期佛罗伦萨建筑、艺术、文化的复兴与繁荣。经验累积、世代相传的建筑技术，通过人们口传身教，得以不断改进、世代相传、完善发展，直到今天我们依然能感受这类建筑技术取得的非凡成就。

在西方的社会发展史中，"科学"和"技术"的概念建立在古希腊以来的"理性"与"逻辑"思想基础之上，中世纪以后得到长足的发展，以培根为代表的经验主义和笛卡尔为代表的理性主义是现代西方社会启蒙运动的基石，也是现代西方建筑语汇构成的科学与技术的基础。

（二）工程技术

建筑不仅需要功能与审美，它与其他艺术的不同之处还包含着高度的工程技术性，特别是当代建筑的工程技术含量更高，涉及工程力学（理论力学、材料力学、结构力学）、工程结构（木结构、砖结构、钢筋混凝土结构、拉杆结构、钢混结构、钢木结构）、建筑材料、建筑构造等。当代建筑还涉及给排水、供电供暖、建筑设备（通风排风、空调、供电）、建筑物理、建筑热工、建筑声学和建筑光学以及屏蔽、超湿、超低温技术等，建筑设计只是完成建筑建造的第一步。当然，本课程的重点是结合艺术设计专业学员的特点，有针对性地展开建筑基本原理的空间叙事方法与初步的建筑设计理论学习和中小型建筑设计实践。

建筑技术包含建筑材料、结构形式、施工条件以及施工工艺及设备等全面的历史文化经验和技术，是建筑创作的重要思想源泉之一。

我们通常所说的建筑工程技术主要包括建筑材料、结构、设备、施工技术、设计施工团队等。建筑以物质材料为媒介，既是人为的、科学的构成，也是客观物质与时间的统一载体。现代的建筑在技术层面的修辞、语汇与句法，自然要比原始社会早期的复杂、多样，进化了许多。

设计师通过人工智能科技与计算技术高度融合的设计手段，建成了如160层的迪拜哈里法塔、超600米的上海中心大厦等超高层建筑，人类文明之路在不断加速科学技术进步的步伐。参数化设计、结构技术的进步改变着城市的形态、丰富着建筑的造型。如北京商务中心（CBD）、上海陆家嘴建筑群、广州CBD、深证福田CBD、香港维多利亚港等已分别成为北、上、广、深、港乃至全球最有魅力的中国当代城市主要建筑集群的代表，建筑形态与地域发展的公共设施形象建构逐步得以彰显（图1-29）。

随着社会发展和科学技术水平的提高，建筑技术将不断发展提高，同时现代建筑设计理念与空间语汇表达也将发生转变。例如，在马列主义理论与达尔文"进化论"共同作用下，以及在爱因斯坦的相对论和弗洛伊德的精神分析学的影响下，产生了超越现代艺术与戏剧的自然主义和新浪漫主义表现派的建筑作品"爱因斯坦天文台"（图1-30）。人类登月、建立宇宙空间站等对浩瀚宇宙的探索，以及新材料新技术的不断涌现，使建筑设计语汇转向轻量、透明、浮游感、自由曲面的新设计（图1-31）。

图1-29a 迪拜哈里法塔（陈治方 绘）

图1-29b 北京朝阳公园（魏子觊 绘）

图1-29c 上海外滩（魏子觊 绘）

图1-29d 北京CBD（李钊 绘）

图1-29e 广州天河CBD（罗武 绘）

图1-29f 深圳福田CBD（项楚洁 绘）

图1-29g 香港维多利亚湾（包立 绘）

图1-30① 爱因斯坦天文台（门德尔松 设计）

---

① 理查德·韦斯顿.现代主义[M].海鹰，杨晓宾，译.北京：中国水利水电出版社，2006：59.

第一章 建筑空间的叙事要素与美学 | 035

图1-31a　上海天文馆（Thomas J. Wong 设计　戚鑫杰 绘）

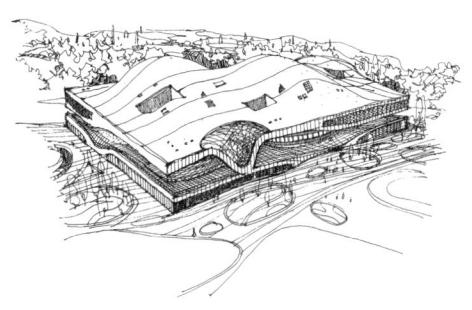

图1-31b　高雄艺术中心（Mecanoo 设计　戚鑫杰 绘）

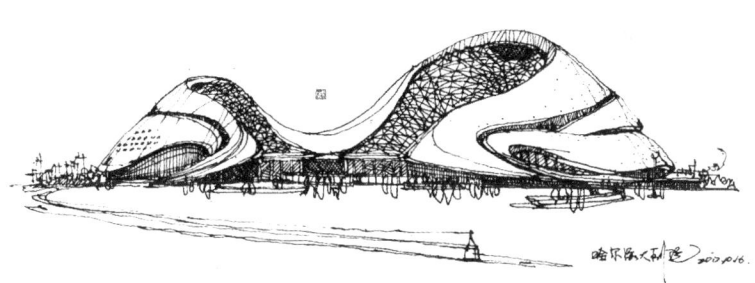

图1-31c　哈尔滨大剧院（MAD 设计　戚鑫杰 绘）

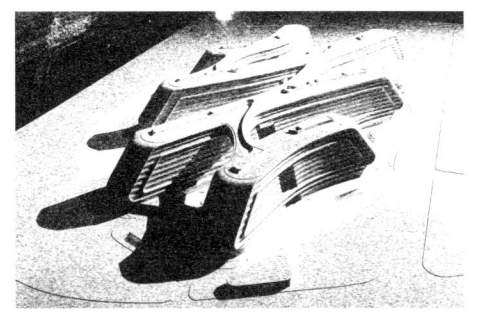

图1-31d　上海凌空SOHO（扎哈 设计　谢璞 绘）

图1-31e　中国航海博物馆（德国GMP+上海建筑设计研究院 设计　谢璞 绘）

图1-31f[①]　上海世博会英国馆（赫斯维克 设计）

---

① Thomas Heatherwick, Maisie Rowe. Thomas Heatherwick：Making［M］. London: Thames & Hudson. 2019: 218-219.

"大型国际枢纽机场"北京大兴国际机场,是目前中国规模最大的空地一体化综合交通枢纽,同步建设的有航空公司基地、货运、空管、供油、维修、航空配餐等各类保障设施。其构建起了功能互补、协调联动的京津冀世界级机场群,更好地服务京津冀大区协同发展等国家战略,更好地服务"一带一路"建设与雄安新区的国家发展百年大计。

大兴国际机场项目在推进数字设计、数字建造关键技术和应用实践创新发展新阶段,将现代信息技术与工程建造深度融合。以绿色设计、建造为目标,设计工业化为产业路径,智能化为技术支撑,从粗放式设计、碎片化的建造方式向精细化、集成化与系统化的设计、建造方式转型升级,提升创意设计、建设行业的建造和管理水平,实现工程建造高质量发展。大兴国际机场项目,在全方位数字设计、实践数字建造技术以及在工程建设等方面的具体应用过程和效果,创造了显著的经济和社会效益,是我国建筑设计中外合作,建设行业转型升级,实现高质量发展、数字工程技术与理论支撑的超级工程的经典案例(图1-32)。

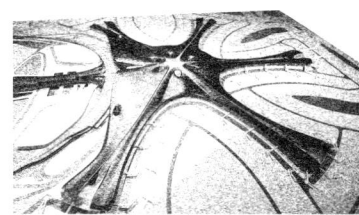

图1-32 北京大兴国际机场航站楼(法ADP+Zaha Hadid工作室 设计 包立 绘)

位于上海陆家嘴CBD世纪大道8号上海国金中心商场前的苹果直营店的建筑与环境设计,体现出从品牌战略"容器"到体验设计、用户理解等"新内容"的修辞手法,同制造业、文化媒体产业、商业服务业深度融合,同样对使用者的理解与尊重之间的关进行了深入而密切的关联。建筑与商业零售空间环境的设计已远超传统的关注物质空间的建筑与环境艺术设计范畴。虽然这家苹果直营专卖店在"上海国金中心商场"的负一楼,但设计师以改变产品和客户交互的方式,别出心裁地在地面上做了一个透明钢化玻璃的圆柱形玻璃体与同材质的透明楼梯,其与室内体验式的空间布局一起重新定义了零售店的品牌形象(图1-33)。

图1-33 陆家嘴CBD的苹果专卖店(谢璞 绘)

这家苹果体验店与周边的城市家具、公共艺术、广告、陈列、标识和导视系统、交通媒介等空间元素共同作用，勾勒出从"造物"到"体验"的"生活——空间生态系统"的空间叙事体验与情感交互的内在逻辑。

### 三、艺术要素

#### （一）建筑艺术与文化

建筑是文化的组成部分，也是一种在大地上不能移动的文化现象，我们可以从城市和建筑中看到其背后的文化表达。文化是一个极其广泛、模糊的范畴，人们对文化的定义大多数含糊而又朦胧。其广义是指人类在社会实践过程中所获得的物质、精神的生产能力和创造的物质、精神财富的总和；狭义指精神生产能力和精神产品。

伟大的经典建筑能赋予场所特殊的内在精神，同样彰显了生产能力和精神产品属性。

建筑是艺术门类中一种特殊的体系，经历了社会的、技术的、审美的和文化的演变，需要从空间和时间的维度加以认识。若缺乏时间这一维度，则任何一个合理的因果空间叙事都不可能发生。当代建筑正愈益和艺术融合，成为实用艺术与空间实践艺术。

在全球化大数据、区块链、通用人工智能高速发展的当下，社会各界群体作为建筑空间和文化的消费主体，价值判断趋向多元化、多样化、个性化。在这样的背景下，建筑与艺术的动态信息，得以清晰、准确、简明、得体、凝练地广泛传播并为人所认识，对建筑与环境空间设计界来说是交叉跨界发展的必然趋势，也是其肩负的社会责任与担当。

当代艺术跨界更是成为各门类艺术持续发展、再生活力的主要途径之一。建筑教育、建筑与空间环境设计以及相关学科的进程也无不呈现出这种日益频繁交融的趋势。建筑艺术与文化不仅涵盖建筑与雕塑、绘画、摄影与电影等视觉艺术的各个领域，而且还包括建筑与文学、音乐等广阔的艺术世界的内在联系与互动，对推动当代建筑学与环境设计教育，增强新文科人文艺术内涵，拓展建筑原理与设计实践的视野和途径、丰富建筑理论与评论的思想基础和跨学科思维模式与方法产生直接、积极的影响。

建筑空间的功能布局与行为动线的设计是否合理富有成效，首先取决于它的空间结构安排与合理的流线。空间的意义在于能否准确地呈现造型元素、传达清晰的视觉符号、调动使用者的想象力与情感等有价值的信息，产生空间的情景叙事故事。通过建筑与环境的空间营造，可创造出情境化、多种多样的，且具有充满空间节奏和韵律的情绪张力的空间景观叙事表达效果。

建筑作为一种独特的空间文化艺术形式，需要符合其结构规律的审美特点，如具有变化统一、对比调和、平衡稳定、比例尺寸、局部整体的快乐情感、审美关系的客体本身就有其价值性，而这种构成规则的审美特点又是建筑作为一种艺术形式，形成建筑美的主要途径。因此建筑美学只有满足这种艺术形式美的规则特点，才能够实现自身的美学目的，从而形成自身的文化美感价值。

建筑艺术不同于建筑美学，建筑艺术是指建筑空间的形式美。建筑美学除此之外，还包含文化、哲学、技术，甚至功能之美；同时，建筑艺术与建筑美学需要回归到对"为什么？"这个问题的探讨上，而非对"怎么做？"等创造'美'的技能和研究'美'的深层次哲学问题的探讨上。

## （二）空间叙事艺术

建筑空间叙事的基础是将建筑理解为构成社会特定文化的一种符号系统，文化是物质与精神两方面的统一体，但也必须与建筑的文化背景、建筑的文化根源联系在一起。正如美国著名建筑师伊利尔·沙里宁（Eliel Saarinen）曾描述的："让我看看你的城市，我就能说出这个城市居民在文化上追求的是什么。"

"建筑是特殊的艺术体系。建筑艺术经历了社会的、技术的、文化的和审美的演变，必须从时间和空间的维度中加以认知……当代建筑正愈益与艺术融合成为实用艺术和空间实践的艺术……建筑艺术是避免不了的艺术，始终在探索新的方向……建筑师和艺术家在工作过程中也会遵循一些共同的原理和工作方法。艺术家和建筑师在历史上曾经试图创造一种综合各种艺术的总体艺术。"[①]

当今，建筑师工作的领域在诸多方面与艺术家都有交叉，建筑设计过程中融合了艺术观念和艺术手法，不少建筑师同时也是城市规划师、画家、雕塑家、景观师、时尚设计师，从事服装、家具、灯具、室内设计、环境、装置、电影与舞台布景，以及写作、策展和布展等工作。

建筑艺术就是在遵循艺术规律的基础上，利用建筑美学中特有的空间艺术语言，让建筑产生空间叙事的文学、审美价值。叙事艺术从单一的语言、文字、绘画、音乐等形式衍生出多样的表现形式，随着环境的演变和人类文明的进程，在人文、科技等诸多要素的影响下，以建筑工程技术为基础的一种造型艺术，以满足人们多方面的物质与精神生活审美需要而衍生并创造了建筑艺术。

我们常说的建筑艺术是指建筑的形式美，它是建筑空间概念化的形式体现方式，它受到与其相应的艺术形式与叙事美学的主导，而建筑的空间形态又会反映出相应的空间叙事化艺术的主张与形式。

建筑空间的叙事，主要通过建筑群体组织、建筑物的形体、平面布置、立面形式、内外空间组织、结构造型（建筑的构图、比例、尺度、色彩、质感、虚实融合）、空间叙事结构安排和相关艺术的结合，与自然环境的关系等发挥审美功能，通过合理的实用功能和先进的技术手段显示其价值。

建筑叙事艺术，是一种通过空间以及建筑的装饰、绘画、雕刻、花纹，以及空间庭院、家具陈设等多方面的立体艺术处理所形成的一种综合性的空间叙事艺术。在建筑空间与环境形态的表达中，我们会发现艺术形式是其概念支撑点，艺术化形式的引领可赋予空间叙事美学魅力与文化展示性。因此，建筑空间的宏大叙事美学也是建筑艺术形式的综合体现与艺术感染力不可或缺的表达构成。

---

① 郑时龄.建筑与艺术[M].北京：中国建筑工业出版社，2020：2.

## 第三节 建筑美学

建筑是有意味的空间审美形式，除了通过功能把握世界的"终极实在"的存在感之外，其主观审美的情感表现是独立于外部事物一种精神性的现实。建筑中诸如比例、尺度、大小、对称、均衡、节奏、韵律、强弱、幅度、色彩、质量、肌理、韵律、高潮、和谐、统一、秩序等形式美的原则成为过去建筑构成形式美的指导原理，同时影响着今天的建筑设计与审美。

在人类历史发展的长河中，诸多闻名于世的优秀经典建筑表现出不同的艺术风格与文化魅力，体现出深厚的文化价值，对于研究特定时期的社会历史和文化艺术具有重要的价值意义。建筑艺术通过当地自然环境与人文环境产生了独特的建筑艺术特色，在富含象征性和形式美的同时，建筑建造者和使用者赋予建筑新的艺术价值和文化价值，是人们解析时代背景的重要物质和精神文化的重要载体；将建筑作为艺术传播的载体是建筑文化价值的拓展，表现出"社会存在"的民族物质财富与时代精神的开放关系下的价值形式。

在历史的发展进程中，实用性与审美性逐渐成为建筑本质的功能，只有随着人类实践的发展与科技水平的提高，建筑在实用性至上的基础上，才会更加具备审美的价值。正如我国美学理论家宗白华所说："美学是研究'美'的学问，艺术是创造'美'的技能。"艺术建筑既是实用对象，又是审美对象，就其形式美而言属于一种比较抽象的造型艺术之一。我们可以从建筑的历史、时代、民族、地域、创新等角度来理解建筑的文化境界。

著名当代哲学家、美学理论家李泽厚认为美是由"内容向形式的沉淀，又仍然是通过在生产劳动和生活活动中所掌握和熟练了的合乎规律性的自然法则本身而实现的。物态化生产的外形式或外部造型，也仍然与物化生产的形式和规律相关，只是它比物化生产更为自由和更为集中，合规律性的自然形式在这里呈现得更为突出和纯粹"[①]。

美学理论认为，美是形式上的特殊关系所形成的基本效果。上面所说的建筑空间中一系列形式美的原则，成为古典建筑构图的指导原理，古典建筑学理论试图将建筑导向形式美这种思想甚至一直影响着今天的建筑。

### 一、中国传统建筑美学

用当代叙事语言科学地诠释"直感性极强、包容性很大的中国美学和美学范畴，也

---

① 李泽厚.美的历程[M].北京：生活·读书·新知三联书店，2019：29.

将经历一个长期的过程"①。

中国传统建筑的美学思想建立于古代美学和哲学思想的框架之上，建筑的"美与情感""道德和伦理思想"有着密切的关系。在情感表达上"古代工匠喜欢把生气勃勃的动物形象用到艺术上去。这比起希腊来，就很不同。希腊建筑上的雕刻多半用植物叶子构成花纹图案。中国古代雕刻却用龙、虎、鸟、蛇这一类生动的动物形象，至于植物花纹，要到唐代以后才逐渐兴盛起来。在汉代……图案画常常用云彩、雷纹和翻腾的龙构成，雕刻也常常是雄健的动物，还要加上两个能飞的翅膀。充分反映了汉民族在当时的前进的活力。这种飞动之美，也成为中国古代建筑艺术的一个重要特点"②。中国建筑的传统美学特质，来自下表所述的艺术审美理论范畴、流变，以及东方智慧中的"儒、释、道"哲学观与建筑、空间环境营造上的水乳交融。

### （一）中国传统美学观

关于中国传统艺术理论的范畴、观点与框架、流变，美学理论家李泽厚先生的总结提示参考下表（表1-4）：

表 1-4③

| 时 代 | 先秦两汉 | 六朝隋唐 | | 宋 元 | 明清近代 |
| --- | --- | --- | --- | --- | --- |
| 哲学 | 儒 | 庄 | 屈 | 屈 | — |
| 主 | 志 | 格 | 情 | 意 | 欲 |
| 客 | 气 | 道 | 象 | 韵 | 趣 |
| 中介 | 比兴 | 神理 | 风骨 | 妙悟 | 性灵 |
| 举例 | 举例 | 顾恺之<br>杜 甫<br>颜真卿<br>吴敬梓 | 陶 潜<br>张 旭<br>李 白<br>黄公望 | 阮 籍<br>王羲之<br>柳宗元<br>朱 耷 | 王 维<br>苏 轼<br>倪云林<br>曹雪芹 |
| 美（在） | 礼乐 人道 | 自然 | 深情 | 境界 | 生活 |

传统各主题艺术门类，如建筑、园林、书画、诗词、歌赋之间，诗情画意、相互关联、承前启后、兼容并蓄；美学思想体系完善，"官"（宫廷）、"民"（民间）体系虽各自独立、又相辅相成；具有自然与艺术美的统一、虚与实的辩证统一、形式与内容的辩证统一、风格与气质的统一；以自然现象中普遍存在的生命感悟、意会映射心灵宇宙永恒意境之美的内涵、意蕴和精神。

---

① 李泽厚.华夏美学［M］.武汉：长江文艺出版社，2019：273.
② 宗白华.美学散步［M］.上海：上海人民出版社，2019：61.
③ 李泽厚.华夏美学［M］.武汉：长江文艺出版社，2019：274.

中国传统城郭注重城市建设"匠人营国，方九里，旁三门，国中九经九纬，经涂九轨，左祖右社，前朝后市，市朝一夫"（引自战国《周礼·考工记》），及建筑组群与环境的整体性系统营造，营建殿堂亭台楼阁、廊舫轩榭，"偃仰顾盼，阴阳起伏，如树木之枝叶扶疏，而彼此相让。如流水之沦漪杂见，而先后相承"①（图1-34）。

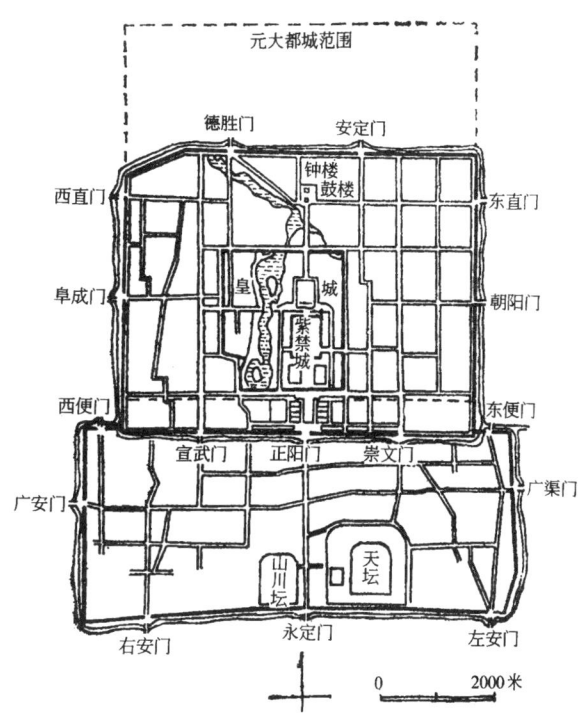

图1-34a②　明京城平面图

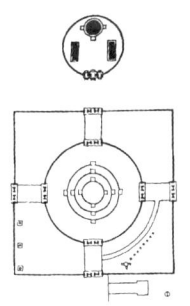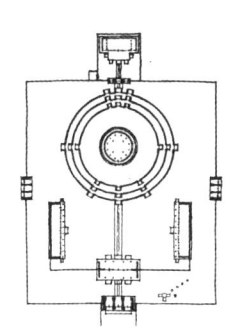

图1-34b③　天坛圜丘与皇穹宇、祈年殿平面与立面图

---

① 宗白华.艺境［M］.上海：商务印书馆，2019：128.
② 董鉴泓.中国城市建设史［M］.北京：中国建筑工业出版社，2014：138.
③ 侯幼彬，李婉贞.中国古代建筑历史图说［M］.北京：中国建筑工业出版社，2007：138.

"中国建筑能与自然完美的协调,而用高耸天际的层楼飞檐及环拱柱廊、栏杆台阶的虚实节奏,昭示出这一片山水里浅流的旋律"[①]。通过"高远"以大观小,高低错落;"深远"虚实藏显,起伏层次;"平远"主从渗透;"阔远"近岸广水遥山;"迷远"野雾冥漠隔而不见;"幽远"奇绝微茫缥缈,引导与暗示等空间关系的语法规则选择原则与策略。为建筑与环境的仰观、俯察、可观、可行、可游、可居呈现的景物关系配置协调的空间叙事元语言,结合建筑环境营造实践经验相匹配的方法与路径,赋予建筑与环境具体美的形式与秩序,进而呈现出大自然中营造的微小文明建造物,如厅堂轩馆、楼阁台榭、石舫峥嵘等,与所在环境虚实融合、动静相应,彰显出"虽由人作,宛若天开"的内在生命跃动张力所驱动的美(图1-35)。

图1-35a  晴峦萧寺图局部(宋 李成 绘)

图1-35b  溪山行旅图局部(北宋 范宽 绘)　　　　图1-35c  早春图局部(北宋 郭熙 绘)

图1-35d  江山小景图局部(南宋 李唐 绘)

---

[①] 宗白华. 艺境[M]. 上海:商务印书馆,2019:209.

## （二）建筑与环境美学

中国传统建筑与环境美的重要性特征之一，始终没有离开整体平面展开的"理性精神的线性空间叙事线索"的叙事方法，通过时间在空间上的配置塑造了使用者"人行为"的含义。把空间转化为具有突出时间意识的"虚实相映，天人合一"审美过程体验；重在表达现实世间生活的意绪和对生命周期"宇宙图景"的体验过程；以及通过时间与空间叙事的转换，将方位、时令、季节、风水和宇宙星宿象征上升为情理交融品格的叙事性情境表达（图1-36）。

与此相异的是西方传统建筑美，其表达神与人故事形象里的数理秩序在空间上的呈现。希腊人发明几何学，他们的宇宙观一方面把握自然的现实，一方面重视宇宙形象里的数理和谐性。创造了生动写实而高贵典雅的雕塑，整齐匀称、静穆庄严的建筑，以奉祀神明，象征神性。"然终不能与自然冥合于一，而拿一种对立的抗争的眼光正视世界。艺术不惟摹写自然，并且修正自然，以合于数理和谐的标准"[①]。正如美学理论家宗白华曾说"古希腊人对宇宙四周的自然风景似乎还没有发现，他们多半把建筑本身孤立起来欣赏"。

图1-36a[②]　寒碧山庄图摹本（清　刘懋功　绘）

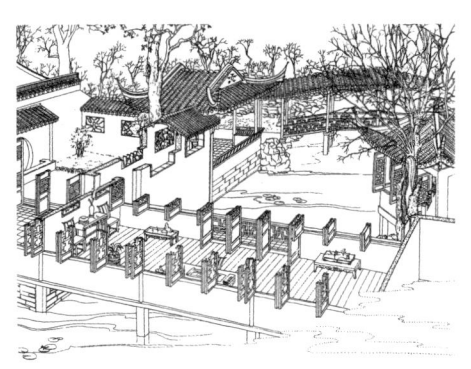

图1-36b[③]　拙政园小沧浪水院

图1-36c[④]　留园石林小院

---

① 宗白华.美学散步[M].上海：上海人民出版社，2019：142.
② 刘敦桢.刘敦桢全集[M].北京：中国建筑工业出版社，2007：292-293.
③ 刘敦桢.刘敦桢全集[M].北京：中国建筑工业出版社，2007：316.
④ 刘敦桢.刘敦桢全集[M].北京：中国建筑工业出版社，2007：119.

图1-36d① 拙政园

图1-36e② 网师园

图1-36f③ 网师园剖面

图1-36g 上海豫园（谢璞 摄）

图1-36h 上海豫园·龙云墙（谢璞 绘）

---

① 刘敦桢.刘敦桢全集［M］.北京：中国建筑工业出版社，2007：268.
② 刘敦桢.刘敦桢全集［M］.北京：中国建筑工业出版社，2007：334.
③ 刘敦桢.刘敦桢全集［M］.北京：中国建筑工业出版社，2007：332.

第一章　建筑空间的叙事要素与美学 | 045

图1-36i　醉白池（谢璞 摄）

图1-36j　古漪园（谢璞 摄）

图1-36k　秋霞圃（谢璞 摄）

建筑是一种在大地上不能移动的文化现象，而中国建筑是一种东方所特有的文化表达，而非西方注重人造体块空间与自然对抗的非现实的宗教精神。

中国古代的建筑美学，建立在先秦古籍《周易》、老子、庄子、董仲舒的著述中"天人合一"的古代美学和哲学思想的框架之上，"上下四方曰宇，"体现出"宇宙即是建筑、建筑即是宇宙"的恢宏、深邃的时空意识表达；明代计成的《园冶》将"虽由人作，宛自天开"视为中国建筑空间与环境设计融为一体的园林文化最高审美理想。

中国古代美学的基本观点，"大致有以下五个方面：

（1）自然美与艺术美的辩证统一。

（2）虚与实的辩证统一。

（3）形式与内容的辩证统一。

（4）追求风格与气质，不以理性来认识，而是以感性来意会。

（5）没有统一的体系性的美学著作，而是通过文学、艺术门类，建立文艺批评。"[1]

如《老子》《庄子》《论语》《孟子》《文心雕龙》《原诗》《二程全书》《象山全集》等。

早在20世纪50年代末期，我国著名科学家钱学森提出了城市建设应该向传统园林学习的建议[2]，并首先提出了"山水城市"一词[3]。山水城市理论源于中国传统文化与中国传统造园理念中"天人合一"的哲学观，是根植于中国精神并与现代科学技术体系相契合的中国式现代化的城市构想。是以极具前瞻性的思想将建筑与人、人工环境和自然环境相融合的、现代化与中国文化特色并重的、生态城市的前瞻构想。

一方面，山水城市理论不但兼顾了城市过速发展带来的一系列问题的解决与中国特色现代化建筑理论的回归，而且对盲目照搬西方建筑符号，简单粗暴的移植设计方法具有深层次的批判意义。另一方面，随着山水意象影响下的建筑设计实践的丰富经验得以总结与开拓创新，从实践中归纳出的设计策略和设计思想理论，在探索中国式现代化的赋能过程中，有助于创造更加优美宜居的人居环境。

---

[1] 沈福煦，李彦伯.建筑美学[M].北京：中国建筑工业出版社，2021：48.
[2] 1958年钱学森先生在《人民日报》发表了《不到园林，怎知春色如许——谈园林学》。
[3] 钱学森先生在1990年7月31日写给清华大学吴良镛先生的信件中，首先提出了"山水城市"一词。

在实践维度上，山水城市理论的不断发展与完善，深远地影响着中国建筑设计的发展观念。在设计实践中，如MAD建筑事务所设计的超现实东方传统"南京山水城市"，业余建筑工作室设计的国家版本馆杭州分馆的宋韵之美，朱锫建筑工作室设计的杨丽萍大剧院的山水交接地平线产生的"水印苍山"等设计理念，都是源于当代东方美学在建筑设计实践项目上的有益探索与开拓（图1-37）。

建筑通常被认为是一种视觉艺术，这种美的感受是一种直接由形式引发的情绪，美孕育于形式本身或形式知觉中，或由它们激发出来。我们把对美普遍性的提炼与对新经验的吸纳结合起来，从而让审美的形式与知觉汇聚成一个整体的独特体验，以完美的方式来表达最崇高的思想感悟。

图1-37a[①]　南京山水城市（MAD 设计）

图1-37b[②]　国家版本馆杭州分馆（业余建筑工作室 设计）　　图1-37c　国家版本馆杭州分馆（陈治方 绘）

---

① 筑龙学社.［南京］MAD马岩松-山水城市建筑设计方案文本［EB/OL］.（2018-08-06）［2024-09-11］. https://bbs.zhulong.com/101010_group_200103/detail32823848/；筑龙学社.［江苏］MAD马岩松-山水城市商业综合体建筑设计方案文本（一）［EB/OL］.（2018-11-16）［2024-09-11］. https://www.zhulong.com/bbs/d/33471535.html?tid=33471535.
② 日站君.杭州建筑杀出圈了！遍地"建筑界诺贝尔奖"得主设计作品！［EB/OL］.（2022-08-04）［2024-09-11］. https://mp.weixin.qq.com/s/qJomu1KOgzgx1JqSVlMx2Q.

图1-37d① 国家版本馆杭州分馆

图1-37e② 杨丽萍表演艺术中心（朱锫建筑工作室 设计）

图1-37f③ 杨丽萍表演艺术中心（朱锫建筑工作室 设计）

## 二、统一均衡与比例尺度

建筑中比例、尺度、对称、平衡、韵律、秩序与和谐等形式美的原则是古典建筑美的指导原理。

### （一）统一均衡

任何艺术给人的感受都必须具有统一性，这早已成为一个公认的空间评价原则。中国古代建筑空间的营造在几千年的历史发展中，经过不断形成、发展、成熟、演变，形成了"天人合一"的统一性。早在先秦的《周易》与老子、庄子的著述中尤为突出。《周易》的天、地、人"三才"思想与老庄的"道法自然"的人与自然的时空意识和哲思都莫不如此。"中国建筑文化，令人深为感动地体现出'宇宙即是建筑、建筑即是宇宙'的恢宏、深邃的时空意识"④。

《说文解字》对"宇"解释如下：所谓"宇"，屋檐之谓也。东汉许慎云："宇，屋边也。""屋边"就是屋檐，可引申为大屋顶，许子可谓深谙"宇"之本义。此说肇自《周易》，《易传》在解说大壮卦象时，有"上栋下宇，以待风雨"之说。这里的"宇"，指屋檐。栋，屋之正梁。"上栋"，指正梁处于屋之高处，"下宇"，指屋檐下垂，这是具有"待（避）风雨"这一实用功能的房屋之象。

---

① 冷丝说美丽杭州.中国国家版本馆杭州分馆，坐落于良渚，这里藏着一门"大学问"[EB/OL].（2022-07-25）[2025-07-08].https://baijiahao.baidu.com/s?id=1739329596370488647&wfr=spider&for=pc.
② 建筑学院.杨丽萍表演艺术中心 / 朱锫建筑事务所[EB/OL].（2021-09-07）[2025-07-08].https://m.huanqiu.com/article/44fb0A6WyRX.
③ 建筑学院.杨丽萍表演艺术中心 / 朱锫建筑事务所[EB/OL].（2021-09-07）[2025-07-08].https://m.huanqiu.com/article/44fb0A6WyRX.
④ 罗哲文，王振复.中国建筑文化大观[M].北京：北京大学出版社，2010：9.

对"宇宙"这一文化范畴本来义的揭示就是对中国古代建筑文化中关于建筑的时空意识的揭示。所以中国建筑注重屋宇下统一的空间叙事表达,表现为"天人合一"与道德的统一性。圆形可能隐藏着宇宙设计者的某些信息。众所周知,东西方建筑都会用到圆,一个形态完美到无可挑剔,其周长与直径的比值π却是一个无限不循环而无法穷尽的数值密码(图1-38a)。

一方面,中国古人认为"天圆地方",传统的建筑比例、尺度,注重"规矩"即方圆。"规者,正圆之器也。"(《诗经·沔水》序郑玄笺云)。中国最古老的数学和天历算著作《周髀算经》(卷上)中有"数之法,出于圆方。圆出于方,方出于矩……。万物周事而圆方用焉,大匠造制而规矩设焉"。《营造法式》中的第一张图式为"圆方方圆图",一个圆套方和一个方套圆,以及"方五斜七"的营造比例规律,即正方形边长是"五"时,对角线约等于"七"的尺度美学关系(图1-38b)。

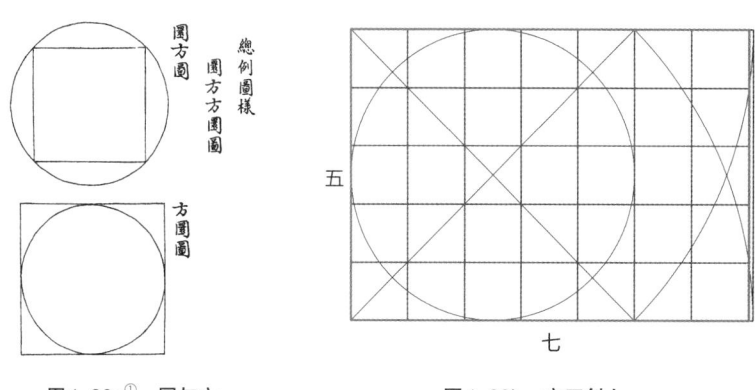

图1-38a① 圆与方　　　　　图1-38b　方五斜七

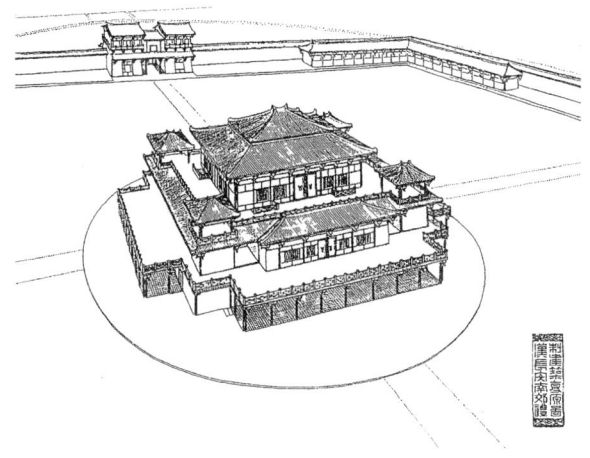

图1-39　汉明堂辟雍复原(王世仁)

中国传统建筑文化自先秦起,作为一种顽强的封建政治伦理观念的儒家礼制文化空间叙事形式,对中国建筑文化的精神面貌产生了极为深远的影响。如汉长安南郊的礼制建筑"明堂辟雍"遗址,就是礼制理念影响下的早期大型建筑遗存,整组建筑为"圜水方院"和"圆基方榭"的双重外圆内方空间格局(图1-39)。

---

① 宗教文化建筑.为了更好地沟通中国古代建筑的高科技,我可能需要画一些图[EB/OL].(2018-10-11)[2024-09-11]. https://www.sohu.com/a/258894342_534787.

中国古代匠人用"圆出于方"天圆地方"方五斜七"的营造比例规律，"虽有人造，宛如天开"的建筑与环境营造理念构建了如五台山佛光寺大殿、江南园林等建筑，其与环境协调、融合，具有均衡、自然的线性结构东方韵律之美，达到了和谐、统一、均衡的审美风格与意境（图1-40）。

图1-40[①]　苏州·狮子林

西方古典建筑美的密码被称为黄金分割比，帕提农神庙便因此而产生了一种永恒的和谐。古希腊建筑的统一、均衡、比例、尺度等艺术规范与形式，对后世西方的古典建筑艺术产生了深远而直接的影响。建筑的奥秘之一在于几何学的比例同自然昭示的黄金分割比的原则（图1-41a）。

位于山西省五台山的唐代建筑佛光寺大殿，斗栱雄大、广檐翼出，彰显出庞大豪迈之象与时代风骨。"所谓的黄金分割是西方建筑美的密码，它造成了帕提农神庙一种永恒的和谐；中国古人则用天圆地方的这种观念来建造出佛光寺大殿这样的建筑，同样达到了和谐完美的境地"[②]（图1-41b）。

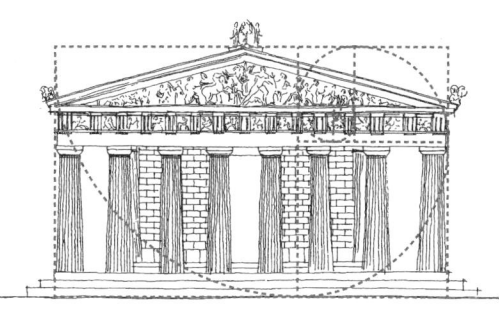

图1-41a[③]　帕提农神庙黄金比

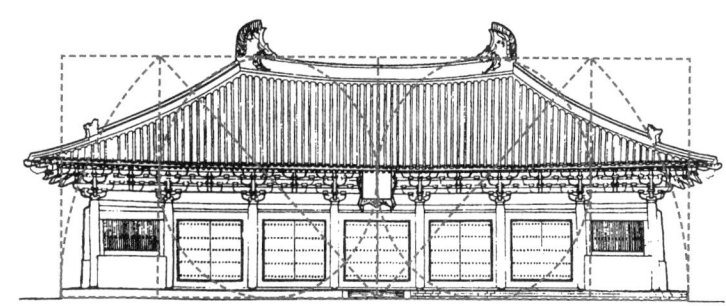

图1-41b　佛光寺大殿比例（李鸣燕 绘）

---

① 刘敦桢.刘敦桢全集［M］.北京：中国建筑工业出版社，2007：316.
② 王南.为了更好地沟通中国古代建筑的高科技，我可能需要画一些图［EB/OL］.（2018-10-11）［2023-10-15］.https://www.sohu.com/a/258894342_534787.
③ 宗教文化建筑.为了更好地沟通中国古代建筑的高科技，我可能需要画一些图［EB/OL］.（2018-10-11）［2024-09-11］.https://www.sohu.com/a/258894342_534787.

如今，我们依然在人民大会堂正立面看到采用着相通的"中而新"[①]的和谐比例关系。其主立面不同希腊古典建筑的立柱等距排列及柱径比例（1∶5—1∶5.75），而是保留了中式建筑的中轴上的大开间，柱间距依次向两侧减小，并采用中式古建，柱径粗壮比例达到1∶10以上，产生了中式建筑比例的匀称灵动之美（图1-42）。

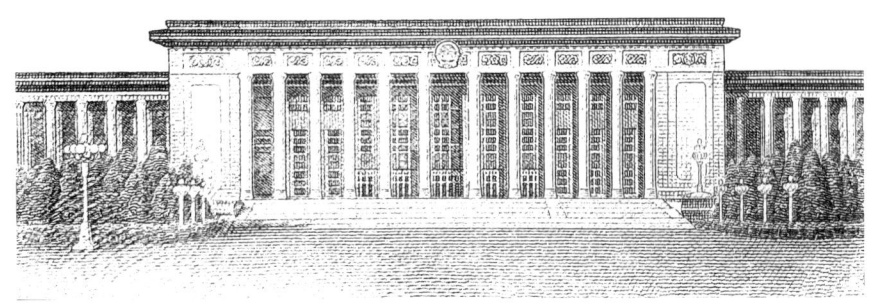

图1-42[②]　人民大会堂主体立面

## （二）比例、尺度

建筑的尺度与人及街道的恰当的比例关系，是衡量城市、街道、建筑以及建筑中所有事物舒适尺度的终极标准，人的行为活动受空间界面的影响，人体尺寸和人的各种行为活动是决定城市、街道、建筑形态与大小的主要因素。

"当我们想到一个城市时，首先出现在脑海里的是街道。街道有生气，城市也就有生机，街道沉闷，城市也沉闷"（雅各布斯语）。在许多特色城市形成的过程中，地形、河流、街道与建筑赋予了城市形象、情感与意义，街道与建筑是人们生活不可分割的一部分。如意大利人把城市街道的空地建造成人们会面社交的场所，英国人在相似的公共空地建成休息的公园。

芦原义幸在《街道的美学》一书中探讨了街道的宽高比，并分析了与人观察视角的空间构成关系。他将街道的宽度定为$D$，建筑的高度定为$H$，总结出以下规律（表1-5、图1-43）。

表 1-5

| 街宽　建筑高 | 比值趋向 | 街道的空间感受 |
| --- | --- | --- |
| $D/H<1$ | 比值的减小 | 逐渐产生亲近感 |
| $D/H=1$ | 空间性质的转折点 | 一种存在均衡感界面 |
| $D/H>1$ | 逐渐产生亲近感 | 逐渐产生远离感　超过2时产生宽阔感 |

---

[①] 1958年，在人民大会堂的艺术设计风格上，梁思成提出优劣顺序：一，中而新；二，西而新；三，中而古；四，西而古。

[②] 摘自第五套百元人民币背面局部。

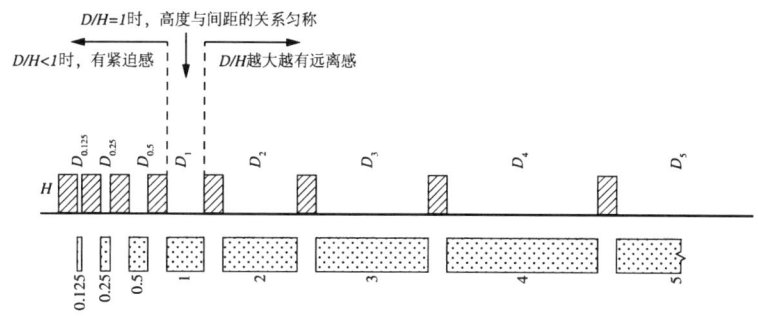

图1-43① 街道宽度与建筑高度的关系

通常使用的建筑构建大小，以普通成年标准胖瘦的男性和女性的平均身高为适应性样本的依据，让其他少数体形特殊的人群与儿童适应这种尺度的空间。至于空间对它们产生的压力可以通过提供适当尺寸的城市家具、设施来缓解，不同身体和精神状况的人都可找到适合的环境。

古代的长度单位以人为本体、为参照设置度量单位，不仅中国、中东如此，全球很多地方也如此，这并非巧合。中国古代常以人的身体为依据规定尺寸单位，如肘、虎口、掌。如《孔子家语》曰："布指知寸，布手知尺，舒肘知寻。"标准男性身高为一丈，故有"丈夫"之称谓。

古罗马时代，建筑师维特鲁威设定人体高为足长的6倍，"足"即为"尺"（foot）。文艺复兴建筑家阿尔伯蒂在制订人体尺寸表时，也将标准身高定为6英尺。维特鲁威曾将肚脐作为外接于四肢舒展"模数人"的圆心。达·芬奇根据维特鲁威《建筑十书》的描述绘制了"威特鲁威人"，展示了完美的人体结构和比例（图1-44）。

勒·柯布西耶在此基础上，假定人体标准身高为183厘米时，高举左手，由手指尖至头顶高43.2厘米，头顶至肚脐为69.8厘米，二者比值为1.618。再由肚脐至足底为113厘米，与上段的比值恰为1.618。如此再细分人体各部位，找出无数接近1.618的比值。他将人体的这一比例定为基本尺度（包含长短、面积、体积），设计出一种比例模数，对推进建筑标准化、工业化做出很大贡献，解释了建造中比例美的这一规律。柯布西耶将"模数人"定义为基于人体和数学之上的测量工具，一种将自然无限变幻经历与人类对秩序和统一性精神渴求的结合（图1-45）。

基于人体本身各部位的尺度，建筑中每个房间的尺寸应考虑以下相关因素：

首先，人的形体、家具的尺寸和形状、人体在移动中形成的空间与形状。如浴室、厨房、餐厅、医院、办公室和工厂等，在明确机械设备的使用功能空间的同时，应将机器置于与人同等重要的位置，安排机器操作的秩序，便于满足工作部件（如电梯）或移动单元（如门窗）运行自身的空间需求，须考虑操作、维护人员移动所形成的移动的轨迹和空间形态，以及安装接通机器所需要的设备、管线空间（图1-46）。

---

① 芦原义信.街道的美学［M］.尹培桐，译.南京：江苏凤凰文艺出版社，2017：57.

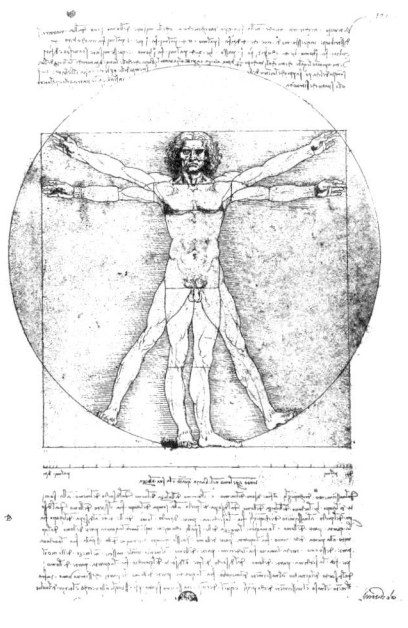

图 1-44[①]　达·芬奇所绘"维特鲁威人"

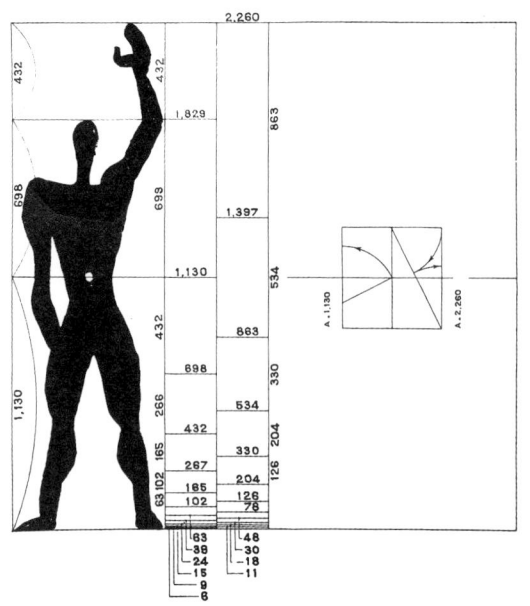

图 1-45a[②]　人与空间的模数

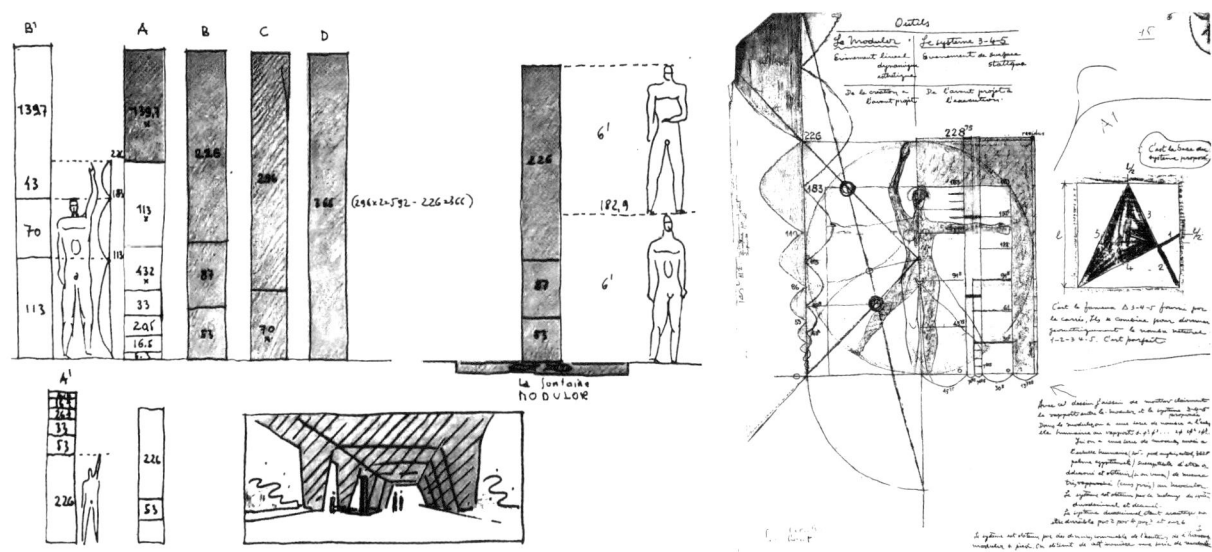

图 1-45b[③]　人与空间的模数　　　　图 1-45c[④]　女性模数与空间关系

---

① 克鲁夫特.建筑理论史[M].王贵祥,译.北京:中国建筑工业出版社,2005:36.
② 让-路易·科恩,蒂姆·本顿.伟大的柯布西耶[M].张艳晗,译.武汉:华中科技大学出版社,2020:378.
③ 让-路易·科恩,蒂姆·本顿.伟大的柯布西耶[M].张艳晗,译.武汉:华中科技大学出版社,2020:378.
④ 让-路易·科恩,蒂姆·本顿.伟大的柯布西耶[M].张艳晗,译.武汉:华中科技大学出版社,2020:379.

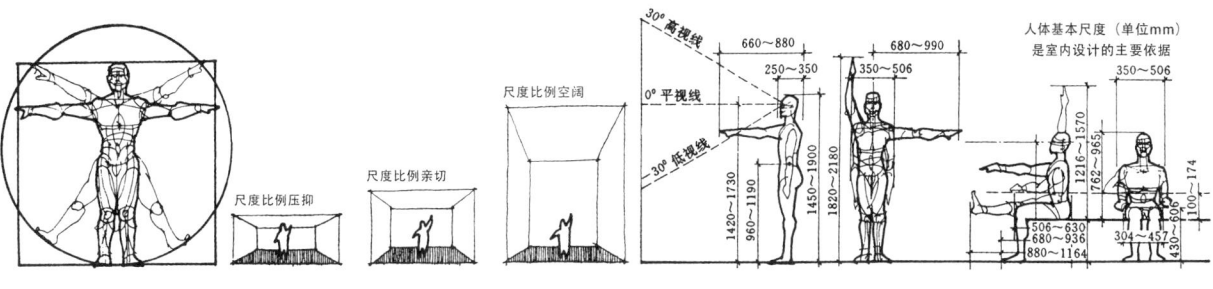

图1-46① 人体尺寸图

其次，一些特定空间的尺度。特定空间的尺度往往能够产生特定的空间叙事表达与代表性的空间内涵与心理感受。如人与人之间的亲昵尺度、私交尺度、社交尺度，即个人与他人，个人与群体之间的理想距离。建筑的空间大小与建造成本成正比，如何让房间的大小调整到满足舒适度的最低尺度？通过结合特定空间的家具统一、均衡、紧凑布局、精心设计安排，加强空间的灵活性与均衡性，使家具使用轨迹尺度的选择范围与建筑成本控制之间取得最佳平衡关系。

第三，房间的层高。应当由使用群体中正常人的最高身高、头顶装饰物及安全因素来决定室内的净高（最低高度）。即便吊顶或裸顶的最低处能够满足人们日常行为空间活动的净高，也要考虑诸如空气流通、自然采光以及使用者所能承受的心理压力。如气候炎热的东南亚地区的传统民居，室内通常采用高坡屋顶，让凉、热空气有足够的空间形成自然对流；气候寒冷的亚北高纬度极地地区，室内通常采用极低的天花板，既能最大限度地减少室内热量的流失，又能在寒冷的冬季给人以长效的温暖舒适感；室内运动竞技场、剧场、音乐厅、教堂等公共建筑，需要高天花板的共享空间来促进空气流动、实现声效工学及满足心理行为的感受等需求。除特殊设计需求外，普通窗户的顶部高度通常不宜过低，窗台或落地窗根据具体需求与节能综合考虑，灵活设置（图1-47）。

图1-47② 房顶高度与窗户高度

---

① 郑曙旸，宋立明，等.环境艺术设计与表现技法［M］.武汉：湖北美术出版社，2002：8.
② 爱德华·艾伦.建筑初步［M］.冯刚，汪江华，译.南京：江苏凤凰科学技术出版社，2020：165.

第四，动线。其意指人在室内、外移动的点，联合起来形成的线形带状空间。其尺寸应按照步行与随身携带物（公文包、旅行箱），以及携带物品、抱小孩等可以通过的尺度，特别是在公共空间中的过道容量来计算，必须以规定最短的时间内安全通过建筑使用者的数量为标准。走廊是促进各个房间互相联系的复杂流通路径。通常容纳一个人通过的走廊宽度为90厘米，两个人并肩通过的宽度最少为120厘米，如要保证舒适性还需适当增加宽度，以容纳预期流量。在绘制平面布局图时，根据人都在空间中的行为活动特点，在预见各种情况的基础之上与经济效益之间做好有效的平衡。

### 三、韵律序列与性格风格

建筑的形式与内容不可分割。历史上不同时期，不同民族文化和不同自然环境条件下的建筑与环境营造，无论东西方，都表现了人的审美追求和在时间叙事上的外在序列营建与人类意识秩序。自然之美，表现在物种群落依托物质生存环境条件下的自身演绎、栖息漂移的规律，它不以人的意志为转移；而人为的审美形态和自然内在的规律这两种秩序在我们的生活空间营造与叙事过程中，是相互对应、相互关联、相互转化、相互依从的对立统一的辩证关系。

"我们的历史知识永远不会完备，永远有新事实尚待发现，它们可以改变我们对往昔的认识"①。历史上不同时期、不同国家与民族都蕴藏了地域性的审美与文化在空间秩序在叙事上的认知与表现。不论东西方，自然和文化的关系可以表现为视觉构图所创造的审美秩序。

自然和文化以特定的比例构图体现在空间秩序上。东方"自然式"的建筑与环境空间建造，充分体现在园林的营造上，是文化意蕴上的空间形态表现，它与绘画、书法、文学、诗词、歌赋水乳交融。

《周礼·考工记》中揭示了中国建筑的本质：

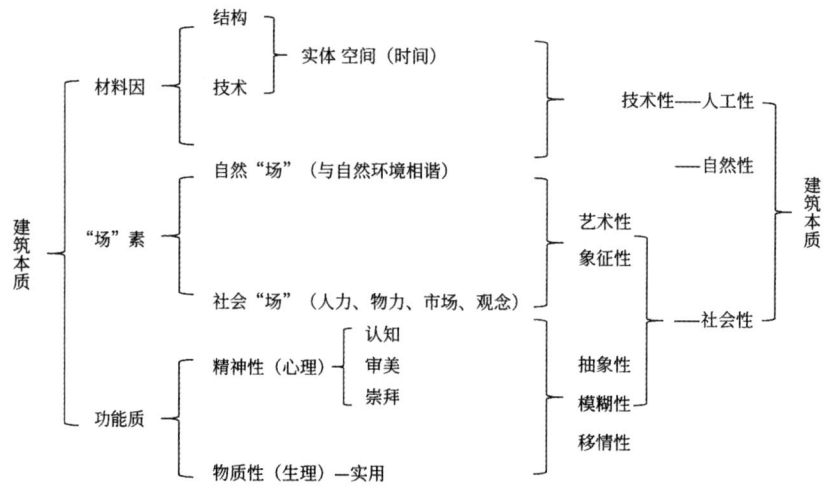

---

① E.H.贡布里希.艺术的故事［M］.范景中，译.南宁：广西美术出版社，2014：626.

"最能形象具体地表现出中国文化之人文精神的,莫过于中国建筑。中国建筑,体现出一代又一代中国人艰苦而漫长的历史跋涉:梦想般的理想以及时代曾留下的伤痕甚至悲剧。它是伟大中华政治、经济、科技与艺术所曾经到达过的辉煌与象征。这种不能移动的文化,是历史的见证。不仅如此,中国建筑,又是民族文化的重要构成及各民族建筑文化交融的产物"[1]。

中国文化淡于宗教,浓于伦理,如古建的韵律、序列、性格和风格,以及"天地人、石材阴熟地、木材阳人"等,通过斗拱呈现出使用功能的"结构与材料"形态,体现出古建的本真之美。若与古罗马柱头的"功能与装饰"的形式对比,我们会发现中国古建具有系统性的结构组合和分工协作技术,高效的施工周期,材料的生态和可再生性、抗震性以及对环境的友好性等突出优势(图1-48)。

图1-48a[2]  山西应县木塔结构

图1-48b[3]  岳阳楼与环境营造

图1-48c[4]  拙政园望向北寺塔

---

[1] 罗哲文,王振复.中国建筑文化大观[M].北京:北京大学出版社,2001:7.
[2] 王其钧.神圣净土:宗教建筑[M].上海:上海锦绣出版社,2007:131.
[3] 李雄飞.城市规划与古建保护[M].天津:天津科学技术出版社,1989:77.
[4] 李雄飞.城市规划与古建保护[M].天津:天津科学技术出版社,1989:62.

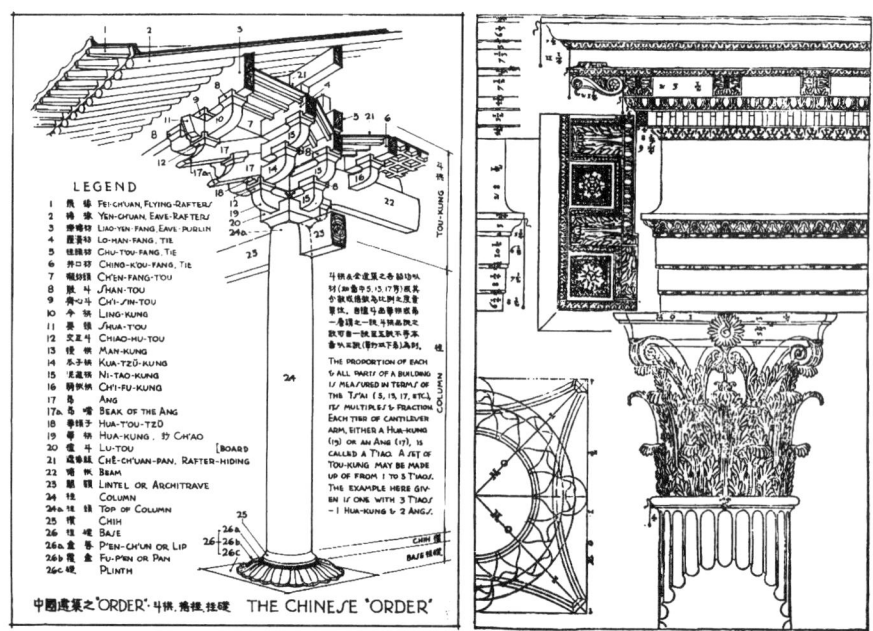

图1-48d[①]　建筑柱头（梁思成 绘）

而古希腊、古罗马的地中海沿岸地势崎岖、石材（石灰石与大理石）丰富而少木材，气候湿润木易腐朽，巨石声学的石头崇拜，对灵魂的不朽、神性的张扬与人性的泯灭的追求及宗教观念与宗教情感等的影响，加之石材的开采、切割、运输、建造与雕刻技术的成熟，以及石材防火性的优势，使石头成为不可或缺的建筑营造主体材料。

其中最具代表性的建筑当属帕特农神庙，其全部用当地白色泛黄、质地细腻的彭特里克大理石（Pentelic）建造，融合了雄伟细致、抽象感性的特质，堪称建筑史上最完美展现了黄金比空间序列、韵律、希腊式建筑风格的代表。

从维特鲁威的《建筑十书》中可以看出古典主义的影响，他提出建筑是"模仿自然的真理"，将人的模仿归结为人的本性和行为。建筑本身属于几何性抽象艺术，如果它是一种模仿，作为模仿屋的建筑与模仿的对象自然之间只能维持一种比拟关系。通过人体的类比，建筑要素被纳入性格类型中。同时分析了起源于模仿人性格类型的神庙建筑的三种具体不同的做法：多里克式神庙"显示男子身体比例的钢筋和健美"；爱奥尼式神庙"显示窈窕而有装饰的匀称的女性姿态"；科林斯式神庙"模仿少女的窈窕姿态"。维特鲁威以这三种性格类型为基本框架，构筑了建筑类型风格的程式语言表达方式（图1-49）。

---

① 宗教文化建筑. 为了更好地沟通中国古代建筑的高科技，我可能需要画一些图［EB/OL］.（2018-10-11）
　［2024-09-11］. https://www.sohu.com/a/258894342_534787.

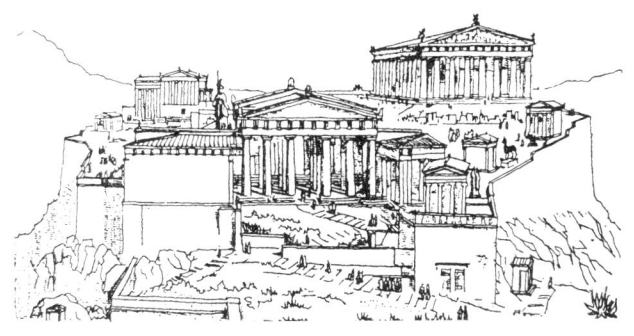
图1-49a① 雅典卫城

图1-49b② 帕特农神庙多立克柱式

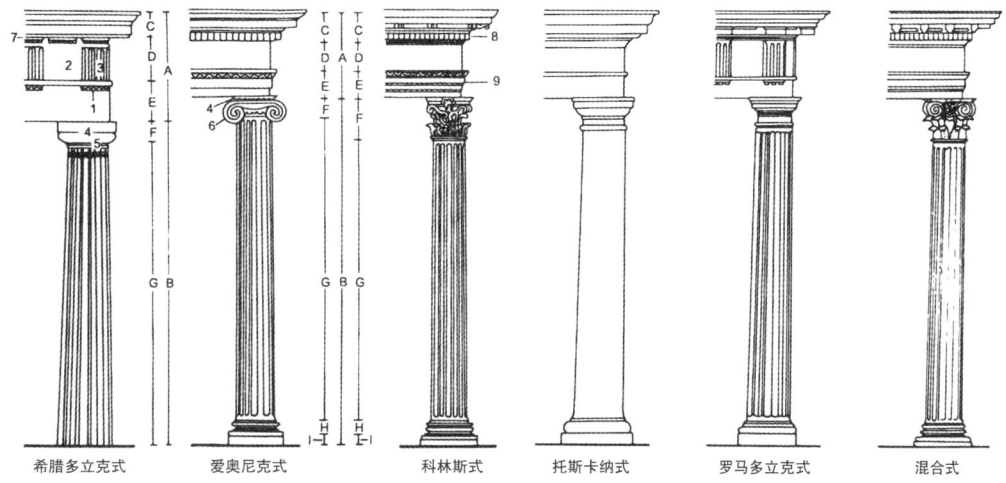
图1-49c③ 古希腊柱式对罗马柱式的程式语言影响

　　罗马竞技场和罗马浴室建筑空间构成的方式，是记述当时身处罗马主流社会人们的生活场景与生活方式的重要组成部分。如竞技场从建筑空间构成与使用功能的角度来说，则是古希腊人剧场被罗马人进行了继承、延伸与演变的产物。

　　建于公元前13世纪或公元前11世纪的马赛勒斯剧场是罗马共和国晚期保留下来的重要建筑物之一，它展现出与希腊和罗马剧场的不同。"首先，它不是建在山坡上，而是在一个精致的弓形底层结构上，并有一个混凝土筒形拱；同时，其舞台呈半圆形，而不是圆形，其乐池的设计不像是为合唱队，而是为议员们准备的座位。在罗马剧场中，不同于希腊，观众们不再透过舞台看到乡村景色，因为这里的布景舞台虽在马赛勒斯剧

---

① 田学哲，郭逊.建筑初步［M］.北京：中国建筑工业出版社，2020：108.
② 田学哲，郭逊.建筑初步［M］.北京：中国建筑工业出版社，2020：109.
③ 大卫·沃特金.西方建筑史［M］.沈在红，译.北京：北京美术摄影出版社，2019：27.

场还很简单,但已成为形式,其尺度和重要性都在增加"①。更重要的是其半圆形的外立面设计:一层柱式为多里克式,二层为稍轻的爱奥尼克式,而顶层为科林斯式,也许就设计在这层的立面上(图1-50)。

图1-50a② 马赛勒斯剧场内　　　　　　　图1-50b③ 马赛勒斯剧场

公元前75—80年,受马赛勒斯剧场的影响与启发,在庞贝古城罗马人建造了可容纳50 000人的著名罗马竞技大斗角场,由三层共80个圆拱孔洞组成,每个圆拱左右两侧都嵌有柯林斯式壁柱。其层叠柱式的韵律秩序,生成了空间叙事连贯的宁静感,对后世文艺复兴时期的建筑师产生了强烈而深远的影响(图1-51)。

图1-51a④ 罗马竞技大角斗场(乐永祥 绘)

---

① 大卫·沃特金.西方建筑史[M].沈在红,译.北京:北京美术摄影出版社,2019:62.
② 尚御瓷砖.帝国背景下,隐藏的"秘密"[EB/OL].(2017-11-10)[2024-09-21].https://www.sohu.com/a/203645815_768246.
③ irisphoto2.意大利罗马马塞勒斯的古代露天剧场[EB/OL].(2022-09-11)[2023-10-15].https://www.veer.com/photo/327767974?utm_source=baidu&utm_medium=imagesearch&chid=902.
④ 银点子工作室.乐老自学钢笔画从读书、临摹开始[EB/OL].(2017-03-14)[2023-10-15].https://m.sohu.com/a/128759390_554504/?pvid=000115_3w_a.

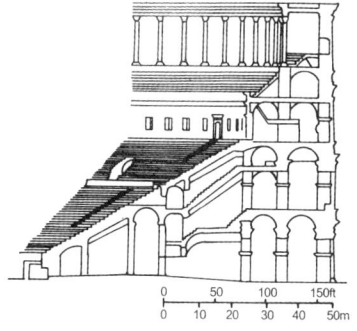

图1-51b[1]　罗马大角斗场

同古雅典帕特农神庙齐名的西方设计最著名的纪念性建筑万神庙（建于118—128年），"主导了三项时代风尚：室内空间的创造、混凝土结构的联合发展、古典形式的保留"[2]。其通过如奥古斯都广场一样的前庭廊院广场（已毁），与逐渐上升的地面及后来消失的台阶一起通向神庙的门廊，将空间的视野的尽端视线引至万神庙入口的门廊（图1-52）。

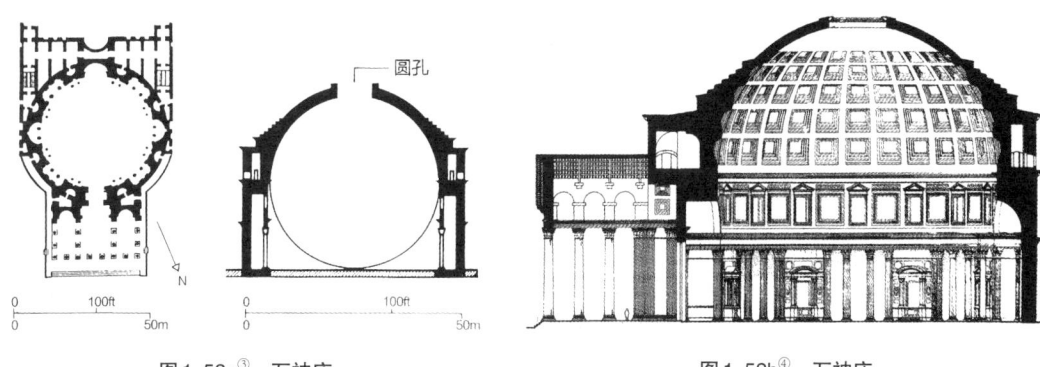

图1-52a[3]　万神庙　　　　　　　　　图1-52b[4]　万神庙

穿过门廊进入神庙巨大圆形穹顶空间（跨度43.2米）内部，"它有着令人窒息的规模，极具戏剧性，又极其庄严。……万神庙内有着完美的平衡比例，因为穹顶的内部直径精确地等同穹顶天眼到地面的高度。"[5]形成了非常能够体现空间序列、节奏、韵律、类型特征的建筑叙事风格类型。

世界遗产"佛罗伦萨大教堂"（建于1420—1436年），被公认为是意大利文艺复兴时期的第一个建筑作品。由佛罗伦萨建筑师菲利波·布鲁内列斯基（Filippo Brunelleschi）设计，其巨大的穹顶宽42米、高达55米，却不做脚手架，成为建造穹顶

---

[1] 大卫·沃特金.西方建筑史[M].沈在红,译.北京：北京美术摄影出版社,2019：64.
[2] 大卫·沃特金.西方建筑史[M].沈在红,译.北京：北京美术摄影出版社,2019：75.
[3] 大卫·沃特金.西方建筑史[M].沈在红,译.北京：北京美术摄影出版社,2019：76.
[4] 杨秉德.建筑设计方法概论[M].北京：中国建筑工业出版社,2020：71.
[5] 杨秉德.建筑设计方法概论[M].北京：中国建筑工业出版社,2020：75-76.

划时代的方法，和其等同的只有万神庙和索菲亚大教堂，成为世界奇观（图1-53）。

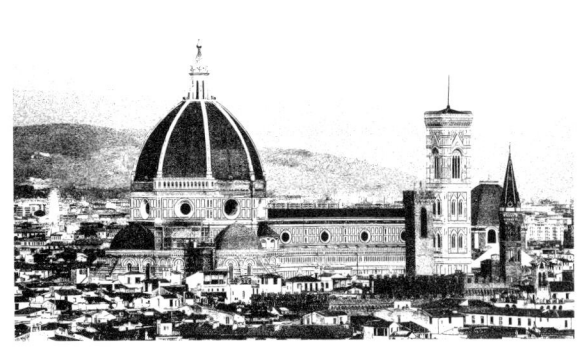
图1-53a 佛罗伦萨大教堂鸟瞰（魏子觐 绘）

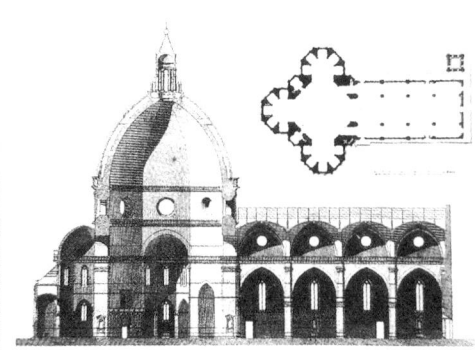
图1-53b[①] 平面与剖面图

佛罗伦萨大教堂具有四个特征："第一，穹顶建造的跨度和混凝土的万神庙一样。第二，建造了双重屋顶，以便最大限度减重。第三，效仿了哥特式的肋拱结构，将屋外顶延伸成一个24条肋拱的框架。第四，由于尖拱的侧推力要比圆拱小。因而，设计师赋予了屋顶一个尖顶的外貌，而不是同万神庙一样的穹顶。同时，固定了圆拱，将其埋入由石头和铁链构成的多个加固圈"[②]。

如果与欧洲同时期的其他地区相比较，显然佛罗伦萨的建筑师与艺术家较排斥哥特式建筑风格，更钟情古典的风格，即我们所说的"文艺复兴建筑"。

希腊和罗马柱式建筑都形成了固定的风格与基本比例规律，在具体的运用过程中建筑师依据具体情况灵活调整。文艺复兴时期，建筑师以罗马的五种柱式为基础，制定出更加严格的比例规范与法式，对后世影响较大（表1-5）。

新形式是建筑艺术作品的生命力，一个新事物的本质，往往最终在其形式上表现出来，以至于有人甚至将艺术的全部特征简单归纳为艺术形式。

除"文艺复兴"，古典复兴建筑思潮再次席卷西方世界。18世纪60年代至19世纪末流行于欧美的复古思潮主要有：古典复兴、浪漫主义、折中主义。

古典复兴是指在此期间，欧美仿古典韵律序列的建筑形式，代表建筑有柏林勃兰登堡门、巴黎新星广场凯旋门、美国国会大厦等；同期在文学艺术领域活跃的浪漫主义思潮，在建筑领域又称哥特复兴主义，代表建筑有英国国会大厦、曼彻斯特市政厅等；以及任意选择模仿历史上各种风格，组合成各种样式的折中主义（即集仿主义），代表建筑有巴黎歌剧院、罗马伊曼纽尔二世纪念碑等。

---

① 大卫·沃特金.西方建筑史[M].沈在红,译.北京：北京美术摄影出版社,2019：212.
② 大卫·沃特金.西方建筑史[M].沈在红,译.北京：北京美术摄影出版社,2019：212.

表 1-5[①]  柱式比例与规范

| | 各部分名称 | | 塔司干 | | 多立克 | | 爱奥尼 | | 科林斯混合式 | | 希腊多立克 | |
|---|---|---|---|---|---|---|---|---|---|---|---|---|
| 檐部 1/4 | | 檐口 | | 3/4 | | 3/4 | | 7/8 | | 1 | | 1/2 |
| | | 檐壁 | 1¾ | 1/2 | 2 | 3/4 | 2¼ | 6/8 | 2½ | 3/4 | 2 | 3/4 |
| | | 额枋 | | 1/2 | | 1/2 | | 5/8 | | 3/4 | | 3/4 |
| 柱子 1 | | 柱头 | | 1/2 | | 1/2 | | 1/3(1/2) | | 7/6 | | 1/2 |
| | | 柱身 | 7 | 6 | 8 | 7 | 9 | 8 | 10 | 8⅓ | 4~6 | 4~6 |
| | | 柱础 | | 1/2 | | 1/2 | | 1/2 | | 1/2 | | 无 |
| 基座 1/3 | | 座檐 | 座檐为基座高的 1/9 | | | | | | | | | |
| | | 座身 | 基座为柱高的 1/3 | | | | | | | | | |
| | | 座础 | 座础为基座高的 2/9 | | | | | | | | | |

德国哲学家尼采（Friedrich Wilhelm Nietzsche）提出了一种非理性论点和"超人"的概念，即超越现代艺术和戏剧的自然主义与新浪漫主义。当时最重要的代表艺术家如瓦西里·康定斯基（Wassily Kandinsky）、弗郎兹·马克（Franz Marc），体现出早期的非表象性艺术和非客观性艺术，受此思潮影响，在建筑上出现了以汉斯·珀尔齐希（Hans Poelzig）、埃里克·门德尔松（Eric Mendelsohn）、布鲁诺·陶特（Bruno Taut）等为代表的极富表现性风格的表现派建筑师。

如珀尔齐希将前身为柏林马戏场市场的大厅，设计改建成人民大剧院（1918—1919年），作为当时流行文化的一部分，空间构成体现为为大众提供的"完全剧场"，舞台和观众没有距离、没有包厢，甚至没有价格不同的座位，体现了19世纪后期受"人民剧场运动"影响后的建筑空间叙事内容与形式结合的部分成果。帕尔齐希将大剧院观众厅室内上方的穹顶，设计成由悬挂着一圈圈宛若钟乳石或冰柱状的矩阵排列的圈层，并结合间接的人工照明，形成宛若梦幻的洞穴或宇宙般浪漫的灵性空间（图1-54a）。引人注目的还有功能性设计的支持者埃里克·门德尔松，他用连绵弯曲的线条设计了爱因斯坦塔天文台（图1-54b），用平行线设计了具有国际现代风格的斯图加特舍肯百货商店等（图1-54c）。

---

[①] 田学哲，郭逊.建筑初步［M］.北京：中国建筑工业出版社，2020：119.

图1-54a① 人民大剧院　　图1-54b② 爱因斯坦天文台（设计：门德尔松，1920年）　　图1-54c③ 舍肯百货商店

　　苏联时期留下许多无价的设计思想遗产，它是至上主义（suprematism）、构成主义（constructivism）又是先锋主义（avant-garde ideology）建筑设计的实践代表。如前卫建筑师、画家、理论家埃尔·利西茨基（El Lissitzky）的职业生涯都与他的个人信仰"艺术家将成为变革社会的力量"相关，协助导师马列维奇发展了动态至上主义，他试验生产技巧和修辞格，并主宰20世纪的图形设计，推动至上主义艺术发展。而且，其作品极大地影响了包豪斯和建构主义运动。

　　抽象艺术起源于俄罗斯艺术家康定斯基的"非客观艺术"，这同时也是苏联艺术的起源。在马克思主义影响之下的俄国革命之后，构成主义约从1917年持续到20年代末。当时，因为出现了社会主义这样从未有过的思想，所以苏联的艺术家们决定创造一种同样前所未有的艺术风格。苏联艺术界激烈讨论着20世纪初西欧盛行的思想派别——立体派、未来派与表现主义的思想精髓，并吸收组成了构成主义的理念（图1-55）。

　　构成主义艺术家脱离了立体主义中再现物象的痕迹，直接在建筑和工业设计上用新的工业材料，从立体主义延伸出的拼贴艺术中得到启发，吸收了绝对主义的几何抽象理念，利用一块块金属、玻璃、木块、纸板等综合材料结合成雕塑。构成主义艺术家吸收了立体主义的拼贴技法，通过材料+几何图形对物体进行了拆解和重组，展开对材料、空间和结构深入的研究，对20世纪初的工业设计产生了重要意义。

　　"1913年由俄罗斯建筑师、画家塔特林（Vladimir Tatlin）及理论家与先锋派艺术家卡西米尔·塞文洛维奇·马列维奇（Kazimir Severinovich Malevich）等倡导的构成主义艺术与建筑风格。构成主义是对立体主义及未来主义的延续与发展，构成主义应用机械的隐喻，试图用技术解决社会的弊端，反对新古典主义的自主艺术思想。主张'构成'、主张艺术介入社会，在语义和观念上取代艺术。"④

---

① 大卫·沃特金.西方建筑史［M］.沈在红，译.北京：北京美术摄影出版社，2019：589.
② 理查德·韦斯顿.现代主义［M］.海鹰，杨晓宾，译.北京：中国水利水电出版社，2006：59.
③ 理查德·韦斯顿.现代主义［M］.海鹰，杨晓宾，译.北京：中国水利水电出版社，2006：591.
④ 安娜·莫斯钦卡.抽象艺术［M］.黄丽娟，译.台北：远流出版社，1999：78.

 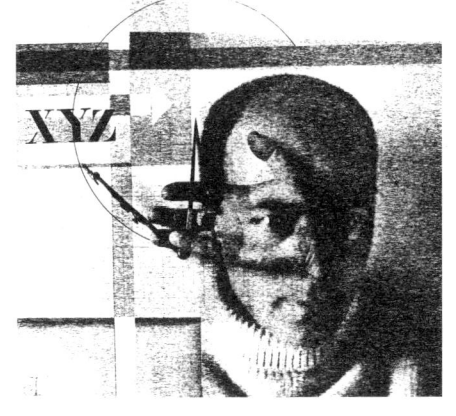 

图1-55a① 云间压路机　　图1-55b② 利西茨基作品　　图1-55c③ 真理报竞赛方案

在建筑设计领域，20世纪20—30年代苏联革新派的代表建筑作品有第三国际纪念碑、沙科夫工人俱乐部、Zuev工人俱乐部，70—80年代建筑作品有基辅萨鲁特酒店、格鲁吉亚公路建设部大楼、克里米亚海滨友谊疗养院等（图1-56）。

虽然当时设计的观念还没有成形，但是他们将自己这种艺术形式称作"生产艺术（Production Art）"。今天，我们可以比较清楚地理解，他们的目的就是将艺术家改造为设计师（Designers）。从他们当时设计的海报、字体、书籍、家具、建筑和戏剧布景等等可看出，他们避开传统艺术材料，高举着反艺术的立场，反对仅仅提供愉悦的传统艺

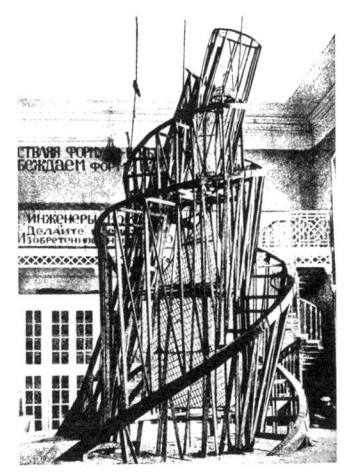 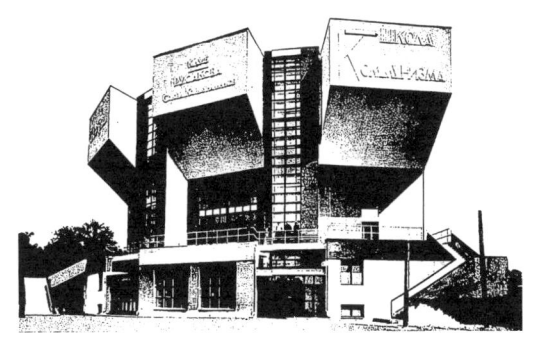

图1-56a④ 第三国际纪念塔　　图1-56b 卢沙科夫工人俱乐部（包立 绘）

---

① 郑时龄.建筑批评学［M］.北京：中国建筑工业出版社，2016：459.
② 理查德·韦斯顿.现代主义［M］.海鹰，杨晓宾，译.北京：中国水利水电出版社，2006：153.
③ 理查德·韦斯顿.现代主义［M］.海鹰，杨晓宾，译.北京：中国水利水电出版社，2006：160.
④ 理查德·韦斯顿.现代主义［M］.海鹰，杨晓宾，译.北京：中国水利水电出版社，2006：148.

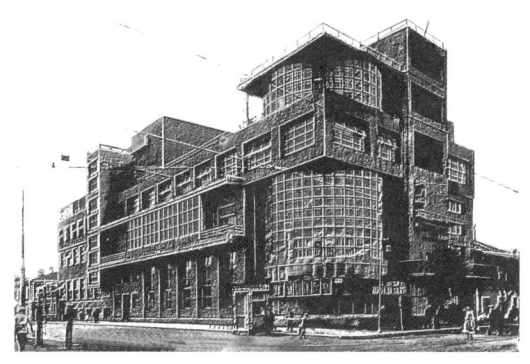

图1-56c　Zuev工人俱乐部（包立　绘）

图1-56d　公路建设部大楼（包立　绘）

图1-56e　萨鲁特酒店（包立　绘）

图1-56f　海滨友谊疗养院（包立　绘）

术，改用大量生产和工业化代替艺术创作，这与当时的社会形态和新政治秩序有着密切的联系。所有构成主义的思想涵盖了建筑、雕塑、绘画、工业设计、时装设计、舞蹈、诗歌、音乐和电影等叙事语言的表达，并对20世纪的现代艺术运动，尤其是对现代设计的策源地包豪斯与现代建筑产生了重要影响。

"包豪斯"，德语"BAUHAUS"，意为"建筑之家"，它不仅仅是一种建筑风格，还是一种结合了手工艺和美术的学校，更像是一个艺术与理想的乌托邦。它具有设计思想的先锋性，以理性、简洁的功能主义设计，直接影响着当代的设计风格。其在艺术设计中带来的影响力依然在建筑、设计、艺术等学科中不断被提及，甚至吸引了社会各界非专业人士的广泛兴趣与关注，对建筑与艺术设计产生了系统性的深刻影响。

包豪斯不只是美术学校与艺术和手工艺学校的合并；它的教学由建筑建造的象征性目标和实践性目标双向控制。如格罗庇乌斯在1922年出版的包豪斯章程中可以看到课程训练以6个月的初步课程"Vorlehre"课程为开端，中间两圈为为期3年强调材料的工作坊训练和形式设计的理论课程；圆心中的建筑（BAU）成为教育的终极目标；"艺术和技术"以一种新的统一体，在建筑上表示一个工厂美学的回归。

格罗庇乌斯和汉纳斯·梅耶（Hannes Meyer）采用玻璃幕墙和钢筋混凝土结构，建立了包豪斯工艺学校校舍，其布局从功能出发，平面和各个立面精心设计成非对称的自由平面组合，布局灵活，破除学院派的对称法则，以不规则的构图手法，通过食堂和行政办公楼将实习工厂、教学和宿舍连接起来，在满足功能组合使用的基础上，充分发挥现代材料、结构的特性，表现新颖完美的建筑形态。"这种激进的极简主义建筑是试图摒弃任何'资产阶级'与'不纯'因素的一个结果，这些因素包括斜屋顶、圆石柱、装饰、模边、对称、宽大、温和"①（图1-57）。

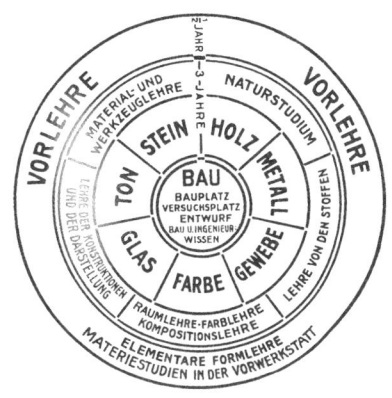

图1-57a② 包豪斯的课程结构

图1-57b③ 包豪斯校舍

图1-57c④

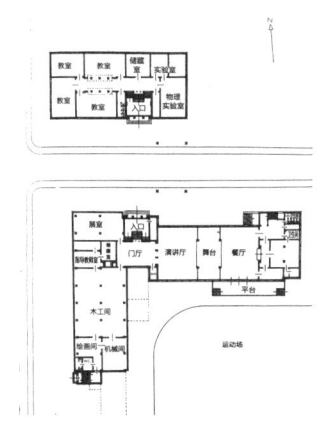

图1-57d⑤

---

① 大卫·沃特金.西方建筑史［M］.沈在红，译.北京：北京美术摄影出版社，2019：596.
② 包豪斯档案馆，玛格达莱娜·德罗斯特.包豪斯1919—1933［M］.南京：江苏凤凰科学技术出版社，2017：35.
③ 包豪斯档案馆，玛格达莱娜·德罗斯特.包豪斯1919—1933［M］.南京：江苏凤凰科学技术出版社，2017：122-123.
④ 大卫·沃特金.西方建筑史［M］沈在红，译.北京：北京美术摄影出版社，2019.12：596.
⑤ 大卫·沃特金.西方建筑史［M］沈在红，译.北京：北京美术摄影出版社，2019.12：595.

20世纪40年代从格罗庇乌斯第一个回中国的学员黄作燊"系统地把包豪斯学院派的思想带到了上海。……'新建筑是永远进步的建筑，它是跟着客观条件而改变，表现着历史的进展；新建筑永远是进步的建筑，是不允许停留在历史阶段的建筑。'……包豪斯之所以伟大，就是因为其与产业革命的脉搏是同步的"[①]。

另一位建筑大师勒·柯布西耶曾在1950年出版的《模度》中这样描述比例与尺寸的关系："我很高兴与普林斯顿的阿尔伯特·爱因斯坦教授聊了很多关于'模度'的事。……陷入了某种'因果怪圈'里……当天晚上，爱因斯坦亲切地写信给我谈'模度'的事情，'这是一套比例体系，应用它很难产生坏的形式，而极易产生好的形式'"[②]。

柯布西耶对"模度"与人体尺度的关系，如模度男人与模度女人，以及人与空间的关系进行了系统性的推敲和思考（图1-58a）。其在100多年前提出的"五点新建筑手法"至今值得我们借鉴与学习（图1-58b）。

现代主义建筑师路易斯·康对建筑"本源"的探讨使他不断地在结构与功能之间尝试建立新的联系，秩序、结构、材料与光线在他的建筑中形成了人与万物的对话与沟通，最终呈现了其独特的建筑精神内涵。他通过对不同用途的空间性质进行解析、组合，体现秩序，突破了学院派建筑设计从轴线、空间序列和透视效果入手的陈规，对建筑设计的巡视方法与创作灵感是一种激励式的启迪。他认为建筑师的职责与使命就是传达空间之美，而空间之美即建筑的真正意义。

路易斯·康在1928年在欧洲旅行时，深受古典建筑的熏陶，从中吸取古典建筑的精神而没有流于形式。从路易斯·康的作品中我们能够体会到建筑空间的光影的形式、秩序、内涵与模式，尤其是在空间叙事的营造方法上，其作品至今影响着我们周边与未来的建筑师们。

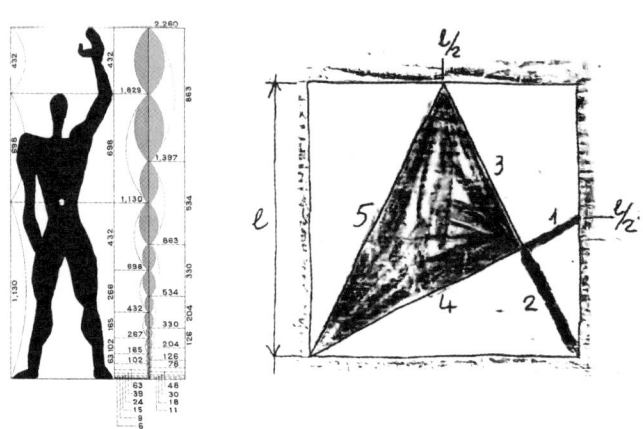

图1-58a[③]　柯布西耶的人体尺度"模度"

---

① 娄永琪，杨浩.环境设计[M].北京：高等教育出版社，2021：3.
② 让-路易斯·科恩，蒂姆·本顿.伟大的柯布西耶[M].张艳晗，译.武汉：华中科技大学出版社，2020：382.
③ 让路易斯·科恩，蒂姆·本顿.伟大的柯布西耶[M].张艳晗，译.武汉：华中科技大学出版社，2020：378-379.

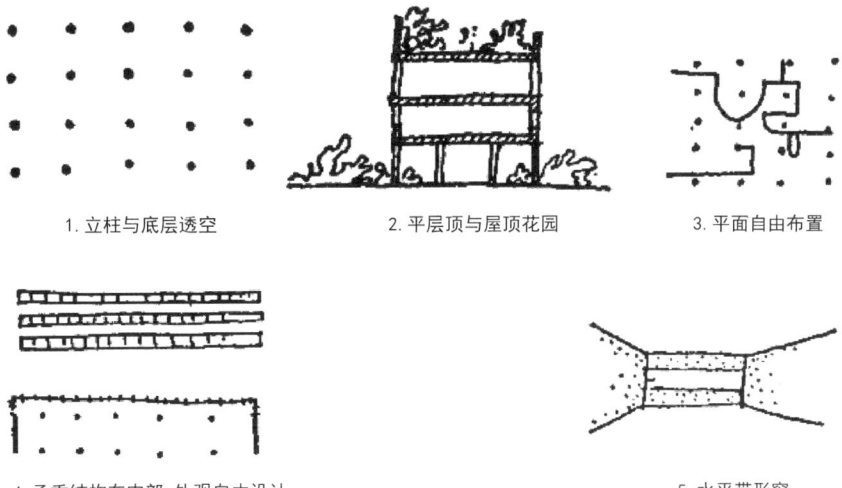

图1-58b① 柯布西耶的五点型建筑手法

纽约世界贸大厦的设计者，美籍日裔建筑师山崎实（Minoru Yamasaki）曾描述，当他"第一次'回'到日本时，日本建筑就使他的思想产生了很大变化。他觉得传统的日本房屋使人有亲切感，'使你想去触摸它'——不仅在表面上，而且在内心也想触摸它。他对以'人'为本位的文化有了更深刻的体会，感悟到建筑并不是玩弄无'根'的'形'和'饰'，更重要的是要把握当地的文化精神而把它灌注到设计中去"。②山崎实一直努力用人本主义建筑哲学（philosophy of humanism architecture）改善建筑的空间与环境。

当代建筑师扎哈·哈迪德（Zaha Hadid）曾说："中国山水的瑰丽多姿给我留下了深刻印象。将空间层次无限化，令人感受到全新深度和自由的中国传统绘画；将自然界的多种元素融为一体的中国园林；和谐地嵌入自然环境的中国建筑，所有这些元素对我的作品都产生了长久的影响……"

她从另一个角度诠释了行云流水般具有东方意蕴特色的"绘画性"建筑美学观，运用不规则建筑的自然意象贯穿于建筑空间与景观一体化设计的创作思想；注重场地文脉的梳理与提炼，让场地建筑与场地肌理、城市文脉相互交融；以动态的文脉视角观关注文脉的继承与发展，挖掘创造有意义的与基地紧密相关的文脉要素因素；通过艺术化空间建构和结构成就建筑之美，介入参数化设计营造出全新的建筑空间与室内外环境和景观的文化表达的建筑语汇（图1-59）。

功能、结构和空间意象是构成建筑空间叙事模式的三种基本要素。路易斯·康构建了一种新的空间系列与秩序，他将建筑形式和功能一一对应的关系分开，将所有的建筑都看成是服务的和被服务的空间，认为建筑除了满足功能外要有自主的形式来体现建筑本身的纪念性特征。

---

① 刘先觉.当现代建筑理论［M］.北京：中国建筑工业出版社，2008：2.
② 李允鉌. 华夏艺匠：中国古典建筑原理分析［M］.天津：天津大学出版社，2012：15.

图1-59a 北京银河SOHO（包立 绘）

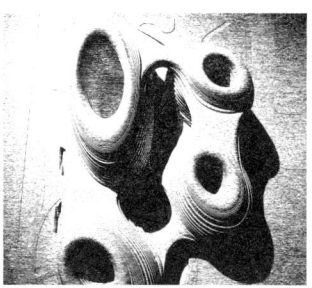

图1-59b 广州大剧院（包立 绘）

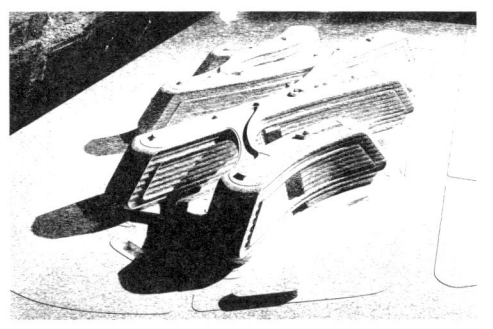

图1-59c 上海凌空soho（Zaha Hadid Architects 设计 谢璞 绘）

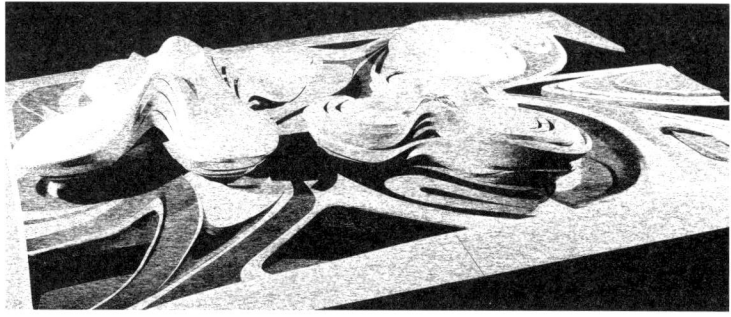
图1-59d 长沙梅溪湖国际文化艺术中心（Zaha Hadid Architects设计 包立 绘）

人类积累的智慧与经验告诉我们历史是"未来创作"重要的灵感源泉，"艺术和历史才是建筑的精髓"（贝聿铭语）。中国传统官式建筑以均衡，赋予空间严肃、庄重和秩序；以对称，勾勒空间的韵律和节奏；以轴心，彰显空间地位和风格气派；以经典叙事布局，突出空间的场所性格与精神力量（图1-60a）。如北京的中轴线，城市空间结构让过去的经典成为未来的经典的城市空间叙事文脉，以中轴线为核心构成的紫禁城叙事序列中的空间秩序，以及今天在城市中轴线历史文脉的南向延续（北京大兴国际机场）（图1-60b、图1-60c）。

建筑作为一门学科，它内在包含了一定的多样性与不确定性。虽然建筑类型决定了建筑必须具备的功能和空间，但它们的用途、耐用性以及它们对用户产生的多方面的影响一定是不确定的。所以我们可以说，建筑具有非结论性、预测性的特征，具有随机性、偶然性概率。

黑格尔（Georg Wilhelm Friedrich Hegel）基于"美是理念的感性显现"美学观，将建筑划分为象征型、古典型、浪漫型三种类型。其"理念"指艺术中的精神、意义少，它是抽象的、普遍的。"感性显现"为具体的形象，理念与不同的形式结合，产生了不同的艺术类型。

建筑的性格、风格与艺术性正如著名建筑大师弗兰克·劳埃德·赖特（Frank Lloyd Wright）所言：建筑是艺术之母。如果没有建筑，人类自身的文明就没有灵魂……建筑

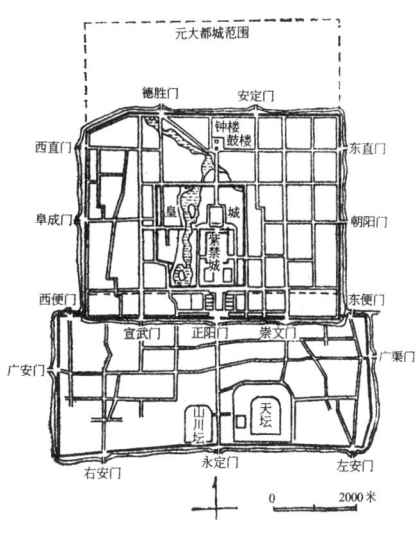

图1-60a① 明代北京城

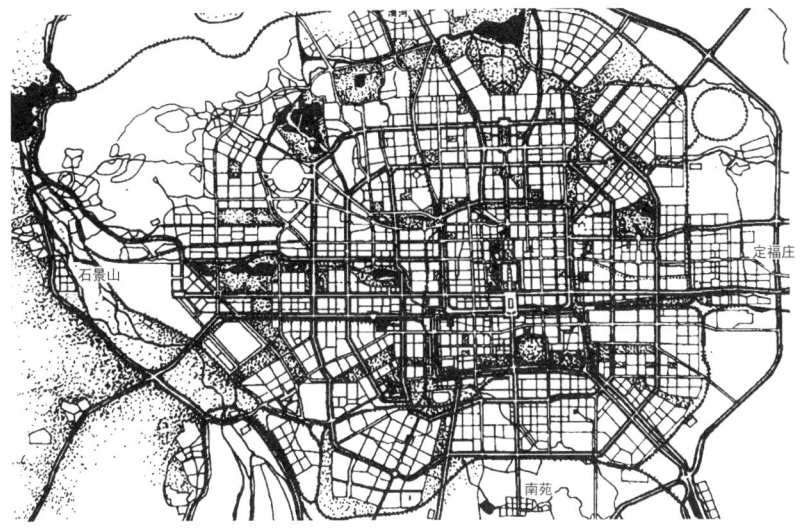

图1-60b② 北京总体规划（1957年）

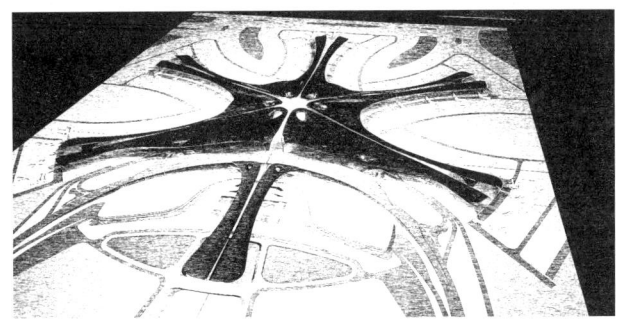

图1-60c 大兴国际机场模型（包立 摄）

是用结构来表达思想的科学性的艺术。

决定建筑语言的六大因素：一是建筑环境与相邻的建筑基地的关系；二是功能；三是地区气候景观以及自然的光照条件；四是建筑材料；五是空间与心理需求；六是时代精神。

例如，上海金茂大厦建筑的韵律、性格与中国风来自对中国优秀历史建筑空间形态的成功描述，少林重檐塔、西安小雁塔、崇圣寺三塔等的元素解读与符号提炼是建筑文化形态定位清晰、目标明确的结果。

北京朝阳公园广场"墨色山水"，不同于那些强调边界围合感的现代建筑，更加强调自然向城市的延伸和渗透，将城市中的人造物"自然化"，运用中国古典园林建筑中"借景"叙事的手法，突破了朝阳公园与城市之间的界线，让自然和人造景观交相辉映，使人融情于景（图1-61）。

---

① 董鉴泓.中国城市建设史［M］.北京：中国建筑工业出版社，2014：138.
② 董鉴泓.中国城市建设史［M］.北京：中国建筑工业出版社，2014：410.

图1-61a  朝阳公园广场"墨色山水"（谢璞 绘）　　图1-61b  朝阳公园广场"墨色山水"（MAD 设计  戚鑫杰 绘）

上海自然博物馆建筑融合海派"山水花园"的设计风格，采用"自然生态"理念的设计手法。中心景观区的160多种植物呈岛状分布，犹如"微森林"一般，与五个大小不一的"水池"组成一座叙事性"山水花园"。此外，绿化屋面技术不仅美化了环境，还具有良好的隔热保温功能。整个建筑还集成了节能围护结构、节能空调技术、太阳能综合利用、高大公共空间气流组织、自然光导光技术、雨水回收系统、生态节能集控管理平台等七大系统，与整个建筑共同构成达到国家绿色建筑评价标识星级标准的"绿色生态建筑"（图1-62）。

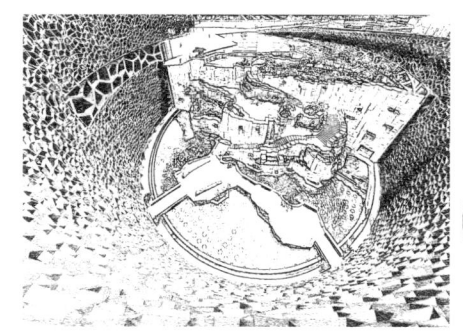
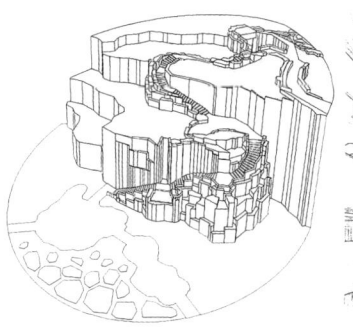
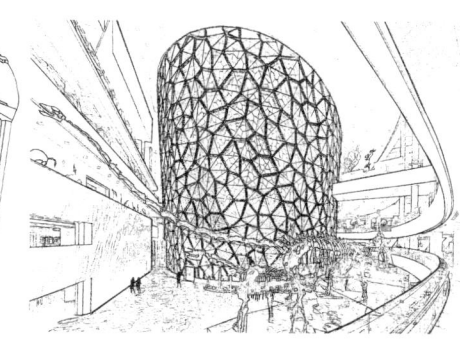

图1-62  上海自然博物馆（同济大学建筑设计研究院 设计）

上海保利大剧院的空间组织秩序能够满足歌剧、舞剧、话剧、交响音乐会、戏曲、综艺汇演使用及专业声学功能需求。其空间叙事的方法为将建筑设定为长宽均为100米，高34.1米的方盒子几何体，圆筒在盒子中穿插交叠，将剧场环绕起来。在空间上，圆筒将光线和外部环境导入，加强了人的视线与景观的联系，达成了商业区与湖景的对话，形成空间叙事轴线；同时也表达了门厅、室外剧场等具有叙事性的功能空间产生场所的意义（图1-63）。

在建筑功能、技术和艺术三个要素中，功能是目的，技术是手段，而艺术则是前两

图1-63a 上海保利大剧院（李鸣燕 绘）

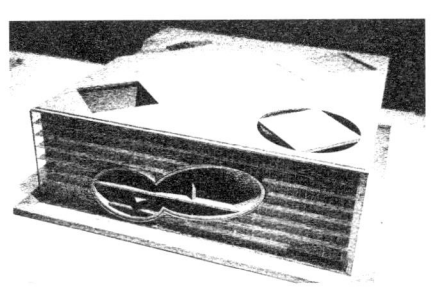

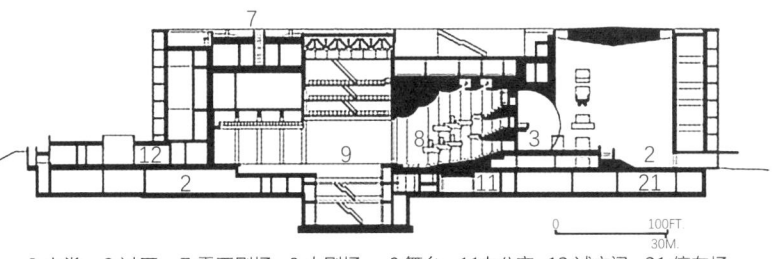

2 大堂　3 过厅　7 露天剧场　8 大剧场　9 舞台　11 办公室　12 试衣间　21 停车场

图1-63b 上海保利大剧院模型（谢璞 绘）　　图1-63c[①] 上海保利大剧院平面图、剖面图

者对审美要求的综合表现。对于不同性质的建筑物，三者之间有不同的辩证关系，是可变的，关键还要看设计者对辩证的把握。实践证明，优秀的建筑作品都能体现出以上三者之间良好的辩证关系。

建筑的韵律、序列、性格、风格主要通过建筑群体、单体，建筑内部、外部的空间组合、造型设计以及细部的材质、色彩等方面予以体现。建筑通过这些空间艺术要素的恰当叙事处理手法，产生良好的艺术效果，并且能满足人们对使用功能、审美艺术和精神层面多重功能的需求。

从建筑造型及文化意蕴视角，通过空间与时间、材料与结构、方直率真与圆曲韵质、庄重与活泼、阳刚与阴柔、理性与情感之间所产生的异常美妙的空间意蕴对话，能让我们不断获得空间体验的阐释维度，认识建筑与环境的空间营造的叙事方法，获得建

---

① FlotSp.［案例分析］上海嘉定保利大剧院［EB/OL］.（2018-12-07）［2024-10-15］.https://mp.weixin.qq.com/s?__biz=MzU4Mjc4NDMxOA==&mid=2247483676&idx=1&sn=19ac95b12b1aef3ce11bb840eae22195&chksm=fdb2454dcac5cc5bd7f260c82d1a7557c9b29aef984a72078acaea4535df3fdb4f2e5d9defbc&sessionid=1716974642&scene=126&subscene=7&clicktime=1716974986&enterid=1716974986&ascene=3&fasttmpl_type=0&fasttmpl_fullversion=7226317-en_US-zip&fasttmpl_flag=0&realreporttime=1716974986589&devicetype=android-29&version=2800313f&nettype=cmnet&abtest_cookie=AAACAA%3D%3D&lang=en&countrycode=CN&exportkey=n_ChQIAhIQrAOe%2BNBds7ttSm0FQFK7nRLeAQIE97dBBAEAAAAAObFGR0G1SUAAAAOpnltbLcz9gKNyK89dVj0LomkpxNIywzWXgp5Kto48YsaYOnE1KfPcsHUOpDz3yZ3rf4O44Ln%2BT%2BphrwHj841LPBpBNOo%2BJ%2F9hwskYui5lCAQReqj4qcbzaCV4AarboGjTH8cxSIyiXFDS7h1p9D1jahL9v9s7%2Fby1opoAvM5en9Mz%2FRBZAd6SlYcPHpN0fdGGiIxjs%2FtxxYCnw9FopuzyBYIYcX%2BtQOTBuHRA78%2F4XwKrUnD4BupN8k8D1cKLXP3tucDpXKuA%3D%3D&pass_ticket=h4x%2BR0t6%2BiUq99sD3p%2BAvCcQ%2FkrNw0HiKRfgychnyZqcKv9VHXdSoX%2F6pAKFcVfJ&wx_header=3.

筑空间与环境意境表达的文化志趣与灵魂的实现路径。

路易斯·康说建筑师"是传达空间关系之美者,而空间之美即建筑的真正意义,思及有意义的空间然后创造环境,它即成为你的创作,这就是建筑师的位置所在"。[①]建筑区别于其他造型艺术的最大特点是有"可供使用的空间",它通过各种实际材料表现出不同的色彩和质感。建筑通过天然光或人工光与阴影,塑造出建筑形态的起伏变化与材料的质感,进而增添了其本质上的艺术感染力与表现力。

建筑风格之美,有它自身的规律,如可以通过点、线、面、体的基本要素和心理感受特征;基本形和形与形的基本关系;单元类、分割类、空间法、变形类等造型的基本方法;单纯化的几何形、简单形的概括与构造法;单纯化原理、群化法则、图底关系、图形层次的形态的视知觉;体量感、动感与张力、空间与场感、质感与肌理、错觉与幻觉、方向感与轴线等形态的心理感受;对称、均衡、比例、序列、节奏、韵律、风格的多样统一等形式美的法则来进行空间叙事。这些空间叙事手法,构成建筑空间形态的美学意境表达的基础。

需要指出的是,虽然建筑与艺术似乎日趋接近,但不可相互替代或混同。

## 单元练习

# "主题设计"开题

### 一、提出问题

考察、发现日常生活中建筑与环境存在的问题,探讨如何通过中、小规模的建筑与环境融合的空间设计,能够使用有针对性的设计方案,有效地解决这些问题。

### 二、基地调研

确定基地范围展开前期调研。

1. 地理区位
2. 气候条件
3. 周边状况
4. 历史背景分析
5. 周边交通
6. 设计场地分析
7. 场地环境分区

---

① 约翰·罗贝尔.静谧与光明:路易斯·康的建筑与精神[M].成寒,译.台北:联经出版事业联合有限公司,2007:75.

### 三、设计案例调研

#### （一）建筑设计案例的空间设计方法调研

"他山之石，可以攻玉。"经典案例可以让学员快速转换观察探讨的视角与身份，提升设计思考的维度和专业思维的深度，借鉴专业领域内大咖的实践经验。这既可以避免少走弯路，又可以了解顶尖思维模式指导下的建筑设计理念与空间叙事的原则策略、路径及方法表达；同时，是积累各种建筑资料与经验的最直接、有效的学习、借鉴方法与途径之一。

具体结合设计任务的进展情况，有针对性地分阶段、分重点地进行资料搜集与经典案例分析。注意选取与所定主题相关或相近的建筑大师设计的经典案例展开分析研究。通过设计案例挖掘、学习项目设计方案的实现过程，总结设计功能、技术工艺与艺术表达三要素的空间叙事方法，同时关注与客户、使用者关系、线索相关的重要事务及生活样态的研究，挖掘其构成体系中相关的重点和需求。

#### （二）相关经典案例的调研

相关经典案例的选择应本着有效合理、内容相近、性质相同、规模接近、方便实施以及能够体现不同视角下的多样性思考的原则。调研内容包括了解常规性的操作技术、设计构思、总体布局、平面组织和造型处理，尽可能了解、掌握建筑使用和管理运营过程中存在的优、缺点及其背后的原因。

具体的分析要点归纳如下：

（1）设计背景：区域现状与历史文脉
（2）问题思考（空间分析）
（3）设计概念（设计理念与构思逻辑）
（4）设计策略（元素提取分析、空间类型、核心功能、使用状况）
（5）地块设计意象（主体建筑与区域位置关系分析）
（6）地块系统因子（组团关联性分析、建筑内外动线、可达性及空间结构）
（7）空间节点设计（功能空间、道路、交通动线、管道设施分析）

基于设定主题类型和地块特征，搜集、参照相似案例，对比、借鉴或参考吸纳对设计项目具有启发和指导意义的建筑设计内容的思考，结合以上7点要素分析方法，对各自设计课题进行具体深入的探讨、研究。调研成果应以图、文、模型等形式呈现，尽可能做到准确、翔实表达，形成可持续的知识体系架构，对专业参考文献、研究资料进行整理。

#### （三）相关素材与资料的收集

相关素材与资料收集要侧重设计构思、总体布局、平面组织、造型处理和丰富空间叙事组织方法等技术路线的学习和储备。在力所能及的范围内，深入、系统地实施调研，分析获得的资讯，培养获得有效判断、处理重要价值信息和构思创意设计的能力。

# 第二章
# 建筑表达的类分与项目设计程序

### 章前导言

本章内容涉及建筑空间表达的要因（东西方叙事、影响因素、构成体系、评价标准）、建筑学与建筑类分、建筑设计的内容范围、项目程序与设计特性。在搜集、整理调研资料的基础上展开建筑特性与基本形态的解析。

### 本章聚焦

关注影响建筑空间表达的要因、构成体系、评价标准；建筑类分、项目运作、程序职责、设计特性与基本形态，探讨建筑设计的内容与环境的关系。

### 学习目标

学习理解建筑构成体系及评价标准，理解建筑学与建筑设计的关系，明确建筑设计的内容与范围，廓清建筑的分类分级、建筑工程项目运作程序与职责，熟悉建筑设计的特性以及思维模式和表述方法。理论联系实际，结合国际获奖作品与经典建筑设计作品案例调研，学习建筑空间与心理、行为的关系，审美经验的认识方式及建筑设计的表达方法。

## 知识点导图

```
                    ┌─ 第一节  建筑表达 ──────────────┬─ 东西方建筑叙事表达
                    │                               ├─ 影响建筑表达的要因
                    │                               └─ 建筑的构成体系与评价标准
                    │
                    ├─ 第二节  建筑学与建筑设计的内容范围 ┬─ 建筑学
建筑表达的类分与       │                               ├─ 建筑设计
项目设计程序 ─────────┤                               └─ 设计的内容与范围
                    │
                    ├─ 第三节  建筑类分项目程序与设计特性 ┬─ 建筑的分类与分级
                    │                                 ├─ 工程项目运作程序与工作职责
                    │                                 └─ 建筑设计的特性与基本形态
                    │
                    └─ [单元练习] 空间行为、审美经验提升 ┬─ 建筑与空间心理、行为分析
                        与建筑作品调研                  ├─ 审美经验提升
                                                      └─ 建筑大师设计理念与作品调研
```

# 第一节  建筑表达

## 一、东西方建筑叙事表达

中国和西方的建筑空间叙事与文化精神有很大差异，最突出的特点是我国传统建筑空间叙事文化注重天人合一，受崇"德"尚"礼"的儒家思想的深刻影响；而西方的建筑空间叙事更多地呈现出作为对抗自然"力量"的重要手段。

从宏观的视角我们对中西建筑进行比较，"会发现其建筑构成模式、设计主旨、基调、工艺、空间组织、审美特点、起始点与风格的不同，乃至理论建造方式、审美意象与情趣、建材选用和建筑工艺都不尽相同，但主要还是集中在文化观念的差异上，从而导致了不同的空间构成模式"[1]（图2-1、表2-1）。

## 二、影响建筑表达的要因

建筑会对社会产生直接的作用，如建筑可以推动社会新的发展方向；建筑可以扮演肯定和支持现状的角色

图2-1a[2]  巴别塔

---

[1] 罗哲文，王振复.中国建筑文化大观[M].北京：北京大学出版社，2010：35.
[2] 楚汐读绘.拜厄特《巴别塔》：困顿中觉醒的女性，走出失语婚姻，为自我发声[EB/OL].（2020-10-30）[2024-09-12]. https://www.sohu.com/a/428081210_120842365.

图2-1b 苏州山塘街（谢璞 绘）

图2-1c 威尼斯（谢璞 绘）

表2-1 中西建筑观念比较

|  | 主 旨 | 基 调 | 工 艺 | 空间组织 | 审美特点 | 设计起始点 | 风 格 |
| --- | --- | --- | --- | --- | --- | --- | --- |
| 中国 | 天人合一 | 强调和谐 | 师法自然 | 非线性叙事 | 散点透视 近乎绘画 | 重在线条 | 含蓄空灵 |
| 西方 | 神人合一 | 强调对比 | 改造自然 | 线性叙事 | 焦点透视 近乎雕塑 | 重在体块 | 彰显力量 |

并接受现存条件；建筑可以批判和改造社会。只有认识到建筑的社会意义，建筑师才会深刻地认识到自身肩负的社会责任，满足社会进步的需要，把自己放在社会发展的背景下思考问题。

建筑虽是建筑师设计的，但也是社会创造的。主要表现在时代背景、时代精神、社会的普遍艺术意识以及与建筑有关的体制、规范等诸多方面。它反映着社会所能接受与可能提供的价值取向和元素符号体系等，它包含着社会、政治、经济、文化、自然环境、民族传统、地域特色、风俗习惯、宗教信仰、组织结构、生产生活方式、时代精神、价值观念等诸多要素的内涵与外延。

马克思认为，艺术是完整的历史过程的一部分，作为生产方式的两个彼此不可分割的方面的生产力和生产关系的发展构成这个过程的物质基础。正如马克思所指出"物质生活的生产方式决定社会生活、政治生活和精神生活的一般过程。不是人们的意识决定人们的存在，恰恰相反，正是人们的社会存在决定人们的意识。"[1]

社会对建筑表达产生了深远的影响，建筑涉及面极其广泛，建筑是社会发展水平体现的重要媒介与物质载体，是社会、政治、经济和文化的符号。建筑设计者和建造者具有的主动性与使用者的被动性之间的矛盾，只有在共同创造的条件下才得以化解而达到

---

[1] 马克思，恩格斯.马克思恩格斯论艺术：第1卷［M］.北京：人民文学出版社，1961：131.

一种动态的平衡；建筑的复杂性和重要性提示我们，建筑的实现绝非建筑师个人的主观意志所能够决定的；不同社会的存在，创造了建筑与建筑的形式，社会现实会深刻地影响人们对建筑的审美与建筑师的态度，进而导致建筑及其形式的转变与变革；建筑的任务应当由社会与建筑师共同承担，通过社会的参与来更好地满足人们对物质生活与精神生活的多重需求。

著名建筑师安藤忠雄（Tadao Ando）认为建筑师的职业与社会责任密切相关，他认为建筑师最重要的任务并非主观表现，而是保护生命和财产的社会责任。建筑师有义务以更广阔的视野，通过设计维系、保障以改善社会环境和经济环境为责任的社会导向。

全球化语境下的技术革新、经济运行方式、社会生产力方式以及社会关系方式都已发生了巨大的变化；这些变化也相应地深刻影响、带动建筑与环境设计学科发生同样的联动变化；而建筑的社会因素主要体现在社会需求、经济能力、技术水平、文化意识等四个层面（图2-2）。

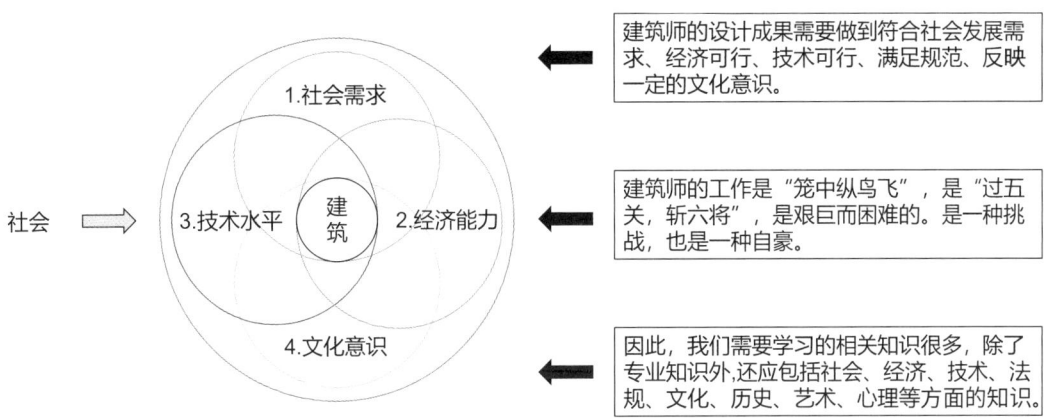

图2-2　建筑与社会关系

### （一）社会需求

建筑是人们为满足社会生产、生活或其他活动的需要而创造的物质的、有组织的空间环境。作为"世界七大建筑奇迹"之一的北京故宫（紫禁城）建筑群，当时是明、清王朝的最高统治中心，集中明确地反映出当时统治者的政治需要、价值观、世界观等社会阶级关系要求。

按照符合《礼记》《周礼考工记》、"左祖右社"等封建礼制、制度的转译，营建在南北中轴线及两侧的次轴线为秩序的空间组织，最终呈现在建筑的形式和表现上为一条贯穿南北中轴线上的建筑形式、核心空间的精神诉求与社会价值取向。

中轴线南起永定门（起点），经正阳门、大明门至皇城正门天安门，其两侧排列着廊庑（千步廊），天安门前依次是横向展开的御街和外金水河，穿过五座纵向的玉带桥，再经端门进入紫禁城午门（宫门），跨金水桥、入太和门，依次来到太和殿、中和殿、保和殿，三大殿营造出紫禁城宫城壁垒森严、等次分明的院落。华丽壮观的殿宇空间叙事秩序，体现出对帝王权利的总体规划和建筑形制、宗法礼制和象征天子帝王权威的精神空间叙事渲染，是中国观念在古代建筑文化社会思想上的反映，其叙事空间的核心聚焦在"天下中心"太和殿的金銮宝座之上（图2-3）。

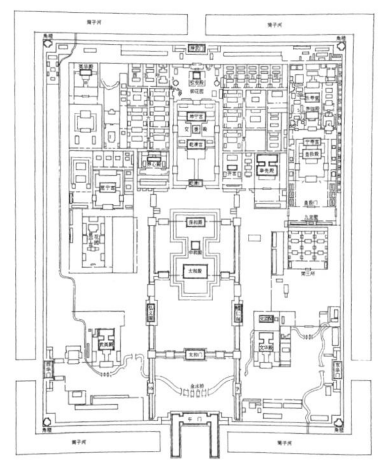
图2-3a[①]

图2-3b[②] 紫禁城中轴线（Graf zu Gastell 摄）

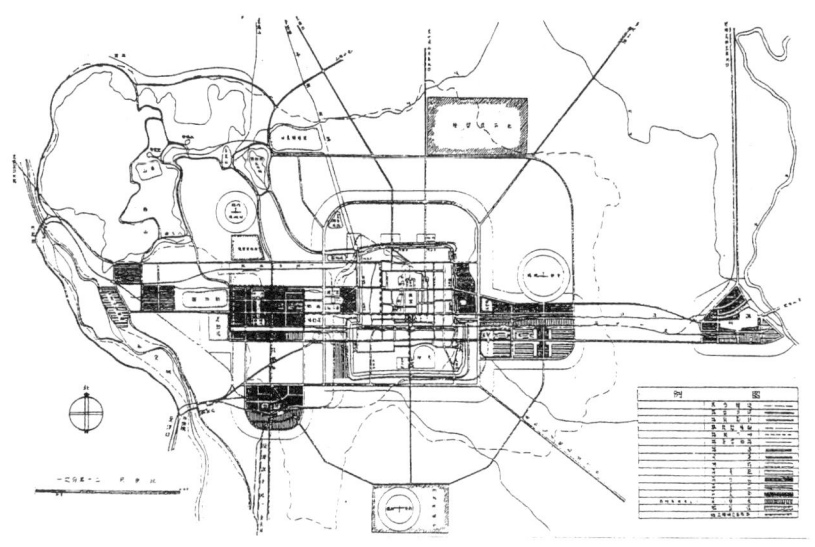
图2-3c[③] 北平中轴线都市计划（1946年）

---

[①] 李幼彬，李婉贞.中国古代建筑史图说［M］.北京：中国建筑工业出版社，2007.133.
[②] CAMERA88.1940年 德国飞行员 J. P. Koster 航拍的北京［EB/OL］.（2024-01-01）［2025-05-20］. https://www.xiaohongshu.com/discovery/item/659267b10000000010012829?source=webshare&xhsshare=pc_web&xsec_token=ABWiyRLtj9hAodhXAGYyqZTRF7DqSBTcc165C-MZFfsac=&xsec_source=pc_share.
[③] 董鉴泓.中国城市建设史［M］.北京：中国建筑工业出版社，2014：362.

又如"人民大会堂"的营建，就体现了与社会主义民主政治社会生活相适应的公共建筑属性。1959年9月，中华人民共和国第一代党和国家领导人毛泽东主席在视察该项工程时说，人们要问老百姓，你到哪里去？老百姓一定说，到人民大会堂去，就叫人民大会堂吧（图2-4）。

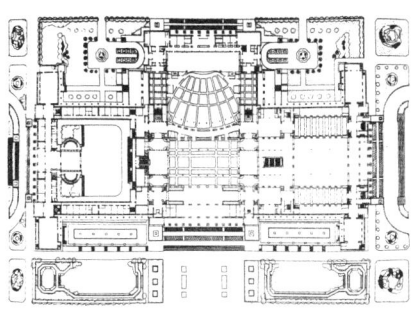

图2-4a[①]　人民大会堂　　　　图2-4b[②]　人民大会堂平面图（赵冬日　沈其蕃方案设计　张镈 总设计）

人民大会堂中轴对称，体量高低结合台阶、柱廊、屋宇等设计，采用中国传统建筑的基本格局，建筑立面保留了中轴对称的特点。大会堂的总建筑面积约达17万平方米，可容纳1万余人开会，整个工程连设计和施工只用了10个月时间，可谓世界建筑工程史上的奇迹。建筑造型宏伟壮丽，富有民族特色。主立面朝东，中间柱廊由12根高约35米的巨柱构成，显得十分雄伟庄严。"人民大会堂"的建筑处理充分考虑到和天安门广场和城楼的关系，既与之协调一致，又有所创新。人民大会堂的落成在当时对全国各地产生了广泛的影响，一是各地相继设计新建会堂；二是产生了会堂形式的一种新模式。

（二）经济能力

建筑必须以现有经济能力为基础，包括投资者、投资规模、效益规模。例如，奥运会主会场鸟巢、水立方，宛若孕育生命的摇篮，象征着生命之水，充分体现了改革开放以来我国取得的巨大经济成就；2008北京夏季奥运会和2022年冬季奥运会两届奥运会场馆以及"一带一路"倡议下的亚洲基础设施投资银行总部北京亚洲金融大厦以及大兴国际机场、港珠澳跨海大桥、国家速滑馆等一系列建筑，为中国在世界范围内赢得了世界的尊重和崇高的荣誉（图2-5）。

（三）技术水平

建筑技术，是根据各种建筑材料的物理性能、力学原理所采用的结构方式，以完成各种不同需要建筑物营造的方法。提高建筑技术，必须以现有技术水平为前提，跨学科

---

① 邹德侬.中国建筑史图说：现代卷［M］.北京：中国建筑工业出版社，2001：125.
② 邹德侬.中国建筑史图说：现代卷［M］.北京：中国建筑工业出版社，2001：125.

图2-5a 国家体育中心鸟巢（任卫东 摄）

图2-5b 国家游泳中心水立方（任卫东 摄）

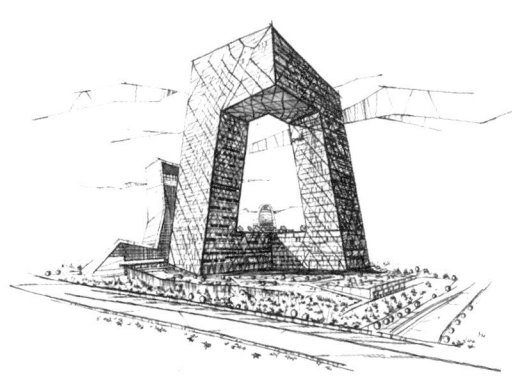
图2-5c① 中央电视台大楼

图2-5d② 港珠澳大桥

图2-5e③ 国家速滑馆

进行技术研究，包括建造技术、建筑材料、建筑设备等方面的研究。

如BIM技术的运用。BIM是一种具有物理属性和功能特征的数字化模型，能够准

---

① Arcxiv.【建筑手绘】中央电视台总部大楼手绘过程图［EB/OL］.（2020-02-01）［2023-10-15］. https://www.bilibili.com/video/BV177411x748/.
② 中国新闻网."经珠港飞"政策实施在即 探访港珠澳大桥珠海公路口岸［EB/OL］.（2023-12-11）［2025-07-08］. https://cj.sina.com.cn/articles/view/1784473157/6a5ce64502002t6z7.
③ 澎湃新闻.冬奥场馆巡礼 | 国家速滑馆"冰丝带"：每个细节都是高科技［EB/OL］.（2021-11-04）［2024-10-15］. https://m.thepaper.cn/newsDetail_forward_15222728.

确地将建筑项目不同专业的相关信息资源同步并加以整合，通过向 BIM 模型中添加、提取、修改和更新模型信息，不同建设阶段的参与者可以更好地把握、控制各环节的重点内容，强化对建筑项目细节的管理，形成对项目建设起指导作用的系统化、标准化模型。

BIM 技术在大型建筑设计与施工的项目协调、成果质量的控制、优化施工的计划、重大方案的模拟论证、可视化模型对现场施工的指导、项目信息化管理水平的提高等方面，都表现出强大的优势。

北京大兴国际机场的主创团队以及扎哈建筑设计事务所+ADPI 中的扎哈设计团队，巧妙地利用三维空间技术对建筑物实施空间造型表述设计，让由玻璃、钢、钢筋混凝土变为现实建筑空间的叙事形式结构，充满着动态的表征。

近些年我国在建筑技术上已取得骄人的成绩，如北京大兴机场、港珠澳大桥和目前世界最高混凝土高塔桥平塘特大桥，以及隧道工程的盾构技术等，这些业绩充分体现出我国在建筑施工领域的中国技术、中国速度，标志着我国在建筑技术方面正逐步从中国制造技术、中国智造赋能等向中国式现代化稳步迈进（图 2-6）。

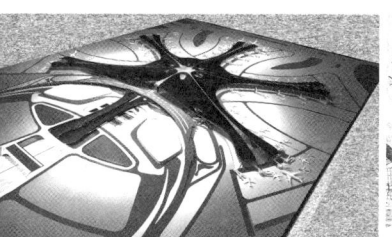

图 2-6a　大兴机场模型（包立　摄）　　　　　　图 2-6b[①]　平塘特大桥

### （四）文化意识

文化是一个十分宽泛的概念，文化是一个表示"过程"的名词，意指"对某物的照料""正在被培养的事物""心灵的陶冶""理解力的培养""人类发展的历程""思想、精神与美学发展的普遍的社会过程""一种特殊的生活方式"以及包括哲学、历史、文学、戏剧、电影、音乐、绘画、雕塑、建筑、设计等在内的"知性作品与活动"，精神生产能力和精神产品；是人类在社会实践过程中所获得的物质、精神的生产能力和创造的物质、精神财富的总和。它包括一切社会意识形式：自然科学、技术科学、社会意识形态，有时又专指教育、科学、艺术等方面的知识与设施。

建筑文化是社会总体文化的组成部分，建筑物是建筑文化的载体，它装载着人类、社会、自然与建筑之间相互运动的信息，这些信息的综合就是建筑文化。建筑文化的表达主要体现在形象、符号与写意三个方面。建筑必须遵循社会化问题的刚性与柔性意识

---

① 贵州省文化和旅游厅.视野|贵州桥梁奇观浪漫斜拉桥［EB/OL］.（2020-11-16）［2025-07-08］. https://m.thepaper.cn/newsDetail_forward_10018226.

规范的约束。刚性的如法律、法规，包括建筑设计规范、城市规划设计条件等；柔性的如文化、意识形态，包括文化传统、风俗习惯、审美爱好等。正如弗兰克·劳埃德·赖特所说，建筑就是人类受关注之处人本性更高的表达形式，因此建筑基本上是人类文献中最伟大的记录，也是时代、地域和人的最忠实的记录。

当代比较哲学家安乐哲（Roger T. Ames）指出，"西方学术界对中国哲学的了解方式存在致命的缺陷"[①]，导致人们用西方理论阐释中国文化时，产生了毋庸置疑的不足。中国的建筑与环境营造的文化意识、历史情景，有其自身独立发展的体系，即注重建筑空间与环境营造的群体组合的叙事方法，让"流动"的空间唤起连绵往复的时间意识，渗透着东方美学与艺术理论观的文化传承和历史演化脉络体系，使中国传统建筑与环境空间营造充满奇思妙想的诗意叙事隐喻，实现了精神文化和物质生活的高度统一。

如江南[②]园林，无论宫殿住宅还是园林建筑群体，其执着于营建多重进深、曲折幽深、"巧于因借，精在体宜"、参差交融的形象表达；园林中匾联题额的文本语言符号，极大加深了文人园林语境诗情画意的写意表达；实现更广阔的空间叙事意境的升华与丰富内心世界的精神追求。

中国传统建筑围绕着环境展开，不在于向高空发展，而是沿着地面向四周采取纵向或横向的纵横变化、交织扩展方式，在群体组合中做出回旋往复的空间叙事层次与意境。江南园林实现寄托于与大自然切身接触的环境中，可陶冶身心，更有净化心灵的功效。这种建筑形式实际蕴含着充裕的时空交织、情景交汇，以及从意境向精神世界的转换的东方审美哲思与文化意识的交融，呈现出中国古人心中对园林、对大自然和社会文明的期许，同时也在探寻古人心中无限意境与文化积淀（图2-7）。

图2-7b[③]　拙政园南北剖面图

中国传统建筑与园林营造文化意识中蕴含着丰厚的中国传统哲学。对建筑与环境空间叙事设计的探讨、设计思维与意境营造等诸多维度的借鉴性与启示性都产生了积极影响，这不仅对于华夏子孙，而且对于整个人类文明的贡献与延续都有着重大的意义。

---

① 安乐哲.和而不同：比较哲学与中西会通[M].北京：北京大学出版社，2002：5.
② 通常所说的环太湖中心地区，即苏州、松江府（含上海）、常州、杭州、嘉兴、湖州六府，应天、镇江、扬州、绍兴、宁波等周边地区，浙南、皖南等边缘地区。
③ 刘敦桢.刘敦桢全集[M].北京：中国建筑工业出版社，2007：272-273.

近年来我国注重生态恢复，关注建筑与环境的有机融合，文化建筑得到业界与公众使用者广泛肯定与好评。引人注目的如浙江丽水市缙云石宕书房、台州长屿硐天岩洞音乐厅、承德山谷音乐厅、目前全球较大的覆土建筑群衢州体育公园等项目（图2-8）。

图2-8a[①]　8号石宕阅览室、茶室

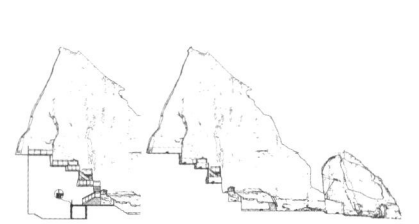
图2-8b[②]　8号石宕剖面

图2-8c[③]　岩洞音乐厅

图2-8d[④]　山谷音乐厅

图2-8e[⑤]　衢州体育公园（MAD 设计）

### 三、建筑构成体系与评价标准

#### （一）建筑设计的基本系统

（1）明确一个清晰的空间图解组织框架，突出项目的主题内涵；
（2）解读和回应基地与周边环境的关系；
（3）找到可以描述且适合的几何形态；
（4）注重结构在空间本体描述与呈现方面的重要性；
（5）关注并激活空间内的自然采光；
（6）精心组织整合设备，发挥采光、取暖、声学、新风系统作用；

---

[①] 爱德华·柯格尔.转型中的伤痕景观：缙云石宕[J].董倩伶，胡梓郁，译.时代建筑，2022（4）：90-99.
[②] 爱德华·柯格尔.转型中的伤痕景观：缙云石宕[J].董倩伶，胡梓郁，译.时代建筑，2022（4）：90-99.
[③] 温州文博会.有了浙9大"天然空调房"，这个夏天18℃不能再高了！[EB/OL].（2019-08-20）[2024-10-15]. https://www.sohu.com/a/335192661_467960.
[④] GA环球建筑.年度最值得期待的新建筑之一：山谷音乐厅，如同巨石立在北京郊外[EB/OL].（2021-11-19）[2024-10-15]. https://www.sohu.com/a/502010711_791225.
[⑤] 中国建材家居网.MAD衢州体育公园方案：全球最大的覆土建筑群[EB/OL].（2020-04-24）[2024-10-15]. http://www.jiancai163.cn/tyjz/tyjznews07/45182.html.

（7）理性分析梳理服务体系的动线与局部空间的逻辑关系；

（8）仔细选择建筑装饰材料，注重细节设计。

以上8点构成了建筑的体系的系统性结构，建筑构成体系示意图如下所示（图2-9）。

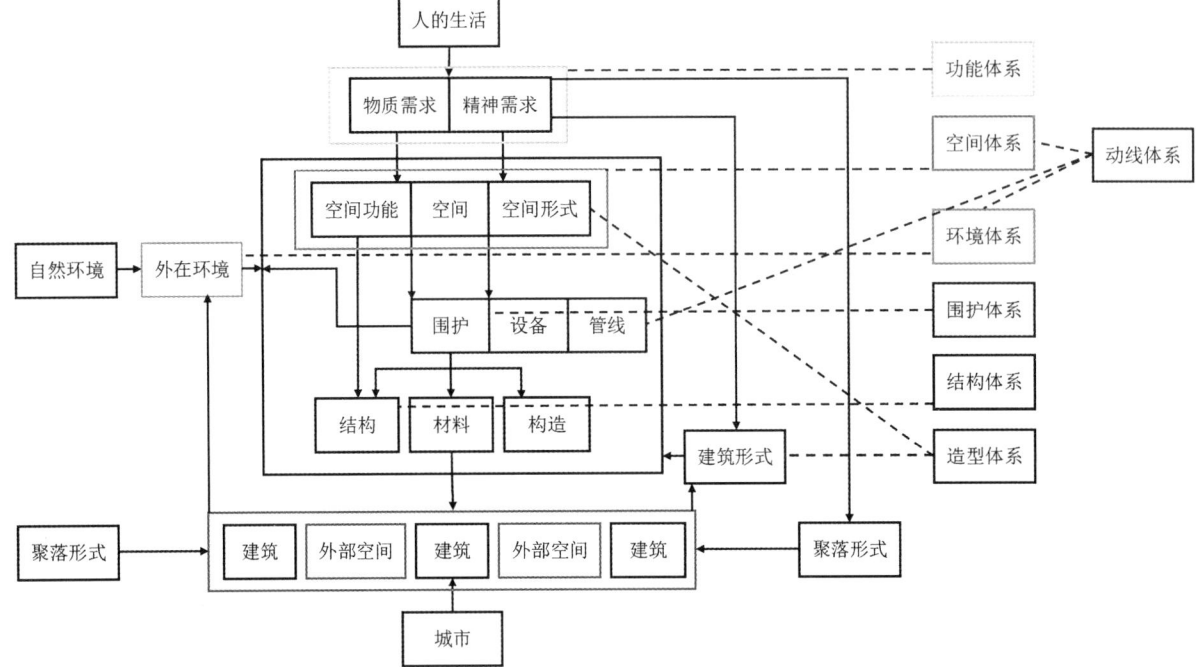

图2-9　建筑构成体系示意图

## （二）建筑评价体系与标准

### 1. 评价理论基础

建筑评价需要新理论及研究框架来处理：建筑与人造物、结构和过程之间不断模糊的边界；规模不断扩容的社会、经济及产业框架；日益复杂的需求、要求与限制构成的建筑空间与社会环境；超越物质实体价值的数字信息内容；面对当代的建筑空间与环境设计问题领域的实践与研究。

建筑评价的主旨是理解人与建筑、建筑与环境、建筑之间、建筑与人的需求及其尺度的关系，并对当下现实的可持续发展环境的策略、方法具备足够的知识储备，理解建筑师职业与社会作用，特别是在建筑策划与编制任务书时重视社会因素的重要作用。

建筑空间的表述模式离不开建筑本体的形式和内容，同时必须兼顾与建筑文化背景、建筑文化根源之间的血脉联系。大数据、人工智能、信息技术、物联网与新媒体的发展促使文化消费转向、加速、解体、分化。相比历史上的任何时期，我们正处在百年未有之大变局的历史窗口期，多种社会文化、信仰、语言与各类时尚并存，互联网新媒体的迅猛发展，使信息呈现几何级数的增长，文化快速变换，我们处于一个多极、多元的"后现代"时代的文化处境。各种体系既相互排斥、又相互交叉渗透，世界各地的文化界限正在被打破，无论是建筑评价体系的更新重构，还是建筑文化的对象与空间表述的主体及形象表征，都得到极大的扩展。

建筑是为主体人服务的客体，具有使用功能和社会功能。评价不同的客体对同一主体具有不同的功能，反之不同的主体对同一客体同样会做出不同的评价。建筑评价的个人主体可以根据各个体在知识结构、文化背景、心理状态和审美情趣等方面形成差异，并可根据专业领域划分为专家、艺术家、公众、业主与使用者。所以，建筑评价的主体性需建立在主体与客体的实践关系、认识关系与价值关系的基础之上，以及主、客体之间的相互作用、对立统一、相互转化的关系上。在建筑评价的过程中需要重视的是，评价的主体从广泛的意义上来说是社会和人。

2. 建筑评价的要素

建筑除使用价值外，还具有审美价值、认知价值、社会价值、历史价值、文化价值、教育价值、经济价值、生态价值、情感价值、道德价值，甚至有些建筑还有一定的政治与宗教价值等。

评价一座建筑，需要从建筑的功能、建筑立面与周边环境的协调、结构（造型、使用空间、安全）、建造成本、设备设施、社会大众参与度和是否经得起时间的检验来进行评价。

建筑功能：即建筑物使用功能的效率，即使用面积占总建筑面积的比例。建筑内部合理的人流动线（移动通道）的保证也是重点指标之一，同时还包括紧急情况下的逃生与救护。

建筑的体型外观：即建筑物的外部空间组合形式。建筑通常拥有多样化的形状、巨大的体量、尺度与造型，常常唤起人们联想到其所在的城市甚至整个国家。如悉尼歌剧院、巴黎埃菲尔铁塔、北京天安门、上海东方明珠塔等世界上著名的标志性建筑。建筑是一个城市的名片和象征，尤其对一个城市而言，坐标建筑就特别重要。

建筑立面：即建筑的立面与墙面表达的丰富性，有利于消除建筑物给人带来的冷漠、呆板的感受。

建筑与环境的协调：评估建筑对场地的破坏程度，不只是协调建筑与周边的已有建筑物的风格、文脉和外观相适应，而且还包括提升建筑与自然环境的和谐、融洽度。

建筑结构：任何建筑物都离不开结构支撑，其不仅代表着建筑的技术，而且影响着造型和使用空间，最重要的是它决定了建筑物的安全。任何一栋结构不安全的建筑物都是没有价值的，即使它在外观上再具有吸收力，也必须对其加固修复或将其拆除。

建筑成本：评价一栋建筑物必须考虑它的建筑成本（包含运营成本、维修成本），同时在考虑再生能源与材料、环保意识、生态低碳和可持续发展的前提下追求建筑目标。

设施设备：当今建筑的水电暖设施设备、物联网、云计算与人工智能等技术的进步，颠覆性地改变着人们的工作、生活和生产方式，评价建筑物的优劣离不开考虑与这些新要素的无缝对接。

3. 绿色健康建筑的评价体系

20世纪末，我国住建部开始实施国家康居示范工程，逐步加大绿色建筑的研究和推广力度，21世纪初开始实施生态住宅；2002年《绿色奥运建筑评估体系》明确了绿色建筑的理念，提出了适合我国国情的绿色建筑实施内容，首次制定了切实可操作的绿色建筑评价标准。

2005年住建部、科技部联合颁布《绿色建筑技术导则》，制定了节地、节能、节水、节材、室内环境质量和运营管理六大类指标的评价系统。2006年《绿色建筑评价标准》（GB/T50378—2006）发布，这成为我国绿色建筑评价的首个国家标准，该标准按照住宅建筑和公共建筑满足一般项数和优选项数的程度划分一星、二星、三星3个等级。

2007年《绿色建筑评价标识管理办法》颁布。2014年、2019年、2021年，我国绿标评价经过三次修订，构建了"安全耐久、健康舒适、生活便利、资源节约、环境宜居"五大指标体系，每类指标均设控制项、评分项，并统一设置提高与创新加分项；与之配套的《绿色建筑标识管理办法》已于2021年施行；相关内容列举如下（表2-2、表2-3、表2-4）。

表2-2 我国绿色建筑评价标准体系

| | |
|---|---|
| 新建单体建筑评价 | 《绿色建筑评价标准》GB/T 50378-2019<br>《绿色建筑标识管理办法》（2021年版）建标规〔2021〕1号<br>《绿色办公建筑评价标准》GB/T 50908—2013<br>《绿色医院建筑评价标准》GB/T 51153—2015<br>《绿色商店建筑评价标准》GB/T 51100—2015<br>《绿色博览建筑评价标准》GB/T 51148—2016<br>《绿色饭店建筑评价标准》GB/T 51165—2016<br>《绿色照明检测及评价标准》GB/T 51268—2017<br>《绿色铁路客站评价标准》TB/T 10429—2014<br>《绿色超高层建筑评价技术细则》<br>《绿色数据中心建筑评价技术细则》 |
| 既有建筑单体评价 | 《既有建筑绿色改造评价标准》GB/T 51141—2015 |
| 工业建筑评价 | 《绿色工业建筑评价标准》GB/T 50878—2013 |
| 建筑园区评价 | 《绿色生态城区评价标准》GB/T 51255—2017<br>《绿色校园评价标准》GB/T 51356—2019 |
| 绿色施工评价 | 《建筑工程绿色施工评价标准》GB/T 50640—2010<br>《建筑施工机械绿色性能指标与评价方法》GB/T 38197—2019 |

表 2-3[①]　绿色建筑与健康建筑评价标准

| | 绿色建筑评价标准指标 | 健康建筑评价标准指标 |
|---|---|---|
| 评价对象 | 建筑单体和建筑群 | 满足绿色建筑要求与全装修情况下的建筑单体、建筑群或建筑内区域 |
| 控制项 | 节地与室外环境：选址合规<br>节能与能源利用：能耗分项计量；电热设备<br>节水与水资源利用：节水器具<br>节材与材料资源利用：禁限材料；400 MPa钢筋；建筑造型要素<br>施工过程管理：施工管理体系；施工环保计划；职业健康安全；绿色专项会审<br>运营管理：绿色设施工况 | 空气：家居类产品<br>水：储水设施清洁维护<br>健身：健身场地<br>人文：植物安全<br>服务：气象服务和灾害预警；餐饮厨房 |
| 评分项 | 节地与室外环境：节约集约用地；地下空间；机动车停设施；生态保护补偿；绿色雨水设施；径流总量控制<br>节能与能源利用：建筑设计优化；外窗幕墙可开启；冷热源机组能效；系统效率；节能设备；蓄冷蓄热技术；余热废热利用；部分负荷节能；排风热回收；可再生能源<br>节水与水资源利用：用水计量；用水定额；超压出流；节水技术；卫生器具水效<br>节材与材料资源利用：建筑形体规则；结构优化；灵活隔断；整体化厨卫；本地材料；预拌砂浆、混凝土；土建装修一体化；高强高耐久结构材料；可循环利用材料；废弃物生产材料<br>施工过程管理：施工用能用水；施工损耗；绿色专项实施；耐久性检测；竣工调试<br>运营管理：操作规程；管理激励机制；设施检查调试 | 空气：室内空气质量主观满意率；家具和室内陈设品<br>水：生活饮用水水质优化；分水器配水；厨卫分流排水；水封设置；水质在线监测<br>舒适：设备屏幕可调；桌面座椅可调；卫生间平面布局<br>健身：室外健身场地；室内健身空间；健身服务设施；健身步道<br>人文：心理调整房间；适老设计；入口大堂；医疗救援<br>服务：禁烟；厨房清洁；满意度调查；预包装食品；散装食品；健身活动；公益活动；体检；兴趣小组；使用手册 |
| 提高创新 | 废气场地、旧建筑；冷热源机组能效；分布式三联供；卫生器具水效；结构形式；建筑方案；BIM技术 | 小型农场；健身指导；健康相关的互联网服务；其他有效健康措施 |

建筑评价标准，反映了在社会文化转型期，我们面对传统建筑文化传承与创新，使用建筑空间叙事的原则、方法与路径寻求整合解决策略与实施方案面对的复杂问题。跨学科的创新可持续技术与经济的、社会文化的方法和相关知识集合，呼唤着不断更新的

---

① 参见：霍庆荣，赵敬源.中国《健康建筑评价标准》的比较研究［J］.建筑节能，2019（3）：136.

表 2-4[①]　绿色建筑与健康建筑评价健康性指标

| | 绿色建筑评价标准指标条文 | 健康建筑评价标准指标条文 |
|---|---|---|
| 控制项 | 节地与室外环境：控制场地安全；无超标污染源；日照标准<br>节能与能源利用：节能设计标准；照明功率密度<br>节水与水资源利用：水资源利用方案；给排水系统<br>室内环境质量：室内噪声级；构件隔声性能；照明数量质量；暖通设计参数；内表面温度；内表面结露；空气污染浓度<br>运营管理：运行管理制度；垃圾管理制度；污染物排放；自控系统工况 | 空气：装饰装修材料；室内空气质量以及预评估；颗粒物<br>水：直饮水及生活饮用水的水质；其他用水水质；防止结露及漏损<br>健身：健身场地<br>舒适：室内噪声；隔声性能；天然光；人工照明；围护结构节能<br>人文：色彩与私密性；无障碍设计<br>服务：管理制度；厨房虫害；垃圾收集 |
| 评分项 | 节地与室外环境：绿化用地；光污染；环境噪声；风环境；热岛强度；公共交通设施；人行道无障碍；公共服务设施；自行车停车设施；绿化方式与植物<br>节能与能源利用：热工性能；暖通系统优化；空调末端调节<br>节水与水资源利用：管网漏损；非传统水源；景观水体<br>节材与材料资源利用：装饰装修材料<br>室内环境质量：噪声干扰；专项声学设计；户外视野；采光系数；天然采光优化；自然通风优化；室内空气组织；IAQ监控；CO监控<br>施工过程管理：施工降尘；施工降噪<br>运营管理：操作规程；垃圾站；垃圾分类；管理体系认证；教育宣传机制；智能化系统；病虫害防治；空调系统清洗；物业管理信息化；植物生长状态；智能化；设施检查 | 空气：特殊散发源空间；厨房；外窗及幕墙；其他气态污染；净化；室内空气质量；地下车库<br>水：热水系统水温及水质维持；直饮水系统选择和维护；给水管材选择；管道及设备标识；淋浴恒温控制；卫生间同层排水；水质送检<br>舒适：场地环境噪声；室内噪声；隔声性能；混响和清晰度；设备隔振降噪；天然光利用；照明控制；生理照明；室外照明；室内人工冷热源热湿环境；室内非人工冷热源热湿环境；空气相对湿度；热环境动态调节<br>人文：室外交流场地；儿童游乐场地；老人活动场地；文化活动场地；绿化环境；无障碍电梯；公共服务食堂<br>服务：管理认证；信息平台；虫害控制；空调清洗；健康宣传 |
| 提高创新 | 空气处理措施：空气污染物浓度 | 室内空气质量：室内PM2.5日平均浓度 |

科学评估与评价体系，旨在构建与自然和谐共生的建筑，实现经济效益、社会效益和环境效益的和谐统一与共赢发展。

---

[①] 参见：霍庆荣，赵敬源.中国《健康建筑评价标准》的比较研究［J］.建筑节能，2019（3）：136.

## 第二节　建筑学与建筑设计的内容范围

### 一、建筑学

建筑学,从广义上来说,是研究建筑及其环境的学科,旨在总结人类建筑活动的经验,指导建筑设计创作,进行形体环境的创造。其既包括营造活动中的技术、原理,又是时代风格的体现,是哲学、技术与艺术系统知识的综合体现。

建筑学是一门横跨人文艺术和工程技术的学科,涉及建筑艺术和建筑技术,具有美学与实用的双面性。建筑艺术与建筑技术两个方面虽有明确的不同,但又密切关联,并随空间规划、功能定位、使用对象、空间表述、文化表征的不同而大不相同。本科建筑类专业通常包括建筑学、城乡规划、风景园林等。国际上一些国家的建筑学可以分为策划、结构和环境设备三大专业方向,其中策划包括策划学、历史学、意匠学等领域。建筑学所涉及的人文社会科学包含哲学、政治学、历史学、法学、社会学、经济学、管理学、心理学、体育、军事等;其所涉及的自然科学包含数学、环境科学等;其所涉及的专业知识包含专业基础、建筑设计、建筑历史与理论、建筑技术、建筑师职业基础、建筑相关学科等。

伴随着数字技术的突飞猛进,国内国际双循环、城市十五分钟生活圈、老旧社区微更新、新农村建设等进程的转移与加快,建筑学不仅与社会学、城市学、环境学、环境心理、环境行为学、生态学、人体工程学、市场经济学、系统工程学、数据科学的领域交叉;而且与人文科学、自然科学相融合,更在技术和方法上,与计算机技术、大数据、通用人工智能及信息论、统计学、运筹学等科学方法相结合,进入一个更新与重构跨学科发展的新时期。

### 二、建筑设计

建筑设计是指建筑物在建造之前,设计者按照建设任务,把施工过程和使用过程中所存在的或可能发生的问题,事先作好战略性通盘的设想,拟定好解决这些问题的办法、方案,用图纸和文件表达出来。建筑设计,至少包含两层含义:首先建筑作为对象,环境设计就是指有关建筑所在的周边的"设计";其次,建筑作为哲学与技术紧密融合的整体方法论,建筑设计与环境设计已成为关于人造空间主题的系统设计。

*（一）确立设计理念*

理念即理性的概念或观念主张,概念是人类在认识过程中,从感性认识上升到理性认识,把所感知的事物的共同本质特点抽象出来,加以概括而得出的思维形式,是自我认知意识的一种表达方式。

*（二）图式表达的特点与类型*

1. 手绘图在建筑空间叙事中的意义

（1）设计过程中的构思草图更具有快速、高效、便捷的特点,可以充分表达设计意图。计算机不能取代绘画脑手协同记录灵感与图形空间思维表达的训练方式，把设计师丰富的形象思维或抽象思维尽快地表现为可视图形。

（2）作为建筑设计空间叙事成果表达的世界通用语言，草图和实体模型并用，能够达到集中精力解决关键性问题的效果。为设计师之间或与业主、同事、使用群体、施工者以及老师与同学对话交流提供具体支撑的媒介。

（3）作为建筑设计空间叙事（构思）主题概念的工作方法，手绘图结合计算机快速处理精准、复杂造型工作的优势，在设计成果表达方面具有发挥主观能动性的作用。

（4）作为资料收集与知识储藏的重要手段，手绘图能够起到训练观察能力的作用，能够非常有效地提高设计师的艺术修养。优秀的手绘建筑画所传递的作者的情怀神韵及具有魅力的画面底蕴，都能够达到远非电脑画所能企及的发挥设计师主观能动性所呈现出的建筑意境表达。

手绘图是经典建筑空间叙事语言的工作方式，在相当长的历史时期，绘图对建筑师而言意味着一切。它是培养建筑师空间表达的必要甚至最重要的途径，也是建筑师从事职业活动的重要手段（图2-10）。

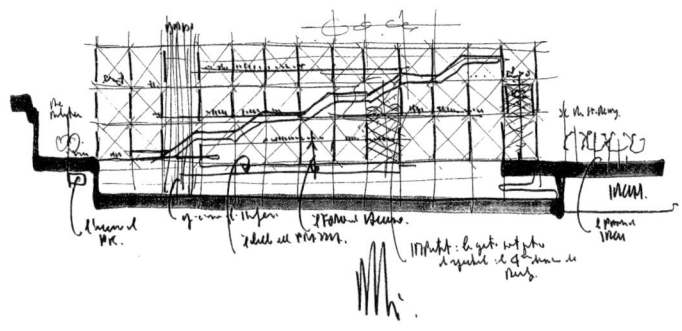

图2-10a[①]　蓬皮杜中心（伦佐·皮亚诺 作）

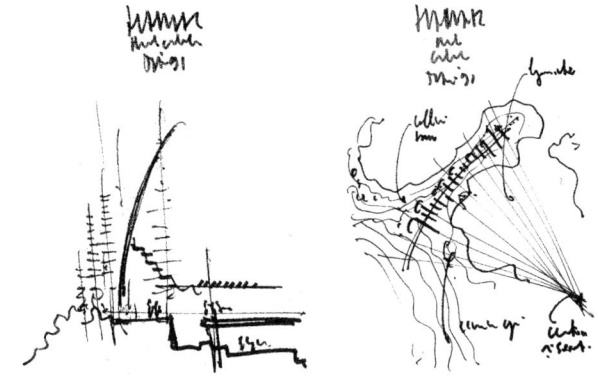

图2-10b[②]　帝巴尤文化中心（伦佐·皮亚诺 作）

---

① 阿杰多·马哈默.世界建筑大师手绘图集［M］.李雯燕，译.沈阳：辽宁科学技术出版社，2006：396.
② 阿杰多·马哈默.世界建筑大师手绘图集［M］.李雯燕，译.沈阳：辽宁科学技术出版社，2006：404，406.

手绘图、建筑模型、建筑表现图、图解和影像、AR呈现、BIM表达等都是重要的建筑表达的不同形式与手法，能够在实现设计教学的过程中，针对不同学习模式、类型的学员各自的学习特点，在建筑设计思维、空间语言表达、沟通协作、学科交叉等多方面使学员得到全面的能力提升，让设计表达清晰、简洁易读、准确有效，保障因材施教的教学目标能够简明、快速、高效地达成目标。

"图解建筑"即建筑空间表达的简洁"术语"，可直接将真实的建筑形态和空间结构转化为相应的几何图形呈现，使之产生与真实建筑空间相吻合度的空间图示，通过简洁朴素、通俗易读的二维平面图式，或三维概念实体模型，让观者能够清晰明确、快速有效地捕捉空间的结构特点、体量关系与比例特征（图2-11）。

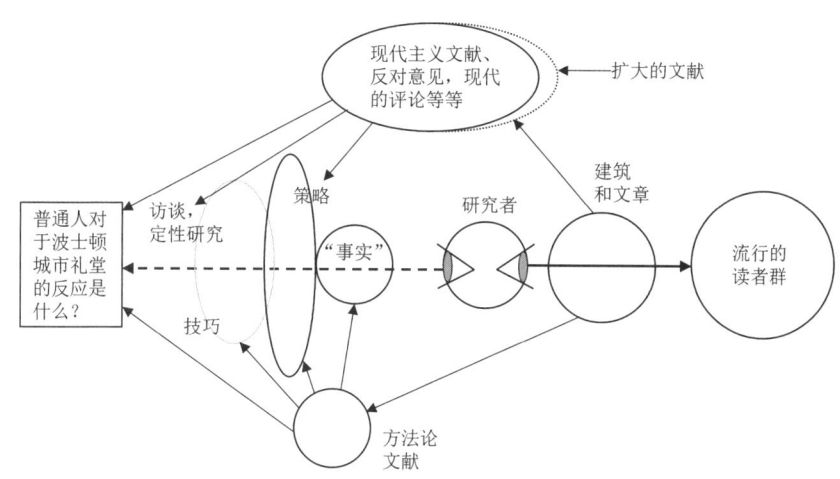

图2-11a[①]　波士顿建筑礼堂研究图表

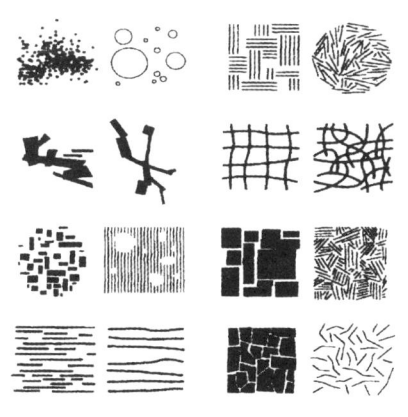

图2-11b[②]　斯坦·艾伦的空间场域图解

### 2. 图式表达的特点

图式表达的特点主要体现在抽象性、关联性、整合性、衍生性和意识性等方面。

"抽象性"是图式区别于图形最基本的特征，包含了对存在设计中的可能性和解决措施的设计启发与思考，由此，可潜移默化地推进设计深化，逐步使设计思路清晰明确。

"关联性"是图式的另一个特征，即设计对象组织关系中各要素之间的表达阐述，其不仅可以使我们看到与之相关事物的配置构成与比较关系，而且

---

[①] 琳达·格鲁特，大卫·王.建筑学研究方法[M].北京：机械工业出版社，2005：55.
[②] 周忠凯，赵继龙.建筑设计的分析与表达图式[M].南京：江苏凤凰科学技术出版社，2020：22.

可以使我们看到其包含关系、层级关系等内容的表达，能够处理复杂设计对象的信息，使图式真正发挥出思考机器的功能。

"整合性"是图式的主要功能，在对建筑的功能、相互关系深入理解的基础上，能够将相对复杂的建筑本体、凝练整合、设计相关的信息有效压缩、提炼整合为多个简洁明了的关系图式，是设计交流中需要优先考虑的要素。

"衍生性"是指在图式化的系统中，图式能够表达大量的潜在关联图式，且不是最终结果，不断推动、启发设计，具有产生新事物和其他相关事物衍生的可能性。

"意识性"是指设计图式在不同阶段扮演不同的角色，它不仅能够表现设计对象的空间形态要素，而且能够烘托、传递头脑中既有的设计意识与理念和社会认知与人文价值等不同层面的形态构思与意识理念传达。

图式语言由点、线、面、体等二维平面和三维图元构成。一般包括数据、文字与图形。这些图式不仅与建筑学科密切相关，建筑师通过图式在建筑空间、场地、环境等方面传递设计构想，还与艺术学、社会学、心理学等学科有着广泛的关联性、交叉性，具有抽象性、整合性、衍生性、意识性的特点。

3. 图式表达的三种类型

（1）解析型图式。通常用于设计方案前期或中期，体现设计理念、设计意图，引导、推动设计方案生成。

（2）生成型图式。通常用于设计过程中后期，将设计概念、方案形体等主要内容重新梳理，以简单易懂的图式方式，整合庞大的设计信息资源，通过线性逻辑及灵活变化图形的演进形式进行分步展示。

（3）表现型图式。通常用于方案完成后，体现设计成果。如模拟真实场景的照片拼接图、三维渲染图、动画漫游片、VR场景呈现、虚拟现实展示等。

依据设计的不同表达内容，将一般建筑或城镇设计项目的必要组成部分内容，如交通流线、功能布局、景观视线分析等，以及绿色设计中的能量利用、通风采光、水体组织系统等的平面图、轴侧图、爆炸图等灵活应用。

按照先后时间顺序和大多数设计机构通常使用的线性工作流程，建筑设计可分为设计前期分析研究、设计推进和设计成果表达三个阶段。我们可以依据具体设计项目的特定表现内容与形式的图式需求，进行不同阶段的学习。

(三) 设计的三个阶段

1. 设计前期分析研究阶段

前期分析研究属于建筑设计的起始阶段，根据场地、现状条件及其他因素，注重表现某些特质的资料的数据信息图式、数据比较和趋势图、概念策略及客观描述性图式、时间轴图式、符号图式、照片阐释等调查研究、设计分析的成果图式表达（图2-12）。

具体而言，本阶段关注的图式有：数据信息图式，如点状图、折线图、柱状图、饼状图、循环图、旋风图、雷达图及数量关系符号图等；表达数据比较和趋势图式，如折线图、柱状图、雷达图等；表达数据相互关系图式，如气泡图、流程图（进度、空

第二章　建筑表达的类分与项目设计程序 | 093

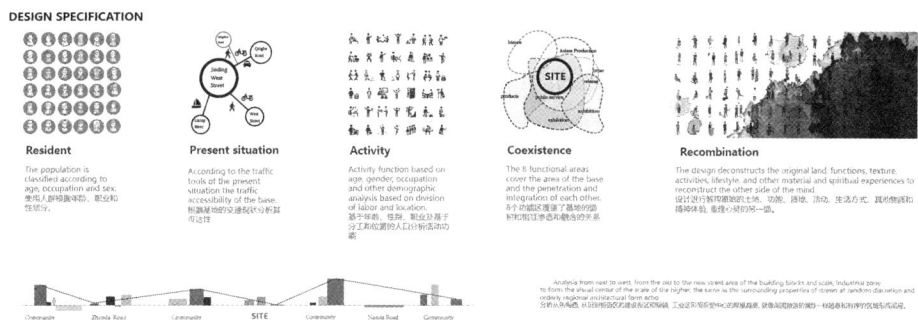

图2-12a　前期调研数据表达（危正 设计　谢璞 指导）

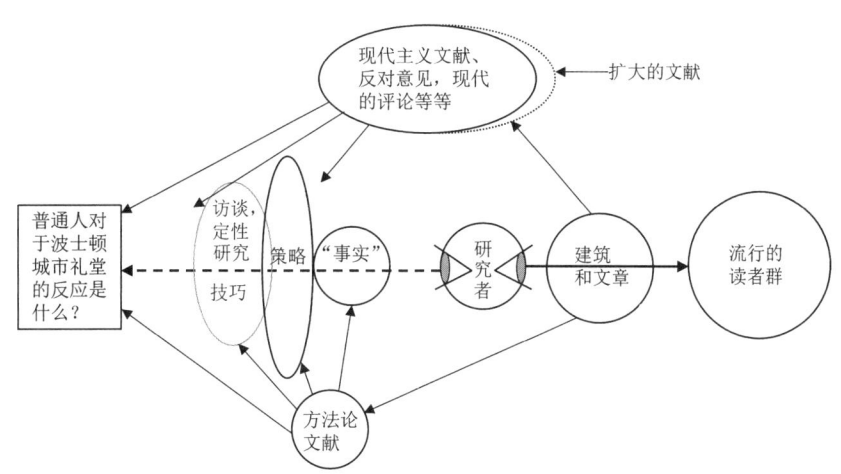

图2-12b　前期调研信息表达

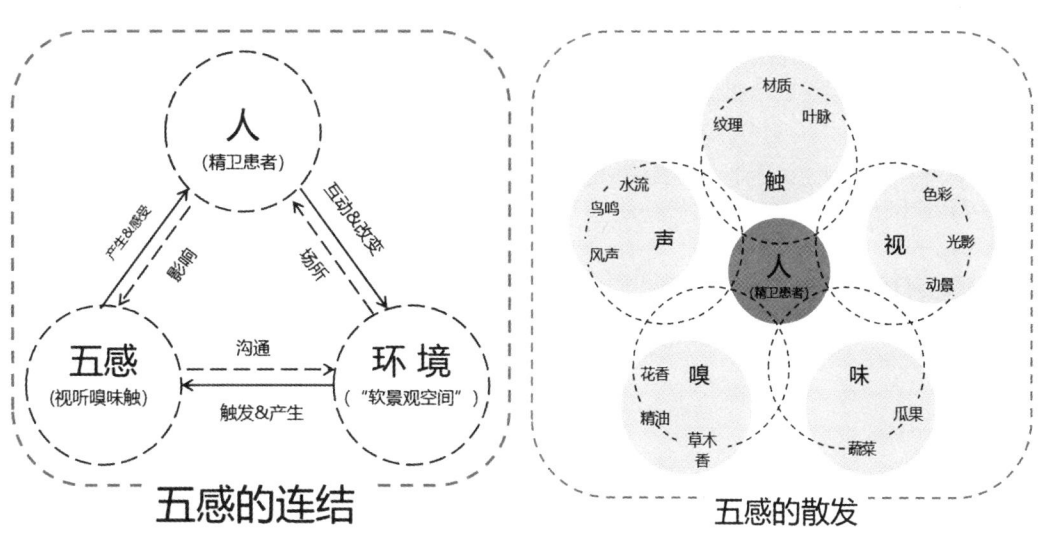

图2-12c　前期调研信息表达（邢炜 设计　谢璞 指导）

间、关系)、维恩图、桑基图等;概念、策略及客观描述性图式,如文字云、地图图式(影像、信息地图)、空间肌理图(区域、水域、河流、街区、建筑、功能、对比分析)等;时间轴图式、符号图式(内容表达、关系表达);照片阐释问题、空间尺度、动态过程等(图2-13)。

### 2. 设计推进阶段

在设计推进阶段,通常会使用理念隐喻图式、矩阵图式、分层轴侧图式、爆炸图式、平贴图式、模型图式等进行推进。

理念隐喻图式,如肢体语言、符号示意图、绘画叙事等;矩阵图式,如建筑形态、

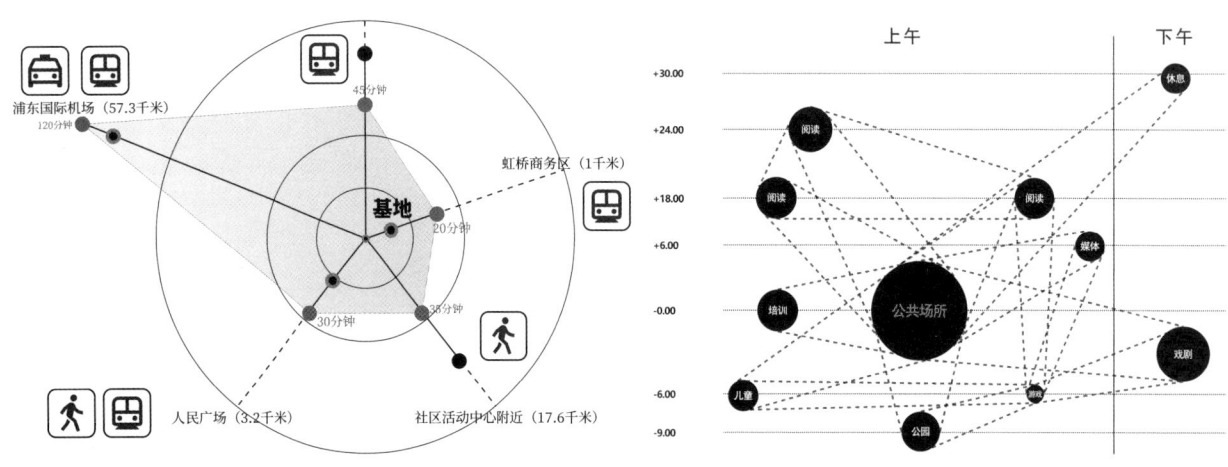

图2-13a[①]　城市交通枢纽比较雷达图　　　　　图2-13b[②]　气泡图

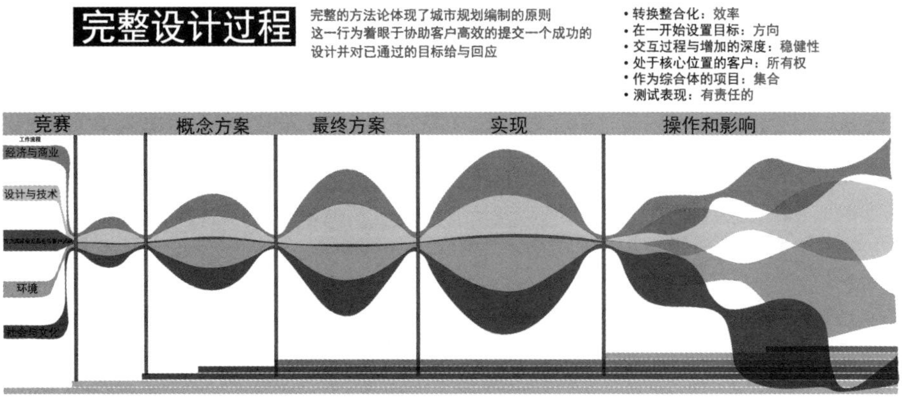

图2-13c[③]　操作流程图

---

[①] 周忠凯,赵继龙.建筑设计的分析与表达图式[M].南京:江苏凤凰科学技术出版社,2020:34.
[②] 周忠凯,赵继龙.建筑设计的分析与表达图式[M].南京:江苏凤凰科学技术出版社,2020:35.
[③] 周忠凯,赵继龙.建筑设计的分析与表达图式[M].南京:江苏凤凰科学技术出版社,2020:37.

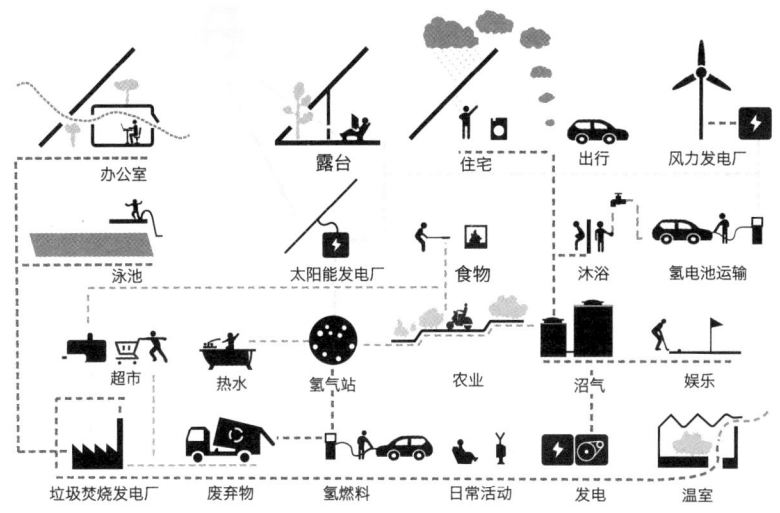

图2-13d① 关系流程图

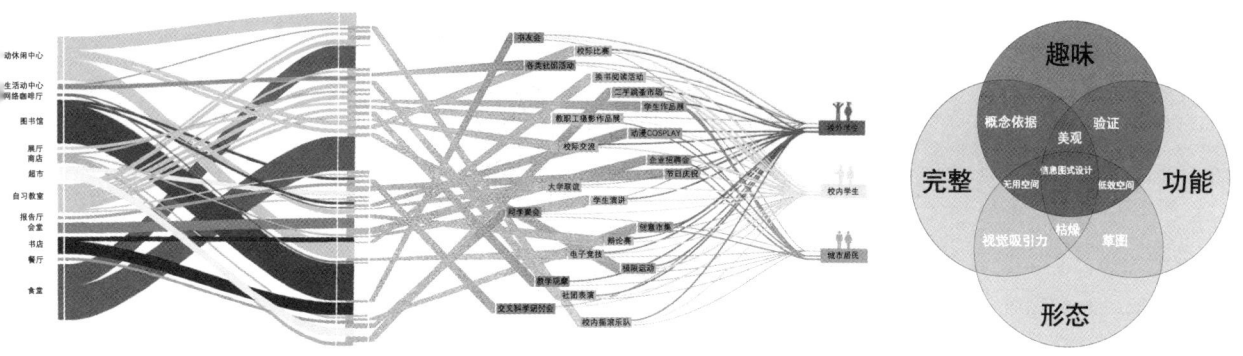

图2-13e② 桑基图（空间功能、使用方式、使用者的关系）　　图2-13f③ 维恩图

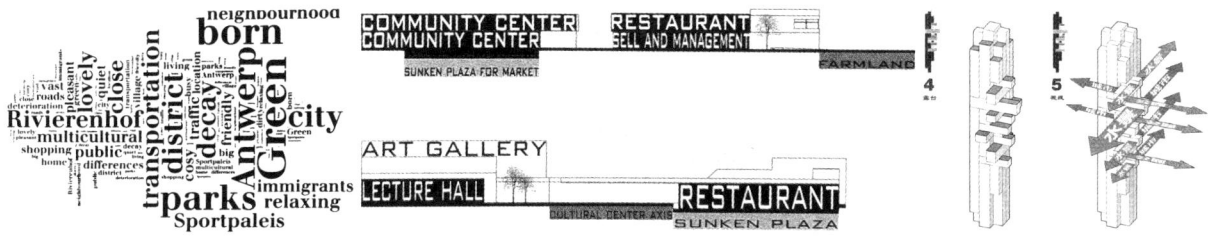

图2-13g④ 社区调研文字云　　建筑剖面功能类型文字云　　建筑轴侧分析云文字

---

① 周忠凯, 赵继龙. 建筑设计的分析与表达图式［M］. 南京：江苏凤凰科学技术出版社，2020：38.
② 周忠凯, 赵继龙. 建筑设计的分析与表达图式［M］. 南京：江苏凤凰科学技术出版社，2020：39.
③ 周忠凯, 赵继龙. 建筑设计的分析与表达图式［M］. 南京：江苏凤凰科学技术出版社，2020：40.
④ 周忠凯, 赵继龙. 建筑设计的分析与表达图式［M］. 南京：江苏凤凰科学技术出版社，2020：41.

096 | 建筑原理——空间叙事的方法

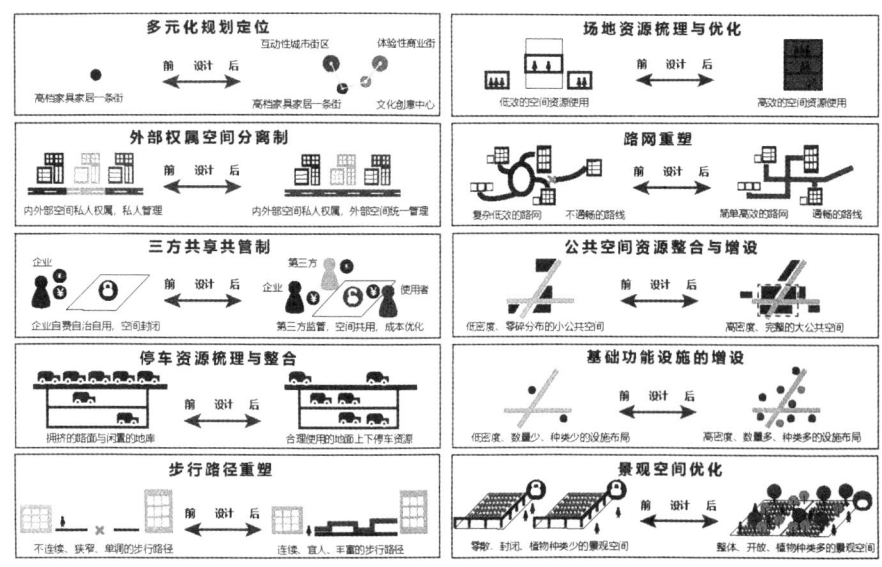

图2-13h 设计策略图（章国琴 指导 倪松楠 设计）

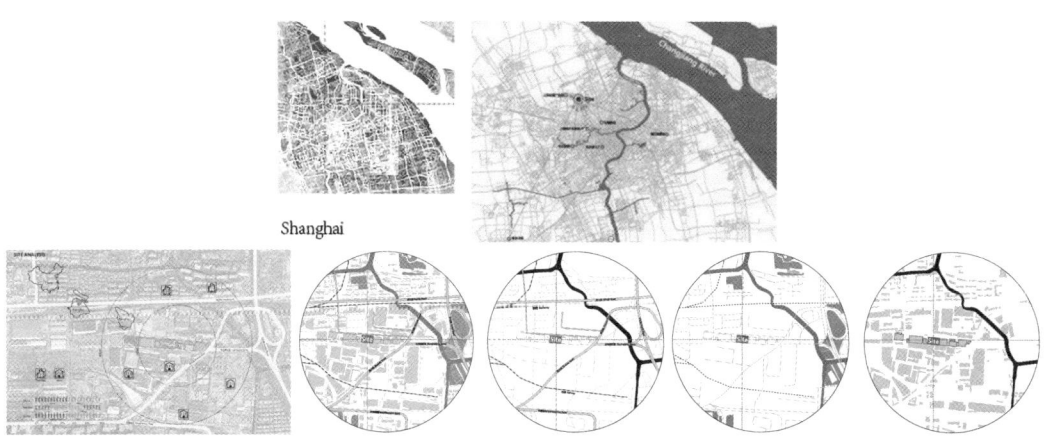

图2-13i 上海某地地图图式（危正 制作）

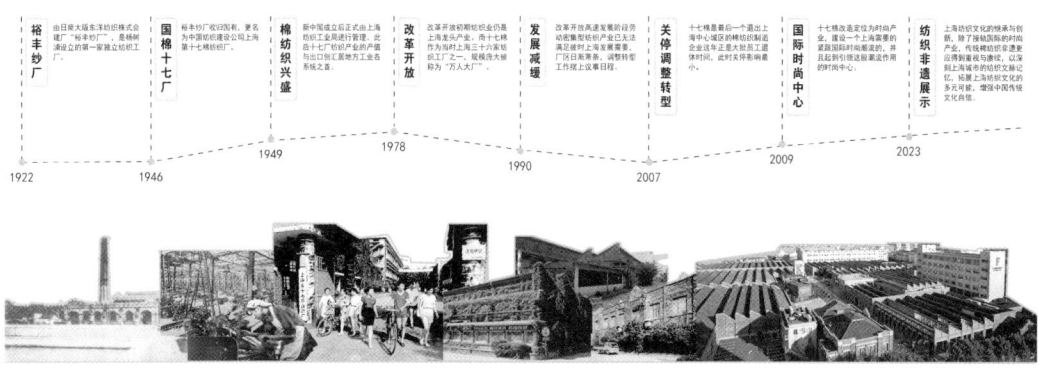

图2-13j 时间轴图式 （项楚洁 制作）

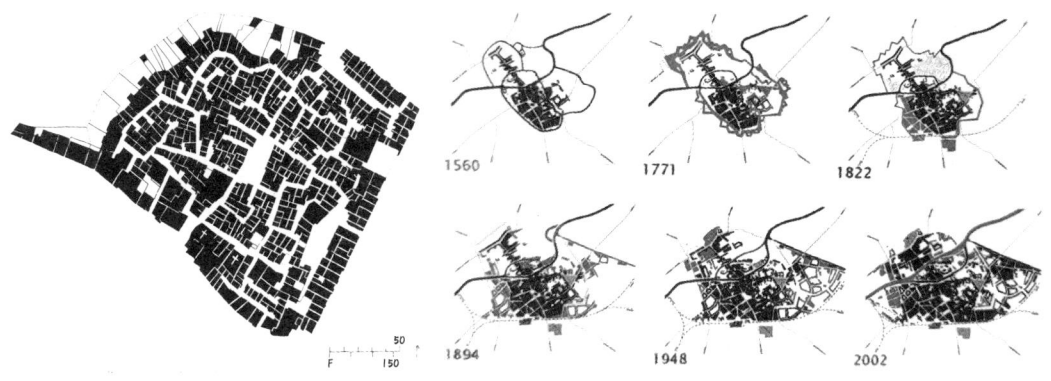

图2-13k① ［意］奇斯台尼诺市区街区建筑肌理　　图2-13l② 科特赖克老城时空演化机理

图2-13 m③　符号图式

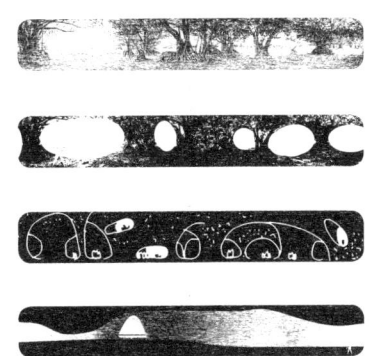

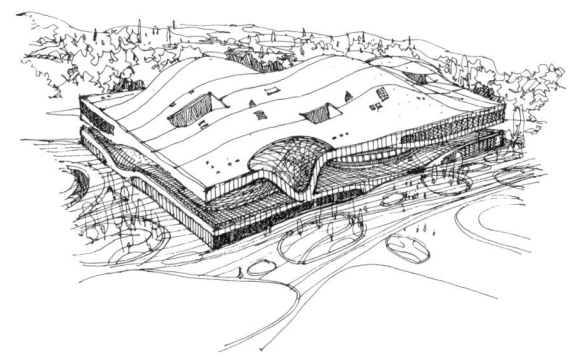

图2-13n④　台湾高雄艺术中心设计概念转换图　　图2-13o　高雄艺术中心（Mecanoo 设计　戚鑫杰 绘）

---

① 芦原义信.街道美学［M］.尹培桐，译.南京：江苏凤凰文艺出版社，2017：159.
② 周忠凯，赵继龙.建筑设计的分析与表达图式［M］.南京：江苏凤凰科学技术出版社，2020：45.
③ 周忠凯，赵继龙.建筑设计的分析与表达图式［M］.南京：江苏凤凰科学技术出版社，2020：50.
④ 建筑学院."世界上最大的单屋顶"表演艺术中心—国立高雄艺术中心［EB/OL］.（2018-10-19）
　［2024-10-15］.http://www.archcollege.com/archcollege/2018/10/42104.html.

空间类型图；分层轴侧图式，如形体与场地图、功能流线图、结构材料图、过程演进图（空间连接、视线界面、侵占与补偿、功能形态与地形逻辑、生态因子与形态生成、环境制约）；爆炸图式，如结构系统、功能系统；平贴图式，如重构、叠层、整合、粘贴等不同素材（平面、数码图形、透视、三维图形）形成复合图像；模型图式，如实体模型、概念模型、过程模型、成果模型、模型与电脑分析（成果模型表现、实体模型与基地分析、多方案比选等）（图2-14）。

### 3. 设计成果表达阶段

成果表达阶段主要是对各种方案结果进行分析和效果展示呈现。如与上位规划的衔接关系图、板块构成、功能布局、动线组织、景观视线、建筑形态、效果呈现，包括从宏观整体到局部细节的各个方面。在尽可能做到成果信息表达准确性、规范性的基础

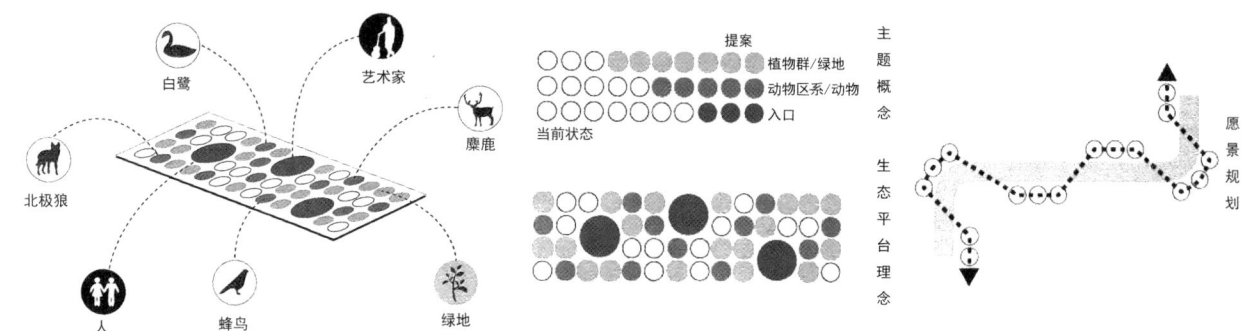

图2-14a[①]　理念隐喻图式表达设计理念

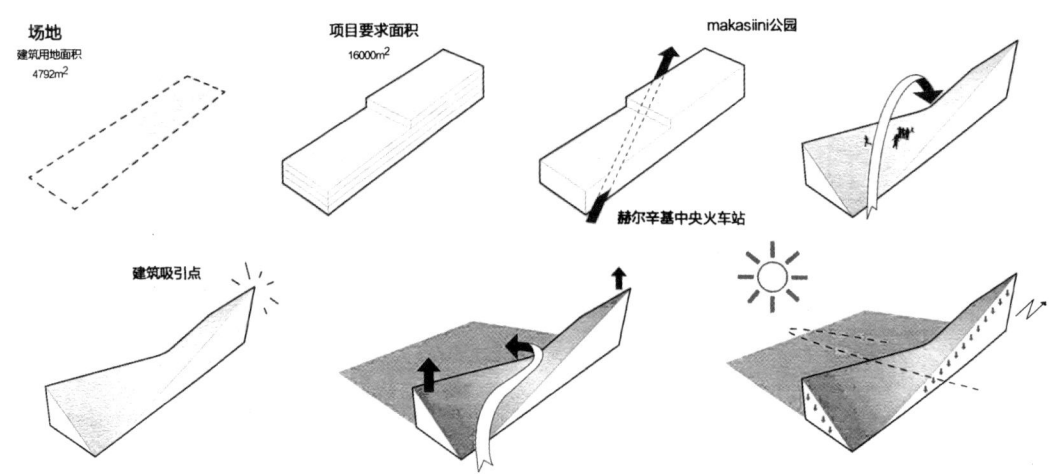

图2-14b[②]　环境与人流制约下的建筑形态演进过程

---

① 周忠凯，赵继龙.建筑设计的分析与表达图式［M］.南京：江苏凤凰科学技术出版社，2020：55.
② 周忠凯，赵继龙.建筑设计的分析与表达图式［M］.南京：江苏凤凰科学技术出版社，2020：63.

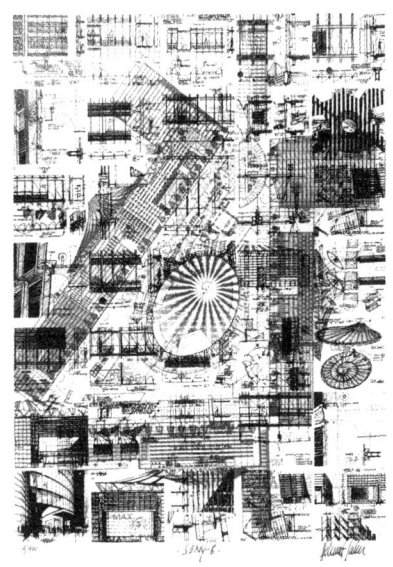

图2-14c① 索尼中心整体展示图(莫菲·约翰 作)

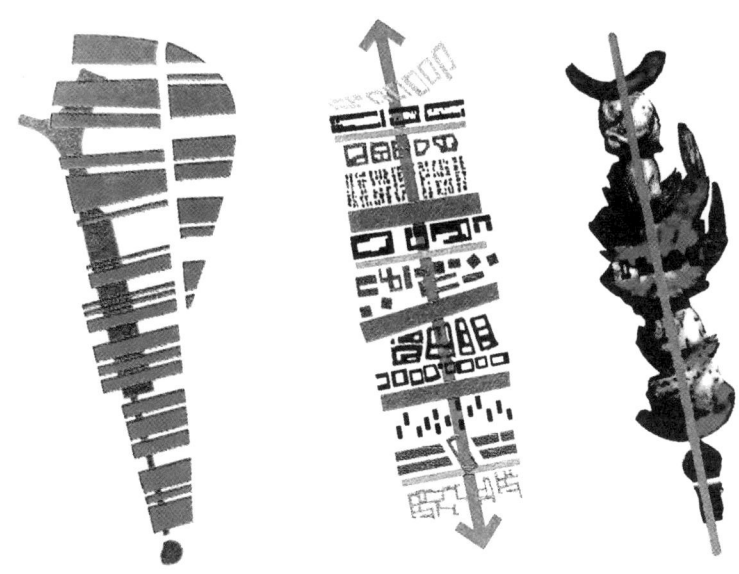

图2-14d 滨水空间的多样性设计理念②

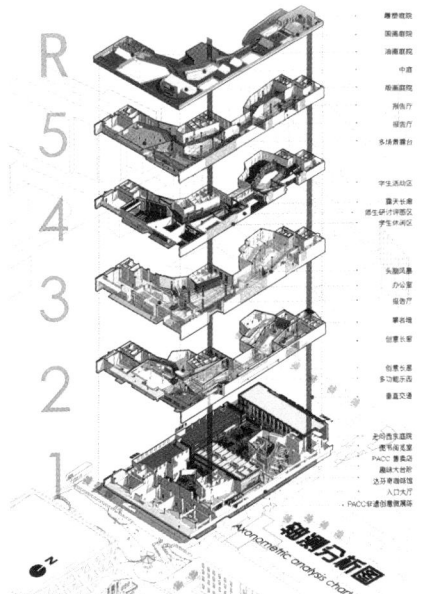

图2-14e 轴侧爆炸图(程雪松 指导 窦志宸 设计)

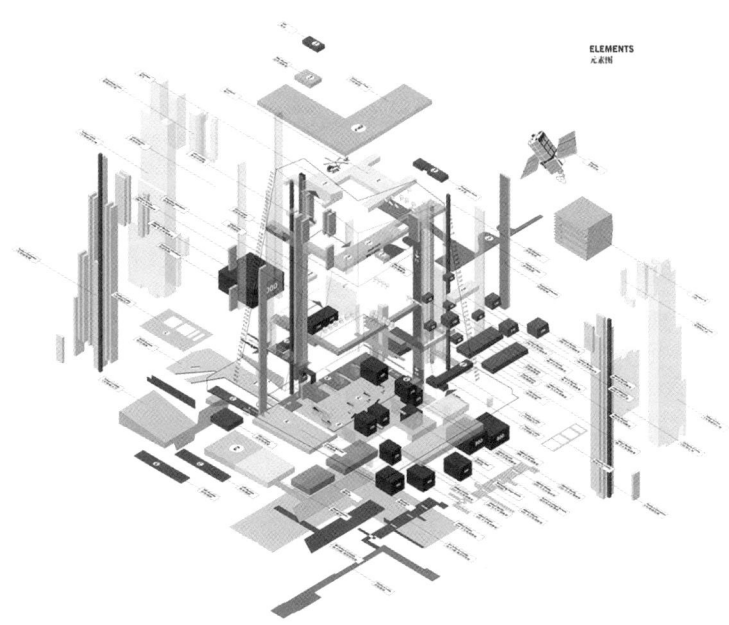

图2-14f③ 央视主楼功能爆炸图

---

① 阿杰多·马哈默.世界建筑大师手绘图集[M].李雯燕,译.沈阳:辽宁科学技术出版社,2006:359.
② 阿杰多·马哈默.世界建筑大师手绘图集[M].李雯燕,译.沈阳:辽宁科学技术出版社,2006:56.
③ 阿杰多·马哈默.世界建筑大师手绘图集[M].李雯燕,译.沈阳:辽宁科学技术出版社,2006:67.

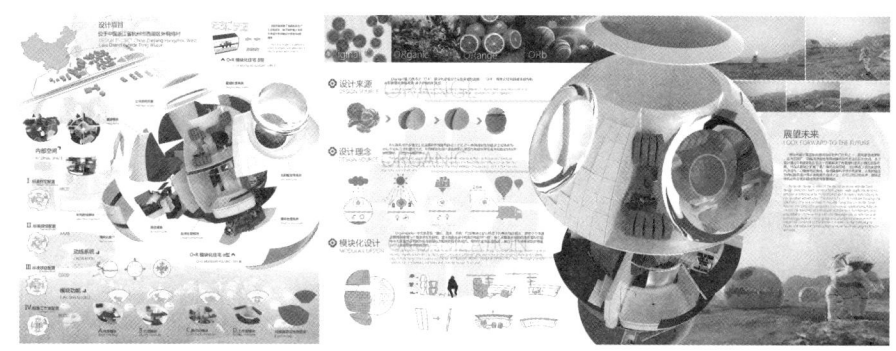

图2-14g 爆炸图与建筑形态（谢璞 指导 魏明磊 设计）

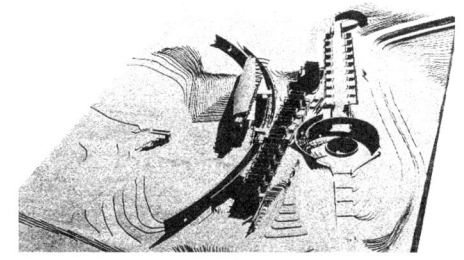

图2-14h 概念模型（新井清一 设计）　　　图2-14i① 过程模型

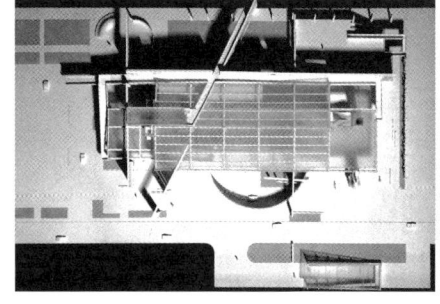

图2-14j 成果模型（谢璞 指导 危正 设计）

上，突出设计理念和方案特色。

探索以空间叙事为核心的建筑模型制作训练，可以帮助学员正确认识和使用模型空间叙事表达的方法；推动对设计进展工具与建筑空间语言本体的理解；深化理解学科内涵，丰富、呈现多维度思考的媒介表达；重现设计思路及展示最终设计成果；体现具有决定性作用的设计演进、空间逻辑思维训练的深层价值与意义。

作为设计的媒介，建筑空间叙事的方式大体可以分为三种方式，即以图纸绘制为基础、以模型制作作为基础，以及以数字模型VR为表达呈现方式。

---

① ThinkArchit．Learning Landschape：赫尔辛基图书馆方案设计［EB/OL］．（2015-02-10）［2024-09-12］．https://site.douban.com/119902/widget/notes/5123434/note/484289013/．

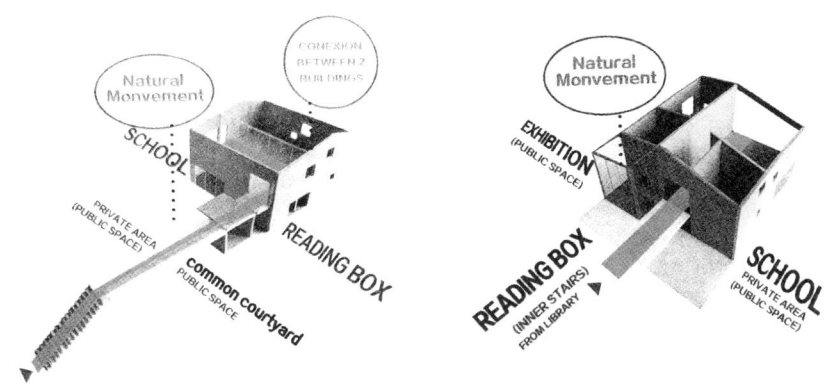

图2-14k① 模型+电脑分析

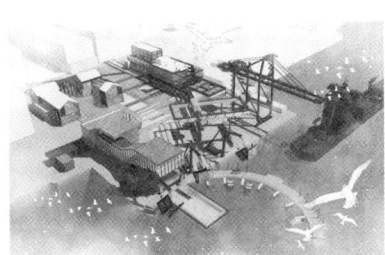

图2-14l 场景设计效果表达（谢璞 指导 陈雨璠 设计）

设计成果阶段的表达图纸绘制，包括如下图纸的绘制：规划草图（场地要素、建筑布局）、设计草图、总平面图、建筑平面图、立面图、剖面图、连续剖面、剖透视图（理念阐释、环境场地、生态要素、空间光影）、结构剖面图、剖面模型、轴侧图（场地要素、功能布局、结构体系、设备体系）、透视图或效果图（实景合成图、场景表现图、情景模拟图）等（图2-15）。

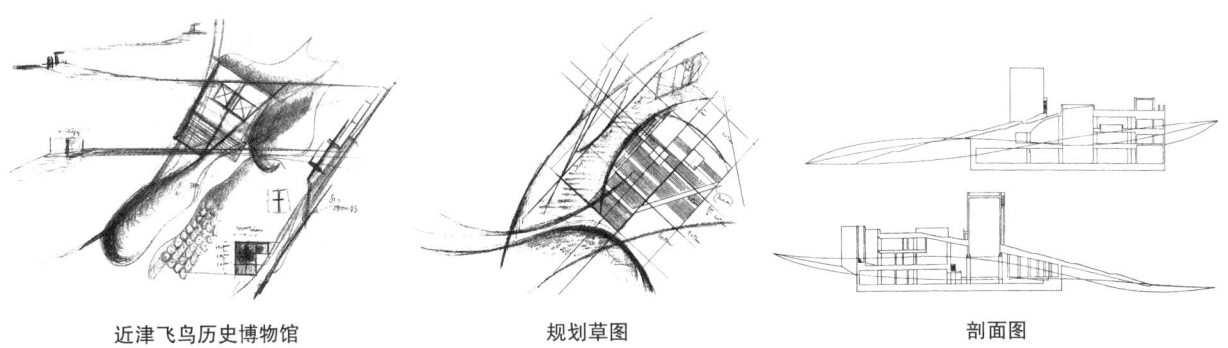

近津飞鸟历史博物馆　　　　　规划草图　　　　　　　剖面图

图2-15a② 设计草图 剖面图（安藤忠雄 设计）

---

① 周忠凯，赵继龙.建筑设计的分析与表达图式［M］.南京：江苏凤凰科学技术出版社，2020：73.
② 阿杰多·马哈默.世界建筑大师手绘图集［M］.李雯燕，译.沈阳：辽宁科学技术出版社，2006：436-439.

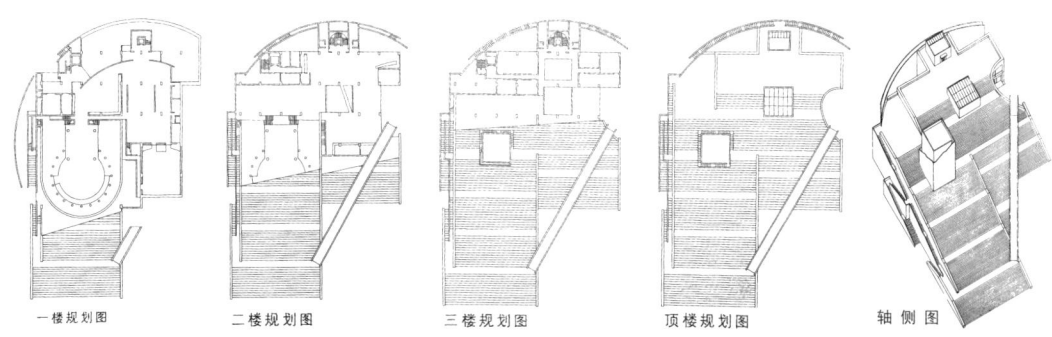

图2-15b① 近津飞鸟历史博物馆 平面图 轴侧图（安藤忠雄 设计）

图2-15c 建筑剖透视图、形态效果图（谢璞 指导 危正 设计）

建筑设计的空间形态表达的重要手段与途径是"模型"。通过模拟与制作空间场所，等比例地还原建筑空间与环境。通过外源尺度以及相应的色彩、结构与材质，直观的视觉、触觉效果传达建筑室内外空间的设计意图，使构思的三维空间得以真实完整地呈现。同时，建筑模型的存在不仅是将各种实际材料通过多种技术处理及加工而成的"艺术品"，更是用以表达建筑设计思考的媒介与推动设计进展的工具。

"建筑模型"是建筑学教育的一门基础课程，同时又是整个专业培养计划中不可或缺的重要环节，贯穿于整个课程的学习当中。通过建筑模型课程可以培养、提升学员对建筑空间语言的理解和三维叙事表达的认知，强化对建筑空间认识与表达方式的思考，促进学员的动手能力与设计能力及专业综合素养的提升和发展。从用途的角度，模型可分为三类，即概念模型、工作模型与成果模型等，具体的讲解与制作方法的学习将在第八章展开。

BIM技术在建筑设计阶段具有兼容性与灵活性，并且能够满足生成高效一致的可视化、专题化、集成化的时空情境切换表达需求，协同作业已成为行业内普遍使用的设计媒介平台。

建筑设计成果基于复杂的自然物质环境，受社会人文环境、建筑功能属性与建筑

---

① 阿杰多·马哈默.世界建筑大师手绘图集［M］.李雯燕，译.沈阳：辽宁科学技术出版社，2006：436-439.

经济技术支撑体系等各类限定要素的制约。随着社会发展、科学技术的进步，物质条件与精神生活需求日益提升，一方面，这对建筑的自然环境与社会人文环境的约束和建筑功能要求的约束不断提出了更高的要求；另一方面，经济技术对支撑体系的大幅提升起到了积极的推动作用（表2-5）。

表 2-5　建筑设计系统的约束条件表

| 自然物质环境属性 | 社会人文环境属性 | 建筑功能属性 | 经济技术支撑体系 |
| --- | --- | --- | --- |
| 地形地貌、地质构造<br>气候特征、地理环境<br>生态环境、景观条件<br>用地条件、土地利用<br>原有建筑、交通状况 | 社会环境、历史环境<br>科学技术、人文环境<br>地域特征、美学观念<br>风格造型、法律法规<br>目的目标、内外条件<br>碳中和可持续发展 | 项目论证、实态调查<br>总体规划、建筑策划<br>交通功能、动线组织<br>水电能源、使用方式<br>社交需求、空间尺度<br>生理功能、生活需求<br>居住功能、工作需求<br>休憩功能、景观配套 | 建筑规模、项目模型<br>项目资金、工程条件<br>建筑技术、结构技术<br>设备技术、生产技术<br>建筑材料、施工周期<br>施工工艺、管理体系<br>预测评价、建筑维护 |

### 三、设计的内容与范围

#### （一）建筑设计的内容（表2-6）

建筑设计的目的是什么？这关系到建筑设计的工作方向。建筑设计的内容有哪些？以上方面关系到建筑设计的工作重点。

表 2-6　建筑设计的内容

| |
| --- |
| （1）建筑设计包括建筑内外空间的组合，环境与造型设计以及细部的构造做法的技术设计。建筑设计是整套设计的龙头，并与建筑结构包括结构和建筑设备相协调 |
| （2）结构设计选型、结构计算、结构布置与构件设计，保证建筑物的绝对安全 |
| （3）设备设计包括给水、排水、供热、通风、电气（强弱）、燃气等，它是保证房屋正常使用及改善物理环境的重要设计 |

#### （二）建筑的范围

"人创造建筑，建筑也塑造人"（丘吉尔语）。建筑本身就包含各种不同的内部空间，同时又被包含于外部空间之中，通过建筑所形成多样的各种内外部空间和内外过渡的灰空间，为我的生活创造出工作、学习、休息、娱乐、守护健康的多样环境。如纪念碑、桥梁、水坝同样属于建筑的范畴；房屋的聚集形成了街道、村镇和城市。几千年的建筑实践证明，建筑和社会的生产方式、生活方式有着密不可分的关系，和社会科学技术水平、文化艺术特征有着密切的联系，它如同一面镜子，反映着不同时代的人类社会生活的物质发展水平和社会生产的精神风貌。

# 第三节 建筑类分项目程序与设计特性

## 一、建筑的分类与分级

### (一) 建筑的分类(表2-7)

表2-7 建筑的分类

| 建筑的分类 | A 公共建筑：供人们进行公共活动的建筑，按照用途又可分为15种 | 文化娱乐建筑：展览馆、图书馆、博物馆、科技馆、影剧院、歌剧院、文化中心等 |
|---|---|---|
| | | 教育科研建筑：教学楼、实验楼、研究中心、大礼堂等 |
| | | 体育建筑：体育场、体育馆、游泳馆等 |
| | | 医疗与福利建筑：医院、疗养院、休养所、养老院、福利院等 |
| | | 商业建筑：商业服务建筑、商业综合体、商场餐饮店等 |
| | | 办公建筑：办公楼、写字楼等 |
| | | 旅馆建筑：宾馆、酒店、招待所等 |
| | | 交通建筑：客运站、高铁站、航空港、码头等 |
| | | 银行邮电建筑：银行、邮局、电信所、广播电视台、卫星地面站等 |
| | | 市政公用设施建筑：公共厕所、消防站、燃气站、加油站等 |
| | | 司法建筑：公安局、检察院、法院、监狱等 |
| | | 纪念性建筑：纪念馆、纪念碑、名人故居等 |
| | | 园林建筑：公园、动物园、植物园等 |
| | | 工业建筑：供工业生产用的建筑物和构筑物，包括各种厂房和车间及其相关的设施 |
| | | 综合性建筑：集多种综合功能于一体的建筑等 |
| | B 居住建筑：供人们居住、生活的建筑 | 如：住宅、宿舍、公寓等 |

公共建筑中的文化建筑。如悉尼歌剧院、中国国家大剧院、上海保利大剧院、哈尔滨文化中心、长沙梅溪湖国际文化艺术中心、台北表演艺术中心、高雄艺术中心、上海博物馆东馆、上海图书馆东馆等为公共建筑中的文化建筑(图2-16)。

上海博物馆东馆规划定位是建设成为"世界顶级以中国古代艺术为主的博物馆"。该馆地上六层，建筑高44.95 m，地下二层。从地下一层至五层为公众参观、学习场所，

图2-16a  悉尼歌剧院（J. O. Utzon 设计  戚鑫杰 绘）

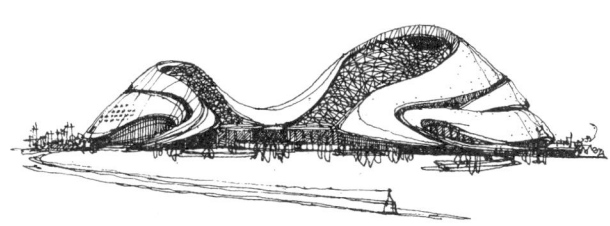

图2-16b①  哈尔滨大剧院（MAD 设计  戚鑫杰 绘）

图2-16c  中国国家大剧院（Paul Andreu 设计  赵彤 摄）

图2-16d  长沙梅溪湖国际文化艺术中心模型（娜仁托雅 摄）

包含展厅、公众教育、图书馆、公共交流等功能，五层局部和六层为博物馆库房、研究工作用房。地下一层东侧设有与地铁及周边地块相连接的地下通道。此外地下一层西侧为后勤保障、设备用房及卸货场地和货运车库，地下二层为机械车库及设备用房。展陈突出"中国古代艺术"一条主线，"一带一路、上海与江南文化"两条辅线，强调文化叙事性主题"讲故事"，演绎陈列空间的叙事性呈现与表达（图2-17）。

又如上海浦东美术馆、宁波博物馆，它们各自体现了建筑美、环境美与艺术美兼备的美术馆、博物馆设计。在白天和夜晚上海浦东美术馆其建筑与环境给予观展者完全不同的体验，而宁波博物馆以山、水、海洋为设计理念，大量运用了旧城改造中的旧砖、旧瓦回收建材，构筑成24米高的"瓦爿墙"，使用具有江南特色的毛竹制成清水混凝土模板墙，使建筑立面形成独具东方韵味的肌理呈现效果（图2-18）。

公共建筑中的交通建筑，是我们日常生活、经济活动、商业购物行为的重要节点空间。如亚洲最大的高铁站雄安站站顶分布式光伏电站，其总装机容量6 000千瓦，站顶铺设1.77万块、4.2万平方米多晶硅光伏组件，电站采用自发自用、余电并网的绿色建筑新模式（图2-19）。

---

① 7叔撩建筑.手绘建筑，感受线条魅力［EB/OL］.（2018-10-24）［2024-10-15］. http://www.sohu.com/a/270935085_697365.

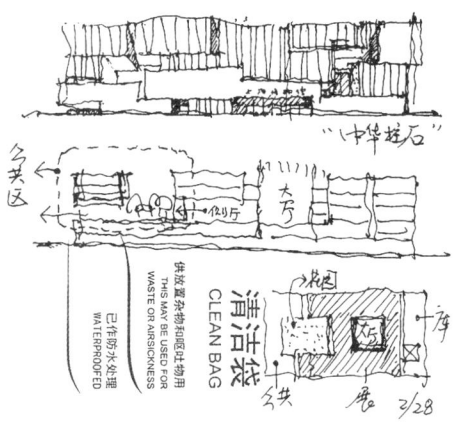

图2-17a 上海博物馆东馆构思草图（李立 设计 谢璞 摄）

图2-17b 上海博物馆东馆（Rurban Studio 设计 谢璞 摄）

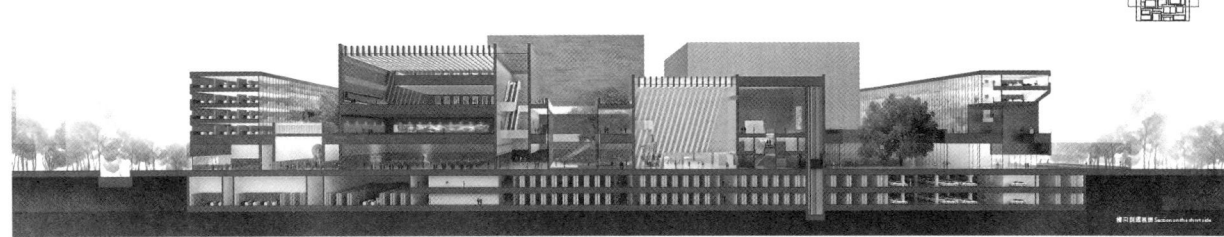

图2-17c[①] 上海博物馆东馆（Rurban Studio 设计）

图2-18a 浦东美术馆（让·努维尔 设计 谢璞 摄）

---

① Admin.上海三馆青年建筑设计师设计竞赛结果出炉［EB/OL］.（2016-05-23）[2024-10-15]. http://www.landscape.cn/news/26819.html.

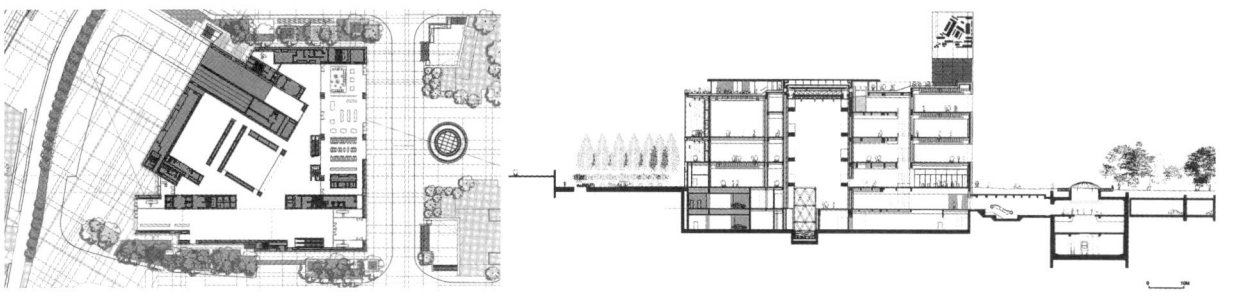

图2-18a① 浦东美术馆（让·努维尔 设计）

图2-18b 宁波博物馆（王澍 设计 陈治方 摄）

　　站城融合设计的杭州西站，汇集高铁、地铁、公交、网约车、出租车、社会车辆等多种交通方式于一体。枢纽站房共有九层，地下有四层，最下面两层为地铁站台层，上面为地铁站厅、地下城市商业通廊及停车夹层。地上五层为商业与城市空中步行景观连廊、候车室及商业夹层。设计师通过设置在站房两侧的城市空中步行连廊，让站房与城市综合体、城市与南北站之间实现便捷互通，实现多维度的站城融合综合空间类型（图2-20）。

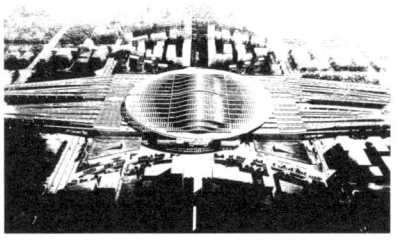 

图2-19② 高铁雄安站　　　　　　　　　图2-20③ 杭州西站

---

① 让·努维尔.浦东美术馆，上海［EB/OL］.（2021-07-13）［2024-10-15］.https://www.gooood.cn/museum-of-art-pudong-map-by-ateliers-jean-nouvel.htm.
② 范重，罗尧治，宋志文.亚洲最大高铁站"青莲滴露"——雄安站结构设计及监测平台探秘［EB/OL］.（2022-09-30）［2023-10-15］.https://mp.weixin.qq.com/s/rvgNQa1YUbjIN6dqq94k2A.
③ 杭州电视台房产零距离.【今日杭州】杭州西站站房设计方案惊艳亮相，今起公开征求意见！［EB/OL］.（2019-08-21）［2024-10-15］.https://www.sohu.com/a/335456411_99964967.

嘉兴火车站通过优美的环境，舒适宜人的尺度，便捷、人性的交通与城市功能的融合设计的方法实现空间表达目的，让火车站成为不只是让人们奔波，更让人们很愿意停留、放松的城市公共空间，实现了不追求宏大的纪念性叙事。嘉兴火车站重点围绕中国共产党第一次全国代表大会经由该站至南湖"红船"胜利闭幕的历史脉络对老站房进行1∶1复原，体现见证这一历史时刻的关键性红色文化节点；以人民公园"森林中的火车站"为设计理念，将主要交通和商业功能集中消隐于地下，引入明亮高效的自然光，设计尺度宜人舒适；为地面腾挪出大量的空间，将自然生态的公共空间还给市民和旅客，给这一具有红色意义的交通地块带来一个绿色的城市中心区，一座"森林中的火车站"（图2-21）。

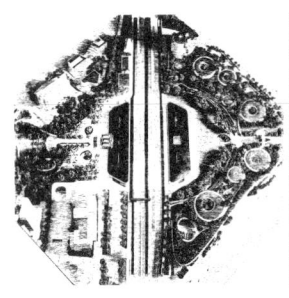

图2-21① 　嘉兴火车站（MAD 设计）

## （二）建筑物的分级

1．建筑物耐久年限分级（表2-8）

表2-8　建筑物耐久年限分级

| | 级　别 | 耐　久　年　限 |
|---|---|---|
| 建筑结构年限 | 一级 | 耐久年限为100年以上，适用于重要建筑和高层建筑 |
| | 二级 | 耐久年限为50—100年，适用于一般性建筑 |
| | 三级 | 耐久年限为25—50年，适用于次要建筑 |
| | 四级 | 耐久年限为15年以下，适用于临时性建筑 |

临时性建筑。如2015年米兰世博会中国馆为临时性建筑。当时，我国第一次以独立自建馆的形式参加在海外的世博会，也是第一次通过独立设计全面展示国家形象。设计方案紧扣"希望的田野，生命的源泉"主题，陈列设计以"序、天、人、地、和"五

---

① 室内设计联盟. 穿梭在"森林中的火车站" | MAD 设计［EB/OL］.（2021-01-08）［2024-09-12］. https://www.sohu.com/a/443353268_486410.

部分组成。"序"主题展区为观众等候区。"天"主题展区为二十四节气,汇集了中国人对自然的尊重以及顺应自然,求发展的哲学观。"人"主题展区是具体展项的集中展区,围绕农业文明、民以食为天、面向未来智慧等三大板块展示。"地"主题展区展示华夏大地山川河流地貌的多样性,以及农民劳作丰收的壮观场景。"和"主题影像厅以鲜明的故事线描述中国人在发展农业、获取粮食和食品的同时,寻找与自然和谐平衡、推动可持续发展的探索与思考精神(图2-22a)。

图2-22a[①]　米兰世博会中国馆(清华大学美术学院苏丹团队　设计)　　图2-22b　米兰世博会中国馆(清华大学美术学院苏丹团队　设计　谢璞　绘)

米兰世博会中国馆设计较好地彰显了创新意识,但实际建造完成的情况与想象中有较明显的差异。第二个方案则从另一个角度提示中国国家形象类的临时性建筑的设计需要重构"元素·系统""现实·想象"和"我塑·他塑"的内在有机关系(图2-22b)。

2022年卡塔尔世界杯974球场具有创新和可持续发展的设计理念。以卡塔尔的国际电话区号974命名,并由974个五彩缤纷的集装箱构成世界上第一个完全可拆卸的室内体育场。世界杯结束后,球场的座椅将捐赠给其他更需要它的发展中国家使用,为世界各地体育项目的举办提供了另一种值得借鉴的大型公共建筑可持续发展的临时性建筑再生新模式(图2-22c)。

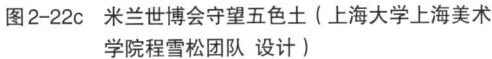

图2-22c　米兰世博会守望五色土(上海大学上海美术学院程雪松团队　设计)　　图2-22d[②]　世界杯974球场

---

① 爱手绘大禹.建筑手绘.[EB/OL].(2018-12-12)[2024-09-12]. https://www.zcool.com.cn/work/ZMzIwODI3OTI=.html.
② 环球时报.世界杯球场灵感来自卡塔尔人生活:既体现阿拉伯传统 又融入可持续理念[EB/OL].(2022-11-28)[2024-10-15]. https://3w.huanqiu.com/a/de583b/4AeQbni3Qw8.

2. 主体建筑主要构件的耐久程度分级（表2-9）

表2-9　建筑物的耐火等级

| 构件名称 | | 燃烧性能和耐火极限（h）／耐火等级 一级 | 二级 | 三级 | 四级 |
|---|---|---|---|---|---|
| 墙 | 防火墙 | 非燃烧体4.00 | | | |
| | 承重墙、楼梯墙、电梯井墙 | 非燃烧体3.00 | 非燃烧体2.50 | | 难燃烧体0.50 |
| | 非承重墙、疏散走道两侧的隔墙 | 非燃烧体1.00 | 非燃烧体0.50 | 难燃烧体0.50 | 难燃烧体0.25 |
| | 房间隔墙 | 非燃烧体0.75 | 非燃烧体0.50 | | |
| 柱 | 支承多层的柱 | 非燃烧体3.00 | 非燃烧体2.50 | | 难燃烧体0.50 |
| | 支承单层的柱 | 非燃烧体2.50 | 非燃烧体2.00 | | 燃烧体 |
| 梁 | | 非燃烧体2.00 | 非燃烧体1.50 | 非燃烧体1.00 | 难燃烧体0.50 |
| 楼板 | | 非燃烧体1.50 | 非燃烧体1.00 | 非燃烧体0.50 | 难燃烧体0.25 |
| 屋顶的承重构件 | | 非燃烧体1.50 | 非燃烧体0.50 | 燃烧体 | 燃烧体 |
| 疏散楼梯 | | | 非燃烧体1.00 | | |
| 吊顶（包括吊顶格栅） | | 非燃烧体0.25 | 难燃烧体0.25 | 难燃烧体0.15 | |

注：在实际使用中，请查阅最新的相关规范。

## 二、工程项目运作程序与工作职责

### （一）项目运作程序

一座建筑从开始策划到投入使用与评估大致经过"五个阶段，三大过程"。其中，第一环节为项目立项与建筑策划阶段；第二至第四环节为建筑设计阶段；第五至第六环节为施工招标和设计交底阶段；第七至第九环节为建筑施工阶段；第十环节即竣工验收、造价决算与使用评估阶段。第一至第五环节为设计过程；第六至第九环节为施工过程；第十环节为验收决算、交付使用、使用评估、建筑维护等过程（图2-23）。

建筑工程项目的基础是开展可行性项目研究、项目立项、设计招标；设计环节包含建筑策划、现场勘察、方案设计与审批、初步设计、设计概算与审批、施工图设计、设计预算、报建审批；建设阶段包含设计交底、施工许可与施工招标、编制施工与组织方案、施工预算与场地准备、施工与场地监理（图2-24）、竣工验收与造价决算、交付使用与建筑维护等。

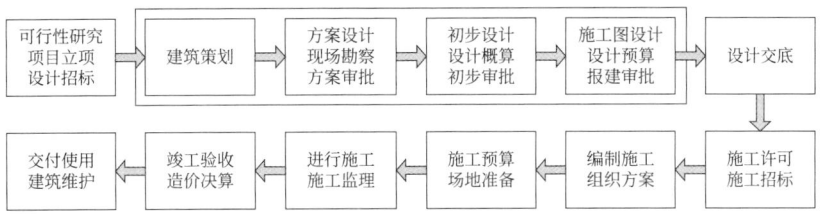

图2-23 一般建筑工程项目运作程序示意图

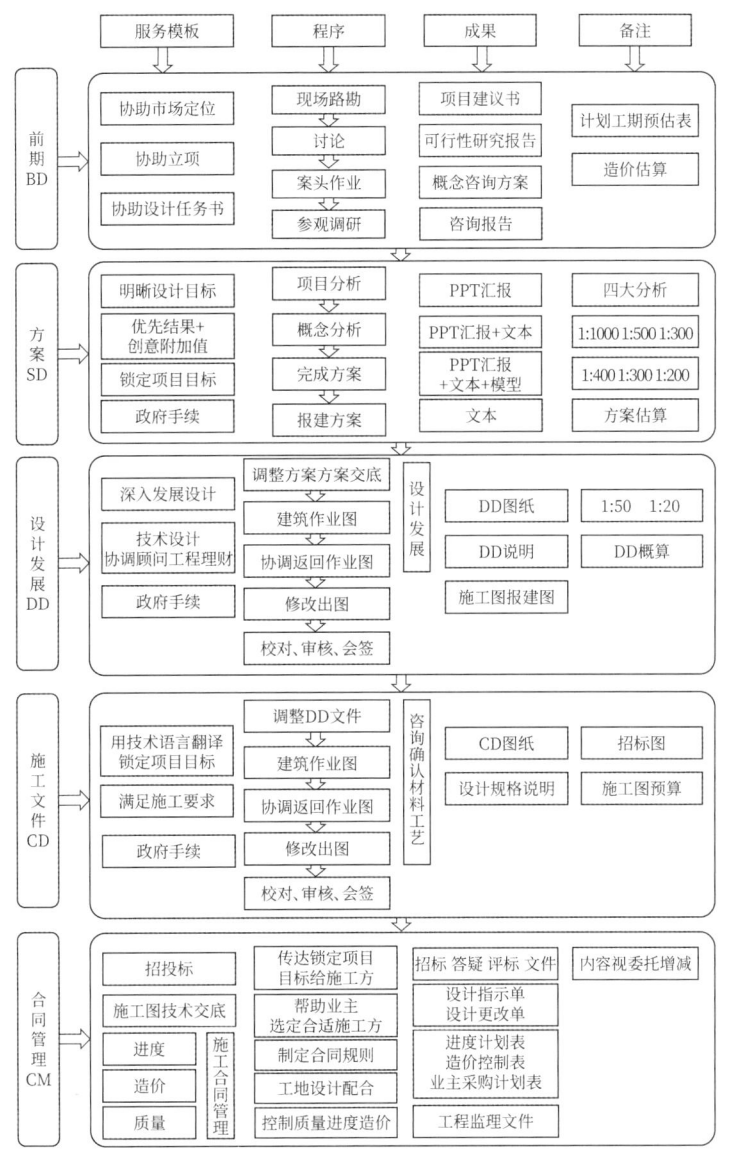

图2-24[①] 建筑师设计全程管理服务程序

---

① 王克艾琳.当代建筑语言[M].北京：机械工业出版社，2007：347.

一般建筑的整个运作程序的各个过程、阶段及其环节，都有明确的工作重点，彼此间又有严谨的逻辑顺序关系，以保障工程项目的科学、合理、经济、可行和安全地落地实施。

### （二）工作职责

广义的建筑设计是指设计一个建筑物或建筑群所需要做的全部工作，一般包括建筑学、结构工程、给排水工程、暖通工程、强弱电工程、工程流程、园林工程和概预算等专业设计内容。

建筑师负责建筑专业方案的构思设计。其主要进行建筑总图设计和平面布局，解决建筑物与基地地段环境和各种外部条件的协调配合问题，满足建筑的功能使用，处理建筑空间和艺术造型，以及进行建筑细部的构造设计。其他专业工程师分别负责结构、水、暖、电等工种的设计与布局，并将设计成果全部汇总，反映到建筑师工作的建筑平面、空间中。建筑师通常担任设计主持人，统筹工作、协调关系、化解综合汇总带来的具体功能、形象、技术上的矛盾与冲突（图2-25）。

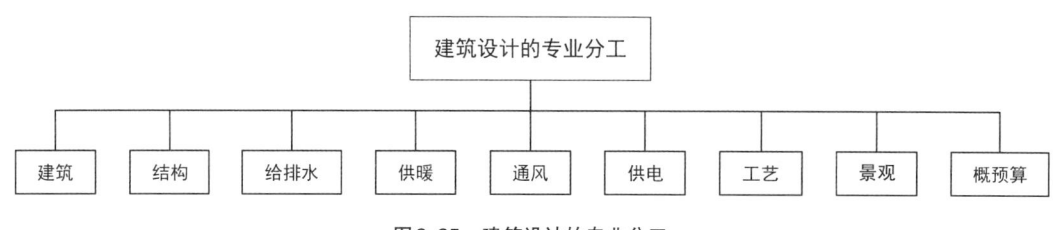

图2-25　建筑设计的专业分工

建筑设计负责人还必须与业主、城市规划主管部门、施工单位保持良好的合作关系。善于合作、具有团队精神，是建筑学专业学员应具备的基本素质之一。

设计项目按时间顺序可分为方案设计、初步设计和施工设计三个部分。其中"方案设计"承担着确立设计理念、构思空间形态、适应环境条件、寻求满足功能等任务；"初步设计""施工设计"则是在确立方案的基础上，从经济、技术、材料、设备及构造工艺等诸多方面逐一细化、落实执行的重要环节，为建筑施工、维护提供全面、系统、详尽的技术支持与指导。本课程我们学习的重点集中在建筑概念设计、方案设计方法、实现步骤的训练方面。

## 三、建筑设计的特性与基本形态

### （一）建筑设计的特性

正确了解和把握方案设计的特点是逐步深入理解建筑设计的必由途径。方案设计的特点可概括为创作性、综合性、双重性、社会性、过程性和秩序性六个方面。

1. 创作性

设计，即"设想和计划，设想是目的，计划是过程安排"，是"有计划、有目的的创作行为",通常是指有目标和计划的创作行为及过程叙事呈现。《考工记》云:"知者(创造者)创物,巧者(使用者)述之守之(借鉴模仿),世谓之工。"

建筑方案设计自然亦属于创作之列,具有创造性。而"创作"是与"制作"相对而言的,"创作"属于创新、创造范畴,其目的是以不断创新来完善和发展工作对象的内在功能与外在形象,创造者所依赖的主体是丰富的想象力和灵活开放的思维方式。所谓"制作"是指遵循一定的操作技法,借鉴模仿按部就班的造物活动,具有重复性和模仿性的特点。如,工业产品生产、建筑制图等。

在建筑创作方面,北京凤凰国际传媒中心是当代中国本土建筑师原创性构思最具代表性的建筑之一,由我国著名建筑师邵韦平带领的北京建筑设计研究院策划、设计。设计以"融合与转换"为理念,通过数学模型"莫比乌斯环"[①],将高层办公与演播功能两个板块有效地融合在一个套层结构的空间叙事中。最终形成了大量、丰富的公共空间,如行云流水般的空中廊道、连续的台阶、景观平台和通天的自动扶梯等。建筑师创造性地设计了一条非常震撼的空中曲线走廊,营建出充满东方灵动与生命意蕴的现代梦幻空间(图2-26)。

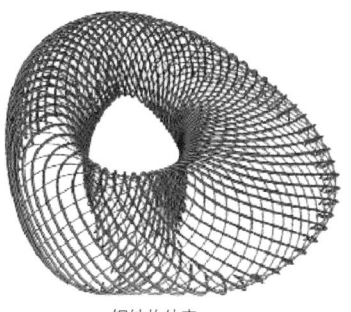

钢结构外壳

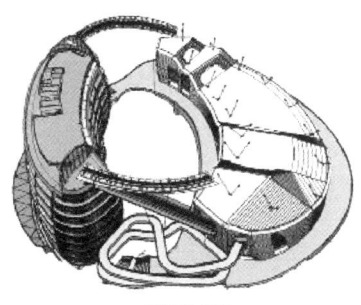

混凝土结构

图2-26a[②]　建筑结构

图2-26b[③]　北京凤凰国际传媒中心

建筑设计的创造性是人(设计者与使用者)及设计对象——建筑的特点属性的客观共同要求。人们对建筑空间和建筑形象具有高品质的要求,设计师对建筑空间与环境营造具有创新意识和创造能力,才能把纯粹物质层面的结构、材料、设备转化为具有叙事性、象征意义和人格精神的建筑艺术形象。对初学者而言,创新意识和创作能力的培养应该是我们专业学习的核心目标之一。建筑设计的创意思维模式与表达策略将在后续第四章展开深入探讨。

---

① 由德国数学家莫比乌斯(Mobius,1790—1868)和约翰·李斯丁于1858年发现。就是把一根纸条扭转180°后,两头再黏接起来做成的纸带圈,它的曲面从两个减少到只有一个且可以无限往复循环。
② 邵韦平.凤凰国际传媒中心建筑创作及技术美学表现[J].世界建筑,2012:87.
③ 北京世界之旅.现场直击|凤凰国际传媒中心[EB/OL].(2017-06-09)[2024-10-15]. https://www.sohu.com/a/147387277_656460.

## 2. 综合性

建筑空间设计与环境营造是一门综合学科。我们在设计创作时，需要考虑社会经济、技术法规、基地秩序、市场环境、环境感知等制约因素；调和满足不同社会群体的需求，如使用者、建设者、社区居民；组织落实地域社会、社区环境、交通关系、空间结构、造型形态、环境秩序、区域围护等诸多要素。综合空间叙事与解决实际问题的能力，是一个优秀建筑师与环境设计师所应该具备的专业设计素养，也是学习建筑设计原理的核心目标之一（图2-27）。

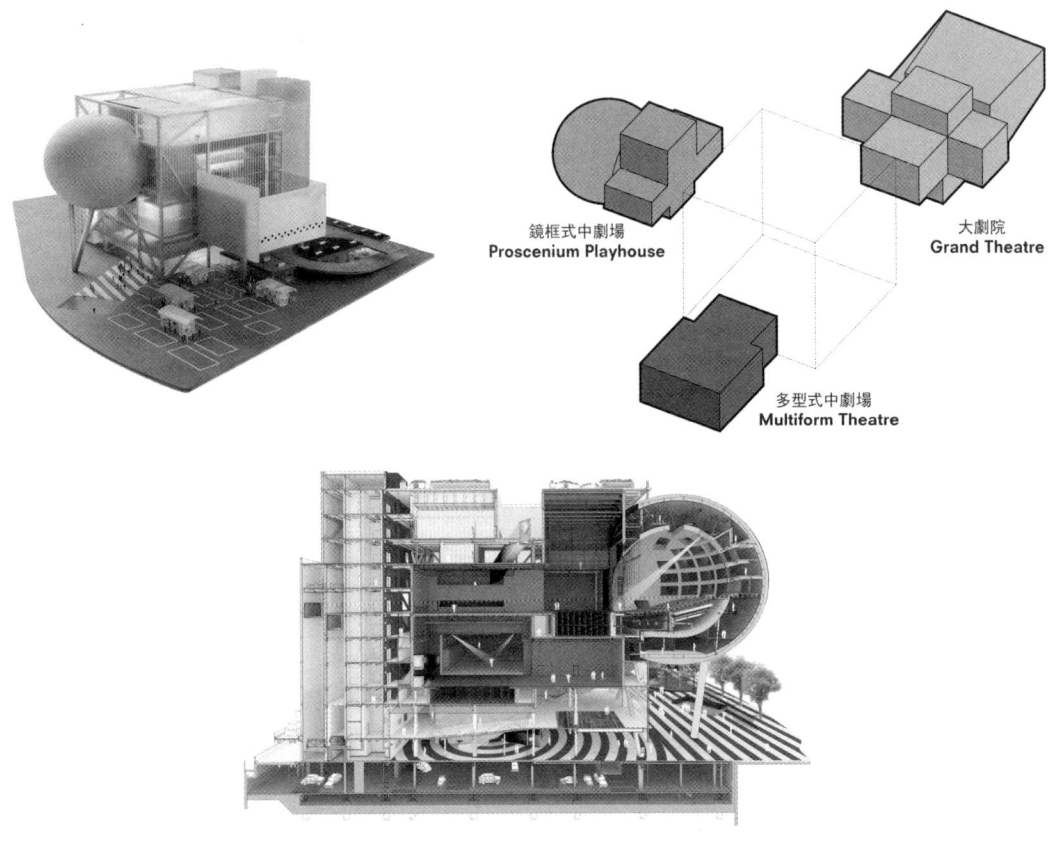

图2-27[①] 台北表演艺术中心（OMA雷姆·库哈斯 设计）

学习应对众多条件、落实各种要素、满足不同需求，掌握一些行之有效的设计策略和学习方法尤为重要。面对诸如文化娱乐建筑、教育建筑、体育及医疗福利建筑、商业建筑、办公建筑、居住建筑等各种不同的建筑类型，学员不仅要学好本专业的课程知识，而且还要融会社会政治、经济文化、历史环境、生态环境、美学观念、环境与心理行为、符号与现象学、叙事学、碳中和可持续发展等诸多学科的专业知识，博览群书、

---

① 有方. 回顾OMA台北表演艺术中心的十年［EB/OL］.（2019-01-14）[2024-09-12］. https://www.archiposition.com/items/20190114110333.

触类旁通，才能水到渠成地胜任建筑师和室内外环境设计师的工作，才能自由地驰骋于建筑空间与环境设计的综合创作工作中。

3．双重性

我们通过前面内容的学习，认识到建筑是哲学、技术与艺术的融合。建筑的双重性是指既要满足人们对其功能的硬需求，同时也要满足人们在精神方面的软需求。

一方面，人们物质条件与精神需求的日益提升，对建筑的自然物质环境、社会人文环境和建筑功能等不断提出更高的要求；另一方面，经济、技术支撑体系整体层面大幅度提高，新结构、新技术与新材料逐渐成熟和普及，技术支撑体系、支撑范围也在不断发生变化，以及施工水平不断提高。随着社会可提供的经济支持条件、建设资金的大幅增长，许多以前难以实施的设计概念和设计构思，如今得以变为实现。

在设计过程中根据需要进行调研分析、策划研究、构思设计、分析选择、再构思设计，这是一个循环发展过程。每一个阶段的分析包含设计前的基地研究、功能分析、环境分析和各阶段的优化选择分析，应用逻辑思维方式进行分析概括、总结归纳、决策选择，确立设计主题、构建基础依据；借助丰富的想象力和创造力，把逻辑分析的成果发展、升华为建筑空间与环境营造语言——空间形象、符号语言、人造物、使用对象、使用过程及经验感受，完成方案设计的设定目标与基本意图。所以，我们学习建筑空间营造与环境设计，必须平衡好感性分析与理性的合理可行性，在此基础之上产生的创作灵感，具有兼顾逻辑思维和形象思维双重属性的特点。

4．社会性

任何建筑性质与类型，只要存在就具有广泛的社会性。尽管它不是一般意义上的商品、更不是私人收藏品，它是从城市空间到乡村环境的组成部分，对社区与周边居民共处客观上产生不可回避的、直接的、持续的、长久的社会影响。

如何建造有可持续性的、充满人性的、具有社会性吸引力的村庄、城镇，为一些碎片化了的社区提供了一张当代的设计行动路线图，这离不开对建筑社会性的探讨。

每个建筑师因具有良好的职业道德和操守，能够处理好建筑与环境设计的社会效益、经济效益和艺术风格个性特点三者之间的关系。只有正确认识建筑与环境及建筑与环境设计的社会性，才能创作出具有尊重环境、人文关怀精神的优秀建筑作品。

5．过程性

建筑设计的过程更多的是适用外部自然、社会条件、社区及乡村环境、建筑基地的结果。众所周知，建筑工程需要投入大量的人力、物力、财力，为保障建筑设计和建设实施的合理、科学、可行的基本前提条件，无论是在方案设计阶段，还是施工图阶段，都要具有严谨的设计程序，都需要全面系统的调研、分析和大胆深入的想象、思考，努力地听取使用者、管理者的意见，都需要在相当广泛论证的基础上优化策划、方案，调整、发展、细化、完善设计，并在以时空为载体的过程中，使每一个阶段、每一环节都具有明显的、内在的前因后果的空间与时间融合叙事过程与内在的逻辑关系。

#### 6. 秩序性

理查德·布坎南（Richard Buchanan）提出"设计四秩序"（four order of design）[①]理论框架，以文字、图形等为媒介的符号；有形的人造物；活动与事件；系统与环境。在这四个领域里，人们分别发明符号传达信息，构筑实物满足用途，连接行动实现交互，构建系统整合关系。

以设计策划的符号（symbols），如文字、图形、图像、动作、声音、图解（diagram）等，为媒介符号，"依图叙事，见微知著"，以此为手段进行空间叙事沟通与交流的有效媒介；第二自然（artificial nature）即包括房屋、桥梁、道路和大型工程建筑等，它是人类因生产和生活需要而集聚定居的各种形式的场所，是人造自然的主体；建筑与环境的空间设计工作，既需要无限的激情和敏锐的艺术感觉与素养的打磨，又需要坚持不懈、脚踏实地遵循设计过程的逻辑演进以及自身规律与方法，这样才能创作出优秀的设计作品及到达完美的彼岸。

### （二）建筑设计的思维模式与表述方法

#### 1. 建筑设计的约束条件

我们在第一章讲述了建筑的叙事要素为"功能""技术"与"艺术"三个方面，从建筑的社会属性、功能属性、审美属性、限定条件等约束着建筑设计。从整体认知的角度，我们可以将约束建筑设计的条件大致分为四个方面，即① 社会人文环境；② 自然物质环境；③ 建筑功能要求；④ 社会可提供的经济技术支持体系（表2-10）。

表2-10[②] 建筑设计的约束条件

| 社会人文环境约束 | 自然物质环境约束 | 建筑功能要求约束 | 社会可提供的经济技术支持体系约束 |
|---|---|---|---|
| 社会环境<br>历史环境<br>科学技术<br>美学观念<br>相关法规<br>可持续发展 | 地形条件<br>地质条件<br>土地利用<br>气候条件<br>原有建筑<br>交通状况 | 生理功能要求<br>工作功能要求<br>居住功能要求<br>社交功能要求<br>休憩功能要求<br>交通功能要求 | 经济支持条件<br>结构技术体系<br>设备技术体系<br>建筑材料体系<br>建筑施工体系 |

建筑设计的约束条件可以划分为两种类型：普通约束与特殊约束。

普通约束是指所有建筑普遍拥有的、公共化的约束条件。如普遍意义上的社会人文环境、自然物质环境、常规的经济技术支持体系。包括法定的规划条件、通用建筑法规

---

[①] BUCHANAN R.Rhetoric, Humanism, and Design// BUCH-ANAN R, MARGOLIN V. Discovering Design: Explorations in Design Studies. Chicago: University of Chicago Press, 1995 23-66; BUCHANAN R. Design Research and the New Learn-Ing. Design Issues, 2001, 17(4): 3-23; BUCHANAN R.Design as Inquiry: The Common, Future and Current Ground of Design// Future ground: Proceedings of the Design Research Society International Conference. Melbourne: Monash University, 2004, 9-16; BUCHANAN R Worlds in the Making: Design, Management, and the Reform of Organizational Culture. She J1, 2015, 1(1):5-20.
[②] 杨秉德.建筑设计方法概论[M].北京：中国建筑工业出版社，2020：2.

约束以及常规的、某一地域大同小异的地形、地质气候条件的约束。

特殊约束是指建筑所特有的、区别于常规建筑的个性化约束条件。如特定社会人文历史环境的约束、特殊自然物质环境的约束、特定建筑功能的约束，以及可提供的特定突破性技术支持的约束等。

伴随着建筑技术在新技术、新材料、新结构方面的突破、成熟、发展与普及，以及施工技术的提高，建筑设计的经济、技术体系条件约束的支持范畴也在不断发展变化，使得以往难以实施的美好创想和设计构思得以实现。我们需要注意的是，在建筑设计的过程中，需综合平衡好普遍约束和特殊约束条件，尽可能解决设计过程中出现的问题，以完成从完美表达到实现预期目标的设计过程。

2. 原创性构思与应用

原创思维能力是人的一种精神活动能力，是智力的核心。我们如何用新的创作状态，用新的视角和方法分析、认定、处理设计问题，将感性的形象知觉、审美灵感与理性的逻辑思考等各种要素融合在一起，形成三维、四维乃至多维度的立体思维？

建筑作品从原创性方案构思的视角来看，可分为原创性建筑构思作品和非原创性应用建筑构思作品两类。

具有原创性建筑构思作品能力的建筑师，被称为具有"原创性构思创造"模式的建筑师；借鉴或模仿原创性构思建筑作品构思思路的建筑师，被称为"应用原创性构思"模式的建筑师。建筑构思是极其重要的建筑评价标准之一，同时体现在高水准地有效借鉴前人原创性与非原创性构思的建筑作品当中。

任何时代、任何地区的绝大多数建筑作品属于非原创性，原创性构思的建筑作品在现实世界中凤毛麟角。非原创性构思的建筑作品，并非低水平建筑的代名词；相反，众多优秀的经典建筑作品也属于非原创性构思的建筑范畴，只是在不断借鉴、模仿、总结前人经验的基础上不断重复改进，臻于完美。如古埃及金字塔建筑群、雅典卫城帕特农神庙、万里长城、紫禁城、天坛、苏州园林等。

需要指出的是，伴随着大数据、通用人工智能、新材料的不断涌现，建筑设计的约束条件得以改善，原创性构思的建筑设计逐渐受到社会各界的普遍重视。对创造者与使用者的社会价值与作用的认同感以及设计者的设计薪酬逐渐得到社会各界的普遍认可。

3. 方案构思模式及表述方法

原本模糊、复杂的建筑方案构思，可通过以下理性化的五个阶段，加以表述呈现：信息采集阶段；信息处理阶段；信息建筑化与方案初始构思阶段；信息反馈与方案构思、比较、深化、明确阶段；方案确定与输出阶段。

（1）信息采集阶段

指采集与建设项目目的约束条件与支持体系相关的各类常规、时效性的项目信息等基本信息；不断学习更新建筑设计规范、规程；调查了解不断发展变化的功能需求；研究、借鉴近年获国际设计大奖的作品与经典建筑作品的设计理念；关注国内外最新建筑结构、技术和材料进展的动态，不断更新积累共性化的时代发展前沿的常规信息。如与业主保持随时随地的对话、交流与沟通，充分熟悉、理解、增补、修正设计任务书，进行建设基地勘察、设计项目特定功能需求的探讨，熟悉设计项目的个性化需求与构思特色，考察借鉴同类建筑实例以及提供应对遗留问题的解决方案。

（2）信息处理阶段

指整理、分析、综合处理采集各种信息，把杂乱无章的原始信息梳理、建构成为泾渭分明、井然有序的有效信息资料库，在此基础上通过感性的观察认知与理性分析，探索方案设计的基本构思意象。

（3）信息建筑化与方案初始构思阶段

将非建筑化信息的语言，转化为建筑化表述的信息语言，即"基本信息建筑化处理过程"。其图式语言表达模式包括手绘草图、概念模型、手工草模或电脑草模等。

（4）信息反馈与方案构思、比较、深化、明确阶段

属于方案设计的基本定案阶段。设计团队通过各种不同的形式广泛征求相关部门对初步设计方案的反馈意见，依据信息反馈修正、评价设计成果，应用各种手段验证设计方案，并尽可能改进、完善、提升、变更设计方案，最终使初步设计方案达到政府管理部门、专家论证、设计师、业主所期待的水准以上，避免将一些原则性隐患、错误带至设计输出阶段。

（5）方案确定与输出阶段

指方案确定与成品输出阶段，实现完成可供社会评价、凝结各方集体智慧、完整表达设计意图的方案设计文件。设计文件一般由文本和图本两部分表述文件组成。文本表述内容主要包括：设计说明、主要技术经济指标、关键性技术解决方案说明等；图本表述内容主要包括：设计构思分析图，功能分析图，总平面图，交通流线图，绿地分析图，容积率分析图，日照分析，各层平面、立面、剖面图，以及鸟瞰图、室外透视图、室内透视图等表现图和动画演示。一些重要的设计项目还需提供准确比例的建筑模型，以充分直观展示、实体呈现增强体验感的方案设计成果。

以上五个阶段，并非截然分开、单线进行的，而是前后相互交织融合且相互干预、制约、影响的，是一个从错综复杂、朦胧模糊到清晰明确、主次分明、逻辑清晰的，经过反复推敲的构思过程。

方案设计构思无绝对的规定模式，构思思维方法因人而异。本章课程后设置的［单元练习］中的"案例调研与设计表达方法分析"，旨在采用符合建筑设计的构思思维规律，发挥潜移默化的"熏陶式"教育思想的表述方式。选取在国内外获奖的代表性经典作品为样板，剖析各类典范作品的创作思路，扩展不同方案的构思策略、方法与路径下的设计思维模式，使大家从中得到启迪、领悟与借鉴。

> **单元练习**

# 空间行为、审美经验提升与建筑作品调研

"我……不相信艺术可以传授。科学可以，商业当然也可以，但艺术不可以，只能是熏陶"（弗兰克·赖特语）。研究建筑艺术，同样可以通过研究建筑大师来理解其建筑作品的空间叙事手法，分析作者与作品的本质联系，以代表作品调研为样板，剖析各种典型类型建筑作品的创作构思思路、方案构思模式，并在学习过程中得到熏陶、启示与领悟。

## 一、建筑与空间心理、行为分析

开展建筑空间产生的心理模式考察，是建筑师在建筑创作过程中的思维与创作方法的一种浸润式熏陶和对空间表达模式、方法的学习与借鉴。

建筑空间对人的心理、行为产生直接或间接的影响。建筑离不开其所在的建筑空间与用地环境，建筑除了改变外部环境，还构筑了新的室内外环境，建立了人与周围各种尺度的物质环境与空间意识之间的相互依赖关系。这种关系体现在环境与行为的辩证统一性，以及通过设计来改善建筑与空间的物质环境因素，提升人们对空间的感受与生活品质，带来的反哺设计，并对其产生的积极影响。一方面，我们需要关注建筑空间环境对人的内在心理过程（知觉、认知、学习等）产生的影响；另一方面，我们更不能忽视社会价值、文化观念、集团行为等价值认同，以及与建筑空间环境有关的、内涵宽广的、相关行为问题的、多学科交叉的分析、探讨与研究。

人对空间环境不仅停留在修正层面，通过规划，建筑设计可以完全改变环境的性质和意义。就建筑空间叙事的心理考察分析模式而言，有两种认识方式：获取建筑空间叙事美感经验；通过研究作者理解建筑作品，完成对建筑空间环境叙事的心理考察与分析。

## 二、审美经验提升

艺术能起到生理需要与心理需要的平衡，通过考察、调研、辨析经验，进行方法论学习，提升感悟与评价机制。考察评价的对象不是观照艺术本身而是由观照艺术作品产生的经验。

在对建筑大师及其作品的调研中，根据对建筑的空间叙事体验与审美经验来评价建筑的价值，从建筑作品的分析入手，研究其设计思维和意识，就是一种建筑考察调研、学习心理认知经验的熏陶方式。我们常常会想，大师的作品为什么能吸引我们的注意？为什么能使人兴奋？优秀经典的建筑作品为什么具有理性的浪漫和诗意的现实？要获得答案，我们要领会大师的设计思想与心理上的联系，同时寻找建筑作品对使用者产生的

积极影响，这是我们理解大师作品的认知方式以及学习认识审美经验与设计方法最重要的有效途径之一。

我们可以通过现当代建筑大师来研究他们的思想、设计理念和建筑作品，考察其思想的发展历程和在建筑设计过程中的演化逻辑与路径，从中得到启迪和提高。分析建筑大师与建筑空间叙事设计作品的内在联系，寻求解析大师头脑中的"黑匣子"，以作品分析为依托，发现大师的无意识倾向和隐藏在作品背后的深层思想，这一类的发现反过来会增进我们对大师建筑作品本身的理解、提升技术路线的高效学习并积累专业经验与审美素养。

### 三、建筑大师设计理念与作品调研

#### （一）建筑大师调研

在下面推荐的1990—2024年普利茨克获奖建筑大师中（表2-11），各课题小组抽签选取一位（避免重复），对其代表性的3—4组建筑设计的核心要素进行分析、总结。

表2-11

| 序号 | 时间 | 届次 | 建筑大师姓名 | 国籍 |
|---|---|---|---|---|
| 1 | 1990年 | 第十二届 | 阿尔多·罗西（Aldo Rossi） | 意大利 |
| 2 | 1991年 | 第十三届 | 罗伯特·文丘里（Robert Venturi） | 美国 |
| 3 | 1992年 | 第十四届 | 阿尔瓦罗·西扎（Alvaro Siza） | 葡萄牙 |
| 4 | 1994年 | 第十五届 | 槙文彦（Fumihiko Maki） | 日本 |
| 5 | 1995年 | 第十六届 | 克里斯蒂安·德·波特赞姆巴克（Christian de Portzamparc） | 法国 |
| 6 | 1996年 | 第十七届 | 安藤忠雄（Tadao Ando） | 日本 |
| 7 | 1997年 | 第十八届 | 拉斐尔·莫内欧（Rafael Moneo） | 西班牙 |
| 8 | 1998年 | 第十九届 | 斯维勒·费恩（Sverre Fehn） | 挪威 |
| 9 | 1999年 | 第二十届 | 伦佐·皮亚诺（Renzo Piano） | 意大利 |
| 10 | 2000年 | 第二十一届 | 诺曼·福斯特（Norman Foster） | 英国 |
| 11 | 2001年 | 第二十二届 | 雷姆·库哈斯（Rem Koolhaas） | 荷兰 |
| 12 | 2002年 | 第二十三届 | 雅克·赫尔佐格+皮埃尔·德·梅隆（Jacques Herzog + Pierre de Meuron） | 瑞士 |
| 13 | 2003年 | 第二十四届 | 格伦·马库特（Glenn Murcutt） | 澳大利亚 |
| 14 | 2004年 | 第二十五届 | 约翰·伍重（Jorn Utzon） | 丹麦 |

(续 表)

| 序号 | 时间 | 届次 | 建筑大师姓名 | 国籍 |
|---|---|---|---|---|
| 15 | 2005年 | 第二十六届 | 扎哈·哈迪德（Zaha Hadid） | 英国 |
| 16 | 2006年 | 第二十七届 | 汤姆·梅恩（Thom Mayn） | 美国 |
| 17 | 2007年 | 第二十八届 | 保罗·门德斯·达·洛查（Paulo Mendes da Rocha） | 巴西 |
| 18 | 2008年 | 第二十九届 | 理查德·罗杰斯（Richard Rogers） | 英国 |
| 19 | 2009年 | 第三十届 | 让·努维尔（Jean Nouvel） | 法国 |
| 20 | 2010年 | 第三十一届 | 彼得·祖索尔（Peter Zumthor） | 瑞士 |
| 21 | 2011年 | 第三十二届 | 妹岛和世（Kazuyo Sejima）+西泽立卫（Ryue Nishizawa） | 日本 |
| 22 | 2012年 | 第三十三届 | 艾德瓦尔多·苏托·德·莫拉（Eduardo Souto de Moura） | 葡萄牙 |
| 23 | 2013年 | 第三十四届 | 王澍（Wang Shu） | 中国 |
| 24 | 2014年 | 第三十五届 | 伊东丰雄（Toyo Ito） | 日本 |
| 25 | 2015年 | 第三十六届 | 坂茂（Shigeru Ban） | 日本 |
| 26 | 2016年 | 第三十七届 | 弗雷·奥托（Frei Otto） | 德国 |
| 27 | 2017年 | 第三十八届 | 亚历杭德罗·阿拉维纳（Alejandro Aravena） | 智利 |
| 28 | 2018年 | 第三十九届 | RCR拉法尔·阿兰达（Rafael Aranda）+卡门·皮格姆（Carmen Pigem）+拉蒙·比拉尔塔（Ramon Vilalta） | 西班牙 |
| 29 | 2019年 | 第四十届 | 巴克里希纳·多西（Balkrishna Doshi） | 印度 |
| 30 | 2020年 | 第四十一届 | 矶崎新（Arata Isozaki） | 日本 |
| 31 | 2021年 | 第四十二届 | 伊冯·法雷尔+谢莉·麦克纳马拉（Yvonne Farrell+Shelley Mcnamara） | 爱尔兰 |
| 32 | 2022年 | 第四十三届 | 迪埃贝多·弗朗西斯·凯雷（Diébédo Francis Kéré） | 布基纳法索 |
| 33 | 2023年 | 第四十四届 | 戴卫·奇普菲尔德（David chipperfield） | 英国 |
| 34 | 2024年 | 第四十五届 | 山本理显（Riken Yamamoto） | 日本 |
| 35 | 2025年 | 第四十六届 | 刘家琨（Liu Jiakun） | 中国 |

（二）各小组自选一位颇具世界影响力的建筑大师及其代表作品展开调研

（三）建筑大师作品解读内容

1. 建筑师的背景

2. 建筑概况

3. 建筑与场地

4. 建筑平面分析和功能组织

5. 建筑形体特征

6. 建筑结构与形式

7. 建筑空间与环境布局特点

8. 室内、外交通流线组织

9. 建筑竖向空间组织

10. 建筑立面分析

11. 建筑材料应用与细部处理

对建筑大师的设计思想、作品理念、项目概况、历史文脉、场所环境、功能组织、平面分析、形体特征、空间布局、交通流线、立面分析、建筑材料、采光设计、细部处理、作品风格、空间特征等核心要素进行调研分析以PPT呈现成果。

# 第三章
# 建筑策划技术路线与空间叙事

## 章前导言

本章内容涉及建筑策划的历史、定义、要素等技术路线、建筑策划的系统与结构及规划策划与建筑设计的关系；建筑策划方法的概念与类型、模式与步骤、决策体系与判断；建筑策划的操作体系、建筑策划与跨学科路线、策划思想与空间叙事以及策划的指导思想与语义学表达。

## 本章聚焦

在学习建筑策划原理、建筑策划技术路线的基础上，聚焦探讨建筑策划理念下的空间叙事设计的方法论。

## 学习目标

学习掌握建筑策划理论的系统性结构，明确建筑策划的定义与建筑规划、建筑设计的关系，初步掌握建筑策划的类型、模式步骤、决策体系与判断的方法、路径等技术路线，熟悉建筑策划的操作体系、策划空间的跨学科性以及其策划思想和策划设计的叙事的方式、方法与设计策划项目的表达路径，为建筑设计构建科学而逻辑的设计依据。

通过建筑大师与艺术大师的调研，提取关键词、元素、符号、核心要素、风格及其创作理念，进行作品分析与图解表述、共性归纳总结、图解2.5版制作，探讨空间叙事设计概念的形态表达。

### 知识点导图

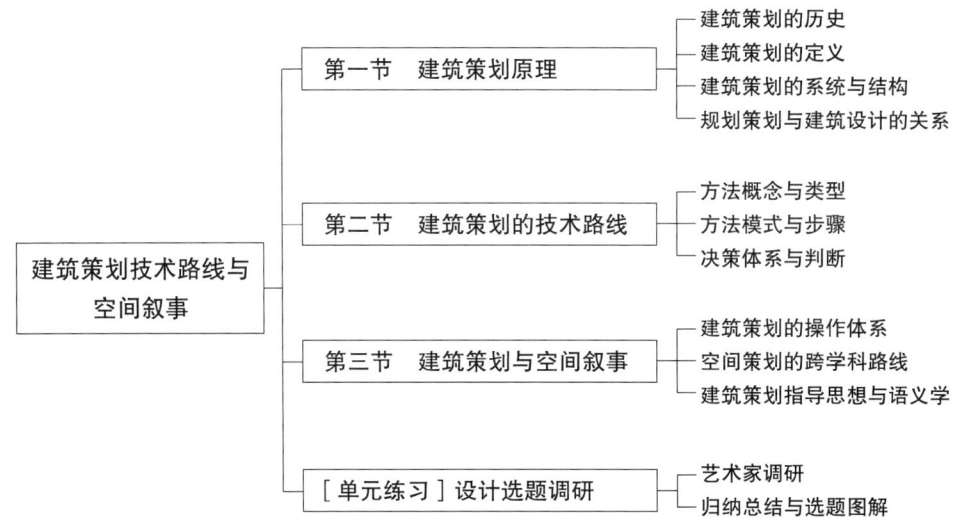

## 第一节 建筑策划原理

### 一、建筑策划的历史

#### （一）传统的建筑策划

建筑策划是研究如何在总体规划立项之后，科学地制订建设项目计划和提供建筑设计依据的一门科学，今天我们所说的建筑策划研究的雏形始于二战以后。建筑策划的思想要义作为古老而朴素的建筑设计思想内核已经留存上千年了。从信息社会发展的宏观角度以及建筑与景观设计，规划招投标的广度、深度及专业性出发，对建筑进行构想、预测和评价，最终可达到建筑策划的目标。

#### （二）建筑策划

有关建筑策划的内容于20世纪90年代被引入国内研究。建筑学有两类课题：一类是研究已经存在的正确的标准，另一类是研究对立、冲突、悬而未决的问题。前者可以通过继承来完成，后者只能通过创造新的建筑理论和概念来解决建筑学与人类发展之间的矛盾。

随着社会的发展、科学技术的提升以及城市化进程的加快，建筑学也不断地拓宽了它的领域。建筑学与社会学、环境学、城市学、生态学、人体工效学、行为心理学、市场经济学、系统工程学等交叉学科已建立日益广泛的联系，建筑学正发生着前所未有的新变化。

建筑策划与自然科学、人文学科相融合，通过艺术构思的软件与信息论、运筹学、统计学以及计算机等近代科学方法论和技术手段的硬件相结合，建筑师们已经重新认识到建筑学的发展促进了思维方式的外向化和多元化。

## 二、建筑策划的定义

### （一）建筑策划的概念

"策划"是为完成某一任务或为达到预期的目标而对所采取的方法、途径、程序等进行周密的、逻辑的思考后拟出具体文字，并将文字转化为视觉形象的概念设计方案。建筑策划在建设项目的目标设定阶段，或项目的总体规划阶段进行。为了有效地实现目标，对其方法、手段、过程和关键点进行探研，得出定性的、定量的结果，并在指导建筑设计的过程中不断反馈，这一研究过程称为"建筑策划"。

建筑策划（Architectural Programming）特指在建筑学领域内建筑师根据总规划的目标设定，从科学的角度出发，不仅依赖于经验和规范，更以实态调查为基础，应用大数据、人工智能、物联网等科技手段对研究目标进行客观分析，最后定量地得出实现既定目标应遵循的方法及程序的工作研究。即，将建筑学理论研究与当代科学技术相结合，为总体规划立项之后的建筑设计构建科学而有逻辑的设计依据。

建筑策划的思想，以问题为导向，重视建筑基地的实态调查、建造条件的分析、空间逻辑的理性推演及设计方法广泛的前期研究，并将之有效地应用于建筑设计过程之中，由此才能产生蕴含着人文主义思想、对环境充分尊重、功能完备的优秀建筑。一个优秀的建筑策划不一定就产生优秀的建筑设计，但是一个优秀的建筑在建筑策划及其思想上一定是成功的。

### （二）建筑策划三要素

（1）明确具体的目标，依据整体规划设定建设项目；
（2）构建目标实现方法、路径和结论，进行客观评价；
（3）建立达到目标的程序和过程，进行评估预测机制。

建筑立项是建筑策划的出发点，实现目标的方法、路径由建设目标决定，并通过目标进行评价。研究、选择实现目标的方法、路径是设计建筑策划的核心内容，而对方法、路径的功能与效率进行预测、评定、分析至关重要。对建设项目的实现方法与路径进行评价分析，从而做出正确的程序预测离不开对客观现象的认识，关键是对相关信息的收集和调研。认识客观现象的变化过程和运动过程，及对具体操作手段的功效与结果进行评估、机制是不可或缺的重要环节。

## 三、建筑策划的系统与结构

### （一）建筑策划系统

从目前的研究和实践情况看来，建筑策划实践操作体系应包括建筑策划实践的工作程序、方法、管理和工具等。如果尝试引入系统方法的研究思想，那么建筑策划实践操作体系本身可理解为一个庞杂的系统，关于其结构如何目前尚未进行系统的研究，但是可以提出一种科学假说，该体系的核心部分应该是建筑策划实践工作系统。

该系统实质是一个基于建设项目开展的工作体系，该系统的组成要素是不同层级的工作单位。为了分析方便，我们暂且在工作子系统（如完成场地周边环境调研的工作环节，又如进行项目概念设计的工作环节）的级别上进行探讨。该系统的各个工作子系统的联系应该是一种工作关系，反映为每个工作子系统之间的协作关系以及整个工作系统的流程关系。

在建筑策划实践操作体系中，建筑策划实践工作系统是最核心的部分，它与其他子系统的关系应该是决定和被决定的关系。基于一般的认知，建筑策划实践工作的实质是一种信息处理的过程，无论是该系统的信息输入、系统的内部运作还是系统的成果输出都表现为一种信息流。

因此采用信息方法对该系统进行认知、分析和重构是有必要的。使用信息方法的优势是在分析处理具体问题时能完全撇开对象系统的物质组成和运动形态，把系统有目的的运动过程抽象为一个信息的传输和变换过程，仅以信息的运动规律研究对象系统的特性及运动规律，这对建筑策划实践工作系统的分析非常有帮助。

**（二）建筑策划的构成框架**

在探索建筑与社会之间的特定接触机遇"建筑策划"时，要主动打破传统的表现手法。空间是建筑的本质，当代建筑美学的核心和古典建筑的核心是不同的，因此我们不能拿现代建筑的观点去看古典建筑，更不能用古典建筑的观点来策划当代建筑。

建筑策划由两个节点和三个过程构成。两个节点的第一个节点是"信息吸收"。即全面收集总体规划、投资状况、分项条件等资料和原始参考资料，将其纳入原始信息库，作为初级论证的依据，初步确定项目规模、性质；第二个节点是在此基础上进行"全方位调查"。三个过程为：① 多因子变量分析与所得结果"定量化信息加工"过程；② 将最新调查结果反馈到初级论证阶段，并对项目的目标、规模、性质进行修正，形成信息反馈的过程；③ 依据定量的分析结果，为建设项目建立设计条件，表格化、图式化内容，模型并做出完整、合乎逻辑的任务书，这是建筑策划最终生成策划信息的过程。其中，至关重要的是构成建筑策划框架的两个重要的逻辑节点。

由建筑策划实践工作系统的结构模型可知，不同的工作子系统有很强的异构性，涉及不同人员和工作对象，但如果以信息的观点对其重新认识和梳理，这些系统就有了统一的技术基础，系统的分析也会比较清晰（图3-1）。

第一个节点，作为建筑策划的理论依据——建立原始信息库，侧重业主理念的建筑创作；第二个节点，作为建筑策划的科学依据，建立大数据、人工智能对多元化、多因子变量分析库，进而推导侧重使用者理念的建筑创作，这也是对建设目标和价值体系的深化和修正。将以上两个节点紧密地连接起来是构成合乎逻辑的、全面的、科学的建筑策划框架的有效途径。

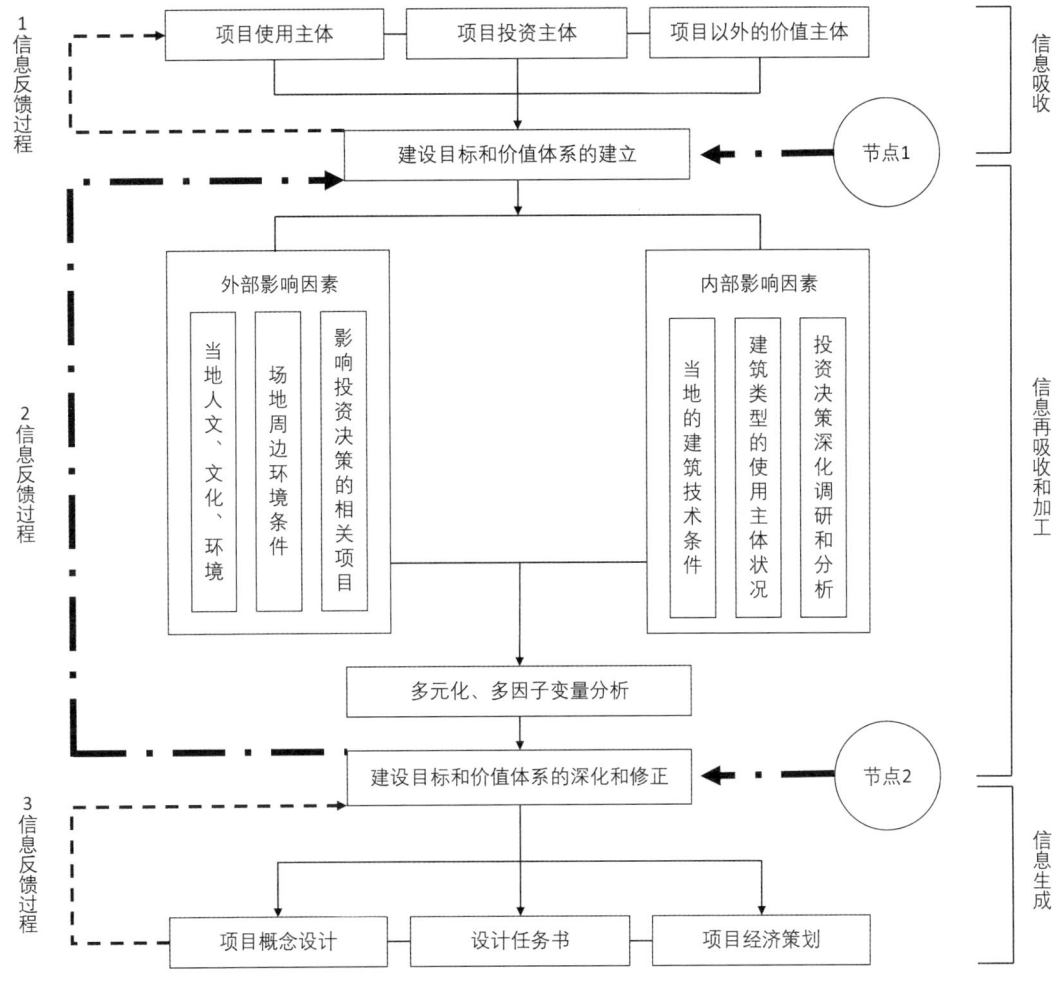

图 3-1 建筑策划实践工作系统的结构模型

## 四、规划策划与建筑设计的关系

### （一）建筑策划与规划

我们知道，总体规划是由国家和地方政府机构从全局出发，综合整治经济、地理、人文、社会等宏观因素，对建筑设计的条件进行全面、宏观、概念上的、轮廓性的确定。它既包括项目的近期建设计划，也要考虑项目的远景发展设想。并且，对设计的细节不加以具体限制，是一项指导建设规模、建设内容以及建设周期的指令性工作。

但是，随着社会生活多元化与科学技术迅猛发展，设计条件的目标与确定工作已经变成了一项异常复杂、多元、多向性的系统工程。于是，专门研究这一多向复杂的设计依据问题的建筑策划理论应运而生。

建筑策划通常受制于上位总体规划，是总体规划在建筑项目上的进一步落实。建筑策划依据规划设定目标，在总体规划设定的红线范围内，对其社会、人文环境和物质环境进行实态调查分析研究,并对其社会、经济效益进行综合评价。根据用地区域的功能性质划分,进一步确定项目的性质、品质及级别。建筑策划是在总体规划的指导下对建设项目自身进行的包括社会、环境、经济、功能等因素在内的策划研究。

建筑策划理论基础是对于客观实态的调研分析,对民众参与及对使用者的调查是建筑策划不可或缺的环节。其对项目的论证、规模性质及社会环境等的研究分析,使得建筑策划的研究对象超出了建筑单体本身,扩大到街道、社区、村镇、地域社会。它的理论基础和方法论的形成与城市、乡镇规划的发展潮流达成一种协调关系,生态环境、低碳生活也已成为建筑策划的中心课题。

### (二)建筑策划与建筑设计

从广义建筑设计的观点看,建筑概念已逐步形成,人类社会经过农业、工业革命浪潮的冲击,进入信息和新技术革命的人工智能时代。从信息论的观点来看,信息性是客观世界的物质属性、能量属性之外的第三种属性,它是物质的普遍属性。

建筑策划不同于狭义的建筑设计,它的实质就是科学地制订设计任务,研究设计任务书的合理性,以指导设计研究工作,它包含在广义的建筑设计当中(图3-2)。

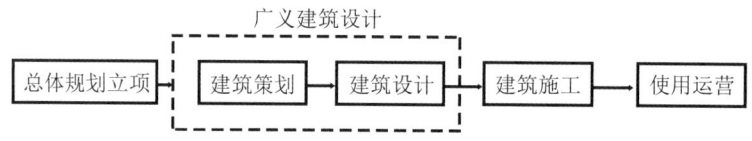

**图3-2 建筑策划与建筑设计的关系(项楚洁 绘)**

建筑策划是在建筑设计进行室内外的功能形式、形态色彩、时空序列、空间叙事等内容的图面研究之前或之时,对其设计普遍属性的内容、规模性质、定位、空间尺度的可行性进行调查研究和梳理分析,即根据设计任务书内容和要求具体进行的调查研究和梳理分析。以达到使用后评估借鉴、反馈修正项目立项内容的合理性及设计理念的指导性的目的(图3-3)。

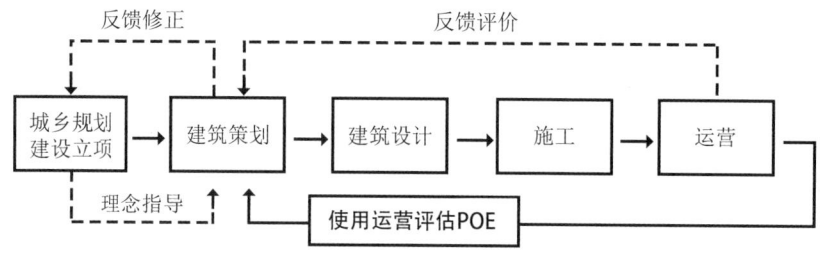

**图3-3① 建筑策划与设计的关系**

---

① 本图参照:庄惟敏.建筑策划与设计[M].北京:中国建筑工业出版社,2020:9.

我们通常所说的建筑设计，无疑是一个广义的概念，它实际上包括建筑设计的前期研究即建筑策划理论。广义的建筑设计概念应有三个过程阶段，即建筑设计条件的设定分析阶段；建筑空间语汇构想、设定阶段；建筑空间的具象表述阶段（图3-4）。

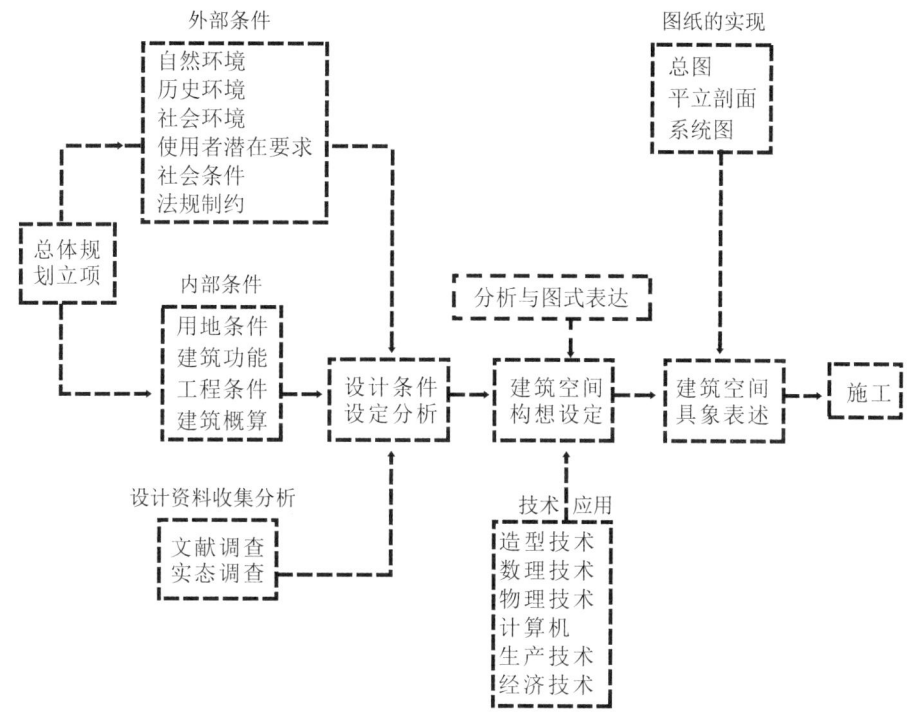

图3-4[①]　广义建筑设计的三个过程阶段

从建立建筑策划理论的观点出发，前两个阶段又属于建筑策划的范畴，而且建筑策划通过第二阶段与建筑设计相沟通。

现代建筑与环境设计业已成为由多专业协调的系统组织，设计内容趋于专业化、精细化，日见复杂的设计工作呈现出分项、简洁、深刻的发展趋势。在各专业内展开越来越专门的分项研究，势必要求在进行整体建筑与环境设计之前，必须展开建筑策划的研究，设计范围由原来的单纯建筑设计，扩展到设计的前期工作——"策划"，即建筑项目、建筑目标、建筑规模、建筑性质等的确定及内外条件使用方式的把握、功能把握（实态调查）等；而"策划"的后期，如空间构想、对应建筑语言、空间组合、构造方式、空间性格、空间尺度等要素的把握与研究，材料设备的考察确定等，全都与建筑设计前期工作——初步方案设计的设计总图、平立剖图、设备系统设计图无缝结合在一起。在清晰地明确建设目的的基础上，通过建筑策划可以有效地管理、约束和引导策划研究成果落实到建筑设计当中（图3-5）。

---

① 本图参照：庄惟敏.建筑策划与设计［M］.北京：中国建筑工业出版社，2020：12.

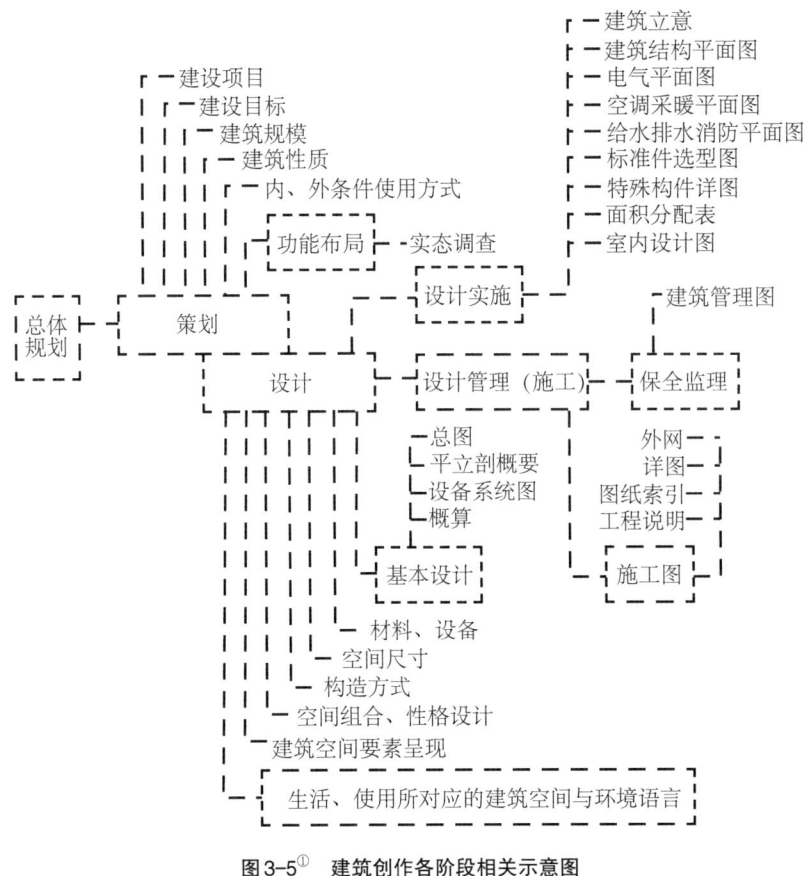

图3-5[①]　建筑创作各阶段相关示意图

建筑设计则承接建筑策划中的物理图像、心理图像、元素符号、空间叙事的概念与模式，用建筑设计语言加以丰富充实，以图纸为媒介，绘制出项目具体的空间造型、人与空间的交互秩序关系、内在系统性逻辑和叙事形态。建筑策划的"骨架与经络"构建，注重对来自各方面的各种要求、条件的全面把握，并将其转译成空间概念。而此时的建筑设计前期出现的图纸只是为了展示策划构想和模式的具象空间形态，检验策划的结论和空间构想的现实性，相当于"概念设计方案"。而设计阶段是填补"肌肉与塑形"的具体工作，是将"骨架与经络"中的抽象空间概念和模式，通过图形具象化，绘制成设计实施的图纸（包含初步设计、扩初设计）的过渡关键环节。设计阶段可以概括为：从问题搜索到问题解决，再到空间场所形态语言发展的叙事过程；建筑策划是"问题搜寻和问题解决"的过程，建筑与景观设计是"空间场所形态发展叙事过程"的重要步骤之一。

建筑策划的社会责任，体现在策划结论的不同，导致同样项目的设计思想、空间内容可能完全不同，更有可能在项目完成后使区域范围内建筑、环境中使用者的行为方

---

① 本图参照：庄惟敏.建筑策划与设计［M］.北京：中国建筑工业出版社，2020：12.

式、经济模式、心理结构、价值观念的变化、更新及新文化的创造成为可能。

### (三) 建筑策划领域

这里我们把总体规划与建筑策划之间的研究环境、社会、人与建筑的内容称为建筑策划的第一领域；把建筑策划与建筑设计间的研究功能和空间叙事组合方法的内容称为第二领域。

我们把人类各方面的要求与建筑的内容相对应，从对既有建筑的调查评价分析中寻求某些定量的规律，这是建筑策划的一种基本方法，其内涵与外延极其广阔。例如建筑、环境、景观、社会与人类生理的相互关系及影响，与人类心理的相互关系及影响，与人类精神的相互关系及影响，以及社会机能等。

建筑策划的第一领域是依据建筑基地所处的综合环境、自然与人文景观、社会环境等做出综合判断、评估、分析、考察。

建筑策划的第二领域是研究建筑设计的依据以及空间、环境的设计基准，它包括以下几个部分：① 建设目标的确定；② 建设目标的构想；③ 构想结果、使用效益的预测；④ 对与目标相关的物理量、心理量及要素定量、定性的评价；⑤ 设计任务书的拟定（图3-6）。

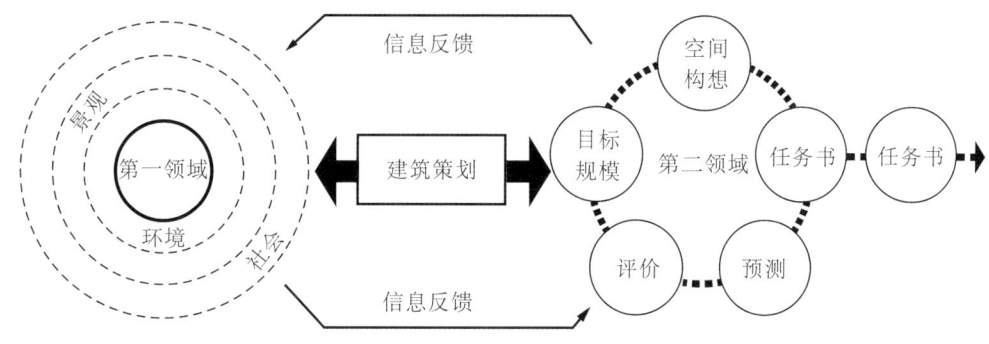

图3-6[①]　建筑策划领域相关图示

第一，建设目标的确定。明确建筑策划目标才能与第一领域建立直接的信息反馈的关系。通过第一领域的分析结果考察设计目标的可行性；与此同时，第二领域中设定的目标又是第一领域中研究的课题和依据。

第二，建设目标的构想。即将既定建设目标与使用要求相对应，在充分满足和完成各项使用功能的必要前提下，对所需的设施、空间的规模进行设定的工作。这要求建筑师把使用要求的陈述形式转换成建筑化的空间叙事语言，并用建筑叙事语言加以定性的描述。其研究的方法为从直观空间的设想到理性空间的推理，并非唯一的答案。这种构想不仅是存在于观念中的建筑图示形制，其意义的体现必须通过物质性的空间秩序载体来实现。

---

① 庄惟敏.建筑策划与设计[M].北京：中国建筑工业出版社，2020：15.

第三，构想结果的预测。对构想可行性的最好的检验是预测。随着人工智能和相关学科研究与应用技术的发展，预测的方法从感性化的经验模拟阶段，已向更加逻辑化、理性化的，如空间句法、模糊决策、大数据和大模型分析以及虚拟现实等空间表述的预测方向快速迭代发展。

第四，建设目标相关物理、心理的综合评价。由于建设目标不同，项目性质、使用的侧重点就不同，各相关量的评价标准和尺度也就各种各样。多元多因子的变量分析评价法可使其得到较满意的解决。

以上，通过目标确定→构想→预测→评价的系统→设计任务书拟定，建设项目的各项建筑设计的依据以及空间、环境的设计基准的准备工作基本完成。

现代建筑科学与时代脉搏紧密关联，已经发展成与当代科学、跨学科关联，相互借鉴、相互融合的地步，形成了一个完全开放，与近代科学、前沿科学建立逻辑联系和系统组合的全新的体系，从学科的性质来看，现代建筑与环境设计几乎是一门无所不包容的交叉学科。

今天的建筑空间与环境设计，更需要有温度、有情感的叙事方法来进行设计表征与内涵诠释。同样，建筑策划会让我们重新认识建筑学的内涵与外延，促进空间叙事思维方式的外向化和多元化的跨学科发展。

## 第二节　建筑策划的技术路线

### 一、方法概念与类型

#### （一）建筑策划的方法

建筑策划的技术路线分为有两个重要步骤：一是操作概念的规定，二是现象类型化的规定。其中，操作概念的规定包含社会环境、经济模式、使用空间、空间叙事、使用方式、使用构成等方面；现象类型化的规定包含使用性质的类型、使用对象的类型、使用目的的类型、构筑方式的类型等方面。

建筑策划的操作概念规定，是指建筑策划过程中对相关物理的、心理的概念化的描述，它是陈述和说明人对物质环境客观反映和直觉感受的"词汇"。建筑策划的起点是对这样的"词汇"进行的拟定，建筑实态的调查目标、调查内容的拟定都是由对描述空间的"词汇"的拟定开始的。

如对建筑空间进行叙述的调研，建筑师就要分别对相关物理性（建筑材料、面积大小、空间尺寸、体量规模、结构设备等）和心理性（如开敞明亮、轻量化、透明浮游感、封闭暗淡、安全压抑、健康舒适的生理反应、行为和心理特征等）进行规定，以此作为策划操作中的实态调研与分析依据。此外，在大数据的采集过程中"词汇"的语义学界定也是非常行之有效的。比如在研究和统计城市空间中人群聚集行为和空间负荷量时，可以运用大数据中语义学的统计，来支撑操作概念和规范界定。这些概念的拟定，应当具有明确的可判定性，同时还要有一定的可度量性，以此保证在建筑策划中对各信息的采集和交换时进行"词汇"转向空间叙事视觉形象的建筑化表述。

### （二）建筑策划的类型

建筑策划的现象类型化规定，是指对目标实态性质、特点的认识，是对技术决策可行性的探讨。类型化的规定是对个别性、必要性的说明，而不是对共性、普遍性的说明。我们可以从建筑的使用目的的差异、使用性质的差异、使用对象的差异入手，轻松地划分出居住建筑类的住宅、宿舍、公寓；公共建筑类的文化娱乐建筑、教育科研建筑、医疗与福利建筑、商业建筑、交通建筑、宾馆建筑、办公建筑、司法建筑、纪念性建筑、园林建筑、工业建筑、综合性建筑等建筑类型。

建筑策划方法的基本步骤是从实态、技术、规范的角度展开调研。同时，类型化的规定不是一成不变的教条，在不同的社会环境和具体客观条件下，以不同的类型化的视角，对建筑设计目标进行界定也是建筑策划的内容之一。类型化的规定与操作概念的规定，共同构成建筑策划方法的最基本的内容，并在此基础上拟定"词汇"转向空间叙事视觉形象的建筑创意构想、建筑化表述、预测与评价，最终实现建筑策划的目标。

## 二、方法模式与步骤

### （一）运营方法和程序

建设项目运营方法和程序，涉及法规、行政管理、设计施工的选择，以及结构方式和设备系统的选定等因素。建筑策划承上以"立项设计书"与总体规划相联系，启下以"建筑策划报告书（设计任务书）"与建筑设计相联系。其目的是综合平衡项目，把各个阶段的相关因素与程序系统化地联系起来，把总体规划思想科学地贯彻到设计中去，以达到预期的目标（图3-7）。

### （二）策划的步骤

建筑策划是建筑学一级学科下的一个重要研究方向，具有多学科交叉融合的特性。其研究解决的问题是建筑设计的底线问题，会涉及较多定量、定性的分析方法，它融合管理、数学、统计学、计算机等相关科学知识领域。

策划的方法模式，是从事实的实态调查入手，获取项目使用者对空间使用行为特征第一手信息资料及相关要求，运用当代科学技术手段及科学的方法综合分析论证。相对于感性的设计过程和创造力而言，建筑策划更注重客观全面的决策认知，在科学理性逻辑的指导下进行决策过程并推导出均衡全面的决策结论。

在具体建设项目的策划中，目标确定、空间构想、预测和评价等内容互为依据、相互补充，各个环节往往相互交叉进行，其逻辑顺序并非一成不变。而一般项目的建筑策划大体可以分为七个步骤（图3-8）。

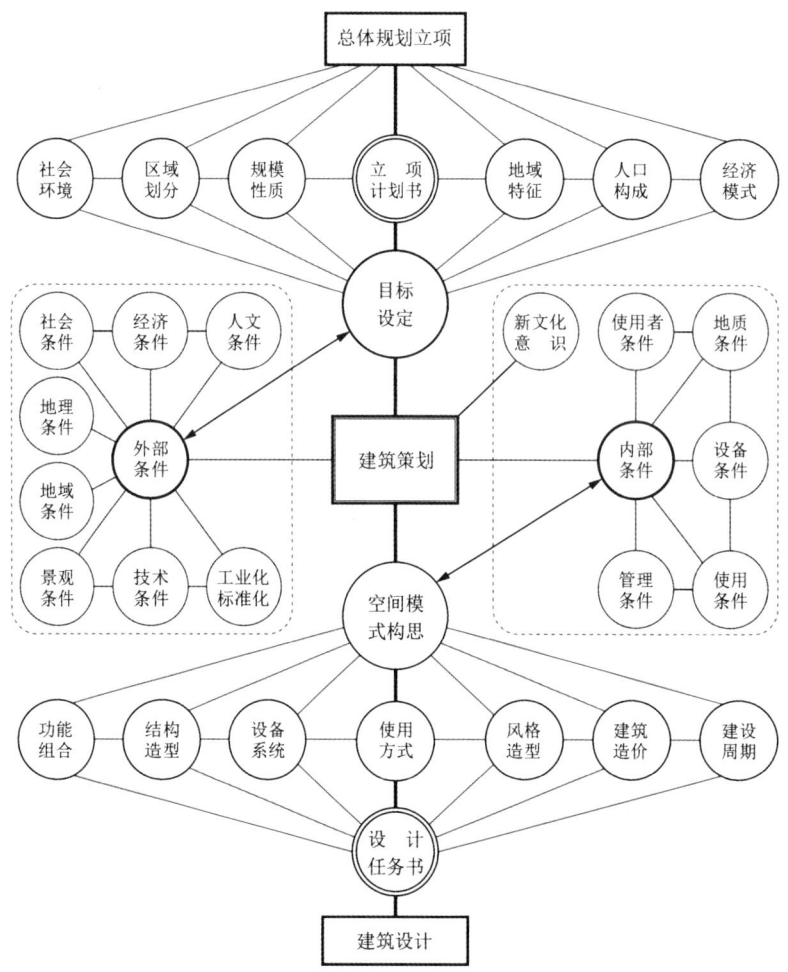

图3-7[①]　建筑策划相关因素及程序设计示意图

在建筑策划的运行过程中，目标设定、内外条件的调查、空间与技术的构想、经济策划、预测和评价、报告拟定等各阶段都有其特定的方法，对其方法的掌握是进行建筑策划的技术准备和必要手段。并且，了解和掌握这些方法有助于更好地理解建筑策划所遵循的唯物辩证思想的方法。

（三）策划的技术路线

通常我们将建筑策划的方法概括为：问题搜寻法，矩阵法，语义学解析法，模拟法及数值解析法，多因子变量分析及数据化法，层级分析法，策划评价、使用后评估与建筑性能评价，大数据法等。

---

① 本图参照：庄惟敏.建筑策划与设计［M］.北京：中国建筑工业出版社，2020：27.

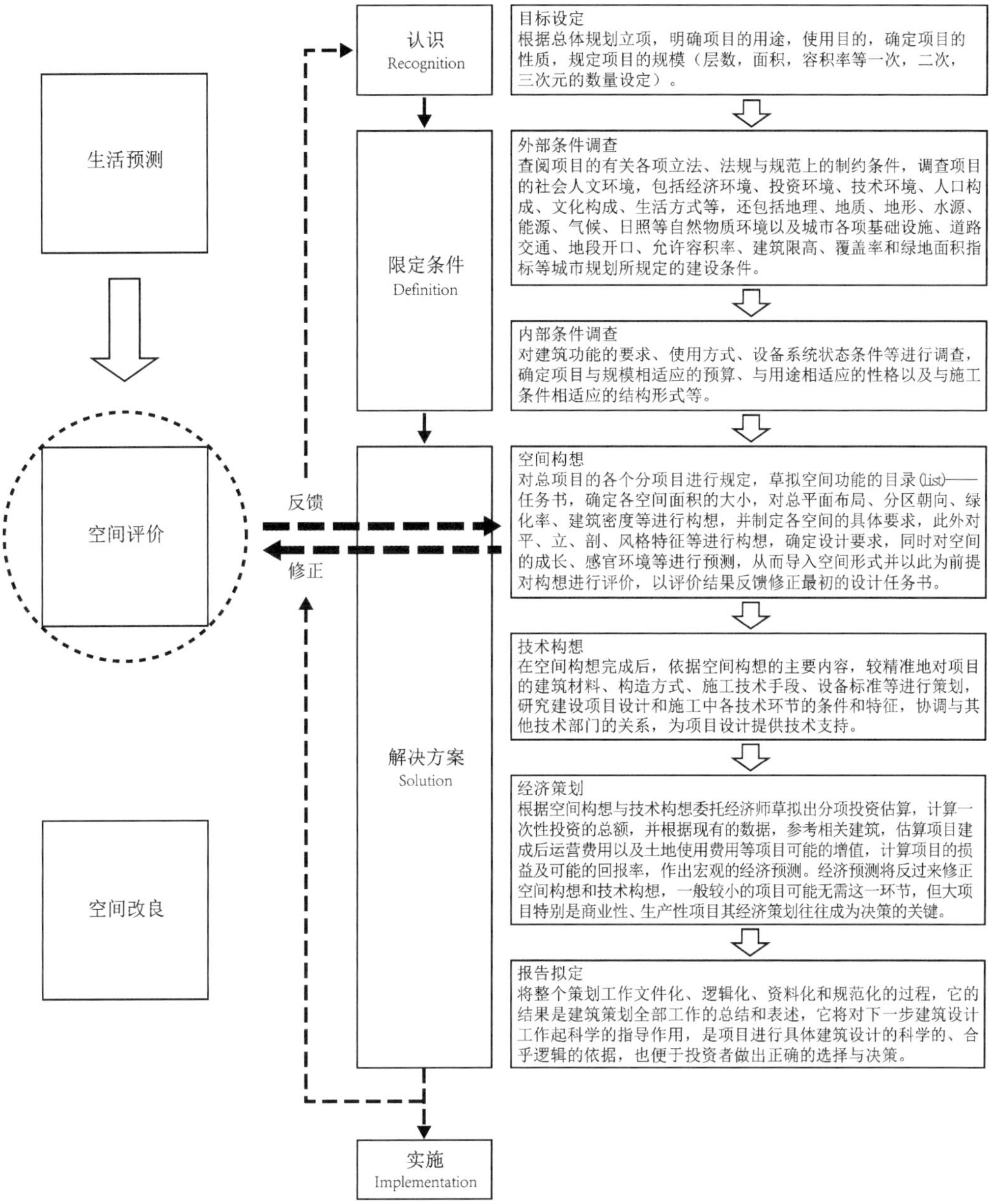

## 第三章 建筑策划技术路线与空间叙事 | 135

```
                    ┌──────────┐    ┌─────────────────────────────────────┐
                    │  认识    │───>│ 目标设定                            │
                    │Recognition│    │ 根据总体规划立项，明确项目的用途，   │
                    │          │    │ 使用目的，确定项目的性质，规定项目   │
┌──────────┐       └──────────┘    │ 的规模（层数，面积，容积率等一次，   │
│          │             ↑         │ 二次，三次元的数量设定）。           │
│ 生活预测 │             │         └─────────────────────────────────────┘
│          │             │                        ↓
└──────────┘             │         ┌─────────────────────────────────────┐
      │                  │         │ 外部条件调查                        │
      │                  │         │ 查阅项目的有关各项立法、法规与规范   │
      ↓                  │         │ 上的制约条件，调查项目的社会人文     │
┌ ─ ─ ─ ─ ┐       ┌──────────┐    │ 环境，包括经济环境、投资环境、技术  │
 ┌──────┐         │ 限定条件 │    │ 环境、人口构成、文化构成、生活方式   │
││ 空间 │ │<═════│Definition│    │ 等，还包括地理、地质、地形、水源、   │
 │ 评价 │   反馈  │          │    │ 能源、气候、日照等自然物质环境以及   │
│└──────┘ │═════>│          │    │ 城市各项基础设施、道路交通、地段开   │
            修正  │          │    │ 口、允许容积率、建筑限高、覆盖率和   │
└ ─ ─ ─ ─ ┘       │          │    │ 绿地面积指标等城市规划所规定的建     │
      ↑           │          │    │ 设条件。                            │
      │           └──────────┘    └─────────────────────────────────────┘
      │                                          ↓
      │                           ┌─────────────────────────────────────┐
      │                           │ 内部条件调查                        │
      │                           │ 对建筑功能的要求、使用方式、设备     │
      │                           │ 系统状态条件等进行调查，确定项目与   │
      │                           │ 规模相适应的预算、与用途相适应的性   │
      │                           │ 格以及与施工条件相适应的结构形式等。 │
      │                           └─────────────────────────────────────┘
      │                                          ↓
      │           ┌──────────┐    ┌─────────────────────────────────────┐
      │           │          │    │ 空间构想                            │
      │           │          │    │ 对总项目的各个分项目进行规定，草拟   │
      │           │          │    │ 空间功能的目录（list）——任务书，   │
      │           │          │    │ 确定各空间面积的大小，对总平面布局、 │
      │           │          │    │ 分区朝向、绿化率、建筑密度等进行规   │
      │           │          │    │ 定，并制定各空间的具体策划，此外对   │
      │           │          │    │ 平、立、剖、风格特征等进行构想，确   │
      │           │          │    │ 定设计要求，同时对空间的成长、感官   │
┌──────────┐     │          │    │ 环境等进行预测，从而导入空间形式并   │
│          │     │          │    │ 以此为前提对构想进行评价，以评价结   │
│ 空间改良 │     │          │    │ 果反馈修正最初的设计任务书。         │
│          │     │          │    └─────────────────────────────────────┘
└──────────┘     │          │                    ↓
                  │ 解决方案 │    ┌─────────────────────────────────────┐
                  │ Solution │    │ 技术构想                            │
                  │          │    │ 在空间构想完成后，依据空间构想的主   │
                  │          │    │ 要内容，较精准地对项目的建筑材料、   │
                  │          │    │ 构造方式、施工技术手段、设备标准等   │
                  │          │    │ 进行策划，研究建设项目设计和施工中   │
                  │          │    │ 各技术环节的条件和特征，协调与其他   │
                  │          │    │ 技术部门的关系，为项目设计提供技术   │
                  │          │    │ 支持。                              │
                  │          │    └─────────────────────────────────────┘
                  │          │                    ↓
                  │          │    ┌─────────────────────────────────────┐
                  │          │    │ 经济策划                            │
                  │          │    │ 根据空间构想与技术构想委托经济师草   │
                  │          │    │ 拟出分项投资估算，计算一次性投资的   │
                  │          │    │ 总额，并根据现有的数据，参考相关建   │
                  │          │    │ 筑，估算项目建成后运营费用以及土地   │
                  │          │    │ 使用费等项目可能的增值，计算项目的   │
                  │          │    │ 损益及可能的回报率，作出宏观的经济   │
                  │          │    │ 预测。经济预测将反过来修正空间构想   │
                  │          │    │ 和技术构想，一般较小的项目可能无需   │
                  │          │    │ 这一环节，但大项目特别是商业性、生   │
                  │          │    │ 产性项目其经济策划往往成为决策的关   │
                  │          │    │ 键。                                │
                  │          │    └─────────────────────────────────────┘
                  │          │                    ↓
                  │          │    ┌─────────────────────────────────────┐
                  │          │    │ 报告拟定                            │
                  │          │    │ 将整个策划工作文件化、逻辑化、资料   │
                  │          │    │ 化和规范化的过程，它的结果是建筑策   │
                  │          │    │ 划全部工作的总结和表述，它将对下一   │
                  │          │    │ 步建筑设计工作起科学的指导作用，是   │
                  │          │    │ 项目进行具体建筑设计的科学的、合乎   │
                  │          │    │ 逻辑的依据，也便于投资者做出正确的   │
                  │          │    │ 选择与决策。                        │
                  └──────────┘    └─────────────────────────────────────┘
                        ↓
                  ┌──────────────┐
                  │    实施       │
                  │Implementation │
                  └──────────────┘
```

图3-8[①]　建筑策划的步骤框架

（1）问题搜寻法

① 棕色纸幕墙法

因最早使用棕色纸悬挂粘贴在墙上作为背景搜寻问题而得名。建筑策划师将棕色纸挂在墙上，在棕色纸上用不同大小的白色方块图形表示各个功能所需要的面积大小，以反映建筑项目的空间需求；同时，还可以在工作和讨论中利用棕色纸幕墙上不断修正的

---

① 庄惟敏.建筑策划与设计［M］.北京：中国建筑工业出版社，2020：28.

白色方块商讨面积的分配方式。其目的是在建筑策划时，在与业主的交流过程中实时反映建筑面积要求并按照预定原则进行空间分配。棕色纸幕墙法使业主、使用者及公众可以直观形象地了解到不同功能空间的面积比例，协助策划过程中多主体的协作与沟通，是建筑策划中与业主进行沟通的有效手段，具有重要的借鉴价值。

② 调查问卷法

来源于社会学的研究方法，是现状实态调查、信息统计和判断等最常用的方法之一。其通过前期针对特定人群设计问卷，发放、回收、统计问卷内容，得出有价值的问题和数据。设计制订一份有针对性、构思缜密的调查问卷，对重要信息的推演、判断起到至关重要的作用。这就要求在设计制订问卷的过程中，问卷法的技术原理是基于统计学概念的，即以有限样本的采集获得小数据，通过统计学方法的计算，推导并获得相对精确的普适性的结论。

在调查问卷法中，问卷问题的设计是关键，问题的逻辑性和其反映的目标是数据收集与验证的前提。问卷的有效性很大程度上取决于问卷设置的问题分析与预测的方向性，这是与大数据方法最大的不同之处。

③ 卡片分析法

卡片分析法用于记录项目信息，具体操作是在小卡片上以图形的方式记录与项目相关的目标、事实、概念、需求及问题等。建筑策划师采用较小的尺寸卡片，每张卡片只表达一个想法或概念，并采用图形的方式，方便整理且便于人们理解。

卡片分析法的优势在于能够利用标题卡片、子标题卡片和内容卡片，任意分类、排序、编组，并以直观的图像信息的展示方式进行，便于项目相关群体迅速浏览并提高判断效率、决策性，并且可以根据需要随时增加或减少卡片的数量。

伴随着计算机技术的普及、数学工具的发展、决策理论的引入和大数据思想与方法的导入，建筑策划的方法得到全面的发展。

（2）矩阵法

在建筑策划流程中有一个重要的措施，就是收集、分析业主或使用者的组织结构、理念、工作流程和它们对应的空间功能，其目的是明确业主或使用者内部不同使用群体相邻条件和使用方式之间的策略与关系。

矩阵法是对建筑空间功能关系进行分析的一种方法，即通过构造相邻关系图、相关系数矩阵，生成空间关系矩阵，清晰明确地表达出各功能空间相互的紧密、强弱、疏远程度与关系。

（3）语义学解析法

简称SD法（Semantic Differential缩写），即运用语义学中的"言语"为尺度进行心理实验，通过对各既定尺度的分析，定量地描述研究对象的概念和构造。语义学解析法是建筑和城市空间环境相关心理量主观评价（如偏好性等）定量分析和评定的基本方法之一，其要点有基本叙事程序（图3-9）、评定尺度表述（图3-10）、调查对象、评定实验、因子分析、因子轴抽出等。

第三章　建筑策划技术路线与空间叙事 | 137

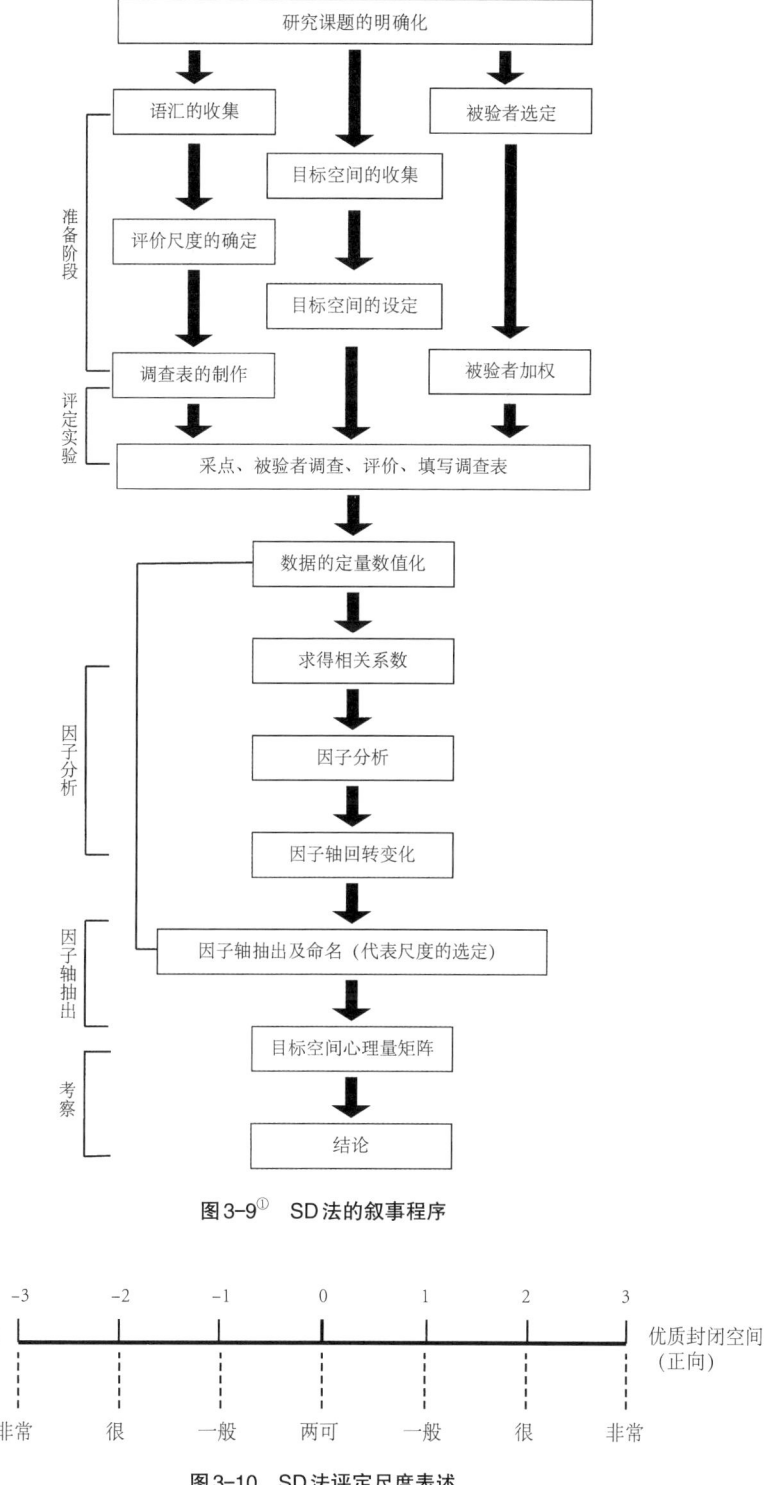

图3-9① 　SD法的叙事程序

图3-10　SD法评定尺度表述

① 庄惟敏.建筑策划与设计［M］.北京：中国建筑工业出版社，2020：65.

（4）模拟法及数值解析法

在确定复杂的前提条件、评价建筑设计构想时，涉及范围广、相关因素多，所以实际的策划工作也会相应变得复杂、繁重。在经费、时间不足的前提下，要对如此庞大的工作量逐一进行直接、详尽的调查已变得非常不现实。鉴于这类情况，将与现实目标相仿的空间作为研究对象进行模拟，模拟实态环境、实验和数据分析的方法应运而生，叫"模拟法"。

模拟法是用模型对实态空间、环境、事象进行模拟，并对模拟空间环境进行分析、演绎和归纳的方法。模拟法可以分为物理模型模拟法和理论模型模拟法两类。

物理模型模拟法可分为两种：一是运用简单材料，对环境空间的物理形态按比例缩小，建立起在特定环境与方位上模拟类似于真实空间环境目标的具象模型；二是运用计算机进行虚拟空间的建模、渲染与描述，在显示媒介上呈现目标的虚拟三维数字模型，并对其空间进行分析研究。这种方法虽然比较感性、直观，但是逻辑性、说明性相对较差。

理论模型模拟法的核心，是运用数学公式、框架图、流程图、桑基图等逻辑数理模型，对实态环境、空间进行描述和分析的方法。理论模拟法的关键环节是将目标空间及环境"数式化"的过程，对数式进行解析而获得的一般理解即为理论模型的模拟分析结果。

建筑师们广泛运用的框架图和流程图是另一种理论模拟的方式。它将人、物和环境的特性变化、活动的前后顺序、运动流线抽象出来，以框架图、符号等形式，通过图像加以模型化表达。

这种图式模型与3D打印数字模型的综合应用，对建筑策划时的各项条件进行的分析，对空间环境各物理量、心理量的相互制约关系及特性进行的逻辑的表述，对目标进行的确定的研究等，有其独到的优势，因此在建筑策划中有着广泛的应用前景（表3-1）。

表 3-1　模拟法的构成

| | | |
|---|---|---|
| **模拟法** | 物理模型模拟法 | 按比例尺等比缩小的实态空间模拟实验 |
| | 理论模型模拟法 | 理论公式 |
| | | 流程框架 |

（5）多因子变量分析及数据化法

这是以统计学为理论基础，以有限样本统计为前提，通过统计学的数理分析，寻找普适性结论的一种方法。是主要对SD法（语义学解析法）中的相关因子进行数据处理分析的补充方法。

在建筑策划的研究中，对通过各阶段、各方法获得的数据进行分类处理，找出其内在间的联系，才能正确反映实态空间及事件。因此，研究多因子变量在数量和值域上的潜在个性、共性和相互关系是研究建筑策划方法论的关键。多因子变量的数据处理多是研究大量相关数据，从大量的数据中抽取出潜在的、不直观的主要影响因素，寻求并找到其内在联系和规律性的逻辑法则，并将不明确表达的主观偏好提取出来，或将复杂的多变量降维为几个综合因子。

这类方法在建筑设计方面及其他相关领域的运用已经有较长的时间，通过对这些特性因子加以分析，可得出全体数据所具有的结构，为以数据作为实态表述来反映目标空间的调查手段提供理论的依据。多因子变量的分析法，可以为建筑策划的方法论提供直观且有逻辑的数据分析和判断依据，它是建筑策划方法论中重要的实验手段之一。

（6）层级分析法

简称AHP（Analytic Hierarchy Process），是一种通过将定量与定性相结合确定因子权重以进行科学决策的方法。层级分析法将与决策目标有关的因素分解成目标、准则、方案等层次，在此基础之上进行定性和定量分析。其特点是，在对复杂的决策问题的本质、影响因素及其内在关系等进行深入分析的基础上，利用较少的定量信息使决策的思维过程数学化，为多目标、多准则或无结构特性的复杂决策问题提供简便的决策方法。

层级分析法将决策问题包含的因素分层为：

最高层——解决问题的目标；

中间层——为实现总目标而采取的各种措施以及必须考虑的准则等，也可称策略层、约束层、准则层等；

最低层——用于解决问题的各种措施、方案等。

可以把各种所要考虑的因素放在适当的层次内，用层次结构图清晰地表达这些因素的关系。层次分析法不仅适用于存在不确定性和主观信息的情况，还允许以合乎逻辑的方式运用经验、洞察力和直觉。

层级分析法主要在建筑策划中对多构思方案及其在建筑策划评价中的位置进行定量权重比较（表3-2）。

表 3-2 建筑策划评价中的层级分析法位置表述与程序

| 序号 | 程 序 表 述 |
|---|---|
| 1 | 在介绍方案之前做初步定性评价 |
| 2 | 全面详细了解方案设计的基础上做出评价 |
| 3 | 依据层次分析法做定量评价 |
| 4 | 核对确认任务书和设计方案间的差异 |
| 5 | 进行综合评价，并对任务书做出反馈 |

（7）策划评价、使用后评估与建筑性能评价

第一，策划评价。

即建筑策划在操作过程中应该进行的评价。策划过程的评估标准为：信息准确性、时间可行性、经济可行性、有效性、内容全面性。可以通过模拟的方式进行策划评价，将其分为图纸或模型的形象模拟、公式或数字的数学模拟以及试验性模拟和心理上的模拟。

第二，使用后评估。

简称POE（Post Occupancy Evaluation）。依据评价深度，其通常可分为调查式、陈述式和诊断式三种方式，每种方式又可分为评估计划、执行和应用三个阶段，每个阶段又可再分为三个子步骤，每个步骤同时考虑目标、理由、执行过程、资料来源和结果（表3-3），这样使POE体系成为一个成为建筑策划的重要评价手段（图3-11）。

表3-3[①]　POE的操作流程

| 实施阶段 | 评估计划 | 执　行 | 应　用 |
| --- | --- | --- | --- |
| 具体步骤 | 1. 勘测与可行性<br>2. 资源计划<br>3. 研究计划 | 1. 场地原始数据采集<br>2. 数据收集过程的监测管理<br>3. 数据分析 | 1. 汇总发现问题<br>2. 提出建议<br>3. 检验结果 |

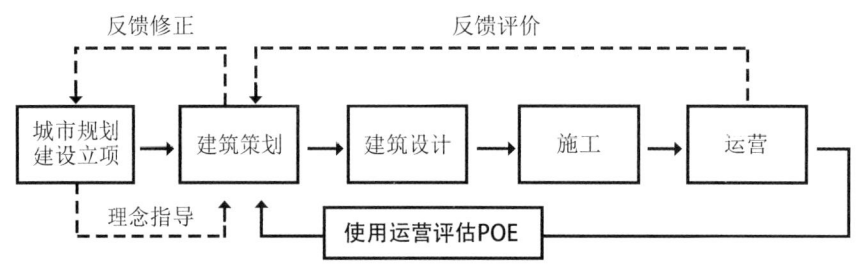

图3-11　POE建筑策划评价手段

第三，建筑性能评价。

简称BPE（Building Performance Evaluation）。其是将建筑策划、建筑设计、建造和使用的全生命周期结合在一起进行评价，利用系统论的方法保证评价的前馈作用与反馈作用贯穿整个建筑的过程。建筑评价标准有三个层次：① 功能功效性能；② 健康安全性能；③ 心理学、社会文化及美学性能。建筑性能评价按照三个层级标准，在整体化的策略规划、策划、设计、建造、使用、循环再生的过程中进行评价（图3-11）。

---

① Wolfgang F E Preiser，Harvey Z Rabinowitz，Edward T White. Post-Occupancy Evaluation [M]. New York：Van Nostrand Reinhold Company，1988：54.

### (8) 大数据法

"大数据"是指大规模的数据、大模型建构及其处理方法，事实上，大数据是一种新的信息和数据处理模式与人工智能思维方法。大数据的四大特征为：大量性、快速、多样性和大模型价值。

大数据在建筑策划领域对于建筑策划信息的获取与处理、建筑策划中的决策、建筑问题的搜寻发现、问题相关性的研究以及预测和评估都具有重大的应用价值。通过大数据建筑师能够获得更加完整全面的数据，提高分析的准确性，更精准地了解和把握空间与建筑和环境的演变机制，提高设计的价值和效率。

建筑策划涉及对信息和数据的处理以及对空间的预测和评估，且建筑设计与建筑策划涉及的信息具有高度复杂性、高维度和高关联性。因此，运用大数据与人工智能结合的工作方法进行建筑策划研究是必然趋势之一。

## 三、决策体系与判断

### （一）决策体系

"策划"是为完成某一明确任务或为达到预期的目标，经过周密、逻辑的考虑，采取一系列方法、途径、程序等，拟出具体的文字与图纸的方案计划。最终确定下来的具体项目的建筑策划结论，成为总体规划立项之后的建筑设计的依据，这一程序的最终环节包含决策的过程。

对系统反馈过程的原因、结果和反作用以及科学决策的过程描述，形成决策程序（表3-4、图3-12）。

表3-4 外部条件的表述

| 外部条件的表述 | 地理地貌模型 | 目标规模性质反馈修正 |
|---|---|---|
| | 总体规划模型 | |
| | 景观模型 | |
| | 社会生活模型 | 内部条件的把握 |
| | 人口构成模型 | |
| | 经济模型 | |
| | 技术相关模型 | 空间构想的准备 |
| | 未来发展模型 | |

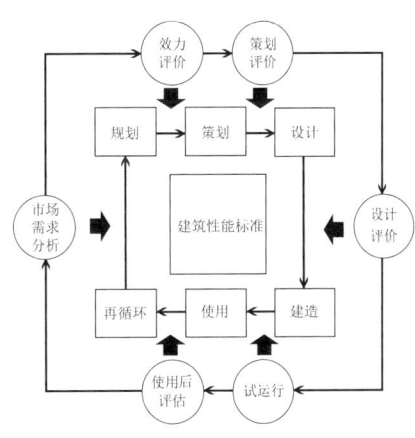

图3-12[①] 建筑性能评价过程

建筑策划的外部条件主要分为客观资料型直接条件与调查研究型间接条件两类。内容主要包括地理条件、地域条件、景观条件、社会条件、经济条件、人文条件、技术条

---

① 庄惟敏.建筑策划与设计[M].北京：中国建筑工业出版社，2020：89.

件、工业化标准化条件、城市设计和修建性详规制订的设计条件以及现有基础设施、地质资料及历史文献资料。对以上条件的把握，为上位规划项目规模及性质的印证、更正和修改提供了客观依据，也为下一步的内部条件的把控提供了方向和范围。建筑策划的外部相关条件可概括如下（表3-5）。

表3-5 外部条件相关网络

| 主管部门 | 国土规划局 地理研究所 | 规划局 管委会 | 规划局 规划公司 | 建筑情报 资料中心 | |
|---|---|---|---|---|---|
| 特殊项目 | 地理位置 地理特征 地理数据 | 用地意象 用地发展 项目级别 | 用地性质 用地等级 用地划分 | 设计规范 一般要求 一般实例 | 客观资料型直接条件 |
| 特殊要求 | 地理条件 | 规划设计条件 | 地域条件 | 规范资料集 | |
| 外部条件 | | | | | |
| 社会条件 | 经济条件 | 人文条件 | 景观条件 | 技术条件 | 标准化 | |
| 社会生活状况、配套设施、城市治安 | 经济结构 资金状况 经济效益 | 人口构成 年龄构成 文化构成 职业构成 | 景观资源 景观特征 景观效应 | 道路状况 机械水平 技术手段 | 生产条件 建材生产能力 标准化程度 | 调查研究型间接条件 |
| 市政府、民政局、公安部门 | 国家经济发展研究中心、城市经济研究所 | 人口研究中心、户籍管理部门 | 城市性质 城市轮廓线 城市景观 | 市政部门 机械建材厂 施工单位 | 建材研究中心 建筑标准研究中心 | |

建筑策划的决策过程可以抽象为一种执行评估和取舍方案的过程。运用多元评价法是策划决策方法的一个特点。建筑策划决策的正确与否，直接影响建筑策划对建筑设计的有效指导和界定，进一步影响建筑设计的依据、过程和最终结果。因此，建筑策划决策对建筑设计最终结果的影响意义重大。

公共决策、管理决策与技术决策是三个不同层面的决策类型。将其对应到建筑领域，公共决策是指对于建筑的公共性与公共价值在一个宏观环境中的整体决策，公共决策可以由政府组织或非政府组织协作进行，它关注的是建筑对城市物质环境和社会环境的贡献；管理决策是指一个项目的管理过程中所要履行的决策，其更加关注整个项目的流程，协调相关的各方开展各自的工作，保证这个项目顺利推进；技术决策是与项目相关的各方专业人员所能提供的专业决策。在公共决策与管理决策过程中，提供建筑学专业技术决策支持是我国建筑师走向国际化的一个重要的必备技能。

技术决策是以正确的公共决策为背景，在科学的管理决策引导下展开的。从技术决策的角度可以看出，建设项目在决策初始阶段，通常在与建筑设计相衔接的环节方面做得不够充分。虽然建筑设计是一个创作的过程，但是这个创作是在一定的限制条件下展开的。建筑策划的任务就是找到并且明确这些限制条件，在这个过程中，建筑师的工作不仅包含传统的技术层面的决策，还包含参与公共决策的引导、管理决策的顾问等工作，而后者又是前者有效进行的前提。

管理决策按情报（问题识别和定义）、设计、抉择及评审（贯彻实施、反馈控制）四项活动和六个步骤的顺序进行，但每个步骤都可能是向前一个或前几个步骤反馈的循环过程。

科学的决策需要庞大的支持系统，决策支持系统是将大量的数据与多个模型组合起来，形成决策方案，通过人机交互起到支持决策的作用。

建筑策划的决策支持系统，可以是开发成熟的建筑策划软件，其中包含丰富的大数据资源库，运用仿真、模拟、数字孪生的方法对决策进行控制，最终得出结论。

### （二）模糊决策方法

管理科学中的模糊决策方法从不同的思考维度出发，决策问题可以分为系统化决策分析、多属性决策分析、不确定状况下的决策分析、数字决策等。模糊决策是以模糊数学基本方法为基础，与管理科学的决策分析理论相结合的一套决策方法，其操作是利用模糊集合所构建出来的隶属函数进行量化处理。

建筑策划中决策的模糊性，主要体现在决策主体和决策对象、决策目标和决策准则等要素方面（图3-13）。

在模糊决策的操作中，需要进一步提升策划理论研究，同时要相应地弱化对操作方法的关注。每一个建设项目均有其特点，不应该出现完全相同的设计任务书。

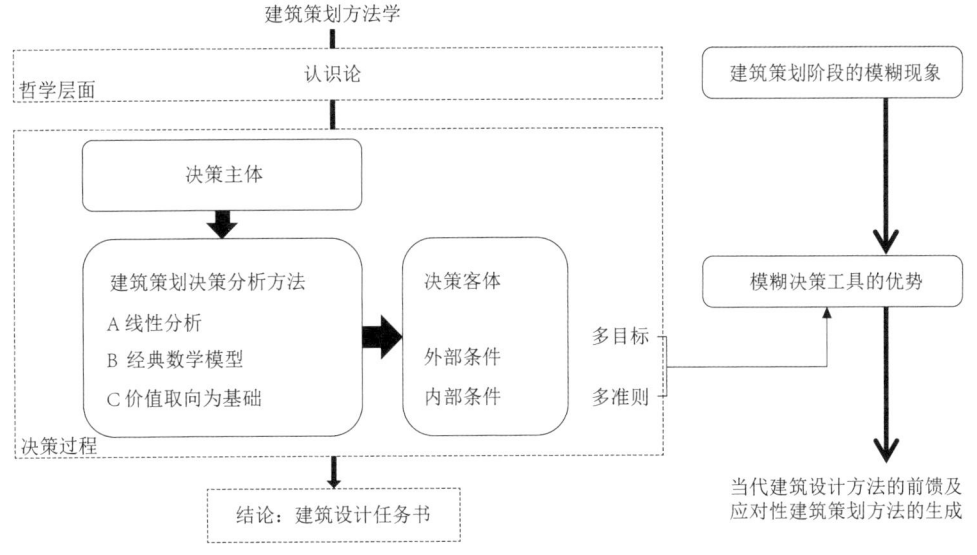

**图3-13**[①] **模糊决策方法**

---

① 庄惟敏.建筑策划与设计［M］.北京：中国建筑工业出版社，2020：150.

## 第三节 建筑策划与空间叙事

### 一、建筑策划的操作体系

建筑策划的操作体系由建筑策划的知识储备体系、过程组织体系和支撑保障体系三部分组成，这三部分构成了建筑策划操作体系的内核（图3-14）。

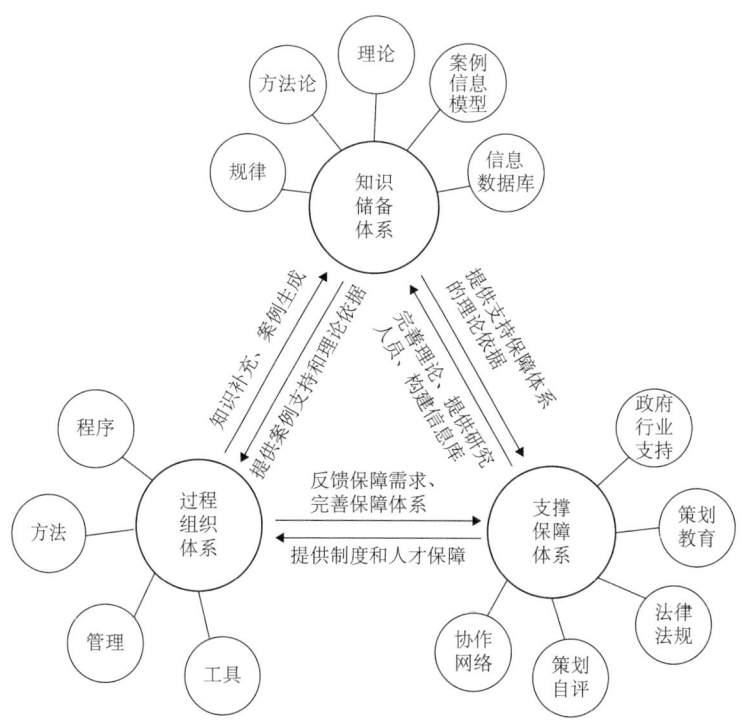

图3-14[①] 建筑策划的操作体系

知识储备体系包含建筑策划的基本理论、方法、规律，以及案例信息模型和建筑策划的信息数据库，侧重的是知识和逻辑维度的表述；过程组织体系包含建筑策划的程序、方法、管理和辅助工具，侧重的是逻辑与时间维度的表述；支持保障体系包含协作网络、策划自评、法律法规、建筑策划教育和政府和行业机构的支持，侧重知识和时间维度的表述。三个体系与三个维度共同构建起建筑策划的操作表述体系（图3-15）。

#### （一）知识体系储备

建筑策划知识储备体系，可通过高校教育研究平台、研究型企业平台和实践型企业平台三条路径建立（图3-16）。

---

① 庄惟敏.建筑策划与设计[M].北京：中国建筑工业出版社，2020：158.

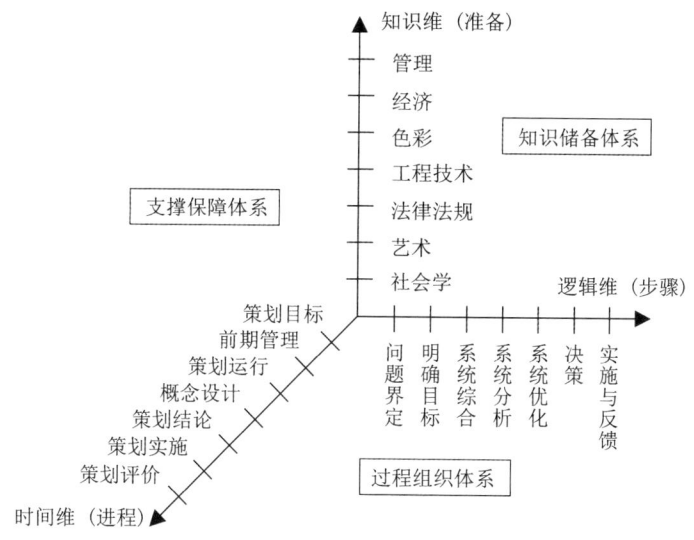

图 3-15[①]　建筑策划的操作体系的三个维度

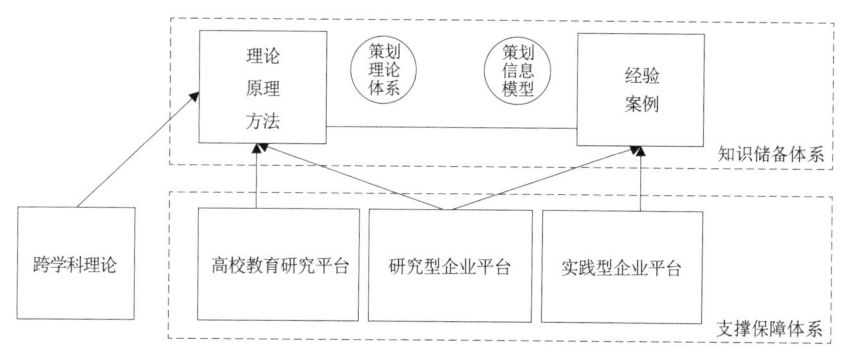

图 3-16[②]　建筑策划知识储备体系的构成

首先，在建筑策划支撑保障体系内的建筑策划教育，如清华大学、同济大学等八大建筑高校的建筑学院，承担着产生、传播、转换和完善建筑策划理论，丰富知识储备体系等主要研究工作。其次，研究型企业如建筑设计研究院等，从技术创新的角度丰富建筑策划的知识储备体系，在具体的项目研究中探索新的理论和方法论。最后，大量的建筑策划实践企业和许多建筑师，在广泛的策划实践项目中积累了数量可观的策划案例和丰富的实践经验。这些都为建筑策划的知识储备表述体系的构建提供了有力的支撑。

建筑策划离不开建筑策划信息模型，它以建筑策划项目或建筑设计项目的策划部分的各项相关数据作为模型的基础，建立建筑策划模型信息库。建筑策划模型信息库由策划信息获取、储存、分析与应用、共享等四个部分组成（图 3-17）。

---

① 庄惟敏.建筑策划与设计［M］.北京：中国建筑工业出版社，2020：158.
② 庄惟敏.建筑策划与设计［M］.北京：中国建筑工业出版社，2020：159.

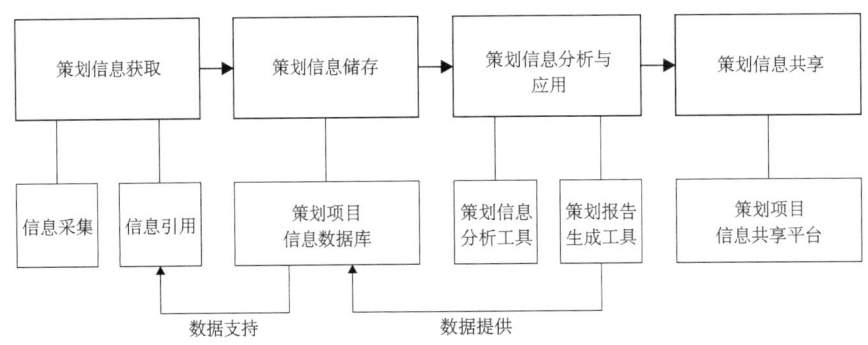

图 3-17[①]　建筑策划信息模型

建筑策划信息模型与策划项目信息数据库的建立，能够有效地应用于策划现状调查、策划分析、策划评估、建筑设计评估、趋势预测、过程记录、案例提取等方面。同时作为一个向社会开放的数据信息共享平台，为建筑策划知识储备表述体系的构建和共享提供了便捷有效的实现路径。

**（二）过程组织体系**

建筑策划的过程组织体系，是在具体的建筑策划实施过程中的方法论。建筑策划的过程组织体系可以分为两个方面：一方面，是设计咨询业务的建筑策划独立项目，如地产项目（住宅、写字楼、商业综合体等）、大型公共项目（博物馆、文化综合体、科技产业园、医院、中小学校或养老院等）和特殊建筑的策划（跨度巨大的综合体。巨大的超高层建筑、特殊需求的医院、实验室教学楼等）。另一方面，是大多数建筑设计项目过程中隐含的建筑策划过程组织。

建筑策划的过程可分为四个阶段：建筑前期管理（调研与互动探讨）、策划运行（分析与提供咨询）、设计任务书制订（沟通与协调完善）、概念设计（理解与创造空间）和策划结论组成（图 3-18、图 3-19）。

熟悉职业建筑师的全程设计管理和服务程序，对提高管理建筑设计项目的水平能起到积极的推动作用。

**（三）支撑保障体系**

建筑策划的结论通常以两种形式来归纳呈现：模式图框、文字表格。

模式图框表述逻辑性强，利于大数据多因子变量分析和大数据梳理统计的演绎，便于与市、镇总体规划的准则和结论进行比较。常常用来归纳说明项目的外部条件（如地理环境、人口经济等）与内部条件（如空间功能、使用方式、设备系统、预测评价等）。

文字表格主要说明呈现项目规模、用途性质、房间内容、面积分配、结构选型、材料构想、建筑造价、建设周期等。

模式图框与文字表格各个部分的表述，形成了科学的、逻辑的、完整的、开放的体

---

① 庄惟敏.建筑策划与设计［M］.北京：中国建筑工业出版社，2020：159.

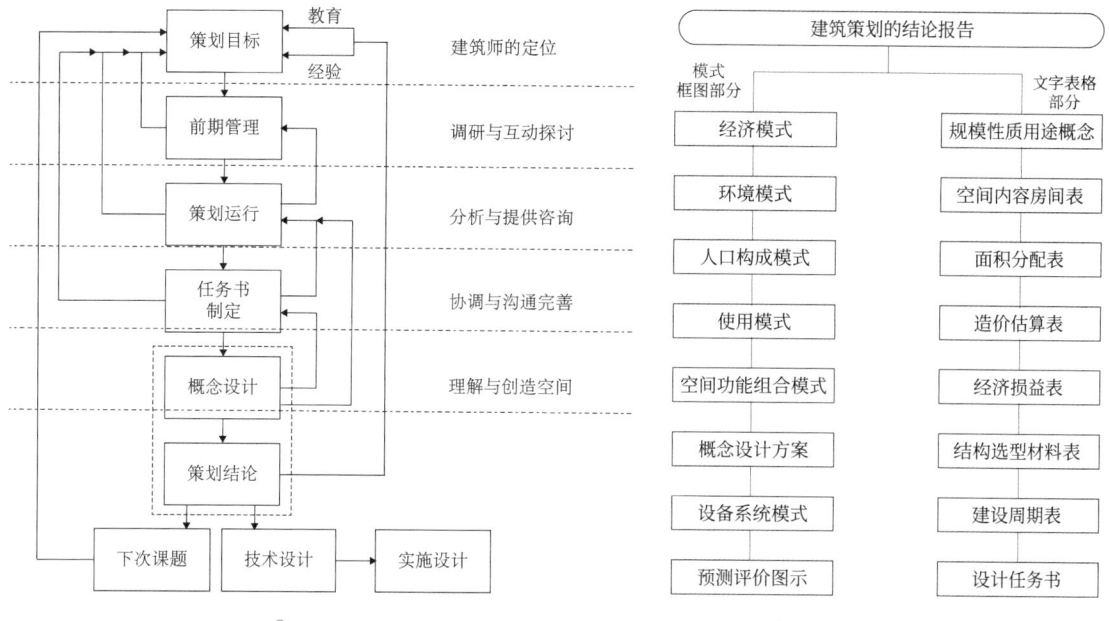

图3-18① 建筑策划过程　　图3-19② 建筑策划的结论报告内容组成

系。围绕建筑空间表述的创作活动，体现在包含各种因素的模式图框、文字表格中，我们从中可以寻找出各种因素影响下的相关关系与机制，并得出相应的要求。以此作为建筑设计推演的依据。

建筑策划的支撑体系是建筑策划理论得以发展和进行实践的保障，它包括政府和行业机构的支持、策划自评和协作网络、建筑策划教育、建筑策划法律、法规等。

建筑策划操作支撑与保障体系的外延，涉及城市设计与规划、产业策划、经济策划以及产业策划、经济策划等方面的研究。建筑策划向上参与构成城市规划，并包含对城市规划与城市设计的反馈、补充与修正，向下指导和界定建筑设计的方向与方法。建筑策划思想是支撑设计工作顺利进行的有力保障，是分析问题与综合解决问题的基本方法。在相关项目中，建筑策划思想起到了至关重要的作用。

## 二、空间策划的跨学科路线

### （一）建筑策划与空间

建筑学的本质是对空间功能与形体情境表达的设计研究。建筑策划的目的就是研究现实空间环境的具象、特定形式的表现，与概念化的、模式化的、具有普遍性的抽象内容等问题，在此研究过程中形成了建筑环境策划研究空间的主要对象及特有的研究方式。

广义的抽象空间是指如矢量空间、放射空间、距离空间等各种空间构成的基本空间。建筑策划中的空间概念模型、空间要素、抽象空间的数理表述是多种多样的，将这

---

① 庄惟敏.建筑策划与设计[M].北京：中国建筑工业出版社，2020：163.
② 庄惟敏.建筑策划与设计[M].北京：中国建筑工业出版社，2020：145.

种空间本质高度抽象并加以把握，衍生出的概念就是"空间主题概念"（concept space）。

建筑策划理论与表述方法的载体是抽象空间。对现实空间的普遍性规律的把握，通常是通过对空间抽象、归纳、总结而进行演进。如根据功能分区、动线组织、照度分布等多种抽象空间的要素模式和相关图示来进行考察分析，以建筑策划为手段，对其抽象化表述方法进行研究，进而通过抽象空间来表现现实空间，最终实现现实空间的内涵诠释；再如，将现实空间抽象化转译表述，运用大量的数理手段、大数据抓取与人工智能解析等方法对空间目标进行研究策划。

### （二）跨学科融合

建筑学的发展始终伴随着科学技术的进步及与其他学科的借鉴和渗透，其研究方法的突破也常常有赖于与其他学科的交融，这是当代科学发展的普遍规律，也是建筑学今后不断发展的必然趋势。除与社会学、人文学、人口经济学、计算机技术、语义学、叙事学、大数据、人工智能科学等学科结合，建筑设计的研究还需通过建筑策划与实验学、物理学、统计学等其他学科结合与交融。

既往的研究聚焦在建筑策划的原理和方法论，及其与环境学、艺术学、心理学、语义学、计算机技术、经济学、社会学、人文学等学科的结合上，对其他学科和原理的利用、借鉴，与其他学科的融合则是摆在建筑设计前永恒的任务。

从哲学的角度而言，建筑策划属于建筑学的实证方法研究。作为建筑学领域中最活跃的部分，建筑策划的方法矫正了以往在建筑设计过程中推理过于感性的偏差，让建筑学的思维方式始终处于与科学技术的发展相融合的理性状态。

从社会学的角度而言，建筑策划涉及的领域特征，使建筑设计的研究范围扩展到更加宏观的社会、人文领域。关注对社会发展存在问题的调查分析，关注文化特色意识，强调民族文化自信，使得建筑学更具社会性。建筑策划借鉴社会学的调查、测量与统计等定量观察、访谈与研究等定性研究方法，甚至直接引用社会学的研究成果，如区域社会的构成特征、社会经济模式、社会文化圈分析、社会群体心理因素及社会发展指向的调查。

应用心理学与生理学相融合的研究方法，通过策划使得建筑定性表述更加精确和严密。应用人体工程学与环境行为学的研究方法与结论，使得建筑学在空间感受的研究摆脱了只凭经验与感性的模糊评价状况。

建筑策划与管理科学的结合，将建筑语汇转变为社会使用者心理感受和评价标准的工作，借助于管理科学中的模糊决策方法，建筑师在复杂问题决策上突破了传统的、单纯依靠建筑师简单"拍脑袋"的壁垒，确保了决策的科学性与正确性。

对人居环境的全新的研究和评价，使建筑学的内涵得以扩大。传统的建筑学以建筑设计为核心，现代建筑学几乎是一门无所不包的交叉学科，以大数据、元宇宙、AI技术、3D打印、通用人工智能等为代表的科学技术，专业化、综合化与跨学科的发展趋势，促进了建筑学思维方式的多元化、外向化，更加强调人的重要性、科学性与逻辑性。

### （三）建筑策划的基本做法

进入20世纪后，优秀的建筑师们提出了如何构思空间形式的合理性与科学性，使之不断得到完善。如勒·柯布西耶提出多米诺原理，亚瑟·查尔斯·埃里克森（Arthur Charles Erickson）把建筑问题用数理化的信息处理程序进行格式化，都取得了很大的成就。

建筑策划是创新优秀建筑的最初阶段，无论哪一类建筑，建筑师都需要把所有建筑内容当作设计对象，不但要敢于发现、剖析、解决相关问题，而且要敢于提出新的见解与解决方案。从形态到空间，强调空间设计策划的重要性，在保证空间功能的基础上，重视建筑与空间环境形态。

勒·柯布西耶的多米诺原理以及现代建筑五原则，说明现代建筑克服了传统建筑样式的束缚，使开放、连续、不定型的建筑室内外空间成为多样化、个性化的可能。现代建筑不仅有公共建筑类中的文化娱乐建筑、教育科研建筑、体育建筑、医疗与福利建筑、工业建筑、商业建筑、办公建筑、酒店建筑、交通建筑、邮政建筑、市政公用设施建筑、司法建筑、纪念性建筑、园林建筑、综合性建筑，而且包含住宅、宿舍、公寓等更加人性化的空间。

通过建筑策划将市、镇生活的宏观活动环境，把人类的心理、生理活动相对应的建筑与环境空间建设当作微观活动新的思维方式。建筑策划的基本工作，就是满足使用者对建筑功能性、安全性、无障碍等条件的设计基本需求。世界卫生组织（WHO）确定的人居健康条件是：必须具备满足功能性、舒适性、健康性、安全性四个基本条件。针对人类的不同身体条件的共同生活方式，每个人都能够没有障碍地使用建筑与建筑相关的条件，彻底解决建筑及附属设施存在的障碍问题。

建筑策划需要构建生态环境的领域感，包括我们工作、生活社区兼具的开放性与私密性，让建筑设计能够保障建筑与人类的生态环境相融合，为人类的各项活动提供生活秩序。对人的领域感而言，建筑基地的场所布置和朝向的策划，是两项重要的建筑条件。凯文·林奇（Kevin Lynch）指出当人类对居住环境留下印象的时候，不同的环境与生活有其各自独特的形象。

建筑策划需要考虑建筑的生命周期，杜绝浪费资源，即便到了建筑使用周期的终点，也要考虑采用不破坏环境的材料，使其顺应自然回归到自然环境中。对当代单体建筑或建筑群的策划，要满足长久使用且随时具备多种功能并可重复使用的实际需求，进行架构策划，确保主体结构等基本结构的社会性财产的耐久性，确保可以维持、延续建筑街区景观、地域景观与空间文脉。

建筑策划，不仅要实现用途功能的定位，还应与规划紧密合作，为城市生活场所做出与环境共存的积极贡献；策划时，应注重发现新的生活方式，与建筑使用者共同策划能够体现共同地域设施需求，具有自由利用与多重行为空间使用目的的建筑，力求地域建筑与设施服务于民众；不仅要考虑建筑与空间环境的规模、形态、空间组织、环境设计、室内设计及其他物理硬件的定位，还要在建筑软件方面，诸如组织架构、使用程序与方法、运营管理等，适应使用者的愿望与诉求。

从高度信息化社会的发展进程看，业主单方面或请几个专家制订建筑设计条件、拟定任务书的策划是缺少系统性与科学性的策划，没有对使用者、信息时代、所在环境进行充分深入调研、考察分析并与多方交流论证，做出科学性、逻辑性、系统性的反馈，会导致设计结果出现各种失误。这给我们提出了一个亟待解决的问题：具体建筑设计的依据是什么？设计的依据产生的方法与路径是什么？如何保证其科学性、逻辑性与系统性？建筑师及设计团队的职责职能范围应该有多大？其指导性、理论与方法的研究工作是设计团队必须要面对、解决的问题。

建筑设计团队不仅是设计任务书的解题人，更是项目设计的命题人。以科学逻辑的方法认知业主各种合理需要和设计边界与条件，形成恰当的设计原则、策略、方法与实施路径，是实现成功建筑项目的第一步。

如在人居环境大环境中，判断一个建筑的美与丑，我们不仅用传统建筑美学原则来评判建筑，而且可以通过资源评价、景观评价、生态环境分析、全生命周期等绿色建筑来考察、评判建筑。建筑策划理论和方法，上联建筑、环境、人的规划，下联建筑设计内容与空间尺度，大大拓宽了建筑师与设计团队的职能范围。其核心概念已与当代建筑学在架构组织与构成体系关联上达成了学术共识，并在城、镇总划与城镇设计之间、建筑策划与建筑设计之间，构建了建筑策划所具有的指导性的相关关系。

### 三、建筑策划指导思想与语义学

#### （一）策划指导思想

建筑策划作为设计思想、理念、策略与方法直接融入设计的过程中，直接引导赋能设计方案的综合考量，在建筑设计中起到至关重要的作用。在重要的建筑设计项目中，建筑策划作为设计思想、理念或方法直接融入设计的过程中，形成逻辑关联、更加紧密的建筑策划与设计实践相融合的实践流程，在建筑设计的过程中起到了至关重要的作用。同时，充分体现了新时代下建筑师在其职业生涯中所扮演的重要角色、社会责任与担当。

一般而言，建筑设计是由建筑策划提出（搜寻）问题，通过策划和设计解决问题的综合过程；建筑的可持续性需要长期的、多用途使用功能的合理性安排，用最小的成本产生最大的经济效益和社会效益。如重大国际体育赛事、世界博览会功能定位与之后的场馆功能转换等问题。只有通过系统的前期策划，融入周边区域的环境，才能保障对空间预测、运营收支的可行性及可持续发展性等进行认真分析评估，做出科学合理、保护与发展平衡、功能与文化兼备的策划方案。

#### （二）建筑策划与语义学

建筑就像空间表达特定语言的语义一样，建筑的局部和整体是多重包含的层级结构，室内外空间的地面、墙体、顶面构成了有内外空间的房间，数个或更多的房间则组成整个建筑内部空间和外部形态。当若干个建筑外形组合在一起时，它们之间便形成了内外过渡的灰空间。在整体与局部形成的空间层级体系中，整体和局部虽具有各自不同的层级关系，但是又属于同一个实体，并具有内与外的整体空间关系。

建筑学是自然科学中的一门古老的学科，建筑策划的研究方法在对建筑的内外部条件进行调查把握的基础上，依据语义学的原理，把生成目标空间描述的建筑语汇，应对于建筑与环境、空间与环境等目标，进行心理感受量的测定，进而进行多因子变量分析。依据数学中的统计学原理和方法，对心理测定的大数据应用人工智能进行定量运算，其结果能够反映出使用者对空间环境的评价特征。通过应用这种方法，建筑师将原来停留在感性认识阶段的建筑评价的精度提高到理性的定量高度的评价；同时使建筑设计的前期研究工作更具有逻辑性与科学性。

建筑设计在融合计算机辅助设计与3D打印的同时，向我们打开了空间维度与科技精密融合的技术路线和方法，使空间作为外物的形式被我们直观感知，并通过数字图式、想象和历史、文化的语义要素，再过渡到对建筑与环境的知性认知。

建筑策划的原理和方法论，除与社会学、经济学、人文学、心理学、语义学、叙事学、计算机技术等学科结合，还需一如既往地对其他学科进行原理借鉴、利用、融合。这是对建筑师和设计团队与时俱进的新时代要求。

## 单元练习

# 设计选题调研

### 一、艺术家调研

#### （一）现当代艺术与流行文化

现当代文明的艺术表达为现当代艺术，当代文明是指现代社会中的文化、思想、价值观和行为方式。它涵盖了科技、艺术、政治、经济、社会、环境等各个方面，是一个复杂而多元的概念。现当代艺术与流行文化相遇，它能够产生许多令人惊艳、耳目一新的作品。现代艺术家常常将流行文化元素融入自己的作品中，使其具有强烈的时代气息和观赏性。流行文化如绘画、雕塑、音乐等艺术，借助现代艺术的表现手法，表达出更为深刻的时代情感和与时俱进的思想内涵。

在现当代绘画方面，许多艺术家都在引导、充分利用、有效发挥流行文化元素的潜在趋势，使其作品不仅在空间审美上给人们带来全新的大众审美体验，更让人们对社会状况进行深入的思考。这些作品不仅保留了大众的娱乐性和观赏性，而且表现了人类社会中的各种矛盾和问题的对立统一。

现当代艺术与流行文化碰撞与融合，不仅为我们带来了更加丰富、多样化的艺术与流行文化创造的独特空间造型语言与审美体验，也让我们更好地理解和关注现当代社会的状况，更好地把握时代设计的脉搏，积极书写中国式现代化改革和构建新质生产力的时代主流文化趋势与美好未来。

#### （二）创作理念、风格、符号

自由选取下面列举的（或自荐）一位具有广泛影响力的艺术家，在展开调研的基础上,进行其创作理念、作品风格、符号元素的提取与总结。

中国艺术家:吴冠中、赵无极、刘小康、蔡国强、戴帆、谷文达、李勇政、徐冰、陈幼坚、靳埭强、韩家英、陈绍华、林磐耸、何见平、梅树植、毕学锋、王序、潘虎、陈粉丸、刘治治、王粤飞、薛冰焰等。

国际艺术家:吉姆·兰比(Jim Lambie)、戴尔·切胡利(Dale Chihuly)、安迪·沃霍尔(Andy Warhol)、达明安·赫斯特(Damien Hirst)、乔玛·帕兰萨(Jaume Plensa)、冈特·兰堡(Gunter Rambow)、西摩·切瓦斯特(Seymour Chwast)、安·汉密尔顿(Ann Hamilton)、朱里安·奥培(Julian Opie)、詹姆斯·特瑞尔(James Turrell)、施德明(Stefan Sagmeister)、田中光一、福田繁雄、三宅一生、草间弥生、山本博司、森村泰昌、宫岛达男、村上隆、深泽直人、浅叶克己等。

尽可能选择当代具有广泛社会影响力,小组成员感兴趣,或之前对其深入调研并有一定积累的艺术家;同时必须考虑选择与所选建筑大师作品思想特征、空间风格具有较强契合度、兼容性和统一性的艺术家进行调研,为后续课题设计提供创意灵感与设计概念原型的有力支撑。

**(三)作品分析与图解表述**

通常我们将设计思考过程和成果表达的图形称为"图解(Diagram)"。在艺术家们纷繁浩瀚的作品中,通过"图解"遴选出一些构成清晰、结构稳定、可反复应用的图解,作为空间设计表达图形的规范化叙事语言,作为设计初始的主题概念,思考表达解构,直观、明晰秩序的逻辑图解呈现,如(图3-20、图3-21、图3-22)。

图3-20a① 蒙德里安《码头和海》

图3-20b② 蒙德里安《码头和海》局部空间生成

## 二、归纳总结与选题图解

**(一)共性归纳总结**

提炼、归纳、总结建筑大师和艺术家的设计思想、创作理念、代表符号、空间语言

---

① 理查德·韦斯顿.现代主义[M].海鹰,杨晓宾,译.北京:中国水利水电出版社,2006:79.
② 王昀.绘画与建筑[M].北京:中国电力出版社,2016:13-15.

第三章　建筑策划技术路线与空间叙事 | 153

图3-21a① 《黄·红·蓝》（康定斯基 绘）　　　图3-21b② 《黄·红·蓝》局部空间生成（王昀 作）

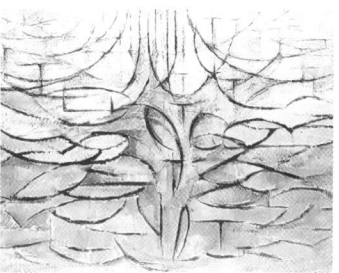

图3-22a③ 《红树》《灰树》《开花的苹果树》（蒙德里安 绘）

图3-22b④ 《开花的苹果树》抽取空间的点、线与空间关系图（王昀 作）

---

① 天童老僧.康定斯基：抽象艺术的先驱［EB/OL］.（2016-11-12）［2024-09-13］.http://www.360doc.com/content/16/1112/08/6932394_605807151.shtml.
② 王昀.绘画与建筑［M］.北京：中国电力出版社，2016：145-146.
③ 理查德·韦斯顿.现代主义［M］.海鹰，杨晓宾，译.北京：中国水利水电出版社，2006：78.
④ 王昀.绘画与建筑［M］.北京：中国电力出版社，2016：17，19.

与作品叙事方法的共性,拓展建筑空间叙事创意句法,探索尝试应用不同视角、多样方式、多重语境下的空间可能性(图3-23、图3-24)。

图3-23a① 反构图(特奥·凡·杜斯堡 设计)

图3-23b② 奥贝特咖啡馆(凡·杜斯堡 设计)

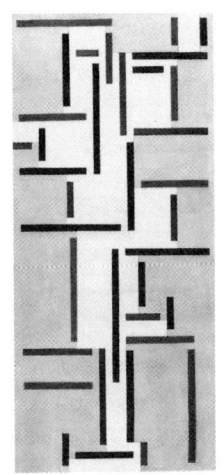

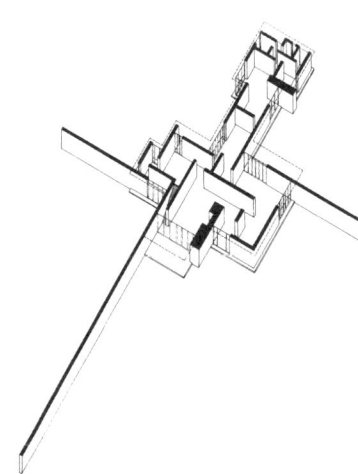

图3-24a③ 俄罗斯舞蹈的韵律(凡·杜斯堡 绘)

图2-24b④ 空间构成

图3-24c⑤ Brick Country House

---

① 理查德·韦斯顿.现代主义[M].海鹰,杨晓宾,译.北京:中国水利水电出版社,2006:98.
② 理查德·韦斯顿.现代主义[M].海鹰,杨晓宾,译.北京:中国水利水电出版社,2006:104.
③ A05工作室.分析缘起——抽象主义对现代建筑的百年推动升华[EB/OL].(2020-06-01)[2024-09-13].https://mp.weixin.qq.com/s/JfrHKQsBT0vaduTY0h1Few.
④ 王昀.绘画与建筑[M].北京:中国电力出版社,2016:49,50.
⑤ 原口秀昭.20世纪の住宅——空间构成の比较分析[M].東京:鹿島出版会.1996:80.

图 3-24d① 构图（蒙德里安 绘）

图 3-24e② 红蓝椅（里特维尔德 设计）

图 3-24f③ 施罗德住宅（里特维尔德 设计）

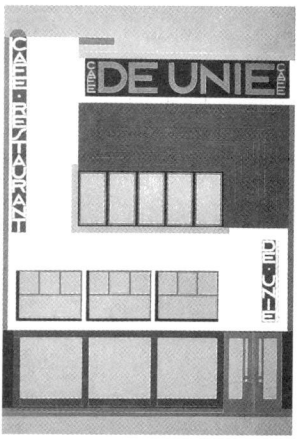
图 3-24g④ 尤尼咖啡馆正立面（奥德设计）

图 3-24h⑤ 带咖啡厅的商场（范伊斯特恩设计）

① 理查德·韦斯顿.现代主义［M］.海鹰，杨晓宾，译.北京：中国水利水电出版社，2006：93.
② 理查德·韦斯顿.现代主义［M］.海鹰，杨晓宾，译.北京：中国水利水电出版社，2006：94.
③ 理查德·韦斯顿.现代主义［M］.海鹰，杨晓宾，译.北京：中国水利水电出版社，2006：99.
④ 理查德·韦斯顿.现代主义［M］.海鹰，杨晓宾，译.北京：中国水利水电出版社，2006：97.
⑤ 理查德·韦斯顿.现代主义［M］.海鹰，杨晓宾，译.北京：中国水利水电出版社，2006：98.

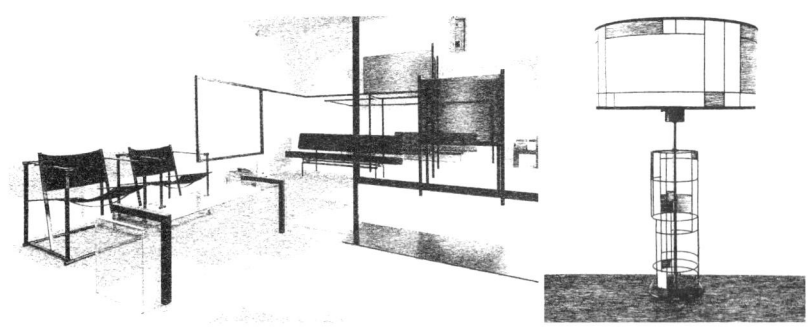

图3-24i① 荷兰风格派的家具设计

### (二) 图解2.5版制作

以两至三人一组,参照艺术家作品,在提取绘制图解(Diagram)基础之上(图3-25),训练创作制作2.5版(三维立体)的图解,要求各组完成高质量的2.5版图解6个以上。

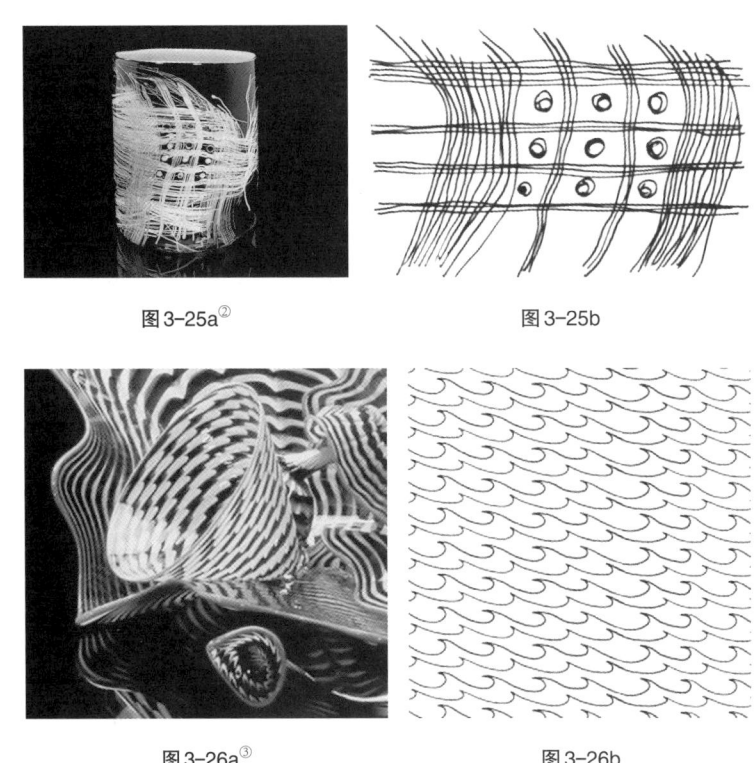

图3-25a②　　　　　图3-25b

图3-26a③　　　　　图3-26b

---

① 第一家具网.这个经典的风格,你一定见过[EB/OL].(2018-10-20)[2024-10-15]. http://k.sina.com.cn/article_2408661644_8f91428c019009ugh.html.
② 建e网. Dale Chihuly|最富盛名的国际玻璃艺术大师[EB/OL].(2014-09-10)[2024-10-15]. https://www.justeasy.cn/news/1000.html .
③ 北京新易设计坊. Dale Chihuly——不可思议的玻璃花园[EB/OL].(2020-11-16)[2024-10-15]. https://www.sohu.com/a/432264551_549050.

第三章　建筑策划技术路线与空间叙事 | 157

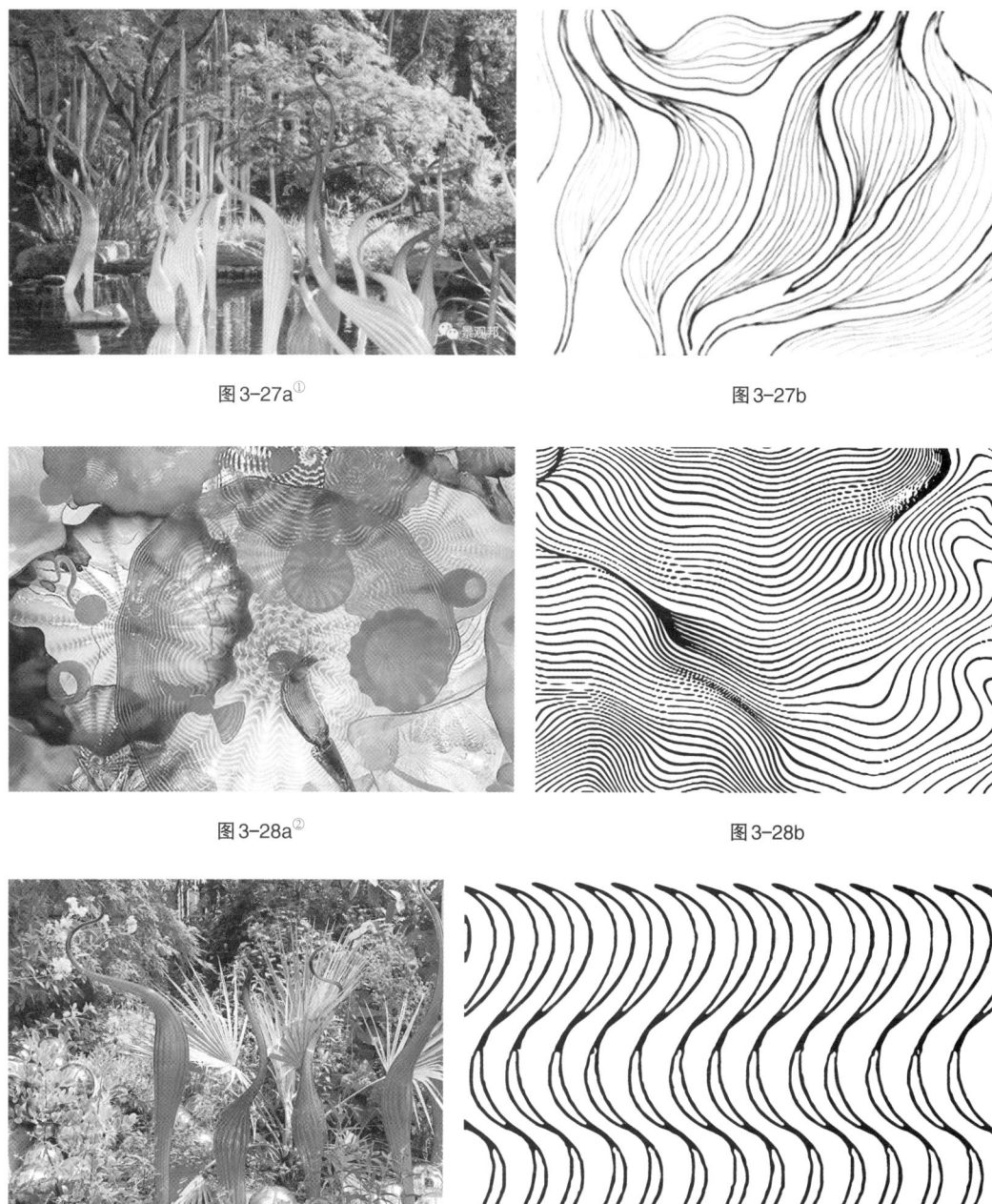

图3-27a①　　　　　　　　　　　　　　　图3-27b

图3-28a②　　　　　　　　　　　　　　　图3-28b

图3-29a③　　　　　　　　　　　　　　　图3-29b

---

① 设计癖.上帝让他失去了一只眼，他却给世界带来五彩斑斓的梦幻之国［EB/OL］.（2020-04-10）［2024-09-13］. https://www.163.com/dy/article/F9S3R9OR05118B5P.html.
② MMS.木木树美术学院艺术课堂·走近艺术大师：奇胡利的玻璃艺术［EB/OL］.（2018-08-11）［2024-09-13］. https://www.meipian.cn/1ikjsesr.
③ 齐大福.微博［EB/OL］.（2019-07-09）［2024-09-13］. https://m.weibo.cn/status/4392027372531678.

图3-30a① 　　　　　　　　　　　　图3-30b

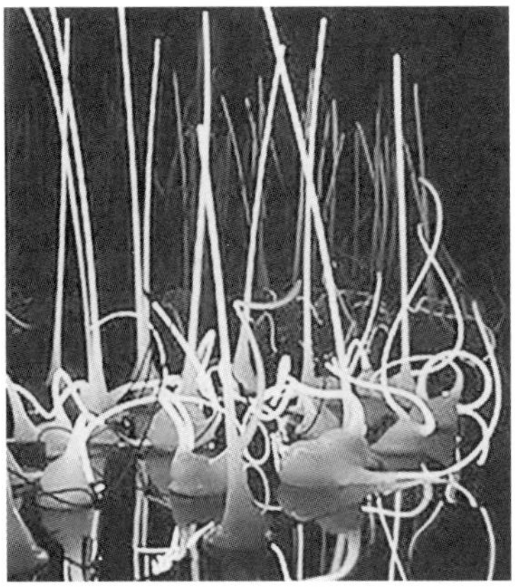

图3-31a② 　　　　　　　　　　　　图3-31b

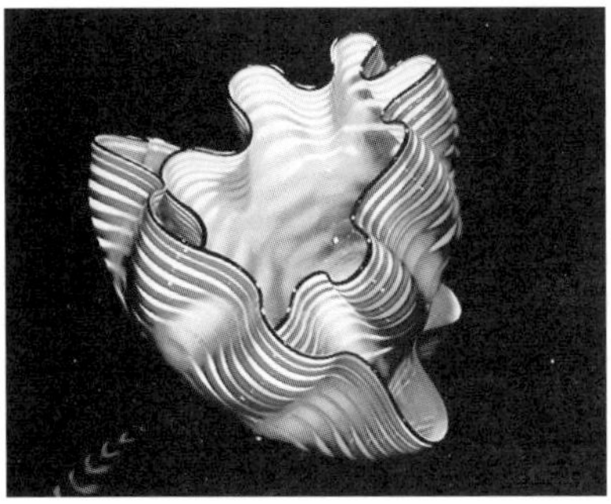

图3-32a③ 　　　　　　　　　　　　图3-32b

---

① 琉璃小然.戴尔·切胡利和不断涌现的大型吹雕艺术［EB/OL］.（2007-07-28）［2024-10-15］.http://www.liuliart.cn/people/HTML/people_531.html.
② 米粒陪你看世界：探秘梦幻玻璃的10大艺术主题——西雅图奇胡利玻璃博物馆［EB/OL］.（2018-08-02）［2024-10-15］.https://www.163.com/dy/article/DO775O820524DGQ7.html.
③ 嘿趴下：颠覆认知的艺术玻璃［EB/OL］.（2015-05-23）［2024-10-15］.https://huaban.com/pins/387428781.

第三章 建筑策划技术路线与空间叙事 | 159

图 3-33a[①]

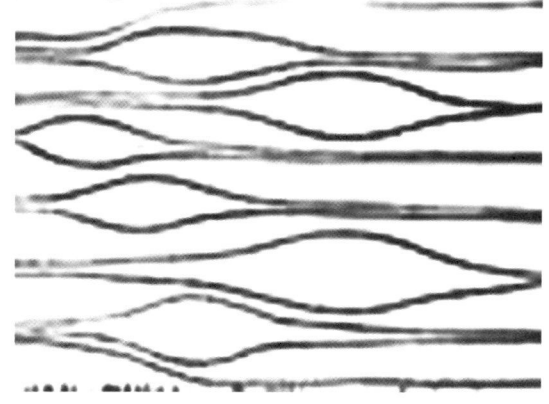

图 3-33b

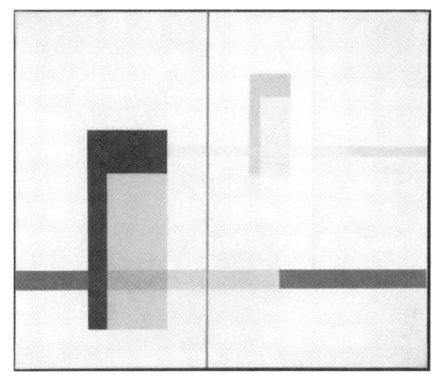

图 3-34a[②]

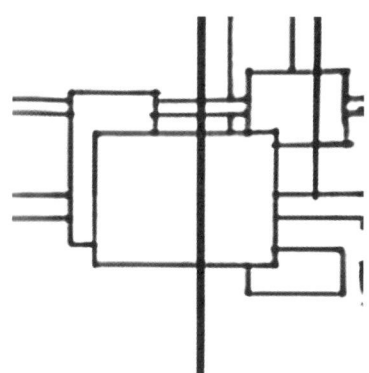

图 3-34b

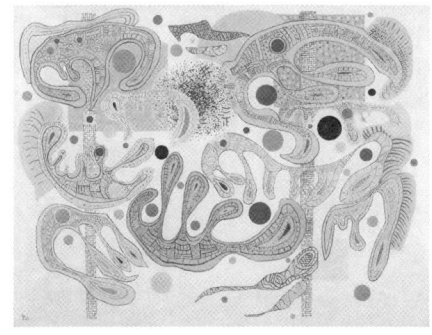

图 3-35a[③]

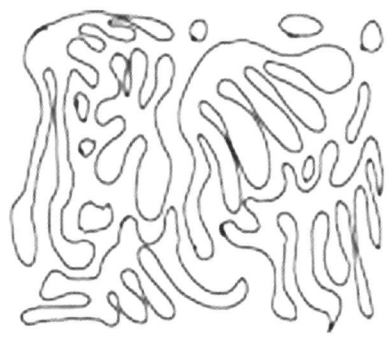

图 3-35b

---

[①] Smart George. 美轮美奂的玻璃雕塑［EB/OL］.（2017-03-16）[2024-09-13］. https://www.meipian.cn/f3armwf.
[②] 澎湃新闻：泰特呈现百年"光之影"：看蒙德里安、曼·雷的改造现实［EB/OL］.（2018-06-22）[2024-10-15］. http://k.sina.com.cn/article_5044281310_12ca99fde02000h8q1.html.
[③] 墨香茶谣.【收藏】康定斯基的那些画！［EB/OL］.（2021-08-11）[2024-10-15］. https://www.sohu.com/a/482634121_121124718?eqid=c4c597bf0012a2a50000000364774af9 .

图 3-36a[①]

图 3-36b

图 3-37a[②]

图 3-37b

图 3-38a[③]

图 3-38b

---

① 客厅装修大全.【地板艺术】彩色胶带装置使房间变身奇妙能量场［EB/OL］.（2016-07-02）［2024-10-15］. http://www.ketingzhuangxiu.com/news-view-id-21967.html.
② 带你看展览. Jim Lambie 的彩色胶带装置［EB/OL］.（2014-01-20）［2024-10-15］. https://weibo.com/1990271545/AsTxbEFQ6.
③ 悟空图像. 如何评价艺术家草间弥生？［EB/OL］.（2019-03-31）［2024-09-13］. https://www.zhihu.com/question/23060279/answer/2925389459.

第三章　建筑策划技术路线与空间叙事 | 161

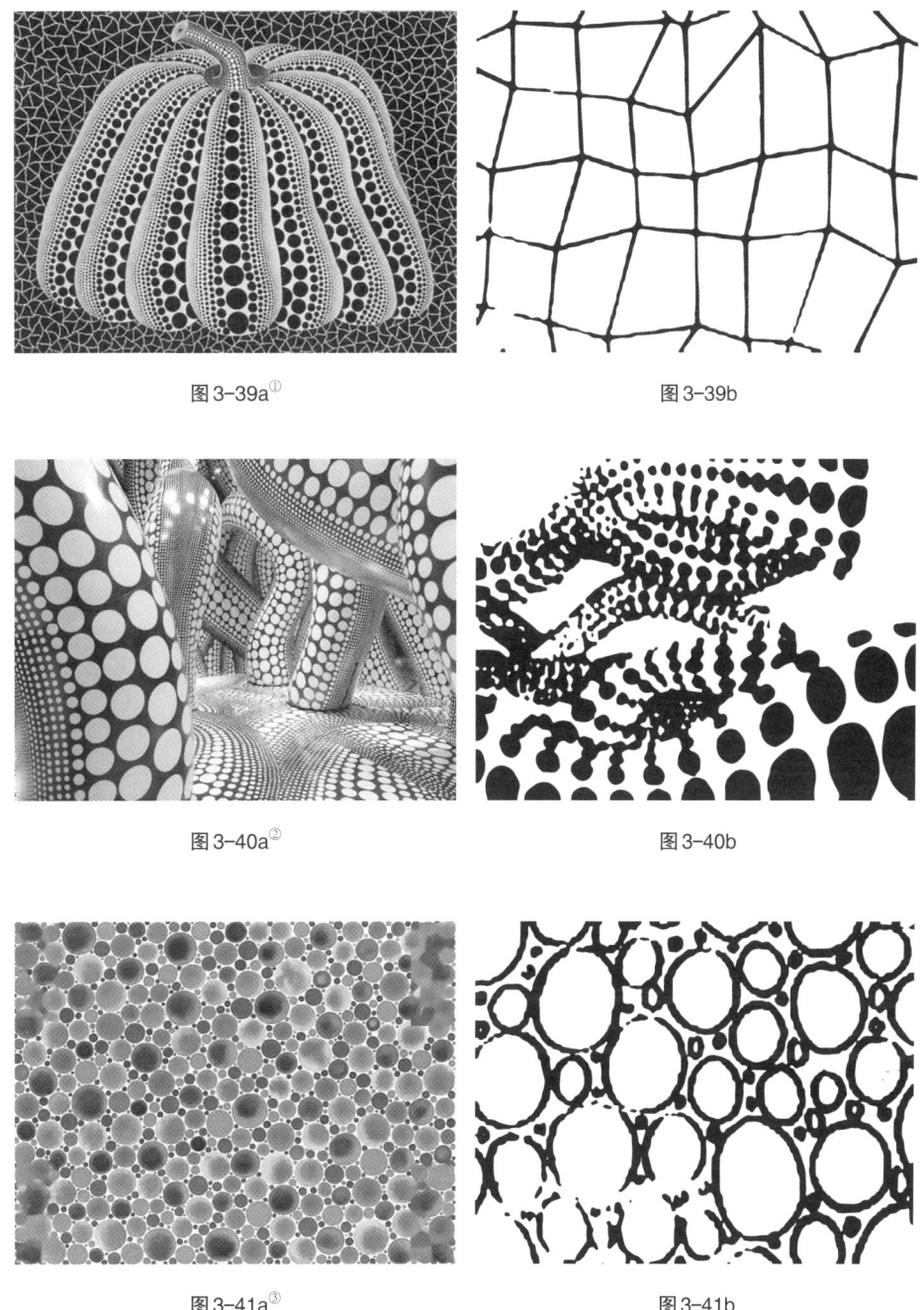

图 3-39a[①]　　　　　　　　　图 3-39b

图 3-40a[②]　　　　　　　　　图 3-40b

图 3-41a[③]　　　　　　　　　图 3-41b

---

[①] 色宴油画艺术：草间弥生，用波点触摸艺术与世界友好相处！[EB/OL]．（2020-04-24）[2023-10-15]．https://www.sohu.com/a/390921422_120411131．
[②] 迈空间设计．最爱波点的设计师——草间弥生[EB/OL]．（2020.11.18）[2024-10-15]．http://xamksj.com/h-nd-10.html．
[③] 色宴油画艺术：草间弥生，用波点触摸艺术与世界友好相处！[EB/OL]．（2020-04-24）[2023-10-15]．https://www.sohu.com/a/390921422_120411131．

162 | 建筑原理——空间叙事的方法

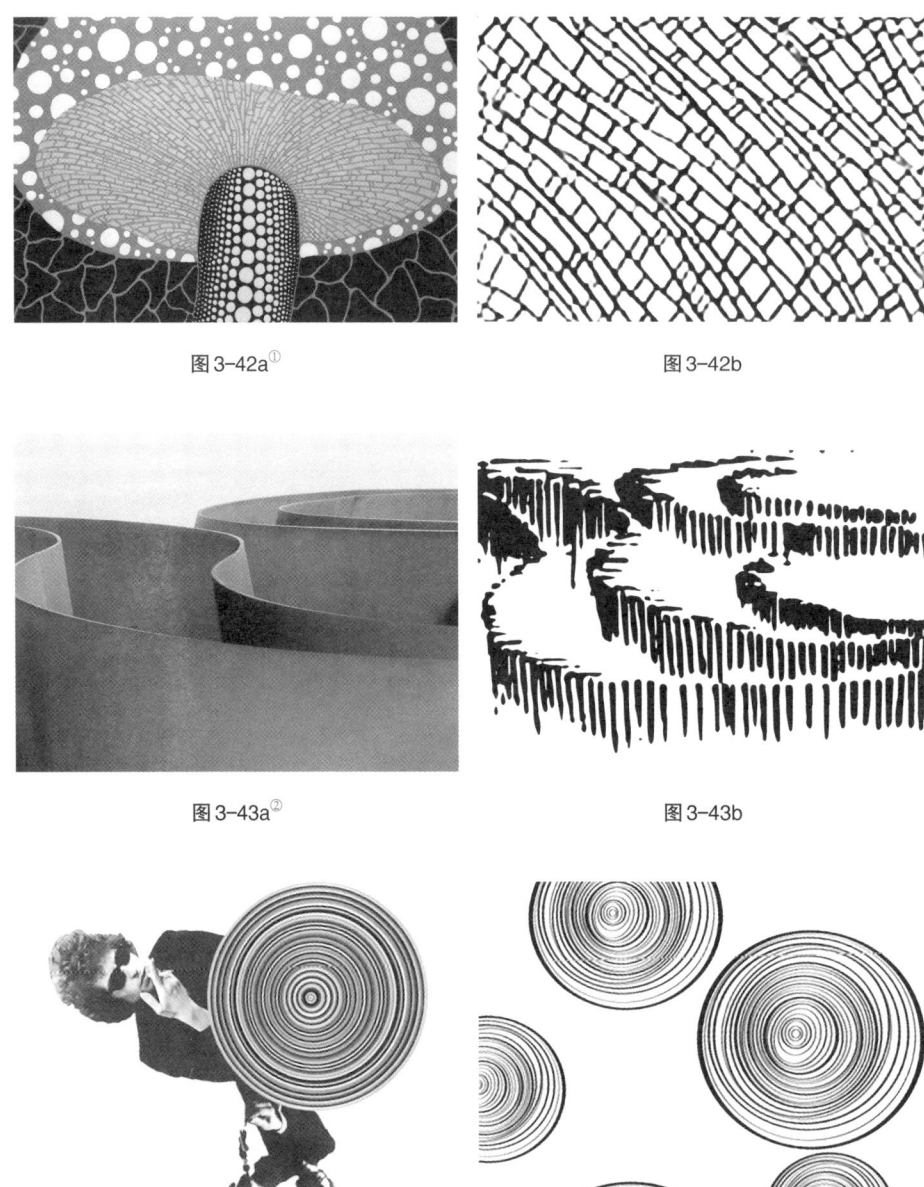

图 3-42a①　　　　　　　　　　　　　　图 3-42b

图 3-43a②　　　　　　　　　　　　　　图 3-43b

图 3-44a③　　　　　　　　　　　　　　图 3-44b

① Mr. Decor. Kusama Style / 草间弥生风格［EB/OL］.（2019-06-01）［2024-10-15］. https://mp.weixin.qq.com/s?__biz=MzI1NDIxNTA4Nw==&mid=2650262548&idx=1&sn=dfe50abedca8f347ae80826f85f9b48e&chksm=f1cbfad4c6bc73c2c9dd1fabe54df7490750a482d6a7d545f942a864a0224e80018d0e5fd9fc&scene=21#wechat_redirect.
② 那特艺术学院. 理查德·塞拉 | 作品没必要被所有人接受和喜爱［EB/OL］.（2024-04-11）［2024-10-15］. https://www.sohu.com/a/770782890_638531.
③ 雅昌艺术网. "海南城市公共艺术计划——来自中英的艺术家"吉姆·兰比［EB/OL］.（2018-05-17）［2024-10-15］. https://m-news.artron.net/20180517/n1001709.html.

第三章 建筑策划技术路线与空间叙事 | 163

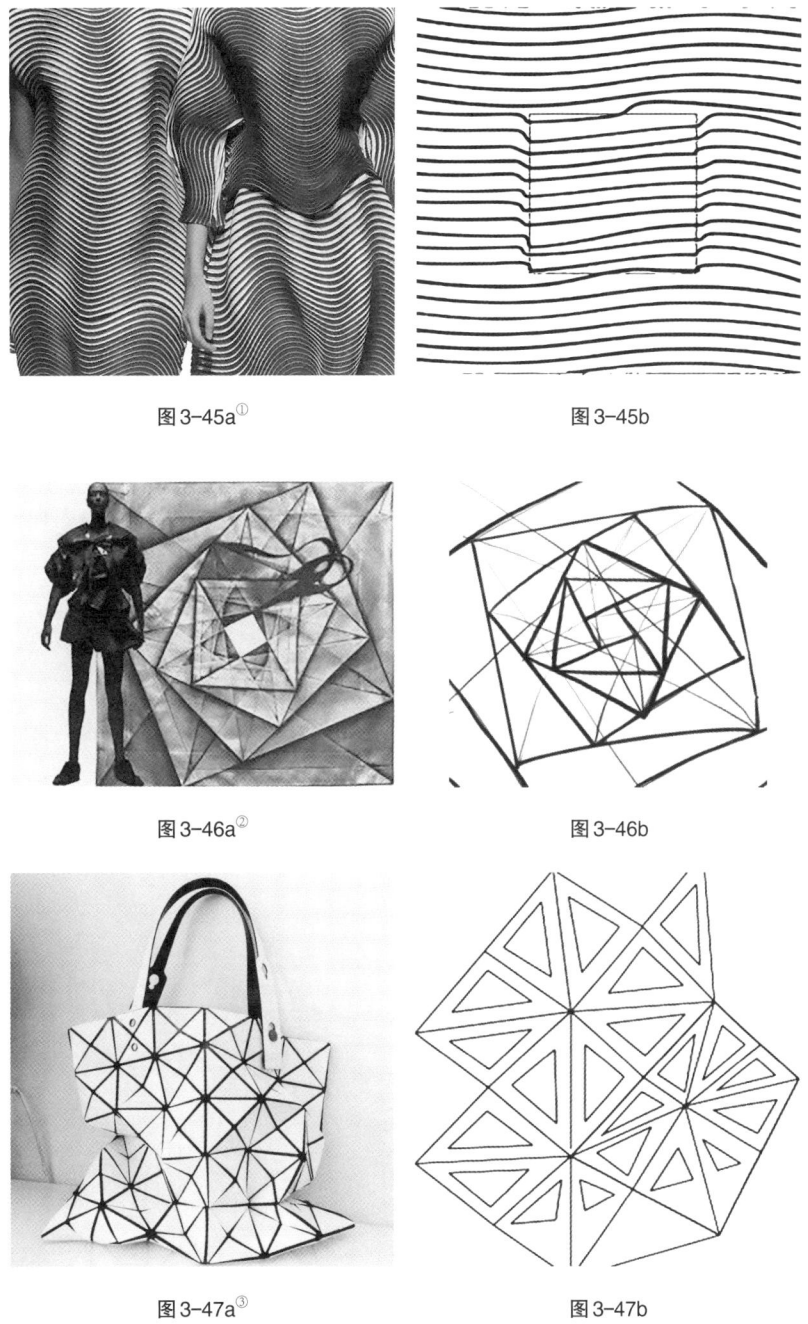

图 3-45a① 图 3-45b

图 3-46a② 图 3-46b

图 3-47a③ 图 3-47b

---

① 我不是大师.大师说：三宅一生的设计美学 | 万物皆有灵性，不要去轻易破坏其独有的天然……[EB/OL].（2018-03-23）[2024-09-13]. https://zhuanlan.zhihu.com/p/34873037.
② 枫林闲坐.结构主义、立体主义、理性主义与"无名姓"设计[EB/OL].（2023-01-10）[2024-09-13]. https://www.sohu.com/a/627620198_121620409.
③ Molly.夏日最清凉之三宅一生包包[EB/OL].（2019-10-10）[2024-09-13]. https://www.xiaohongshu.com/explore/5726048778362342ac5b1619?xsec_token=ABfFuPSQ6VeO2MH52VFLb1LIZicnCONSdYJ0y9giRzevg=&xsec_source=pc_user.

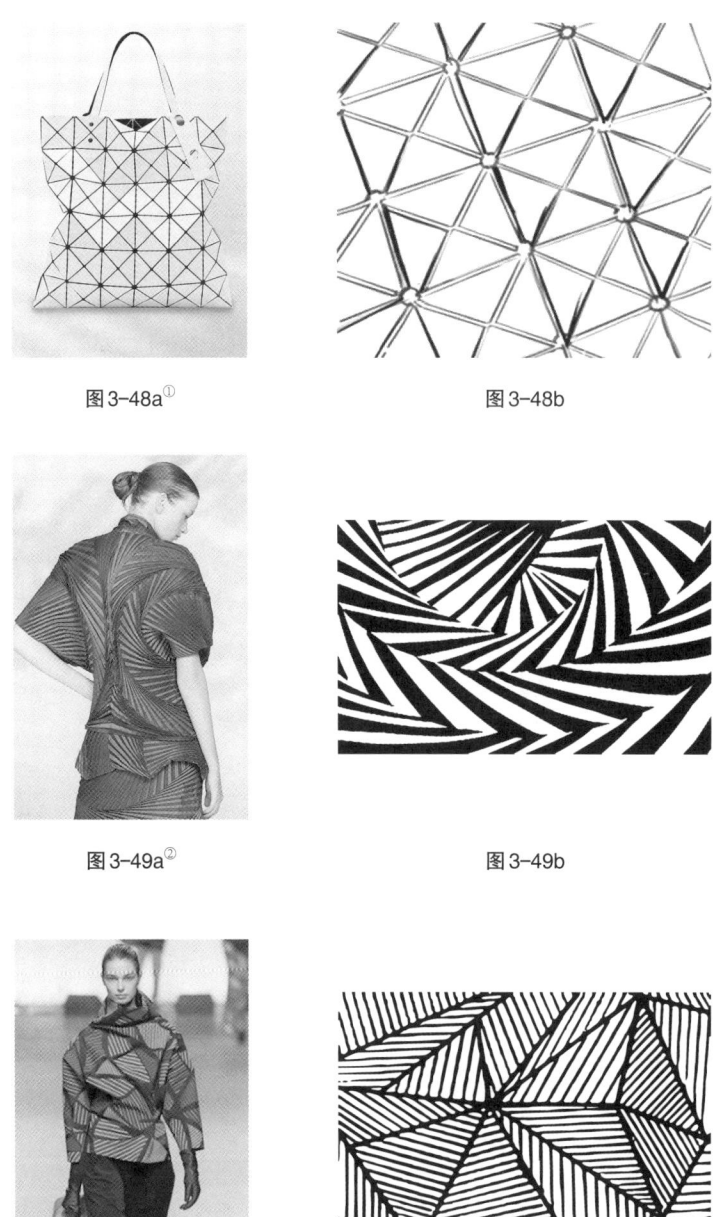

图 3-48a① 　　　　　　　　　图 3-48b

图 3-49a② 　　　　　　　　　图 3-49b

图 3-50a③ 　　　　　　　　　图 3-50b

---

① 一周星期八. 世界级大师去世！很多人买过他的作品……[EB/OL].（2022-08-09）[2023-10-15]. https://news.sohu.com/a/575511361_121124547.
② 无时尚中文网. Issey Miyake Resort 2016早春度假系列[EB/OL].（2015-06-25）[2024-10-15]. http://www.nofashion.cn/a/1435219525218.html.
③ Alice. 三宅一生 Issey Miyake 2014秋冬时装发布秀——Paris Fall 2014[EB/OL].（2016-04-19）[2024-09-13]. https://www.eeff.net/article-5238-1.html.

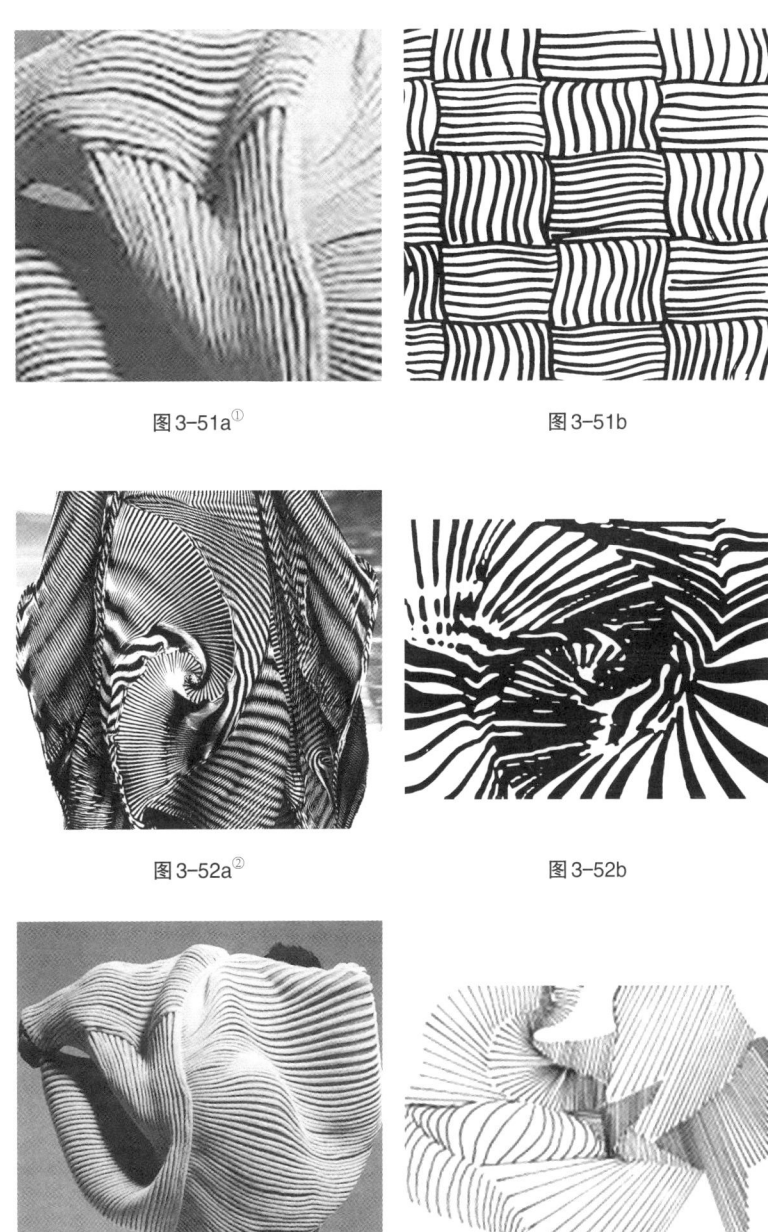

图3-51a①　　　　　　　　　　图3-51b

图3-52a②　　　　　　　　　　图3-52b

图3-53a③　　　　　　　　　　图3-53b

① SKD国际艺术教育.三宅一生 | 将褶皱玩到极致的人［EB/OL］.（2017-08-12）［2024-10-15］. https://www.sohu.com/a/164277505_808903.
② 野生ArtUnion.褶皱大师三宅一生15年间44场发布会2000+高清秀场大图免费大放送！经典造型大回顾！不用集赞直接拿走！［EB/OL］.（2017-12-17）［2024-10-11］. https://www.sohu.com/a/211085206_526692.
③ 野生ArtUnion.褶皱大师三宅一生15年间44场发布会2000+高清秀场大图免费大放送！经典造型大回顾！不用集赞直接拿走！［EB/OL］.（2017-12-17）［2024-10-11］. https://www.sohu.com/a/211085206_526692.

 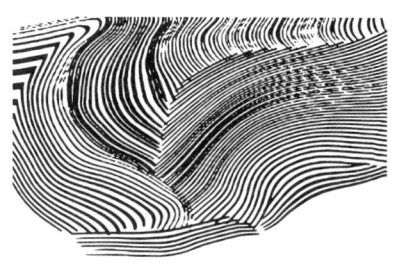

图 3-54a① 　　　　　　　　图 3-54b

 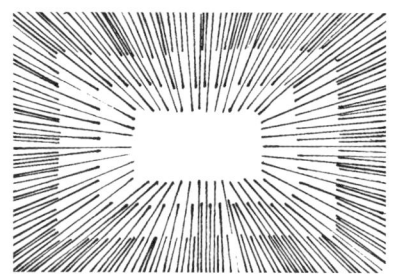

图 3-55a② 　　　　　　　　图 3-55b

 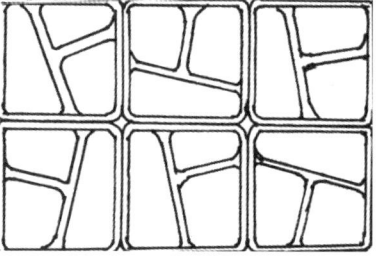

图 3-56a③ 　　　　　　　　图 3-56b

---

① 野生 ArtUnion. 褶皱大师三宅一生 15 年间 44 场发布会 2000+ 高清秀场大图免费大放送！经典造型大回顾！不用集赞 直接拿走！[EB/OL]. (2017-12-17) [2024-10-11]. https://www.sohu.com/a/211085206_526692.
② 胶片书生. 电影院 | 日本摄影师 杉本博司（Sugimoto）[EB/OL]. (2019-06-14) [2024-10-15]. http://k.sina.com.cn/article_6023954154_p1670e3eea02700k6fr.html?from=photo.
③ 设计杂志. 杨明洁：设计并非只是商业的工具 [EB/OL]. (2019-06-12) [2024-10-15]. https://weibo.com/1891988463/HywXDlKza.

图 3-57a[①]　　　　　　　　　图 3-57b

图 3-58a[②]　　　　　　　　　图 3-58b

各小组对选定的普利兹克建筑学奖获得者和当代最具影响力的艺术家展开调研，并对两者的共性总结汇编PPT成果，进行课堂讲解与互动交流。

**（三）设计方案构思**

在结合共性总结的基础上；抽取建筑大师的设计思想与作品理念、空间特点、设计手法、核心要素和关键词；结合艺术家作品的特点，对建筑实际用地选址进行深入的调研、分析，展开建筑设计理念与概念方案的设计创作。

---

① ELLEDECO家居廊.流行的设计并不等同于趋势［EB/OL］.（2021-04-16）［2024-10-15］. https://www.163.com/dy/article/G7N96N6E0525EFUR.html.
② CIFF中国家博会."设"交圈：他用参数化玩材料，这些设计已经飞越科幻片［EB/OL］.（2022-07-10）［2024-10-15］. https://www.163.com/dy/article/HBUF4IET0538B89G.html.

# 第四章
# 建筑设计的思维模式与表述策略

### 章前导言

　　学习掌握建筑原理是我们理解、设计建筑的基本前提和基础。特别是对于学习环境设计的同学而言，在有限的时间内学习建筑的课程中，全面理解建筑设计的原理与思维模式，更需要理解掌握建筑设计策略及空间叙事的方法与实现路径，这对后期的建筑设计、室内外环境设计、展示设计、公共艺术设计等专业基础课学习、空间语言的表达，都能起到事半功倍的效能与作用。

### 本章聚焦

　　建筑空间的"功能、技术、艺术"基本要素；建筑设计的内容与建筑空间的叙事性；建筑设计的依据、要求、程序与深度等三个方面。

### 学习目标

　　培养丰富的想象力和较高的审美能力，灵活开放的思维方式，克服困难、解决问题的决心与毅力以及创新意识和创作能力；初步掌握建筑设计的内容要素、基本原则、分类与级别；认识理解建筑空间的叙事性与设计本质的思考方法；熟悉建筑设计的依据、要求、程序与深度的学习。

## 知识点导图

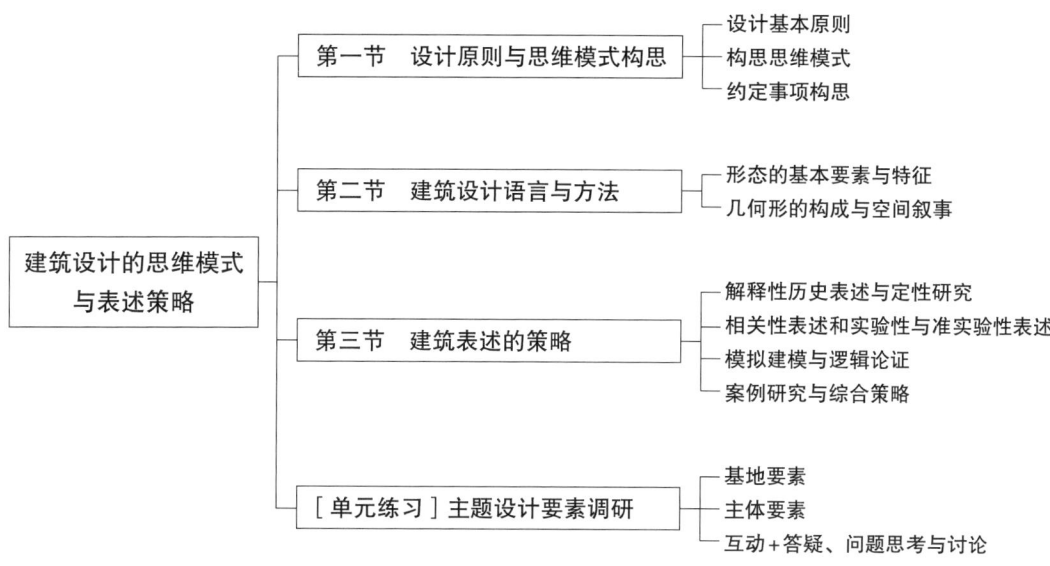

# 第一节　设计原则与思维模式构思

### 一、设计基本原则

建筑设计需要通过图、文、三维空间等手段进行有效的设计表达。建筑设计过程需要遵循基本的准则与规范，需要全面反映对建筑美学、工程技术和社会环境等方面的认识，具有普遍性和客观性的特征。要廓清建筑设计的原理，同样关系到建筑设计的方针政策和基本原则。建筑设计原则可分两部分内容：建筑方针政策和建筑设计的基本原则。

#### （一）建筑方针政策

我国早在1953年就制定了"适用、经济，在可能条件下注意美观"的建筑方针及一系列的政策，这对当时的建筑工作起到了巨大的指导作用。随着社会的发展与进步，在1986年，建设部制定并颁发了《中国建筑技术政策》（1997年更新），明确指出"建筑业的主要任务是全面贯彻适用、安全、经济、美观的方针"。"适用、经济、美观"三要素三位一体的建筑原则，应当成为当今社会正确认识建筑文化的基石。它不但是建筑业的指导方针，也是评价建筑优劣的基本准则，对建筑业各部门、各专业技术领域的技术改造，科技攻关，技术引进与吸收，新技术、新材料、新设备、新工艺的推广应用和建筑业科技的现代化管理等方面具有重要指导作用。

随着建筑业的不断发展，住房和城乡建设部也陆续颁发了各种建筑设计与施工的相关法规文件以供建筑行业学习与提高。

## （二）建筑设计的基本原则

### 1. 建筑设计遵循的原则

建筑设计是一项政策性很强且内容非常广泛的综合性工作，同时也是艺术性较强的一项创造型思维模式。为此，建筑设计必须遵循以下基本原则（表4-1）。

表4-1 建筑设计原则

| | |
|---|---|
| 建筑设计基本原则 | （1）坚持贯彻国家的方针政策，遵守有关法律、规范、条例 |
| | （2）结合地形与环境，满足城市规划要求 |
| | （3）结合建筑功能，创造良好环境，满足使用要求 |
| | （4）充分考虑防水、防震、防空、防洪要求，保障人民的生命财产安全，并做好无障碍设计，创造便利条件 |
| | （5）保障使用要求的同时，塑造良好的建筑形象，满足人们的审美需求 |
| | （6）考虑经济条件，创造良好的经济效益、社会效益、环境和节能减排的环保效益 |
| | （7）结合施工技术，为施工创造有利条件，促进建筑工业化与城市生态融合发展 |

### 2. 设计方法的基本原则

（1）形成一个清晰的功能概念图解组织框架，强调项目的内涵。建筑设计应该符合其使用功能的要求，满足空间布局的合理性、通行流线的舒适性、照明通风的良好性、各种设备的易用性等。

（2）尊重并回应周边环境。考虑对环境的保护，减少对自然环境的影响，降低建筑的能耗和污染，提高建筑的可持续性。

（3）找到可以概括描述空间的几何形状，注重形式与内容的统一，追求美感的表现和人文情感的体现，旨在塑造建筑的美学价值。

（4）根据不同的结构类型和构造方式，选择合适的建筑技术和施工工艺，以保证建筑的安全性和稳定性，注意结构在空间呈现与叙事表达方面的重要性。

（5）激活并且展现空间内部自然光线的渗透性。

（6）认真组织并结合社会服务体系，综合考虑社会文化背景、历史传承、区域特色等多种因素，洞察当地文化和社会需求，为人们提供更好的建筑空间。

（7）经济方面要充分考虑材料、工艺、施工、运输等方面的成本，尽可能降低建造费用，并确保建筑的经济可行性。仔细挑选建筑材料，注重细节设计。

总之，建筑设计的基本原则是一个非常重要的指导性标准，在建筑设计中应该被认真遵循和应用。

## 二、构思思维模式

### （一）设计的本质

设计的本质是解决问题。建筑设计的本质是为人类创造出适合居住、工作、学习和生活的建筑与环境。设计是一个系统性、综合性、创造性的过程，旨在通过创新的思维和方法，为实现特定目标而制订方案、选择手段、确定形式，最终将设计意图转化为实际成果。设计的本质不仅涉及美学、艺术、技术等多个方面，还需要考虑使用者的需求、环境、社会和文化等因素。

马斯洛提出的需求层次理论体现了设计的本质（表4-2）。

表4-2　马斯洛需求层次理论

| 五个层次：生理、安全、社会、尊重和自我实现的需要 ||
| --- | --- |
| 生理需要（physiological needs） | 艺术与宗教的起源、神灵的庇护、生存与繁衍、原始装饰、巫术礼仪道具等 |
| 安全需要（safety needs） | 战争主题、生活和审美方式、时代性、地域性、民族性 |
| 社会需要（love and belonging） | 社会实践、生活方式、生产制作、审美方式、宗教礼仪、民风习俗、物质与精神 |
| 尊重（esteem） | 社会地位、个人的能力、社会承认的成就；内部尊重是有实力、能胜任、充满信心、能独立自主；外部尊重是有地位、有威信，受到别人的尊重、信赖和高度评价 |
| 自我实现需要（self-actualization） | 创造力、自觉性、解决问题的能力、权利地位象征 |

设计影响着我们的生活方式、交流方式、行为方式。设计的本质是解决问题，以满足需求为目的，运用各种相关知识和技能，创造新颖、实用、美观的产品，创新服务或系统，并进行自我实现的过程；是为了让人民群众生活更加美好，改变自然、利用现有科学技术和社会人类学的知识进行创新的过程。设计需要深入了解用户需求，探索问题背后的本质，并通过创新的方式来解决这些问题，最终创造出令用户满意的产品或服务。设计的创新过程基于隐性知识、直觉、假设和个人偏好之上，这通常被视作该领域的运作方式与魅力所在。

设计建立在实际生活和严肃的理论思考中，以遇到新问题时的一种"新学习"的综合能力培养的教育模式，驱动全新创新技能人才的供给。各行业越来越重视设计师的创造力、弹性、适应力、沟通技能、协商技巧、管理能力与领导力等综合技能与素养。

德国工业设计大师迪特·拉姆斯（Dieter Rams）曾提出好设计应具备的十项原则：创新的、实用的、唯美的、易读懂的、谦虚的、诚实的、持久耐用的、关注细节的、环保的、极简的。同样，这些原则对与时俱进的建筑设计有一定的借鉴和启示意义。

建筑设计的本质不仅在于创造美观实用的建筑物，而且在于要为人类创造更好的生活环境，提高人们的生活质量和幸福感。建筑设计需要从空间规划、结构设计、材料选择、环保设计、美学特征等各个方面考虑，以实现建筑的功能性、安全性、舒适性、美观性和可持续性。同时，建筑设计是一种创意表达，建筑师通过自己的想象力和设计思路，将概念转化为具体的建筑形态和空间布局，使人们在其中得到舒适、愉悦和启示。建筑设计师需要通过对建筑周边历史、文化与环境的深入了解，以及对社会和技术等多层次的考虑，创造出能够与人们产生情感共鸣的建筑作品。

建筑设计需要综合应用多种学科知识，包括材料、结构、力学、美学、叙事学、心理学、环境行为学、人机交互、市场营销等方面的知识。在设计过程中，建筑设计团队需要将这些知识与创意和实践相结合，不断地探索和实践验证，反复推敲和修正，以达到最终理想的设计效果。

现代主义建筑大师密斯·凡德罗（Ludwig Mies Van der Rohe）提倡"建筑以空间形式体现出时代精神，这种体现是生动、多变而新颖的。要赋予建筑以形式，只能是赋予今天的形式，而不是昨天的，也不是明天的，只有这样的建筑才是有创造性的"[①]。

随着数字时代新技术、新产业和新服务的涌现，设计疆域不断扩张。面对日益复杂的社会和商业问题，跨学科设计领域的研究需要不断地充实根基。

### （二）创意思维与构思

#### 1. 创意思维

创意构思是通过思考、灵感和想象，创造出独特而又有创意的概念和主题：

（1）创意思维具有其独特性。面对设计的矛盾冲突独辟蹊径，只有抛弃司空见惯和墨守成规的想法，才会产生独树一帜的见解与创新构思的灵感，没有思考中的创新就没有设计中的创意。

（2）创意思维具有其联系性。创意思维的展开与事物的纵横、逆向、非线性产生联系，对其深入联系的思考越深，其越会给我们带来意想不到的结果，对设计的开发与创新产生更大的作用。

（3）创意思维的多解性。创意思维的终极目标是寻求解决问题的最佳方式，通过扩大设计选择的途径与空间，最终进行最优方案的实施。

（4）创意思维具有前瞻性。创意思维在对比、破解公众认同成果的基础上，在寻求方向、所占高度、探寻视野角度等诸多方面，具有前瞻性和超前意识，并触发产生飞跃的意识，使问题豁然开朗，孕育出新观点、新思路、新方案的创意构思。

（5）创意思维具有综合性。创意思维是一个反复探索的过程，其思维形式与心理活动多种多样的集合呈现出综合性特征，呈现出创意思维的主题综合性。

创意构思的方法大致可分为"头脑风暴""放松身心""随意图画""变换角度""借鉴他人""关注细节"等方法，但不仅限于此：

（1）采用"头脑风暴法"，我们可以通过集思广益，充分激发更多的想象与灵感，快速产生大量的构思；

（2）采用"放松身心法"，我们可以尽可能在保持放松的状态下，让思维自由和开

---

① 刘先觉.密斯·凡德罗[M].北京：中国建筑工业出版社，1992：212.

放，更加容易产生新构思和想法；

（3）采用"随意图画法"，我们可以通过展示随意思考过程的草图，从不同角度看待问题，促进灵感和创意产生；

（4）采用"变换角度法"，变换视角看待问题，可以给我们带来新的想法和不同的思考方式；

（5）采用"借鉴他人法"，借鉴他人的创意经验，可以为我们的构思提供更多参考与启发；

（6）采用"关注细节法"，通过关注细节，我们可以发现一些不起眼但却很有创意的点子。

"建筑一半依赖于思维，另一半则源自存在和精神，即不可见之物"（安藤忠雄语）。"存在与精神"发生在生活、艺术和设计的内与外的本体之中。而作为观念而存在的精神，我们的所见、所处、所做决定了我们的理解与创造力。

### 2. 创造性想象

想象勾绘是对表象和意象的自由加工。表象是被保留在头脑中的事物外部的、显而易见的方面，它通常是人们最先看到、感知到的部分，属于客观事物的感性印象，具有直观性。

一般而言，概括性是多次知觉的结果，而表象是表征的一种，表象是由感知过渡到思维的必要环节。意象是经过选择而有秩序地组织起来，可以长久性地发展，能与其他意象重新组合的客观现象。表象局限于知觉过的事物，而意象可以创造现实中没有的事物。

（1）想象的类型

想象使我们超越时间和空间的限制，借表象之手触摸感觉不到的世界。按主体意识状态可以将想象分为无意想象与有意想象。

① 无意想象是指没有预定的目的，在一定刺激的影响下，不由自主地产生的想象，如梦是无意想象的极端形式。

② 有意想象是具有一定的目的，自觉进行的想象。按照想象的创造性，可将想象分为再造想象与创造想象。

③ 再造想象是根据语言、修辞的陈述，图样或模型，元素与符号的示意，在脑海中形成新形象的心理过程。

④ 而创造想象是根据一定的任务，以记忆表象作为材料，独立分析、综合加工改造而创造出新的表象，是人类最高级的一种思维活动。

（2）感知表象

感知表象包括视觉表象、听觉表象、触觉表象、嗅觉表象等，其中视觉表象占80%。感知表象的调动至关重要，因为其取决于储存表象的丰富性和意象加工的质量与能力水平。要学好建筑空间与室内外环境设计，首先要学会体验生活、建筑空间与室内外环境。体验建筑与室内外环境就是亲身到建筑与环境中去感受，调动大脑、身体与心理行为等多种信息储存方式，借助联想把孤立的碎片化信息连接成有用的价值信息。

我们在现实生活中积累的综合感性感知表象即生活表象。生活表象的积累，对建筑设计主创人员来说，并不全是有意进行的，而是通过无意、有意与多次反复的感知过程而得到的创意构想。人们的普遍情趣爱好和审美标准，往往是通过生活中的无意识培养起来的，在建筑设计中，生活表象是设计师表达审美取之不尽、用之不竭的灵感创意源泉与宝库。

空间体验的感受是多方面的，我们常说的"五感"，即视觉（目）、听觉（耳）、嗅觉（鼻）、味觉（舌）、触觉（手）等，成为最主要的空间体验残留在我们的记忆当中，在建筑设计中要充分发挥应用此类感知表现，创意构思出使人流连忘返的空间环境。

表象通常是人们最先看到、感知到的部分，是指事物外部的、显而易见的显性方面。表象在一定条件下，有时可以反映出事物的本质或内在特征，有时又可能会掩盖事物的真实面貌。表象可以给我们带来直观的感受和认识，但如果只停留在表象层面，我们可能会对事物的判断产生误导或偏见。因此，要深入了解事物的本质和内在特征，不能仅凭表象来评价事物。

（3）想象控制

当我们有意识地进行变化形象的训练，会大大提高自身的想象能力。如在想象过程中，视觉形象的重新组合与再生，是对内在意象的控制和变化训练的有效手段。设计想象是因为利用想象能够把认识应用到尚未出现的事物中，预测现实计划的未来结果，所以想象可以控制行为，它包含了整体控制与具体控制两个方面。

整体控制，体现为我们对自我形象的想象行为，其能够很好地从整体控制我们的行为；具体控制，体现为对具体问题发展趋向的想象行为。我们在建筑与室内外环境设计过程中，不断地发挥想象力，把自己与使用者融为一体。能够激发使用者最灵活有效地使用空间与环境的设计，是优秀的建筑与环境设计主创人员的想象力发挥了作用的设计。

想象对创意构思的意义，不仅表现在对思维对象的创造性加工上，而且还表现在对创造性过程的把握和对创造中心理障碍的克服上。

（4）意象加工与协调

意象加工的第一种对象是想象中调动最多的"知觉表象"，是对物理世界的感觉经验，是我们看到和大脑中记录的东西；第二种对象是"意象"，即在我们心理层面建构起来的心理表象，其能够使用知觉表象记录信息。

建筑的表象指的是建筑外观、形态、色彩、肌理、材料等对人视觉、触觉、行为产生的感知效果，是建筑师为了满足人们审美需求而创造出来的东西。在设计中寻求各种感觉、表象、意象、内觉的统一性十分重要。建筑的视觉形象定位是崇拜和虚幻，那么建筑空间产生的听觉效果、触觉效果应与视觉统一，这样构思才会强化一种设计意念，而不是削弱其统一性。

视觉意象的调动和加工对于建筑设计来说是主要的，但建筑设计不能仅限于形态的塑造和色彩的运用，如光影随着时间与季节的变化，也会给人们带来细腻的情感变化和高级的审美情绪价值体验。因为光带来的感觉不单是视觉的，还有触觉、温度觉的，以及人们依赖太阳的天然感觉和人类共同的原始基因与文化崇拜。

设计师需调动记忆中的多种表象，即感知对象直接反映在头脑中留下的感知表象，同时需要有主体情感体验的心理意象，才具有渗透文化概念的抽象性意象。建筑创意构思需要全面考虑建筑的功能、环境、形式、材料与文化意象等，同时也需要设计团队要有足够的创造力和想象力，才能打造出令人印象深刻的优秀建筑作品。

（5）情感体验与创造性想象

在创意构思中引导想象时，建筑空间与光影产生的环境感受的崇高感、幸福感、紧张感、恐惧感等情感的有力感参与不可或缺。建筑设计主创人有责任在设计中，让使用者有充分享受自然环境和社会环境生活中的阳光、沙滩、森林、微风、春雨、夏月、秋叶、冬雪的权利，同时守护家族故事和城市、乡村历史记忆的乡愁，把这样的感知、情感意象与创意灵感巧妙地融合在创新的空间与环境中，与当地的自然人文环境产生相协调的叙述语境与文化内涵，唤起人们内心储存的情感记忆，使之产生文化认同感和心理归属感。

建筑设计是一种空间创造的过程，它不是凭空、孤立空想出来的，它有赖于大量的综合信息积累。视觉记忆是信息积累的手段，观察能力和空间体验是视觉记忆质量的前提。我们常言"读万卷书，行万里路"，在创意构思之前要重视对观察能力的培养，要建立日常阅读理解建筑、观察事物、体验空间的良好习惯。创意构思一方面可以通过学习训练来掌握；另一方面，需通过培养美的素养和介入主观情感来获得。

利用意象的加工不仅能够帮助我们发现问题和进行设计创意构思，还能帮助我们以感性的方法去想象当建筑的使用者置身于建筑空间环境里，他们会有一个什么样的体验，这是一种带着感觉、推测与推理的预想与空间形态和功能组织的演绎。

在充分掌握内容的基础上，设计构思必须建立在有内在联系的逻辑推理与反思的基础上，如果我们不能在观念和方法论上有所反思并进行革新改进，我们的建筑艺术将面临失语和空间功能无效的危险。一方面需要让建筑与艺术有机地融入生活，另一方面也需要极大地扩展建筑艺术表达的半径，更新空间创意设计的情境与内容的联系，认知设计构思的结构关系（图4-1）。

艺术本身就是一种对于人类真实处境的审视与反思，不断提出富有想象力的挑战与可能性，建筑创造力的源泉来自鲜活的社会情境现场。数字化时代为建筑艺术的设计探究内容提供更多、更详尽的大数据来源，在创意逻辑推理与解决现实问题之间构建起系统性联系。

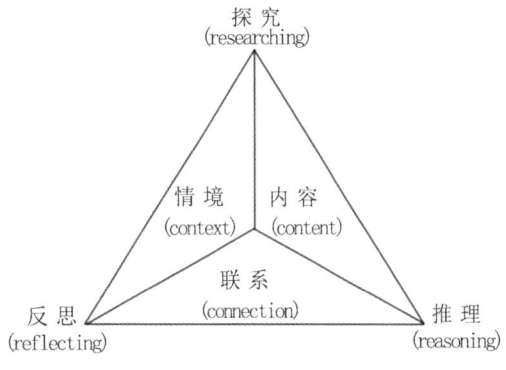

**图4-1　设计构思关系**

### 3. 创意构思

建筑设计，如果不能用一定的空间形式"构思""表现"出来，就不能说"思考过"，其大致可以用以下两种表现形式表示出来。我们常用的构思方法一为"语言叙述表现"，二为"草图印象表现"。

虽然构思必须用概念语言和草图表现出来，但从创意思维程序到设计思路，必须经历演绎→约定的事项构思、归纳→从五感构思、假说→灵感闪现构思三个阶段的不同点。设计思路需要考虑前所未有的"新的事项"思考模型，因为新事项的思考需要新的"信息"。

获取信息有两种途径：一是通过语言获取"外部信息（文字信息）"；二是通过感知获取印象，再把印象转换成自己语言的"内部信息（活的信息）"。在逻辑思路里的以上两种信息获取途径，为或"演绎"或"归纳"或"立假说"的思考方法。通常我们把用语言表现出来的构思称为"概念"，用印象表现出来的构思称为"草图"。构思只有通过"大脑的思考"和与之直接相连的"经过实践推敲"糅合在一起，才能共同进行有效的思考。

建筑创意构思需要结合实际功能需求、美学和环境可持续发展等因素，主要体现为功能创意、形式创意、材料创意、环保创意、文化创意等诸多方面。

功能创意：注重建筑的功能需求，充分挖掘空间的利用。例如缙云石宕音乐厅，上海"天安千树商场"，将多个功能融合在一起，创造更丰富多彩的空间体验。

形式创意：尝试采用不同以往的形状、线条和比例来构思建筑，例如采用内外翻转、上下倒置、非线性空间、套层结构等设计理念来创造独特的建筑形态。例如安藤忠雄设计的"本福寺水御堂"，将传统水榭建筑下的荷花池置于建筑之上，建筑本体的功能空间有意安置在荷花池下形成覆土式半地下的自然"光"装置空间，使其充满神秘、纯净的氛围。

材料创意：选择不同的材料和纹理来构思建筑。例如使用纸管、竹子、透光混凝土、陶砖、发泡陶瓷、碳纤维高分子材料、3D打印建材等打造建筑的外观、空间、结构和内饰。

环保创意：注重建筑的环保和可持续性。例如在建筑设计中加入节能、环保、自然通风等要素，这既能满足建筑本身的需求，又可以减少对环境的负面影响。

文化创意：注重当地文化与建筑的融合。例如在建筑空间与室内外环境设计中加入文化元素、特色图案或符号，突出建筑的文化特点、地域特色和历史文脉。

建筑创意构思需要综合考虑多方面的因素，从不同角度出发，寻找灵感和创意，才能创造出具有独特魅力和实际价值的建筑与环境。

### 4. 设计思维核心因子与设计构想形成

（1）核心因子

设计思维需用工具化、模式化、流程化的路径来解读"设计思维"，促进、实现设计思维和设计创造活动的有效融合。设计思维的流程包括：感同身受、定义问题、创意理念、快速原型、迭代测试等。

感同身受：强调转换到业主与使用者或其他利益优先相关的角度思考问题；

定义问题：通过问题导向，定义问题，逐步接近问题的本质，来获得新的观点；

创意理念：有效组织头脑风暴，尽可能获得多类型的想法和解决策略；

快速原型：无论是设计理念、流程还是服务观念，都可通过快速原型制作（可视化、三维建模、服务模型、运营模拟评价、更新推进）实现，其可直观地进行测试、讨论，有利于快速迭代；

迭代测试：目的是不断地改进项目设计原型，产生新的洞察。

应用直觉、分析、逆向思考等多种思维，在不同阶段，侧重点有所不同。如在前期调研和设计概念形成阶段时多使用发散型思维，在中后期阶段会更多地使用趋同思维，提升设计的落地性与执行力。

（2）设计构想形成

设计师必须兼顾其他领域的发展，以便于设计前储备必要的理论思考，进一步发展设计构想（concept）或构成其理论要素（图4-2a）。在此基础上，明确人和建筑行为之间的关系，建筑功能的决定性角色，以及持续考察设计概念的效力。设计创意目的是通过创造性地选择、组合、变化及巧妙运用，制造出一个全新的作品。以口头语言或文字转换，以图式化的视觉形式作为桥梁，实现具体建筑设计语言的表述方法与路径。

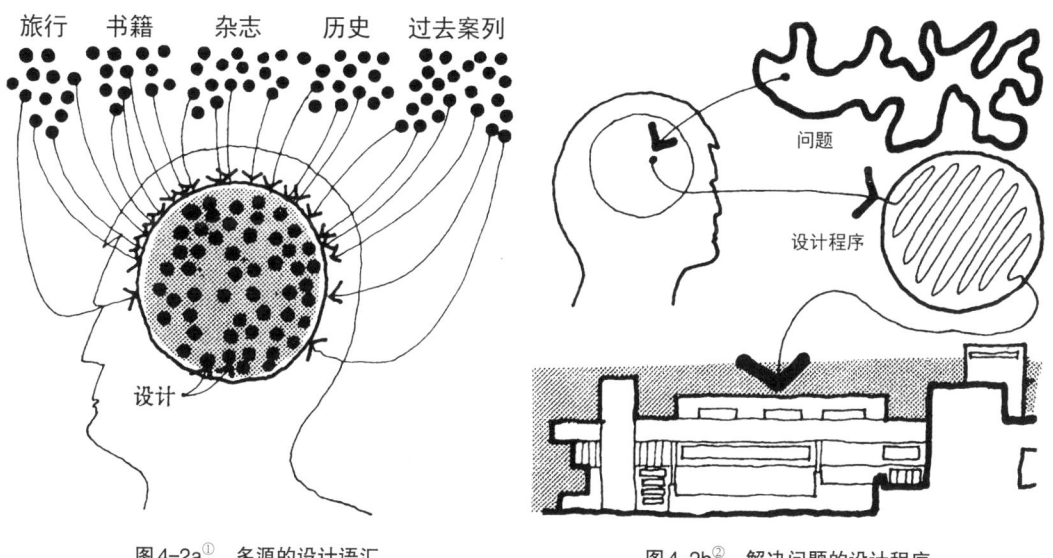

图4-2a[①]  多源的设计语汇　　图4-2b[②]  解决问题的设计程序

---

[①] 爱德华·T.怀特.建筑语汇［M］.林敏哲，林明毅，译.大连：大连理工大学出版社，2021：1.
[②] 爱德华·T.怀特.建筑语汇［M］.林敏哲，林明毅，译.大连：大连理工大学出版社，2021：16.

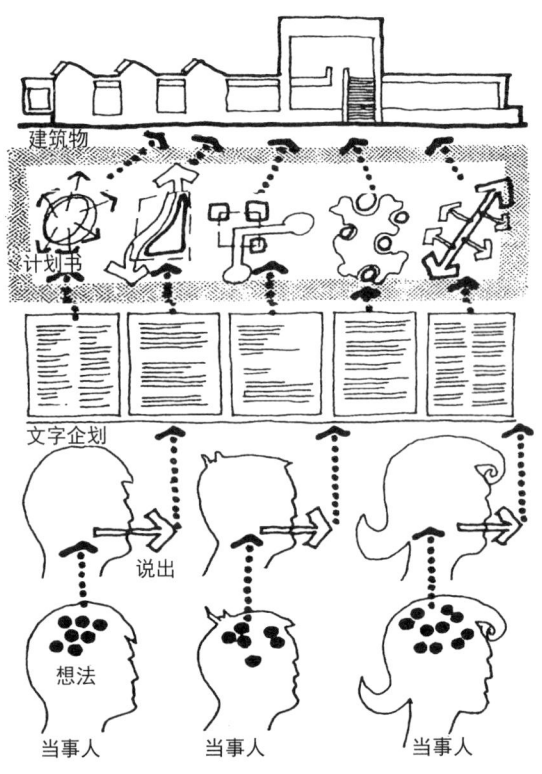

图4-2c[①]　实现建筑解答的路径

### （三）设计手法与表达

建筑设计发展至今，设计语言学和符号学、空间叙事、建筑策划与设计方面的观念，其形式发展路径总是从提炼出的元素符号语言到空间的叙事情景，再到新的空间系统性艺术语言表现，其具有以下几个共同的特点。

1．在地性体验与表达

强调的是建筑物本身与所处的地理位置，气候条件，周围的景观、文化、风土等地域特性的依附关系对建筑的设计产生的影响。需要设身处地地调动同情心、同理心的主观能动性，体会问题和社会化的思考。一要"观察"，了解设计的使用者都在做什么、为什么做、目的是什么、怎样做，其行为产生怎样的效应；二要"交流"，与使用者建立密切关系，如交谈、调研、与用户邂逅，尽可能了解用户的想法，沉浸式地去体验用户所感受的内容；三要明确"定义"，用精简概括的语言说明项目或团队想要做什么、拥有怎样的价值观，如我们的设计服务群体是谁？想解决什么问题？对该问题已有哪些假设和相关的不可控因素？短期目标、长远目标、基本方法是什么？

2．创造性想象

想象是对表象和意象的自由加工。"表象"是头脑中出现的关于事物形象或像画一

---

① 爱德华·T. 怀特.建筑语汇［M］.林敏哲，林明毅，译.大连：大连理工大学出版社，2021：16.

样的心理表征，是基于知觉在头脑内形成的感性形象。它包括记忆表象和想象表象。记忆表象指感知过的事物不在面前而在脑中再现出来的该事物的形象。想象表象指对知觉形象或记忆表象进行一定的加工改造而形成的新形象。根据表象形成的不同感觉通道，可将其分为视觉表象、听觉表象、嗅觉表象、味觉表象、触觉表象、运动表象等。

"意象"与表象类似，表象的瞬间性是意象所缺乏的，意象的长久性可以使其发展，意象经过选择，能与其他意象重组，可以创造现实中没有见过的意象。

在超越时空的想象思考阶段，我们可以把任何要素放进大脑，随意地重新进行组合，看看有何变化，思索它变化的原因。

根据想象所具有的创造性可以将想象分为：创造想象和再造想象。"创造想象"是指根据一定的任务，将记忆表象作为材料独立进行分析加工、综合改造创造出的新表象；"再造想象"是指根据语言表述或非语言描绘的图形、图样、图解、符号记录等，在头脑中形成有关事物形象的想象。

**3．强调多样性并优化解决问题**

强调解决方案的多样性，尽可能用不同的方法优化解决问题。通过测试原型来重新审视设计产品，发现问题，完善不足观点，并且需要注重三点：

（1）注重对发散思维与变通能力的训练，这来源于对身边生活的留心观察、储备与积累。

（2）以"需求为基础，以用户为核心"，对不同原境、情境、场景，从不同角度侧面，以创新的形式来表达建筑的特色，如使用不同的线条、曲线、角度和比例等元素反复推敲。

（3）应用实际施工中的不同材料，不同材料的选择会直接影响建筑的外观、结构和功能，可以为建筑带来独特的质感和气质。

如著名建筑师隈研吾（Kengo Kuma）在创作日本新国立竞技场的"木构集成"设计创意时，特别关注建筑所在环境，体现了尊重自然环境多样性的东方哲学智慧。他认为东京并非一座大城市，而是一群小村庄的集合。他专注于建筑与青山、千谷和明治神宫外苑周边街区的环境相融合，而没有想表现整个日本。他通过深入研究东京的"村落"本质，最终实现了这一目标。他认为无论在任何城市设计建筑，世界是村庄的集合，而非王国的组群（图4-3）。

**4．制作原型与测试**

原型是一个重要的设计工具，能够在产品开发过程中的各个阶段提供帮助，从而提高产品的质量和市场适应性。原型的优点是可以及时发现和修复设计问题；为迭代提供反馈和建议；显著降低项目开发成本；让客户更好地理解和评估设计项目，并提供反馈意见；更快地弥补设计项目的缺陷。

建筑原型是建筑设计人员在设计建筑之前，通过实验、模型等方式制作出的初步模型或原形。建筑原型可以帮助设计师更好地理解和掌握建筑项目的特点和要求，同时也可以提供便捷的手段进行设计更新和改进。建筑原型可以是一张草图、一幅手绘图、一

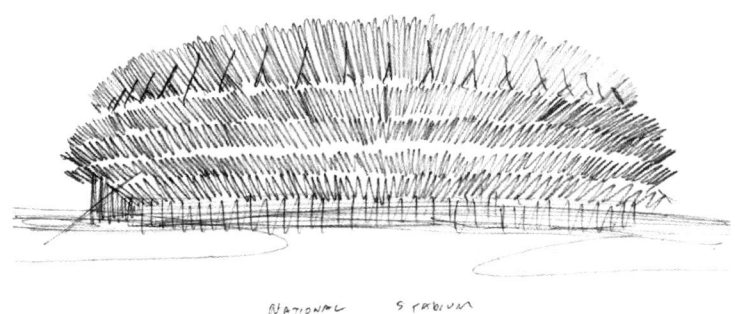
图 4-3a① 新东京国立竞技场的设计草图（隈研吾 绘）

图 4-3b② 新东京国立竞技场（隈研吾 设计）

个概念模型、一个 3D 模型，或者是一个真实尺寸的原型模型等。通过建筑原型，主创设计师可以更好地把握建筑与人的比例关系、结构、材料等要素，以及空间布局、功能动线组织、美学效果等方面的内容。同时，建筑原型的立体展示与现场呈现，为客户或投资方更好地了解和理解建筑项目的理念、设计思路和实现效果提供有力支撑。建筑原型有助于设计团队更好地实现自己的设计理念和创意，确保建筑项目的顺利实施。

除了制作建筑"原型"外，设计师还要关注制作原型过程中发现的新问题和新瓶颈，用最短的设计成本做出解决问题的方案。

如印度建筑师巴克里希纳·多西（Balkrishna Doshi）设计的"侯赛因——多西画廊"，以"洞穴"为原型的碎瓷片延续了建筑的双曲面形态，模糊了屋面与墙体的界限，把建筑的形式、空间和结构有机地融为一体，创造出富有跃动生命力的建筑空间（图 4-4a）。

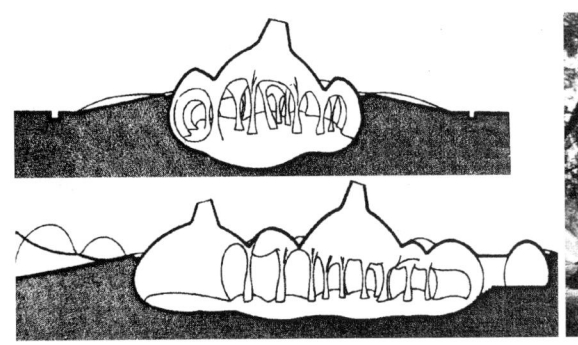

图 4-4a③ 侯赛因·多西画廊（巴克里希纳·多西 设计）

---

① 隈研吾.隈研吾：我在东京的建筑师生活［M］.王冲，译.武汉：华中科技大学出版社，2022：45.
② 人民日报海外版 | 杨宁，董雅惠.日本疫情二次来袭，投入巨大的东京奥运会还能顺利举行吗？［EB/OL］.（2020-08-15）［2024-10-15］. https://www.thepaper.cn/newsDetail_forward_8737497.
③ 罗玲玲.建筑设计创造能力开发教程［M］.北京：中国建筑工业出版社，2012：51.

坐落于海口云洞图书馆的异形双曲面造型，以清水混凝土作为新型材料采用创新手法和工艺顺利落成，为对国内外类似的以"洞穴"为原型的建筑项目的设计施工配套系统进行的探索和经验总结（图4-4b、图4-4c）。

图4-4b　云洞图书馆（MAD 设计　崔轲淞 绘）

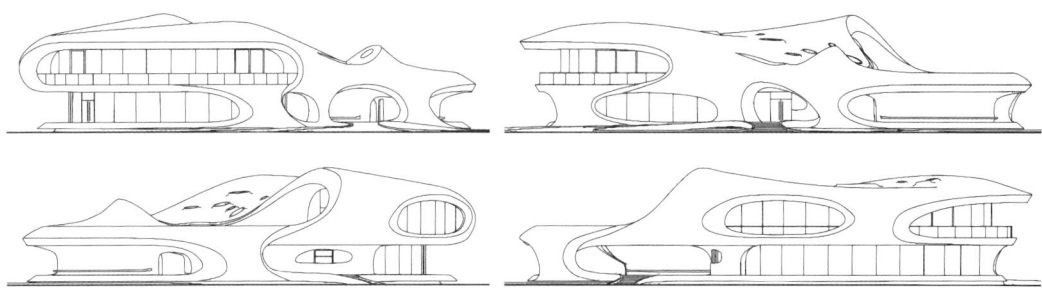

图4-4c　云洞图书馆立面图（MAD 设计　MAD 绘）

### 三、约定事项构思

很多约定的事项要到历史当中反复发生的规律、特点、运作中探寻，即探寻设计"约定事项"。这里所说的"约定事项"不是像在科学和数学上使用的法则那样严谨的约定事项，而是可繁可简、可松可紧、有弹性的约定事项。当我们熟知了约定事项后，在设计时必须要用前所未有的观察新事物的视角去思考，才能使设计保持其独特的存在价值与意义。

① 了解建筑设计任务的背景和目标；
② 确定任务的重点和优先级；
③ 制订实施计划和实施时间表；
④ 组织分配设计任务给相关人员；
⑤ 监督和跟踪任务进度；
⑥ 根据设计任务进展情况反馈做出相应调整；
⑦ 设计及建设运营周期完成后，进行反馈、评价、总结和评估。

在设计的"约定事项"上要有自己的思考,才能有创新性的作品诞生。这种方法启发了我们采用所谓的"演绎"思考方法——预定事项构思。如希腊雅典的帕提农神庙,设定了人体黄金比例的设计前提,出色地应用了这一比例的规律、特点及系统性,保障了其高质量的设计,为西方建筑的发展留下了不可或缺的经典(图4-5)。

图4-5[①]　帕特农神庙

### (一)语言表述构思

简洁的语言由"单词"的正确读法和单词的"含义"的正确使用所构成,如何正确地把单词连接起来的约定事项即"语法"。根据日常会话中使用的一般性的约定事项,在文学领域,在使用语言的过程中,利用多种语言手段以收到尽可能好的表达效果的方法叫作修辞。

简洁的语言设计是指使用最简单、最直接的方式来表达信息,以确保信息的清晰传达。在语言设计中,要尽量避免使用复杂的词汇、语法和句式,尽可能地压缩信息和语言,采用简洁明了的修辞来表达信息。这样不仅可以提高信息的可读性和可理解性,同时也可以让读者更容易理解信息,减少误会和歧义;使接收方能够清晰地理解设计的要求和条件,有助于建立良好的"约定事项构思"设计的目标关系。

传统的建筑设计方法就如我们日常生活中使用的语言一样,有着多种多样的适用性变化,就像诗词和小说中使用的修辞一样,有着无穷尽的变化。我们经常说用"建筑语言"进行设计,这里所说的语言并不是通常所描述的语言,而是特指建筑"简洁的语言"设计。因为建筑物要有某种建筑形态,只有在建筑形态当中,用简洁的语言把想要传达的意图表述出来,才可以顺畅地把设计师和业主的信息设想传递给投资方、业主、建筑体验者和使用者。

### (二)基本语法

1. 基本语法

《庄子·内篇·齐物论》中的"天地与我并生,而万物与我为一"彰显了天人合一的

---

① 大卫·沃特金.西方建筑史[M].沈在红,译.北京:北京美术摄影出版社,2019:34.

观念。"天、地、人"的基本语法是一种古老而深刻的建筑理念，它体现了对自然和人文环境的尊重和融合。

"天"是宇宙的规律和秩序的源泉。在许多民间信仰中，"天"还被视为一种神灵形象，能够保佑人类平安、幸福、吉祥与和睦。"天"是人类对自然、宇宙和神秘力量的一种崇拜和敬畏，是人类文化中的重要符号与象征。

在建筑设计中，应该充分考虑"天"的文化要素，处理好"天空、气候和光线"等自然要素与建筑及周围环境的关系，如阳光、风向、降雨等，以创造出舒适、健康的建筑空间与室内外环境。同时，建筑的形式和材料也需要与周围环境相协调，以减少能源消耗并降低对生态环境的影响。

"地"是指建筑所处的地域、地形、气候、水文、地质、交通和建设用地等自然地理因素；还包括历史遗存、重要建筑物、土地规划、环境保护等社会文化因素。在设计中，应该考虑当地的历史背景和文化传统，以及地形地貌等因素对建筑或城市规划的影响，以便创造出符合当地特点和气息的建筑。同时，建筑的结构和基础也需要根据地质条件进行合理的结构设计和施工，以确保其坚固性和安全性。

"人"是指建筑的使用者和周边社区居民等人文要素，包括当地的人口、社会结构、文化背景、历史遗存、政治经济、商业业态、市场环境、建筑法规等社会文化因素对建筑或城市规划的影响，以及对应的设计要求。在设计中，设计人员应该从使用者的需求出发，全面地了解基地的环境和特点，从而制订出更加合理、适宜的建筑或城镇规划设计方案，创造出舒适、安全、健康的室内外环境。同时，建筑的外观和功能也需要与周边社区的文化和经济特点相协调，以实现与社区的良好互动和融合。

综上所述，"天、地、人"建筑的基本语法是将自然和人文环境融合于建筑设计之中，始终遵守人与自然协调的适宜尺度，始终保持技术尺度服从人的行为尺度的空间构成关系。这些尺度包含人的心理反应与行为方式、自然环境与人工自然、传统与现代、城市与建筑对立的和谐等人性化的考量，以创造出符合环境和使用者需求的建筑。

2. 建筑的基本语法

建筑的基本语法是指建筑设计中的一系列基本元素和原则，包括功能、形式、空间、比例、结构、材料和色彩等。这些元素和原则贯穿整个建筑设计过程，从而构成一个完整的建筑语言系统。

建筑功能包括建筑的使用环境、使用者及使用方式（如住宅、商业、办公、教育、医疗保健、文化娱乐、体育）等，要符合人们工作、生活、消费的实际需求和使用习惯；建筑形式是指建筑的外观和轮廓，包括平面布局、建筑体量（三维整体形态、高度、体积、外轮廓等）、立面组成（门、窗、柱子、墙面等元素的排列组合方式）、结构形式（钢结构、混凝土结构、木结构、砖石结构等）、风格样式（即设计风格，如古典主义、现代主义、后现代主义）等，其形式应该简洁美观，符合人们审美的要求、民族信仰和文化传承。

建筑空间是指建筑所包含的体积、空间及其内部的布局与空间关系，如按功能划分的客厅、卧室、厨房等；按建筑内外、前后方向序列划分的空间，如门厅、走廊、庭院等；按结构划分的柱廊、拱顶、穹顶等；按立面上凸起或凹陷划分的阳台、共享空间等；建筑内垂直空间，如楼梯、电梯、天井等；以及公共区域分区、功能分区、通风采光等空间。

建筑比例要素是指建筑各个部分的大小尺寸关系，包括整体比例、局部比例等。建筑比例要考虑建筑物的整体形式、外观、空间布局和功能需求，同时也要考虑建筑材料的规格和标准以及建筑施工的实际需求。如建筑物的高宽比、门窗大小和墙壁面积比，以及建筑立面和平面图中各个构件之间的比例关系。建筑比例还应该考虑所处环境、使用功能和文化背景等因素，合理的比例可以让建筑物更加优美、舒适、协调和实用。

建筑结构要素是指建筑的支撑体系，包括承重墙、柱子、楼板、梁、桁架等用以将建筑物的荷载传递到地基上的部分。其根据建筑的功能、类型、规模和所在地区的自然条件等诸多因素，采用不同的结构形式。常见的结构形式有木结构、砖石结构、混凝土结构、钢材结构、轻钢龙骨结构等。建筑结构的选择需要考虑多种因素，如建筑物的功能用途、地理位置、气候条件、资金预算等。同时，建筑结构需要满足相关的建筑法规与规范要求，确保建筑物的安全性、稳定性和环保性。

建筑材料要素是指建造建筑物的各种天然材料和人造材料。天然材料如石头、木材、砖、土、玻璃等，人造材料则如人造石材、石膏板、钢筋混凝土、塑料等。建筑材料的选择要根据建筑的地理条件、环境、功能用途等多方面因素进行综合考虑，以达到稳定、安全、美观、经济等目的。

色彩要素在建筑设计中不仅可以增强建筑物的美感，还可以体现出建筑物的特点和氛围，它有着至关重要的作用。建筑色彩的选择需要考虑多种因素，如建筑的功能用途、所在环境、风格特征、历史文化，以及不同民族习俗对色彩的理解及其象征和表达的特殊意义等。

建筑色彩在建筑设计中占有非常重要的地位，它可以赋予建筑物不同的个性和特色，也可以营造出不同的氛围和情感，体现出建筑的风格、气质和特点。色彩会直接影响人们的情绪和心理状态，建筑物所呈现出的色彩与肌理也会影响人们对它的印象和评价。建筑颜色的选择应该考虑建筑物所要表达的情感和氛围，以及人们对颜色肌理的感受和理解，并且应考虑建筑物之间的相互协调、对比、平衡、重复，关注美观的同时兼顾其文化内涵，遵循耐久性、防腐性和实用性等原则。

以上列举的这些基本要素与原则，在建筑设计中相互依存、相互制约，共同构成了建筑的基本语法，指导建筑设计、施工和维护的各个环节与系统实施。在建筑设计中，需要根据不同的功能和要求，在遵循这些基本要素和原则的基础上进行合理的组合和创新，创造出美观舒适、实用安全、环保健康的建筑作品。

**（三）设计构想**

1. 设计概念

设计概念（concepts）语汇具有多面性、多功能的属性，其表面上是给非专业人士讲述故事概念，实际上对学员、初学者与设计师而言，具有把控主题设计构想的刺激，甚至充当"设计条件"及"建筑形式"语言两者之间的中介角色。

概念语汇驱使设计者能够更用心地协调各种设计策略的权衡与冲突，在设计项目研究的过程中一点一滴地积累，最终汇聚成江河湖海。

设计构想的概念形成是潜意识思考过程的一个复杂系统，我们难以保证每次都迅速地用正确的办法加以分析与研究，但是我们可以通过借鉴一些日常认知的简单观念来阐释"设计构想"形成的主题概念及其特殊的意义。这和学习写作的情形有着异曲同工之效，我们并不需要关注在创造一个句子时心智是如何运作的，相反，我们有必要拿一些经典范文充当中介，给学习者参考借鉴并且教授初学者入门的方法。

2. 概念提出

初学者通常会有一种错误的认知观念，认为重复使用自己曾经学过、用过的主题概念设计是缺乏创造力的表现，同时也是自我复制的不良行为，这等同于变相地承认自己没有能力挖掘设计灵感。甚至有些同学错误地认为，在"行万里路"践学、感悟过程中所学得的设计策略，或由传承建筑史"读万卷书"中所萃取的精华，以及从期刊上所看到的和上一届同学使用过的材料，都将不适合出现在自己现在和未来的作品之中。其实，他们可以推陈出新，继承发展设计。

未来的设计师必须尽可能地获取多源的知识和营养，以成就完美的设计。一个专业的设计师，要从设计项目研究的过程中一点一滴地积累，要学会分析设计行为，以实现最理想的设计。下列几点即是设计行为中我们需要重点关注的：

（1）在传统上设计遵循以心智惯性为导向的研究方向，因为我们对心智活动的实际运作不够了解，所以产生了困难。

（2）如果不能对概念设计语汇进行系统化的聚焦探讨，错误地将"纯粹"的主观价值观作为设计作品创造力的主要要素之一，则组织系统中主题设计构想训练会产生不良排斥。

（3）课程思维架构为保持"设计者自主性"的个性特色生活经验，促使学员先理清自己的设计概念（concept），才能和他人展开、分享综合性的讨论。

（4）为避免设计专注事物的单调均一化，设计师必须关注其他领域的发展前沿，同时也要丰富自己在设计前所要做的必要理论思考。

（5）"建筑以项目为导向"的认知，促使大部分建筑设计理论的探讨更聚焦于分析整体建筑设计。

3. 明确"目的、目标、方案"

（1）"目的"（goal）——要考虑"为什么"制作。

（2）"目标"（objectives）——为达目的，要考虑以"什么"为目标。

（3）"方案"（alternatives）——用具体的形态考虑"如何"制作。

在建筑设计的世界里，一方面要创造出一个把体现"共同目的"的不同意见的关系人的想法集中在一起的"闪光概念"，一般都是用"抽象"语言表达显现，用"语言进行抽象的思考"；另一方面，前期的构思不能替代建筑设计的评价对象，应该用设计图纸和模型表达"具体方案"的设计内容，用"用具体空间形态印象进行思考"。将"目的"与"方案"中的抽象叙事语言与具体的印象空间直接关联表达出来。

例如，以实现幸福人生为目标导向，需要成为健康的人、举行豪华婚礼、积累财富；需要购置好的房子，营造健康的建筑，购置或建造坚固的建筑和漂亮美观的建筑。这类建筑是可以让人早睡早起、保持营养均衡、锻炼身体的理想场所；满足日照、采光、通风好，使用环保绿色材料，无障碍设计；抗震结构、耐火结构、抗腐蚀；比例协调、色彩美丽、装修时尚等。当我们静心、仔细品味，就会发现"共同目的"的本质是"实现幸福"的生活体验（表4-3）。

表4-3[①]　建筑设计从设计"目的"到"方案"的系统结构关系表

| A ||||||||| 目的 | B |||||||||
|---|---|---|---|---|---|---|---|---|---|---|---|---|---|---|---|---|---|
| 成为幸福 ||||||||| | 建造好的建筑 |||||||||
| 成为健康 ||| 豪华婚礼 ||| 银行存款 ||| 目标 | 健康的建筑 ||| 坚固的建筑 ||| 漂亮的建筑 |||
| 1 | 2 | 3 | 1 | 2 | 3 | 1 | 2 | 3 | | 1 | 2 | 3 | 1 | 2 | 3 | 1 | 2 | 3 |
| 早起早睡 | 营养均衡 | 锻炼身体 | 恋爱 | 爱慕对方 | 婚姻登记 | 努力工作 | 开源节流 | 有效投资 | 方案 | 日照通风采光 | 绿色环保材料 | 无障碍设计全 | 抗震结构好 | 防火材料好 | 抗腐蚀性强 | 比例协调性好 | 色彩美丽宜人 | 装修舒适漂亮 |

建造建筑常常需要与建筑委托人、施工人员、社区居民、左邻右舍、地方政府相关部门的人员的沟通，并得到他们的理解与政策允许，在应对解决综合问题的最佳方案及实现路径的基础上，再以设计师的理想方案作为努力的目标。在初步完成设计方案之后，最重要的是要理解"什么最重要？"，即尽可能保持有"哲理"空间设计主题的"共同目的"。

## 第二节　建筑设计语言与方法

建筑设计首先是关注人自身而不是建筑物体。人本设计是指通过关注用户、围绕

---

① 参照：宫宇地一彦.建筑设计的构思方法——拓展设计思路［M］.马俊，李妍，译.北京：中国建筑工业出版社，2018：201.

用户需求和要求展开设计，通过运用人因学、工效学、可用性知识和技术让系统更加可用。这个方法提高了效率，增加了人的幸福满意程度，加强了可达性和可持续性，并且降低了使用中的可能对人的健康安全和性能产生的负面影响。建筑的功能、技术与艺术要素会直接作用于人的使用空间，因而存在着各种各样的空间形态语言，这也必须满足以人为本的原则。建筑设计同样是基于对用户、任务和环境的明确理解，建筑使用者或在地民众最好参与到整个建筑设计和开发过程中；建筑设计应以用户为中心进行评估驱动并不断优化设计方案，紧密结合时代发展的需求；设计团队应包括多学科领域技术人员，可容纳不同用户的观点与需求。

## 一、形态的基本要素与特征

### （一）形态的基本要素

#### 1. 形的概念

早在原始社会，人类就知道运用一些简单的几何形式设计建造建筑物（如圆形聚落布局、圆形茅草屋等），直到现代许多复杂的建筑也是通过简单几何形式的组合构成的。建筑的造型形态构成，是建筑设计不可或缺的重要内容。

形态构成是建筑原理中一个重要概念，它不仅包括建筑物的整体形状，还包括建筑物内部的空间布局、构造和材料等方面。形态构成是建筑设计中的一个重要环节，需要通过对建筑物的周边环境、文化背景、功能和使用需求等方面进行全面考量，才能设计出合理、实用、美观的建筑形态。

在进行形态构成的设计过程中，设计师需要运用一系列的设计手段和技术，如线条、色彩、光影、肌理和材料等，呈现出建筑独特的外观形态。同时，建筑师还需要考虑材料的选择、结构的安全性和施工的可行性等方面，以保证建筑物的实用性和经济性。建筑构成的材料、内部空间、外部形态、外部环境等各个层级，互相之间的局部和整体的关系、统筹关系、范例关系等构成形式即建筑的形态构成。建筑形态的构成直接影响着建筑物的外观和内部空间布局，也影响着建筑的使用和性能。

形态构成在近代工业的背景下，作为一门研究造型的设计的学问，曾被纳入包豪斯建筑学院的教学、研究和设计中。形态构成除受到现代艺术影响，还吸收了视觉性理学的研究成果，兼具艺术性与科学性的双重特征。

#### 2. 形的要素

任何形都是由点、线、面三大基本要素相互转化而来，这三大基本要素也是构成图形三维空间的基础。

（1）点

通常而言"点"只有位置，没有大小和形状。点可以用来表示一些具体的事物或抽象的概念，也可以表示颜色或光线的强度，而在空间中，点可以用于引导视线或强调某个元素。"点"的单向移动轨迹生成"线"，线的平行移动轨迹生成"面"，面的垂直移动轨迹生成"体"。他们之间通过特定的移动可以相互转化，面缩小变化成很小的面便可转化为点，长宽比的数值加大可以转换为线（图4-6）。

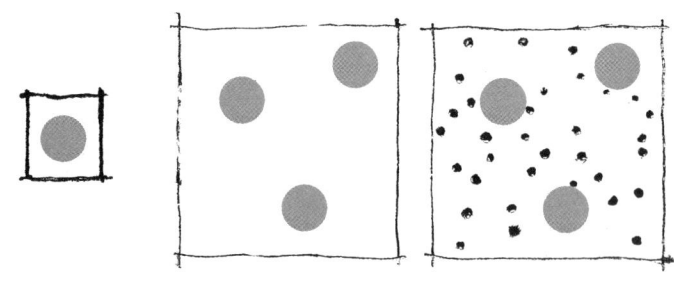

图4-6a① 点与面的转换

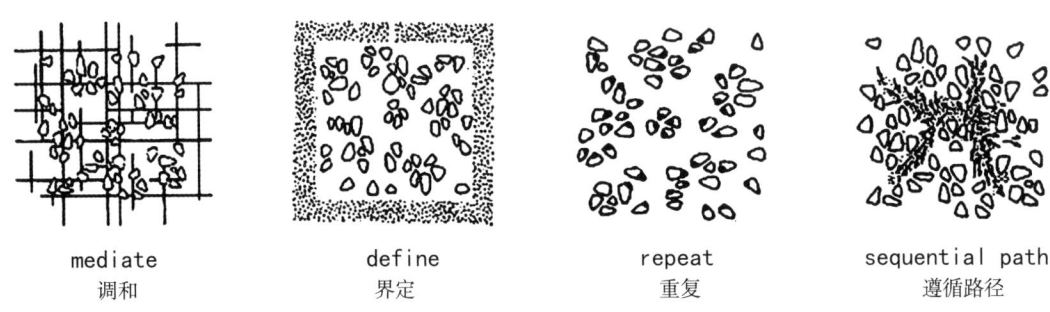

图4-6b 点的集合

（2）点、线、面

点、线、面的转化及其大小和空间中的比例不同，传递给人们的感受不同。空间构成是由许多垂直而又分离的面界定出来的，并向三个向度自由发展（图4-7）。

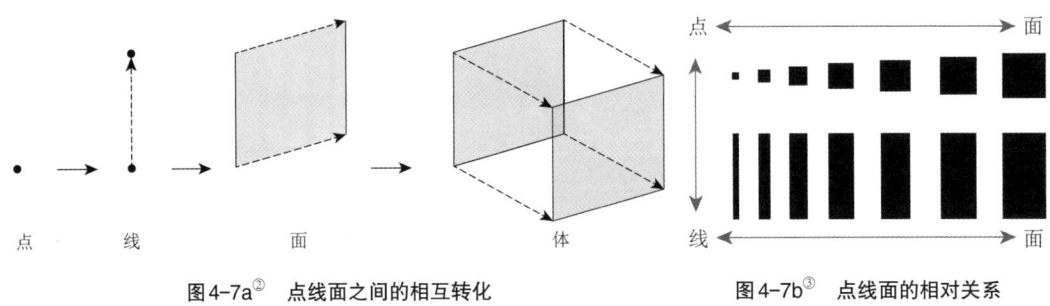

图4-7a② 点线面之间的相互转化　　图4-7b③ 点线面的相对关系

（3）块—线—面—体

"块"的单向移动轨迹生成"线材"，线材的平行移动轨迹生成"面材"，面材的垂

---

① 澎湃新闻.纪念｜"建筑关乎空间与文脉"，日本现代建筑大师槇文彦辞世［EB/OL］.（2024-06-12）［2024-09-14］. https://www.thepaper.cn/newsDetail_forward_27704685.
② 田学哲.建筑初步［M］.北京：中国建筑工业出版社，2003：194.
③ 田学哲.建筑初步［M］.北京：中国建筑工业出版社，2003：194.

直、水平移动轨迹生成"线化、面化"的体材，面化的体材的水平移动轨迹形成"体化"材质。他们之间通过特定轨迹的移动可以相互转化，面缩小变化成很小的体块便可转化为点（图4-8），长宽比的数值加大可以转换为线、面、体等（图4-9）。

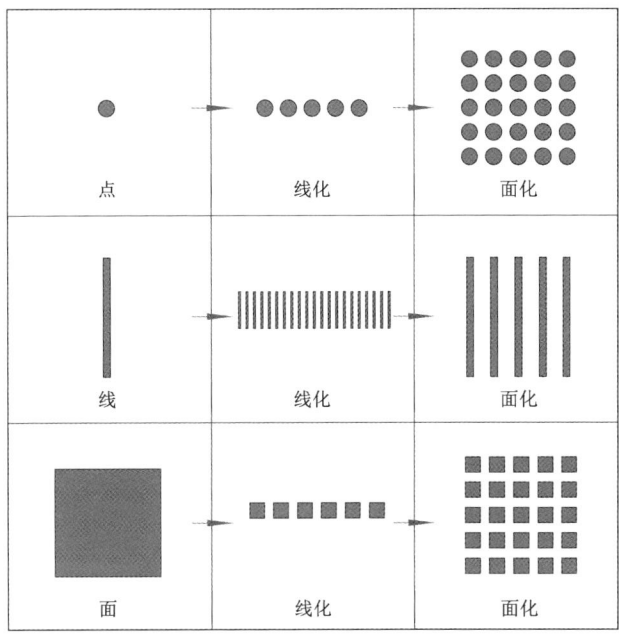

图4-8a[①]　二维点、线、面的相互转化

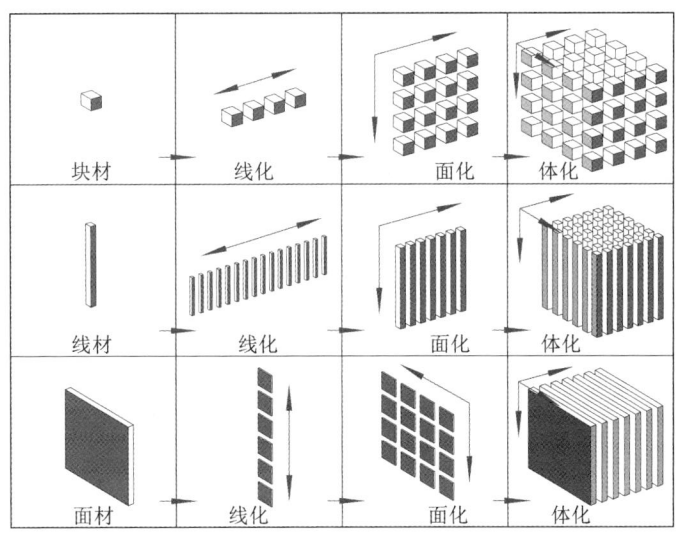

图4-8b[②]　二维点、线、面的相互转化

---

[①] 田学哲，郭逊.建筑初步［M］.北京：中国建筑工业出版社，2020：201.
[②] 田学哲，郭逊.建筑初步［M］.北京：中国建筑工业出版社，2020：201.

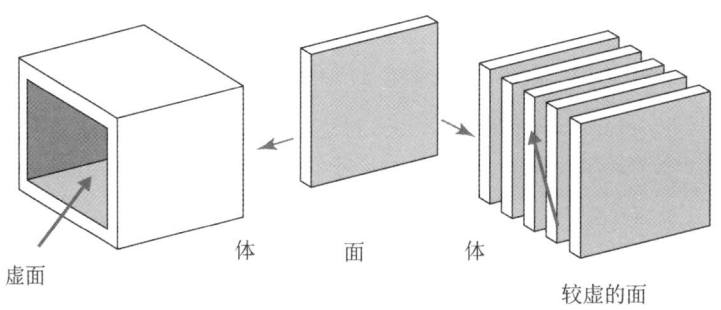

图 4-9① 虚面与虚体转换

"现代建筑中空间的产生与演变,也可以说就是从这个'墙的空间'向'水平板式空间'变化的过程。"② 如柯布西耶提出的多米诺(Domino)体系,通过上下两个面,强调水平面方向的自由(图4-10a)。如密斯设计的范斯沃斯住宅、巴塞罗那世博会德国馆,均在上下两个面板之间形成通透的"水平板式空间",通过采用风格派的平面构图关系配置墙板,使空间在水平透视上形成空间的层叠与虚实开合及动线的转换关系,并通过柱子的线与墙板面,产生节奏来整合建筑整体(图4-10b)。如路易斯·I.康设计的埃克塞特学院图书馆,有意削弱建筑转角的厚重感,让周边围绕的阅览室围绕建筑整体中心的共享中庭空间构成自然采光叙事主体,"假如密斯的出发点是古典砖石构造的形体,那么路易斯·I.康就是现代框架构造的形体"③(图4-11)。

(4)虚实体块的空间转换

较小的体块被视为点。众多点的聚集形成虚实与透明感不同的虚体,使我们的心理感受发生明显的变化。体块通常会给人结实、稳重、安定的心理感受,充实面围合的体呈现结实感,同样大小的虚空体给人以轻盈飘浮的强烈感受(图4-12)。

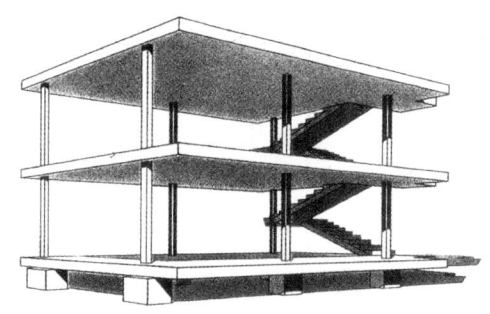

图4-10a④ 多米诺体系　　　　　图4-10b 巴塞罗那德国馆模型(密斯 设计　包立 绘)

---

① 田学哲,郭逊.建筑初步[M].北京:中国建筑工业出版社,2020:198.
② 原口秀昭.路易斯·I.康的空间构成[M].北京:中国建筑工业出版社,2021:12.
③ 原口秀昭.路易斯·I.康的空间构成[M].北京:中国建筑工业出版社,2021:12.
④ 剖面学社.【剖面文章】建筑的遗传与变异[EB/OL].(2019-01-07)[2024-09-14]. https://www.douban.com/note/ 702903154/?type=donate&_i=4999926wWHjM8S.

第四章　建筑设计的思维模式与表述策略 | 191

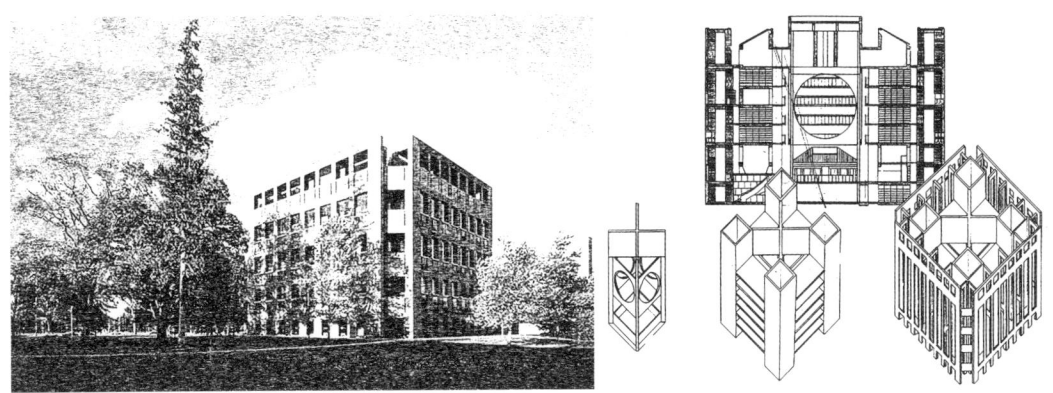

图 4-11[①]　埃克塞特大学图书馆（路易斯·康 设计）

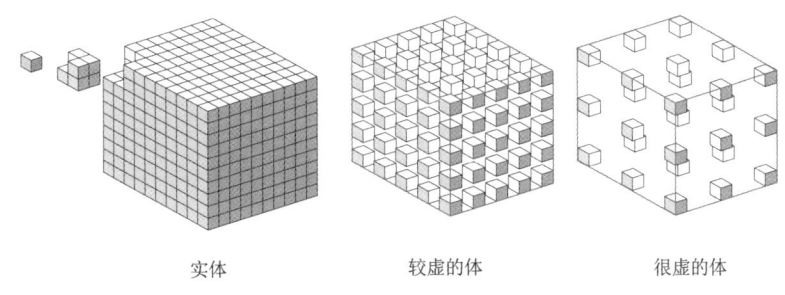

实体　　　　　较虚的体　　　　很虚的体

图 4-12[②]　虚实体块的转换

体块形成包裹空间。体块将空间明确分割为内、外空间，在空间中，对内而言其边角部相对完整闭合，才能形成相对完整的围合感与强烈的包裹感，对外而言其具有突出的存在感与空间充斥感。从外部空间形态意识出发的经典建筑，如埃及金字塔，其几乎为实心；而从内部空间意识考量的经典建筑，如罗马的万神庙，呈现出被塑造出的巨大的圆形内部空间，但这一突出的内部空间的表述却在外部设计表达时有意被消隐，让人形成强烈的反差与空间叙事的悬念效应。这两个经典案例，是"实""虚"体块两种空间不同表述类型的典型案例类型。与中国古典建筑木结构的内外空间形态相互渗透融合不同，西方建筑"实""虚"两种体块不同类型的融合，一直到密斯设计的巴塞罗那德国馆，将西方建筑的沉重墙"从空间中解放出来，才让（其）内外空间的表达获某种一致性"[③]（图 4-13）。

如赖特通过体块前后、左右、横竖三个方向的对比、堆叠与变化，利用场地特质设计的流水别墅（图 4-14）；黑川纪章（Kisho Kurokawa）在体块空间单体相对独立的堆叠与共生理念下设计的东京中银胶囊塔（图 4-15）；摩西·萨夫迪（Moshe Safdie）设计

---

① 临时建筑.路易·康系列8——菲利普斯埃克塞特学院图书馆［EB/OL］.（2022-07-16）［2024-09-14］. https://site.douban.com/300909/widget/notes/193970482/note/834723247/.
② 田学哲，郭逊.建筑初步［M］.北京：中国建筑工业出版社，2020：200.
③ 张嵩，史永高.建筑设计基础［M］.南京：东南大学出版社，2018：31.

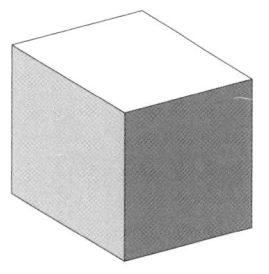 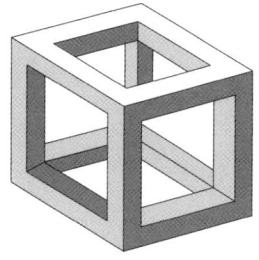 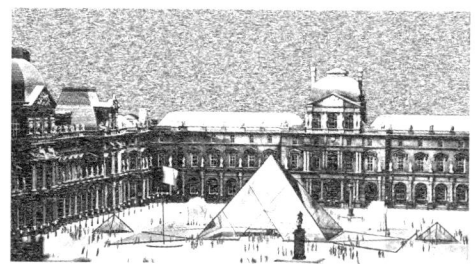

图4-13a① 实体与虚体　　　　　　　　图4-13b 卢浮宫的虚与实（谢璞 绘）

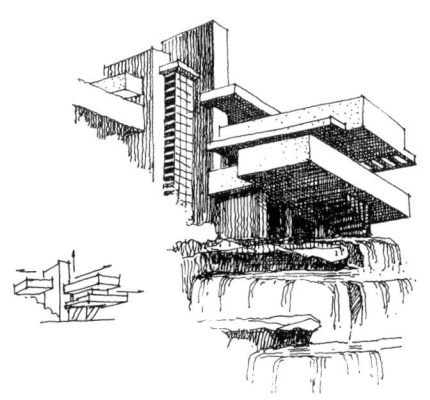 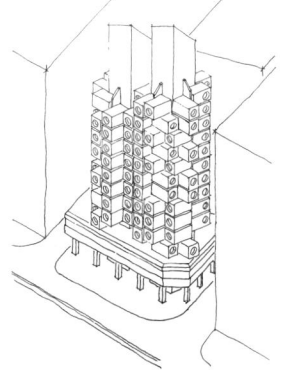 

图4-14② 流水别墅　　　图4-15 中银胶囊塔（魏子觏 绘）　　图4-16③ HABITAT 67号

的蒙特利尔实验住宅HABITAT 67号（图4-16）；赫曼·赫茨伯格设计的比希尔中心办公大楼（图4-17）；彼得·卒姆托（Peter Zumthor）通过松散与紧凑转换融合进一个完整的大盒子内部的设计，使得内部空间表现出外部空间感受特征的瓦尔斯温泉浴场（图4-18）；伦佐·皮亚诺、理查德·罗杰斯通过内外空间的翻转设计的巴黎蓬皮杜艺术中心（图4-19）；马特乌斯兄弟（Aires Mateus）设计的让"虚空"对体块产生积极影响的阿连特茹海岸之住宅（图4-20）；通过洞口与屋顶表现各自相对完整的内部空间，大卫·奇普菲尔德（David Chipperfield）设计的西溪湿地别墅（图4-21）；通过体量内部空间别有洞天独特性的挖掘，斯蒂文·霍尔（Steven Holl）设计的麻省理工学院（MIT）学员宿舍等典型案例（图4-22）。

　　线、面、体块限定空间的相互转换、叠加、延伸与演变，为我们带来了空间变换无穷无尽的可能，其变化中存在的微妙差异需要敏锐的直觉、丰富的空间推导与预测判断经验来感受。这种专业综合能力，可以通过模型制作与观察理解来获得快速有效提升。

---

① 田学哲，郭逊.建筑初步［M］.北京：中国建筑工业出版社，2020：203.
② 李延龄.建筑设计原理［M］.北京：中国建筑工业出版社，2020：117.
③ 李延龄.建筑设计原理［M］.北京：中国建筑工业出版社，2020：96.

图4-17① 比希尔中心大厦

图4-18 瓦尔斯温泉浴场(谢璞 绘)

图4-19 蓬皮杜艺术中心(谢璞 绘)

图4-20② 阿连特茹海岸住宅平面

图4-21③ 西溪湿地上的住宅

图4-22④ 麻省理工学院(MIT)学员宿舍

---

① 有方. 经典再读206 | 荷兰结构主义建筑杰作:中央管理保险公司大楼[EB/OL].(2023-11-20)[2024-09-14]. https://www.archiposition.com/items/172a5e9758.
② 筑龙学社. 葡萄牙阿连特茹海岸住宅[EB/OL].(2016-07-27)[2024-10-15]. https://bbs.zhulong.com/101010_group_201801/detail10136054/?louzhu=1.
③ David Chipperfield Architects. 西溪天堂·悦庄,杭州[EB/OL].(2017-08-23)[2024-09-14]. https://www.gooood.cn/xixi-wetland-estate-hangzhou-by-david-chipperfield-architects.htm.
④ 中国设计之窗. Steven Holl为麻省理工学院设计"多孔性"学员公寓[EB/OL].(2021-02-25)[2024-10-15]. http://www.333cn.com/shejizixun/202108/43497_410647.html.

**(二) 形态构成的特点**

(1) 自然界的构成带给我们对形态思考的无限灵感和启示，形态构成所要研究的"形"以及"形"的构成规律，是一切造型表达的基础。

(2) 突出尊重使用功能基本属性的构成。如工业设计中飞机、轮船、乘坐的车辆、使用的电器、穿戴的衣服的形态设计，由于运用范围的不同，形态构成研究的侧重点也有所不同。

(3) 强调符号构成的意义。如某些标志、品牌标识及装饰图案等构成类型，强调形态构成所产生的"引申"意义。

(4) 强调视幻觉的构成。凡是有体形设计的地方都有形态构成的影子，如某些图书装帧和广告设计。形态构成在建筑设计、视觉传达、环境设计、产品设计等许多方面扮演着重要角色。

(5) 强调构成的本质规律及其所产生的视觉美的构成。即关注形态构成中高度抽象的形与形的构造规律和美的形式。建筑设计的重要任务之一就是运用平面构成和立体构成的方法把这些要素组织起来，使它们符合形态构成的规律，创造美的建筑功能与形式。这是我们学习形态构成知识的目的。

**(三) 造型材质与审美**

自然界的"形"千变万化，其构成方式包罗万象，并非所有的形态都能引起我们的兴趣与审美共鸣。这就要求设计师一要研究形态构成的自身规律，二要找出符合审美要求的形态构成的原则。

**1. 形态构成的造型与材质**

无论人各自的审美取向如何，形态构成的规律总是客观存在的，需要发现、研究并利用其要点培养、提高我们的造型能力。

形态造型是指通过具体的材料、工艺和技术手段将设计意图转化为具体的物理形式，包括外形、结构、颜色、材质等多个方面。而形态造型构成是指这些方面的组合、配合和协调，以此形成一个整体的视觉效果和美感。

形态造型构成的要素包括外形、结构、材质、颜色、肌理等。

(1) 外形

建筑外形是建筑物的重要组成部分，也是建筑物形态构成的关键点之一。建筑外形不仅包括建筑物的整体形状，还包括建筑物的线条、比例、纹理、色彩、材质、外立面等方面的设计。建筑的整体形状和外部构成骨架，是最基本的构成要素，可以直接影响建筑的形象和美感。在进行建筑外形设计时，建筑师需要考虑建筑物的功能、使用需求、周边环境和文化背景等方面，以及建筑物的结构和施工要求等因素，来确定最终的外形设计方案。

(2) 结构

建筑结构是指建筑物的支撑和稳定系统，是整个建筑物的基础和骨架，是建筑内部的组成和连接方式，对于建筑的功能和性能有很大的影响，其美观和实用性同样重要。不同类型的建筑结构适用于不同的建筑形式和功能需求。一般要满足建筑自重、附加荷载、风荷载、地震荷载等方面的承重要求，保证建筑在荷载作用下不发生倾覆、滑移、翻转等现象，并要通过设计结构的几何形态和刚度来保证其稳定性；结构设计应控制成本，尽可能使用少的材料达到最佳的结构性能来保障其经济性；建筑结构在保证稳定和安全的前提下，应尽可能地满足建筑美学的要求；结构设计需要考虑施工过程中的可操作性和可有效控制的施工周期。

（3）材质

建筑所采用的材料种类和质量，对于建筑的质感和触感有直接的影响，同时材料的选择也需要考虑生态环保、施工便捷和成本控制等要素。常见的材质类型有石材、木材、砖、混凝土、玻璃、金属、瓷砖等。

石材：具有高度稳定性、耐久性和美观性，常用于建造建筑外墙、地板和装饰墙面等。如大理石、花岗岩、石灰岩等。

木材：绝大多数木材具有较低的密度和良好的可塑性，常用于建造屋顶、门窗、地板和装饰等。如松木、橡木、楠木、柚木、红木系列等。

砖：是一种常见的建筑材料，具有朴素的质感，良好的耐用性、抗风压性、隔热性和防火性能，是一种经济实用、环保可持续的建筑材料，在建筑、园林、道路等领域应用非常广泛。如可用于建造墙体、地面、天花板、暖炉、壁炉、窑炉等。根据用途和要求不同，砖可以分为多种类型，如普通砖、空心砖、隔音砖、保温砖、搪瓷砖等。

混凝土：是一种常用的建筑材料，由水泥、砂子、碎石骨料和水按一定比例混合而成，其中，水泥起着黏结剂的作用，砂子和骨料则起着填充和增强作用，水则是让混凝土成型的必要成分。混凝土具有高强度和耐久性，适合用于建造大型建筑物，如高楼大厦、桥梁等，并广泛应用于建筑物的结构，如外墙抹灰、地面铺装、道路等建设领域。

玻璃：透明性好，可以提供自然采光效果，常用于建造建筑外墙幕墙、天窗等。主要类型有单片玻璃、安全玻璃、夹层玻璃、低辐射玻璃等。

金属：具有高强度、耐腐蚀、可塑性好、宜加工成型等特点，适合用于建造支撑结构和装饰等。如铁、铜、铝合金、不锈钢等。

瓷砖：具有防水、抗污和易清洁等特点，适合用于建造卫生间、厨房、幕墙、泳池、花园等高湿度环境。

除了以上几种主要的材料外，其他的建筑材料还包括石膏、管道、有机材料、无机材料、绝缘材料等，不同材料之间的选择需要根据具体的建筑设计和用途进行考虑。

（4）颜色

建筑颜色在建筑设计中非常重要，建筑色彩的搭配和色调，可以直接影响建筑的外观、视觉效果、氛围、气质和用户的整体感受。此外，建筑所处的环境也是颜色选择的一个重要因素。其颜色的选择应该根据建筑物的用途、环境和文化背景等因素综合考虑，以达到最佳的视觉效果和空间感受。

（5）肌理

建筑肌理是指建筑表面的纹理、花纹和质感，对建筑的触觉和品质感觉产生很大的影响,是建筑物视觉上最直接的感受体验之一,其与外形和颜色的协调性很重要。建筑肌理的设计和运用可以有效地增加建筑物的视觉美感和立体感,营造出不同的空间氛围和文化背景。常见的建筑肌理包括木纹、石纹、纹理玻璃、金属纹等。

建筑肌理的设计需要考虑到材料的特性和使用环境,在建筑肌理的运用过程中需要注意其与整体建筑风格、色彩、材质的协调,以达到整体效果的完整统一。各个要素之间既互相联系又相互影响,建筑形态造型构成需要通过设计师的综合考虑和把握,从而达到视觉效果和美感最佳的效果。

2. 型的意识

建筑的"型",指多个部件的组合产生特定的功用,成为"物"的原型。建筑的"型",根据文化、技术、功能的差异可划分为不同的类型。它不仅体现在建筑适应自然环境的过程中,同时还可能意味着建筑师对社会、民俗、信仰和文化的各自理解与回应。建筑形态的组合被传承下来,成为某种特定的"建筑类型"与范式。其更为重要的核心不仅仅停留在外观上,而且还在由构件开合、变化、限定出的"空间"中。构件材料的性质、构件组合的结构形式与建造方式,产生另一些可界定的"结构或构造类型"。空间的特征与限定的要素之间关系的相互作用,建立起空间的魅力;对限定要素做出一定的简化,排除一些影响因素,使空间的呈现有规律可循;同时,能产生清晰的设计方法和丰富空间的体验性,让"型"的意识在空间设计中得以充分体现。

通过空间的形态闭合与开放,我们会发现限定空间要素的几何特征发挥着重要的作用。如果用几何特性来区分空间限定要素,我们可以将线性的横竖几何杆件划分调节空间。在三维空间里,线性构建的不同数量与组合方式,在不同方向上的延伸,暗示出不同的空间区域,这样形成的空间实体感最弱且开放度高。如石上纯也(Junya Ishigami)建筑设计事务所设计的神奈川工科大学的工坊空间,305根竖向几何杆件划分水平空间的多向性延伸(图4-23a)。

板块的围合构成空间明确的实体边界线,能够构建鲜明的空间围合感。但块面的大小、相互距离与位置关系,都会影响空间的围合感和闭合成度。神奈川工科大学KAIT工坊半户外广场,反向消除竖向几何杆件,用横向悬吊牵引曲线屋顶,用12毫米厚的钢板焊接的方式构建出非日常的屋顶(极度大跨距与极细薄),建筑内侧呈现出与空旷、开放的空间与工坊日常活动极度反差的对比,营造出室内外转换共生及地平线错视、具有丰富延伸、充满张力的半户外广场空间(图4-23b)。

3. 形态构成的审美

借鉴前人积累、总结的一些审美的经验原则时,我们需要了解、掌握其内容,同时也要认识到这些原则是变化的,随着社会与时代审美价值取向的不同,人们对形式的好恶也会有所迁移;另外,人的审美水平随着自身修养的提高在不同时期会发生变化。因此,要提高个人审美品位,积累个人体验,升华个人修养,灵活掌握审美的基本原则,最终提高审美能力,在纷繁的形态中做出敏锐的预判与正确的选择,这种能力是学习建

图4-23a[①]　KAIT工坊（石上纯也 设计）　　图4-23b[②]　KAIT工坊广场（石上纯也 设计）

筑设计语言与方法必须具备的基础。

建筑形态构成的审美问题主要是指建筑的形状、线条、比例和尺度等方面是否合乎审美的规律。建筑的形态构成应该是一种有机的整体，需要体现出建筑所要表达的意义和目的，同时还应该符合人们的审美观念，给人以美的感受。

建筑形态构成的审美问题是一个非常复杂的问题，需要考虑到多个因素。一个建筑物的长宽高比例、楼层高度、窗户大小等，都会影响人们对于建筑物的审美感受。比例和尺度的合理运用能够使建筑物更加协调和谐，让人们感到非常舒适和自然。

此外，建筑形态的线条组合能够决定建筑物的整体形态和风格。例如，直线、折线与曲线等不同类型的线条会给人带来不同的感受和氛围。

我们应该通过建筑学理论研究和不断的设计实践，提高自身对于建筑形态审美问题的认识和理解，以创造出更为优质、完美的建筑作品。

## 二、几何形的构成与空间叙事

建筑空间叙事方法是指使用有意义的故事来传达建筑空间的设计理念和目的。建筑空间设计的叙事方法是多种多样的，设计师可以根据建筑的定位和需求来选择适合的叙事方法，从而更好地传达建筑设计理念和目的。

### （一）要素系统与空间组织

1. 要素系统

在建筑语言的表述要素中，线的符号转换为杆件，面转化为房屋的板面与墙体，体块可转换为建筑物的内外空间。杆件、板面和体块三种要素可组合成非常丰富复杂的空间形态。从模型类型空间的表达视角，这可以看成是多个片段的组合或是通过一种整体的规则限定进行逻辑推演形成的结果，而这些被分解的素材就是我们所说的要素。这些要素，是通过一定限定条件下的逻辑推理方式组合在一起的，这种抽象的存在关系就是

---

① 中国美术报.艺术设计|任亚鹏：日本的"造物"与"造物空间"——以神奈川工科大学的KAIT工房为例［EB/OL］.（2017-01-20）［2024-10-15］. https://www.sohu.com/a/124837241_534797.
② 凤凰网家居.整个建筑屋顶有59个洞，却没一根柱子！［EB/OL］.（2021-03-17）［2024-10-15］. http://home.ifeng.com/c/84gUdOIiT5C.

我们所说的系统。就建筑的表述要素与系统类型而言，要素可以分为几何要素、构建要素和物件要素。

（1）几何要素

建筑构建要素主要表述在我们的心中最为直观、简化的主要空间呈现方式——"几何体"。其中具有清晰明确几何体特征的形体构件，称为"几何要素"。

（2）构件要素

构建要素在建筑中具有特殊结构特征或空间结构，在强调结构关系时，梁、柱、框架等表现出几何体要素在建筑力学关系中所受的限制，表现为相对独立的构建要素。如楼板、柱子与楼梯等，被认为是一组相对独立的构建要素，它们之间可以相互限定局部空间或被看成一种空间体量，当被单独抽离时，变成被认知的构建要素。它们具有形成特殊空间或结构的特征，同时又具有支撑结构与功能空间的作用。

如前面提到彼得·卒姆托在设计瓦尔斯浴场时发明的"T型空间"结构单元构件，其单元构件组之间保留了8 cm的缝隙，形成了其自然采光氛围的空间表述语言特征（图4-24）。

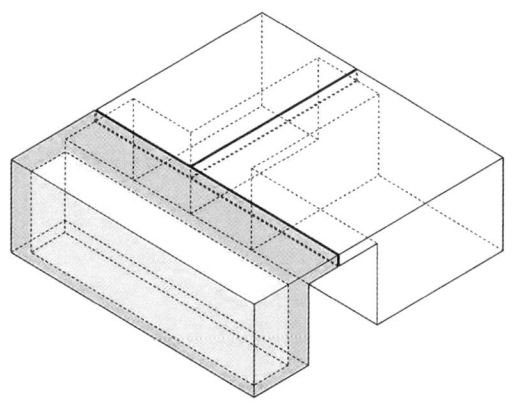

图4-24a　瓦尔斯浴场的结构单元　　　　图4-24b　瓦尔斯浴场的结构系统

（3）物件要素

物件要素是指被赋予材料的构建要素。可以分为两类。一类是具有真实尺度、通过材料构建的要素，如装配式建筑中的门窗、阳台整合一体的混凝土梁板整块建筑部件、金属梁等物件；另一类是使用不同材料制作的几何体（模型）要素，如泡沫板体块、卡纸、木板、ABS板、有机板、塑料等制作的杆件、板和体块。

点、线、面、体，按设定的一定条件和规律，有秩序地重组框架，构成了一种空间系统性的表述关系。如柯布西耶的多米诺体系便是一种经典的物件要素表述系统。

2．空间组织

空间组织是指观察分析要素与系统之间的关系及其呈现出的某种规律与组织模式。如通常借助轴线的重复和角度的变化，串联大小不等、形态各异的建筑体块与室内外虚实空间的构成原则（Constructivism）。

利用轴侧图解、模型和俯视视角，将构成原则引入三维空间的构成主义，就几何要素而言，强调几何形体、简洁的线条和明确的颜色，以及通过这些元素的变形、平移、转换等方式来表现空间和形式。

对构件要素而言，需要考虑力学要素的同时，会受到建筑体系的限制，如柯布西耶构图四个空间组织（图4-25）：

（1）自由体块的加法的拉罗歇·让纳雷别墅（Villa la Roche-Jeanneret）"如画的"构图形式；

（2）单元体块的凑整"塑造"或完整内部空间的挖减"雕琢"的斯坦因别墅（Villa Stein-de Monzie）；

（3）柱网融合加法体块的迦太基别墅（Villa Baizeau）；

（4）完整立方体包围自由加法体块的萨伏伊别墅（Villa Savoye）。

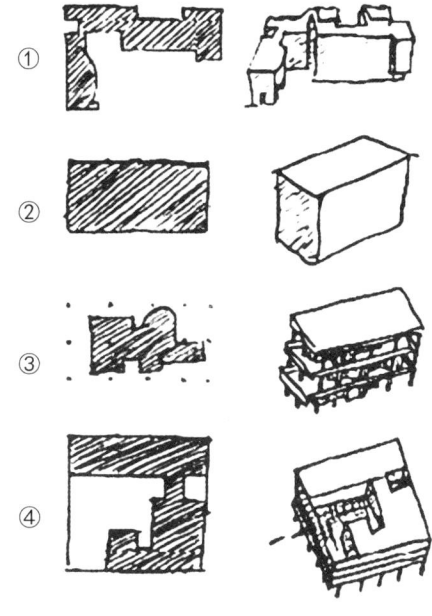

图4-25[①]　构图四则图解

前面我们讲述形的基本要素与造型特点。点、线、面和体等三维几何体，作为空间限定形态叙事要素，形成基本空间的认知。如在对几何体的探讨中，我们看到和使用的建筑空间是什么？它与几何体有着怎样的关系？几何体本体以外它们之间的空间有着怎样的关系？以上三者之间"型"的构成充当怎样的角色？几何体可以帮助我们快速有效地了解"型"的构成系统。

具体而言，有以下三点：

（1）建立要素与系统的概念，几何体作为代表性要素之一，它们之间形成的关系则表现为系统。

（2）廓清要素与系统之间的组织方法，两者之间是否具有某种互动规律，并进行主题"型"态空间的主体构成。

（3）让"型"态与空间叙事的内涵建立内在的联系，通过空间意象的训练，在建筑的抽象、具体问题和人的真实感受之间找到联系脉络，从而实现从构成主题走向建构营造。

我们可以探讨如何通过给定一个限定形态的物体（如正方形的盒子），训练激发学员设计一套自己构思的程序（Program），并形成一套可以操作的逻辑关系。

这里总结介绍七种空间组织策略：即杆件调节、板片限定、板片划分、体块占据、体块挖切、体块图底平衡、透明性等，清晰地呈现出杆件、板片与体块这三种空间限定

---

① 张嵩，史永高．建筑设计基础［M］．南京：东南大学出版社，2018：35．

要素，通过与之相适应的操作手法产生空间组织方法与程序，供大家借鉴学习。

3．空间意象

空间意象是具有叙述性的空间存在状态。意象的形成离不开一个国家、区域长期积累的历史文化产物，而正是因为这些历史文化，才能创造出特有的空间观。我们需要体验要素与系统通过特定的组织方式所形成的空间，并理解这一空间效果与要素、系统及组织方式的关系。

以包豪斯（Bauhaus）为代表的现代主义艺术设计，运用了形体的美学原理"统一和谐"；形体的基本属性原理"几何有机"；形体的构图原理"重复对称"；设计变形原理"扭曲压缩"等，在空间"型"的构成训练过程中，启示、帮助我们思考如何去观察及调整空间的意象。

具体而言，从以下两个层次来观察、记录、认知、研究与调整空间意象：

（1）对空间要素、系统或组织关系的描述、观察、记录，是最基本的一种认识。如果我们改变其中的某一几何体要素或构件要素的大小、比例、位置，会发现空间形态整体也随之相应发生变化。如在紫禁城太和殿的斗拱廊柱的皇家大材抬梁式结构形式，让空间显得威严高耸、雄伟宏大；而像苏州园林中的江南民居所使用的小材则使空间矮小，以小见大、开合自如、婉约怡人（图4-26）。

（2）更为抽象、本质的结构关系，比如中心、边缘、路径，是为空间感受进行定位的特殊部位，存在于人类共同感知的意识层面。就空间的系统性而言，空间意象还包括向心性、离心性等要素影响其效果的机制和概念，这是对空间更微妙的一种描述。

在满足拓扑几何学原理的各数据间的相互关系，即用结点、弧段和多边形所表示的实体之间的邻接、关联、包含和连通关系建立起的拓扑空间关系时，会产生强弱不同

图4-26a[①]　拙政园小沧浪水院

图4-26b[②]　苏州五洗马巷某宅书房庭院

---

[①] 刘敦桢.刘敦桢全集［M］.北京：中国建筑工业出版社，2007：316.
[②] 刘敦桢.刘敦桢全集［M］.北京：中国建筑工业出版社，2007：393.

的、微妙的不同张力。通常在类似的要素系统与组织方式基础之上，调整要素的相对尺寸、位置或密度，让整体空间产生不同需求下的张力，同时让空间之间具有拓扑关系。如奥斯卡·尼迈耶（Oscar Niemeyer）设计的巴西利亚国会大厦和SANAA设计的瑞士劳力士学习中心，各自通过半圆形几何体的"上下翻转"，及室内地面与吊顶"凸起"与"凹进"的区域产生了空间的离心性与向心性意象感受（图4-27）。

图4-27a[①]　巴西利亚国会大厦（奥斯卡·尼迈耶 设计）　　　图4-27b　瑞士劳力士学习中心（王雪薇 绘）

"型"要素系统与空间组织构成的训练，可根据设计主题概念或场地条件，预设一些规则，从不同的角度，对预想的几何"型"选择不同要素和系统来观察其形成的空间效果变化，并设法发挥主观能动性，用自己设定的规则调节要素与系统之间的关系观察形态的变化，并结合此变化发掘结构和功能性的可能性，挖掘"型"的要素与空间组织系统构成的潜能。

空间与造型是形式、功能、结构等多层次的综合关系，需关注要素系统、空间组织与系统性的叙事构思关系。

**（二）叙事构思**

**1. 逆向叙事构思**

逆向叙事，始于相反联想，终于反向求证。即把时空倒置，从相反的方向去产生联想以激发新方案的思维方法。是对人、事、物由今及古，由后再先，由近渐远进行空间叙述的方法。

如进入19世纪末的西方古典建筑装饰泛滥，阿道夫·卢斯(Adolf Loos)提出了"装饰既是罪恶"的反思。当现代主义以密斯的"纯净、简洁"在世界各地盛行，大量的"单调、乏味"建筑泛滥时，20世纪60年代，文丘里进行大量的逆向思考后提出"后现代建筑的隐喻和符号化"。建筑空间与装饰经历了"由繁到简、从无到有"螺旋式逆向叙事的发展过程，打破约定成俗的惯性思维和僵化思维模式，为空间叙事的方法创造扫清了障碍。

---

[①] 李延龄.建筑设计原理［M］.北京：中国建筑工业出版社，2020：117.

## （1）内外翻转

凤凰国际传媒中心，其建筑曲线的壳体应用了"莫比乌斯环"[1]内外翻转形态概念，转换为一条没有开头和结尾的延续的内外空间相互转化曲面。它将宏伟的中庭空间缠绕包裹。结构性的钢铁斜肋构架支撑着巨大的玻璃幕墙曲面与透明的玻璃幕帘组合，为室内带入充足的阳光（图4-28）。

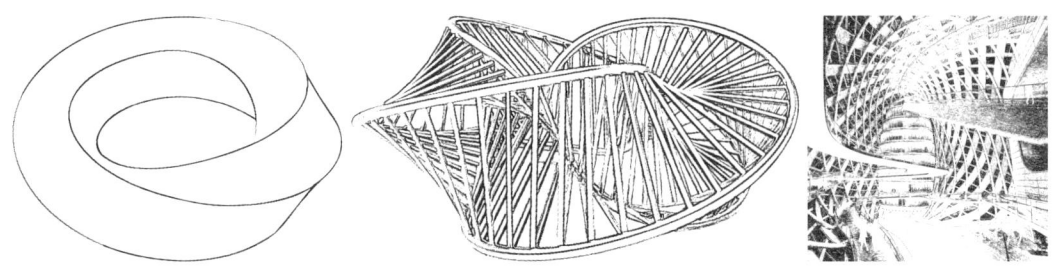

图4-28　莫比乌斯环空间结构的凤凰国际传媒中心（韩阳 绘）

## （2）上下倒置

安藤忠雄在淡路岛设计的"本福寺水御堂"将莲花池与佛寺的传统位置进行了"离经叛道"的上下空间互换，此叙事手法让静谧圣洁的莲花池体现出"步步生莲"的意境。体验者沿着莲花池中的台阶拾级而下，进入洗涤心灵的"宇宙"空间，回到让内心升华的时空原点（图4-29）。而"成都诚品书店"利用镜像，应用了上下倒置与空间重层，产生无限映射的魔幻书屋空间效果（图4-30）。

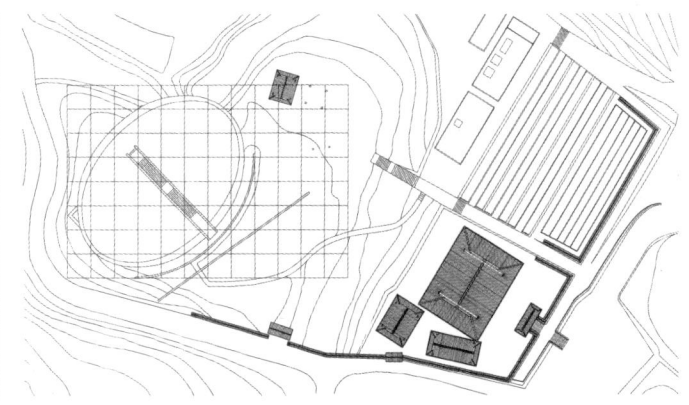

图4-29a[2]　本福寺水御堂　　图4-29b　本福寺水御堂平面图（安藤忠雄建筑事务所 绘）

---

[1] 莫比乌斯环由德国数学家莫比乌斯（Mobius，1790—1868）和约翰·李斯丁于1858年发现。就是把一根纸条扭转180°后，两头再黏接起来做成的纸带圈，具有魔术般的性质。
[2] Lens，安藤忠雄.安藤忠雄：建造属于自己的世界［M］.北京：中信出版集团，2018：236.

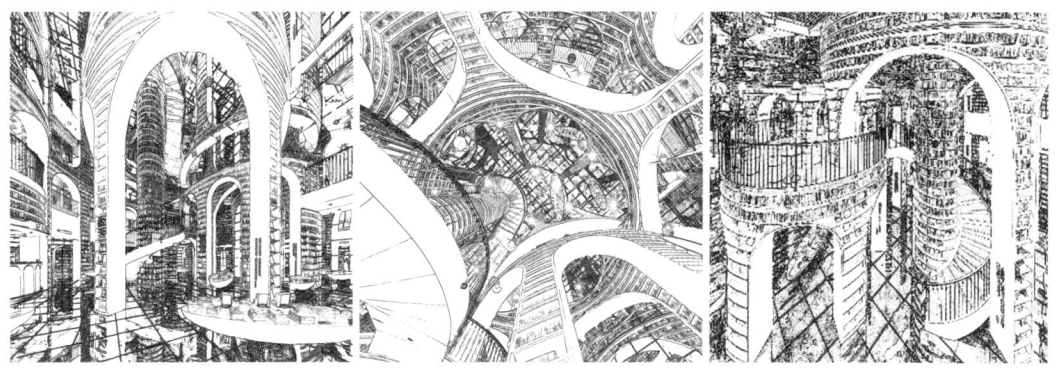

图 4-30　都江堰钟书阁书店（崔轲淞　绘）

（3）反常规构思

通过特意违反常识、常规，产生非同寻常的独特效果。如迈克尔·格雷夫斯（Michael Graves）设计的波特兰市政大楼，将建筑置于一栋两层楼的基础之上，使人联想到希腊式的经典三段式构成：基座—主体—顶部。此外，通过造型、颜色增添了建筑的象征意义（象征天空的蓝色造型，象征大地的绿色造型等），在视觉上将建筑与其所处的位置与场地环境紧密关联、融合在一起。波特兰市政大楼被普遍认为是第一座重要的后现代主义建筑作品。其纪念碑式的外立面上充满多种符号元素，与当时流行的功能性现代主义建筑形成鲜明的对比。格雷夫斯形容其为"一种象征性的姿态，代表着对重建建筑语言的努力，对不沦为现代主义同质化的尝试"（图 4-31）。

（4）功能反向

公共空间的私有领域主张。"公"与"私"之间的过渡空间是消除具有不同领域的属性割裂、鲜明划分，促进空间活力的关键。从管理层次上空间可公可私，但需保证在两方面都可进入，空间使用者将二元对立的空间，转化为任何"公与私"可日常使用的空间，并鼓励人们延伸个人的影响范围，来有效提升公共空间的质与量，空间功能适当反向，才能让空间的丰富性与人气释放出来。

如上海恒基旭辉天地中的里弄空间与近人尺度具有微空间特质，自然地将人带入悠闲缓适的弄堂生活状态中。设计团队收集了有关太阳能、风能、日照及其他与建筑和其周围环境有关的微气候的数据，并使用最新的微气候建模工具对这些数据进行了数字化深入分析。最终把这些数据用于选择适合每个立面花盆的确切条件和详细指标，如植物物种、朝向、海拔和花盆的大小。每个立面花盆内都有一个完整的灌溉系统，它被安置于覆盖层的顶层下，以确保水的有效利用，并减少蒸发。这些细节的相互渗透，释放出空间的丰富性与亲和力（图 4-32）。

巴黎蓬皮杜艺术中心，通过建筑表皮与内部功能、设备进行的内外功能翻转，实现了全新的建筑形态与展陈自由平面布局的新属性（图 4-33）。隈研吾设计的"M2 MAZDA"大楼将传统的希腊石柱样式进行空间符号形式夸张与柱内功能空间注入，使

204 | 建筑原理——空间叙事的方法

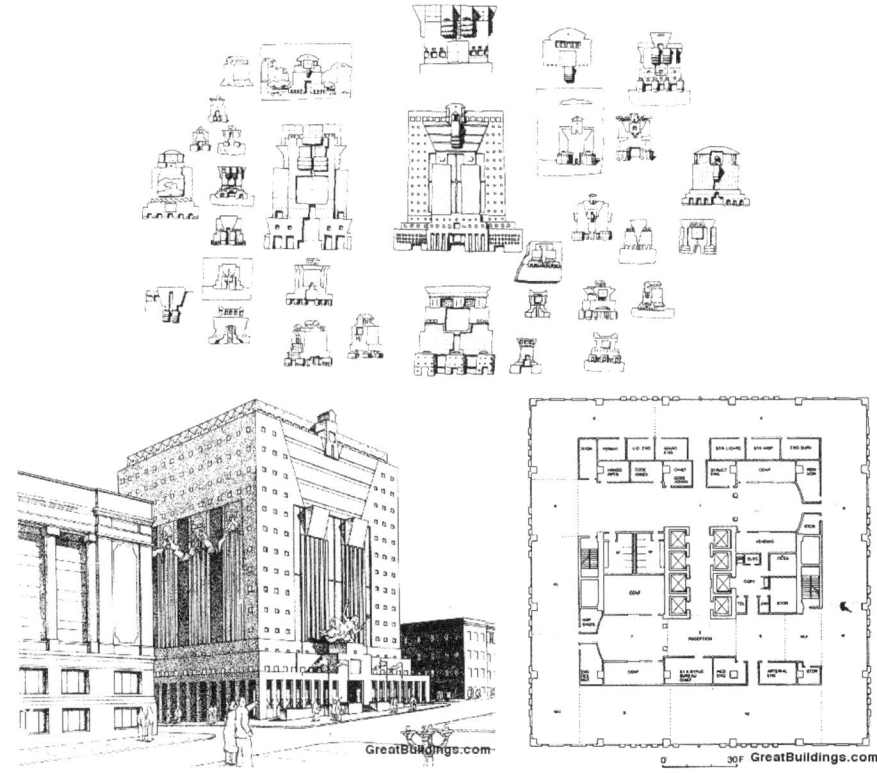

图4-31[①]　波特兰市政大楼（格雷夫斯 设计）

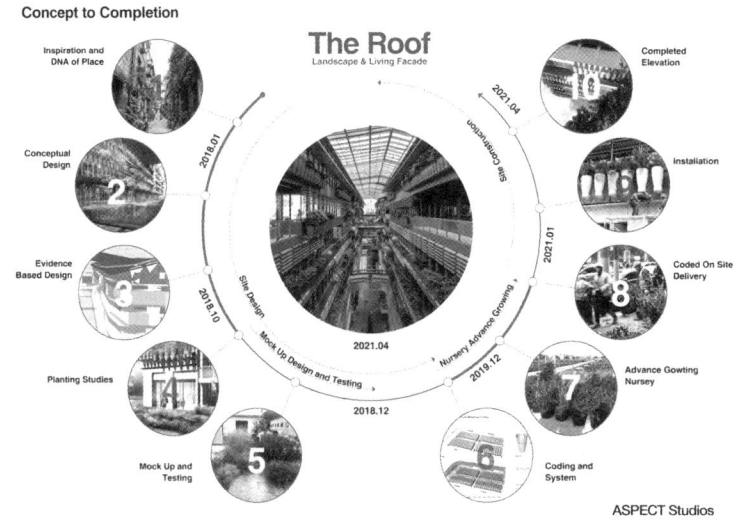

图4-32a[②]　恒基旭辉天地（让·努维尔 设计）

---

① 鹿灵兜兜.波特兰市政厅——迈克尔·格雷夫斯［EB/OL］.（2018-04-12）［2024-10-15］. https://bbs.zhulong.com/101010_group_678/detail32465854/?checkwx=1.
② A963设计网.上海-The Roof|一场大胆、生态、超群的城市自然盛宴［EB/OL］.（2021-06-24）［2024-10-15］. https://www.sohu.com/a/473852121_458131.

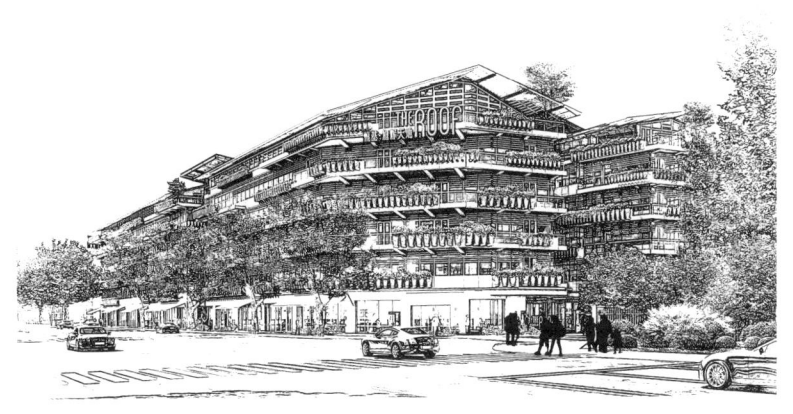

图4-32b  恒基旭辉天地（王雪薇 绘）　　　　　图4-32c  恒基旭辉天地（王雪薇 绘）

图4-33  蓬皮杜艺术中心（伦佐·皮亚诺 理查德·罗杰斯 设计  谢璞 绘）　　图4-34  M2 MAZDA大楼（隈研吾 设计  陈治方 绘）

"M2 MAZDA"产生了强烈的后现代建筑空间叙事语境（图4-34）。

**2. 对比空间叙事**

成都天府国际会议中心，被命名为"极致安静的水平线——天府之檐"，其最中间有微妙弧形凸起，寓意"开眼看世界"，如同整座建筑的眼睛。屋檐的设计灵感源自五台山佛光寺抬梁式结构，同时再现了川西平原民居屋檐下"摆龙门阵、慢节奏"的休闲活动场景，这与成都平原的城市景观形成积极互动的"历史与当代对话"的强烈对比空间叙事关系，让使用者能感知、体验到历史纵深和建筑空间的场所精神意象（图4-35）。

其"室内设计秉承'开门见山，推窗见田'的理念，起伏的顶面，寓意四川绵延的雪山；黄色软包与远山含翠的青色软包的墙面寓意着田野丰收；金属格栅采用了竹编手法，蜀绣勾勒了熊猫迁徙成都、定居成都平原的历史故事，展现了四川天府之国的美好场景"[①]。强烈的空间对比隐喻了蜀绣之丝线盈盈、技艺精细，表达出潜藏着朦胧诗意的、包含古今空间叙事历史对话的脉搏与语境。

---

① 天府发布.天府国际会议中心：成都的宏大叙事可以这样书写[EB/OL]．（2021-09-02）[2023-10-15]．https://m.thepaper.cn/newsDetail_forward_14325115．

  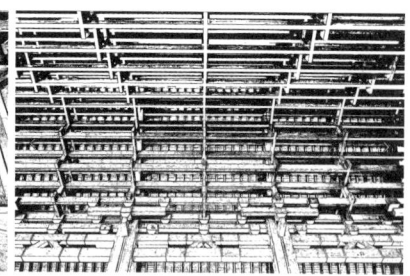

图4-35　成都天府国际会议中心（项楚洁 绘）

### (三) 建筑空间叙事方法

常见的建筑空间叙事方法有主题叙事法、空间叙事法、历史叙事法、材料叙事法、艺术叙事法。

1. 主题叙事法

在建筑中设置一个主题，通过建筑元素和设计风格来诠释这个主题的一种创作方法。通过空间中的主题情节、观者与使用者的主题趋向与空间的对话，以及其他元素来传达某一特定的主题或想法，可让人们更好地理解建筑的设计目的和主题理念，更直观地领悟到建筑所要表达的情感和思想，也可以增强空间的感染力和吸引力。设计师可以通过建筑空间体验过程，传递更深层次的信息和情感，使室内外空间形态更加生动、有趣和具有启迪性。

2. 空间叙事法

通过建筑的空间布局、形态、比例等因素构建的空间秩序主线、准确的视觉呈现、新颖的表现手段，让人们更好地理解建筑的设计思路、整体戏剧性的奇思妙想与有意义的空间布局，进行空间秩序的设计编排表达的一种创作方法。

3. 历史叙事法

通过建筑的历史背景、文化传承等因素的叙事情境空间来讲述不一样的故事，使人们更好地理解建筑的来龙去脉和发展进程的一种创作方法。通常通过将不同时代的建筑风格特征、建筑材料、地域文化融合到现代建筑设计当中去，这具有非常重要的文化历史价值和现实意义。

4. 材料叙事法

通过对建筑所使用的材料、颜色、质感和特性进行运用和把控，凸显艺术和文化表现效果，更好地实现对某建筑、建筑群特定的情感或故事的表达的一种创作方法。设计师通常会选择具有特定文化内涵、历史背景或者情感符号的材料，通过其质感、颜色、纹理等特性来传递一种与建筑空间联系在一起的特定情感或意义，让人们在其中产生共鸣和联想，从而增强建筑的文化内涵和格调。

5. 艺术叙事法

通过不同形式的表现手法和艺术叙事形式来传达故事或主题的一种创作方法，使人们更好地欣赏和理解建筑作为一种艺术表现形式的价值。常用的艺术叙事方法有颜色叙事法、符号叙事法、意象叙事法、声音叙事法、技巧叙事法等。

（1）颜色叙事法

颜色叙事法，是一种通过使用建筑室内外的颜色的选择和组合来传达情感、主题和意义的艺术叙事方法。在建筑作品中，颜色可以用来表达情感和主题，也可以用来增强建筑与环境的视觉效果和吸引力。颜色叙事法能够让观者更直观地感受到建筑与室内外空间所传达的情感和主题，也能够增强作品的视觉效果、吸引力推动潜在的辅助心理干预效应。如建筑大师路易斯·巴拉干（Luis Barragan）的作品使用不同的色彩来表现出建筑语境的不同情感和空间氛围。

（2）符号叙事法

符号叙事法，是一种通过使用符号和象征来传递表达信息和意义的故事情节、主题的艺术叙事方式。在符号叙事法中，一个符号通常会代表某种特定的意义或情感，是富有启发性和多义性的艺术叙述方式。通过使用特定符号，如在纪念碑上刻上相关符号，既能表述故事，也能传达历史的重要性。符号叙事法在文学、电影、绘画、建筑设计等艺术领域中广泛应用。

（3）意象叙事法

意象叙事法，是一种通过建筑空间与环境的构成，构建人与建筑环境的内在联系，吸引观者的注意力，并引起观者共鸣和内心的触动，通过建筑与空间环境传达信息和情感的叙事方式。设计师通常会先介绍建筑环境的时代背景，揭示建筑的最初设计理念，通过空间功能组织、动线联系来呈现建筑室内外空间的节奏、韵律、序幕、主体与高潮。这种空间意象叙事方式关注体验者内心感受，强调人的主观性和选择权，让体验者更深入地理解建筑的空间情境和历史时空的紧密联系，并产生情感上的感染与共鸣。

（4）声音叙事法

声音叙事法，是一种通过声音的选择和组合在建筑空间中传递、回荡与共鸣来传达意象、情感、多意的主题和空间隐在的象征意义的叙事方式。不同的声音在建筑环境中传递产生不同的含义和象征意义。如高音在不同形态的建筑中的漫反射，使人或紧张或兴奋或惊喜；低音则使人或压抑或紧张或危险；轻柔的声音则使人或温馨或安静或放松；尖锐的声音则或冷酷或残酷或危险。这些声音在不同建筑空间中的传递与漫反射，可以创造出具有不同主题和情感的空间体验。如朗香教堂就是营造一个声音的容器。声音叙事法能够让观者更直观地感受到建筑作品所传达的隐性情感和多意而丰富的主题，也能够增强建筑空间所营造的情感共鸣和吸引力。

（5）技巧叙事法

技巧叙事法，是一种通过特定的技巧来表现建筑空间主题或建筑与环境的故事，让体验者或使用者更容易理解、感受建筑的个性特色或风格的叙事方式。如使用建筑修辞手法和设计形态来表达室内外某一主题和情感。

技巧叙事法包括按照历史发展时间顺序设计安排建筑空间叙事表达的"时间线结

构"；通过内外空间的反转设置，让建筑作为意想不到的空间案首来吸引体验者注意力的"反转结构"；空间的排列顺序不按传统习惯顺序布置，而是通过倒置、插入等方式进行空间叙述的"非线性结构"；从空间使用者的心理、行为性格、信仰习俗等构思建筑空间的"个性化需求"；对建筑所在区域的场景、气氛、声音、味道等方面进行设计回应与观照的"感性表达"；使用民间民俗化的乡土建筑语言，使建筑材料和空间形态更加贴近"乡土气息"，让使用者倍感亲切、信任。

通过艺术叙事法，设计师能够更好地表达建筑与空间设定的主题，并将其传递给人们，让人能够在建筑设计作品中感受到设计师想要表达的情感和意义，并且真正沉浸在建筑之中，感受舒适和快乐的工作、生活。

综上所述，建筑空间设计的叙事方法是多种多样的，设计师可以根据建筑的定位和需求来选择适合的多种叙事途径，从而更好地传达建筑设计的语言与方法。

## 第三节　建筑表述的策略

研究建筑表述的有效策略可以帮助设计者更好地解决建筑设计问题，深化建筑学知识，推动建筑领域的发展。建筑研究应该强调理论研究和实证研究相融合，广泛开展合作交流活动，同时也应该注重创新性研究。只有多层次、多角度地探究，才能够更好地推进建筑学科的发展。

### 一、解释性历史表述与定性研究

#### （一）解释性历史表述

1. 关键要素

历史可能是最为古老的学科之一，它是一种独特的知识模式。解释是一个积极表达的过程，不管是搜集证据的寻证过程，还是评价、叙述，解释性研究的各个成分与阶段不是相互分离的，而是相互交织、同时进行的。如搜集特定时代的文字、小说、杂志、手札、书信、报纸、广告、照片、影像资料以及其他的学术性纪事，建立解释的基础。

解释性历史的研究者通过搜集复杂的社会现象中尽可能多的证据，对该现象做出解释。这需要寻找证据、评估证据，从证据中建立起整体可信的叙述。就一般意义而言，整个过程中的关键要素是解释（图4-36）。

2. 解释性历史叙述分析策略

如何叙述历史？历史是否生动可信？证明解释性历史叙述分析的有效性的前提是：所描写的事件都发生在历史时间的长河中，且具有历史性叙述自身的时间秩序。

（1）历史性叙述与分析

① 历史由叙述性语句构成思想。历史作品可以通过叙述性语句的方式实现立场与

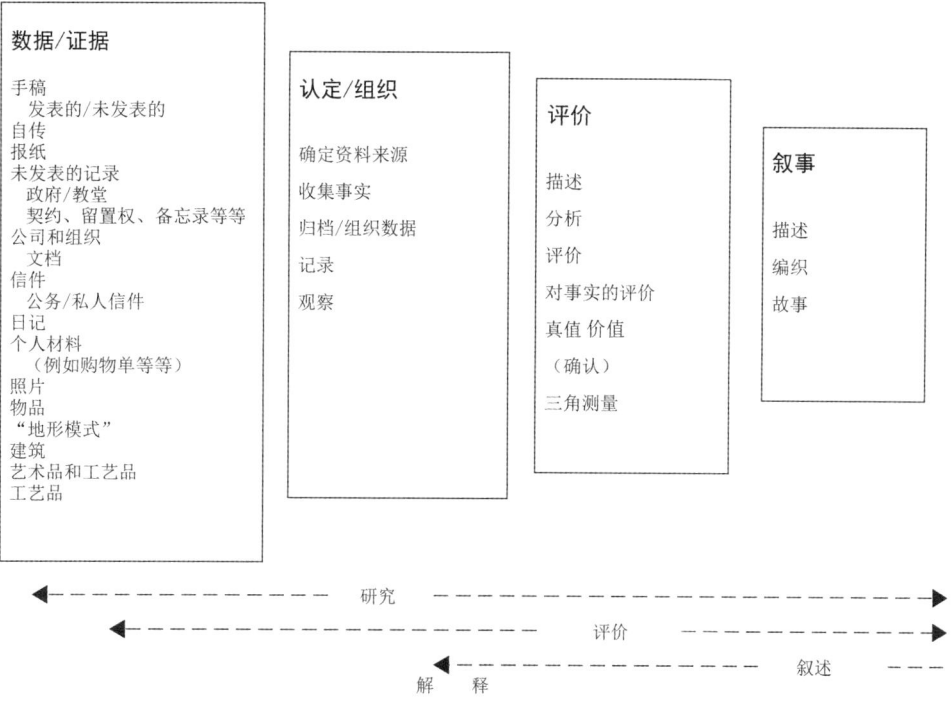

图 4-36　解释历史表述构成

思想的表达。

② 历史性叙述中的文学象征。文学风格给生活中的时间赋予了文化的意义，它可以为历史性的叙述提供"活的经验的有效性"的一种方法。

③ 通过想象力可以把过去的各种现象和考古证据，进行逻辑综合联系成一个连贯的整体，建立起综合想象力与创造力之间的趣味性联系。

④ 作为历史故事和历史想象，"叙述本身"并不具有保证准确可靠的功能。

（2）四个解释"镜头"策略

① 建筑设计中的因果"适用法则"。科学建立在发现控制自然现象的法则基础上并提炼出因果关系，使该现象可以预测。它是通过可检验的解释和对客观事物的形式、组织等进行预测得到的有序知识系统，是已经系统化和公式化了的知识。如从力学法则的角度，发现哥特式建筑的形式，我们可以将其解释为结构力量的理性表达。

用因果关系来思考用"科学方法"思考设计的历史。建筑的形式作为最终的结果是建造此理性过程的产物，其原因"风格不会因为流行的反复而改变……它的变化只是一个过程……而方法的逻辑性才意味着风格的进程。"[1]如古典建筑山墙造型的斜度，大都由两个要素决定，即雨水快速流掉，以防渗漏；房顶的瓦件要稳定、安全、坚固、隔热、耐用。

---

① Reyner Banham. Theory and Design in the First Machine Age: 2nd ed [M]. New York: Praeger, 1967: 24.

② 绝对精神的运动的历史视角。纵观人类文明的历史长河，一个伟大时代开始时，都存在一种新的精神，为我们提供了适应新时代的新介质与新工具，时代由于新的精神而生机勃勃。所有的文化"形式"（包括建筑）在时间中本质上具有不稳定性，伴随着科学技术与人类思想的进步，在文化系统内部的力量总是推动着新的理解与新的思潮。

绝对精神的运动体现历史还表现在，其具有特定时间中的风格统一性。在一个特定时间段中的建筑艺术作品看起来有很多相似性与统一性，如文艺复兴艺术、海派艺术，有其特殊历史时期的风格特征。这种变化随即在以物质文化为载体的形式上呈现出来，如我国宋代的《营造法式》具有文艺复兴与巴洛克建筑形式演进的内在逻辑。不同时代的公共精神以物质的形式表达时代特征，特定的形式符合一个特定的时代。

有代表性的、特殊的"个体的行动，他们是公共精神的代表并推动着公共精神的实现……历史人物，历史个体，就是抓住了这个更高精神法则的人，他们把它作为自己的目标，依照更高的精神法则实现了自己的目标"[①]。在建筑史上扮演类似角色的人，有编写《营造法式》的北宋建筑学家李诫，编著《园冶》的明末造园家计成，勒·柯布西耶、弗兰克·劳埃德·赖特、罗伯特·文丘里等。

③ 结构主义视角。结构主义企图探索一个文化意义是透过什么样的相互关系（也就是结构）被表达出来的。

第一，结构主义意义系统有其自身的组织特性，一个文化意义的产生与再创造是透过作为表意系统的各种实践、现象与活动，来找出一个文化中意义是如何被制造与再制造的深层结构。第二，词语与句子的组成部分（英文的拼写字母、汉字的笔画构成），只有处于和其他字母或汉字组成特定词语，或与其他类符号相联系的环境中才有意义或产生意境。这种语言表达文字记录系统构成了"语言文字"——该结构构成系统整体，而语言中的任何一个实例都叫作"言语"。语言与言语最小成分是音素，而音素自身不需要借助任何参照物，只取决于产生这个意义的人群的认同。

建筑作为一种广义的人类共同语言有着其深层的社会结构。是作为人类活动的建筑，作为应对气候的调节器与安全庇护的场所的建筑，作为文化象征的建筑，作为资源消耗者的建筑等形成的"结构"。可以肯定的是其思想是从内部结构导向中生成的，这一"结构"为整个历史过程的建筑形式提供了一个普遍评价方法的基础，同时也超越了任何特殊文化的局限，使得建筑文化艺术与社会系统产生了内在的共同联系。

④ 后结构主义视角。人们的思想与行为都是由表述的语言和符号系统塑造的，这挑战了传统现实主义与人文主义的观点，并提出了一种全新的思考方式。"后结构主义质疑存在价值本身，认为'真实'是'讲述'的副产品……'讲述'是类似思想交流的文化表现形式，分散到很多主题中，也依次保留在观察和默认方式中，结果就是一个意义定义了一个时代。文化形式的表现可以是一个时代文学、艺术或者信仰"[②]。文化的物

---

① G. W. F. Hegel. Reason in History [M], trans. R. S. Hartman. New York: The Liberal Arts Press. 1953: 38–39.
② 琳达·格鲁特，大卫·王.建筑学研究方法 [M].王晓梅，译.北京：机械工业出版社，2005：149.

质产品是更大范围中内在讲述构成的一部分，对建筑的褒贬与批评，同时应该是对社会文化和文化的评论。对历史时代的定义由简单而逐渐复杂的分析讲述构成，对该存在的理解最终定义了它。

（3）实证数据、组织、评价

建筑史研究关注的是组成环境的物质对象与使用建筑的人。对建筑的叙述，如果没有其他解释手段帮助，必须从政治、经济、文化、思想、社会、精神等综合类型中找到每一种有价值的信息，才能得出关于需要研究的问题的整体说明。

许多建筑已经被毁坏，失去了本来的面貌，若没有其他的解释手段帮助，如证据搜集、分析、评价、叙述，现实中的建筑实体通常只能展现很少的一部分。同时，在解释性历史研究中的数据收集、分析与评价的细节很多，各种建筑学研究设计的介绍性文字并不能完全彻底地讨论清楚并解决该问题。建筑方面观点的准确性，来自对它的真实价值进行的客观的评估和评价。

（4）评价分类

评价分类与处理证据的定义、组织、评价等的分类不同，评价分类将证据分为：决定性证据、语境性证据、推论性证据和记忆性证据。

① 决定性证据。准确的评价来自决定性证据，最重要的是使研究对象位于统一历史时空与情境中的证据，当然数据是决定性证据的一种类型；考古学的年代确定方法可以作为决定性证据；可以通过抓取大数据对照片证据进行实例分析。

② 语境性证据。在建筑学的研究中，建筑及其周边的环境要素会被放入研究对象的"语境"中去。

③ 推论性证据。在时间接近或理由被充分解释，或者经过其他逻辑演绎的情况下，一个命题很可能被认为和另一个命题有间接联系，但又很难找到直接的联系。

④ 记忆性证据。在解释性历史的研究过程中，访问的目的是回忆，并不是对事物的反应。通过回忆可以得到数据之类的决定性证据，并找出语境信息，被访问者描绘表述关于过去事件的推论，这个过程，具有天然的推理性。回忆性证据的正确性，很大程度上取决于被访问者是谁，他和研究对象的亲密、疏远关系，有多大的可信度，所表述的在多大程度上同时能用别的证据来证实。

（5）解释性历史表述技巧

① 熟悉原址。寻找与设计主题相关的第一手资料，获取田野考察记录，如手绘图、照片和三维扫描立体数据图形、精准测量数据和图纸等能够清楚且直观反映原址客观情况的事物。

② 有效利用现存文献。现存文献利用，是指通过对已有的文献资料进行分析、整理、归纳、总结等，来获取有用的信息和知识。现存文献利用是一种重要的获取知识和信息的方式，为我们的研究提供重要的参考资料。随着信息技术的发展，现存文献利用的方式也在不断地更新和改进。我们可以通过互联网、数字化图书馆、在线数据库等方式来获取大量的文献资料，这些资料可以帮助我们更加高效地研究和学习。

然而，一些客观问题和挑战也是存在的。首先，由于文献资料的数量庞大，其需要借助 AI 花费大量的时间和精力来筛选、整理和综合。其次，由于个性化、特殊来源的文献资料的真实性和可信度的差异性，其需要进行严格的鉴别和评估。

③ 视觉观察。在历史的长河中，每一个文物、遗址、建筑都是历史的见证，都蕴含着无穷的历史信息和文化内涵。我们可以通过观察历史文物、文化遗址、典型建筑等物质文化遗产，来了解历史事件、社会制度、文化传承等方面的知识。其观察方式可以让我们更加直观地感受历史，深入了解历史的背景和内涵。

需要注重细节即仔细观察每一个历史文物、文化遗址、典型建筑的特点和历史背景。同时，需要了解相关的历史知识和文化背景，才能更好地理解这些物质文化遗产所蕴含的历史信息。

④ 实物证据与重现证明。它是指通过物品、文物等实物来解释历史事件、文化背景等。这些实物可以是建筑、器物、书籍、绘画等，它们不仅是历史的见证者，更是历史的记录者。通过实物证据，我们可以更加深入地了解历史，感受历史价值的魅力。

重现证明是指通过对历史事件、建筑等的再现和解释，来证明历史的真实性和可信度。这种方法已经成为一种重要的研究路径，它可以帮助我们更加深入地理解历史事件和建筑遗迹的背景、原因和影响，从而更好地认识历史建筑的发展和演变规律。

⑤ 类型比较。它是一种历史研究的类型，主要关注历史事件的原因和影响，强调历史事件的背景和环境，以及社会学、经济学、政治学、文化、历史事件等对社会、政治、文化、建筑风格等的影响。通过这些方法，我们可以更深入地了解历史事件的背景和影响，从而更好地解释在历史事件中建筑作为载体的价值和意义。

⑥ 有效利用当地的知识与信息提供者。这种方法强调历史的在地性和个性化，使得历史更加生动鲜活。当地的信息提供者可以是当地的居民、历史学家、博物馆工作人员等，他们可以提供关于当地历史的详细信息和故事。而知识则是指历史学家、考古学家等专业人士所提供的学术知识。通过这些信息提供者和知识，解释性历史可以更加全面地呈现历史事件和人物的真实面貌，强调历史的重要性和意义。例如，可以指出历史对于我们了解过去、认识现在、展望未来的重要性，同时也可以强调历史的多样性和复杂性，让体验者更加深入地理解解释性历史表述的本质和意义。

⑦ 重现与证明。重现的结果建立在视觉观察和正确有效的演绎基础上，重演其实施过程加以证明。

⑧ 遗留问题的说明。是指通过对历史事件、人物、文化、建筑等进行解释和分析，揭示历史的真相和本质。它对于解决遗留问题具有重要的作用。通过对历史进行解释和分析，可以深入了解遗留问题的根源和发展过程，为解决这些问题提供重要的参考和借鉴。同时，解释性历史也可以帮助我们更好地认识历史，增强历史意识和文化自信。

（6）优缺点分析

历史研究的重点是从过去得到当时的情境证据，并进行总结性的介绍。从认识论观点的策略而言，就像我们观看和解释过去情况的镜头，只有储存了足够证据的量变积累，才能知道可以做出各种不同的有效判断；经过深入调查并且得到充分证明的报告可以被证明是记述了一件可以作为整体历史世界一部分的事件，从技巧上说，这意味着发展论据、组织论据和分析论据是，解释性地发挥主观能动性的想象。但我们又要恰当地把握其分水岭，不能让其发展成虚构。我们应用人类的想象力来证明和运用特殊的技巧来研究解释对象。从方法论的策略上架构起一个故事完整、可信的解释性历史建筑的叙事结构。

从策略上看，解释性历史表述是描述过去事件的叙述性解释如何构成的唯一途径，解释性历史研究所提供的叙事性构建方法值得借鉴。从方法路径上看，解释性历史表述提供了"进入"过去事件或情境环境的途径，包括原址熟悉、调研访谈、文献考古资料以及策略、方法和定性研究之间的协调融合，历史性叙述必须合理地安置在"整体历史性世界"之中。

### （二）定性研究

定性研究包括多种方法，其中包括针对主题的解释性自然主义方法。这表示定性研究者在研究对象的自然状态下进行研究，试图根据人们带给他的意义来解释，或者搞清楚研究对象。定性研究还包括对各种经验性材料进行有计划地收集和应用。

#### 1. 定性研究的一般特性策略

定性研究的主要方法是主题性地解释自然主义的方法，研究者是在研究对象的自然状态下展开的，其目的为试图根据人们带给它们的意义来解释、廓清研究对象。定性研究还包括对各种经验性材料进行有计划地收集和应用。

定性研究一般特性的四个核心要素：强调自然环境；强调解释和意义；关注使用者解释自身环境的理由；多重技巧的应用。

（1）强调自然环境。自然环境是人类赖以生存的基础，对人类有着举足轻重的影响。首先，自然环境提供了我们所需的清洁空气、水源和食物。其次，自然环境的景观美丽壮观，能够带给人们心灵的愉悦和放松。无法想象我们的日常生活研究对象"建筑"及其周边环境，从自然环境中脱离出来。对基地周边环境现状的定性调研，并不需要改变客观环境来进行。

（2）强调解释和意义。不仅要把研究对象建立在观察者与访问者的经验实体上，作为诠释与解释者说明、解说数据时扮演的角色，还要对各种经验性的材料进行有计划、有步骤地收集、解释，为应用实践和评价带来参照基础。

（3）关注使用者解释自身环境的理由。对研究环境进行整体性描绘，决策者和使用者双方解释他们的观点、主张，阐明设计过程中要解决的聚焦核心问题在整体过程中与关键要素的明确关系，提出解决问题的方法时，对此进行关注。

（4）应用多重技巧。指为一个具体情境中的问题提出解决方法，这个过程由紧密联系在一起的一系列具体实践构成。如由调查管理问卷、面对面访谈、专业日记、照片、影像资料、草图图解、建筑与环境的实际现状、组合设计等构成的多重技巧研究。

定性研究的其他策略特点：对被研究环境认识的全面、系统、总括整体性；生活情境集中或实地研究长期的联系性；相对于其他策略在理论概念与研究设计表现上更加突出的开放性。相对而言定性研究很少使用既有的标准化的测量标准与方法（如调查问卷），其要点是作为定向测量装置的研究者；其规避描述性的数据测量和可以推论的统计方法，而主要通过语言分析模式进行；其非正式的写作风格，可以通过拉近作者与读者之间的距离呈现出来。

**2. 设计指向的解释性方法**

目的在于训练我们与环境感知之间的直接经验，尽可能避开某个抽象概念还原设计的主观概念设计方法。围绕设计活动的核心源泉——找到体验主体与被体验环境之间原始统一性原点。

（1）在自己的记忆里找出一个典型的记忆犹新的地方，描写出在那里如何获取准确的"场所感"。

（2）在看过自己熟悉或曾经生活过地点的地图之后，用图文描绘出该地方的特征，再为该地点设计一个适合的介入物。

（3）选择一个具有代表性的城市打卡街区（如上海人民广场、陆家嘴CBD、衡山路、田子坊、外滩、朱家角、乌镇等），通过现场考察，如漫步、吃饭、购物、参观、观展、单车骑行、徒步、访谈了解、调研问卷等；用自由形式的形式，参照调研收集资料（图文、照片、地图），画出整个地点的地界、中心、街道节点、区域等。

（4）寻找、辨识其不和谐的地方，增加具有"场所感"的介入物优化。

**3. 定性研究的策略**

（1）整体性。定性研究本质的目的是获得一个关于研究环境对象全面的、整体的、系统的认识。

（2）长期稳定的联系。通过一个典型性的生活情境集中或长期的联系开展的实地研究。

（3）语言分析。其主要分析模式是通过语言描述，或可视化演示或者叙述的形式进行，很少使用工程技术手段的测量方法。

（4）开放性。呈现出定性研究可以回避客观的、可知的现实概念的特性，在设计概念和研究上表现出更多的开放性、包容性、创新性。

（5）测量装置。很少使用标准化的数据测量和统计学的推论方法，如调查问卷就是量身定制的"测量装置"。

（6）非正式的个性化风格。如拉近设计师与客户距离的非正式的写作风格、图解表达、活动交流，彰显与实验性研究或标准研究期刊格式化不同的体验内容与形式构成。

**4. 三种定性方法**

（1）生成型理论。在没有任何预设概念和看法的状态下现场考察，让场景自身运行代表性数据来决定调研、推导判断，在数据基础上得到或推导出一个类型理论，提升洞察力，增进对事物本身的理解。这一类型理论一旦成立，便可检查同类型生成的理论，为设计依据提供有益的指导。

（2）人类文化学。主要是对一个特定的情景进行充分、完整的描述，以此为依托进一步证明该情景是人性的合理性存在。人类文化学强调研究者必须深入一个特定的文化环境中来探知如何从生活在其中的人的角度解释他们的处境，以及行为的意义与功能。

（3）解释主义。定性主义的目标是"从生活在复杂世界中的人的角度去理解这个由鲜活的经历组成的世界"。[1]其遵循现象学传统的原则，试图将科学与文献通过历史性叙述文献"编织"，试图为人类的主观经验发展出一个客观的解释科学，研究者为其研究意义的解释过程构建起解读路径，结合人类文化方法论和现象学的方法，融入解释主义之中。

## 二、相关性表述和实验性与准实验性表述

### （一）相关性表述

1. 总体特征

（1）注重自然发生的形式。具体而言是指廓清物理形式或情景（物理特征、人的、行为的，或者是意义的），以及影响着社会和物理因素之间互动的、特性范围的自然"变量"。

（2）特定变量的测量。利用特殊的观察技巧，测量注重自然发生的模式，包含复杂的决策过程。如使用不同精度的测量所包含的不同意义，可以完整地测量人数和其特定行为。一般可分为分类测量（如人活动的状态类型、交通工具类型）、区间尺度（一个测量值与其他测量值之间精确的距离）和比例尺度。在此基础上采用合理的数据收集工具和适合的数量分析模式。

（3）运用统计学的方法阐明相关联系。即应用统计学的方法描述变量之间的关系。如步行行为、社会互动和认同感等物理特性的变量统计社区归属感的相关联系。

2. 相关性研究的策略与方法

（1）关联研究。注重变量关系的自然性与预测力。如在高速公路事故多发地段安置警示牌，预防同类事故的频繁发生。

美国的研究者通过大量数据结合建筑类型和场所规划的各种不同形式，有可能"精确地表明哪里是建筑物最危险的区域，也可以比较不同的建筑类型和项目布局之中犯罪率的不同"。[2]按此思路可以最终构建一个"可防御空间"理论，并为建筑和环境设计所借鉴。

（2）因果比较研究。研究前提是我们需选择出人或者物理环境可比的小组要素，搜集各种相关变量的数据，寻找一个变量（或者一系列变量）的决定因素，以便得到一个测定的结果。由于因果比较研究依赖于自然发生的变量，所以我们必须为研究样本建立

---

[1] Schwandt T. Qualitative inquiry: A dictionary of terms［M］. Calif: Sage Publications, 1998: 221.
[2] Newman O. Defensible space：Crime prevention through urban design［M］. New Youk: Macmillan, 1972: xiv.

起本质上尽可能等值的可比性信息。

在这里，需要说明的是因果比较研究只能指出可能的因果关系，而不能以实验性研究那样非常严格的标准得到原因。

（3）调查收集数据与观察方法。在相关性研究运用的各种数据收集的方法中，调查问卷就属于数据收集方法当中常用的形式，它可以帮助我们覆盖大量的数据，如人口学、统计学、行为习惯等方面的数据，使我们短时间内获取大量人群的主题意见和态度，从而使信息宽度达到一定的数量。如要获取深度数据，我们通常会通过一个定性研究的策略来达成信息的深入理解目标。所以设计调查问卷必须考虑的主要问题有目的、回答模式、清楚定位、问题顺序、格式、指导、道德伦理等（表4-4）。

表 4-4[①]  设计调查问卷时必须考虑的问题

| 一般性问题 | 新城市主义研究的例子 |
| --- | --- |
| 1. 目的<br>解决研究的主题<br>阐明每一个问题的目的 | 主题：<br>总体的社区感<br>4个社区元素（地域、人口、组织、文化）<br>人口统计学元素 |
| 2. 回答模式<br>比较封闭和开放格式的优劣 | 社区的封闭测试分值（1—5）<br>人口统计学问题综合使用封闭式和开放式测试 |
| 3. 清楚的定位问题<br>使用短句<br>避免在一个问题中出现两个疑问<br>避免出现否定性问题（不、从不）<br>避免使用模糊的词语<br>避免使用胁迫性语言 | 参考其他优秀的研究和回答样例，检查调查问卷设计<br>参考被调查者意见修改问卷 |
| 4. 问题顺序<br>按照主题逻辑顺序<br>从有趣的、平和的问题开始<br>不要把重要的问题放在一打问卷最后 | 调查从社区感的问题开始<br>最后是整页的人口统计学问题 |
| 5. 格式<br>使用简洁诱人的图形<br>避免突兀而浮华的设计 | 简单易懂的图表<br>虽然长，但不显得很多 |
| 6. 指示<br>解释调查的原因和背景<br>告诉被调查者应该做什么<br>告诉被调查者应该在哪里翻页 | 提供了介绍<br>调查是人工递送的<br>承诺有反馈信 |
| 7. 道德伦理<br>说明为个人的回答保密的规定 | 申明保密<br>调查结果呈交"道德伦理"主题检查委员会 |

---

① 琳达·格鲁特，大卫·王.建筑学研究方法［M］.王晓梅，译.北京：机械工业出版社，2005：221.

在准备实施具有相关性的某个系统观察实践计划，用到一些关键性要素与评价方法和步骤时，需要提出以下问题：

① 所选择的研究场所或基地，是否可以找到我们需要的信息目标？
② 是否可以有效地利用该场所？
③ 在怎样的限制条件下开展观察？
④ 连续在一个固定场所，还是建立一个采样方案？
⑤ 观察频率是每年、每季、每月、每周、每天、每小时，还是采取其他的时间段？
⑥ 观察对象是否有不确定性？
⑦ 当观察的连续性出现问题时，应该如何提前进行训练？
⑧ 是否可以持续关注或测量统计观察对象？
⑨ 研究者的介入，会对情境造成怎样的影响？
⑩ 观察的目的是否和情境相符，还是进一步发展它们？[1]

（4）绘制地图与分类档案。关于绘制地图，凯文·林奇的《城市形象》的研究发现如下：① 研究对象三个城市的两种地图存在着高度的相关性；② 城市特征的普遍五种类型（路径、边缘、节点、地标、区域），在其不同的三个城市中均被描绘出来；③ 每个城市中其类型引起意象象征的密度又各不相同。

地图还可以用作构建设计指导方针的基础。如安妮·拉斯克（Anne Lusk）的自行车林荫道的研究有如下发现：① 发现地图可以用作构建设计指导方针的重要基础；② 发现全美国民众承认的具有美学质量的六条典型林荫道（两条城市、两条乡村、两条"铁路变道路"）沿线各个"目的地"之间2英里（约3.2公里）的距离与频率；③ 发现这些目标点汇聚了各种有趣的因素（一个可供休息的阴凉谷地，独特的山岭风景，能看到奶牛的风景，一个足够大的路边停车带，可以和其他人交流的场所）；④ 发现其研究对象与其他被研究的林荫道之间存在关联性（表4-5）。

表4-5 拉斯克林荫道研究的标识提示 [2]

| 自行车道　林荫道 |
| --- |
| 　　该项开创性的调查是由密歇根大学进行的，主要用于一篇证明地点具有吸引力以及它们在多功能小径中的特性的博士论文。我们很希望您能帮助我们识别这些目的地点，并且列出喜欢此地点的原因。请使用本次调查的不干胶标签，在6种调查技巧里，使用不干胶标签似乎是最有效的方法。<br>　　首先，按照下面对标签的标注，在地图上适当的位置安放标签。您不一定要使用所有种类的标签。可以按照您的愿望使用或多或少的种类。<br>　　第二，目的地除了用大星星标示以外，还请描述地区或者是特征来帮助确定目的地。并且，请您用顺序标号来表示喜欢的程度，1#是最喜欢的地方。目的地的多少随您而定。<br>　　第三，在另一张纸上，请您列出在地图上标出的目的地，从1#开始按号数顺序列出。在每一个目的地下面，请列出该目的地受欢迎的特性并用记号标出每个地点的前面三四个特征。|

---

[1] 琳达·格鲁特，大卫·王.建筑学研究方法［M］.王晓梅，译.北京：机械工业出版社，2005：225.
[2] 琳达·格鲁特，大卫·王.建筑学研究方法［M］.王晓梅，译.北京：机械工业出版社，2005：230.

（续　表）

| | 自行车道　林荫道 |
|---|---|
| ☆ | 1. 正五星：在您开始进入道路的一个或者几个地方标注此符号 |
| ★ | 2. 大五星：在一个或者几个"目的地"标注此大五星。目的地包括你只是经过，但是却有"到达"这种感觉的地方 |
| ☺ | 3. 笑脸：在您特别喜欢或者盼望的地方标注一个笑脸 |
| □ | 4. 方形：在起主要路标作用的地方（对您位置有明显提示作用）标注方形。不论您是否喜欢这个地方 |
| ○○○ | 5. 小点连线：在您感到吸引人的一段路线上标注小点连线 |
| ▭ ▭ | 6. 长条：在您感到厌倦的一段路线上标注长条 |
| 🐜 | 7. 蚂蚁：在对您无吸引力的地方或者东西上标注蚂蚁 |
| ➤ | 8. 箭头：用箭头来指示你喜欢的风景的方向 |

在探讨实验性相关排序和分类表述的联系时，我们通常会按照人们喜好程度和名词的分类系统分类，使用推理统计及其多元回归分析、要素分析、多维排列等多种统计方法。这些统计方法作为建设性对话的基础，可以有效地替代用交谈或者采访简单了解人们喜好的方法。调研对象或参与者所叙述的回忆具有深远的个人经历特色，与设计者对生活体验的分类、知识结构和行为认知判断有着千丝万缕的联系。

（5）方法与优缺点分析。调查问卷可以为设计项目的推进提供重要信息。如实践中的观察方法，包括时间/频率测量和内容分类的变量范围（包括人口统计学特征、特殊的活动、使用者的反应），以及如何构建它们。

### 3. 相关性研究

相关性研究的方法通常是通过阅读和理解进行多量变分析的典型的描述型和推论型统计分析方法。特别是对于初学者而言，了解这种复杂分析方法的研究目的对调研建筑与环境中的各种设计要素的多变量分析，非常有效。应用文献查阅了解复杂的分析方法的研究结果，进行三种类型的相关性研究的多变量统计分析的过程——多元回归分析、要素（因子）分析、多维排列实现目标。

（1）多元回归分析。它是用来衡量两个或者两个以上的变量之间联系的方向和强度关系的方法之一，有其适合期间或比率数据。多元回归分析能得出一个计算等式，说明变量是如何由每个自变量决定的。

（2）要素（因子）分析。其同样是依靠区间或者比率数据，在变量之间建立一个总体结构或者模式。通过要素（因子）分析我们可以确定很多"要素"，每个要素包含好几个有着反应模式的变量；通过变量要素（因子）分析我们可以揭示建筑与环境设计变量之中潜在的结构（如社区外观、社区布局、生活福利设施）和与其要素相联系的相关物理变量。

（3）多维排列。多维排列更具灵活性，可运用一定的数据抓取及其分析软件（如Python、数据采集器等进行）。它既可以处理区间数据或者比率数据，还可以解释名词型数据，而且分析结果用图解显示出来，是用空间位置来表示所有变量之间的联系以及普遍意义的反应（观察）模式，对建筑与环境设计专业的人士而言，具有非常高的应用契合度。

（4）相关性研究的优缺点（表4-6）。

表4-6 相关性优缺点对照

| 优　点 | 缺　点 |
| --- | --- |
| 阐明两个或者两个以上自然发生的变量之间的关系 | 无法控制变量程度、频率结果 |
| 适合广泛研究一个情境（场所）或者现象 | 不适合深入地研究一个情境（场所）或者现象 |
| 可以操作难以到达某种特定目的或道德约束的情况 | 超出社会公约与普遍认同的界限 |
| 建立物理特性与某种社会结果有预测力的联系 | 不能建立因果关系 |

## （二）实验性与准实验性表述

在建筑学的研究中，针对各种建筑元素性能的研究，研究人员构建了一个可持续的、长时间的、完整而重要的领域。实验性的研究，既可以产生优秀的研究，也可以产生低劣的结果，其完全取决于特定的研究是否应用得当。

在策略上界定实验性研究的因素有以下五个特征：使用一种自变量处理的方法；检测结构或应变量；有一个明确进行实验的任务单元；使用控制组（或比较组）；注重因果关系等。

**1. 实验性研究的一般特性与策略**

（1）使用一种自变量处理的方法。研究策略采用一个或多个特殊的、可以确定变量对被研究对象产生影响的实验性研究；测量实验结果变量（因变量），具有实验性研究的特点。

（2）对一个或多个结果变量进行测量。对一个或多个数据的测量与评价测量都是实验性特点的结果测量（即因变量）。

（3）确定一个任务单元。确定一个特定的任务单元实施实验，不论是实验对象或控制实验研究者，各种实验情境都是应用在一个实验单元上。

（4）使用比较（控制）组。通常实验性研究都设定一个比较组或者叫控制组，用来对照实验测量的数据规律与结果，其几种条件可以互为参照。

（5）注重因果关系。实验性研究设计的各种界定特性（处理方法、测量结果、任务单元、比较组或控制组）结合起来，其目的是使我们建立起因果关系。

综合起来实验性研究有四点特性：

（1）处于实验室环境，比较容易控制相关的变量；

（2）通常因变量是非活性的，一般不易改变，除非处理方法发生了变化；

（3）有精确的理论指导，使我们可以确定某种特定处理方法的预测效果；

（4）通过精确地测量此类结果的工具，可以确定其中的因果关系。

2．实验性研究和准实验性研究的区别方法

实验性研究通常在实验室进行，通常是提前制订好的，研究者可以随机安排；准实验性研究通常在野外环境下进行，必须在可能很多变量起作用的条件下，进行有效的比较，通常受伦理与实践条件限制，无法随机指派。让"非正式的、有吸引力的"条件成为可能，导致建筑与空间环境使用方式的改变。

### （三）图式实验性研究设计

通过绘图说明一个设计的独特性通常很有效，甚至是至关重要的。创造出一种用图标表达实验性研究设计的特殊细节的方法与系统很有必要。以图式命题系统这一类型在帮助研究者弄清某个设计的性质和假设前提时具有很强的实用性，其实验性研究的设置、处理和测量方法有以下三点：

（1）研究实例中使用的方法。实验单元的物理处理方法条件，是实验者预先设定和控制好的，通过态度的反应来测量一种非物理条件的社会文化意义。

（2）实验基础的控制和行为过程的组合。如空气流动对居住者的影响、对实验基础的控制和行为过程的组合，涉及实验室的环境、物理条件、仪表检测和主观判断等要素。

（3）模拟的实验审定。使用实验室设置、物理处理方法和工具化测量的策略，通过实验来证实。

（4）实验性研究的优缺点。在我们研究设计的策略的所有可能性中，实验是最为独特的一个。实验性设计，被后实证主义者看作是研究的最高标准。但在功效和准确性、实验过程的滥用、道德关系等方面，其受到赞成自然主义和解剖学范式研究者的广泛批评（表4-7）。

表4-7　实验性研究的优缺点 [1]

| 优　　点 | 缺　　点 |
| --- | --- |
| 建立因果关系，产生威望、可信性 | 把现实中复杂的因果关系简化为"偶然的"或"自变的"量 |
| 把结果一般化到别的情境或想象中 | 过于一般化，误用到不同时代、民族、性别人群中 |
| 控制实验设计的各个方面，保证因果特性 | 过分强调控制，而产生道德、非人性化等问题 |

---

[1] 参照：琳达·格鲁特，大卫·王.建筑学研究方法[M].王晓梅，译.北京：机械工业出版社，2006：270.

### 三、模拟建模与逻辑论证

#### （一）模拟建模

1. 模拟研究的运用

模拟研究常被当作知识的一个中介，即建立一个逻辑解释系统，在此基础上帮助测试，或者使用经验性的方法再现概念系统。如通过在虚拟现实中的设计方案，人们可以在模拟的环境中得到真实场景的某些数字；人工智能被广泛地用来克服研究中的伦理障碍，处理人类活动的主观尺度问题和复杂问题，并可以让业主或使用者参与到设计他们自己的工作、生活与居住空间当中。模拟研究还经常用作建筑或室内装饰材料测试，帮助设计师选择材料和设计，并与造价和节省费用的问题密切关联在一起；模拟物可以提供数据证明或者反驳某种理论的假设，为新理论的建立提供资料。

2. 模拟研究的策略

模拟研究常通过对我们生活的真实世界环境和事件的可控复制，来研究其中的互动关系。通过数字化的虚拟建筑空间环境与情境，人工智能以完全不同以往的角度，证实了这种策略与方法。

（1）表现与模拟。表示一个特定的图像，其具有可测量的性质（如CAD、Sketch Up、3D Max、BIM软件），可以描述和表述一个"真实的"客体，我们称之"表现"。表象可以作为主体发生交互作用的对象，借此方法产生在实际中具有使用价值的数据。

对真实世界环境和事件（或假设的世界环境和事件）保持了控制因素结果的交互作用的复制，我们将其称为"模拟"。相对表现，模拟包含着更大型的研究项目，有特定的因素控制着生成数据，这些模拟数据又可以应用于作为研究对象的真实世界中。

（2）模拟模型的种类。"模型"表达不仅是类似于建筑物特定尺度的模型类的静态表现，而且是一个抽象出真实世界的互动关系中隐藏的自然规律或社会文化因素的复制品。常见的模型的四种形式为图像模型、类似模拟模型、可操作模型、数学模型。

（3）模拟研究与逻辑论证关系。用模拟研究不但可熟练地测试一个理论的依据，而且可以为新的理论构建提供数据。若把理论系统看成是逻辑论证的产物，理论的概念结构系统，和理论模拟研究中模型的模拟结构之间，形成了一个信息丰富的比较关系。逻辑系统的结构框架概念是通过语言或者符号进行表示的系统性论证；模拟框架有着能够说明动态的互动关系且产生经验结果的独特性质；通过计算机数字（数学）系统模拟，论证策略和模拟研究实物的联系更为密切。

（4）实验研究与模拟研究的关系。实验研究同样需隔离出一个环境、定义出几个可操作的变量，然后观察它们对其他变量的影响。同样，模拟研究会隔离出环境、定义变量，观察对其他变量的影响，它和实验性研究有一定联系；模拟研究试图测量某种交互作用，如评价感觉，感觉清晰程度、建筑与环境、空间复杂性、开阔感等，让其凸现出来，以供收集数据和研究之用。

（5）相关研究和模拟研究的关系。相关性研究是在自然（真实）环境中检验两个以上变量之间自由变化的相互关系的策略,但它没有自变量的概念,不是一个变量决定另一个变量。而模拟研究中多个变量之间的联合变化是非常明显的,这和相关性研究有类似性;对变量的外部操作是模拟研究与相关性研究不同的分水岭。在这里需要说明的是,模拟研究同样可以作为解释性历史研究的一种技巧,是对过去事物和情境进行的定性研究。

### 3. 模拟研究的方法

我们复制真实世界中得到有用的信息,来指导真实世界的行为与行动。其主要涉及四个综合方面:即复制的准确性、数据输入的完整性、设定的自发性、费用的可行性等。

(1)复制的准确性。复制自然必须尽可能地、更多地反映真实世界情境的联系与镜像。

(2)输入数据的完整性。收集并输入大量的、及时更新的数据,并且确保所有数据都用等同的系统统一标准协调一致表达出来。

(3)设定的自发性。在类似模拟和可操作模拟中激发参与者的自发性。为了达到真实,需要设定意外和不确定的成分;尽可能接近原事物发生的地点进行模拟;为使参与者能够理解角色内涵,使用移情作用模型,使之在真实世界里长期体验、扮演该角色。

(4)费用的可行性。我们头脑中构思的很多设计,如果没经过实际操作历练,最终难以模拟设计执行,这大多与费用、成本核算的可行性相关。大数据、数字孪生、人工智能(AI)被认为是模拟具有很大潜能的转换。随着通用人工智能的日益强大,各种类型的数学模型与人的行为数据产生关联性,对设计会产生巨大、广泛而深远的影响,如"智能建筑"模拟的建筑设计与实施项目可行性分析等。

模拟研究的优点是,其用一种不需要简化到有限数量的离散变量的方法,来捕捉真实世界自然行为、社会行为的复杂性。并能够揭示出没有事先设计的结果,指导下一步的研究或者是现实生活中的活动。

一方面,模拟研究提供了很多了解一个情境中依据行为模式、行为预测未来行为的方法;另一方面,由于该策略和实验性研究的融合,模拟通常可以作为实验性研究的一个基础手法。

## (二)逻辑论证

建筑学文献和相关文献把一些之前原本不相关的、不明确的或不受重视的因素,都以相关的方法联系起来,建立起逻辑论证的秩序,其被称为"逻辑论证"。原始和次级的区别同时处于文化及推论逻辑系统中,如威特鲁威的《建筑十书》便是以论述形式的逻辑分析展开的,建筑"逻辑"的基础是被放在更大的自然系统之中进行论证的。

"由于自然设计了人,所以它的其他部分也拥有相应的尺度来形成一个整体。古代人的规则显示出很好的合理性来,根据该规则,完美建筑中的不同成分都应该和一个总体设计方案完美地联系在一起。"[①]

论证的"逻辑"主题通常来自更大主题之间的联系,其论述特征之一是试图把结论

---

① Vitruvius. The ten books on architecture [M]. trans. M H Morgan. New York: Dover, 1960: 3, 1, 4.

建立在更广大的自然、历史、机械、人工智能等检验领域。

### 1. 原始逻辑系统

具有广泛解释力量的逻辑系统被称为"原始逻辑系统",它们确定并定义了支持这个系统的内部技术用语和联系。在各种各样的空间中,可以通过一种线条形状的构造物把一个特定的空间描述出来,对这种现状系统的组织最终使一个或多个空间转换成为建筑,即建筑是自然现象的驱使与造化,也是人类的杰作和文化现象;其系统自然和人造形式均可以被简化成抽象的规则,调节着线条和空间的关系;在空间叙述语法的规则里,可以从解释的角度描述现有作品的构成,它能为设计系统的结构提供系统性的牵引力。

### 2. 逻辑论证的特性

其具有广泛的系统应用性、革新的典型性,是一种先验性的论述,具有数学形式的逻辑及文化推论逻辑系统的可检测性。

（1）广泛的系统应用性

逻辑论证的研究试图建立一个理论系统,其研究结果具有广泛的解释适用性。既可以是数学决定论,也可是其他的公理事实,或被广泛接受的某种修辞或辩论性质的确定。

形体文法就是有广泛的系统应用性的例子,其有效性建立在这样的假设之上；通过数学的联系和等式可以超越单一时期某个地点的个别案例,从逻辑角度表达普遍的状况。

比如把建筑一类的对象简化成抽象的规则,再来揭示它们之间句法的广泛性系统联系,或通过计算机专项软件输入建筑合理的人体工程学比例,这不但把理论建立在"自然"的基础之上,而且将建筑诉诸民族性等特殊的文化视角,来作为设计新的形式表达和设计活动的指导原则。

（2）典型的革新性

原始的逻辑系统一般具有革新性,而最有启迪的典型革新,就是将本来不相关的事物结合生成一个新的系统性空间叙事模式。

（3）一种先验性的论述

一个事物的任何一个特例都是对一种法则的认可,且其法则正在讨论的逻辑系统,已经为它定义了可能的空间情境。如果可以定义这个先验条件,接下来的推论便是必然的结果。

（4）可检测性

一个理论应该可以检验的,通常是经验主义的方法检验。如数学形式的逻辑系统的可测性的量化工具,使用计算机CAD程序,构建数学形式的逻辑系统,其成功的逻辑系统对于形成设计构思想法（idea）的影响很大,如文化或推论系统的可检测性规范化、标准化。对文化或推论性论述合理性的"检测",并不取决于证明结论的真伪,而取决于其结论的文化基础进化成了别的法则（表4-8）。

表 4-8　逻辑论述的分布谱图

| 数学　规则 | 数学　文化 | 文化　推论 |
|---|---|---|
| CAD/形体文法 | 空间语法 | 设计论述 |
| 数学构建物和计算机模型 | 与社会文化解释有关的规则模型 | 对建筑活动的论证，诉诸更大的自然、历史、文化、机器、人工智能的检验背景之中 |

**3．逻辑论证系统性构筑物的特征**

对于逻辑系统的评价，可通过定义、关系和修辞，评价其在该领域中的强度和清晰程度获得。

（1）定义。定义是指对应用语言或符号在一个系统范围和内容中间进行概念界定。

定义量的首要原理。简单的原理通常比复杂的理论更接近事物的本质。数量的首要原理是一种定义，在系统中尽可能少定义基本原理（重要术语），更多解释需要研究的对象。

影响设计方法的两个主要因素：设计语法与设计语义。设计语法，是指合成形状，表现出自身的规则；设计语义，是指用其他术语来表述它们的规则（如形状、类型、目的、功能及意义等）。

（2）关系。一个系统性的结构，必须具备相互关系中系统逻辑的一致性。

① 术语之间的必然性。一个逻辑系统中各个术语之间的必然联系，保证了整个系统解释的可靠性。

② 术语之间的演绎、归纳关系。演绎提出的结论清楚地包含了一系列事实，一般性模式的形式就是一个归纳的过程。任何逻辑系统，都是在演绎必然性和归纳预测之间的平衡。从观察到有限想象，到某种必然性的演绎，建立起一个一般性的逻辑系统。我们把一个逻辑系统的术语看成是一个系统的演绎、归纳性的连接关系。

③ 术语间的演绎性结构关系。三段论的演绎通过一个大前提、一个小前提，可以得出一个必然的结论，即A=B；C=A；因此C=B。如自然（A）和建筑空间（B）有关；语言（C）属自然中的（A），所以语言（C）和建筑空间（B）必然有关。

④ 术语的伴随与暗示关系。在一个系统性语境中，伴随和术语暗示有关。伴随能够在一个系统的成分中提供应用的可能性（不能保证普遍的必然性），并可以丰富一个系统。伴随赋予人信心，其得出的形式暗示将会符合更大的、更广阔的秩序约束。

（3）文化与论述系统中的修辞手法。文化与论述系统取决于表达它们的修辞手法，因为它们与文化、推论系统中的逻辑论证有关，因而它们也使用说服的逻辑。

①"命名"修辞手法。文化与推论性论述把它们的论述建立在一个包含自然、道德、历史、机构等的较大领域，而与这些较大领域取得一致性的手法之一便是"命名"。成功的命名必须为思维过程提供有说服力的牵引，并且抓住主要成分的一个完整代表，

可以描述所有个别案例。

② "联合或分离"修辞手法。这是文化与推论性论述连接在较大的先验领域的一种方法。比如在分析古典建筑时，将古典样式规律与人性思想联系起来就显得非常重要。它们具有魅力和持久性的一些基本原因便是把物理形式和人类的身份以及性格联系起来。同时，在当代对一些过时的文化因素是联合接受还是去分离，需要我们在文化与推论性论述连接中传承与创新，辩证地理解。

③ "故事"修辞手法。

④ "图解"修辞手法。

⑤ 隐含或直接诉诸群体的一致性。一个文化或推论的系统来源于群体经验，需要让群体产生共鸣。

⑥ "划分"修辞手法。其和群体一致性相联系，但更为精巧的就是这里说的划分。

⑦ "权威"修辞手法。其符合已经建立起来的理论，和一个讲述相关事件的较大体系联系在一起，利用正在兴起的潮流。

4．系统牵引力的方法

① 数学的重现或数字建模。

② 分析。

③ 分类和详尽描述。

④ 交叉分类详尽描述。

⑤ 哲学论证。

⑥ 发展前沿与数据更新。

5．优势

逻辑论证的应用价值体现在为大范围的经验表现形式提供理论基础，它不仅通过简单图示作品解释了社会生活与文化结构，还可以将不同的经验形式简单化成一种"形体文法"的概念；逻辑论证作为一种强大的研究策略，可以把大量不同的现有理论性文献安置在单一的概念之中；通过逻辑工具建立非常简要、清晰的解释系统，并在内部逻辑一致的基础上构建难以反驳的秩序系统；通过逻辑分析的图谱说明"逻辑"可以超越"数字"和"推理"的界限。

### 四、案例研究与综合策略

#### （一）案例研究的普遍性

通过档案研究探知各种社会、经济、文化和媒体传播的影响；通过代表性建筑与室内空间案例廓清在现实背景中，用经验来研究的一个现象或情境。案例研究的几个显要特征：① 以现实生活为背景对单一或多重案例持续关注；② 具有解释因果联系的能力；③ 在研究设计阶段认识到理论发展的重要性；④ 注重多样化的理论资源使用；⑤ 强调普遍化的能力；⑥ 区分定性、定量案例研究。

### 1. 关注案例背景

案例研究的本质是集中研究一个在现实背景下的情景或现象，其策略并不是单纯地研究自然状态下的现象，还使用与案例相交叉的复杂动力学说来研究案例，且案例背景与案例本身是不能割裂地独立于案例之外的。

### 2. 具有解释因果联系的能力

在设计中普遍存在着因果关系，实验性研究设计最重要的支撑是因变量的因果关系；而相关性历史策略和定性策略同样可以解决因果关系的相关问题。这些策略都有可以通过样化、复杂或重叠的因素的解释，最终都会得出特定的结果；并且通过案例研究，能确认一组社会因素和事件之间的因果关系。同样，案例研究的线性描述类型，可以沿用传统的研究论文流程，即问题描述、文献回顾、方法结果、讨论和总结等（表4-9）。

表4-9① 案例研究的类型学

| 结构的类型 | 案例研究的目的 | | |
|---|---|---|---|
| | 解释性 | 描述性 | 探索性 |
| 1. 线性分析<br>典型文章格式、问题描述、文献回顾、方法、结果 | × | × | × |
| 2. 按年代顺序（按叙述顺序） | × | × | × |
| 3. 理论建构<br>章节顺序按照理论发展的逻辑排列 | × | | × |
| 4. 无序<br>章节次序可互换 | | × | |

### 3. 认识理论发展的重要性

完整的设计研究包含关于研究什么的理论，把理论的发展作为研究设计阶段的基础，以使我们有一个"充分发展研究的蓝图"，并告诉我们哪些数据必须收集，哪些标准应该拿来分析这些数据。

### 4. 使用多样化的理论资源

案例研究的关键特征是对多样化论据资源的综合。如数据资源的范围、种类、档案、传说、物品清单（建筑广告、规划回顾），以及空间分析等。如根据建筑立面的详细设计特征从传统到现代的分布图谱上确定它们的位置；对建筑平面图空间性质进行视觉和计算机辅助设计分析。

---

① 琳达·格鲁特，大卫·王.建筑学研究方法[M].王晓梅，译.北京：机械工业出版社，2005：349.

5. 普遍化的能力

多数情况下，对个别实验发挥洞察力，在某些细节上进行引证，能够归纳成理论，且可以通过其他实验依次进行检验，其案例研究的影响力在于能够得出强大的理论。

6. 区分定性、定量案例研究

案例研究是一个很清楚的研究设计。案例研究可以完全基于定量的数据；定性研究更偏向理论导向，而非偏重归纳导向。案例研究的教学研究工作也同样得益于案例所汇集的强大且多面的特征。

### （二）单一案例与多重案例

案例研究的独特性，体现在对案例的独特个性的研究以及检测和确定研究时复制的功能上。从实践意义上来说，相对于多重案例内部复杂的动力关系，单一案例显示出其研究的优势，且每个案例都应该服务于整个研究视角中的一个特殊目标。

### （三）案例研究的优缺点（表4-10）

表4-10 案例研究优缺点对照

| 优　　点 | 缺　　点 |
| --- | --- |
| 关注深入背景环境中的案例 | 可能会导致过于复杂化 |
| 解释因果关系的能力 | "因果关系"可能复杂多面 |
| 多重数据资源的丰富性 | 用一种方法整合各种数据资源的挑战 |
| 可以归纳理论 | 复制需要别的案例证据 |
| 若做得好是非常有说服力和吸引力的研究形式 | 很难做好，已经建立的设计和操作案例研究的规则和程序很少 |

如果把圆形视为研究综合策略，将其分割成六个主要研究方向策略，即历史性研究、定性研究、相关性研究、实验性研究、模拟研究与逻辑论证研究，其中的核心区域代表着案例研究和综合研究。解释性历史研究建立在历史文献和实物证据之上，并取决于一个人造的解释性逻辑；相对于历史性研究，定性研究和解释性研究以现当代视角侧重于研究对象的整体处理；相关性研究使用更多的数据，强调自然发生的环境；实验性研究与相关性研究中研究者在可控的条件下，均使用了可测变量特性的处理方法；模拟研究和逻辑论证研究都包含了一个逻辑规则组成的独立系统，强调抽象的独特性。下图可以帮助我们廓清各自研究的性质和所在的结构关系（图4-37）。

建筑教学与实践，广义上可分为四个类型：发现的学术、整合的学术、应用的学术、教学的学术。建筑学的研究从某种意义上来说和"发现"是同样的。

在设计图纸时，所呈现的发现成果可能与来自研究的发现兼容并蓄，高质量的建筑

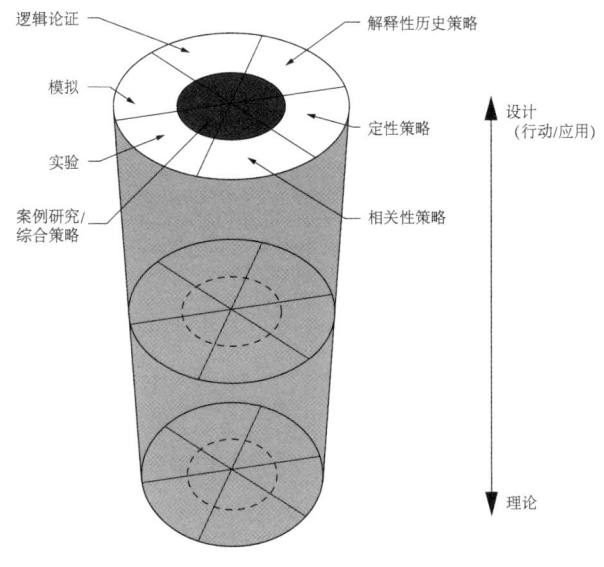

图4-37[①]　研究方法的结构

设计是富于智慧与灵感的行动，最终以建筑的形式而终结。建筑设计可以增强我们对在地球上生活的问题以空间叙事方法进行的理解，这也是建筑学研究的目的；同时意味着对建筑学本质跨学科的认识。

## 单元练习

# 主题设计要素调研

### 一、基地要素

建筑设计基地调研要素包括：建筑设计背景、建筑概况、建筑场地分析。

#### （一）设计背景

建筑设计背景包括环境条件、使用需求、文化背景、建筑风格等多方面的综合因素，建筑设计师在此基础上进行建筑功能、美观和可持续发展的思考与构思设计。影响建筑设计的背景因素很多，如地域气候、地形地貌、区域特征、历史文脉、文化遗产、社会经济发展水平等，这些因素都会对建筑功能布局、材料选择、密度与容积率、建筑风格等产生影响。建筑设计师需要充分了解这些因素，才能够做出在地性强、符合实际情况的建筑与室内外环境设计方案。

全面掌握建筑背景、基地环境与内外条件是建筑设计的前提，也是设计过程中不可

---

① 琳达·格鲁特，大卫·王.建筑学研究方法[M].王晓梅，译.北京：机械工业出版社，2005：376.

或缺的一部分，只有充分考虑到设计背景与区域特点因素，才能够创造出具有时代特色的建筑作品。

### （二）建筑概况

建筑概况是指对建筑物相关信息的概括性描述，有助于我们了解和评估建筑物的价值和意义。它通常包括建筑类型、建筑功能、设计特点、建筑历史、地域文脉等方面的信息。

建筑类型包括商业、工业、教育、文化、娱乐、住宅等常见的类型。

建筑功能是指建筑物在使用中所具有的特定性能或用途，包括居住、商业、办公、教育、文化、娱乐、医疗等。建筑功能直接关系到建筑物的使用效果和舒适度。建筑功能的实现需要从空间规划、建筑形态、设备设施、材料选择等方面考虑，在建筑设计过程中它不仅影响着建筑的实用性和经济效益，还关系到人们的工作模式、生活方式和舒适度等。

设计特点通常指建筑物设计的形式特色、结构特征、装饰风格等特点。如文艺复兴式、巴洛克、新古典主义、现代主义、后现代主义、解构主义、乡土建筑、新中式等。总之，应该遵循以实用、美观、可持续为导向的建筑特色设计。

建筑历史包括建筑的背景、过程和历史发展情况，包括时代背景、建立年代、设计师的设计风格、经验特点、设计思想与理念、历史文献记载、主要施工公司、施工工艺、建筑材料、改建历史、使用与维修情况等信息。其帮助我们了解建筑的过去以及现在的状态，评估建筑的价值与意义，为未来的维护和管理提供参考依据。

地域文脉是区域化生命的基因，或地域文化精神在地方物化形体上的主要反映。它既包括承载于浩瀚典籍中的思想与理论，也包括遍布于大地之上的文物和古迹，还包括掩埋于地下的已知和未知的文物。地域性的历史文脉是民族精神与文化的渊海，也是现代再出发的精神动力和逻辑起点。

同时，建筑物周围的地理环境、社会经济、文化环境、生活习俗、价值观等因素会直接影响建筑的设计和使用。

### （三）场地分析

建设用地选址确定后，要对场地进行详细的解读、研究和分析，深入地理解场地环境，以便更好地制订建筑设计方案和提高建筑的可持续性设计理念。对建筑场地的详细分析，可以帮助设计师更好地理解场地环境和特点，以便使建筑物在场地中更好地体现其价值和作用。

建筑场地分析通常包括对自然环境、地理位置和交通方式、周边环境的分析，以及对当地建筑法规、土地利用和土地所有权等准确信息的分析。

（1）地理位置和交通方式

熟悉场地所处的地理位置、地形地势、河流湿地、竖向标高、农田林地、景观绿化、周边道路、交通情况，当然也包括自驾、骑行、步行等交通工具与出行方式占比比例、路径、所需时间等。

（2）自然环境

地形、气候、降雨、风向、水文等，这些因素可以影响建筑物的定位和构造。如，场地处于多风或地震带区域，应该考虑采用适当的建筑形态、材料和抗震结构，以增强建筑的抗风、抗震性能。

（3）场地周边环境

合理地处理好建筑场地与周边环境的关系，是建筑设计中十分重要的方面，同时提高了建筑的实用价值和建筑审美。只有对建筑物所处的场地及周边环境、区域内人文环境及场地是否符合建筑规划与功能需求等条件进行充分考虑，才能使建筑更好地融入周边环境，提高建筑的使用功效和价值；在设计建筑外观和立面时要考虑其与周边环境的协调性，让建筑更贴近周边自然环境、地域文脉和人文环境；为适应场地周边环境的气候特点，设计时要对建筑的朝向、通风和照明等进行充分的优化设计；将周边环境的交通状况、停车设施等一并纳入场地设计考虑，尽可能地保持建筑的出入口和交通路线与周边环境的协调统一。

勘察建筑用地。在设计前必须要知道建筑用地是一个什么样的环境，解读、勘察、理解某个场所的多重资讯，才能挖掘设计构思潜力，综合性地发挥积极有效的作用。如听到的声音，嗅到的吸引人的味道；平日的人声鼎沸与节假日的宁静；场地月亮的阴晴圆缺，春、夏、秋、冬四季的变化；清晨阳光升起的位置及冬至日照射的区间范围，夏日夕阳余晖的美景，夏日夜晚北斗星辰的运行轨迹等；这些对于"从现场构思"的灵感启发和设计都很有帮助。

（4）建筑法规

建筑法规是为确保建筑的安全、健康、环保和可持续发展等，制定的相关规定和标准。建筑法规包括国家层面的法律法规、规章制度、执行标准、设计规范、施工规范、用途规范、防火规范、建筑环保等。由于建筑法规在不同国家和地区有不尽相同的标准，因此在进行设计、施工和管理时都需要根据当地的法规、规范和标准进行操作。设计师要充分了解当地的建筑法规，以确保设计方案符合相关规定和要求。

（5）土地利用和土地所有权

为确保建筑设计方案不侵犯他人的权益，设计师必须了解、掌握场地的土地性质、土地规划用途、土地利用和土地所有权等具体情况。

建筑设计过程中，必须考虑场所与社会的关系，具体如周围的环境、社会文化、人群的行为使用主体等。狭义地讲"建筑是物理空间，场所是社会空间"。场所则是人们在建筑中的行为和交互的情境，两者之间是相辅相成、相互影响的，有着密不可分的关系。

场地的地形、地貌、高差等会直接影响设计和施工方式；地理位置（交通便利程度、周边环境等影响建筑的使用频率的因素）、周边设施（配套服务、文化、教育、娱乐等资源等）会影响建筑的使用和价值；环境保护（周边环境的保护状况、建筑物的环保标准等）会影响建筑的可持续发展。在选择建筑用地时，需要考虑这些综合因素，确保建筑项目的成功策划、设计、施工和合理使用，以最佳的综合效益回馈社会。

## 二、主体要素

建筑设计主体要素包含：平面分析与功能组织；形态特征与结构形式；空间布局动线组织；建筑剖、立面分析与材料应用和细部处理等。

### （一）平面分析与功能组织

建筑平面分析与功能组织是指对建筑平面布局的研究，以确定以最优化的策略安排建筑内部空间的使用功能和满足使用者的需要。

主要涉及五个方面：① 分析使用需求。明确功能，合理组织功能平面布局；② 划分空间。根据使用功能的特点，划分不同区域，确定各区域之间的关系和交通方式；③ 平面设计。根据空间划分和功能需求，进行区域位置、大小、形状和布局的合理安排，以及它们之间的联系和动线组织；④ 功能组织。对其功能进行组织和安排，确定各个区域的使用功能和活动流程，并使它们之间的联系、配合更加合理密切；⑤ 空间效果评估。对建筑平面设计进行评估，确定其空间效果和使用功能的实况预测评估，并进行必要的优化调整。

建筑平面分析与功能组织是建筑设计过程中非常重要的一环，通过合理的平面布局和功能组织，可以提高建筑空间的内在秩序、使用效率、舒适度和空间品质，满足使用者的综合需求。

### （二）形态特征与结构形式

#### 1. 建筑形态特征

建筑形态是指建筑物在空间和形状上的外部表现，它是建筑设计的重要组成部分，也是建筑物在城市、乡镇乃至乡村景观中重要的标志。不同的建筑形态可以呈现出不同的区域风格、特点和功能用途。

如方形几何体建筑是一种简约而常见的建筑形态，具有对称的立方体或长方体结构，外观简洁大方，如北京奥体公园的"水立方"游泳馆。

弧形几何建筑是指在平面上呈现出圆弧形的建筑形态的建筑物，这种形态可以使建筑物在城市、乡镇与乡村景观中显得柔和、优美，如北京奥体公园的鸟巢、上海大学钱伟长图书馆（图4-38）。

图4-38a　鸟巢（魏子觌　绘）　　　　　图4-38b　钱伟长图书馆（娜仁托雅　摄）

塔型建筑在竖向高度和垂直性表达上具有优势，其形态可以是独立的建筑形态，也可以是整个建筑组群中的一部分，如云南"弥勒东风韵美憬阁精选酒店"（图4-39）。

悬挂式建筑是指建筑物的主要结构通过悬挂系统或钢索等其他支撑在侧壁或顶部，形态独特，给人以悬浮、轻盈、飘逸的感觉，例如上海佘山深坑酒店（图4-40）。

复合型建筑则融合了多种建筑形式和设计风格，形态复杂多变，能够创造出丰富多彩的景观，例如上海保利大剧院（图4-41）。

图4-39 弥勒东风韵美憬阁酒店（李鸣燕 绘）

图4-40 上海佘山深坑酒店（李鸣燕 绘）

图4-41 上海保利大剧院（李鸣燕 绘）

建筑形态的特征因建筑本身的功能用途、设计风格、投资估算、经济指标等各种因素而不尽相同。在建筑设计过程中，建筑设计团队需要根据环境条件、客户与市场需求等因素进行合理的类型选择和创新，以实现最终设计目标。

2．结构形式

建筑结构形式是指建筑物内部的构造和组成方式。常见的建筑结构形式有框架结构、矩形结构、穹顶结构、悬挑结构、梁柱结构等，传统中式木建筑有常用抬梁式、穿斗式结构。

（1）框架结构

框架结构是一种由柱、梁和节点组成的结构体系。利用钢筋混凝土或钢构件搭建的框架结构，能够承受大量的荷载和振动，一般在高层建筑和大型建筑中使用较多。框架结构一般分为平面框架和空间框架两种类型。平面框架结构一般用于较小跨度的建筑，如住宅、商铺等；空间框架结构一般用于大跨度建筑，如大型工厂、体育场馆等大型公共设施。框架结构具有刚性好、强度高、施工方便等优点。

（2）矩形结构

矩形结构是由矩形基本单元重复排列而成的结构形式，它是一种简单、常见的结构形式，具有稳定可靠、施工方便、经济实用、设计自由度较高、容易与其他结构形式相结合等特点，在提高结构性能的同时可增加设计的灵活性。如多层公寓、联排别墅等，通常采用砖混材料。矩形结构适用于建造住宅、商业综合体等。矩形结构的缺点是形式较为单一，难以进行复杂的构造和设计，在应用时需要根据具体情况进行综合结构因素考量。

(3) 穹顶结构

穹顶结构是将多个弓形结构组合在一起，利用弧形或曲面构件，将周围的墙壁或柱子连成一体形成的一个的类似半球形的封闭结构。它是建筑学中非常重要的一种建筑形式，它能够为人们创造出宽敞、自然、美丽和舒适的空间。同时减少建筑物本身的重量和材料消耗，还能够创造出美轮美奂的建筑形态，提高建筑物的抗震性、防水性和保温性。因此，穹顶结构在大型公共建筑、体育场馆、展览中心和购物中心等领域得到了广泛应用。穹顶结构有多种不同的形式，如单层穹顶、双层穹顶、复合穹顶等。

(4) 悬挑结构

悬挑结构是通过将建筑物的一部分悬挑在另一部分之外形成的结构，常见的悬挑结构包括悬挑屋顶、悬挑平台、悬挑楼板、崖壁悬挑等。在悬挑结构中，建筑重量与荷载力会被转移到悬挑的支撑点上，可利用杆件和吊索作为支撑，将建筑体悬挂在空中。悬挑结构设计的优点在于可以创造更宽敞的室内空间，并具有悬浮感的空间美学效果，如深圳大疆总部大厦。

(5) 梁柱结构

梁柱结构是一种常见的建筑结构形式，"梁"是承受水平荷载和自重的结构元件，通常呈现横向的长条形，在房屋中起到承重作用。"柱"是承受垂直荷载、抵抗侧向位移力和保证整个结构的稳定性的结构元件，通常呈现纵向的立柱形，起着支撑承重的作用。梁柱结构是利用柱子和梁连接起来形成的建筑结构，梁和柱相互配合，形成一个合理的结构系统，能够承受外部荷载并保持平衡稳定。梁柱结构有多种类型，如单跨梁、连续梁、斜拉梁、桁架梁等，各种类型都有其擅长适用的应用场景。其优点主要包括结构简单、承重能力强、耐久性好、施工方便等，适用于建造住宅、办公楼、商场等建筑。

在实际的设计中，需要根据建筑的具体需求和环境特点，选择合适的结构形式，并根据实际情况进行优化设计。

**(三) 空间布局与动线组织**

1. 建筑空间布局

建筑空间布局是指建筑物内部空间的组织和布置方式。它是建筑设计的重要组成部分，直接影响建筑物的使用效益、舒适性和美观度，具体而言其特点是具有空间的尺度感、连通性、流畅性、分隔性和层次感等。

(1) 空间尺度感。人在建筑内部感受到的大小、高低、宽窄等方面的尺度感受和比例关系会直接影响人们的舒适度和视觉效果。不同的尺度感会给人带来不同的感官体验和心理反应，对于建筑整体的空间效果有着至关重要的影响。

建筑的长、宽、高、比例、空间的分隔和整体关系等，要与人的身体比例感知和活动习惯相适应；需在建筑内部空间的不同功能区域之间设定不同的尺度关系、比例和流线；楼层层高与空间的通透性和自然光线的穿透性有关，层高能够增加空间的开放性和流畅性；选择色彩明快、质感丰富、互相呼应的设计材料，可以增加空间的深度感和层次感。结合这些要点，建筑师可以让建筑空间的尺度更加符合人类的感知习惯，从而使人们在建筑内部的空间中获取更舒适和自然的感官体验。同时需要考虑到不同人群的感知能力和习惯，以打造一个符合不同民众身体差异、文化心理空间认知习俗需求的审美空间布局。

（2）空间连通性。为了实现不同空间区域属性之间的联系和动线衔接，需要设计一些过渡空间、通道或者连接设施，使不同的区域之间相互衔接，增加空间的灵活性和可变性。

（3）空间流畅性。建筑空间的流畅性指的是建筑内外空间的连接、过渡关系以及人在其中的移动体验形成的自然、连贯和顺畅的有机连接；建筑师打破传统空间之间的界限，关注建筑内部的功能组织、交通组织设计，让人们在建筑内部移动时感受到自然流畅；通过采用高大开敞的空间形态、光线和材质的设计等方式营造舒适的空间氛围，同样可以提高建筑空间的流畅性。

（4）空间分隔性。建筑空间通常被划分为不同的区域，以满足不同的功能需求。这些区域之间的界限可以通过墙壁、隔断、门窗、垂壁高差等物理结构来划定，也可以通过地面区域、高差、色彩、光线等非物理手段来区分。

（5）空间层次感。建筑空间可以通过开敞或封闭、高低错落、褶皱起伏、旋转交替、错位叠加等手段来生成多层次的空间感受。空间层次的秩序设计有利于人们探索、发现、丰富建筑空间的多样性、多意性理性空间的节奏与韵律表达。

2．动线组织

动线组织是指使用建筑时，人们的活动和行为在建筑空间中所遵循的路径和高效秩序规则。合理的动线组织设计可以使人们在建筑的各个区域之间通过自然流畅的动线相连接，快速识别不同区域的功能，能够轻松、自然地从一个区域到另一个区域。动线组织应保证通行使用人的安全，使其在紧急情况下可以迅速、准确、安全地撤离危险区；同时应考虑舒适的视觉效果，让通行使用人在行走的过程中可以欣赏到美丽的景观和建筑空间与室内外环境元素；还应考虑到繁忙的时间段场所的最高峰值人流量，以及人流通过率与经济成本之间的有效平衡。一个合理的建筑动线组织，可以让建筑物的使用更加顺畅、舒适和高效。

**（四）建筑剖、立面分析与材料应用和细部处理**

1．建筑剖、立面分析

建筑剖、立面是指建筑物沿垂直于地面的方向进行切割后形成的空间关系图示或模型呈现形式，常用于展示建筑物内部结构、空间布局和材料等信息。对于建筑剖、立面图或模型的分析可以从空间布局、结构形式、采光通风、照明分布、消防安全、节能环保等视角入手。建筑剖、立面的分析是一项细致入微的工作，需要深入了解建筑的各个方面，对于建筑的设计、施工和维护都有着重要的指导意义。

2．材料应用和细部处理

建筑材料的应用和细部处理是建筑设计和建造过程中非常重要的环节，能够直接影响建筑的品质和使用寿命。

建筑材料的应用和细部处理需要考虑建筑物的功能、使用环境、造价预算等多种因素，以达到设计目标和建造标准。同时，设计师、工程师和施工人员需要密切配合，对每一个部位进行精细设计和施工，才能保证建筑的整体品质和安全。

### 三、互动+答疑、问题思考与讨论

#### （一）设计项目与预计准备

1. 探索沟通项目基本设计系统。
2. 完成"中、小型主题建筑"方案设计的平、立、剖面图和概念模型构思。
3. 依据"基本设计系统"进行空间叙事设计思路、方案草模的推敲构思制作。
4. 明确"中、小型主题建筑"设计方案空间叙事表达的方式。
5. 预计"中、小型主题建筑"设计方案的展示效果与具体呈现形式。

#### （二）研讨与问题思考

1. 依据"选题"进行调研、明确选题思路、沟通主题方向与设计范围。

原则上以2人（不超过3人）为一组，通过小组抽签组对的形式对一位建筑大师和自由选择的著名艺术家进行设计主题内容的调研与共性总结，制作PPT汇报。

2. 根据调研寻找提炼"核心要素""关键词""主题元素"，明确选题思路，确认选题，进行方案构思研讨。

3. 关注艺术家"核心要素"（创作理念、艺术风格、代表作品、标志性符号）调研、"元素符号提取"、空间转换，绘制设计构思概念图、制作概念模型。

4. 问题思考

（1）建筑的含义是什么？如何理解Architecture与Building的关系？

（2）简要说明您所调研的建筑大师设计语言特色和选择艺术家的理由及他们的共性？

（3）从创意到设计思路，如何将提取的艺术要素融入设计方案的空间建构中？

（4）如何实现设计课题主题理念设想与项目策划的路径（Diagram→Conceptual model→Start model）？

# 第五章
# 建筑结构与造型

### 章前导言

本章内容涉及建筑结构、造型原理以及建筑结构功能与空间造型的关系。揭示建筑结构的分类、基本性质、构造体系、建筑结构选型与空间造型组织的一般规律,并对建筑空间构造与空间构成的方式、方法,以及典型案例调研与项目结构造型设计的系统性训练展开分析。

### 本章聚焦

在建筑构造与空间造型的基础之上,聚焦探讨建筑结构与空间造型语言的表达方式与一般规律。

### 学习目标

理解建筑功能空间与结构造型的关系,初步掌握建筑构造与空间造型组织的叙事方式、方法与系统特征;熟悉常用建筑构造的类型、基本性质与使用常识,以及了解建筑结构原理和造型的基本知识。

## 知识点导图

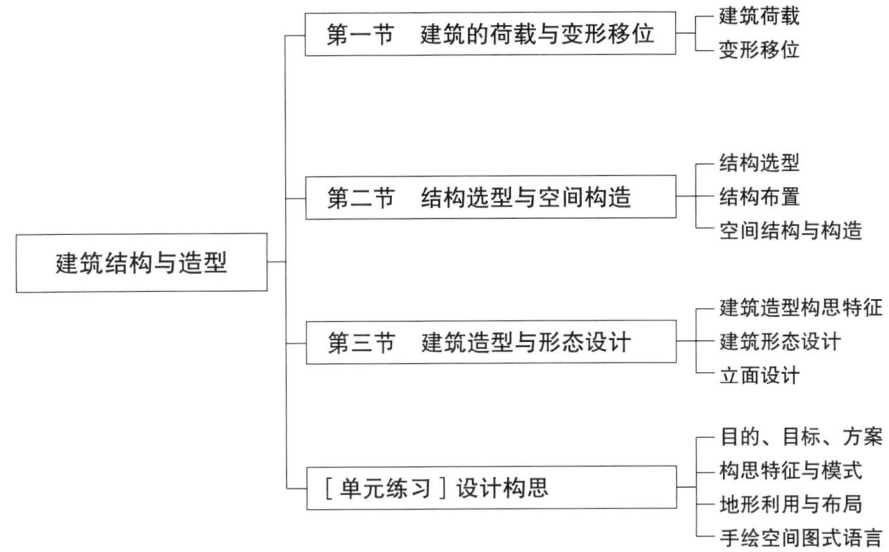

## 第一节　建筑的荷载与变形移位

　　建筑的形式美，由造型、色彩、质感等影响建筑美的一些重要因素构成，而造型的本质体现了结构本身的自然美。建筑的结构如同人体的骨骼，不但成就了建筑完美之躯，同时还是一种空间叙事力量的象征。

　　建筑构成内在的本质要素是重力与动线，假若无视这种结构，建筑空间就无法成立，更不可能产生空间叙事效能。

　　如位于上海市中心人民广场"大院子"舞台中的上海大剧院，其造型的本质体现了结构叙事之美，奠定了它出类拔萃的殿堂级剧院尊荣，其通过举重若轻的弧形大屋顶结构，彰显出包容自信、洁白无瑕、晶莹剔透的风采与超凡的结构叙事意境。众多世界最著名的表演团体和海内外艺术名家，都曾在这里留下闪光的足迹与美好记忆，其已成为中外艺术文化沟通的桥梁之一（图5-1）。

　　我们要研究结构与建筑的关系，需要先了解建筑物受到的荷载以及荷载作用下建筑物产生的变形和为抵抗这些变形所采用的各种结构形式。不同的结构形式使得建筑物呈现出造型丰富、形态各异的造型特征和结构之美。

### 一、建筑荷载

　　建筑不断承受各种力，其恒定力是建筑屋顶、墙壁、窗户、地板、楼梯、内隔墙、

图5-1a 上海大剧院（包立 摄）

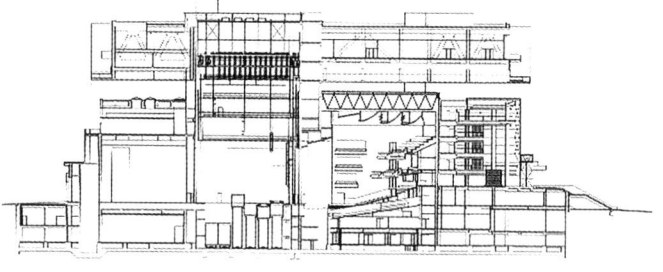
图5-1b① 上海大剧院剖面图

壁炉等固定部件施加的向下的压力（建筑自重），可称之为建筑的恒荷载。建筑的非恒定力是可移动物，如人、家具、花盆、货物、车辆、设备、屋顶积雪的重量，风的压力（主要是水平方向）以及地震等产生的重力，可称之为建筑的活荷载。

$$压应力 = 荷载 / 作用面积$$

用石、砖、混凝土、木、钢等构成的柱子，能够支撑屋顶或地板整个边缘的荷载（图5-2）。

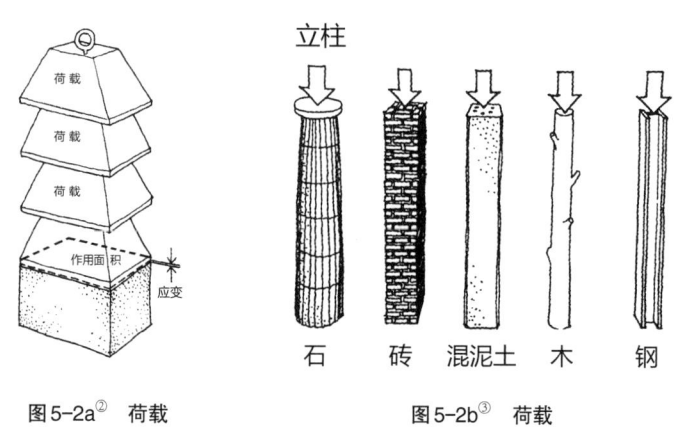
图5-2a② 荷载　　图5-2b③ 荷载

控制好建筑物的沉降，可避免产生不均匀受力。建筑物承受了各种力，与自然界所有物体一样，最常见的力是地心引力——重力。在恒荷载与活荷载朝向地心的力的作用下，建筑物有可能发生沉降甚至倾斜（图5-3）。而风力、地震力多是沿水平方向作用给建筑物。建筑物越高，受到的风力越大，地震力作用在建筑物底部；建筑物越重，受到的地震力越大（图5-4）。

---

① 请叫我大人. 上海大剧院建筑施工图（华东院图纸）[EB/OL].（2018-06-24）[2024-11-23]. https://bbs.zhulong.com/101010_group_200102/detail32589820/?checkwx=1.
② 爱德华·艾伦. 建筑初步[M]. 连树声，译. 南京：江苏凤凰科学技术出版社，2020：177.
③ 爱德华·艾伦. 建筑初步[M]. 连树声，译. 南京：江苏凤凰科学技术出版社，2020：179.

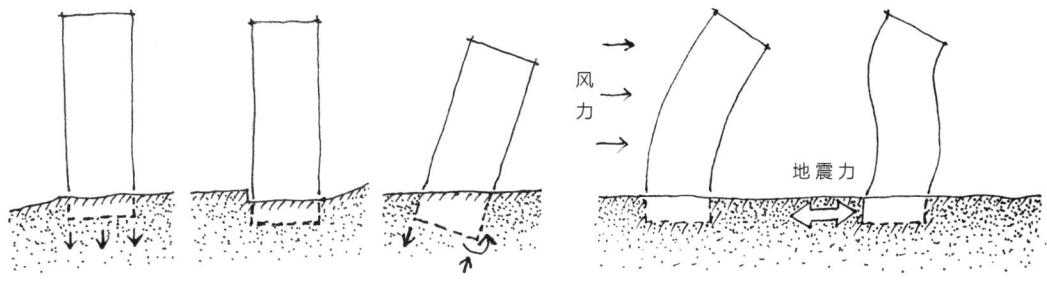

图5-3 建筑物沉降（王雪薇 绘）　　　　图5-4 建筑物在水平力作用下（王雪薇 绘）

## 二、变形移位

荷载作用下的建筑的变形或位移通常有弯曲、扭曲降、倾覆、裂缝等，很多时候，这些变形或位移并没有被人们发现，如建筑的沉降。特别值得关注的是建筑构件在力作用下的变形，其中最主要的变形是弯曲。

竖向构件受到竖向力，会发生弯曲和失稳，导致破坏（图5-5a）。

水平构件受到竖向力，会发生弯曲和开裂，导致破坏（图5-5b）。

某些材料，如钢筋混凝土梁板是允许出现肉眼难以发现的微裂缝的，当裂缝扩展到一定程度，即使构件没有垮塌，但由于它已经不具备必要的抗弯能力了，所以实际已遭到破坏。

抗弯能力弱的独木桥，如果绑上根木头，其抗弯能力会提高，这也称为刚度增加，即构件抗弯能力——弯曲强度增大（图5-5c）。

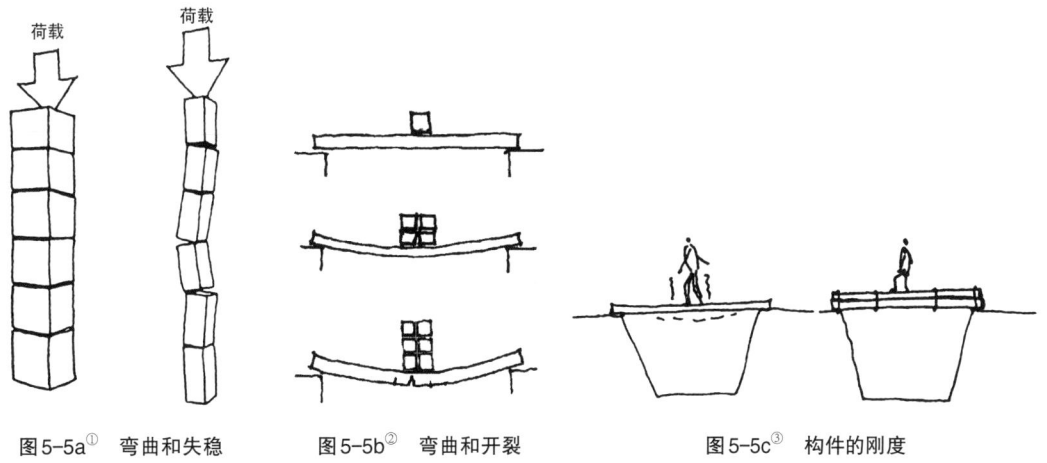

图5-5a[1] 弯曲和失稳　　图5-5b[2] 弯曲和开裂　　图5-5c[3] 构件的刚度

---

[1] 爱德华·艾伦.建筑初步［M］.连树声，译.南京：江苏凤凰科学技术出版社，2020：179.
[2] 李延龄.建筑设计原理［M］.北京：中国建筑工业出版社，2020：159.
[3] 李延龄.建筑设计原理［M］.北京：中国建筑工业出版社，2020：159.

构件在力的作用下会变形，还会产生位移，例如高楼在大风作用下出现摇摆，越高处的位移可能越大。我们须设法抵抗或减弱这些位移，可通过对构件的某些部位增加约束而使受力位移得到控制（图5-6）。

图5-6[①]　桥的变迁

从简易的独木桥发展到桁架桥，又由桁架桥启发了桁架式建筑的产生，人们对力学的认识逐步深入，在对材料和结构的类型的选择应用上，独木桥、桁架桥的构建也越来越科学（图5-7）。

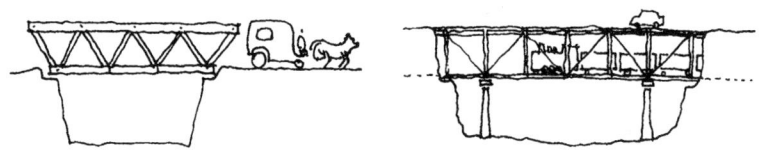

图5-7[②]　改良的桁架桥与铁路公路两用桥

不同的材料其强度各不相同，而对于相同材料组成的构件，不同的构造其刚度也不同。此外，还有一个重要的概念叫稳定。

一片没有支撑的墙，其稳定性较差，这可以通过加厚墙体改善，但增设支撑杆件或是壁柱则能使其获得更加经济有效的稳定结构支撑（图5-8），如天津蓟县独乐寺观音阁（984年）的暗层斜撑（图5-9）、山西应县木塔（1056年）暗层中的斜撑结构（图5-10），这些体现了一千多年前木结构设计在抗变形、移位方面的先进性技术应用。

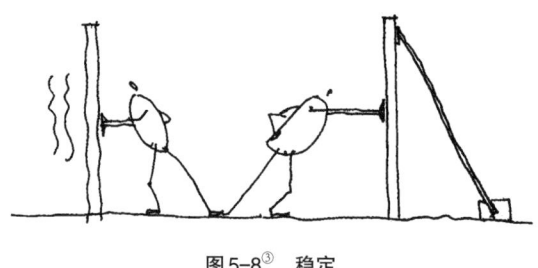

图5-8[③]　稳定

---

① 李延龄.建筑设计原理［M］.北京：中国建筑工业出版社，2020：159.
② 李延龄.建筑设计原理［M］.北京：中国建筑工业出版社，2020：160.
③ 李延龄.建筑设计原理［M］.北京：中国建筑工业出版社，2020：160.

第五章　建筑结构与造型 | 241

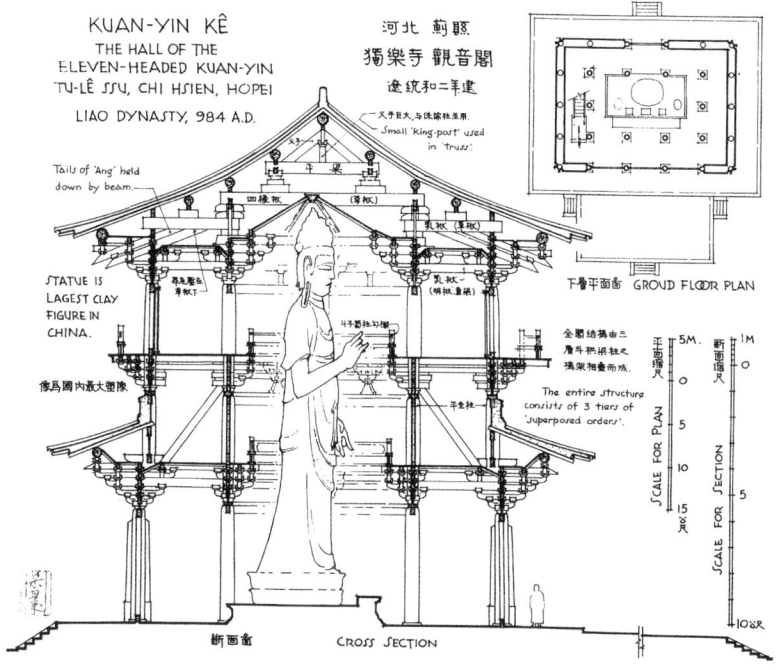

图5-9① 木桁架斜撑（梁思成 绘）

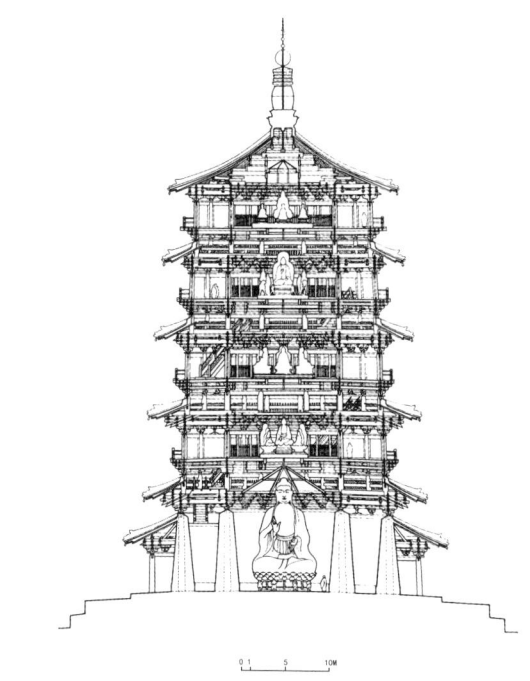

图5-10② 山西应县木塔桁架结构

---

① 梁思成.中国建筑史［M］.天津：百花文艺出版社，2007：190.
② 刘敦桢.中国建筑史［M］.北京：中国建筑工业出版社，2009：218.

## 第二节　结构选型与空间构造

随着社会生产力水平的提高，在适应使用空间的要求基础上，各种结构类型、材料性能有了很大的改进，建筑结构日趋合理完善，并不乏出现具有时代性、象征性之美的建筑结构，为建筑师的设计、创作提供了充分的支持。

### 一、结构选型

#### （一）墙承重结构

墙中的木柱、石柱承重结构是最传统、最广泛的结构形式，通常选用砖或石材作为砌墙材料，因此也叫砖石结构，随着混凝土材料被大量使用，该结构演变为砖混结构（图5-11）。

墙承重结构的特点在于墙体。墙体既是承重构件，又具有围护和隔墙的作用。

如果上述承重墙体全部采用钢筋混凝土，则其可称为剪力墙结构，由于这种墙体表现了良好的强度和刚度，所以被应用在许多琢石、毛石、砖混材料的高层建筑结构当中当装饰。

#### （二）柱承重结构

这种结构形式由来已久，中国古代的木结构多是柱承重结构，其内外墙仅起围护和隔断的作用，素有"墙倒房不倒"的说法（图5-12）。

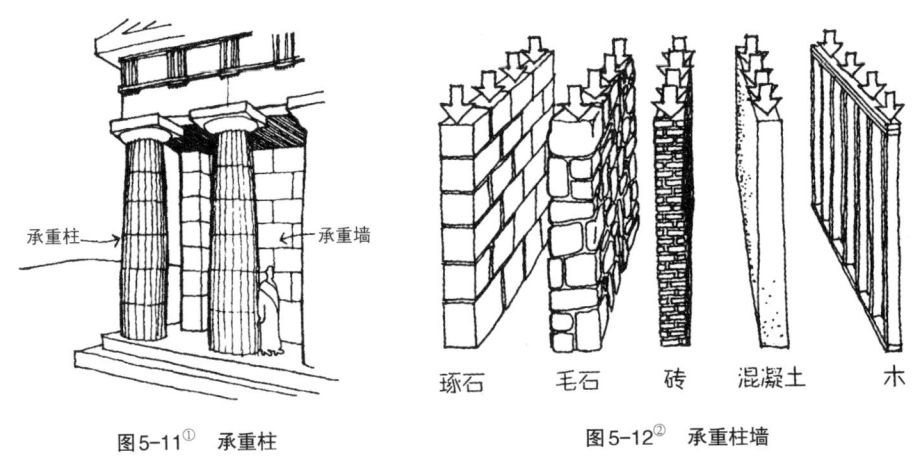

图5-11① 承重柱　　　　图5-12② 承重柱墙

柱承重结构在现代建筑中的应用也极为普遍，但空心砖等材料则使用了混凝土与钢筋。现代的柱承重结构，往往是以"柱—梁—板"组成框架的混凝土钢木体系，称为框架结构，这种结构形式越来越广泛地被应用在建筑项目中。

---

① 爱德华·艾伦.建筑初步［M］.连树声，译.南京：江苏凤凰科学技术出版社，2020：179.
② 爱德华·艾伦.建筑初步［M］.冯刚，王江华，译.南京：江苏凤凰科学技术出版社，2020：179.

柱承重结构的内部柱列整齐、空间敞亮，可以根据需要设隔墙或隔断。

木板可以支起板凳，木条也可以，前者使我们联想到"墙"，后者则使我们联想到"柱"。

板凳的凳脚加一横档，会使木凳结构变得牢固耐用许多（图5-13）。

承重墙结构比承重柱结构要显得"稳重而结实"，但室内空间不如承重柱结构的室内空间开敞明亮（图5-14）。

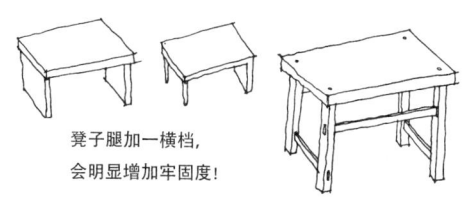

图5-13[①] 板凳的联想

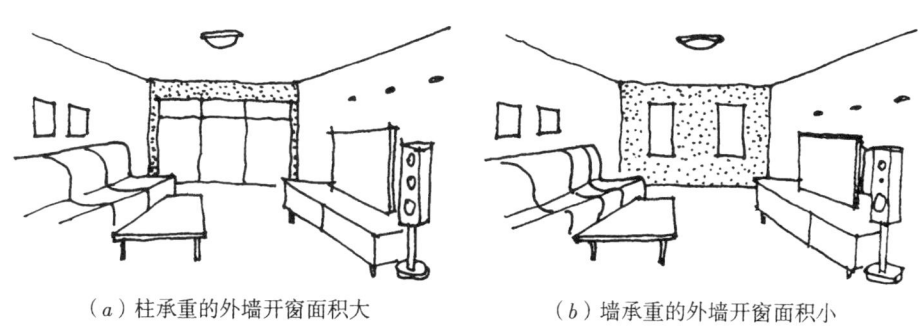

（a）柱承重的外墙开窗面积大　　　（b）墙承重的外墙开窗面积小

图5-14[②] 墙、柱承重结构的室内开窗比较

（1）与砖混结构相比，框架结构使用寿命长，可改变空间大小并可灵活分隔，整体重量轻，刚度相对较高，抗震性能强；但造价高于砖混结构，工程要求高，施工周期较长。框架结构适用于大部分建筑类型；而砖混结构以前多用于住宅、小开间办公楼、旅馆等中小型建筑，建筑层数一般不超过七层，现在我国城市当中的新建建筑已基本停止使用这种结构。

（2）剪力墙结构的刚度比框架结构要更大，所以可以建造的高度更大。剪力墙不但起到普通墙体的承重、围护和分隔的作用，还承担了建筑物上大部分的地震力或风力。剪力墙结构不如框架结构开敞明亮，空间大小受到一定限制。

（3）综合框架结构和剪力墙结构两种结构的特点形成了一种墙柱共同承重受力的结构，即框架—剪力墙结构，它既有框架结构的灵活空间，又具有较强的刚度（图5-15）。

### （三）屋顶结构

除了平屋顶，建筑中还有其他的各式各样的屋顶。建筑师在结构选型时，往往对建筑的屋顶结构相当重视。欧洲古典教堂的标志之一就是穹顶，而中国古代宫殿的标志是

---

① 李延龄.建筑设计原理［M］.北京：中国建筑工业出版社，2020：161.
② 李延龄.建筑设计原理［M］.北京：中国建筑工业出版社，2020：161.

244 | 建筑原理——空间叙事的方法

图5-15① 墙、柱承重结构的空间比较

深屋大檐房顶。当代，新材料和新技术的运用，使得建筑的屋顶千姿百态。常见的几种屋顶结构如下（图5-16）。

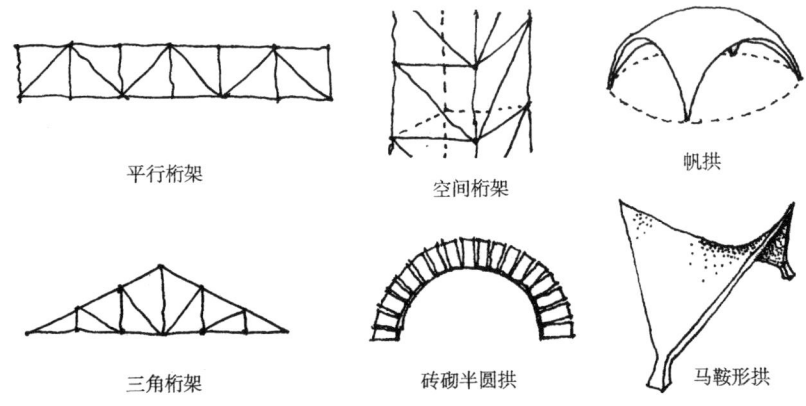

图5-16② 常见屋顶结构类型

下面简单介绍屋顶结构的特点。

### 1. 桁架

桁架是由直线杆件按照几何关系组合成三角形或四边形单元的平面或空间结构，杆件所受的力均为轴向拉（压）力，以充分发挥材料的力学性能，可以实现较大的跨度，整体质量轻巧，广泛应用于桥梁屋架、线塔等。杆件一般为钢、木或钢木组合。常见的建筑木屋架就是一种三角桁架（图5-17）。

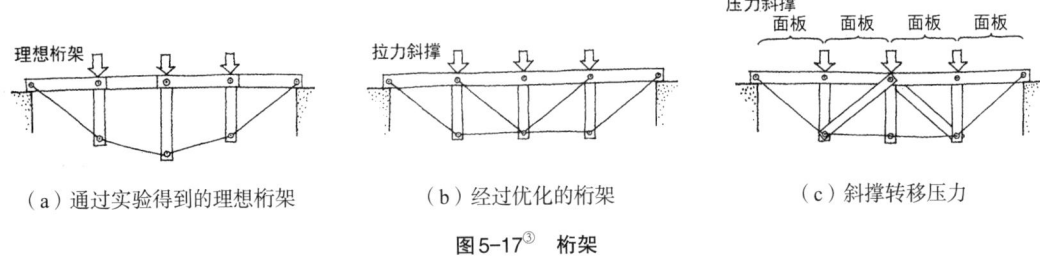

图5-17③ 桁架

---

① 李延龄.建筑设计原理［M］.北京：中国建筑工业出版社，2020：161.
② 李延龄.建筑设计原理［M］.北京：中国建筑工业出版社，2020：162.
③ 爱德华·艾伦.建筑初步［M］.冯刚，王江华，译.南京：江苏凤凰科学技术出版社，2020：190.

2. 拱

拱是按照几何曲线用砖石砌筑或用混凝土及其他新型建筑材料构筑的，拱体一般受轴向压力影响较大。由于拱结构优越的力学表现，其可以形成很大的跨度，所以多应用在墙洞、柱顶、屋顶还有桥梁上。拱由于受到轴向力，所以弯矩很小。跨度$S$越大，产生推力$P$值越大；矢高$H$越小，则$P$值越大（图5-18）。

位于我国石家庄市赵县的隋代（595—605年）赵州石桥（安济桥）便是首创"敞肩拱"单孔坦弧的石拱结构桥，是世界桥梁史中杰出的代表建筑之一（图5-19）。

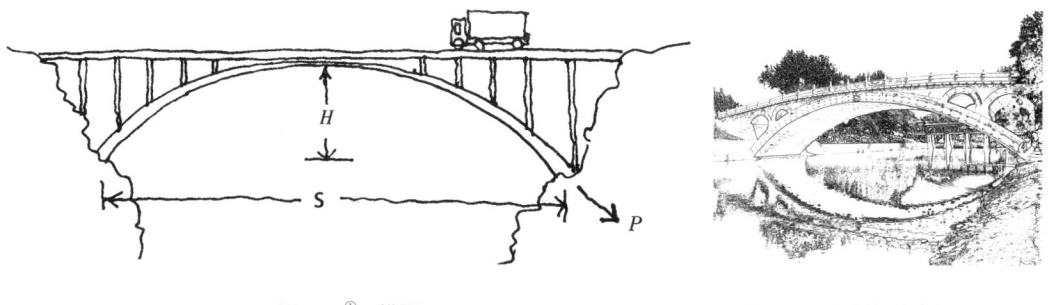

图5-18[①]　拱桥　　　　　　　　　图5-19　赵州桥（崔轲淞　绘）

3. 壳体

壳体是由曲面形的薄板组成的空间结构，这些薄板多由钢筋混凝土做成，也可用钢、木、石、砖或玻璃钢组合而成。壳体具有优越的传导力，可以较小的厚度形成较大跨度的屋顶结构（图5-20）。

图5-20a[②]　悉尼歌剧院　　　　　　图5-20b　上海中国航海博物馆（谢璞　绘）

1958年布鲁塞尔世博会飞利浦馆建筑采用扭壳拱墙结构，其由5 cm厚的各种曲线构成高低错落旋转曲面墙及屋顶，充分发挥了混凝土具有塑性表现力的壳体特质。建筑内部将色彩，声光和音乐完美地融合在一起，可以说是建筑师在音乐叙事表达上获得结构与空间表现创作灵感之探索的典型案例（图5-21）。

---

① 李延龄.建筑设计原理［M］.北京：中国建筑工业出版社，2020：163.
② 杨秉德.建筑设计方法概论［M］.北京：中国建筑工业出版社，2020：85.

### 4. 网架

网架是由多根钢杆件按照一定的网格形式，通过节点连接而成的空间结构。特点是杆件受轴向力，重量极轻而刚度相对较大，很适合工业化加工组装。网架结构被广泛应用在体育馆、展览馆、影剧院、食堂、候车厅和大型车间等大跨距的屋顶结构上（图5-22）。

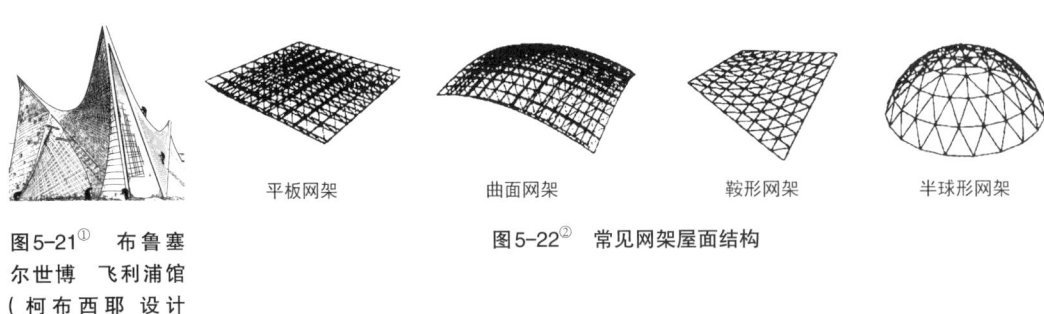

图5-21① 布鲁塞尔世博 飞利浦馆（柯布西耶 设计 崔轲淞 绘）

图5-22② 常见网架屋面结构

根据需要，网架可以被设计成规则的平板网架和曲面网，也可以被造就成丰富的曲面形状（图5-23）。

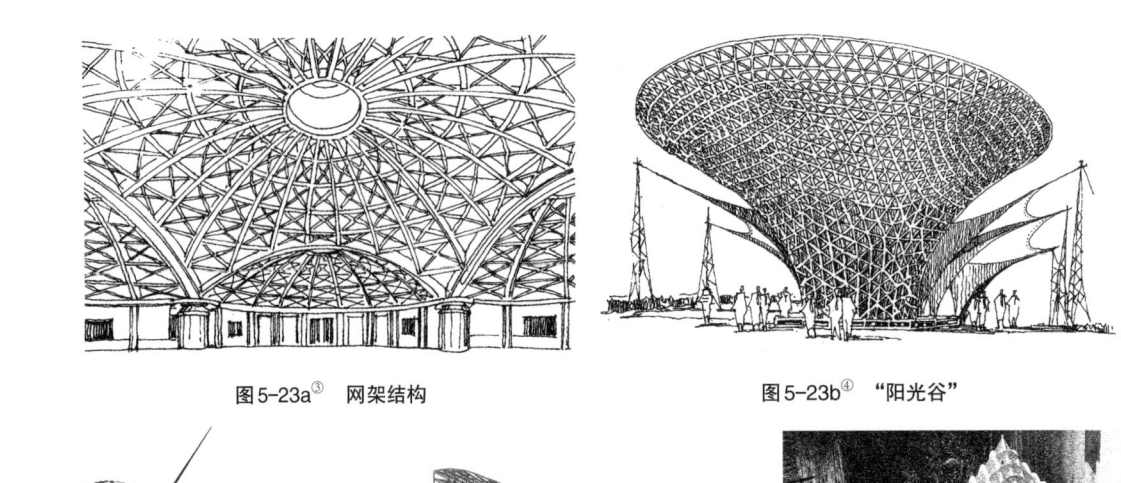

图5-23a③ 网架结构　　　　　　图5-23b④ "阳光谷"

图5-23c "东方之光"（李钊 绘）

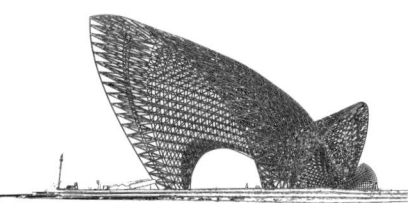

图5-23d 司南鱼（崔轲淞 绘）

图5-23e 木材网架（谢璞 绘）

---

① 勒·柯布西耶.《布鲁塞尔世博会菲利普斯馆》勒·柯布西耶（Le Corbusier）高清作品欣赏［EB/OL］.（2023-06-06）［2024-11-15］.https://www.mei-shu.com/famous/26338/artistic-68936.html.
② 李延龄.建筑设计原理［M］.北京：中国建筑工业出版社，2020：164.
③ 李延龄.建筑设计原理［M］.北京：中国建筑工业出版社，2020：163.
④ 李延龄.建筑设计原理［M］.北京：中国建筑工业出版社，2020：164.

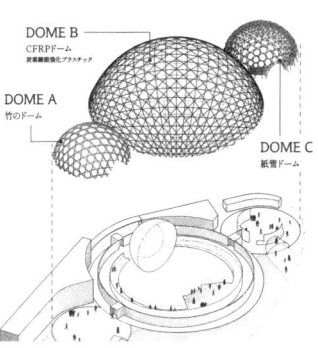 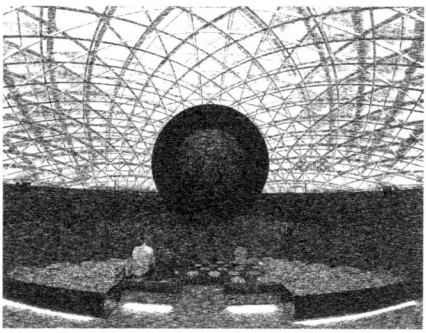 

图5-23f① 大阪世博会蓝色海洋穹顶馆（坂茂建筑设计事务所 设计）　　图5-23g② 深圳海洋馆（SANAA 设计）

### 5. 悬索

悬索是由柔性的拉索和边缘固定构件组成的屋顶结构。拉索由钢丝束、钢绞线、钢管等材料制成。悬索结构材料少，跨度大，造型轻盈，用途广泛（图5-24）。

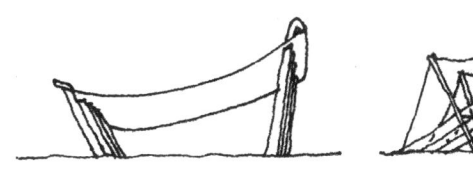

吊床式悬索结构　　　　　　　桅杆式悬索结构

图5-24③ 悬索结构

东京代代木体育馆，是著名建筑师丹下健三（KenzoTange）用拱和悬索结构，创造设计出的能够体现完美结构的经典范例（图5-25）。

 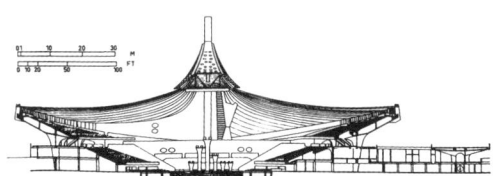

图5-25a④ 东京代代木体育馆（丹下健三 设计）　　图5-25b⑤ 平面图和剖面图（丹下健三 设计）

---

① 机器人的秘密探索.原研哉设计日本"蓝海穹顶"展馆，以"复兴海洋"为主题！[EB/OL].（2023-09-10）[2025-05-07].https://www.sohu.com/a/719389442_121124372.
② GA环球建筑.一起去看"海上的云"——走进深圳海洋博物馆优胜方案[EB/OL].（2021-03-18）[2025-05-07].https://www.sohu.com/a/456256870_791225.
③ 李延龄.建筑设计原理[M].北京：中国建筑工业出版社，2020：164.
④ 李延龄.建筑设计原理[M].北京：中国建筑工业出版社，2020：96.
⑤ Henri Stierlin.図集世界の建築[M].鈴木博之，訳.東京：鹿島出版会，1979：473.

密尔沃基市美术馆运用了高质量的悬索技术与材料，构建出了外形绚丽、韵律跃动、结构和谐的优美建筑（图5-26）。

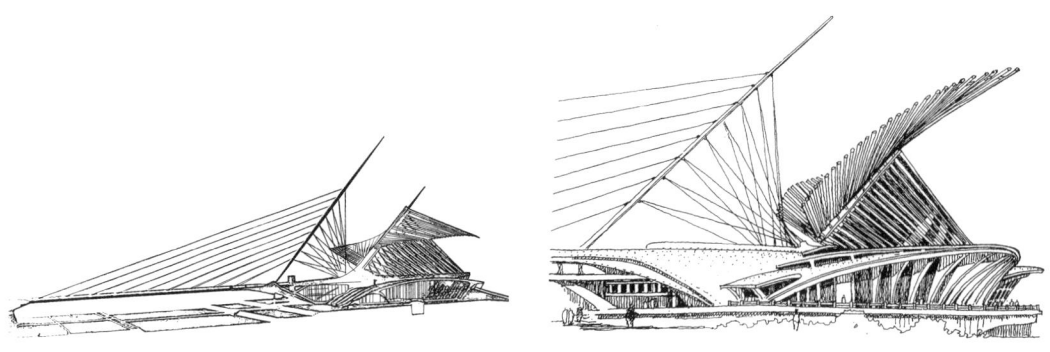

图5-26a[①]　密尔沃基市美术馆（卡拉特拉瓦 设计）　　　图5-26b[②]　密尔沃基市美术馆

中国古代就有利用竹、藤和铁链制成悬索桥的传统。云南与贵州交界的北盘江大桥高565 m，主跨720 m，是目前世界上最高的悬索大桥（图5-27）。

图5-27　北盘江大桥结构（崔轲淞 绘）

上海浦东机场1号航站楼大屋顶的悬索混合结构构成是大跨距空间设计应用的典型案例。

6. 膜结构

膜结构即索膜结构或张拉膜结构。它是采用高强薄膜通过吊床式的悬索结构、桅杆式的悬索结构钢杆件、钢索加张拉应力而形成的建筑类型。它外形自由，轻巧柔美，同

---

[①] 典尚建筑素材网.密尔沃基艺术博物馆JPG图片［EB/OL］.（2016-01-27）［2024-12-03］. http://jz.jzsc.net/bowuguan/ 86016.html.
[②] 李延龄.建筑设计原理［M］.北京：中国建筑工业出版社，2020：116.

时还具有安装快捷、可重复利用等优点。用特殊防水织物制成的膜，透光率高，使室内视觉环境明亮和谐，充满自然光；夜晚室内灯光又可透过膜照亮天空与周边环境。膜结构被广泛应用于体育场馆、博览会场、购物中心以及休闲场所，如上海世博轴"阳光谷"的膜结构设计（图5-28）。

"膜结构之父"德国建筑大师弗雷·奥托（Frei Otto）几乎是最早采用支撑膜结构（有桅杆的张力结构）构建大空间的建筑师，他被誉为膜建筑与结构技术的先驱。早在1955年到1965年间，他就为联邦园艺展览会以及其他国家展览会，设计并建造了许多形态自由的双曲面帐篷。在之后的几十年中，他一直致力于轻型结构研究和设计，在钢筋混凝土等重型材料以外，发现了另一个极度轻巧优雅的世界，如1967年的蒙特利尔世博会西德馆、1972年的慕尼黑奥体中心屋顶等（图5-29）。

图5-28a[①]　张拉膜结构

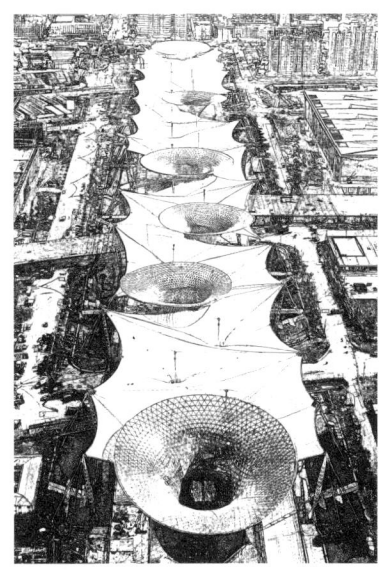

图5-28b[②]　上海世博"阳光谷"

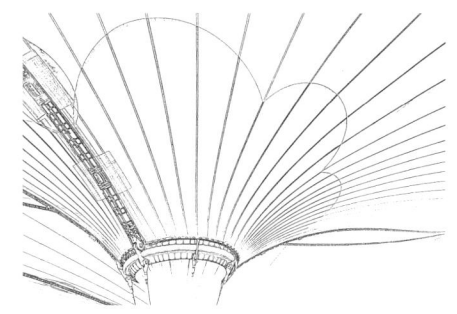

图5-28c　张拉膜结构（王雪薇　绘）

---

[①] 李延龄.建筑设计原理［M］.北京：中国建筑工业出版社，2020：98.
[②] 新华社.图文：完工的世博轴［EB/OL］.（2009-10-26）［2024-11-27］. http://expo2010.sina.com.cn/site/construction/20091026/11513929.shtml.

图5-29a 蒙特利尔世博西德馆（崔轲淞 绘）

图5-29b 慕尼黑奥体中心屋顶（崔轲淞 绘）

## 二、结构布置

建筑设计，除了为满足使用功能而进行平面和空间的布置，塑造美的外观和屋顶，更重要的是进行合理、经济的结构布置。前面介绍的砖混结构、框架结构、剪力墙结构等，在结构的布置上一般有以下特质：

### （一）砖混结构

上下墙体尽量墙体对齐；楼板依靠墙体支撑；楼板又起连接结构稳定墙体的作用。

砖混结构是一种承重墙结构，墙体材料采用砖砌体，楼面则采用钢筋混凝土楼板和梁。出于抗震的需要，大部分砖混结构的楼板体、楼板圈梁系采用混凝土现浇结构，可以获得较好的整体刚度，也可以通过一些加固措施来满足抗震需要（图5-30）。

现浇楼板的厚度受到跨度和荷载影响，为使板厚不致过大，往往采用梁来分隔楼板。根据梁的受力特点和作用不同，梁又分为主梁和次梁。次梁的作用在于把楼板重量

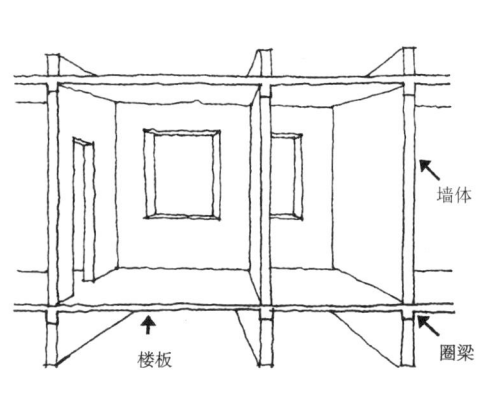
图5-30a[①] 砖混结构

图5-30b 砖混结构（陈治方 绘）

---

① 李延龄.建筑设计原理［M］.北京：中国建筑工业出版社，2020：165.

尽量均匀地分布到主梁上，所以次梁的布置是把楼板均匀分隔成互相平行的几个部分，而主梁则将板和次梁的力传递给墙体，再传至基础，这是砖混结构的受力原理。

一般民用建筑的主梁的经济性跨度为5—8米，主梁的高度一般为跨度的1/10，次梁的跨度一般小于主梁跨度，梁的高度通常为其跨度的1/10。而板的厚度一般不小于其跨度的1/14。当楼板的长边和短边之比小于2时，板称为双向受力板，否则称为单向板，即使其短边是支撑在梁或墙上，也可以忽略墙、梁对板的约束作用。

**（二）框架结构**

框架结构的受力原理与砖混结构相似，只是力被最终传导给了柱子而非墙体，所以框架结构的内外墙也称填充墙，是不承重的。框架结构与砖混结构的不同之处在于，框架柱通常也是现浇混凝土，能和梁板结构共同组成整体性极好的框架体系，所以在有抗震要求的建筑中，常以框架结构取代砖混结构（图5-31）。

图5-31a[①]　混凝土框架结构　　　　图5-31b　钢结构（陈治方 绘）

另外，框架结构的楼板体系一般是连续现浇的，这样的楼板及梁可称为连续板及连续梁。

**（三）剪力墙结构**

剪力墙结构与砖混结构很相近，但其整体性比框架结构更强，能够抵抗的地震强度、风力更大，所以多用于高层建筑。

至于框架与剪力墙混合而成的"框—剪"结构（图5-32），包含了两种结构的特点，由于其受力和变形较为复杂，在此不展开赘述。

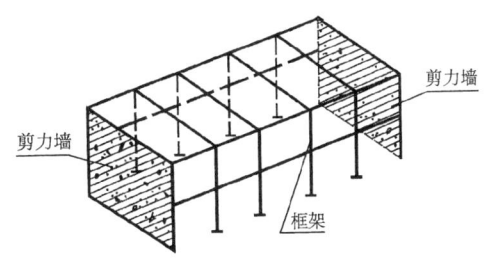

图5-32[②]　框—剪结构示意

### 三、空间结构与构造

**（一）空间结构**

结构是建筑的骨骼，如同人与动物的骨骼。大千世界千奇百怪的生命体，很多都依

---

[①] 李延龄.建筑设计原理[M].北京：中国建筑工业出版社，2020：166.
[②] 李延龄.建筑设计原理[M].北京：中国建筑工业出版社，2020：166.

靠骨骼承载着自身的重量。

地球上生物的进化规律是，越是高级的生物，骨骼就越复杂。而建筑也同样，建筑的造型、空间等内容，都依赖它的骨骼——结构承重。如同不同的生命有着不同的骨骼一样，不同的建筑也有着不同的结构。

在关注结构的时候，首先应关注的是其可靠性，此外还要关注其形态。可以说，没有结构，就没有造型，也就没有空间。

肯尼斯·弗兰普顿（Kenneth Frampton）说："建筑的根本在于建造，在于建筑师应用材料并将之构筑成整体的创作过程和方法。建构应对建筑的结构和构造进行表现，甚至直接的表现，这才是符合建筑文化的。"高层建筑中设计中的结构要素，直接影响着整体建筑的造型。

在结构力学允许的范围内，调整梁、柱、墙的数量、比例、排列方式和截面形式等这些因素的时候，看似枯燥的结构就展现出无比丰富的表现力（图5-33）。

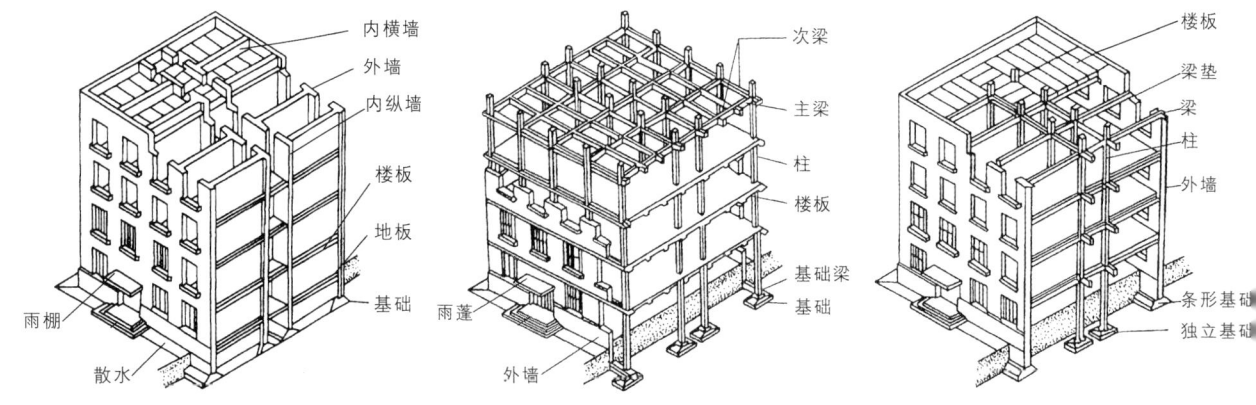

图5-33[①]　墙承重式建筑（a）　骨架承重式建筑（b）　内骨架承重式建筑（c）

例如可以把柱子陈列成柱廊，不同长度、不同高度、不同间距的柱廊有着不同的性格；也可以像路易斯·康那样把柱子和墙当成构成中的线和面，组成一定的肌理，框架结构有着相当的宽容度，并不是一个结构就只有常见的8米见方的柱网单一布局。

事实上当我们仔细地处理每一个柱与柱、柱与梁、墙与柱等的关系时，结构就变成活的东西，可以变成我们造型表达的有力要素和手段。

**（二）空间构造**

1. 支撑构件

支撑构件一般包括柱和墙，是竖向结构的构件。同样的构件断面尺寸，"十"字形的柱子在视觉上就比"口"字形的柱子显得高耸，原因是它在竖直方向的立面上增加了一些线条与竖向空间感，改变了原来的立面比例造成的印象。

---

① 艾学明.建筑材料与构造［M］.南京：东南大学出版社，2020：70.

除了改变截面柱，我们可以用增加束柱面积等方法来加以调整，如仙台媒体中心虚空、自由的结构中，柱内成为楼梯、电梯、设备的收纳空间。此外柱子也不一定就必须是竖直方向的，适当的倾斜也未尝不可。在结构造型设计中，柱与梁的关系，它们之间的比例、形式和连接非常重要（图5-34）。

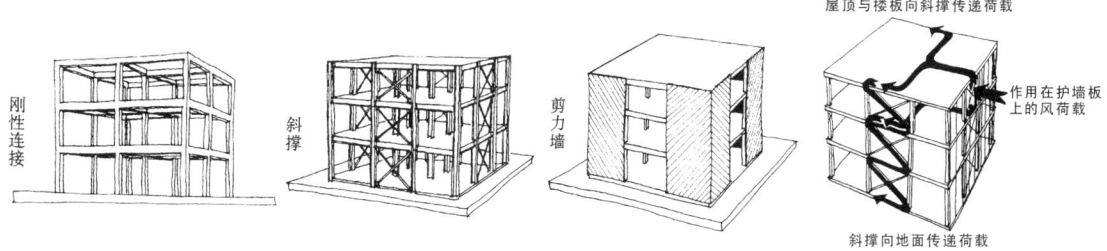

图5-34[①]　屋顶、楼板、墙柱、斜撑传递荷载

一般来说，梁柱尺度相同的时候，结构形式感比较纯粹；当梁的尺度比柱的尺度大时，结构显得比较有分量；当柱的尺度比梁的尺度大时，结构有举重若轻的感觉。当然这种相对的比例关系也与构件的绝对尺寸有关，尺寸大的显得沉重，尺寸小的显得纤巧。

另一个重要的承重构件就是墙体。墙体可以看成是一排紧密相连的柱子，但是墙的作用不仅于此，除承重外，墙体还具有抗剪力和围合空间的作用，剪力墙便在抵抗框架结构体系中的横向受力时发挥作用。

我们把承托重量的墙称为承重墙，抵抗剪力的墙称为剪力墙（常见于10层以上建筑），不承重的墙可以称为非承重墙、填充墙或隔墙。其中兼具结构作用和围护作用的墙体，其重要性不言而喻。墙体由于是面的构成，所以其比例关系和轮廓形状对建筑空间分隔显得更为重要。

在墙上开洞或窗，都会改变墙的结构能力和视觉效果，需要结合建筑设计和结构设计综合考虑。墙在空间中最为重要的效果，应该是起到表皮和限定作用。

2. 梁板结构

横向构件也是非常重要的元素，主要包括梁和楼板。通常情况下，由板来承托荷载，然后再把重量传递给梁，梁传递给柱，柱再传递给基础。梁和楼板都是受弯的构件，这是他们共同的受力特征，决定了它们的形式。梁是有生动表现力的结构构件，它有很多形式，从平面上看，有主次梁结合的，有密肋梁排列的，也有井字梁组成的，等等。梁的截面也可以发生变化，可以是悬挑，可以是斜梁，这使空间产生变化与趣味。

我们可以通过制作桁架来支撑两个集中荷载，如（图5-35a）。但它并不稳定，因为如果撤走其中荷载，桁架的支柱上弦会向上弯曲，可通过在中间面板中添加两个对角链以避免这种情况的发生（图5-35b）。

三个集中荷载的理想桁架同样可以采用类似的设计（图5-35c），这种桁架的效率

---

① 爱德华·艾伦.建筑初步［M］.冯刚，王江华，译.南京：江苏凤凰科学技术出版社，2020：167.

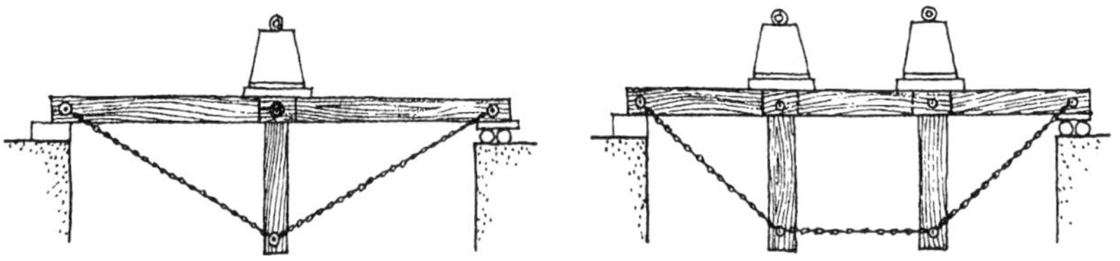

图5-35a① 桁架

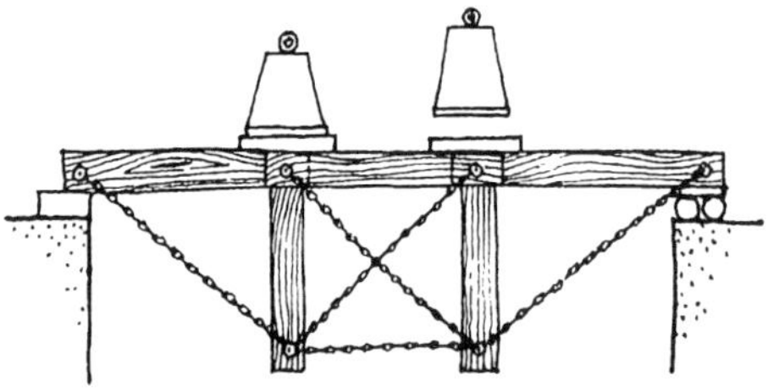

图5-35b

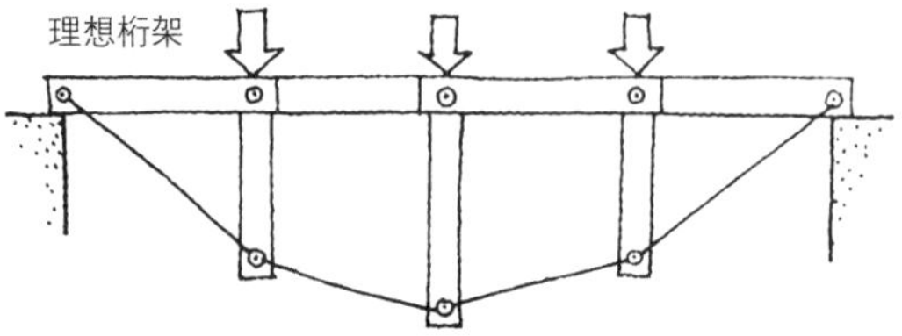

图5-35c

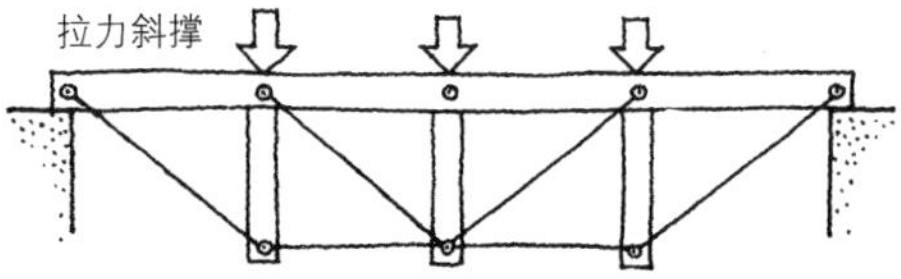

图5-35d

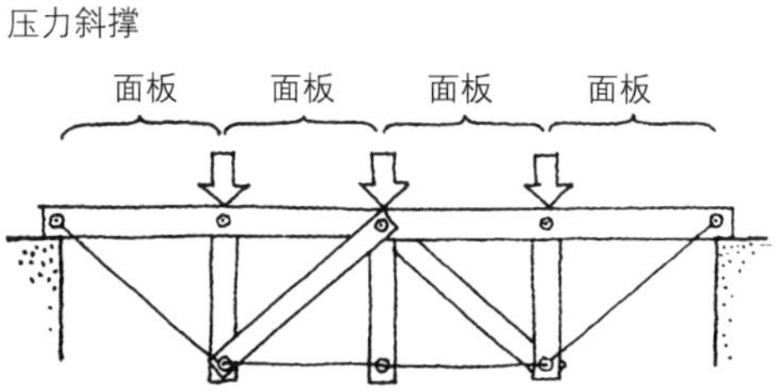

图5-35e②

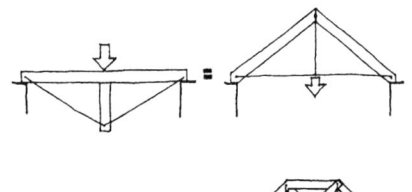

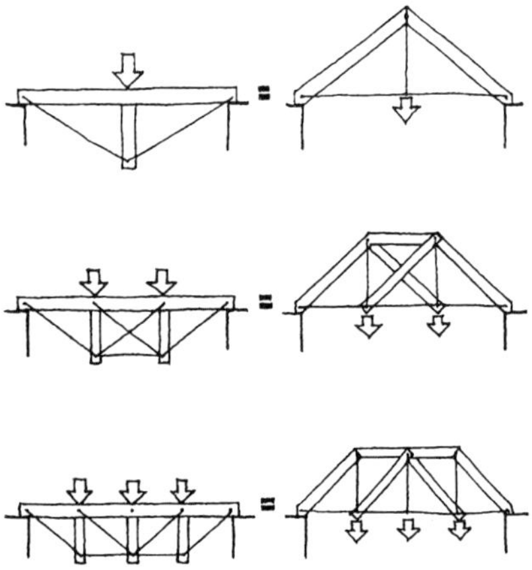

图5-36③ 桁架

很高，如果垂直支柱均为同一个长度，就更容易施工（图5-35d）。

在桁架的每个面板中插入斜拉杆或支柱，以确保平衡。对角线构件可以用拉力斜撑或压力斜撑代替，这取决于置入斜撑的方向——每个拉力斜撑或压力斜撑的一端必须与另一端呈对角摆放（图5-35e）。

通过这种方法，我们可以使用任何数量的拉力斜撑或压力斜撑打造稳定的桁架，而偶数根桁架可以产生对称性，不必在中心桁架中设计两条对角线。

此外，可以将这些桁架颠倒，即将压力斜撑与拉力斜撑对调；反之亦然。这进一步证明了在反置链子形成拱门时结构具有可逆性（图5-36）。

---

① 爱德华·艾伦.建筑初步［M］.冯刚，王江华，译.南京：江苏凤凰科学技术出版社，2020：189.
② 爱德华·艾伦.建筑初步［M］.冯刚，王江华，译.南京：江苏凤凰科学技术出版社，2020：190.
③ 爱德华·艾伦.建筑初步［M］.冯刚，王江华，译.南京：江苏凤凰科学技术出版社，2020：191.

人们已制作了多种类型的桁架结构，其可以由长度较短且重量较轻的材料组成，常采用木材、钢、铝或混凝土建造（图5-37）。

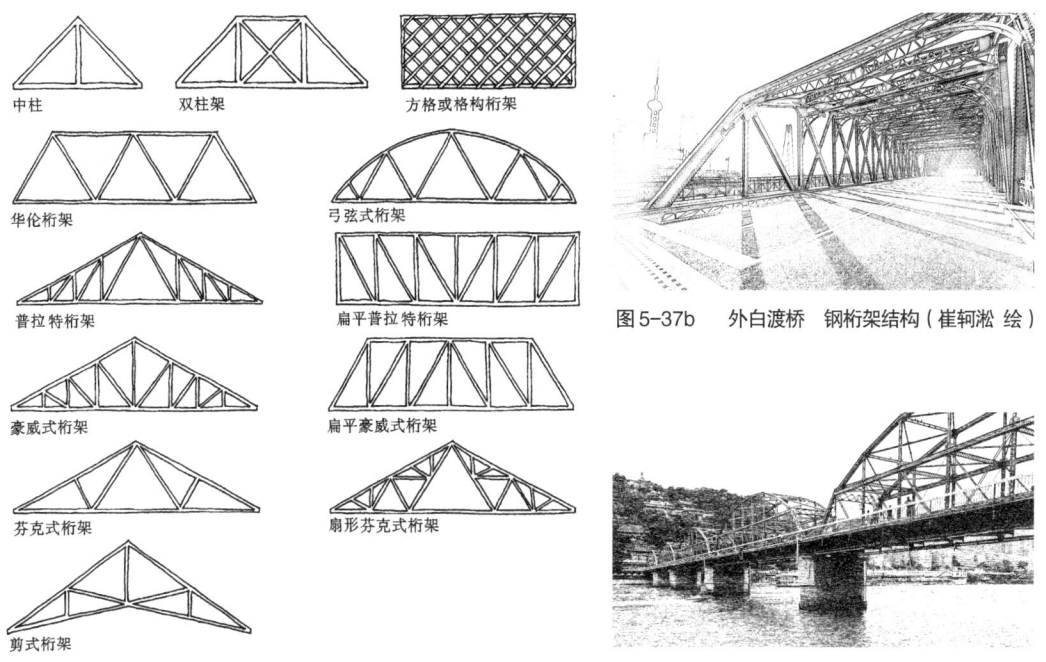

图5-37a[①]　桁架结构

图5-37b　外白渡桥　钢桁架结构（崔轲淞　绘）

图5-37c　兰州中山桥钢桁架（谢焱　摄）

关于桁架，如同拱门和悬吊结构，其垂直深度越大，应力越小，则建筑成本越节约。我们还可以使用深度较浅的桁架，使建筑更加紧凑，并节约其他建筑成本。我们可以观察一下随着桁架深度的减小，桁架会发生什么变化。

在木桁架中，荷载的重量通过垂直支柱传递到链条上，链条将载荷传递到两端支座，而水平支柱仅用于抵抗链条的水平拉力（图5-38a）。

如果缩短垂直支柱，链条的角度（α）减小，链条的水平拉力和链条中的张力将增加（图5-38b）。如果必须使用更粗的链条和撑杆，桁架中心的垂直支柱仍只承受与叠加荷载相等的力，因此保持不变。如果进一步缩短垂直支柱，链条必须更粗，承载的横杆也如此（图5-38c）。当上部横杆的厚度足以抵抗来自锁链的压力且不被折断时，便达到桁架的实际最小垂直高度（图5-38d）。

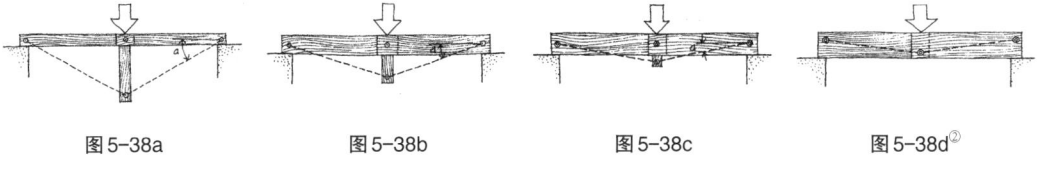

图5-38a　　　　图5-38b　　　　图5-38c　　　　图5-38d[②]

---

① 爱德华·艾伦.建筑初步［M］.刘晓光，王丽华，林冠兴，译.北京：中国水利水电出版社，2008：156.
② 爱德华·艾伦.建筑初步［M］.冯刚，王江华，译.南京：江苏凤凰科学技术出版社，2020：193.

此时桁架的内部空间架构作用力虽然很大，但在普通结构材料的承受范围内。完全移除垂直支柱，将链条中间直接用螺栓固定在水平支柱的材料上，便得到桁架的最小实用高度。这种桁架在结构上不太有效，因其使用的钢和木材比高垂直支柱的深桁架多得多，但结构很紧凑。在建筑中，可以为楼板上层提供平坦的地板或为楼板下层提供平整的顶棚，最大限度地节约空间。事实上，我们制作的是一种梁，专门用来支撑中间点单一集中的荷载（图5-39）。

为了制作荷载（即支撑房顶或地板的荷载）沿梁跨度均匀分布的装置，首先要设计两个形状适宜的桁架，该桁架由上部的抛物线形拱和下部的索链组成，而且要把拱做成链条的精确镜像形式。如果两个点通过大量的拉杆连接在一起，每个拉杆承载一半的荷载，水平推力和拉力将在两端达到平衡，因此不会向支架施加水平方向的推力（图5-40）。

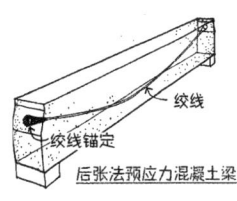
图5-39

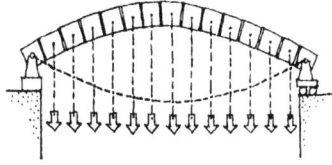 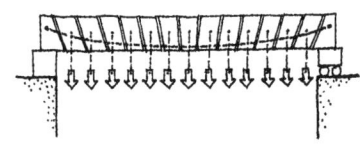
图5-40[①]

图5-41a　浦东机场1号航站楼（娜仁托雅　摄）

如上海浦东机场航站楼的大跨距屋顶结构，设计师就是有效地利用了这一特点，设计出独具匠心的、无柱子干扰的、近乎完美的室内开放公共空间（图5-41）。

梁上承受应力最高的部分最容易弯曲，梁越长越细，弯曲风险越高。挠度指的是梁的截面形心在垂直于轴线方向的线位移。在建筑结构中，主要研究对象的挠度在不同的条件下满足的数学关系，成为挠度条件。单一连续的梁要穿越两个或更多相邻的跨距，或其一端或两端悬空在支点（柱子）之外，会在支架上产生反作用力的弯曲，利用该特点可以使梁最大限度地承受应力。让多跨距连续简梁实现更加经济划算的效果（图5-42）。

如果将两个屋椽对接且中间没有支撑，它们就可以形成一个简单的拱。两个对接的屋椽彼此产生水平推力，因此必须为其提供一个或多个支撑（图5-43）。

在钢筋混凝土结构中，大部分或所有压力均由混凝土承担，应合理配置圆形钢筋的位置，使其能够抵抗所有拉力。为了抵挡靠近梁末端的强大对角线力，应在梁的两端安装垂直箍筋。为了最大限度地降低成本，混凝土建筑中经常使用连续跨，随着弯曲方向

---

[①] 爱德华·艾伦.建筑初步［M］.冯刚，王江华，译.南京：江苏凤凰科学技术出版社，2020：194.

图5-41b　浦东机场2号航站楼（崔轲淞　绘）

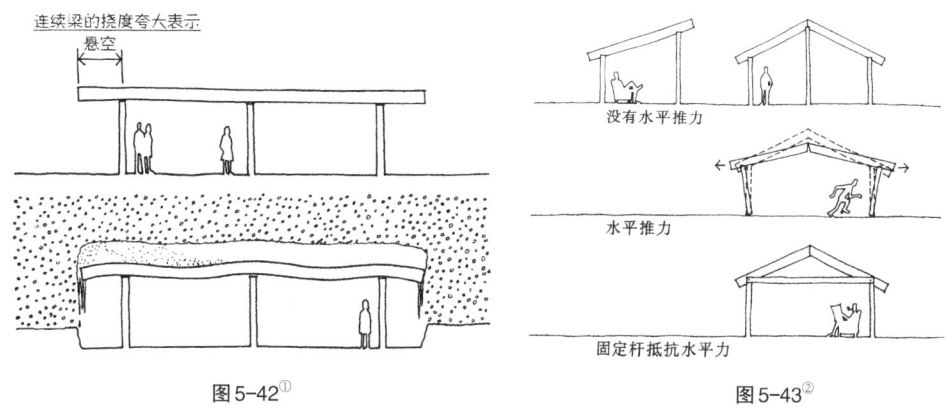

图5-42[①]　　　　　　　　　　　　　图5-43[②]

的变化，最重的钢筋集中布置在梁的底部和顶部之间。

风荷载和地震荷载将导致梁的弯曲方向发生逆转，所以在大多数情况下至少应当有一些钢筋在梁的顶部和梁的底部贯穿梁的全长（图5-44a）。

固定杆抵抗力水平。混凝土板是一种宽阔、稍薄的钢筋混凝土梁，如果混凝土板跨在两个平行梁或墙之间，主要沿跨度方向配筋，则其称为"单向板"。如果混凝土板跨在以正方形排列的一定数量的柱子之间，在两个方向（南北和东西方向）上配筋，并在两个相互垂直的方向上均有跨度，则其称为双向板。双向板以较少的混凝土、钢筋来支撑给定的荷载，使用方便。

如果跨度较长，在板底部的钢筋之间去掉大量混凝土，形成"单向混凝土托梁系统"（肋板）或"双向混凝土托梁系统"（格子板）等。

3. 框架结构

由两个或更多跨度的连续梁改为体积稍小且更经济划算的简支梁，此结构为框架结构。

---

[①] 爱德华·艾伦.建筑初步[M].冯刚，王江华，译.南京：江苏凤凰科学技术出版社，2020：196.
[②] 爱德华·艾伦.建筑初步[M].冯刚，王江华，译.南京：江苏凤凰科学技术出版社，2020：197.

梁还能作为屋椽，用于屋顶。如果屋椽两端都有垂直支撑，则不会产生任何水平推力（图5-44b）。

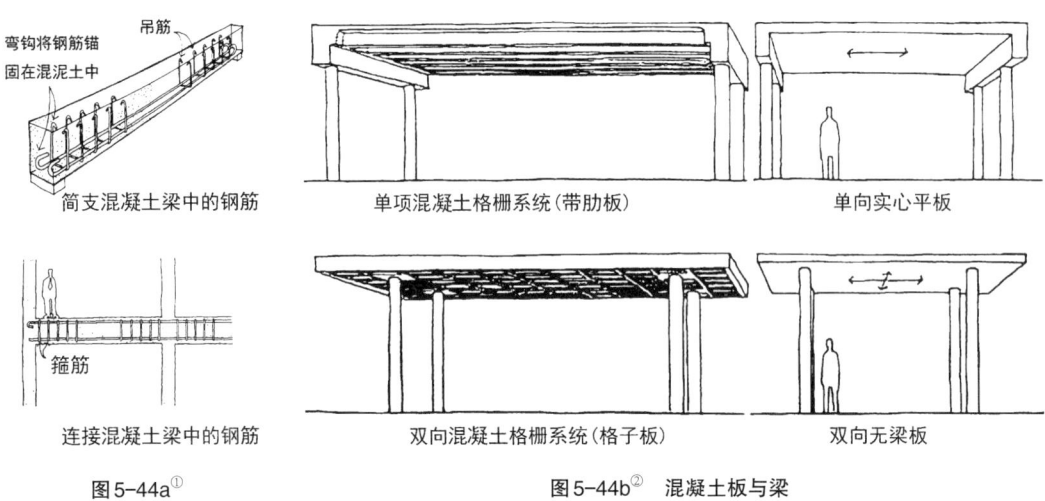

图5-44a① 　　　　　　　　　图5-44b② 　混凝土板与梁

框架是目前建筑的结构中应用最为常见的一种，可以说，百分之九十的建筑物都是用框架结构搭建起来的。沙利文曾经说过："当框架结构被放在两个基础上，建筑便发生了。"的确，最简单的框架也许就是由基础上的几根梁和柱子构成的。梁是水平受力构件，柱是竖直受力构件。因此框架就形成了简单的横平竖直的方形，加上围护构件以后就是我们最常使用的方盒子。其实，设计就是一种处理，同样是设计方盒子，密斯·凡德罗可以把它的比例、尺度、细节、材料处理得十分精湛，成为众人效仿的样板。因此，更重要的是设计推敲，而不是结构类型本身。

（1）框架结构的造型特点

力和力量感是我们认识结构类型的重要切入点。从力的角度来看，框架结构比较明确；从力量感上来看，却比较复杂。因为框架结构中的不同构件，由于使用条件，如跨度、高度等的不同，以及构件本身的材料和使用方法不同，会呈现出许多不一样的效果。

勒·柯布西耶构思的"多米诺系统"（Domino），用钢筋混凝土柱承重，取代了承重墙结构。设计师可以随意划分室内空间，让室内空间连通流动、室内外空间形成交融的空间叙事结构（图5-45a）。

对结构的构思的不同处理，会产生不同的差异化效果。例如，同为密斯的作品，伊利诺理工学院建筑馆，就显得厚重、结实，突出纵向线条，梁也夸大并展现出来，因而显得十分粗壮（图5-45b）；而巴塞罗那德国馆就完全是另一种感觉，梁被板取代，柱子被隐到暗处，只有轻盈的屋面水平伸展，而非承重的墙体设置也加强了这种水平方向

---

① 爱德华·艾伦.建筑初步[M].冯刚，王江华，译.南京：江苏凤凰科学技术出版社，2020：197.
② 爱德华·艾伦.建筑初步[M].冯刚，王江华，译.南京：江苏凤凰科学技术出版社，2020：197.

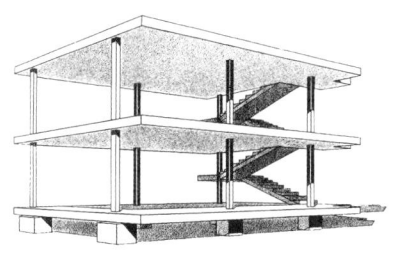

图 5-45a 多米诺系统（勒·柯布西耶 设计）

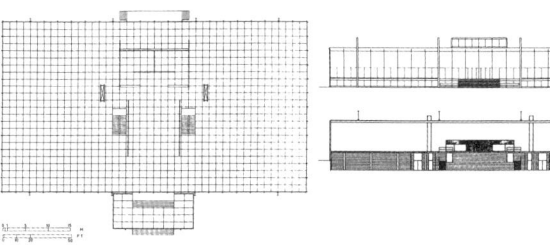

图 5-45b[①] 伊利诺理工学院建筑馆（密斯 设计）

的延伸感。又如北京中银大厦，其应用同样结构的不同跨距处理造成不同的力量感，形成大跨距的开放式的建筑空间特色（图5-46）。

图 5-46 北京中银大厦（王雪薇 绘）

（2）剪力墙

剪力墙是为建筑物提供刚度抵抗侧向风力和地震力的竖向平面隔板。它们早在40年代就已推出。剪力墙一般为实体墙，有时墙上可以有一些为安装门窗或管道系统而设置的洞口。剪力墙在平面上可以组合成不同的形状。一般而言，剪力墙是一些竖向平板形成的构件，但也可以做成曲线型、折线形或者斜板形。在一栋多层建筑中，剪力墙可以设置在很多地方，它可以成为外墙、内墙或者核心墙。

（3）柱网框架与墙的重构

力量感的墙和轻盈的柱网结构的渐变与转换融合，在跨度、高度、采光需求等维度间取得平衡，构件本身的材料和使用方法不同，会呈现出不一样的效果。

A. 承重柱的解构

如仙台媒体中心的设计，由6块楼层板、13根解构的空心管网柱构建的底层架空、

---

① Henri Stierlin. 図集世界の建築［M］. 鈴木博之，訳. 東京：鹿島出版会，1979：470.

自由平面构成建筑主体，楼层隔板之间由水草状的金属网管柱代替了格式化的混凝土柱，在平面空间划分上实现了异常简洁的多功能布局；在垂直方向上，具有通透感的水草状金属网管柱不但起到了柱网支撑楼板的作用，而且肩负了采光、通风、垂直交通、设备井、管道井等的功能。"承重柱解构"的形态，让其空间功能的叙事摆脱了使用实体墙进行功能定位的束缚，各功能之间彼此独立又互相渗透、互相穿插，淡化了空间的围合，模糊了功能分区的界限，使得媒体中心整栋的空间结构产生了强烈的流动性，让各项功能得以实现开放、放松、自由的空间叙事情境。方形楼板不同层高的差异变化与随机而自由的管网柱打破了建筑垂直和水平方向空间整齐划一的均质化。设计师探索现代人类的行为方式与地域性传统文化、生活行为，结合使用者对建筑功能性的期待与创想，通过对材料、结构以及空间功能布局的思考，不强调功能的明确性和空间的界定，而强调空间的流动性与自由而不受约束的功能布局。不管是承重柱解构结构的创新还是功能布局的多元化，或是建筑边缘与城市环境的模糊性，都展现出设计师对当代建筑在空间结构上的突破性的创新尝试与思考，对空间叙事方法的可能性做出的全新诠释，以及在工业时代与数字时代融合发展下，对建筑空间构造的时代性特征做出的积极回应（图5-47）。

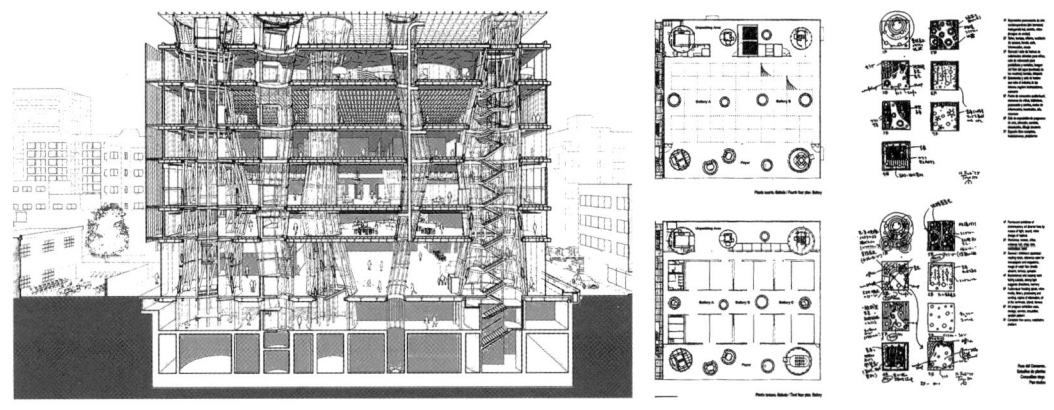

图5-47a[①]　仙台媒体中心结构　　　图5-47b[②]　平面图（伊东丰雄 设计）

B. 拉压组合柱 + 预应力板

板的改造方面。如神奈川工科大学KAIT工房广场屋顶，采用了钢肋梁体系，利用了预应力技术：即先将压力构件就位去承受屋顶的重量，并对近2千平方米的屋顶板面模拟施加可能的雪荷载，当屋顶受力变形降到某个高度时，才将拉力构件从梁架往下与

---

[①] Edison.The Story of Section［EB/OL］.（2019-09-14）［2024-12-24］. https://mp.weixin.qq.com/s?__biz=Mzg5MzIxMzUyMQ==&mid=100000322&idx=1&sn=72ace5b815321795b68ed6ea8cb9fcdd&chksm=40330c7c7744856aae0080c28ae4b65c81e00c3c317b36a6f71d6d81a26d9425289245841626#rd.
[②] 方舟船长.建筑设计｜日本神级建筑师？在仙台的设计［EB/OL］.（2022-02-20）［2024-12-24］. https://zhuanlan.zhihu.com/p/469765166.

地面联结，当模拟施加荷载去除后，结构形成了预应力（拉）和压组合高效平衡的结构体系形态（图5-48a）。

柱的优化设计方面。如神奈川工科大学KAIT工房项目，一层45 m×45 m的整体空间，通过305根形状各异、分布不均的细长薄柱，创造出了一个暧昧、融合的全新空间叙事情境。不同于传统空间，每根柱子的薄厚和朝向不一，立柱间构成的空间形状也不尽相同。建筑以结构计算的方法来设计，以不同的柱子将空间表现为自由却又井然有序的状态（图5-48b、图5-48c）。

KAIT工房半开放户外广场，因为有了上述预应力板的试验和改造策略，新结构体系中的"柱"自然而然表现为受压柱和受拉杆两种形态。用42根柱子作为支撑垂直荷载的压力柱、263根都是矩形截面形态的柱子作为平衡结构体系的拉力杆，共同完成了

图5-48a[①]　KAIT工房广场（石上纯也 设计）

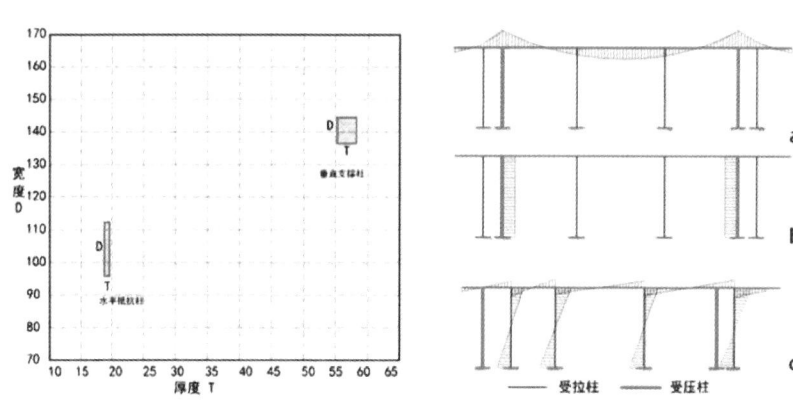

图5-48b[②]　KAIT工房结构示意（石上纯也 设计）

---

[①] 尚格调.解析｜石上纯也　神奈川工科大学KAIT广场［EB/OL］.（2021-01-17）[2024-12-11]. https://www.sohu.com/picture/445064240.

[②] UniDesignLab. 多米诺体系的前世今生［EB/OL］.（2021-01-25）[2024-09-15］. https://zhuanlan.zhihu.com/p/346966280?utm_id=0.

图5-48c① KAIT工房

整个结构体系。

　　C. 框架结构与围合墙体的分离

　　在建筑设计中，框架结构和围合墙是十分重要的构造元素。通常情况下，这两者是相对独立地设计出来的，而在建造时却需要将它们结合在一起。这种合并往往导致建筑结构的紧凑度不够，同时也增加了施工难度。框架结构可以根据功能、使用和造价等方面的需求进行优化；同时，在大楼建造时，框架结构施工需要高难度和高精度的技术，分开后可以独立完成，有利于保持结构的精度和质量。围合墙的施工则更多地考虑了建筑的外观和环境响应，如调节采光、采取良好的隔热等，分离后墙体施工变得更加灵活，方便进行优化设计。

　　如前面所说的仙台媒体中心的自由平面多功能布局，其由十三束虚空的钢结构支柱构成，或歪或斜，排列任意，如同随波飘浮的水草被定格成结构；除此以外，设计师还将天光引入，并收纳了各种设备，甚至将楼梯、电梯及管线等功能、设备置入其中。

　　D. 柱网与剪力墙的融合

　　又如多摩艺术大学图书馆，其通过底部非常纤细、简单框架式的柱网交汇，与顶部十字墙系列钢、钢筋混凝土构成弧形拱门（厚0.2米、跨度1.8—1.6米）的二重组合，创建了一个复杂的网格结构形态，实现了建筑底层轻盈、开阔的"洞穴式"几何形态，为建筑提供了具有极大的灵活性与流动性的空间叙事语境（图5-49）。

　　E. 高层建筑的结构设计

　　近年来随着人们对资源短缺问题的重视，可持续绿色建筑发展的理念受到重视，而高层建筑在这方面来说并不环保。随后"生态型"建筑概念的提出，在强调象征意义和功能的同时，营造了一个科技"天空之城"。

　　如诺曼·福斯特（Norman Foster）设计的大疆总部大厦，建筑内部每栋塔楼依托核心筒实现了无柱化设计，通过延伸出来的钢结构，分别向外悬挂6个巨大的"玻璃体块"，高低错落的玻璃钢结构体块，为钢结构的悬挑结构释放了更多的地面空间，加上空中花园、屋顶花园，景观总面积约为整体建筑占地面积的1.6倍。内部的布局保持了灵活多

---

① 中国美术报.艺术设计 | 任亚鹏：日本的"造物"与"造物空间"——以神奈川工科大学的KAIT工房为例［EB/OL］.（2017-01-20）［2024-12-24］. https://www.sohu.com/a/124837241_534797.

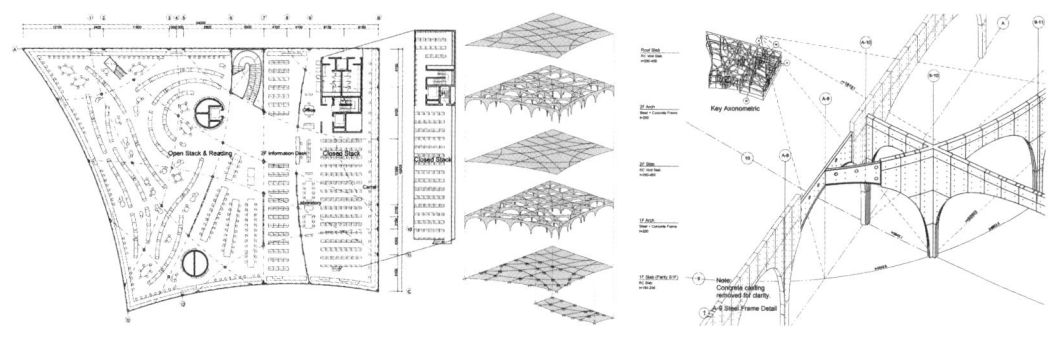

图5-49① 多摩艺术大学图书馆（伊东丰雄 设计）

样、自由布置的性能，每层办公空间都保留了270度玻璃幕墙环绕设计，为内部引入了充足的自然光（图5-50）。

图5-50a 深圳大疆总部（崔轲淞 绘）

图5-50b （Foster + Partners 设计 郭洪亮 摄）

上海中心大厦是中国超高层建筑设计的代表（建筑高度632 m），大厦在结构设计上引入绿色建筑的理念，减少能耗和减少排放等，在基于空气动力造型的抗风设计技术、磁涡流阻尼器系统设计技术等方面，充分体现了"适用、经济、科技、绿色、美观"的建筑方针，实现了结构设计与绿色建筑的高效、融合、统一。

其结构中的巨型框架"核心筒"伸臂桁架构成了上海中心大厦的抗侧力结构体系。八根巨型柱、四根角柱及八道位于设备层处的具有两层楼高的环带桁架组成了抗侧体系中的巨型框架结构。

六道两层楼高的伸臂桁架设置于塔楼的第2及4—8功能区。核心筒与巨型柱通过伸臂桁架联系起来。此结构体系既能高效地利用周围的八根巨型柱以减小结构的整体变形和层间位移，又能约束核心筒的弯曲变形。

上海中心大厦建筑通过结构技术创新实现了基于空气动力造型的抗风设计技术的应用，体现了超高层建筑设计技术的创新。通过建筑造型优化，设计师确定了建筑外表皮旋转120°；基于空气动力造型抗风技术的应用，使塔楼整体风荷载相比同等高度建筑减

---

① 没人不爱时尚君.伊东丰雄：拱形的艺术，多摩美术大学图书馆［EB/OL］.（2022-04-23）［2024-12-24］. https://www.sohu.com/a/540540673_121119288.

小25%，与传统的方形截面结构相比，设计风荷载缩小到方形截面结构的60%，同时节省了结构材料（图5-51）。

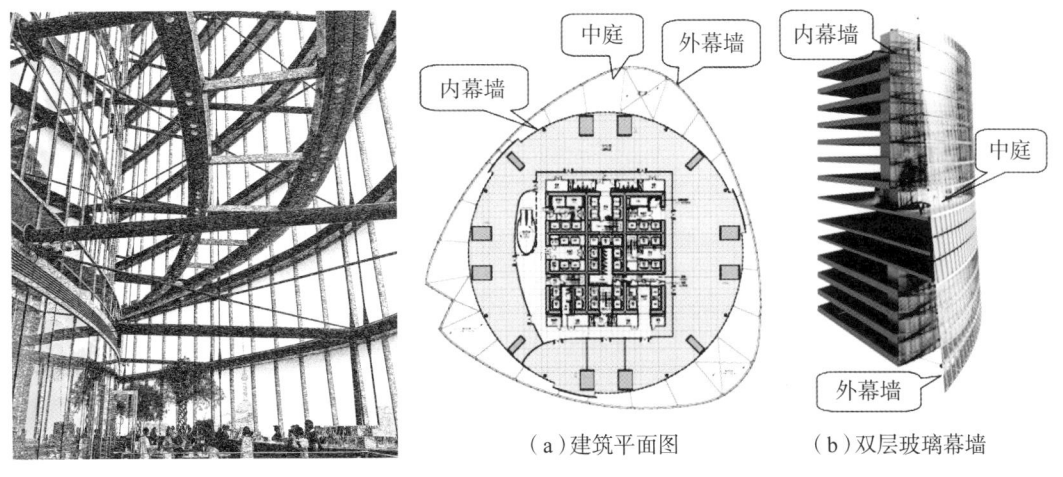

图5-51a 双层外墙结构（周燕莉 摄）

（a）建筑平面图　（b）双层玻璃幕墙

图5-51b[①] 上海中心体型结构与幕墙系统

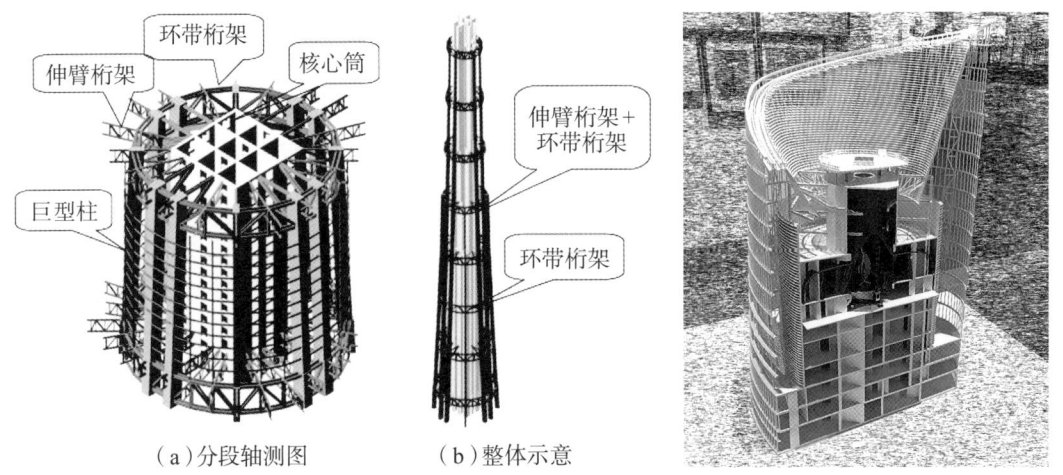

（a）分段轴测图　（b）整体示意

图5-51c[②] 巨型结构体系

图5-51d 结构模型（谢璞 摄）

F. 悬挑和悬臂

完整的楼板体系一般由四边支撑，端部或交点由墙或柱支撑。但我们在日常生活中经常看到一些"出挑"的结构，如篮球架、阳台、雨篷、体育场的看台等，这种结构称为

---

① 丁洁民，巢斯，吴宏磊，等.上海中心大厦绿色结构设计关键技术［J］.建筑结构学报，2017，38（3）：135.
② 丁洁民，巢斯，吴宏磊，等.上海中心大厦绿色结构设计关键技术［J］.建筑结构学报，2017，38（3）：135.

悬挑结构，悬挑结构的梁与板被称为悬臂梁、悬臂板。设计合理的悬挑结构，除了可以满足其使用要求、美化外观，还可以起到受力、变形的平衡调节作用（图5-52）。

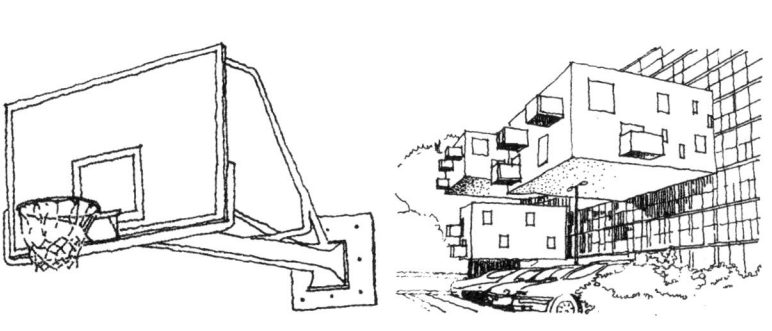

图5-52a[①]　篮球架与某悬挑建筑　　　　　　图5-52b　上图东馆室内悬挑空间（周燕莉 摄）

G. 结构布置的优化

在一个大空间里，为使梁的高度减小以增加室内的高度，可以将其设计成"无梁结构"和"井字梁结构"。前者是把板厚加大并在柱顶加"柱帽"，使之形成无梁的厚板结构，但这可能造价相对较高，实际应用并不多见；后者则是相反的概念，即布置双向均匀等跨等高的梁，形成"井"字形，使板厚减小，整齐的方格外观均衡美观，无须吊顶，但由于施工略显复杂，空间平面适用于方形，故应用并不广泛。设计师需要长期地学习、实践，才能逐步掌握分析和优化的方法（图5-53）。

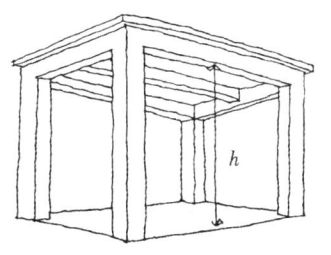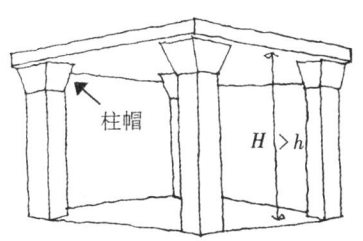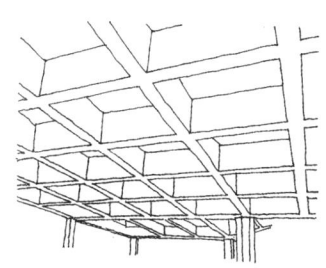

图5-53[②]　梁板结构、无梁结构、井字梁

虽然对高层建筑塔楼部分的改变余地不大，但是对其底层部分却可以进行一些巧妙处理。对底层部分的处理有助于在高密度的环境中争取到宝贵的用地，把城市的道路、广场和建筑有机地组织在一起，形成通透、公共的开放空间，作为市民的小憩之地；同时还可以改善人流、视觉拥挤的状况，连通几个主要的公共场所，以增加城市的立体通行与空间层次。高层建筑邻近城市道路布置时，入口空间凹入建筑下部可以避免主体

---

[①] 李延龄.建筑设计原理[M].北京：中国建筑工业出版社，2020：167.
[②] 李延龄.建筑设计原理[M].北京：中国建筑工业出版社，2020：167.

被迫后退（用地紧张的情况下），争取基地面积的有效使用率，缓解入口处各种矛盾冲突；并有可能在建筑的形体设计、空间组织等方面形成新颖的构思（图5-54）。如入口后退架空的处理不仅丰富了空间层次，而且给人留下较为深刻的个性化公共空间印象。

图5-54a　上海外滩（魏子觐　绘）　　　　　　　图5-54b　上海中心（包立　摄）

## 第三节　建筑造型与形态设计

建筑造型包括建筑的体形、立面以及细部处理。其造型设计是在内部空间以及功能合理的基础上，在科学技术的制约下处理基地条件和周围环境，以及城、镇、乡村规划相互协调的结果。

### 一、建筑造型构思特征

涉及建筑造型的因素很多，主要因素有以下四点：① 反映建筑类型的内部空间与个性特征（如医疗、文教、体育、办公、交通、文化场馆、酒店、住宅等）；② 反映建筑结构与施工技术（如国家奥运体育馆、北京大兴国际机场、上海中心、大疆总部大厦、密尔沃基美术馆、蒙特利尔盒子住宅等）；③ 反映不同地域文脉与文化情境特征（如敦煌莫高窟、上海豫园商城、苏州博物馆、景德镇御窑博物馆、卢浮宫阿布扎比博物馆等）；④ 反映基地环境与群体组团布局特征（如万里长城、大同悬空寺、天水麦积山石窟、中国国家版本馆各分馆、流水别墅、秀美美术馆等）；⑤ 反映一定的象征、隐喻特征（如古埃及金字塔、天安门城楼、甲午海战纪念馆、北京中国尊大厦、上海世博演艺中心、杭州奥林匹克中心、珠海歌剧院、木兰围场、厦门大学科学艺术中心等）（图5-55）。

### 二、建筑形态设计

建筑是人为营造的空间环境，具有实用与美学属性，在满足空间功能需求的同时，还需满足人们的精神需求。因此，建筑立意与建筑形态设计仍是建筑造型设计中不可分

第五章　建筑结构与造型 | 267

图5-55a　上海体育馆（谢璞　摄）

图5-55b　上海世博演艺中心（谢璞　摄）

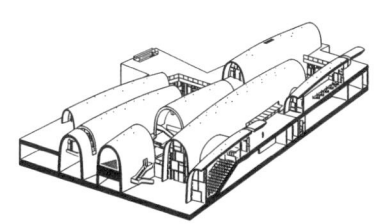

图5-55c[①]　景德镇御窑博物馆（戚鑫杰　绘）

图5-55d　苏州博物馆（谢璞　摄）

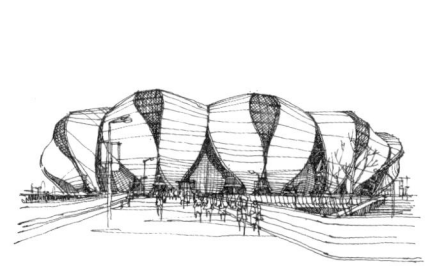

图5-55e　杭州奥林匹克中心（戚鑫杰　绘）

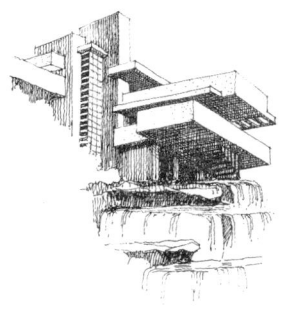

图5-55f[②]　流水别墅（赖特设计）

图5-55g　中国第二届青运会排球馆（戚鑫杰　绘）

---

① 知末网.朱锫建筑事务所｜景德镇御窑博物馆［EB/OL］.（2020-09-22）［2024-09-15］. https://news.znztv.com/detail/133106154/0?requestId=7ec75933-c84d-455f-8471-a6da026b6f74&transData=&searchValue=%E5%BE%A1%E7%AA%91%E5%8D%9A%E7%89%A9%E9%A6%86%20%E7%AA%91%E7%81%AB%E4%B8%AD%E8%9C%95%E5%8F%98&requestTime=&experiment_id=recall_baseline,second_rank_baseline,reordering_baseline,first_rank_baseline&recall_id=TEXT_V2,IMAGE,QUERY_TERMS&scm=search_baseline_opensearch7&batch_id=796a23c9-38b1-409a-9fdb-fef46ca0c08f-1743055579339.
② 李延龄.建筑设计原理［M］.北京：中国建筑工业出版社，2020：117.

图5-55h　赫尔辛基中央图书馆（戚鑫杰　绘）

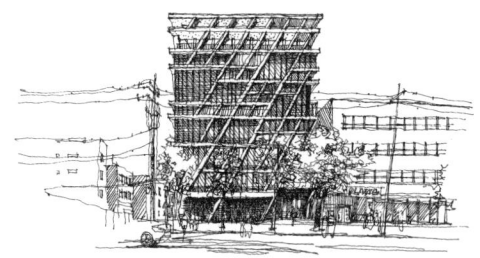

图5-55i　韩国Midong电子与电信总部（戚鑫杰　绘）

图5-55j　美国圣莫妮卡酒店住宅（戚鑫杰　绘）

图5-55k　秀美美术馆（谢璞　摄）

图5-55l[①]　甲午海战博物馆

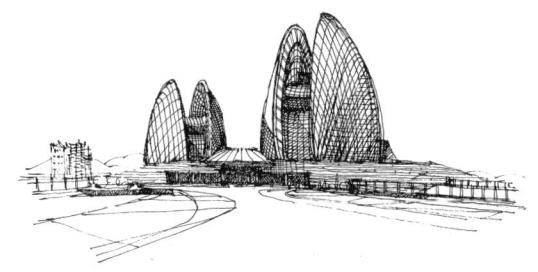

图5-55m　珠海歌剧院（戚鑫杰　绘）

图5-55n　木兰围场（戚鑫杰　绘）

图5-55o　厦门大学科学艺术中心（戚鑫杰　绘）

---

① 李延龄.建筑设计原理[M].北京：中国建筑工业出版社，2020：105.

割的两大因素。

## （一）通过简约几何达到形态统一

任何一个简单的几何形体之间，均有着严格的内在制约性和明确性，呈现简洁、多样统一的关系；不同形态的几何形体之间的相互制约，蕴藏着不同的情感机能和表现力，给人不一样的视觉感受。如前面提到的古埃及金字塔，以及卢浮宫金字塔、悉尼大剧院、纽约新当代艺术博物馆、香港中银大厦、国家大剧院、国家体育场鸟巢、亚洲金融大厦、上海东方明珠塔、上海环球金融中心、上海保利大剧院、艺仓美术馆、上海图书馆东馆等（图5-56）。

图5-56a　马萨纳学校艺术与设计中心（戚鑫杰　绘）

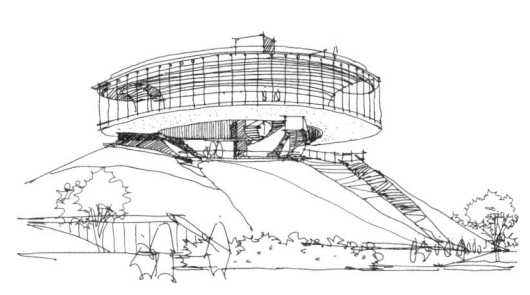

图5-56b　郑州龙湖公共艺术中心（戚鑫杰　绘）

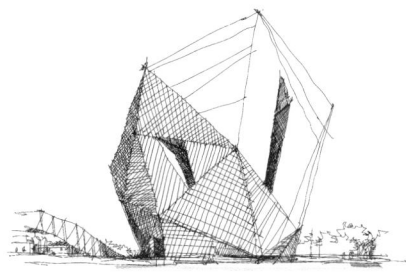

图5-56c　东京角川文化博物馆
（戚鑫杰　绘）

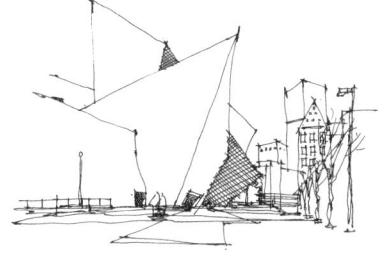

图5-56d　丹佛艺术博物馆
（戚鑫杰　绘）

图5-56e　丹麦冰山公寓（鲁晓雨　绘）

图5-56f[①]　纽约新当代艺术博物馆

图5-56g　上海图书馆东馆（谢璞　绘）

---

① 有方.建筑一周 | 2019年澳大利亚建筑师学会金奖颁布；MVRDV设展盘点事务所近作；菊竹清训新陈代谢主义作品将拆除［EB/OL］.（2019-06-29）［2024-01-24］.https://www.archiposition.com/items/20190629013734.

## （二）主次分明有机结合

建筑设计中的主次关系，如同树干与树枝、花与叶子的主从关系，无论单体建筑或是建筑群，各个要素之间相对独立又相互关联，空间与功能上多采用多种主次分明、紧密结合、连接有序、有机组织、完美统一的设计方式、方法（图5-57）。

图5-57a　中国银行总部（王雪薇　绘）

图5-57b　上海大学钱伟长图书馆（罗阳　摄）

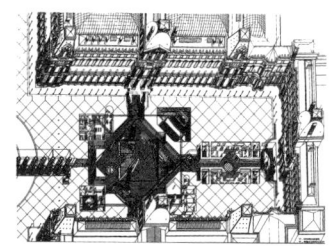
图5-57c　卢浮宫主入口轴侧图（谢璞　摄）

## （三）均衡稳定与统一

自然界逻辑思维中的力学之美，源于其取得或达到了相对均衡与稳定，给人以舒适愉快的感受。建筑造型的均衡，必须从其心态前后、左右的各个向度综合考虑，通过均衡稳定求得统一，通常会有以下三种方式：对称均衡，不对称均衡，新技术带来的新均衡、新统一（图5-58）。

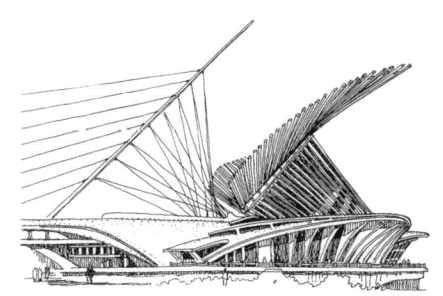
图5-58a[①]　美国密斯沃基美术馆

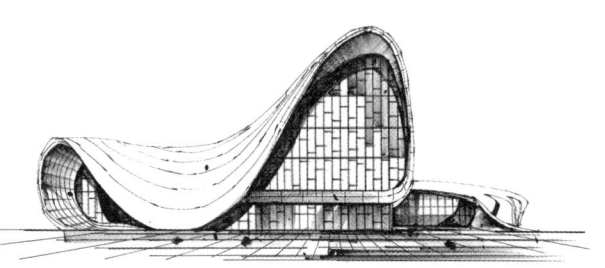
图5-58b　巴库阿利耶夫文化中心（戚鑫杰　绘）

图5-58c　上海天文馆（戚鑫杰　绘）

---

① 李延龄. 建筑设计原理 [M]. 北京：中国建筑工业出版社，2020：116.

## （四）对比统一变化

通过建筑内外空间组合出的不同方向与形状，横竖高低、大小方圆、开合曲直等不同元素之间进行差异化对比，能够获得良好的统一与变化。其形态的组合设计对比与变化主要有两种：通过方向对比取得统一，如流水别墅、巴西利亚国会大厦；通过形状对比取得统一，如皇家安大略博物馆、上海世博博物馆、上海大学旧址的异地复建等（图5-59）。

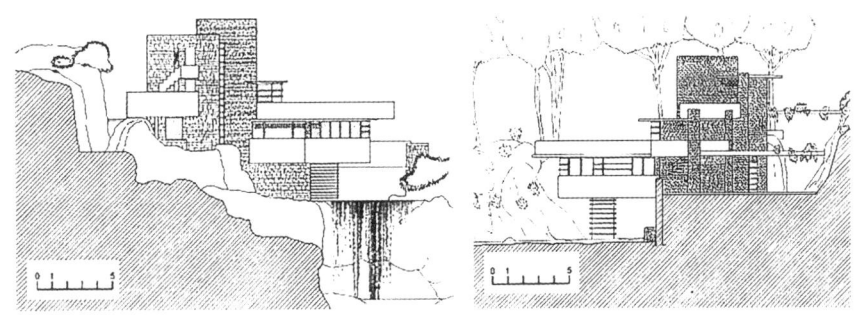

图5-59a[①]　流水别墅

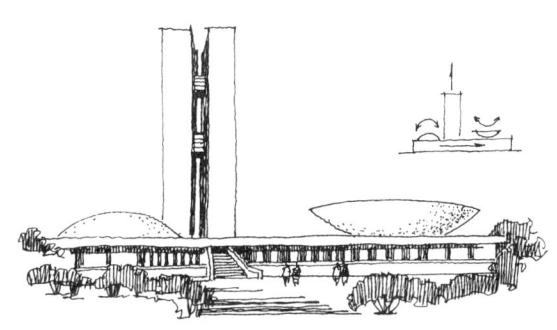

图5-59b[②]　巴西利亚国会大厦

图5-59c　皇家安大略博物馆（胡宇鹰　摄）

图5-59d　上海世博博物馆（戚鑫杰　绘）

图5-59e　上海大学旧址异地复建（谢璞　摄）

---

① 赖特.流水别墅（考夫曼别墅）[EB/OL].（2006-03-13）[2024-02-11]. https://bbs.zhulong.com/101010_group_201802/detail10000202/.
② 李延龄.建筑设计原理[M].北京：中国建筑工业出版社，2020：117.

## 三、立面设计

在建筑组合设计体的设计基础之上,最影响人们视觉印象的是建筑立面。如在建筑立面组合体中的要素"门、窗、柱、墙、廊"等建筑构建由尺度、比例、凸凹、开合、虚实、方向以及材料的视觉色彩及触觉质感等构成,通过不同要素变化、对比,取得建筑整体形态与人们情感与心理的共鸣与和谐统一。

### (一)比例尺度和谐统一

#### 1. 比例

主要指建筑整体与局部、局部与局部之间,在长、宽、高度量上的联系与制约关系。在建筑平面布局与立面形态设计时,经常会应用几何分析法探讨各个要素之间的比例关系(如第一章第三节讲到的建筑立面黄金比),以取得它们之间的对比、变化与和谐统一(图5-60)。

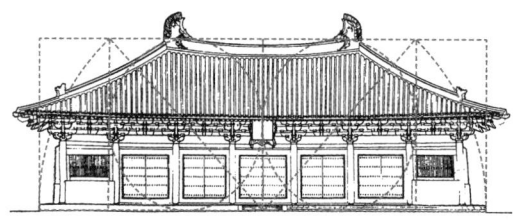 

图5-60a[①]　佛光寺大殿比例(李鸣燕　绘)　　图5-60b　朗香教堂(戚鑫杰　绘)

#### 2. 尺度

这里主要指建筑物整体或局部、建筑空间与人、使用者、物体之间,在度量上的关系,即建筑物或局部给人或使用者感觉上的大小印象,与其真实尺寸大小之间的实际关系。我们在设计时通常应用自然、亲切与夸张等三种尺度来设计建筑的立面(图5-61)。

(1)自然尺度

我们日常生活中常见的建筑体量、门窗、厅堂、阳台、卧室等组成的各个构件,均按正常使用的日常标准来确定。如大量民用建筑中的住宅、酒店、公寓、民宿等建筑常运用自然尺度来确定建筑各部件的大小。

图5-61a　中南大学图书馆(戚鑫杰　绘)　　图5-61b　青岛地震博物馆(戚鑫杰　绘)

---

① 本图参照:刘敦桢.中国古代建筑史[M].北京:中国建筑工业出版社,2009:139.

## （2）亲切尺度

在保证能正常使用的基础上，特意将某些建筑的空间体量或构件尺度有意识地缩小，体现出精巧、亲切、私密感。如中国传统卧室里的棚架床、别有洞天的书房、山水长卷及传统园林、微雕、盆景、玉雕把件等都有一个共同的特征——以小见大、小巧玲珑、空灵俊秀、尺度亲和。又如日式传统茶室的自然、不对称的微缩型空间，缩小入口、低矮窗，呈现模仿自然再造、返璞归真的小尺度空间，形成温馨、亲切的茶室风格（图5-62）。

图5-62a　明式架子床（蓝星　摄）

图5-62b　上海植物园盆景园（包立　绘）

图5-62c　山水盆景（包立　绘）

## （3）夸张尺度

将某些建筑的空间体量或构件尺度有意识地放大，取得高大恢宏的空间叙事效果。如雅典卫城的帕特农神庙、云冈石窟、北京人民大会堂等（图5-63）。

### （二）虚实开合统一

在建筑设计中"虚·空"通常以屋檐、门窗洞、廊架的凸凹、虚（玻璃）、实（砖

图5-63a　帕特农神庙（戚鑫杰　绘）

图5-63b 云冈石窟（安彩萍 绘）

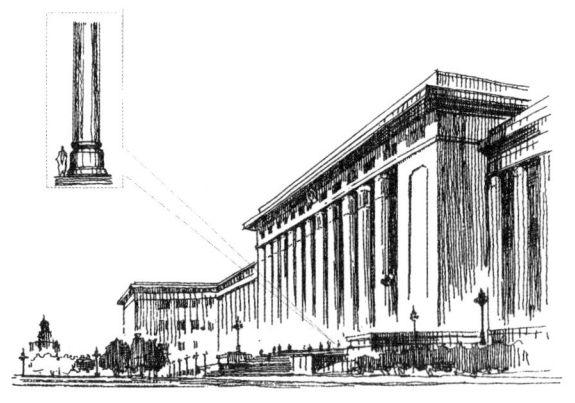
图5-63c[①] 北京人民大会堂

石）的墙体形成虚实转换的灰空间，给人以不同程度的开敞、深邃、通透、轻盈、浮游之感。"实"由建筑的柱子、墙体、悬浮阳台以及凸出建筑立面的实体组成，形成虚实开合、凸凹相应、错落有致、富有韵律、变化有序、和谐统一的空间叙述表达的建筑立面设计（图5-64）。

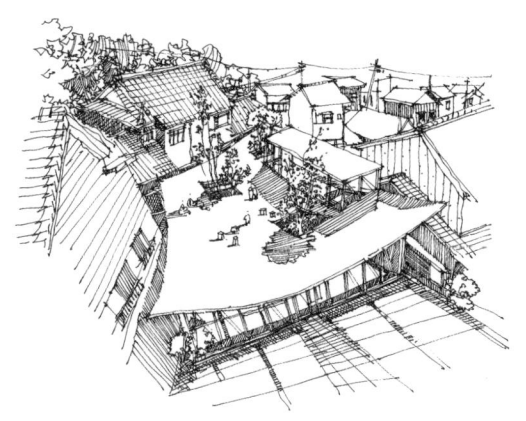
图5-64a 日本某办公建筑（戚鑫杰 绘）

图5-64b 中粮南桥半岛文化中心（戚鑫杰 绘）

## （三）不同要素对比统一与变化

不同水平与垂直方向的构（部）件要素主要有：条形带窗、窗下女儿墙、檐口和水平方向的其他构（部）件，给人以舒展、轻快、亲切的感受；通高的竖向垂直窗和窗间墙，垂直方向构建及垂直隔片构（部）件，给人以高大、雄伟和庄严的感受；不同方向的要素进行长短、横竖、高矮、正斜、开合、虚实、疏密、连续与间断等对比，获得对比统一的蒙太奇效果（图5-65）。

---

① 李延龄.建筑设计原理［M］.北京：中国建筑工业出版社，2020：125.

第五章　建筑结构与造型 | 275

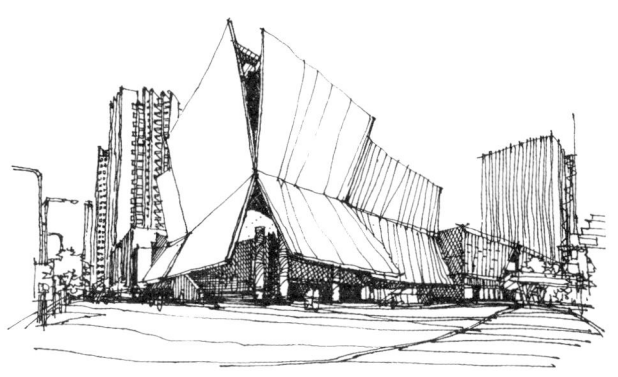

图 5-64c　深圳 IADC 设计博物馆（戚鑫杰　绘）

图 5-65a　迪拜比利时馆绿色拱门（戚鑫杰　绘）

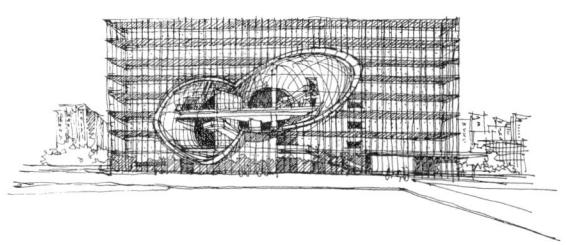

图 5-65b　上海保利大剧院（戚鑫杰　绘）

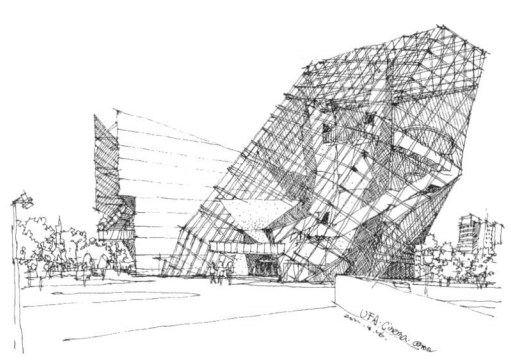

图 5-65c　UFA-影院中心（戚鑫杰　绘）

图 5-66a　芬兰 Amos Rex 艺术博物馆（戚鑫杰　绘）

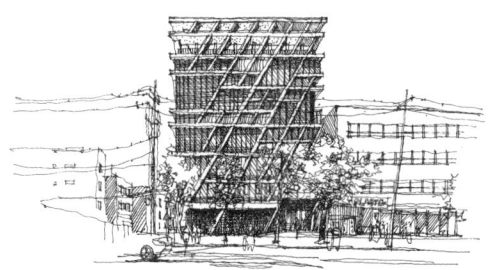

图 5-66b　韩国 Midong 电子与电信总部（戚鑫杰　绘）

图 5-66c　光圈住宅（戚鑫杰　绘）

## （四）重点与细部要素的统一协调

"画龙点睛"的设计离不开重点与细部要素之间繁简适宜、完美统一的艺匠构思。体量高大、体表宽阔的建筑，需要引起人们关注的重点部位、标志构建，如塔楼、建筑主入口，以及与其直接相关的墙体、雨棚、花坛等环境，强调建筑的特点，须重点处理，以达到吸引聚焦人们视线的目的。如芬兰Amos Rex艺术博物馆采光与起伏地形、韩国Midong电信总部立面、光圈住宅建筑立面的采光调节设计等（图5-66）。

## （五）色彩与质感的对比变化和统一

视觉色彩与触觉质感的选择，直接冲击并作用于人们的直观感受和认知联想，直接对建筑外观整体效果优劣产生影响。在视觉色彩和触觉质感的选择上，必须考虑自然条件与四周环境相协调；或从地域特色与历史文脉中反映不同地区和民族的文化传承特色（图5-67）。

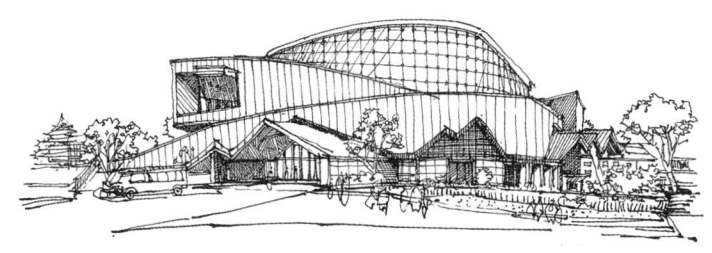

图5-67a　重庆1949大剧院（戚鑫杰　绘）

图5-67b　临洮一中大门（雷菊芳　策划　谢璞　设计）

图5-67c　西藏非遗博物馆（戚鑫杰　绘）

**单元练习**

# 设 计 构 思

## 一、目的、目标、方案

我们在学习建筑设计原理与思维模式的同时，需熟悉建筑设计方案的具体表达形式，一般是用图纸和模型做成的"具体方案"。设计最初，需要建立与对象的印象语言链接。印象语言链接，是指建筑设计的构思过程，我们可以在"五感"感性认知感觉到的印象语言基础上提出构思设想，但构思不能直接作为建筑设计的评价对象。所以，通常提出的设计形态，一般而言都用图纸和建筑模型来表达、展示、呈现其"具体方案"的空间形态。

为了把持有不同意见的相关人群的想法民主集中体现，需要创建一个最重要的"共同目的"。而这个"目的"开始便以抽象语言的形式直接表达出来，设计构思过程恰恰是在"抽象语言"和"具象形态"之间架构的一座循序渐进的桥梁。所以，为了把"目的"和"设计方案"连接起来，需要设定一个"目标"。这个目标虽有抽象的因素，但可以有效地和与印象直接相关的语言、关键词进行关联，分项表达如下：

目的（goal）　　　　　　"为什么"制作？
目标（obiectives）　　　　以什么为目标？
方案（altematives）　　　用什么形态，如何制作？

上面所说的相关人群，包括地方政府国土规划部门、委托人、投资人、使用人、社区构成人群、左邻右舍、施工团队等。在实际实施过程中，设计方案如果得不到相关人群的理解，很难实施下去，设计师在明确项目目的、清晰目标的基础上，再以实现设计师的理想方案作为努力的目标加以实现。

## 二、构思特征与模式

### （一）构思特征

构思是将抽象理念转化为具体设计方案的过程。它不仅是对建筑形式和功能的初步设想，更是对建筑整体创意的综合表达。其主要特征体现在① 创意性；② 系统性；③ 可行性；④ 互动性；⑤ 可持续性；⑥ 文化性等方面。

创意是一个优秀建筑通过设计构思，能够带来的独特的设计理念和创新空间形式。设计师需要从多种角度考虑，打破常规，提出新颖的设计方案。这种创意性不仅体现在建筑的外观造型上，还包括空间布局、功能分区、材料运用等多方面的奇思妙想。

设计构思是一个系统性很强的过程，涉及建筑的多个方面。需要综合考虑建筑的功能需求、环境因素、技术条件、经济成本等诸多因素，将这些要素有机地结合在一起，形成一个协调统一的整体系统。这种系统性要求设计师具备全局观，能够从整体上把握建筑的各个部分及其相互关系。同时，需要充分考虑设计方案的可行性。这不仅包括技术上的可行性，如结构的稳定性、材料的可用性、施工的可行性等，还包括经济效益评估，如预算控制、成本效益等。一个好的建筑构思不仅要有创意和美感，更要具有长远性，能够在现实中付诸实施。

建筑设计构思是一个互动性很强的过程，设计师需要与相关政府部门、委托人、业主、工程师、施工方等多方进行互动沟通和协作，才可以更好地了解项目的需求和限制，从而在构思阶段做出合理的调整和优化。互动性的构思特征要求设计师具备同理心、想象力、创新力与良好的沟通能力和团队合作精神。

如柯布西耶、弗兰克·赖特、密斯·凡德罗、路易斯·康等建筑大师，他们都有各自不同的特点，但也有"共同构思"的地方，这便是非常强的创新力和沟通能力。他们在所处的时代早已清楚地意识到近代主义"有什么新东西"，而超越近代主义以前的古典主义是"什么"？他们始终能敏锐地捕捉到新结构、新对称的技术突破与创新设计。

赖特——罗维住宅（木材）；

柯布西耶——马赛公寓（混凝土）；

密斯——范斯沃斯住宅（钢材）；

| 创 新 突 破 | 古 典 传 统 |
|---|---|
| 近代主义 | 古典主义（砖石材料） |
| 悬臂结构 | 楼上楼下，机构都贯穿在同一位置 |
| 拐角开放 | 拐角牢固封闭 |
| 流动的内部空间 | 内部分割成各自独立的房间 |

建筑构思是一个复杂而多维度的过程，需要综合考虑各种因素，在全面分析的基础上进行创新设计实践，才能实现设计理念的完美表达和建筑作品高质量、高效率的落地。

世界正在经历着百年未有之大变局的转换期，我们面对的题目更多的是环境、生态、可持续性发展设计的时代命题。可持续性建筑的设计，也是建筑构思的重要特征之一。设计师在构思阶段需要考虑建筑对环境的影响，如能源消耗、碳排放、资源再利用、节能减排等，提出绿色环保的设计方案。可持续性的特征要求设计师具备环保意识和可持续发展的理念。

**（二）构思模式**

代表性的构思模式有逆向构思、灵感构思、约定事项构思、五感构思、Kj法等。

逆向构思是从结果或目标出发，向前推导设计过程的方法。在建筑设计中，逆向构思能够帮助我们更好地明确设计的最终目的，指导每一步的设计决策。其优点是可以避免一些常规设计思路中的盲点和瓶颈，对整个设计过程中的关键环节进行优化。同时，逆向构思还可以帮助设计师在设计初期，便考虑到项目的实际操作性和可行性，减少后期修改和调整的时间和建设成本。

灵感构思源自设计过程中从外界汲取创意和灵感。创意和灵感可以来源于自然界、历史文化、艺术作品、科技进步等多种路径。其核心在于设计师如何敏锐地捕捉和转化这些外部灵感，将其融入具体的设计中。首先，要保持开放的心态，善于观察和体验周围的世界。日常生活中的任何细小元素都可能成为设计的灵感来源。其次，需要具备将这些灵感转化为设计方案的能力。这不仅要求设计师有丰富的知识储备，还需要具备创造性和创新思维。灵感构思一方面可以使设计作品更加富有创意和个性，避免千篇一律的设计风格。另一方面，能够增强设计作品的文化内涵和审美价值，使建筑不仅是功能性的载体，更成为文化艺术与空间环境叙事表达的重要媒介。

约定事项构思是指在设计过程中，设计师需要与当地政府、投资方、业主、施工方等相关方达成一致意见，并在设计中充分考虑这些约定事项。此外，设计师还需要考虑施工方的技术能力和施工条件，以确保设计方案能够顺利实施。约定事项构思的关键在于沟通和协调。设计师需要在设计的各个阶段与相关方面保持密切的沟通，及时了解服务对象的需求和意见，并在设计中予以充分考虑。在这个过程中，设计师不仅需要具备专业的设计能力，还需要有较强的沟通技巧和协调能力。约定事项构思可以提高设计的实用性和可行性。通过与相关方的充分沟通和协调，设计师可以更准确地把握设计的目标和要求，避免因信息不对称或理解偏差而导致设计错误。此外，约定事项构思还可以增强设计的执行力，确保设计方案能够顺利落地实施。

五感构思是一种通过调动人的五种感官（视觉、听觉、触觉、嗅觉、味觉）进行建筑设计的方法。这种方法强调设计不仅是视觉上的体验，还应该关注其他感官的感受。设计师不仅要考虑空间的视觉美感与舒适度，还要关注室内的音响效果、家具材料肌理、使用触感、气息与味道，甚至空间未来呈现出的品位与风格。五感构思的核心在于为使用者创造一个全方位的感官体验。在视觉方面，设计师可以通过色彩、光线、材质等元素来营造不同的氛围。在听觉方面，可以考虑空间的声学设计。在触觉方面，选择不同质感的材料，如木材、金属、织物等，可以带给人不同的触觉体验。在嗅觉方面，可以通过植物、香氛等来调节空间的气味。在味觉方面，可以通过设计与饮食相关的空间，如餐厅、咖啡馆等，为人们提供美味的食物体验空间。五感构思可以使建筑设计更加人性化和多样化。通过调动人的五种感官，设计师可以创造出更加丰富和生动的空间体验，使人们在使用建筑时获得更深层次的满足感和愉悦感，从而调动人们的情感体验，使其产生情感共鸣。

Kj法，即亲和图法，是一种通过将相关信息分类整理来进行创意思考和解决问题的方法。Kj法可以帮助设计师在初期阶段进行需求分析和概念构思，将所获取的信息进行分类归纳，找出设计的重点和难点。Kj法具体步骤包括信息收集、信息分类、关系分析和概念构思。首先，设计师需要收集大量的相关信息，如文献资料、用户调研、专家访谈等。其次，将这些信息进行分类和整理，找出其中的共性和差异。再次，对分类后的信息进行关系分析，找出各类信息之间的联系和影响。最后，在此基础上进行概念构思，形成初步设计方案。其优点在于它能够帮助设计师在复杂的信息中找出核心问题和关键因素，从而提高设计的针对性和有效性。此外，Kj法具有很强的团队协作性，可以通过小组讨论和集体决策进行信息分类、分析，增强设计的集体智慧。

### 三、地形利用与布局

如何在建筑设计中充分利用地形？应从地形分析、建筑布局、景观设计以及技术手段等多个方面进行。

## （一）地形分析

首先需要对用地地形进行详细的分析。包括以下几个方面：

① 地形坡度。了解地形的坡度分布情况，识别平缓、陡峭和不规则区域。不同坡度的区域适合不同的建筑布局和功能分区。

② 朝向与日照。分析地形的朝向，确定最佳的建筑朝向以最大化日照和自然采光。这对建筑的能源效率和居住使用舒适度等至关重要。

③ 水文条件。了解地形的排水和渗水特性，确定雨水的自然流向，避免建筑受潮，遭受洪水威胁，及洪水产生的次生灾害发生。

④ 土壤条件。分析土壤的承载力和稳定性，以确保建筑基础的安全性、稳定性和微生态系统平衡。

## （二）建筑布局

根据地形特征进行合理的建筑布局，是实现地形有效利用的关键，一些常见的布局策略如下：

① 顺应地形。建筑物的布局应尽量顺应地形的自然起伏。对于坡地，可以采用台地式、阶梯式或梯田式布局，使建筑物与地形相融合，减少土方开挖和填土量。

② 分散式布局。在复杂地形上，可以采用分散式布局，将建筑物分散布置在不同的高度和位置，通过步道、桥梁或平台连接，形成一个整体。

③ 利用自然高差。在设计中充分利用地形的高差，可以实现地下车库、半地下室等空间的自然通风和采光，提升空间利用效率。

④ 景观视野。根据地形特点，合理布置建筑物的位置和高度，以保证各个建筑单元都能享有良好的景观视野和自然环境。

## （三）景观设计

景观设计是建筑设计的重要组成部分，通过合理的景观设计，可以进一步增强建筑与地形利用的效果。

① 保持自然特征：尽量保留地形的自然特征和植被，减少对自然环境的破坏。利用原有的地形特征，如丘陵、谷地等，营造出独特的景观效果。

② 生态设计：在景观设计中减少碳排放，充分考虑生态功能。如通过设置生态湿地、植被缓冲带、雨水花园等，促进雨水的自然渗透和循环，改善微气候。

③ 景观过渡：通过景观设计，实现建筑与地形之间的自然过渡，使建筑物看起来更加和谐、自然。如通过设置坡地和屋顶花园、梯田绿化等，软化建筑与地面的连接关系。

④ 视线引导：利用地形和景观元素，引导视线，创造丰富的视觉体验。如通过设置景观节点、视线通廊等，使人们在不同的位置都能欣赏到不同视角下优美宜人的景观。

## （四）技术手段

现代技术手段为建筑设计中有效利用地形提供了更多的可能。

① 数字化地形模型：利用先进的测绘技术和三维建模软件，建立数字化地形模型，

进行精细化的地形分析和模拟，帮助设计师更好地理解和利用地形。

② BIM 技术：建筑信息模型（BIM）技术可以将建筑设计与地形信息结合在一起，实现多维度的设计协调，提升设计的精度和效率。

③ 可持续建筑技术：采用可持续建筑技术，如被动式设计、绿色屋顶、太阳能利用等，可以更好地适应和利用地形特点，提升建筑的能源效率和环保性能。

④ 施工技术：采用现代施工技术，如预制构件、模块化建筑等，可以有效应对复杂地形条件，减少施工难度和成本。

通过地形分析、合理的建筑布局、精心的室内外环境景观设计和科学技术手段，可以最大化地发挥地形的潜力，为使用者提供更加舒适、健康、宜居的工作、生活环境。

### 四、手绘空间图式语言

建筑方案设计过程大致可划分为五个阶段：即信息采集阶段；信息处理阶段；信息建筑化与方案初始构思阶段；信息反馈与方案构思、比较、深化、定案阶段；设计输出阶段。信息建筑化与方案初始构思是关键性阶段，其本质是将非建筑化的信息，经分析梳理转化为建筑化的信息。建筑师通常会采用建筑表达的"图式语言"绘图与模型进行设计成果的呈现与展示。

绘图在建筑设计领域起着核心作用，它扮演着将设计师的创作灵感转换为现实的重要角色。同样，它也作为一种机制，使我们全面了解到一项工作的外形、功能与技术等几个方面的相互联系。

构思设计成果的图式语言自然是草绘图（包括徒手绘、仪器绘），是我们设计时，对设想事物的构思表达。方案设计初始构思阶段的草图是对设想事物构思草绘图的表达。徒手草图的基础训练模式可以追溯到巴黎美术学院的"学院派"建筑教育。计算机辅助设计的普及发展，已不同程度地削弱了设计构思对草图表达能力的重视。

然而，重要的是草绘图包含根据设计师最初对整个项目的设计意图和想法而拟定的大纲。徒手绘草图，很容易让设计师在一种身心宁静放松的状态下，产生构思灵感，随意挥洒，草绘图是可以实现高度概括、随机记录、表达与讨论设计的重要创作手段。同时，最大限度地解除方案构思思维的表达束缚，有效地挖掘草图中蕴含着的在萌芽状态的创新思路，也是初始阶段朦胧的创造性构思意象表达的最佳方式之一。

通过草绘图设计师可以实现与自我的深度交流，图解思考的潜力在于通过纸面图形，经过眼睛进入大脑，然后再返回到纸面上的信息交互、优化设计过程。从理论上讲，信息循环的次数越多，潜在的可能性与机遇也就越多。

对设计师而言，徒手草图不仅是快速、准确表达设计构思的最有效手段，而且还是对建筑艺术与空间叙事表述方式、方法的有效表达。同时设计师借助文生图、图生图等人工智能的设计融合手段，对设计创意与空间表达的学习、借鉴，能够起到潜移默化的熏陶作用。建筑大师柯布西耶、阿尔瓦·阿尔托、阿尔瓦罗·西扎、弗兰克·盖里、伦佐·皮亚诺、安藤忠雄等都是建筑空间构思徒手草图表达的杰出代表（图5-68、图5-69、图5-70、图5-71）。

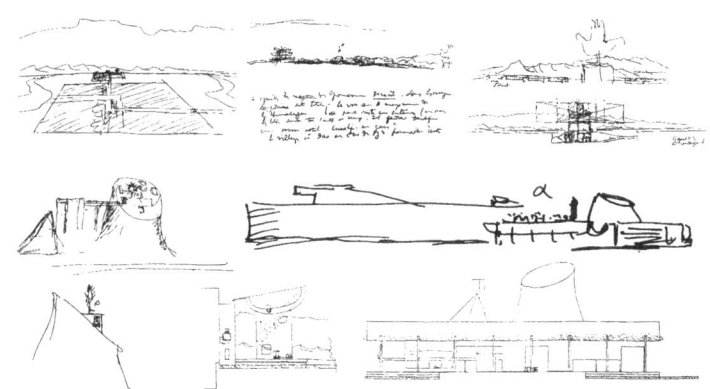

图5-68① 印度昌迪加尔规划与建筑构思（勒·柯布西耶 绘）

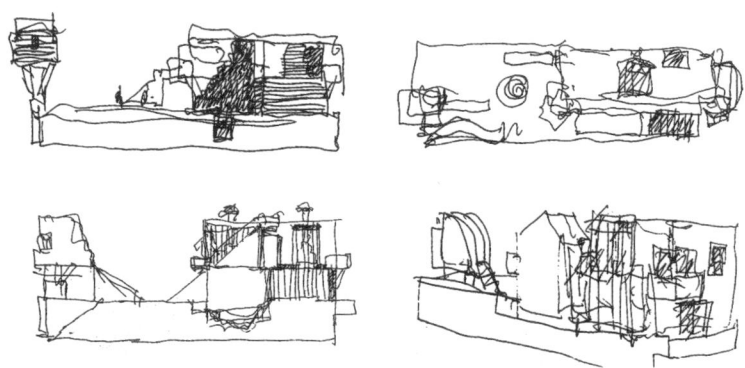

图5-69a② 斯诺顿住宅（弗兰克·盖里 绘）

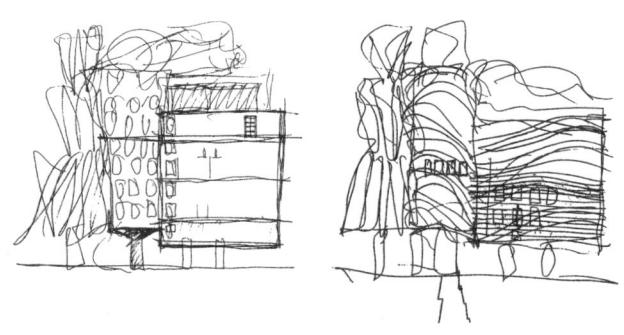

图5-69b③ 尼德兰大厦（弗兰克·盖里 绘）　　图5-69c④ 尼德兰大厦（弗兰克·盖里 设计）

---

① 杨秉德．建筑设计的方法［M］．北京：中国建筑工业出版社，2020：193-198．
② 杨秉德．建筑设计的方法［M］．北京：中国建筑工业出版社，2020：219．
③ Redazione. Il disegno a mano libera. Ricerca e invenzione［EB/OL］.（2017-05-19）［2024-09-15］. http://www.arcduecitta.it/2017/05/il-disegno-a-mano-libera-ricerca-e-invenzione/.
④ 设计学堂.什么？盖里设计的这个房子竟然会跳舞！［EB/OL］.（2019-10-08）［2024-10-15］. https://www.sohu.com/a/345530225_734359.

第五章　建筑结构与造型 | 283

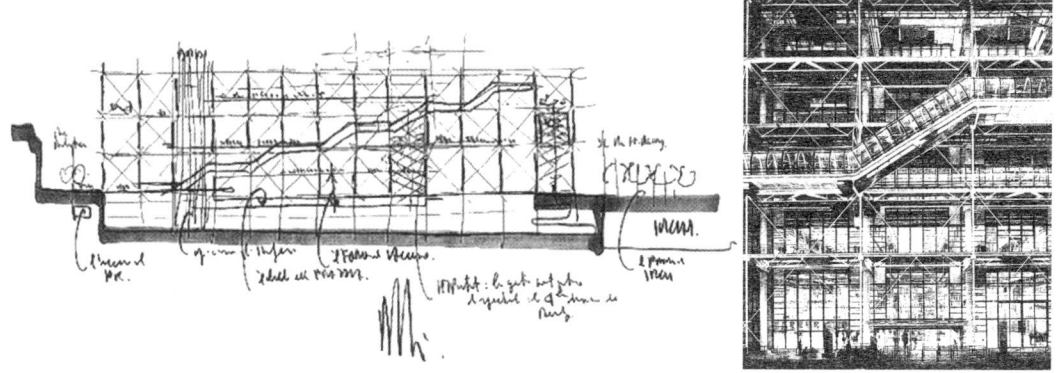

图5-70a①　巴黎蓬皮杜艺术中心（伦佐·皮阿诺 绘）

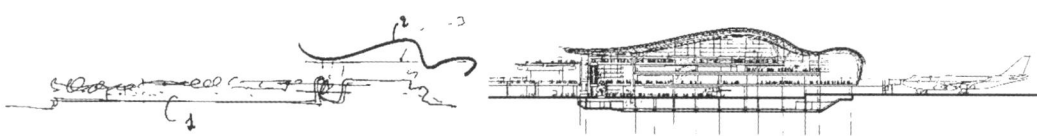

图5-70b②　日本关西机场（伦佐·皮阿诺 绘）

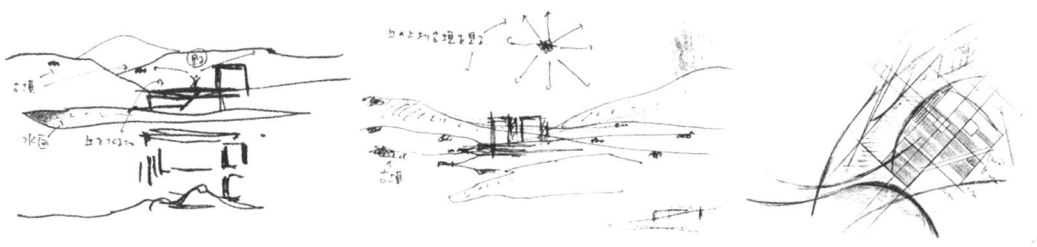

图5-71a③　近津·飞鸟历史博物馆（安藤忠雄 绘）

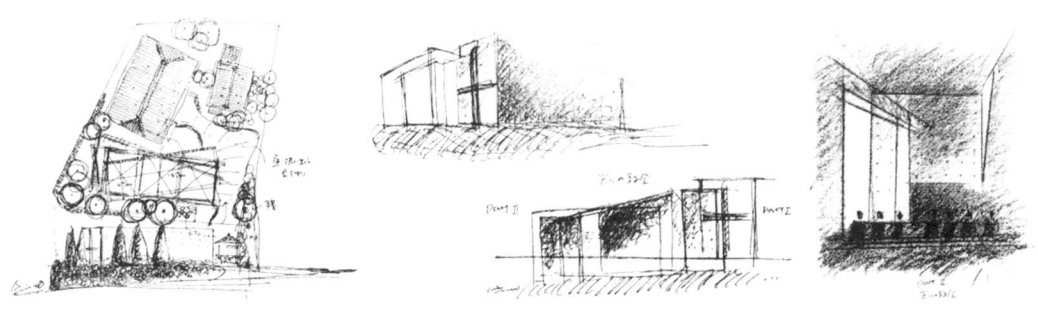

图5-71b④　光之教堂（安藤忠雄 绘）

---

① 阿杰多·马哈默.世界建筑大师手绘图集[M].李雯燕，译.沈阳：辽宁科学技术出版社，2006：396-397.
② 阿杰多·马哈默.世界建筑大师手绘图集[M].李雯燕，译.沈阳：辽宁科学技术出版社，2006：400-403.
③ 阿杰多·哈马默.世界建筑大师手绘图集[M].沈阳：辽宁科学技术出版社.2006：434-435.
④ 阿杰多·哈马默.世界建筑大师手绘图集[M].沈阳：辽宁科学技术出版社.2006：428-429.

实践篇

# 第六章
# 空间功能组织与建筑类型设计实践

### 章前导言

本章内容涉及建筑功能定位，包含竖向空间组织、建筑立面设计与空间叙事形式、建筑立面设计与建筑类型及中国当代建筑的创作类型与实践四部分内容。

建筑功能组织，具体涉及建筑与场地的密切联系、空间功能组织与建筑平面、建筑结构与空间形式、空间布局特点与交通流线组织四个方面。建筑剖面解析与空间形式表达，具体从建筑剖面空间设计、建筑层数、建筑各部分高度、建筑层高与细部高度四个维度展开。建筑立面设计与空间效果表达，具体从建筑立面与形态演绎、立面设计与效果表达两个方面展开。本章内容除课程知识外，还有与本章内容相匹配的建筑类型与当代国内一些代表建筑师的创作实践，以及设计项目的场地文脉解读与多元建筑类型课题训练和辅导答疑环节。

### 本章聚焦

在理解建筑竖向功能组织与剖面解析的基础上，聚焦探讨建筑竖向空间叙事形式和设计实践的方法与路径。

### 学习目标

初步掌握建筑功能的划分与空间组织的原理和方法，学习设计、应用建筑剖面、立面进行空间功能的形态演绎和表达设计效果的方式、方法。

## 知识点导图

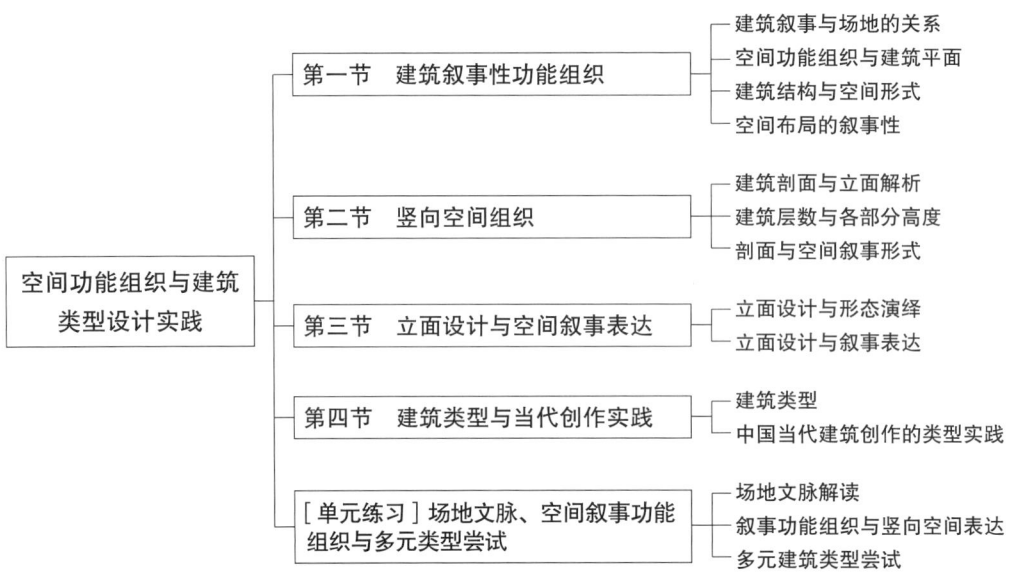

# 第一节 建筑叙事性功能组织

## 一、建筑叙事与场地的关系

设计建筑时，建筑师首先会绘制地形的图底关系图，目的是廓清建筑场所背景、空间叙事结构组成条件与环境特征，以帮助比较新设计的建筑与周围建筑、空间、环境的契合度。可以说这是一个非常直接有效的手段，当新建筑置入环境时，空间关系产生变化，而图底关系图可以比较、研究新建筑在背景中与周边空间产生的新层次、新空间的表达关系。如何考量和分析、诠释场所是建筑师设计该建筑的首要任务。

### （一）场地文脉

建筑与场所的关系即文脉，它并不是后现代建筑所表现的建筑传统符号在建筑运用上的文脉联系，而是涵盖建筑与自然的关系、与山地地形的关系、与背景的关系、与气候的关系、与建筑材料的关系、与周围建筑的关系，以及与非物质形式相关的文化传承与创新的关系（图6-1）。

### （二）建筑与场地关系

从本质上看，新的建筑在建成后一定会对原有的场所背景产生直接的影响，而这个变化也就是我们所说的建筑与场地的关系。建筑与场地的关系体现出建筑师如何观察建筑场地背景环境，如何置入自己的设计，其意图是新建筑与原有背景产生一定的文脉关系，使新的建筑在场所中形成其相应的地位与赋予场所新的意义（图6-2）。

第六章 空间功能组织与建筑类型设计实践 | 289

图 6-1a 重庆洪崖洞（李向北 设计 魏子觐 绘）

图 6-1b 国美民艺馆与场地（隈研吾 设计 谢璞 绘）

图 6-1c 国家版本杭州分馆与山形地貌（王澍 设计 陈治方 摄）

图 6-2a Getty Center（瑞查德·梅尔 设计 陈治方 绘）

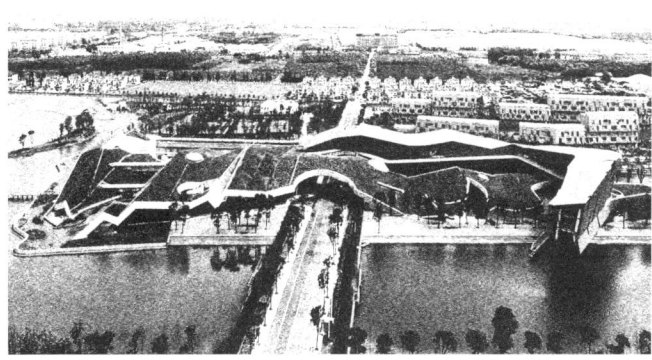

图 6-2b[①] 巨人网络集团总部建筑与场地的关系

---

① GA环球建筑.耗资15亿！巨人网络总部，一座"从地里自然生长的建筑"[EB/OL].（2021-03-10）[2024-09-10]. https://baijiahao.baidu.com/s?id=1693834315961570731&wfr=spider&for=pc.

建筑设计时需要考虑以下几个方面：建筑与城市的关系、建筑与地形的关系、建筑与材料的关系、建造方式、文化表达和社会象征性等。同时，我们可以通过场地模型来研究建筑与环境的物理关系和社会关系。

（三）典型案例分析

例如，从特拉尼朱塞普·特拉尼（Giuseppe Terragni）设计的"柯默警察局办公楼"项目中，我们能够看到该建筑在意大利传统城市环境中，通过框架式的双层建筑表皮，以全新的形象构建了与城市周围建筑的积极的对话关系；同时，消除了建筑带来的厚重感，其创造出的进深感让建筑首层与城市街道空间有效融合，即把街道引入建筑之内，使建筑中庭与街道公共空间融为一体；并且，以现代主义建筑全新的设计手法、表达路径及新技术、新材料的应用，与历史环境背景强烈对比，产生了独特的蒙太奇效果，使该建筑的纪念性的表达，从建成之日起在城市广场空间中产生令人瞩目的强烈空间叙事感延续至今（图6-3）。

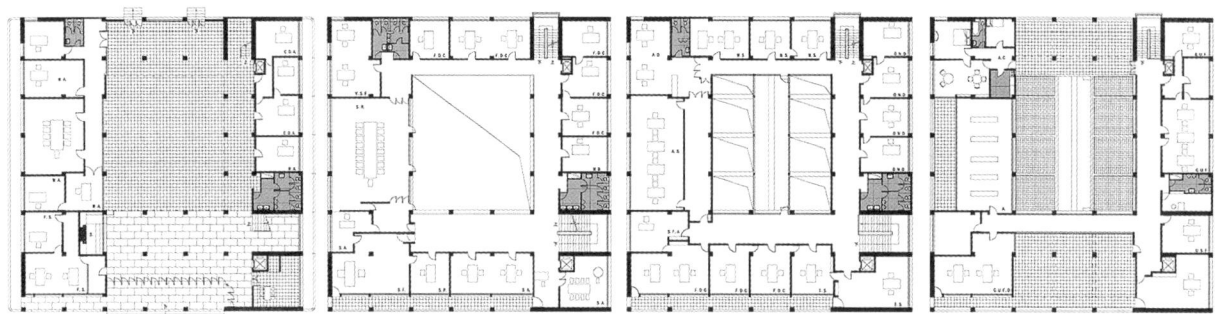

图6-3a[①]　柯默警察局办公楼平面图（特拉尼 设计）

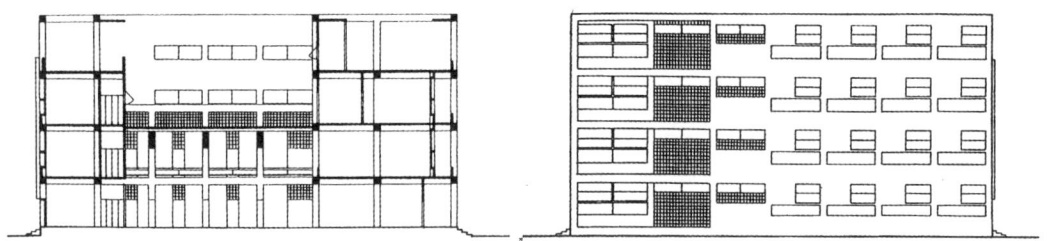

图6-3b[②]　办公楼剖立面图

---

[①] 筑龙学社.17位建筑大师作品分析案例_学员必备［EB/OL］.（2020-06-24）［2024-09-10］.https://bbs.zhulong.com/101010_group_200118/detail42558787/.

[②] 原口秀昭.路易斯·I·康的空间构成［M］.北京：中国建筑工业出版社，2021：91.

理查德·诺伊特拉（Richard Neutra）设计的考夫曼沙漠别墅，重点聚焦建筑与自然的亲密关系，形成开放的、差异化的内外沟通空间。建筑平面形态呈现出开放的"风车型"、发散式的布局，建筑内外关系简洁、直率，使大量阳光、空气、景观映入室内，形成室内外空间联动的融合效应；同时四个庭院在开放性、私密性上保持不同属性的比重变化（图6-4）。

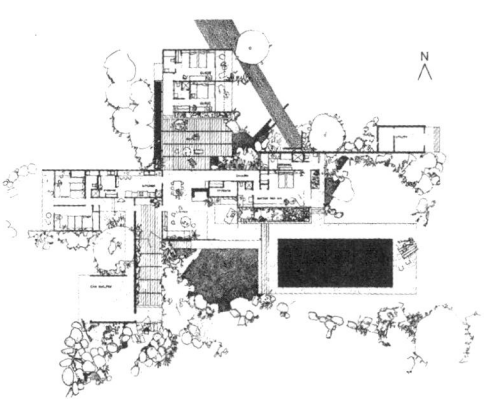

图6-4　考夫曼沙漠别墅（诺伊特拉 设计　魏子靓 绘）

"巴拉干自宅"的设计项目考虑到当地的炎热气候，建造了厚重的墙体，建筑临街一面全部封闭，空间表达相对含蓄，外立面与其他相邻建筑基本相似，其外闭内开的空间层次从外至内逐次开放，形成最为宜人的建筑内部的外部空间（图6-5）。

图6-5[①]　巴拉干自宅（路易斯·巴拉干 设计）

---

① 无忧文档.建筑大师路易斯巴拉干大师作品分析［EB/OL］.（2024-05-26）［2024-09-10］. https://www.51wendang.com/doc/bb787044fd14d94502e38c86/25.

张永和设计的"山语间"从名字上能表达出建筑试图与周围的山脉进行对话的设计主题。根据地形顺势高差，其创造了一个倾斜单坡屋顶限定的建筑，起居空间位于大屋顶之上，呈现出开放与自然、人与建筑、人与大山展开交流的场地空间叙事情景。

从上面的案例中，我们可以看到不同建筑师在建筑所在的场所中，首先要表明对场地设计理念的一种明确态度，这也是建筑设计的基本出发点，而这个态度也是建筑师在设计中需坚持的场所叙事性秩序。

## 二、空间功能组织与建筑平面

### （一）空间叙事的组织关系

人们对生活样态的需求决定了建筑空间叙事的组织关系。

建筑功能组织的出发点正是为了满足人们的工作、生活需求。首先，要找到需求的内在组织关系和秩序，考虑如何组合与融合不同的需求，其次，要预见未来人们需求的变化，给予空间暗示一定的灵活性与重组功能，建筑的外部形象表征和内部空间的特征是需要同步考虑的。

建筑师的任务是为使用者提供建筑的使用要求与空间寄托的综合性表述，建筑师通过设计把客观的使用要求转化成具有造型基础、暗含某种空间秩序与生活样态的信息转译并以建筑空间的形态呈现出来。

一方面，建筑师需要考虑使用者在其中的活动内容和他们的生活习惯，建筑在满足生理、物理层面上要求的同时，需要满足创造出三维空间尺度适宜、朝向良好、开窗合适等要素的需求，保证建筑空间的舒适性。

另一方面，心理层面上要满足和建立的空间逻辑关系，很难像生理层面上要求的那样可以依照数据进行判断。空间宽窄与高低是否符合个人的审美要求，人们体验空间的感觉是什么，这些方面只能因人而论，没有绝对的衡量标准。

人们对住宅的需求首先是安静，能作为人们能够修身养性的生活空间环境。人们会按自己的需求组织安排空间，从而形成一种内部的秩序与空间逻辑。而这个内在的逻辑与空间叙事组织关系，有赖于居住者的生活样态重建，暗含某种秩序并能够表达出居住者自身的特点，同时赋予空间功能组织关系一定的叙述意义。

### （二）平面叙事功能布局

建筑师的任务不仅要满足业主对平面布局、动线组织等使用功能的要求，还要善于在常规的具象化需求的基础上，挖掘业主赋予空间场景的孕育性"情境"机能。

首先，对建筑任务书的解读与对使用者需求深入细致的研究是建筑设计的开始。怎样积极影响业主，使设计能够深入建筑师空间构想与平面叙事功能布局的把握当中呢？

建筑师沙利文提出："形式追随功能。"建筑应从内至外，先设计平面、剖面，最后设计立面。

柯布西耶说"房屋是居住的机器"，功能决定建筑的空间布局。他在设计萨伏伊别墅时，基本是从平面布局的叙事功能组织开始。首层为入口、车库、佣人间；二层为主要功能性房间：起居室、餐厅、厨房、卧室、卫生间、书房；三楼是屋顶花园。这些功能被清晰地安置在三层方形平面布局中，在竖向设计上通过坡道和楼梯组织交通，来丰富立方体内部空间和外部环境的对话与"情境"转化。

在空间组织上，阿尔瓦罗·西扎（Alvaro Siza）反对功能形式以单一线性方式的结合。他在维埃拉·卡斯特罗（Vieira de Castro）别墅设计中应用不规则形态，使功能布局组成形式为非线性布局，使空间呈现出一种不可言状的微妙变化中的趣味性与整体叙事感（图6-6）。

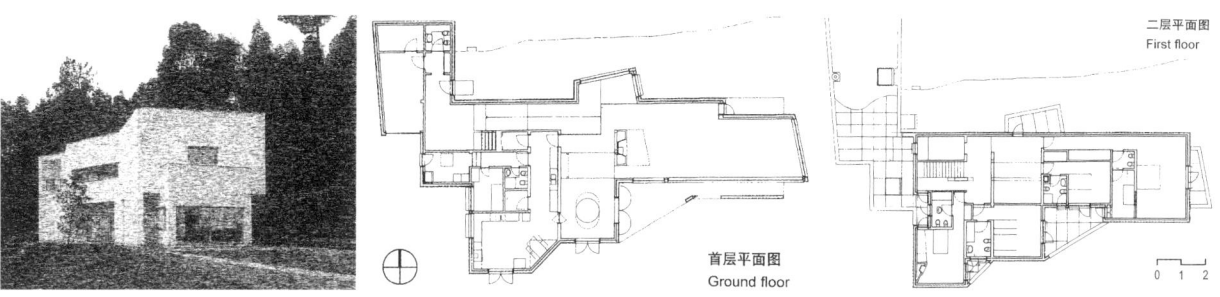

图6-6① 维埃拉·卡斯特罗别墅（阿尔瓦罗·西扎 设计）

张永和设计的"山语间"，明确了周末度假别墅的功能定位属性。根据地形特征，起居室被安置在最前部，其长条空间成为人与人、空间内外交流沟通的场所，餐厅成为过渡空间，主人的卧室、书房作为私密空间，被安排在最后部，客房、卧室被独具匠心地设计在突出屋顶、四周大玻璃开窗直面周围环境的阁楼上。进而构成从公共空间到私密空间层次清晰的逻辑秩序、严谨的叙述功能组织关系，规范、暗示出度假别墅生活特色的空间叙事模式。

### 三、建筑结构与空间形式

#### （一）功能结构与空间形式

建筑师对待结构各有不同的理解与设计方法，因而产生了各具特色的空间形式。

柯布西耶在他的多米诺体系中，把现代主义建筑的结构体系归纳为梁板柱钢筋混凝土框架体系，其作用是使建筑平面、立面得以自由布置。密斯·凡德罗曾说，其对结构有一种哲学观念，我们所谓的结构是一种从上到下乃至最微小细节全部服从于同一概念的整体。路易斯·康曾说，建筑的历史是石头的历史，西方传统建筑在雅典卫城神庙中。我们可以看到，石头塑造出建筑的宏伟壮观，演变到罗马时期砖拱券的采用试图使建筑空间增大；哥特教堂尖拱结构形式使西方建筑结构与空间艺术高度结合达到统一，

---

① 筑龙学社.维埃拉·卡斯特罗住宅［EB/OL］.（2022-12-11）［2024-09-11］. https://bbs.zhulong.com/101010_group_201802/ detail10022079/?louzhu=1.

其结构扮演的角色也到达顶峰。建筑结构与空间形式因时代、技术、文化、地域等因素产生了不同的特点与类型。

建筑空间配置和空间构成形成的各种图像、图式是人们记忆与经验中共同存在的类型化事物，不仅在平面、立面、剖面图的构成上具有表述视觉符号的作用，而且传达着建筑三维空间的体量大小和构成形态的具体图像，同时也包括时间维度中产生的空间序列图像，与建筑构成的空间叙事形成密切的相互关系。

作为建筑师，对结构与空间形式的关系处理可以有不同的手法，结构不应成为束缚建筑设计的障碍，我们须对结构的不同视角有一个正确的认识和态度，并且将它作为空间叙事理性有力的建筑符号与叙事表达的工具。

## （二）典型案例分析

柯布西耶的多米诺体系，在现代框架结构体系中至今依然普遍适用。然而有时我们会忘掉结构体系与空间形式的关系，而是有了方案后，把结构放进平面中，这已偏离现代主义建筑对结构的认识。结构与空间的关系不应是被动的，结构应主动与建筑空间功能布局结合，与建筑和环境成为一个空间叙事的整体。

例如，柯布西耶设计的萨伏伊别墅，钢筋混凝土框架结构在建筑中起到了决定性作用，承重柱立于网格交点上，平面、立面从承重结构中解放出来，体现了现代主义建筑设计的五个基本原则与特征（图6-7）。

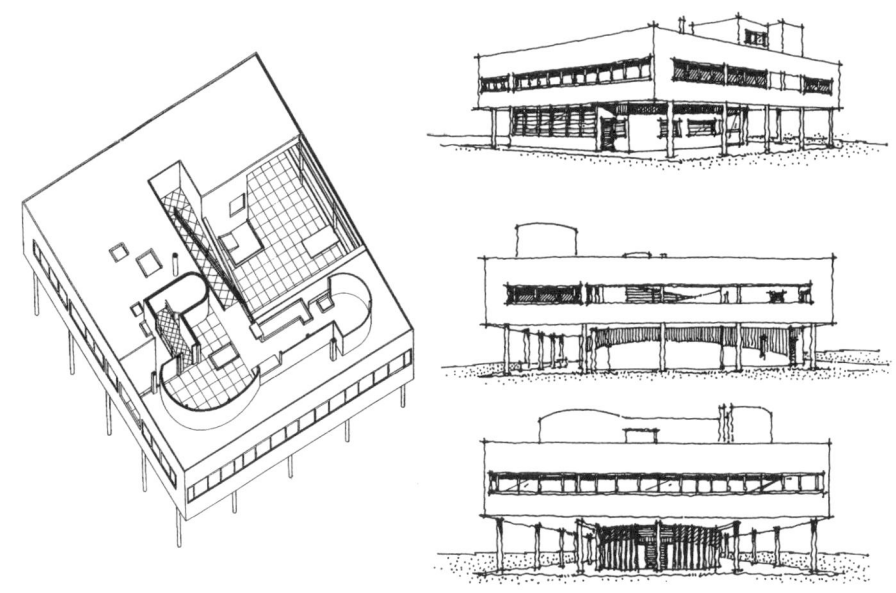

图6-7a[①] 萨伏伊住宅（柯布西耶 设计）

---

[①] 李国胜.参考《外建史》，他画了74幅建筑手绘［EB/OL］.（2018-10-29）[2024-09-22］. https://www.163.com/dy/article/DVAAP30A05208I7T.html.

第六章 空间功能组织与建筑类型设计实践 | 295

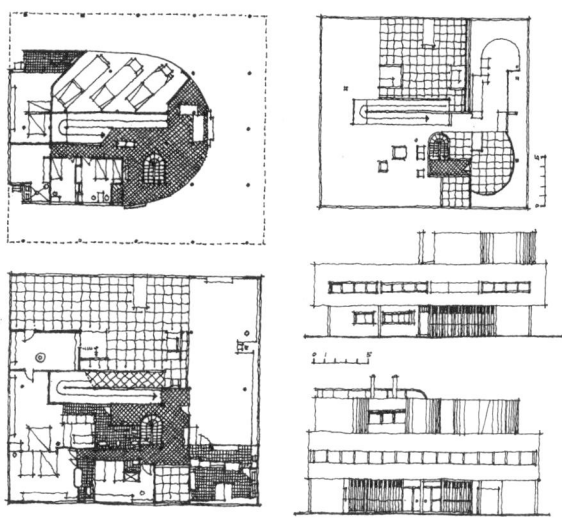

图6-7b① 萨伏伊住宅（柯布西耶 设计）

密斯·凡德罗认为，结构能够提供一种有机秩序，其存在于建筑中，他在"图根哈特别墅"的设计中，在底层起居室空间中的十字不锈钢柱子与统一大空间之间建立了一种清晰的结构秩序，更加明确了空间的形式特征，实现了"自由灵活的空间组合"（图6-8）。

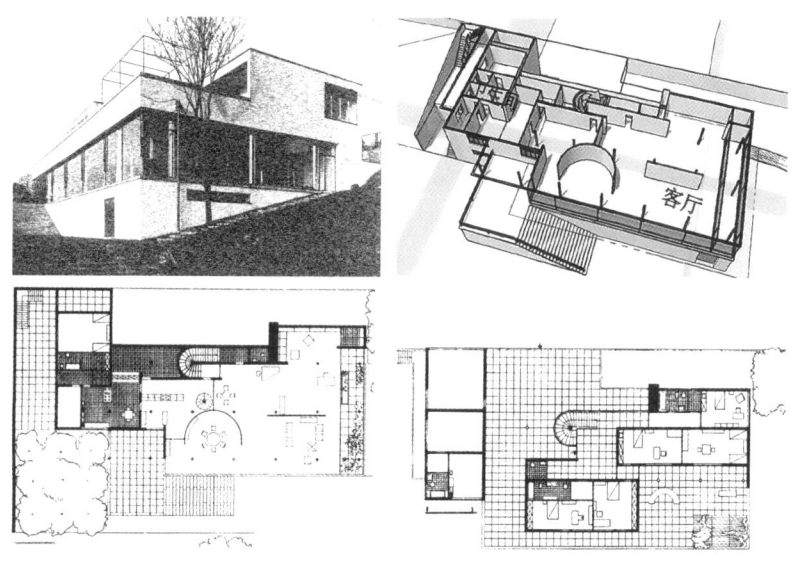

图6-8② 图根哈特别墅

---

① 李国胜.参考《外建史》，他画了74幅建筑手绘［EB/OL］.（2018-10-29）［2024-09-22］. https://www.163.com/dy/article/DVAAP30A05208I7T.html.
② 李辉.图根哈特别墅：一处现代主义建筑遗产的历史与修复［EB/OL］.（2020-11-23）［2024-09-14］. https://www.sohu.com/a/433774357_718226；无忧文档.密斯-吐根哈特别墅［EB/OL］.（2024-05-26）［2024-09-21］. https://www.51wendang.com/doc/4ebe75aaf996be5049681c8c/22."图根哈特"亦译作"吐根哈特"。

阿尔瓦·阿尔托（Alvar Aalto）在设计玛丽亚别墅之前，已同业主建立了深厚的友谊，对他们的生活样态、习惯和审美取向等细节有很多了解与认知。正是在这样的基础上，玛丽亚别墅的建筑设计充满了人情味。各个功能空间安排舒适恰当，起居室起到连接各个空间的作用，餐厅、书房、画室围绕其布置，空间连续有节奏，设计布局是为人的生活场景需求、叙事功能情境布局服务的，而建筑结构与造型也恰恰反映出功能组织与空间布局的有效融合。

在其设计中，虽然结构是在平面功能布局决定之后置入考虑的，但阿尔托把梁柱的自由度和传统材料巧妙地结合起来。如承重的圆柱作为一个空间造型的主要元素，在其表皮材料上进行了局部木材包裹的特殊处理，使其与室内空间和楼梯栏杆相呼应，并与建筑外的森林环境形成对话关系，结构在这里被巧妙地转换成积极有效的造型元素（图6-9）。

雷姆·库哈斯（Rem Koolhaas）的"巴黎别墅"的空间布局设计，依据协调支撑悬

图6-9a[①]　玛丽亚别墅（阿尔法·阿尔托　设计）

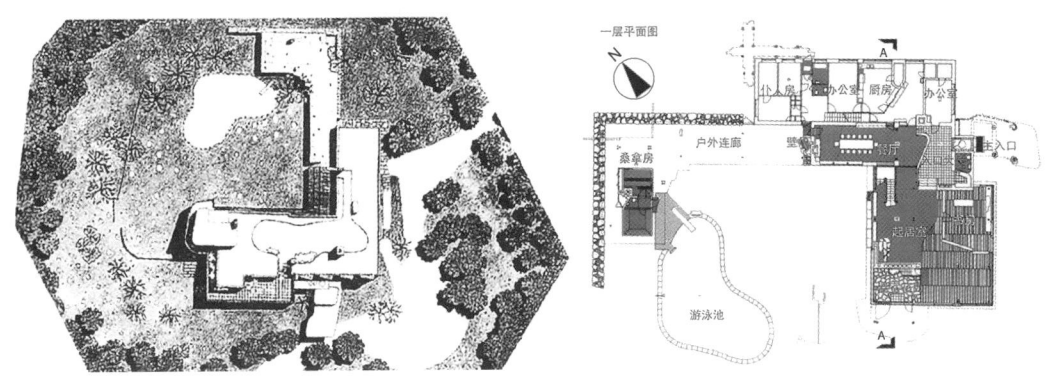

图6-9b[②]　玛丽亚别墅（阿尔法·阿尔托　设计）

---

① 光辉城市.玛利亚别墅SU模型［EB/OL］.（2018-01-28）［2024-09-14］. https://www.sheencity.com/resdetail/b3b9edd4-7a9a-4ffa-995d-52178db850ef/4.
② 汪春江.建筑大师作品分析——玛丽亚别墅［EB/OL］.（2013-04-02）［2024-09-22］. https://www.docin.com/p-627574418.html.

挑结构的地面层交错的柱列，表现出通过不规则的处理手法，实现的建筑与环境的统一，充分说明结构不只是在建筑中起到承重作用，还可以成为建筑师塑造空间表述语言的强大造梦工具（图6-10）。

图6-10　巴黎别墅（库哈斯 设计　谢璞 绘）

张永和"山语间"项目的结构设计，将建筑结构与自然景观进行了巧妙有效的融合，让人宛若置身于山林之中。设计师通过将其所有承重钢柱的结构组织要素进行弱化，俨然将结构系统严丝合缝地安排在柱网之中；通过应用创新的空间布局手法不仅赋予了建筑独特的外观，也提供了令人难忘的空间体验（图6-11）。

图6-11[①]　山语间（张永和 设计）

"山语间"在内部空间布局上精心设计了各种交流与学习空间，为人们提供了一个富有灵感的环境氛围。无论是舒适的休息区还是宽敞的学习场所，都展现出了设计师对于空间功能与结构的巧思布局。高低起伏的屋顶和错落有致的窗户，让光线自由穿梭，使整个空间充满了生机与活力。"山语间"不仅是一座建筑，更是一种对于自然与人共生、共融的探讨。其设计理念突破了传统建筑空间布局的束缚，为周末度假酒店的主题空间注入了活力与不同的空间叙事体验。

伊东丰雄（Toyo Ito）设计的仙台媒体中心项目，颠覆了传统建筑对沉重柱结构的刻板印象。应用"解体柱梁"的理念，让建筑的结构柱呈现出如海水中浮游"水草"一般的

---

[①] 众学派.大师案例分析05｜"山语间"山中别墅［EB/OL］.（2022-12-11）［2024-09-15］. https://fashion.sohu.com/a/616177920_121124024.

形态，彻底颠覆了人们对建筑沉重柱结构的认知，可谓是一场建筑结构革新性的积极探索。

他将结构柱重新定义为采光井、设备间，甚至是楼梯或电梯间等复合功能空间。这一创新不仅在视觉上打破了常规，而且实现了空间的多功能性和高效利用。光线通过采光柱井实现了自由穿梭，让整个建筑充满了具有透明感的活力与生机；重新构想的结构形式也赋予了建筑更多的灵活性，使其可以适应不同使用场景的功能需求，展现了建筑结构技术与功能完美融合的前瞻性和创新性（图6-12）。

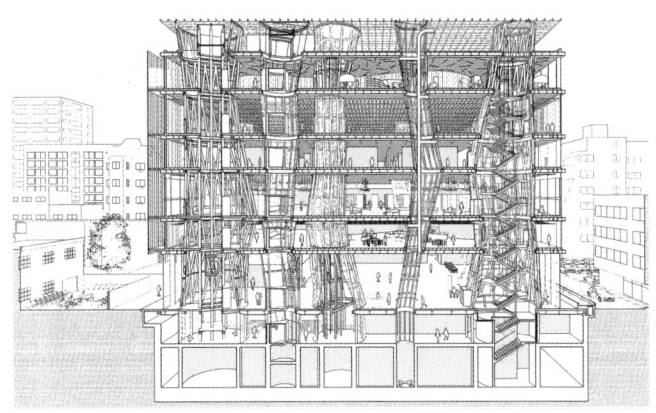

图6-12a[①]　仙台媒体中心结构

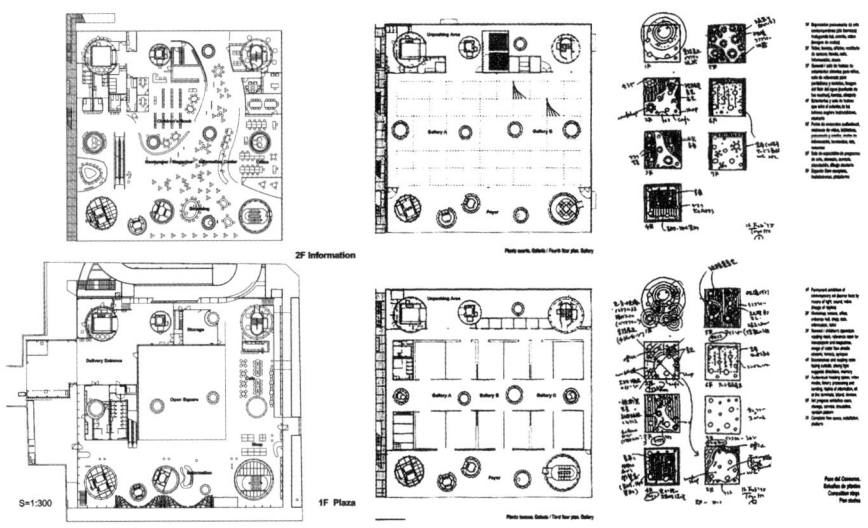

图6-12b[②]　平面图（伊东丰雄　设计）

---

[①] 合创学园.The Story of Section［EB/OL］.（2019-09-14）［2024-09-15］. https://mp.weixin.qq.com/s?__biz=Mzg5MzIxMzUyMQ==&mid=100000322&idx=1&sn=72ace5b815321795b68ed6ea8cb9fcdd&chksm=40330c7c7744856aae0080c28ae4b65c81e00c3c317b36a6f71d6d81a26d9425289245841626#rd.

[②] 方舟船长·建筑设计|日本神级建筑师？在仙台的设计［EB/OL］.（2022-02-20）［2024-09-15］. https://zhuanlan.zhihu.com/p/469765166.

### 四、叙事性空间布局

#### （一）空间布局特点

建筑不仅是物质形态的存在，而且还能触动人心，可以说是人类身体和心灵的双重庇护场所，因而优秀的经典建筑在设计史上具有不可替代的地位，被视为构成人类共同文化遗产中不可或缺的重要组成部分。建筑的目的是满足功能需求、唤起内心对建筑空间的情感共鸣与对话，一些经典、特定、奇妙和被限定的情境空间，能给予我们心灵上的慰藉，好的建筑空间同样具有叙事性的潜在特征。

密斯在空间叙事体验上采用了自由平面手法。如"吐根哈特别墅"的设计，其强化了空间流动感，起居室墙面的通高大玻璃让室内外无界限，内外空间融为一体。在表达工业生产时代空间叙事手法上，特意采用钢管沙发、椅子家具，布置在室内空间核心的位置，体现出平面流线秩序的设计中给予必要时空秩序的设定。通过运用开放式布局和大面积玻璃幕墙，打破传统房屋的边界感，让室内外空间产生自然流动融为一体的空间格局与强烈感受。这不仅让人们感受到空间的开阔性和通透性，也使得自然光线成为室内的重要元素，营造出通透明亮的新时代居住空间环境的叙事设计模式。

此外，从材料的选择到构造的精准，每一个细节都彰显出密斯对于完美的追求。吐根哈特别墅不仅是一座住宅，更是一种对于生活空间与美学的探讨。密斯通过这一作品，让人们重新审视了建筑与空间的交融关系，树立了居住空间布局的代表性的经典范例。

路易斯·康在密斯的设计理念基础上，提出密斯将结构的秩序引入建筑空间的同时，强调了主、辅空间在建筑中同等重要的地位，每个空间都应当服务于特定的需求，没有多余的功能存在的余地，为建筑功能性与实用性的追求赋予了新的设计内涵。

如在他的医院及住宅的设计中，其明确的主辅空间布局形成了严格的空间表达秩序。他以简约、几何的设计语言，将空间、结构、光线融为一体，其中蕴含着丰富的空间叙事性，强调了主辅空间的明确界定与严格的空间秩序，创造出了独特而深远的建筑空间布局体验。

扎哈·哈迪德在"维特拉家具工厂消防站"的设计中，让建筑复杂的内部产生动态的交错穿插的空间布局，其空间已不是简单的长宽高三维围合的几何空间形态，建筑外形如飘浮的无规则的物体，设计关注重点是消防人员收到火警求救信号后紧急出发瞬间的"三维空间+时间"构成空间布局与动线组织，使参数化制约下的线性空间形态产生了无限的张力，让建筑充满了失重感、浮游感的空间叙事语境。

现代主义建筑的空间形式，已不能满足当今信息社会快速发展的需求。先锋派建筑师更加推崇、注重创新空间的表达。通过空间与时间的叙事布局，建筑师凭借对空间的不同理解，设计出各具特色、富有趣味的建筑空间形态。当空间叙事主题介入，出现触动人精神与灵魂的综合效应时，我们所说的"场所精神"便产生了。空间与叙事结合，引人入胜，引发了对空间的使用所产生的饶有趣味的感受与经验认知，以及它们所传递、影响的复杂的、隐性的社会关系。

### （二）交通流线秩序组织

一般而言，交通流线的组织秩序是从外部环境到建筑内部，由入口到公共空间，再过渡到半开放空间，最后进入私密空间。这个路线不仅是为了到达最终目的地而组织、设计的序列交通流线，而且还起到组织空间和形成空间叙事逻辑秩序的积极主导作用。

我们使用的路线很少是独立存在的，按其功能可以分为：交通分流、实现工具、交流空间、方向指向和疏散通道。设计师应明确组织路线，决定使用者在路线上如何实现叙事性空间体验。在此认识的基础上，通过每一步行走的路线，才能构成连贯刺激量的积累。行走路线包含有效组织建筑与室内外环境的空间关系，建立和形成主、客观空间感性和理性的认知系统。

建筑内部空间路线组织可分为横向水平路线与竖向垂直路线。传统建筑路线组织通过走廊连接各个功能房间。随着现代主义建筑空间理念的发展，发散性开放空间同样在住宅平面中得以体现。如荷兰风格派建筑师赫里特·里特费尔德（Gerrit rietveld）设计的施罗德住宅便是一个典型案例。建筑师试图打破室内外空间与家具的界限，营造一个流动发散、灵活多变的室内空间组织秩序，这是形成该建筑设计构思的室内空间特色的关键要素（图6-13）。

图6-13[①]　施罗德住宅（里特费尔德 设计）

柯布西耶在"萨伏伊别墅"设计中采用了坡道动线设计，完全改变了建筑空间叙事的体验。人们从入口到二层，通过坡道视平线逐渐升高的同时，空间逐步展开，当眼前看到二层花园时，便进入明亮的起居室，而后卧室、书房、二层花园，空间、景色随着行走不断变换，实现了"一步一景"的动线空间叙事组织系统的主干；再通过坡道上到屋顶花园，通过建筑结构的框景，感受到建筑外风景和优美的环境的对话。柯布西耶在这里创造了一个交通流线秩序空间叙事组织的经典范例。

---

① 刘晓俊.荷兰风格派-新造型主义-（20世纪的艺术）[EB/OL].（2020-02-25）[2024-09-16]. https://zhuanlan.zhihu.com/p/109072678.

路易斯·巴拉干在其自宅的设计中，通过楼梯间建立了与各个空间的联系，使空间过渡有序，光在这里起到积极的空间叙事引导作用，指引人通向各处想要到达的空间。交通路线组织是以一个中心点分散到不同点的地方空间布局。

与此相反，在理查德·诺依特拉（Richard Joseph Neutra）的"考夫曼沙漠别墅"的设计中，建筑是发散型的空间布局，功能房间如同计算机终端一样各自独立，路线组织通过开放的走廊连接，并且互不干扰，十字形建筑平面布局使交通路线同时成为体验室内外空间的有效叙事手段。

雷姆·库哈斯在"巴黎别墅"的设计中也运用了坡道，随着地形的变化，不规则建筑体形变化使空间秩序的展开相对更为丰富。别墅中间部分是共同使用的起居室和餐厅、厨房部分，隐私的卧室分布在两端，中间坡道既起到连接两端私密卧室空间的作用，同时起到衔接共用交流空间和室外空间转换与穿针引线的作用。

路线组织如同电影摄影镜头装置，此时带你进入近景房间，彼时转换为中景，接着推到远景，体验者可以远眺室外景色，产生不一样的空间情境转化，感受交通流线秩序组织的内在魅力与内在情感共鸣。

## 第二节 竖向空间组织

### 一、建筑剖面与立面解析

建筑剖面是建筑设计全过程中一个不可或缺的部分，其任务是根据各建筑物的功能、用途、性质、规模以及使用要求，对建筑物在竖向空间进行有效组织布局，从而确定建筑物的层数，各楼地面、屋面与外墙的交接做法，内部空间的利用以及各细部尺寸的确定等。

建筑剖面设计与建筑平面、立面设计是相互贯穿，必须做到同步紧密结合。

#### （一）矩形剖面

房间的剖面形状受到多种因素的影响，如：使用要求、功能特点、经济条件以及特定的艺术构思等。

矩形空间的六个界面均为水平或竖直平面，剖面简洁、规整，给人强烈的秩序感。它具有三大优点：① 容易获得完整而紧凑的整体造型；② 利于梁板式结构布置；③ 节约空间、施工方便（图6-14）。

矩形剖面采用规则的平面布置和上下对应的开间设置。此类剖面多见于办公楼、厂房、宿舍等建筑空间组织形式。

#### （二）非矩形剖面

常用于有特殊形态功能设计的房间，形成特定的空间设计效果，或是用于特殊的结构形式所限定的特殊功能空间或创新空间（图6-15a、图6-15b）。

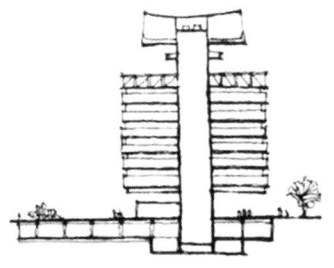

图6-14a① 某办公楼剖面形状的分类

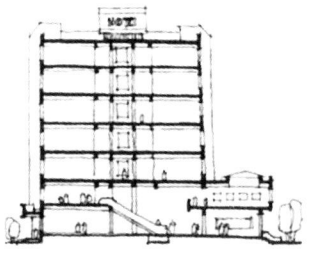

图6-14b② 某酒店

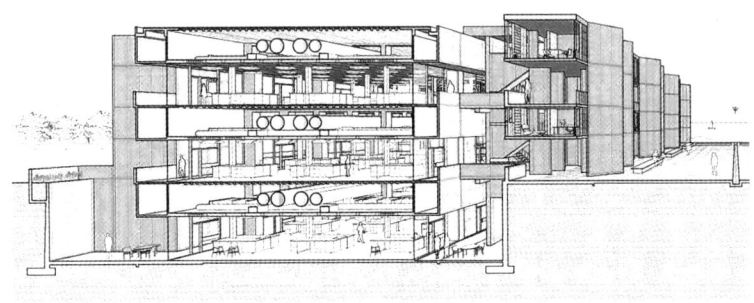

图6-14c③ 生物研究所（路易斯·康 设计）

法国地球电影院、上海天文馆分别采用球状造型、椭圆形等几何形以配合建筑功能对空间的需求，满足3D影视播放、天文学空间模拟与象征、声音混响要求，视线角度从功能要求出发进行非矩形设计（图6-15c、图6-15d）。

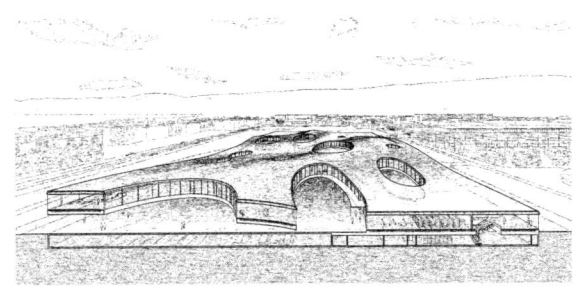

图6-15a④ Rolex Learning Center-SANNA

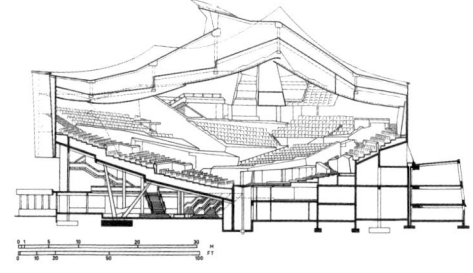

图6-15b⑤ 柏林爱乐音乐厅（汉斯·雪龙设计）

---

① 李延龄.建筑设计原理［M］.北京：中国建筑工业出版社，2020：74.
② 李延龄.建筑设计原理［M］.北京：中国建筑工业出版社，2020：74.
③ 合创学园.The Story of Section［EB/OL］.（2019-09-14）［2024-09-16］. https://mp.weixin.qq.com/s?__biz=Mzg5MzIxMzUyMQ==&mid=100000322&idx=1&sn=72ace5b815321795b68ed6ea8cb9fcdd&chksm=40330c7c7744856aae0080c28ae4b65c81e00c3c317b36a6f71d6d81a26d9425289245841626#rd.
④ 合创学园.The Story of Section［EB/OL］.（2019-09-14）［2024-09-16］. https://mp.weixin.qq.com/s?__biz=Mzg5MzIxMzUyMQ==&mid=100000322&idx=1&sn=72ace5b815321795b68ed6ea8cb9fcdd&chksm=40330c7c7744856aae0080c28ae4b65c81e00c3c317b36a6f71d6d81a26d9425289245841626#rd.
⑤ Henri Stierlin.図集世界の建築［M］.鈴木博之，訳.東京：鹿島出版会，1979：474.

第六章　空间功能组织与建筑类型设计实践 | 303

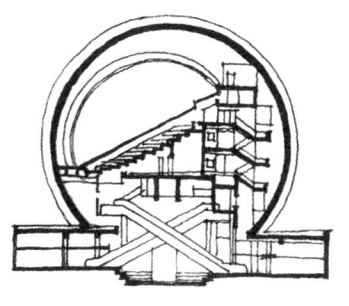

图6-15c① ［法］地球形影剧院

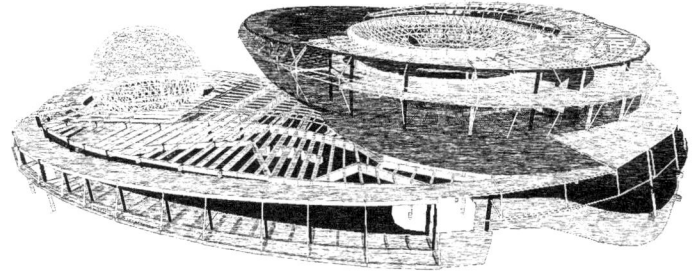

图6-15d② 上海天文馆

## 二、建筑层数与各部分高度

### （一）建筑层数

建筑层数是方案设计初期就需要确定的问题之一，它所涉及的因素有很多，其中主要有建筑使用需求和城市规划两方面的要求。

1. 建筑使用要求

不同的建筑类型必然会有不同的使用要求，通常对建筑的层数也会有不同的要求。

幼儿园、学校、医院、博物馆等建筑由于其使用者主体为幼儿、少年儿童、病残体弱者，且多为人员密集的建筑。所以，这类建筑的层数通常控制在3—6层以内。

图书馆、高铁站、航站楼、体育馆等建筑，由于人流量大，人员密集，需考虑人流集散方便，也应以一层或低层为主（图6-16）。

图6-16a　上海大学东区（谢璞　摄）

图6-16b　天台山高铁站（谢璞　摄）

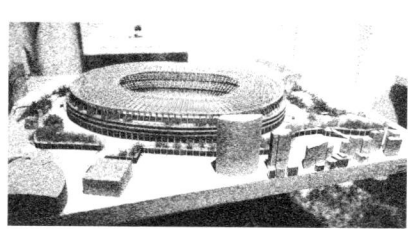

图6-16c　国立新东京竞技场（包立　摄）

相对而言，城市的公寓住宅、别墅、办公、酒店以及公共商务建筑一般会控制为多层、小高层或高层。

2. 市镇规划的要求

在市镇建设中，所有的建筑都必须符合城乡规划的要求，单体建筑的高低将直接影响到该城市的整体面貌，所以，层数的确定必须严格遵循城乡规划要求。

---

① 李延龄.建筑设计原理［M］.北京：中国建筑工业出版社，2020：75.
② 连安山.我们的目标是星辰大海！～中国上海天文馆～［EB/OL］.（2017-11-30）［2024-09-16］. https://www.puxiang.com/galleries/c772055ec12c2ef0a45dfbfb6293e5e8.

城镇，尤其是世界遗产、历史文化名城、近代代表性历史文化街区等，各类景观众多，有奇山异岭、古建民居等，对于这类建筑群与地段以及周边环境应重点保护并进行区域协调，建筑的高度须受到严格控制（图6-17）。

图6-17a　天安门广场中轴线（陈治方 绘）

图6-17b　平遥古城保护（谢璞 摄）

图6-17c　扬州瘦西湖（谢璞 摄）

图6-17d　豫园（娜仁托雅 摄）

图6-17e　石库门保护区（娜仁托雅 摄）

图6-17f　苏州河沿岸历史保护区（谢璞 摄）

另外，城市航空港附近一定的范围内，受飞行安全的影响，对新建建筑物也有明确的限高要求（图6-18）。

图6-18a　上海浦东机场（包立 摄）

图6-18b　虹桥枢纽周边限高（陈治方 绘）

3. 建筑材料、结构的要求

不同类型的建筑会有不同的层数与高度，除了满足城市规划的要求以外，还必须满足不同结构要求，以保证建筑的结构稳定。不同结构形式的建筑其高度与层数也不尽相同。建筑物的结构和材料，以及施工条件等因素，也会对建筑层数的确定产生直接的影响（图6-19）。

图6-19 建筑高度与层数（包立 摄）

第一，不同建筑结构类型和建筑材料有不同的适用性：

(1) 砖混结构——多层（4—6层）。

(2) 混凝土框架结构——多层、小高层（10层以上）。

(3) 混凝土框筒结构——高层（28 m以上）。

(4) 钢结构——高层、超高层（100 m以上）。

(5) 钢筒结构——超高层。

第二，建筑层数和高度有明确的限制，受抗震规范的制约，如多层砌体与混合结构，由于结构自重较大，强度较低，整体性较差。

第三，要遵循建筑防火与经济要求。

(1) 建筑防火要求

在建筑防火规范中，对于不同的防火等级均规定了不同的建筑高度与层数，进行单体设计时必须严格查阅当地最新防火规范。

(2) 建筑经济要求

建筑层数与造价的关系非常密切。一般而言，建筑层数越多，在面积相同的条件下，用地越少，单方造价随之降低。多层与高层相比结构成本随之提高，建筑设备、电梯、供水等费用也大大增加。

在考虑建筑投资成本等问题时，还要综合考虑经济效益。除了房屋的单方造价外，尚需进一步考虑征地、拆迁、小区建设以及市政配套费用等，必须综合多方因素考虑才能确定建筑物各部分的高度。

**（二）建筑各部分高度**

主要包括两大部分内容，其一为房屋净高与层高的确定，其二为建筑细部高度的确定。

**1. 房屋的净高与层高**

(1) 房屋净高

房屋净高指室内地坪到楼板底面或吊顶面的垂直距离。如果楼板底面有各种梁时，房屋净高应该是最低的梁底面至地面的垂直距离。

(2) 房屋层高

房屋层高即净高与楼板结构构造厚度之和，也就是指上下相邻层地面间的垂直距离，它包括净高层高的结构构造厚度的尺寸（图6-20）。

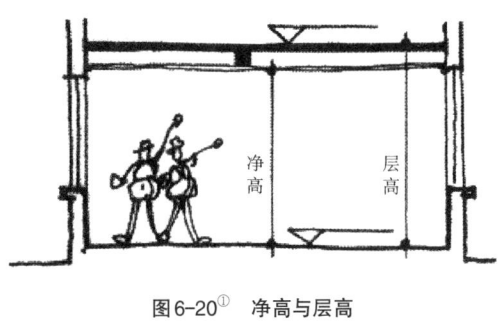

图6-20① 净高与层高

确定房屋层高时，应考虑室内空间的使用性质和人体活动尺度特点，而使用性质与人体活动尺度特点随房间的用途而有差异。

居住建筑为生活用房，使用人数少，一般房间面积不大、家具设备简单，其层高一般控制在2.8—3.0 m，集体宿舍在有高低床时，其层高应不少于3.3 m。公共建筑使用人数较多，房间面积大，其层高相应也需提高，如中小学教室、办公室高度通常控制在3.3—3.6 m，博物馆层高在4—6 m以上。

影剧院、博物馆，使用人数较多，还有视线、音质等要求，其层高控制因素也就较多；体育场馆、比赛大厅、机场航站楼，其层高在考虑不同规模、人数、设备以外，还需考虑到不同采光、功能空间的高度（图6-21）。

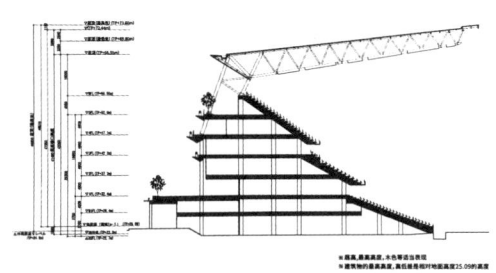

图6-21a 体育场层高（畏研吾 设计）

图6-21b 兰州中川机场T3航站楼（娜仁托雅 摄）

### 2. 采光与通风

（1）采光

房间高度应有利于自然采光与通风，以保证房间有必要的卫生条件。室内光线的强弱和照明度是否均匀，除了与平面的开窗位置、大小以及数量有关，还与采光口的高度有关。

当房间采用单侧采光时，通常侧窗上沿离地面的距离$H$大于房间进深$2H$的一半（图6-22a）；当房间允许双侧采光时，窗户上沿离地面的距离应大于房间总进深的1/4（图6-22b）。

对于某些跨度较大的单层建筑可采取三向采光（图6-22c、图6-22d）。

对于一些有特殊需求的房间，可采取特别的采光方式，如展览馆侧窗采光效果、画室北向高侧窗采光以及美术馆的中庭采光（图6-23）。

（2）通风

房间的通风，要求室内进出风口标明在剖面上的位置，也对房间净高的确定产生一

---

① 李延龄.建筑设计原理［M］.北京：中国建筑工业出版社，2020：78.

第六章　空间功能组织与建筑类型设计实践 | 307

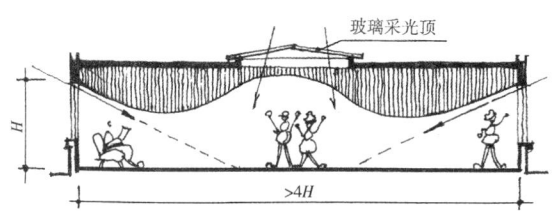

图6-22a[①]　单侧采光　　　　　　　　图6-22b[②]　双侧采光

图6-22c[③]　三向采光　　　　　　　图6-22d　候机厅的多向采光（崔轲淞 绘）

图6-23a[④]　美术馆采光　　　　　　　图6-23b[⑤]　侧窗采光

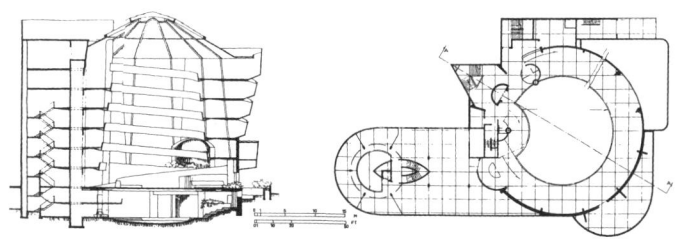

图6-23c[⑥]　中庭采光

---

① 李延龄.建筑设计原理［M］.北京：中国建筑工业出版社，2020：79.
② 李延龄.建筑设计原理［M］.北京：中国建筑工业出版社，2020：79.
③ 李延龄.建筑设计原理［M］.北京：中国建筑工业出版社，2020：80.
④ 李延龄.建筑设计原理［M］.北京：中国建筑工业出版社，2020：80.
⑤ 李延龄.建筑设计原理［M］.北京：中国建筑工业出版社，2020：80.
⑥ Henri Stierlin.図集世界の建築［M］.鈴木博之，訳.東京：鹿島出版会，1979：467.

定影响。设计师经常会利用空气的气压差,采用侧窗及高窗的设计来争取良好的自然通风效果(图6-24a)。水平距离不宜过大,否则不利于通风与采光,窗户上沿口尺寸通常只需要满足结构构造尺寸D即可(图6-24b)。

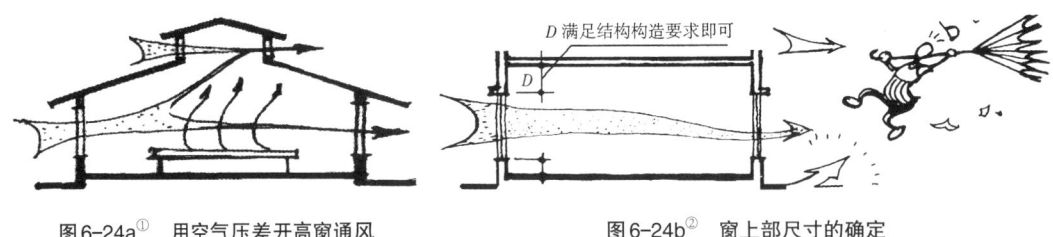

图6-24a[①]  用空气压差开高窗通风　　　图6-24b[②]  窗上部尺寸的确定

### 3. 空间体验与尺度比例

**(1)空间体验**

一个面积不大而高度较高的空间和一个面积宽阔而高度低矮的空间相比,显然前者具有庄严感,而后者更容易产生亲切感;如果比例超出了人体舒适范围,则前者会带给人冷漠疏离感,后者带给人郁闷压抑感。所以,通常应让房间面积与高度形成一定的比例协调关系。

对于有特殊需要的建筑空间,如纪念堂、大会堂、宗教建筑等,为显示其庄严、肃穆,可适当增加高度;而如咖啡厅、会谈区、餐厅等,为营造其宁静、亲切的空间氛围,可适当降低高度(图6-25)。

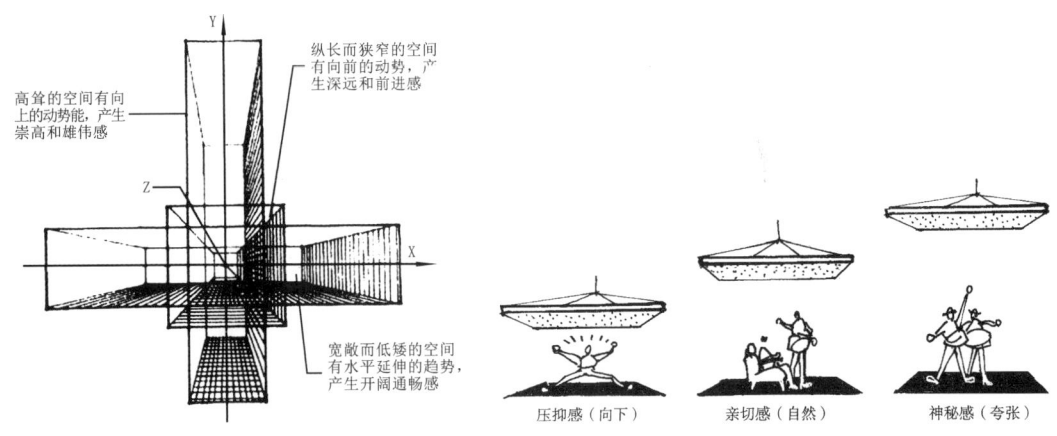

图6-25a[③]  空间尺度感受　　　图6-25b[④]  空间尺度与人体感受

---

① 李延龄.建筑设计原理[M].北京:中国建筑工业出版社,2020:80.
② 李延龄.建筑设计原理[M].北京:中国建筑工业出版社,2020:80.
③ 程新宇,柴宗刚.建筑设计初步[M].北京:清华大学出版社,2020:151.
④ 李延龄.建筑设计原理[M].北京:中国建筑工业出版社,2020:81.

图6-25c 上海徐汇书院中厅纵向空间尺度（娜仁托雅 摄）

图6-25d 高铁站空间（谢璞 摄）

图6-25e 航空站空间（娜仁托雅 摄）

图6-26a[①] 上博东馆

图6-26b 上海天文馆（李智军 摄）

（2）尺度与比例

室内空间的比例直接影响到人们的精神感受，室内空间的封闭与开敞、宽大与矮小、比例协调与否都会给人以完全不同的感受（图6-26）。

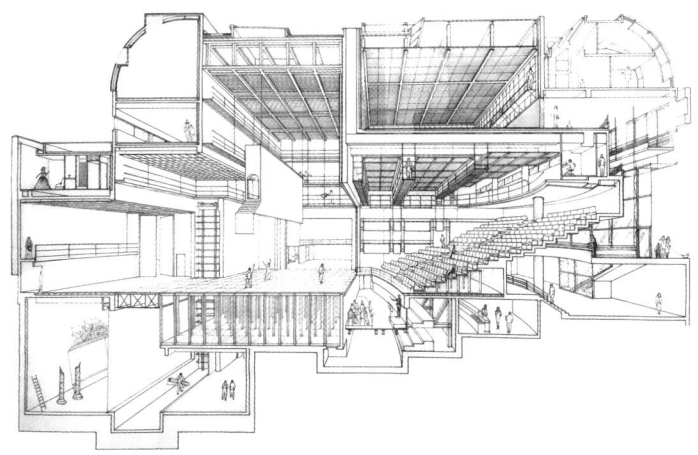

图6-26c ［法］珂岭国家剧院（谢璞 摄）

---

① 澎湃新闻.圆桌丨从上博东馆谈起，看公共艺术如何为博物馆赋能？．［EB/OL］．（2023-10-15）［2024-09-22］．https://finance.sina.com.cn/jjxw/2023-10-15/doc-imzresti5310582.shtml?cref=cj.

### 4. 建筑层高与细部高度

（1）建筑层高

确定建筑某一房间的层高，必须考虑各方面的综合因素，千万不能纸上谈兵、生搬硬套。为便于大家学习使用，这里提供一些常见建筑中不同类型房间的层高，以供参考（地区城市不同，气候不同，地方标准则不同），也都会影响到房间的层高即整体高度（图6-27）。

图6-27a　黄浦江沿岸建筑高度（陈志方　摄）

图6-27b　建筑层高（谢璞　绘）

① 城市公寓住宅：2.8—3.0 m；
② 集体宿舍：3.3—4.5 m；
③ 普通行政用房：3.0—3.3 m；
④ 城市酒店、宾馆客房：3.0—3.6 m；
⑤ 商务办公楼用房：3.3—3.6 m；
⑥ 集中式大办公室：3.3—4.5 m，不得大于6.6 m；
⑦ 幼儿园、中小学教室：3.3—3.9 m；
⑧ 商业建筑5—6 m，特殊7.8 m。

注：在确定层高时还需考虑模数的问题，层高在4.2 m以下，通常以100 mm为单位进级；当层高大于4.2 m时，通常则选300 mm为进级单位。建筑详细层高请参照最新《国家建筑层高控制与建筑面积、容积率计算规定》。

（2）建筑细部高度

① 室内外地面高差。

为防止室外雨水倒流进入室内，以及建筑物因沉降而使室内地面标高降低，除有特殊要求外，室内外地面高差通常取值为150—600 mm。

② 室内窗台高度。

窗台高度主要根据室内使用要求、人体尺度和家具以及设备的要求来确定。

休闲、疗养景观房窗台高度：150—600 mm（必要时需加设栏杆，加强安全）（图6-28）。

幼儿园教学用房窗台高度：700 mm。

生活、学习、工作用房窗台高度：900 mm。

公共卫生间、盥洗室窗台高度：2 000 mm以上。

展览用房：3 000 mm以上。

### 三、剖面空间叙事形式

建筑剖面设计是在平面组合设计的基础上展开的，更进一步反映了建筑内部垂直方向的空间关系。只有不断地对平面与剖面进行推敲与组合，才能保持整个空间构思的完整性。

图6-28① 窗台高度与视线

#### （一）单层组合叙事

单层建筑空间的组合设计相对而言较为简单，因为绝大多数的空间都是在一个水平高度上展开的。不过单层建筑的不同空间其层高还是会有一些差异，通常会有以下几种处理手法。

1. 层高相同或相近的单层

对于一个或多个空间层高相同的情况，自然作等高处理。但时常也会出现毗邻多个空间，层高有一些差异但不悬殊的情况，在这种情况下必须综合考虑，尽可能地做到层高一致，这样既简化结构又便于施工。

2. 层高有一定差异的单层

有一定差异而无法统一的各空间层高，在空间组合时，可按各部分实际需要的高度形成错落有致的剖面形式。如网师园剖面，建筑层高错落有致与景观环境布局相呼应、巧妙融合（图6-29）。

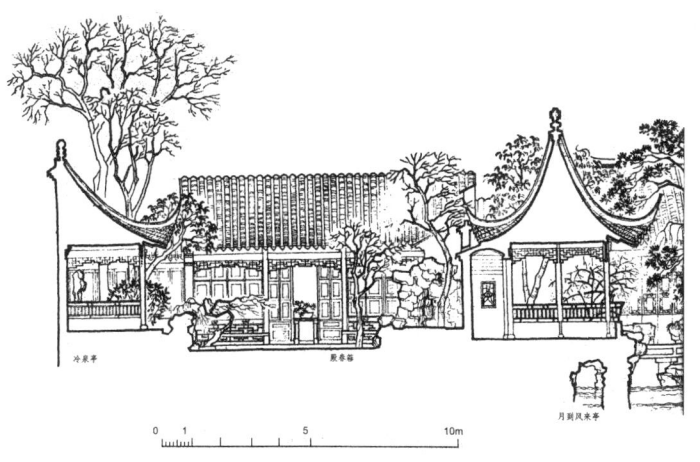

图6-29② 网师园局部高差关系

---

① 李延龄.建筑设计原理［M］.北京：中国建筑工业出版社，2020：82.
② 刘敦桢.中国古代建筑史［M］.北京：中国建筑工业出版社，2018：343.

### 3. 层高差异非常悬殊的单层

这些建筑主要有体育馆、影剧院、航站楼等，它们最主要的使用空间，如比赛大厅、观众厅、候机楼等，从结构上讲同属单层，而这类建筑的功能流线又比较复杂，它们毗邻空间的剖面组合请参见"（四）特殊剖面空间叙事"。

## （二）多层或高层组合

多层或高层建筑在剖面组合时主要采用上下对应、垂直叠加的方法。同一楼层层高必须一致，如果不能做到一致，比如普通教室与阶梯教室层高不太可能一致，在这种情况下应考虑错层的组合。一般不同楼层的层高允许有一定的差异，但上下之间其主要结构构件如承重墙、框架柱、楼梯间、电梯井等必须对齐，这样便于结构布置和节约建筑成本。

同时，卫生间、盥洗室等上下有管道安装的房间也应该上下对正，便于管道穿越通畅与安装（图6-30）。

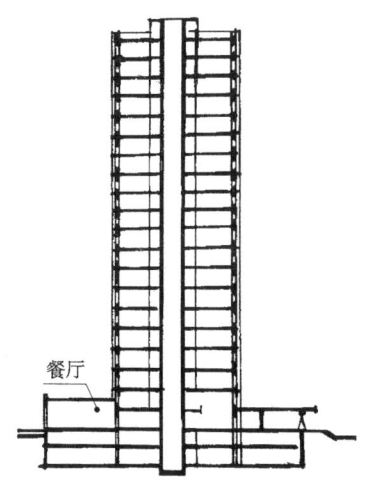

图6-30[①]　上下对正设计

对于一些面积大、空间高的房间，如多功能厅、小会堂等，由于室内不允许有柱子存在，所以在剖面组合时将其安置到建筑顶层，如果地面允许，首先考虑将其安排在标准层以外的底层，便于人员紧急疏散及分散荷载。

星级酒店的前厅大堂、餐厅等，如果不能安排在标准层以外的底层，也可设置在楼层范围内，其层高可设置一层半或两层，毗连空间作夹层处理（图6-31a）。

## （三）错层的组合叙事

当建筑各组成部分在使用中有较紧密的联系，而相邻空间层高有一定的差异或者受到地形条件的限制产生了一定的高差时，通常采用错层的剖面组合设计。

错层组合关键在于连接处的处理，对于错层高差不大，层数也较少的建筑，可以在走廊通道处设少量台阶或坡道来解决高差问题；当错层高差接近层高的一半，并且每层相通时，可巧妙利用楼梯来解决地形高差问题（图6-31b）。

## （四）特殊剖面空间叙事

一些大型公共建筑，其室内空间类型多，功能流线复杂，各空间的高度要求又各不相同，甚至差异悬殊，同时还有较高的审美要求，比如城市火车站、航站楼、影剧院、体育馆等。在对其进行剖面设计时，通常根据不同使用性质，综合采用三种方法：即向上分流、总人流、向下分流。

### 1. 利用通高的交通枢纽空间，分层转换不同的流线

上海虹桥火车站充分利用了通高的大厅，既丰富了空间造型，又解决了大空间中的通风和采光问题，最重要的是，水平与垂直的交通使复杂的人流得到了有序的分离（图6-32a）。

---

① 李延龄.建筑设计原理[M].北京：中国建筑工业出版社，2020：84.

第六章　空间功能组织与建筑类型设计实践 | 313

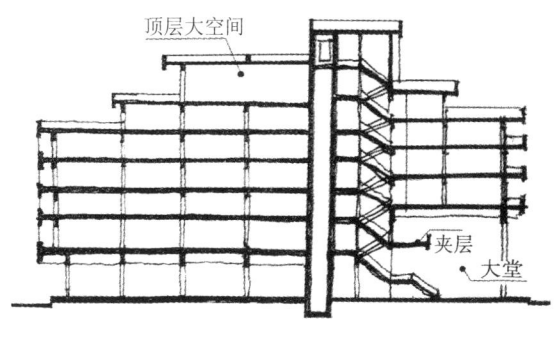

图6-31a①　标准层与裙房

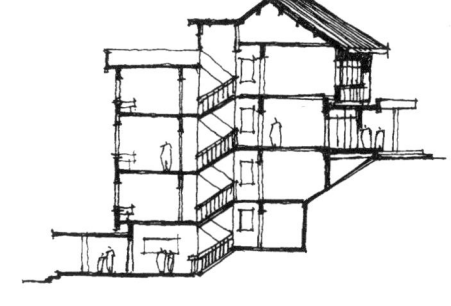

图6-31b②　山地错层空间

2．高低空间有机结合，充分发挥夹层空间的作用

大小空间毗邻必然会产生有差异的层高，对它们进行有机组合必将带来神奇而多变的空间效果，如公共建筑中的门厅、休息厅、阅览大厅、商业综合体等（图6-32b）。

某机场航站楼中的候机大厅，毗邻小尺度的购物商店，空间大与小、高与低的对比，使商店给人带来的亲切感，增强了人们购物的欲望和兴趣。

3．以大厅为中心，配套用房毗连四周

以大厅为中心的空间组合。如影剧院、购物中心、轨交站台等，这些建筑的主要用房与毗连的配套用房在规模和层高上都存在较大差异，在剖面空间组合时，尽可能地将这些空间的高低、大小不一的配套用房连在主体空间的四周，相互穿插，紧密结合（图6-32c）。

如上海保利大剧院的舞台与观众厅均需要较大的空间与层高，且位于建筑物的中央。所以，在剖面组合设计时将其配套用房，如前厅、休息厅、设备用房、行政办公管理用房以及卫生间等其他辅助用房，一律比邻大厅四周，这样既能满足功能要求，又符合剖面组合的原则（图6-33）。

图6-32a　高铁站大厅（包立　摄）

图6-32b③　某剧院内部空间组合

---

① 李延龄.建筑设计原理［M］.北京：中国建筑工业出版社，2020：84.
② 李延龄.建筑设计原理［M］.北京：中国建筑工业出版社，2020：84.
③ 李延龄.建筑设计原理［M］.北京：中国建筑工业出版社，2020：85.

## 4. 充分利用结构空间，大小空间各取所好

公共建筑中的体育场馆建筑是一个很典型的例子，所有场馆的观众厅看台均采用斜梁式阶梯布置方式，这样看台底下就会产生大量的三角空间，为剖面组合设计带来很大的、可以发挥的想象空间。

某体育馆规模不大，但设计者在进行剖面组合设计时充分利用了这一三角形空间。在整个场馆的看台下，不仅安排了运动员休息用房、体育器材用房、卫生间等，甚至还安排了多层的观众休息大厅、贵宾厅以及行政用房，既有效保证了体育竞技与观看的效果，又充分利用了结构空间，使大小空间各得其所（图6-34）。

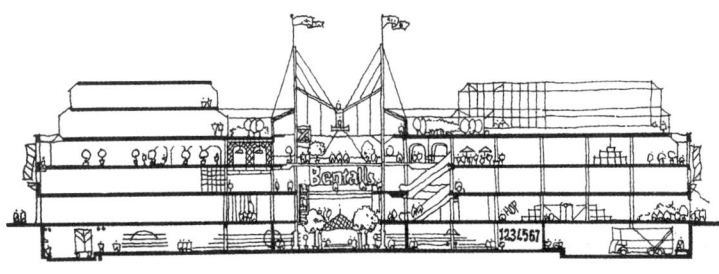

图6-32c① 空间穿插组合

图6-33a 上海保利大剧院外观空间体块（李鸣燕 绘）

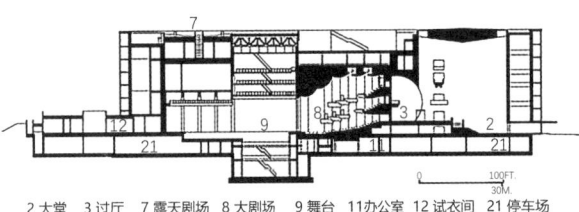

图6-33b② 上海保利大剧院剖面

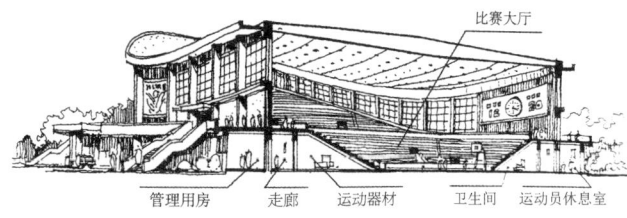

图6-34③ 某体育馆空间利用

---

① 李延龄.建筑设计原理［M］.北京：中国建筑工业出版社，2020：57.
② FlotSp.［案例分析］上海嘉定保利大剧院［EB/OL］.（2018-12-08）［2024-09-17］. https://mp.weixin.qq.com/s?__biz=MzU4Mjc4NDMxOA==&mid=2247483676&idx=1&sn=19ac95b12b1aef3ce11bb840eae22195&chksm=fdb2454dcac5cc5bd7f260c82d1a7557c9b29aef984a72078acaea4535df3fdb4f2e5d9defbc&sessionid=1716974642&scene=126&subscene=7&clicktime=1716974986&enterid=1716974986&ascene=3&fasttmpl_type=0&fasttmpl_fullversion=7226317-en_US-zip&fasttmpl_flag=0&realreporttime=1716974986589&devicetype=android-29&version=2800313f&nettype=cmnet&abtest_cookie=AAACAA%3D%3D&lang=en&countrycode=CN&exportkey=n_ChQIAhIQrAOe%2BNBds7ttSm0FQFK7nRLeAQIE97dBBAEAAAAAAObFGR0G1SUAAAAOpnltbLcz9gKNyK89dVj0LomkpxNIywzWXgp5Kto48YsaYOnE1KfPcsHUOpDz3yZ3rf4O44Ln%2BT%2BphrwHj841LPBpBPNOo%2BJ%2F9hwskYui5lCAQReqj4qcbzaCV4AarboGjTH8cxSIyiXFDS7h1p9D1jahL9v9s7%2Fby1opoAvM5en9Mz%2FRBZAd6SlYcPHpN0fdGGiIxjs%2FtxxYCnw9FopuzyBYIYcX%2BtQOTBuHRA78%2F4XwKrUnD4BupN8k8D1cKlLXP3tucDpXKuA%3D%3D&pass_ticket=h4x%2BR0t6%2BiUq99sD3p%2BAvCcQ%2FkrNw0HiKRfgychnyZqzKv9VHXdSoX%2F6pAKFcVfJ&wx_header=3.
③ 李延龄.建筑设计原理［M］.北京：中国建筑工业出版社，2020：86.

## 第三节　立面设计与空间叙事表达

### 一、立面设计与形态演绎

#### (一) 建筑立面设计

建筑立面的构成主要以视觉方式带给我们直观形象、印象、想象、情感，并使我们感受到各种空间表达状态和意义。建筑的这种特征性让立面的整体构成变成一种"符号"，转化为被赋予意义的空间装置和具有叙述意义的事物，并被我们投射出某种图像而产生新的意义。

现代主义建筑不仅从空间上与传统建筑不同，在立面上也强调自由形式，钢筋混凝土框架这种建筑结构形式，显现出决定建筑承重的可以不再是建筑的墙体而是柱子、梁、板形成的框架，平面布局从厚重的墙体解放出来，立面同样也可以不受墙体限制，自由表现。

柯布西耶的现代建筑五点要素之一"条形带窗"在萨伏伊别墅中得到充分发挥。承重的柱子退后到墙的内侧，立面可以成为连续的带形长窗，大量阳光被引入室内，同时按照黄金分割比例设计的立面，使建筑局部与整体达到了完美的协调统一。

从功能主义建筑视角看，建筑立面可以表现出建筑内部功能。在理性主义建筑中，前面介绍过的特拉尼柯默警察局办公楼墙面局部镂空，表现出框架结构的逻辑要素：柱、梁、板体系。其立面按照理性主义手法，参照黄金分割比例，强调几何关系，比例适当、整体协调，使之成为现代主义建筑立面的标志作品之一。

用光大师路易斯·巴拉干在自宅的设计中，面对街道的建筑外立面设计为基本不开窗，但在内部花园一侧，则设计为开大窗，把花园景致和阳光引入室内。他认为应该在有光的空间才考虑开窗，也许会让整体墙面变成玻璃，阳光射入房间，漫射在墙面，室内外得到一种静寂空间意趣的交融，让人体会到建筑立面开窗的目的对于空间意味着的不同内涵表达出的叙事意义。

#### (二) 建筑叙事形态演绎

形产生于组织和建造方式。所谓物质形态就是由多个面围合组成的，从外部看，面的组合就是形态；从内部看，面的组合便是空间。空间的大小和形态根据空间的地点、位置来决定，由形态得出空间的表面形状。

当代建筑已不满足于直角方盒子的建筑形式，解构主义建筑在上个世纪末期活跃于建筑舞台，是当时最突出的建筑代表之一。如扎哈·哈蒂德（Zaha Hadid）设计的拉维莱特消防站，建筑形态穿插，无一直角，为保证随时应对火警的动感空间穿插形态需求，建筑主立面基本不开窗，只保留了局部小窗，而在建筑的侧面和后部，开大窗，使建筑内外有所交流。其开窗形式也是不规则形，呼应建筑形态动感造型的整体。

形态从类型来讲，一种是几何形态，一种是自然形态的有机体。建筑形态与功能空间是紧密联系的,现代主义建筑原则之一就是内外一致,形式与内容统一。现代主义建筑受立体主义影响,推崇几何体、平屋顶、白色墙面等形态特征。

1927年德意志制造联盟在斯图加特威森豪夫住宅区举办了建筑博览会,邀请当时17名先锋建筑师参与设计,目的是向世界展现新生活下的新建筑,绝大部分建筑是平屋顶几何立方体。柯布西耶设计了两幢建筑,其中一个称为双建筑,这里含有柯布西耶对现代建筑总结的五点要素,之后的萨伏伊别墅可以说是柯布西耶对五要素的实践性住宅探讨的代表之作。

柯布西耶是几何形的推崇者,从萨伏伊别墅我们能看到几何立方体形成的建筑秩序,他利用控制线,把握建筑形态和比例关系,同时在平面上舍去一部分空间,形成丰富的建筑空间变化,建筑通过几何关系强化了整体与局部的统一性(图6-35)。

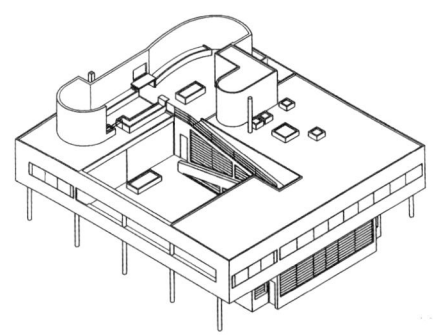

图6-35a 萨伏伊别墅(勒·柯布西耶 设计 王雪薇 绘)

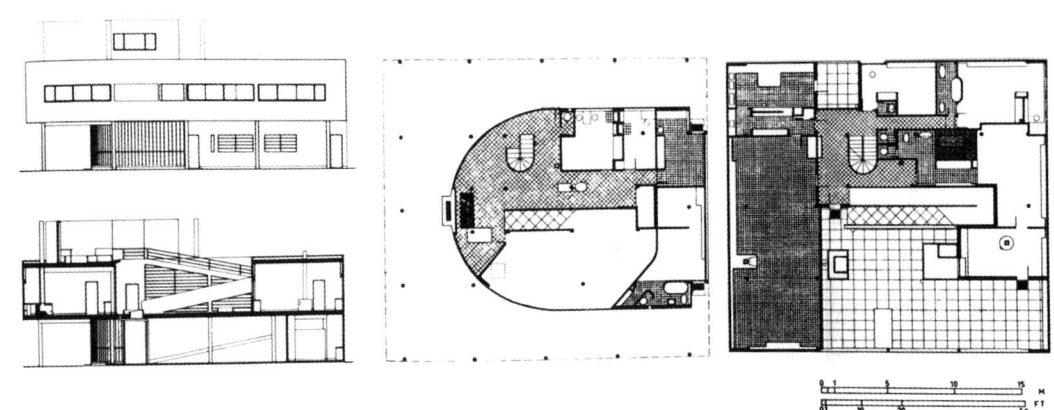

图6-35b[①] 萨伏伊别墅的平、立、剖图

后现代主义建筑大师阿尔法·阿尔托(Alva Aalto)的建筑形态,相对于场所,其功能组织关系更为紧密。他设计的玛丽亚别墅,其L型形态的布置完全是由形态与比例两个要素决定的,形体的局部有机自然形态活跃了相对单调直线条的几何形体,恰当的

---

① Henri Stierlin. 図集世界の建築[M]. 鈴木博之,訳. 東京:鹿島出版会,1979:465.

比例关系丰富了建筑的表述语言。

单纯几何建筑形态已不能满足当代社会复杂的状况与新的需要。库哈斯设计的巴黎别墅，建筑形态完全从功能和地形出发，建筑上面分成两个部分，满足两代人生活在一起的功能，功能叠加结果使建筑呈现Z字形，中间利用公用空间连接与过渡。

彼得·卒姆托设计的布雷根兹美术馆，其形态更为简单，一个纯粹的立方体，其围合的表面材料是半透明的磨砂玻璃，建筑表皮的反射与半透明感，丰富了建筑形态语言，让空间表述捕捉到另一种时空复杂变化的语境。

在当前建筑领域中，建筑形态与表皮的作用日益重要，往往在建筑形态相对简单、纯粹几何体的基础上，对其表面材料的特殊处理，使建筑产生轻盈、漂浮、透明、朦胧感，不再是给人一个完全实体、厚重沉闷的感受。

## 二、立面设计与叙事表达

### （一）建筑立面设计的含义

建筑立面是指建筑与建筑的外部空间直接接触的界面以及其展现出来的形象和构成方式，或是建筑内外空间界面处的构件及其组合方式的统称。

一般情况下，建筑立面不包括建筑屋顶。但在某些特定情况下，当建筑屋顶与建筑外墙面表现出很强的连续性且难以区分时，或为了特定的建筑观察角度的需要，可以将屋顶作为"第五立面"设计与处理。建筑立面图纸表达除了可以运用光影关系表现建筑形象，使建筑立面富有层次感外，往往还可以将草地、树木、人物、山水等建筑配景一起融合表达，从而使图纸显得更加生动完整。

### （二）遵循的原则

1. 时代性原则

从建筑发展的历程看，在不同时代背景下，涌现出了各具特色的建筑设计实例。在有些建筑遗址中，建筑立面造型、材料、结构方式、设计手法等成为特定时代下的永恒主题。它们不仅记录了一段历史，而且反映了当时社会背景下的建筑技术、人们的思想观念和审美倾向。在有些纪念性建筑实例中，建筑的设计手法、表现形式与空间叙事方法，充分体现出人们对历史的感悟、反思、总结，如侵华日军南京大屠杀遇难同胞纪念馆的立面叙事性表达（图6-36）。

此外，新材料、新工艺为建筑立面美观、节能、消防安全等要素设计提供了物质技术支持，使建筑立面设计体现出时代气息。如中央电视台、鸟巢、银河SOHO、丽泽SOHO、芬兰Amos Rex艺术博物馆、上海中心大厦以及黄浦江两岸的建筑群，不同时代新旧建筑的对比，采用钢结构和钢筋混凝土结构或两者混合结构的建筑显现出不同时代的建筑立面的叙事表达（图6-37）。

2. 地域性原则

建筑立面设计应与不同国家、不同地域的气候条件、地理环境、历史文化、风土人情等诸多因素相结合，在立面造型元素的设计与选取中体现地域特色。如古徽州民居

318 | 建筑原理——空间叙事的方法

图6-36a① 南京大屠杀组雕（吴为山 作）

图6-36b② 侵华日军南京大屠杀遇难同胞纪念馆三期（何镜堂 设计）

图6-37a③ 中央电视台（雷姆·库哈斯 设计）

图6-37b 上海外滩（谢璞 绘）

图6-37c④ 银河SOHO

图6-37d⑤ 丽泽SOHO

图6-37e 芬兰Amos Rex艺术博物馆（戚鑫杰 绘）

---

① 人民网.书画频道.无声的呐喊——吴为山解读"南京大屠杀组雕"创作［EB/OL］.（2018-12-11）［2024-12-11］. https://www.sohu.com/a/281059803_114731.
② 有仓设计.何镜堂院士：建筑应该接地气！［EB/OL］.（2021-09-08）［2024-09-17］. https://www.sohu.com/a/488486938_100274418.
③ Arcxiv.中央电视台总部大楼［EB/OL］.（2020-01-15）［2024-09-22］. https://weibo.com/3461915170/IpAGkFi4P.
④ Arcxiv.银河SOHO手绘［EB/OL］.（2020-01-19）［2024-09-22］. https://weibo.com/3461915170/IqciVgVoY.
⑤ Arcxiv.丽泽SOHO［EB/OL］.（2020-01-11）［2024-09-22］. https://weibo.com/3461915170/IoZ4fnmBk.

高大马头墙、外围防盗遮蔽隐私的小窗等建筑立面和院落构成形式，水乡乌镇、同里的依水而居的亲水吊脚楼空间，福建客家土楼的围合防御空间围墙立面布局、平遥古城街区，嘉定老城中心的法华塔竖向立面形态等，都有各自的地域文脉与历史叙事语境与系统空间体系（图6-38）。

图6-38a① 古徽州的民居（傅凯 绘）

图6-38b② 水乡同里（傅凯 绘）

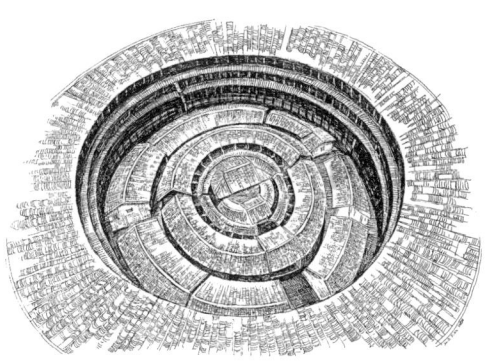

图6-38c③ 福建土楼（孙雯 绘）

图6-38d 平遥古城（谢璞 绘）

图6-38e 嘉定法华塔（谢璞 绘）

---

① 傅凯.风景写生［M］.上海：上海人民美术出版社，2015：108.
② 傅凯.风景写生［M］.上海：上海人民美术出版社，2015：107.
③ 雯小.钢笔手绘（2）福建土楼［EB/OL］.（2017-05-25）［2024-09-17］. https://www.zcool.com.cn/work/ZMjIwMTQzMDg=.html?switchPage=on.

### 3. 文化性原则

法国作家维克多·雨果（Victor Hugo）曾说："建筑艺术同人类思想一道发展起来，它成了千头万臂的巨人，把有着想象意义的漂浮不定的思想固定在一种永恒的、看得见的、捉摸得到的形式下面。"这充分说明建筑是文化的载体，是时代文化的记忆，而不是一种毫无根据的形式堆砌。如2010年上海世界博览会中国馆，采用了"中国红"、斗拱转化、创新造型的中国建筑时代语汇的主题，彰显出"城市，让生活更美好"的标志性文化建筑设施（图6-39）。

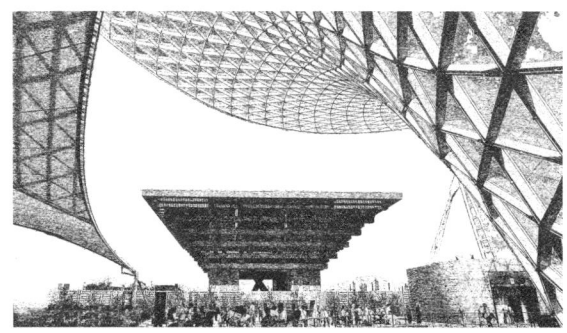

图6-39a　上海世博中国馆（何镜堂 设计　娜仁托雅 摄）　　图6-39b　中国馆局部（娜仁托雅 摄）

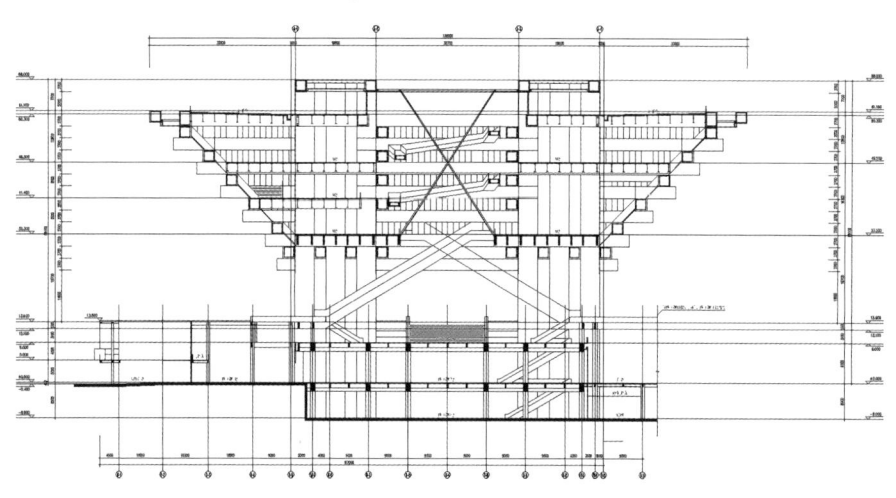

图6-39c[①]　中国馆剖面结构

岭南建筑学派代表何镜堂院士提出建筑"两观三性"（整体观、可持续发展观；地域性、文化性、时代性）的和谐统一。强调建筑应具有文化性：建筑不单要满足物质功能的需求，同时要给人一种精神上的寄托，让文化要素决定建筑的内涵与品位。

---

① 筑龙学社. ［上海］中国2010年上海世博会中国馆施工图［EB/OL］.（2019-10-02）［2024-09-17］. https://www.zhulong.com/bbs/d/42180572.html?tid=42180572.

#### 4. 大众性原则

建筑立面设计不仅应遵循艺术形式美的法则，同时也应综合考虑社会、政治、经济、技术、文化、地域等诸多因素，考虑大多数人们的生活习惯和审美倾向，从而创造出雅俗共赏的建筑形象（图6-40）。

图6-40a　苏州山塘街（包立 绘）

图6-40b　上海苏州河西岸（谢璞 摄）

图6-40c　上海豫园眺望（谢璞 摄）

#### 5. 经济性原则

在满足以上四要素的基础上，根据建筑项目的预算，在设计、施工与监理等多方面、多环节地考虑节约、节能等因素，控制投资规模，理性地确定建筑立面叙事设计的定位。

智利建筑师亚力杭德罗·阿拉维纳（Alejandro Aravena）设计的"半成品"居住建筑，后期由住户根据自己的生活实际需求与喜好，依据家庭成员的变化，增加自我补充搭建空间，主导动态地持续建设自己的住宅与生活样态，形成"生态系统"完善的住宅功能。这预示了建筑在一定的技术平台上开展的城市领域的开源运动，可以实现用户深度定制需求的完善，启示我们通过开源的设计流程，实现建筑从规划、设计到施工、租售、管理和维护的全流程产业链的系统性设计与"生态系统"的自我完善的系统性机制。

中国当代著名建筑师王澍设计的中国美院象山校区与文村建筑改造项目，运用了中国的元素：木、竹、藤、瓦、砖、金属来表现对现当代建筑的思考和中国未来建筑风格、空间形态、中西合璧生活样式的深度设计实践，并且善于运用一些竖向的木条、水泥钢材，不规则分布的门窗、楼梯来表达建筑立面的叙事机能（图6-41）。

### （三）形式与美的法则

历代画家、艺术家和优秀建筑师在长期的专业实践创作中总结了一套完整的形式美法则，其中包括统一与变化、对称与均衡、节奏与韵律、比例与尺度等，这些形式美法则在建筑立面设计中常常通过各种造型、色彩、装饰手段等因素表现出来。

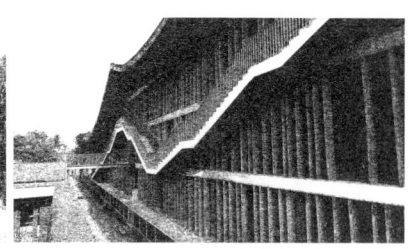

图6-41 中国美院象山校区（谢璞 摄）

### 1. 统一与变化

统一与变化是形式美的基本规律。如某一建筑通过点、线、面体、空间等要素构成一个统一协调的整体。变化是寻找各要素之间的差异、区别。没有统一，建筑就显得杂乱无章而缺乏和谐与秩序；没有变化，建筑就会使人产生单调乏味感，缺乏生机。

在设计建筑立面时，主题元素与设计形式不仅要满足建筑的属性要求与地域特征，同时也要符合统一变化的基本规律。如上海大学民国校舍复建与新校区的时空并置对比；中国美院象山校区统一变化的屋顶、灰色墙面和大小变化的矩形窗洞，在布局上有方向上和疏密上的变化，其教学楼、教学区外立面采用水平方向界面分割手法，局部的楼梯空间外立面采用垂直方向界面分割手法，形成造型上既统一又有变化的立面表达性的总体风格呈现（图6-42）。

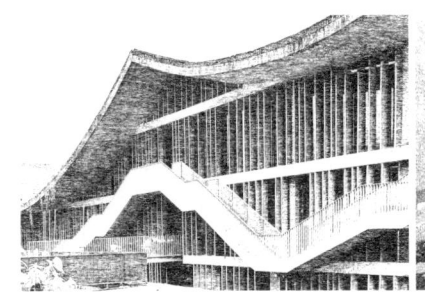

图6-42 统一与变化（谢璞 摄）

### 2. 对称与均衡

对称是指在事物中相同或相似的形式要素之间，由相对称的组合关系所构成的绝对平衡。在建筑立面设计上，往往可以找到对称轴线，对称轴线左右或上下的造型与体量一般是完全相同的。均衡是指在造型艺术设计的画面上，不同部分与造型因素不对称，但在视觉和心理上有一种平衡感。建筑立面设计中的均衡是指建筑立面的左右、前后、竖向等各部分之间的关系，给人以安定、完整、协调与均衡之感。

如上海博物馆外立面采用了青铜鼎的造型、方形堪座、圆形实墙及屋顶的对称手法设计，均衡协调了建筑与人民广场的空间组织关系，同时蕴含着"天圆地方"的空间叙事语境（图6-43）。

图6-43　上海博物馆（娜仁托雅 摄）

又如亚力杭德罗·阿拉维纳设计的洛斯维洛斯住宅，其建筑基地位于南美洲智利的一个崎岖不平、荒寂苍凉，可以俯瞰太平洋东海岸的环境，设计师应用混凝土粗糙的肌理与原始旷野环境的相互协调，创造了与场地相协调的具有"原始苍茫感"的周末度假别墅特色空间体验和场地环境有机协调融合的诗意意境（图6-44）。

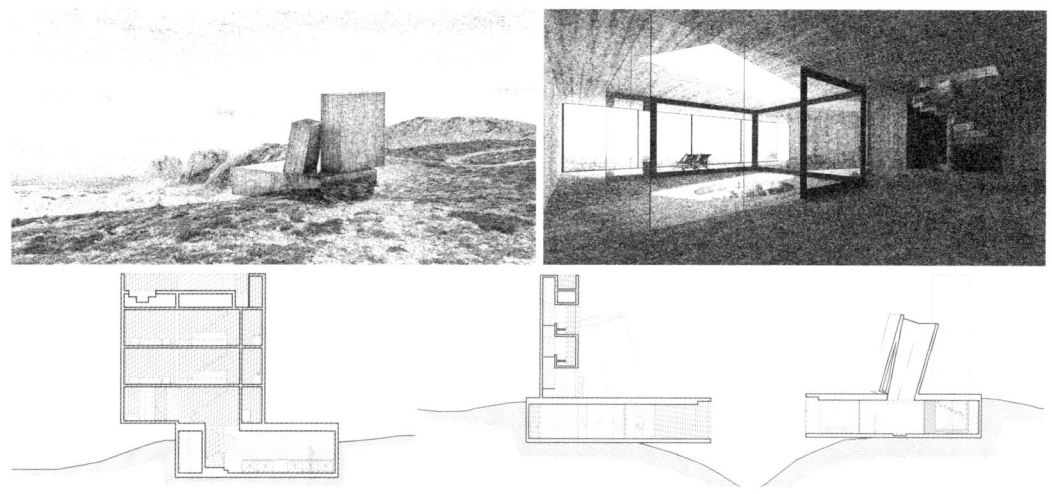

图6-44[①]　诺斯维诺斯住宅（亚力杭德罗 设计）

再如亚洲金融大厦立面与景观，采用北京历史文脉延续的中轴线对称的设计手法（图6-45），上海博物馆东馆正立面与周边配套则采用协调、均衡的设计表达句法（图6-46）。

### 3. 节奏与韵律

建筑立面设计中的节奏与韵律往往是通过建筑立面上的某一造型、某一结构按一定的规律重复出现而形成的。韵律可分为连续韵律、渐变韵律和交错韵律三种形式。如万里长城的烽火台形成的节奏，城墙与崇山峻岭融合形成的韵律，博塔作品立面设计形成的节奏与韵律，畏研吾设计的"竹涧"空间形成的节奏与韵律等都是建筑空间表达的代表（图6-47）。

---

[①] AarchDaily.Casa OchoQuebradas / ELEMENTAL［EB/OL］.（2014-07-07）［2024-09-17］. https://www.archdaily.com/524606/elemental-s-ochoquebradas-the-spirit-of-the-primitive?ad_medium=gallery.

图6-45　亚洲金融大厦立面与景观（赵彤 摄）

图6-46　上博东馆与周边建筑环境（谢璞 绘）

图6-47a①　万里长城

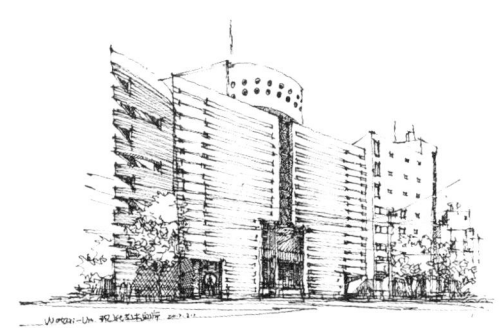
图6-47b　博塔作品（戚鑫杰 绘）

图6-47c　"竹涧"（隈研吾 设计　谢璞 摄）

**4．比例与尺度**

建筑的比例是指建筑大小、宽窄、高矮、粗细、厚薄、深浅等之间的比较关系。它包括建筑各部分之间的比较关系和建筑局部与整体之间的比较关系。建筑的尺度主要是指建筑与人体之间的大小关系以及建筑局部与人体之间的大小、远近、疏离关系。

---

① 儒释道.金山岭长城的早晨［EB/OL］.（2020-10-15）［2024-09-18］.https://www.meipian.cn/37ar9l7 m.

如巴黎圣母院的立面是一座典型的哥特式风格的教堂设计，其充分利用了水平与竖直黄金比1∶0.618的比例关系，用立柱和装饰带把立面分为9块小的黄金比矩形，使建筑比例尺度形成了和谐统一的建筑立面关系（图6-48）。

图6-48[①]　法国巴黎圣母院（右图：包立　绘）

### （四）建筑细部处理

建筑立面中的细部包括雨篷、阳台、门窗、凹廊等。这些凹凸起伏的细部增强了建筑立面的体积感和视觉层次感。

#### 1. 雨篷

雨篷位于建筑物入口处，具有遮风挡雨和丰富建筑立面造型的作用，同时给人们很强的识别性和空间引导性。

雨篷采用悬臂梁结构形式，以支撑、吊拉、构架、特殊造型等形式出现，其长度、距地面的高度、厚度与建筑入口空间建筑层高、雨篷材料和形式有关。

目前，市场上普遍使用的雨篷材料是PC板，其透光率高达89%，重量仅为玻璃的50%，有较好的阻燃性、可弯曲性、节能性和抗冲击性，隔声效果明显，不易碎，抗老化。雨篷形式分为两种，一是悬板式；二是梁板式。前者外挑长度为0.9—1.5 m，后者多用于影剧院、商场地库等建筑主要出入口（图6-49）。

#### 2. 阳台

阳台在建筑立面中主要起到塑造光影效果、增强虚实变化、丰富建筑立面虚实空间层次的作用。阳台的长度根据房间面积与房间性质确定，阳台宽度通常以1—1.5 m为宜。

#### 3. 门窗

建筑外立面所呈现出的门一般为外门，根据门扇的开启方式，可将门分为平开门、弹簧门、推拉门、折叠门、转门、卷帘门、升降门等。

---

[①] 设计精选.百年前的建筑手绘图纸［EB/OL］.（2022.04.23）［2025-07-08］. https://cj.sina.com.cn/articles/view/1941624714/p73bad78a02700z5em.

图6-49a 悬臂梁结构雨篷（陈治方 摄）　　　图6-49b　PC板雨篷（陈治方 摄）

根据门框制作材料，门可分为铝合金门、塑钢门、彩板门、木门、钢门、玻璃钢门等。窗是建筑外立面上用于采光、通风的主要构件，其造型丰富，根据开启方式分为平开窗、固定窗、悬窗和立转窗、推拉窗、百叶窗等。开启方式的选择和开窗面积的大小，应根据房间的使用要求来定。依据窗框制作材料，窗可分为铝合金窗、塑钢窗、彩板窗、木窗、钢窗等。根据窗的层数，窗可分为单层窗、双层窗、三层窗等。

4．廊

廊是外廊的一种形式。凹廊是指廊的外侧与外立面齐平或缩进外立面的廊。廊可起到连接空间、丰富建筑立面虚实空间层次的作用（图6-50）。

图6-50a[①]　威海国医院立面（GLA 设计）　　　图6-50b　上海世博会德国馆凹进回廊（包立 摄）

### （五）建筑表现

1．绘制效果图的方法

对设计师来说，绘制效果图是呈现和表达设计构思的一种快速、有效的手段而绝非设计目的。

建筑表现效果图只是把计划中的建筑物，如实地预先展现于图纸或电子画面，所以即使一般绘画有无数大相径庭的流派和风格，有些甚至是令人难以理解的抽象意念，建

---

① ArchDaily.威海国医院 / GLA［EB/OL］.（2018-07-26）［2024-09-19］. https://www.archdaily.cn/cn/898854/wei-hai-guo-yi-yuan-glaliu-he-she-ji.

筑表现图却仍都倾向于如实表达，在给人的第一印象中就要为人所理解和接受。因此建筑表现图的目的是要求形似，建筑师主要是从事建筑创作，没有足够的时间和精力对绘画作无穷尽的探讨。

一般说来，绘制建筑表现效果图最便捷的方法是通过反复地临摹和练习来掌握一到两种行之有效的表现技法。临摹不是一味地抄袭，而是要学用结合，总结经验。

学习的方式有三种：

（1）由简到繁

由大到小，由整体到局部，有计划有步骤地临摹。开始从几何空间透视到室内家具、叶丛、花草、树木、人、车等小单体着手，逐步深入充实，一直到完成较完整的建筑画表现。在临摹中我们一定要注意形象的准确性和用笔的灵活性。

（2）写生临摹

从习作中找出难点和自己的不足，有的放矢地找一些有关的典范临摹学习，一般可通过写生临摹的办法逐步地巩固成果。

（3）优秀样板

在绘制一幅正式的建筑表现图时，找一张内容条件相似的优秀范图做样板，从整体布局到局部细节进行仿效，学习它的处理方法。经过多次反复后，基本可以学习到完整的表现方法。

2. 电脑辅助设计

电脑辅助设计源自"Computer-aided Design"。随着人工智能与元宇宙的发展，3D元素的市场转化应用不断扩大，以更加丰富、多元的形态出现。通用人工智能（Artificial General Intelligence）简称AGI，它是可以执行复杂任务的人工智能，是能够完全模仿人类智能的行为和执行任何人类智能活动的计算机系统。AGI可以被认为是人工智能的更高层次，它可以实现自我学习、自我改进、自我调整，进而解决任何问题而不需要人为干预。其必将惠及建筑、环境设计与生活方式的各个方面。当代人工智能继文本、图像之后向多模态模型演变，意味着能够建立起理解和模拟现实世界的建筑孪生数字模型。

从规划到生成建筑设计效果图、漫游视频、沉浸式的数字空间体验等，模型能够处理和整合来自不同模态（例如文本、图像、视频、音频等）的数据，具有模拟真实世界的能力，这是AGI的重要里程碑。以大模型技术作为基础，再加上人类知识的引导，可以创造模型建构领域的超级工具，未来建筑设计的各个环节都会融合AI超级工具来参与建筑空间与环境设计制作。

一方面，AGI基于自然语言或草图输入，进行了系统框架搭建设计、界面与算法代码编写、文档撰写、材质贴图制作，甚至3D单体模型的建构工作，新兴AGI技术的应用，已大幅度地提高了设计机构的工作效率和成果产出。

另一方面，中国本土化的数据、算力本地布局及本土化的应用将成为大势所趋。目前围绕中国本土的数据清洗、标注方面尚缺乏统一标准，这也将是一个"弯道超车"的机遇与挑战。

## 第四节 建筑类型与当代创作实践

### 一、建筑类型

#### (一) 类型与类型学

"类"有相似、类推、法式的含义;"类型"的核心是以性质相同、极其相近的事物形成的组群为主要内容,组群自然也就成为类型形成的前提条件;"类型"即一类事物的普遍形式(或理想形式),其普遍性类型特征使其取得广泛的普遍意义。

分类意识和行为是人类认识事物的一种方式与理智活动的根本特性。在自然科学领域,其被称为分类学,而在社会学领域,其被称为类型学。

黑格尔认为"美是理念的感性显现"的美学,这里的"理念"是指艺术蕴含的抽象的、普遍的精神与意义,"感性显现"是指具体的形象。"在用明确具体的形式使内容意义体现为实际存在(作品)之中,艺术就变成一种专门的艺术"[①]。故而,他将建筑分为象征型、古典型、浪漫型三种类型。

建筑作为一种时空存在的形式,被视作某种生活秩序的对应载体,将历史、集体无意识记忆沉积与空间形式上的"历史理性"融合,使其具有形式自主和公共秩序性,所以建筑类型形式具有永恒的品性。

建筑学是以地域、功能、形态、结构等进行分类的类型学。类型是一种恒定的文化元素,是建筑产生的法则,存在于所有的建筑中。类型的概念是建筑的基础,类型与功能、技术、形式、风格以及建筑的共性与个性之间存在辩证关系。相较广义的建筑类型学,狭义的建筑类型学是以西方文化中心论为基础的,即我们通常所说"新理性主义"的建筑类型学,其体系相对而言比较完备。

广义的建筑类型是区域文化内隐的文化深层次结构,即以人的精神世界为依托的各种文化现象,其包括道德观念、历史记忆、民族性格、心理图式以及人文环境。广义的建筑类型学是以研究构成都市、城镇以及建筑元素之中首要核心"类型"为中心的理论。所以,这也就是所有的建筑理论都离不开寻找造型的首要核心元素、合理的程序过程,且需要通过类型学的论述的原因。类型学在建筑发展史上扮演不可或缺的角色,而且研究都市与城乡规划与更新改造问题时不可避免地涉及类型学。

广义建筑类型学,既研究建筑形式的起源,关注建筑与公共领域的空间叙事关系;在历史演变中考察建筑形式、地域文化与城市发展的脉络关系;又注重将形式还原为基本的符号性元素,探讨建筑构成和时空形式叙事的基本语法关系,寻找设计师在建筑创

---

① 朱光潜. 朱光潜全集(第15卷)[M]. 合肥:安徽教育出版社,1992:25.

作中的典型意象，并归纳在设计过程中遵循的某种维度的规范与约束表述类型。

例如，丹尼尔·里伯斯金（D. Libeskind）在设计"柏林犹太博物馆"时，借助广义设计类型的空间叙事手法，让建筑有效、隐喻地向参观者呈现了深刻的民族、政治的悲剧内涵与历史文化意义。整个建筑设计构思在直线与"之"形线的两条线性空间之间产生，平面形态是在由三角形构成、象征大卫王扭曲的六角星盾牌的基础上，构建了这座博物馆虚实叙事"隐性关联"的基本表述框架的；两条线在时空上展开相互对话，让特殊的历史记忆与文化精神在这两条抽象不可见的线索之间、在空间叙事的进程中，与观众展开沉浸式的对话与内省式的交流，给予观众体验和感悟（图6-51）。

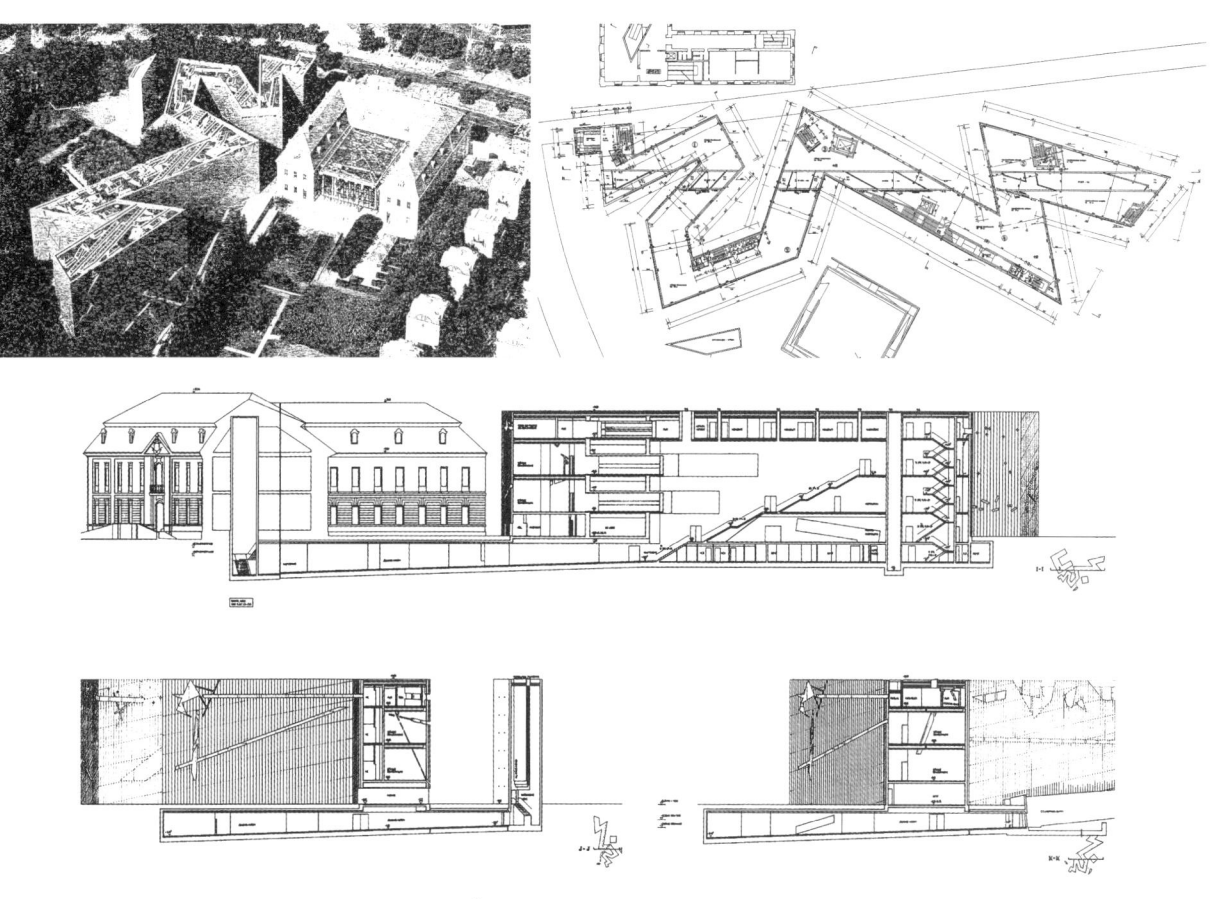

图6-51[①]　犹太博物馆（D.里伯斯金 设计）

里伯斯金认为"从建筑上和构思上，这两条线通过一种有限而确定的空间对话延展开来。有时，它们也会分开，互不相干，仿佛各自独立。这样，它们就展示出一种贯穿于建筑和整座博物馆的虚空，一种断裂的虚空。反过来，这种断裂的虚空本身在一种从

---

[①] 有方.丹尼尔·李布斯金作品：柏林犹太人博物馆，以解构重塑认知［EB/OL］.（2020-11-12）［2024-09-18］. https://www.archiposition.com/items/20201112043615.

前被摧毁的某种东西或某个独立结构的固态的残留物的连续的外部空间中被体现出来。这就是我们所说的'虚空之空'（voidof void）"[①]。

建筑设计构思从厚重的历史、犹太史、计划与实践性三个维度的"隐性关联"线索展开了思考，首先，建筑设计离不开柏林这座城市厚重的历史；其次，建筑设计离不开欧洲犹太人的历史；最后，建筑实践从计划性与实践性的视角处理终极问题。同时，用"两条线隐喻"，触发柏林犹太人不能磨灭的历史记忆与无法弥合的伤痛，特意在建筑设计时空叙事中设置了两条思想线、两条组织线和两条联系线。在空间上设定的两条轴线空间：一条是贯穿建筑直线被切割成多段断裂的、悲哀的、无法在场的、犹太人"虚空"的灵魂，以公共空间按轴线分布构成；另一条是曲折蜿蜒且连续的"之"形轴线，可以触摸的形态空间与展示内容构成了建筑的实体和室内陈列展示与互动叙事空间、展厅空间氛围与情境表达（图6-51）。

散发着阴冷、逼人寒气的建筑外墙饰面与富有光泽的镀锌钢板墙面，抽象地刻画出隐喻不同的柏林人与犹太人生活过的地址，其空间"隐性关联"的近百条方向不一的线形窗缝，犹如一道道永远无法愈合的伤口，引导参观者沉浸在无尽的历史追忆与悲痛情境的空间叙事中，沉浸在悲愤、感悟与觉醒当中，以期达到空间主题叙事的理想效果。

里伯斯金通过广义建筑类型学的手法设计的犹太博物馆，触发了人们对集体记忆产生的共鸣，以诗人一般的激情展示了体现犹太民族悲壮历史的时空叙事，表达出建筑时空叙事丰富的思想情感和深刻的文化内涵，以及对人为灾难与危机的广泛关注与对历史的反思。

广义建筑类型学设计策略可分为：其一，对地域文化的典型形象、结构与空间模式，采用新材料、新技术、新载体，以抽象、象征和隐喻的手法即典型形象的高度简化、抽出分离、提取夸张和再加工，使其具有原型的"隐形表征性"保持与建筑"原型同质"，达到"优化变异"效果并产生新的情趣；其二，通过"隐性关联"的地域建筑文化与"内在精神"的"隐形传统"、传统价值观、审美情趣、思维方式、文化心态、建筑观念、建筑思想和建筑空间叙事的方法，对建筑的类型形态进行深层次把握；其三，结合"优化变异"与"隐性关联"双重融合方法，保持原型整体突出特征的深层次精神关联，形成"隐形符号"，赋能设计师开创建筑类型学富有地域特色、文化多元化的创作方法与实施路径。

**（二）中国传统建筑的类型**

英国科学家李约瑟（Joseph Needham）认为，中国在公元3世纪到13世纪之间保持着西方望尘莫及的科学知识水平。中国传统建筑，在其漫长的历史长河中形成了多样化而又丰富深厚、独特的建筑遗产。古代宫殿、寺观、民居、商铺、园林、城池等，每一种建筑形式与类型都承载着丰富的文化内涵和建筑智慧。

中国传统建筑类型分为：宫殿、坛庙、园林、民居、城墙、楼阁等。

---

① Dr. Andreas C：apadakis.The new Modem Aesthetics [M].New York：St.Martin's Press, 1990: 28.

1. 宫殿类型

中国古代宫殿建筑类型是封建社会的政治、文化和建筑水平的综合体现，在世界建筑中形成了独特的体系。从简单的个体建筑到城市布局，中国古代宫殿建筑已形成完善的系统和制度，以及独立于其他体系的建筑类型、风格与形式，是世界古代建筑史中延续完整、时间最久的体系之一，具有悠久的历史和丰富的建筑艺术类型价值。

宫殿建筑类型通常由多个建筑群组成，包括正殿、配殿、厢房、庭院等，构成严谨的布局。其建筑风格多为纵深式布局，注重建筑与环境的融合，体现出对天地万物的敬畏和尊崇。其在建筑材料和工艺上更是精益求精，采用大量的木材、砖石、自然材料和彩绘装饰，展现出华丽而庄重的艺术风格。著名的宫殿建筑如北京的故宫、西安的大明宫、拉萨的布达拉宫等。

2. 坛庙类型

坛庙建筑类型在中国传统建筑中占据着重要地位，既有佛教寺庙，也有道教庙宇。坛庙建筑类型通常以殿堂为主体，配以塔、阁、院落等，整体布局严谨而庄重。其建筑特点是注重内在的祭祀、宗教氛围营造，追求简洁、高雅的建筑风格，体现清静心境及超脱意境。其在结构上注重平衡和稳固，利用斗拱、悬山、飞檐等建筑构件，形成独特的建筑风貌。著名的坛庙建筑如北京天坛、五台山佛光寺、拉萨大昭寺等。

3. 园林类型

中国古代园林建筑类型以其精湛的技艺和独特的审美风格闻名于世，表达了中国人对自然的独特理解和对生活的追求，体现"虽有人做，宛若天开"的意境。其通常由水池、假山、亭台、廊榭等构筑物组成，布局精巧、景致优美。园林建筑的设计注重变化和对称，力求达到"一步一景"的效果，给人以美的享受和精神上的松弛感。园林建筑在造型上常采用借景手法，将远山、流水融入景中，形成意境深远的景致。如长三角地区代表性的园林建筑，苏州的沧浪亭、狮子林、拙政园、留园和网师园，无锡的寄畅园，扬州的个园，南京的瞻园，上海的豫园、古漪园、秋霞圃和曲水园等。

正如明代造园学家计成在《园冶》中所述："一湾仅于消夏，百亩岂为藏春；养鹿堪游，种鱼可捕。凉亭浮白，冰调竹树风生；暖阁偎红，雪煮炉铛涛沸。渴吻消尽，烦顿开除。"其时空叙事性演进与情境沉浸式的场景呈现，鲜活地跃然于眼前。

4. 民居类型

民居建筑是中国建筑的重要组成部分，反映了中国古代社会结构、人民的生活方式、社会风貌和建筑文化。不同地区的民居建筑风格各异，南方多为水乡民居，北方多为四合院。民居建筑注重实用性和舒适性，通常采用木结构和砖瓦建造，注重通风、采光，同时兼顾防火和抗震功能。民居建筑的布局常常与风水有关，注重建筑与周围环境的协调。著名的合院式民居如北方的四合院、徽州民居、云南"一颗印"民居等；洞穴式民居如靠崖式窑洞、下沉式窑洞等；干栏式民居如傣族竹楼、桂北干栏式民居；毡帐式民居如蒙古包；防御式民居如客家土楼、开平碉楼、藏羌碉楼、赣闽粤交界的客家围屋及围垅屋等。

## 5. 城墙类型

中国古代的城墙是中国城市的象征，代表了古代中国的军事防御设施和城市规划水平。城墙通常以砖石为主要材料，构造坚固，体现了中国古代建筑工艺的高超水平。城墙建筑不仅具有防御功能，还承载着城市的历史文化，成为城市的地标和历史文化景点。著名的城墙有南京、西安的明城墙，北京的明清城墙和万里长城等。

## 6. 佛塔、楼阁类型

佛塔、楼阁建筑类型是中国建筑的重要形式之一，代表了中国古代建筑中的高层建筑技术和审美趣味。佛塔建筑，如河南登封嵩山少林寺塔、山西应县佛宫寺释迦塔等。楼阁建筑常常是多层建筑，造型优美，结构精湛。楼阁建筑在历史上常被用作观景台等登高望远的场所，也是文人雅士游览、饮酒谈天、赋诗书画的地方。著名的楼阁有滕王阁、岳阳楼、黄鹤楼、鹳雀楼等。

传统建筑轴线组织模式中的"起、承、转、合"空间秩序；亭、台、楼、阁、塔等竖向空间的组织方式；飞檐翘角、阴阳互补等园林景观布局；对景、框镜、借景等移步异景的建筑与景观组织方式等，追求虽由人作，宛若天开的时空意境；储藏着我国传统建筑文化瑰宝中无比珍贵的物质与非物质文化遗产，是中国传统建筑文化与当代技术的类型构成的重要依据，是中国式现代化文化传承、发展和创新的基因源泉与发展创新路径。

例如厦门高崎国际机场和闽南美术馆的设计概念，源于岭南地区民居倾斜的大屋顶类型隐喻（图6-52a、图6-52b）。上海金茂大厦的密檐类型的设计构思，是登封嵩山少林寺密檐塔类型的文化代表性元素、符号及形制的传承（图6-52c）。

中国传统建筑类型作为中国古代文明的瑰宝，涵盖了宫殿、寺庙、园林、民居、城墙和楼阁建筑等多种形式。每一种建筑类型与形式都承载着丰富的文化内涵和建筑智慧，展现了中国人民对自然的理解与对美好生活空间的追求，以及对待生活的态度，具有很高的历史、文化和艺术价值。

借助传统建筑类型开拓其内在潜力，结合通用人工智能新技术变革，建立、完善与

图6-52a[①]　厦门高崎机场（B+H 设计）　　图6-52b　闽南美术馆（畏研吾 设计 谢璞 摄）　　图6-52c　金茂大厦的密檐（SOM 设计　谢璞 摄）

---

① xiang浩看世界.我国名字酷似岛国的机场，承担起本省份客流量第一的重任［EB/OL］.（2022-11-30）［2024-09-22］. https://www.163.com/dy/article/HNEL6P490549QFC6.html.

图6-52d[①]　成都西村大院（刘家琨 设计）

社会转型、时代前沿相匹配的建筑类型和环境体系，随着社会的进步不断更新中国建筑文化的内容，恰是未来建筑类型学生存、延续及富有生命力和文化自信的保证。

### 二、中国当代建筑创作的类型实践

通过对中国传统建筑的研究和实践，我们可以从类型学的视角对其进行深入思考。通过一些不同类型的代表性建筑大师的视角，我们可以更加深入地探讨中国传统建筑的类型学特点、历史演变以及时空叙事发展轨迹与创新设计传承的经验积累。

#### （一）新时期之初的自发探索

对中国当代建筑设计新时期之初类型学进行自发性探索的代表人物有冯纪忠、吴良镛、齐康、莫伯治、贝聿铭、张肇康、陈其宽、王大闳、汪国瑜等人。

1. 冯纪忠：传统与现代的融合

冯纪忠是中国建筑界的领军人物，对中国传统建筑的类型学视角有着独特的见解。他认为，传统建筑不仅是历史的遗产，更是当代建筑的灵感源泉，应该通过现代的设计思想，把传统东方建筑要素与不同年代的建筑原型进行转译和组织重构。他强调空间与时间流动的变化可形成有机的建筑群落整体，并创造出富有现代气息的建筑。

在他的作品中，我们常常可以看到传统建筑的特色，如飞檐、斗拱等，但其作品又融入了现代建筑的设计理念，如简洁的线条、现代化的材料等。冯纪忠设计的上海方塔园便是一个典型的范例，他从对松江的印象出发，将古代的方形塔和现代的园林景观相结合，以江南传统民居为原型进行继承，并与现代设计新结构相融合，有效融合了再生材料和可持续发展的设计理念，直至今天，对传承与创新的建筑设计构思与实践探索仍具有启示作用。

2. 吴良镛：传统建筑地域特色的融合

吴良镛是中国传统建筑领域的权威人物，注重传统建筑的地域特色，他认为不同地区的传统建筑具有不同的特点，应该充分考虑当地的地域特点，注重保护和传承地方传统建筑文化遗产。面对近几十年来存在的无视历史文脉的传承与发展和"千城一面"的城市建设，应坚持对自身文化内涵的思考和设计探索，并根据地域文化和环境特点进行

---

① 家琨建筑［EB/OL］.（2025-02-16）. https://jiakun.com/project/detail?id=17.

设计和建造。他的设计契合从历史到城市记忆溯源的方式，展开原型类型提炼、抽象重组，进而形成新老建筑的对话和城市的迭代更新模式与方法论。他提出了建造北京地区特色的"类四合院"的体系构想，并实施在其代表作"北京菊儿胡同改造"的项目中。

3．张肇康与陈其宽：传统建筑的历史演变与文化传承

张肇康与陈其宽是中国台湾地区中国现代建筑的探索者的代表。台湾大学农业陈列馆的设计项目，充分体现了中国传统建筑的文化底蕴。张肇康将建筑的原型主题分为三段模式，即台基、回廊式屋身、悬挑大屋顶；同时结合密斯式的新古典主义构图，使长方体的中央与入口踏步共同形成仪式感、纪念性与现代性的布局类型；在细部装饰上采用金黄色大径筒瓦，结合抽象均质化、模块化的透明空间单元，使之隐含在给人以丰富感受的现代中式建筑之中。

在陈其宽的作品中，我们常常可以看到对他传统文化的借鉴和表达，如他设计的东海大学学员宿舍，通过对传统围合庭院空间的变形，利用院落空间组织内外空间自由灵活多变地表达，有效地实现交流空间的公共性，住宿空间的私密性。其作品的建筑造型、装饰图案、材料选用等都充分体现了中国传统文化的特点和魅力。他的建筑作品不仅注重外形的美观，更注重文化内涵，通过建筑设计向人们展示传统东方文化的深厚底蕴和魅力。

4．汪国瑜：传统建筑的地域特色

汪国瑜注重传统建筑的地域类型特色，认为不同地区的传统建筑具有不同的特点，应该根据地域文化和环境特点进行设计和建造。设计师在进行传统建筑设计时，应该充分考虑当地的地域特点，注重保护和传承地方传统建筑文化遗产。

他从地域性的山地建筑出发，解读地域特色建筑空间原形的类型；归纳出"一阻二引三通""随势赋形、因形取神、以深养性"的空间风格类型和设计方法；探索出让建筑布局与环境有机融合的设计实施路径；实现了自然山水与诗情画意有机融合的东方叙事性空间意境表达。

**（二）理性指导下的实践应用**

中国传统建筑是中华文明的瑰宝，蕴含着丰富的历史文化和艺术遗产。

20世纪90年代，互联网全球化的普及标志着人类社会进入"信息时代"。一些发达经济体开始对经典现代建筑原则展开批判与修正。在西方建筑界，以阿尔多·罗西为代表的建筑类型学理论成为热点之一；在八九十年代作为发展中国家的中国，正遵循经典现代建筑提倡的"实用、经济、美观"的设计理念，进入大规模建设的高速发展时期。

在此背景下，伴随着地域特征的建筑类型学的传入，国内建筑师对现代建筑进行反思，从历史、地域和功能出发，抽象出适合的原型空间并合理有效地应用到设计实践的创作中。国内建筑师通过应用对本土文化传统与时代精神相适应原则的理性分析策略，实现建筑设计应用类型的研究路径及探讨实践落地的方法论。

这一时期的代表人物有徐行川、彭一刚、何镜堂、缪朴、刘力等。他们主张设计师不应仅停留在建筑形式的表层结构，不能简单、粗暴地模仿传统符号；而应该通过从直观到感悟、具象到意象、表征到隐喻的时空过程考察，聚焦传统与现代、形式与气质；

从深层内在结构表达出发，对历史文化与传统、时代功能、地域民族、生活习俗认识的原型与类型进行归纳总结，在新的建筑设计实践当中合理地构建。

他们在不断地寻求中国建筑的"原创性"方面，使之既要符合中国国情，又要担当起继承传统文化的当代性责任与使命。他们主张在设计之初对民族建筑特征符号进行提取，在满足现代功能需求的前提下，应用先进的技术条件，体现当地民族建筑文化精髓的建筑叙事语汇，实现本土文化传统与时代发展趋势的契合。同时，他们还主张从我国传统空间序列的原型出发，抽象出建筑组群串联于中轴线上这一传统；认为依据地形迂回而上的人行流线，必须穿越建筑的某一角才能回到室外，营造出良好的先抑后扬空间语汇的纵深感、仪式感，丰富了原本简单的矩形建筑平面。

### （三）本土特色的多元化发展

2001年，中国加入世界贸易组织，正式迈入经济全球化和建筑多元化的探索时期。以王维仁、魏春雨、王澍、朱培、刘家琨、朱晓峰、李兴钢等为代表的一批中青年建筑师，面对城市过度建设所产生的诸多问题进行反思，他们通过类型学的设计方法，设计、构建了一批具有人文场所记忆的实际作品，活跃在中国建筑界。

王维仁的设计理念是"都市合院主义""地景合院主义"，代表作如岭南大学社区学院、香港理工大学社区学院等；魏春雨的"地域界面类型"研究，从集体记忆出发，汲取传统建筑适宜的空间基因引入现代空间，诠释城市环境的地域延续性和复杂多义性，代表作如湖南大学教学楼、湖南公民信息中心等；王澍的强调"聚集丰富差异性的建筑类型学"研究，代表作如中国美院象山校区、三和宅、五散房、宁波博物馆等；朱培的"自然设计"建筑观，探索中国地域特色的建筑，代表作如景德镇御窑博物馆、杨丽萍表演艺术中心；刘家琨的"低技营造"，用传统易得材料，创造出更多的可能性，代表作如御窑金砖博物馆、鹿野苑石刻博物馆等。他们的设计理念始终坚持转化创新、不断补充、拓展转换，赋予新时代本土建筑多元化特色发展的时代内涵与空间叙事表达形式。

成都西村大院将乌托邦与日常、历史与现代，集体主义与个体价值等看似对立的事物设计编织在一起，通过文化、历史、生活、情感和社会等各维度的交叉协调，以建筑凝聚社区，激发人文关怀，创新市民活力空间，以满足多元文化和社会的广泛需求，彰显出东方美学的内敛、典雅、睿智理念与建筑文化交汇的底蕴和生命力。成都西村大院的设计将传统川西民居元素与现代方式融合，为市民提供了共享的城市区域，促进了城市空间的开放性和人性化；其是集成了多种功能（包括艺术品展览和交易空间、创意市集、多媒体演艺空间、设计酒店、图书馆等）的复合体；独特的主题文化景观设计不仅美化了环境，也为市民提供了休闲和娱乐的场所；灵活的空间分割能够适应不同的使用需求，体育与生活的结合，将体育活动融入日常生活，推动了全民健身事业的发展；设计中融入了大量的文化与艺术元素，如红墙白墙的颜色变化，体现了中国文化中的两极和谐的哲学观点（图6-52d）。

伴随着中国式现代化的进程，建筑师须牢牢把握推动中华优秀传统文化创造性转化和创新性发展的立场与原则；探索通用人工智能系统时代的传统文化传承发展策略指导下建筑空间的构成系统性的设计方法与实现路径；在开放包容、吸收外来、统筹协调、加强文化交流借鉴的同时，必须改变将西方文化视为"世界文明"未来文化模式的极端错误认知；推动中华建筑文化基因与当代文化相适应、与中国式现代化相协调；深入阐发文化精髓，讲好中国故事、传播好中国声音、阐释好中国特色、展示好中国形象；构建具有中国特色、中国风格、中国气派的建筑文化产品，提升新质生产力，夯实国家软实力，扩大中华建筑文化圈的国际影响力与跨文化传播。

## 单元练习

## 场地文脉、空间叙事功能组织与多元类型尝试

### 一、场地文脉解读

对建筑基地环境的解读，包含建筑与自然气候、地形肌理、历史文化、民族风俗、文化传统、建筑材料和周围建筑与环境的关系，以及与非物质形式关系的理解。

重点观察思考建筑场地背景环境，思考如何有效地置入自己的设计方案。思考新建筑与地形的关系、与周边环境的关系、与材料的关系；思考以什么样的建造方式体现地域文化特色和社会风貌及其象征性。我们可以通过场地模型来研究建筑与环境的物理和社会关系，让建筑设计在空间场所和环境中发挥富有成效的积极作用。

### 二、叙事功能组织与竖向空间表达

#### （一）空间功能组织

1. 功能组织

建筑师需考虑满足使用者在生理需求、物理活动、工作学习、日常生活和风俗习惯等方面对空间形态的要求，创造出尺度合适、开窗适宜、采光通风等良好的要素，保证建筑空间的功能性与舒适度。同时，需满足人们心理与空间使用逻辑需求，如空间宽窄、高低，是否符合大多数人群的心理、审美要求和良好的空间体验与使用感受，形成一种内在的行为逻辑、生活空间秩序和心理情感需求。

2. 空间叙事构成与形式

空间叙事让主题介入并产生从物质到精神感受的综合主题意象效应。通过空间与时间构思、编排，在心理上产生情感共鸣的叙事布局，触动人的精神与心灵，并传递能量信息，积极推动并影响社会关系即我们所说的"场所精神"内涵的设计表达。

具体需要落实流线组织。确定动线组织、交通工具、交流空间、方向引导和疏散通道；明确主题、分形叙事、历史叙事等空间路线；确定目标，有效地梳理、组织建筑与室内外环境的叙事空间、情境体验。经验总结与归纳表达；建立对主、客观空间的理性认知并形成内在体系，实现设计方法、路径的梳理与探讨。

## （二）竖向空间与立面表达

熟悉建筑剖面的空间表述内容与表现形式，其通常采用矩形图或非矩形，如圆形、不规则等几何形态与有机的自然形态。确定结构梁采用桁架、拱形、壳体、网架、悬索、膜结构等当中的哪种类型、构造或组合结构；明确通常使用的结构材料为混凝土框架、钢结构框架或组合框架；依据功能需求，确定单层、多层或错层组合、分层转换、高低空间的有机结合，或中心共享大空间配套与毗连多层竖向组合设计等空间组织的方法。

柱、梁、板立面，其形态演绎可利用黄金分割，使建筑空间比例适当，几何或有机自然形态及相互关联的逻辑关系得以凸显；还可运用光影、环境和人的行为与空间环境的心理、行为关系表现建筑形象；设计需要遵循时代性、地域性、大众性、经济性、文化性的原则，在建筑形式上，注重变化与统一、协调与均衡、节奏与韵律等系统性关联架构关系。

### 三、多元建筑类型尝试

以象征和隐喻的设计手法，高度简化、抽象分离，在采用新材料、新技术、新载体的同时；应用"隐性关联"的地域文化"隐形传统"、正向价值观、审美情趣、思维方式、文化心态、建筑观念、建筑思想和建筑方法进行建筑空间组织类型的把握和设计拓展；通过推动中华优秀传统文化创造性转化和创新性发展，创建与当代文化相适应、与中国式现代化相协调、保持原创性、突出建筑空间特征的内在精神；尝试创建富有地域特色文化的"隐形符号"表达，赋能建筑设计类型多元的设计创作策略、路径与具体实现方法。

# 第七章
# 建筑的材料、设备

## 章前导言

本章内容涉及建筑材料与设备的常规使用方法和工作原理。学员须掌握建筑材料的分类与力学原理及建筑材料的一般性使用方法和建筑设备的系统性工作程序、方法和功效；熟悉建筑材料的分类、基本性质、常用材料、施工常识；认知建筑常规设备的使用范畴，如建筑设备的采暖通风、空调、给排水与电力电器等；深化设计案例调研和项目设计的系统训练。

## 本章聚焦

在熟悉常用建筑材料的基础之上，掌握建筑设备的工作原理、形态布局与各自程序的系统性特征和规律，探讨建筑材料与设备在建筑设计中的协调统筹作用。

## 学习目标

理解建筑材料与建筑设备的关系，熟悉常用建筑材料的分类、基本性质与使用常识；初步掌握建筑材料与空间构成的表达方式、方法与系统性路径；初步掌握建筑设备的工作原理和基本知识；熟悉案例调研、项目设计系统，以及中、小型建筑设计方案或建筑更新改造设计方案的训练。

## 知识点导图

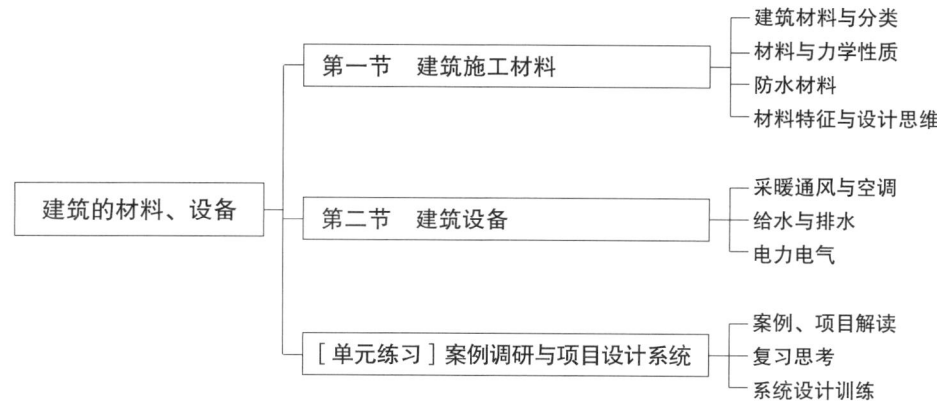

# 第一节 建筑施工材料

## 一、建筑材料与分类

建筑建造所用的材料及制品统称为建筑材料，它是一切建筑工程的物质基础。材料是形的基础，建筑赋予了材料设计思想，并把这种思想变成现实。因建筑材料在建筑中各自承担的角色和作用不同，故其应具有相应的性质。

### （一）建筑材料的特性

木材给人以亲切温馨感，砖石给人以悠久的历史与地域感，细腻的石材给人以结实、华丽、高贵、冰冷感，玻璃给人以轻盈、明亮的通透感，钢材给人以坚固、线性的力量感（表7-1）。

表 7-1 建筑材料的特性

| 名 称 | 特 性 | 表 现 力 | 使用范围 |
| --- | --- | --- | --- |
| 混凝土 | 人工材料、可塑性强、隔热 | 力量感、肌理粗糙 | 结构、表皮、室内 |
| 砖、瓦、石 | 砌体、耐压、抗腐蚀、隔热 | 地域性、历史感 | 结构、表皮、地面、屋面 |
| 木材 | 天然材料、自然纹理、隔热 | 自然感、亲切感 | 结构、表皮、门窗 |
| 玻璃 | 人工材料、质脆、透光、明亮 | 通透性、明亮感 | 表皮、门窗、地面、屋顶 |
| 钢材 | 坚固、柔韧性强、线性、导热 | 结构、表皮 | 结构、表皮、地面 |

建筑结构材料，需要具有一定的力学性能，应起到抵抗重力、风、雪、地震等各种外力的作用。长期暴露在空气中的材料，应能够经受风吹、日晒、雨淋、冰冻、虫害等的长期侵害，保持建筑生命周期的安全性。

**（二）建筑材料的分类**

随着人们对物质材料认识的深入，按用途可将建筑材料划分为结构材料和功能材料（表7-2）。

表7-2 建筑材料分类

| 结构材料 | 沉重结构、构建梁、板、柱（木材、砖、砌块、石材、钢材、混凝土等） |
|---|---|
| 功能材料（防水、装饰、隔热等） | 防水材料：沥青、塑料、橡胶等 |
| | 吸音材料：多孔石膏板、塑料吸音材料、膨胀珍珠岩等 |
| | 饰面材料：墙面砖、石材、彩钢板、彩色混凝土等 |
| | 绝热材料：塑料、橡胶、泡沫混凝土等 |
| | 卫生工程材料：金属管道、塑料、陶瓷等 |

材料的质感与肌理状态、材料孔隙、结构纹理、岩石纹理等，与最终呈现的建筑材料的视觉和触觉效果直接相关。材料的组成结构和构造包括化学成分和矿物质，按化学成分可将建筑材料划分为三类：无机材料、有机材料、复合材料（表7-3）。

表7-3 建筑材料按化学成分分类

| | | | |
|---|---|---|---|
| 无机材料 | 金属材料 | 黑色金属 | 钢、铁等 |
| | | 有色金属 | 铜、铝、锌、铅及其合金等 |
| | 非金属材料 | 天然材料 | 黏土、砂、石子、大理石、花岗岩等 |
| | | 烧土材料 | 砖、瓦、陶瓷、玻璃等 |
| | | 胶凝材料 | 水玻璃、石灰、石膏、水泥等 |
| | | 保温材料 | 石棉、矿物棉、膨胀蛭石等 |
| | | 混凝土及硅酸盐制品 | 砂浆、混凝土、硅酸盐制品等 |
| 有机材料 | 天然材料 | | 木材、竹材、植物纤维、纸管等 |
| | 胶凝材料 | | 沥青、合成树脂等 |
| | 保温材料 | | 毛毡、软木板等 |
| | 高分子材料 | | 塑料、涂料、合成橡胶等 |
| 复合材料 | 金属材料与非金属材料复合 | | 钢筋混凝土、钢纤维增强混凝土等 |
| | 有机材料与无机材料复合 | | 聚合混凝土、玻璃纤维增强塑料等 |
| | 有机材料和金属材料复合 | | 轻质金属夹心板、铝塑板等 |

我国常用的材料标准分类（表7-4）：

表7-4 我国常用材料标准分类

| 级 别 | 代 号 | |
|---|---|---|
| 国家标准 | 强制性GB、推荐性GB/T | 如：住房和城乡建设部行业标准（代号JGJ），国家建材工业行业标准（代号JC），冶金工业行业标准（代号YB），交通运输部行业标准（代号JT），水电行业标准（代号SD）等。 |
| 行业标准 | YB | |
| 地方标准 | DBJ | |
| 企业标准 | QB | |

标准的表示方法为：标准名称部门代号-编号-批准年份。如：国家标准《硅酸盐水泥、普通硅酸盐水泥》（GB176-2023）。

## 二、材料与力学性质

### （一）材料的基本属性

我们可以从材料学、材料与结构、材料的地域性等三个方面来考察建筑材料。

1. 材料学

从材料学的角度来看，建筑材料的基本物理性质有密度、孔隙率、密实度、容重等。材料的许多特性都与上述性质有直接的关系。

材料的力学性能包含抗拉、抗压及抗剪强度。脆性材料包括砖、陶瓷、玻璃、普通混凝土、砂浆等，韧性材料包括钢材、木材、橡胶等，弹性和塑性材料包括钢材、木材、橡胶等。材料的硬度越大，则其耐磨性越好，加工越困难；选用硬度大的材料或提高材料的强度，对减轻结构自重、降低工程造价等具有重要意义。

建筑材料的选择需要考虑以下主要指标：材料的耐久性（如抗老化性、抗风化性、抗冻性、抗高温性、耐化学腐蚀性），这是选择户外材料的主要标准；材料与水有关的性质（吸水性和稀释性、亲水性和憎水性、耐水性、抗冻性、抗渗性），这是选择防水材料的主要标准；材料的热工性能（如导热性、比热容等），这是选择保温材料的主要标准；材料的声学性能（声速、隔音性、吸声性）等。

材料在建筑物之中，除受到各种外力的作用，还经常受到许多环境因素的破坏作用，包括物理、化学、机械及生物的作用。

物理作用包括干湿变化、温度变化及冻融变化等。这些作用将使材料发生体积的胀缩，或导致材料内部裂缝的扩展，时间长久材料会逐渐遭到破坏。

材料的化学作用包括大气、环境、水以及使用条件下酸、碱、盐等液体或有害气体对材料的侵蚀作用；材料的机械作用包括使用荷载的持续作用，交变荷载引起的材料疲劳、冲击、磨损、磨耗等；材料的生物作用包括菌类、昆虫等使材料腐朽、蛀蚀，从而破坏砖、石料、混凝土等矿物材料的作用。这些材料多是由于物理作用而遭到破坏，但也可能同时会受到化学作用的侵蚀。

金属材料受到破坏主要是由于化学作用引起的腐蚀，木材等有机质材料常因生物作用而被破坏，沥青材料、高分子材料在阳光、空气和热的作用下会逐渐老化而变脆或开裂。

材料的耐久性指标是根据工程所处的环境条件决定的。例如处于冻融环境的工程所用材料的耐久性以抗冻性指标来表示。处于暴露在环境中的有机材料，其耐久性以抗老化能力来表示。伴随着碳中和可持续发展的深化，应在材料的生产、运输和使用中，尽可能减少资源消耗、有害物质的排放和对环境的影响。

2．材料与结构

一是，要选择发挥材料特性的结构系统；二是，要选择满足结构要求的建筑材料。人类最初进行建筑营建的重要目标就是利用少的材料，尽可能建造大的使用空间。合理的结构系统可以节约材料，材料与结构二者是相辅相成，互为影响的关系。

现代材料的再生、可循环材料的使用日趋普遍，如聚氯乙烯膜、ETFE膜、结合钢构，这类材料通常比传统材料强度低，需要合理地开发利用，使其发挥较好的力学特征。

如以高分子面料见长的充气膜结构，是轻型空间结构的一个重要分支，其具有丰富多彩的造型，建筑特性、结构特性优越。轻型空间结构主要包括张拉膜结构、骨架膜结构、充气膜结构、索桁架膜结构等（图7-1）。

在充气结构中，最常见的充气膜结构建造有充气结构和气承结构两类。结构组件依靠内部空气压力支撑高分子纤维气管，气管在内部气压的作用下可以防止结构弯曲，结构较薄的纤维气管本身承载着结构荷载。

图7-1a[①]　Sky Song张拉膜结构（FDE 设计）

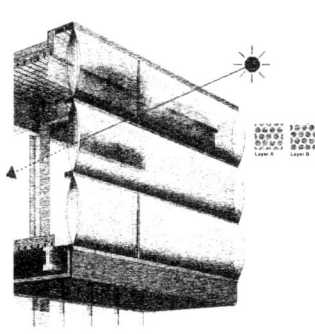
图7-1b[②]　充气膜表皮与气承结构

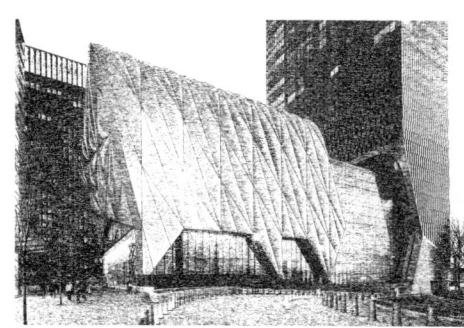
图7-1c[③]　哈德逊艺术中心（Diller Scofidio+ Renfro 设计）

---

① Dopress Books.绿色建筑·公共［M］.南京：凤凰传媒出版社，2011：89.
② 筑龙建筑设计.一起仰望星空——高透光环保新材料ETFE［EB/OL］.（2021-02-02）［2024-09-19］.https://www.sohu.com/a/448265334_99926250.
③ 筑龙建筑设计.一起仰望星空——高透光环保新材料ETFE［EB/OL］.（2021-02-02）［2024-09-19］.https://www.sohu.com/a/448265334_99926250.

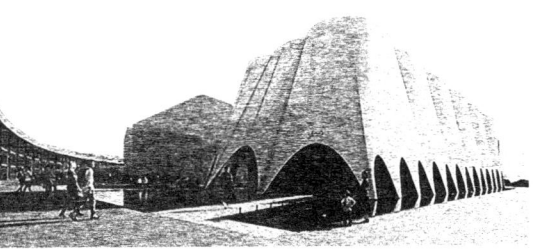 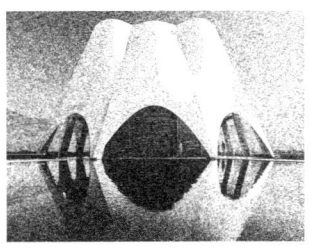 

图7-1d　大阪世博会卡塔尔馆（隈研吾 设计　谢璞 绘）　　　　图7-1e① 大阪世博会瑞士馆
（Mannel Herz Architects 设计）

而气承结构由空气压力直接支撑，在理论上可以实现超大跨度空间。气承结构通常用于网球场和体育场。纤维材料抗拉强度大、质地柔软，但抗硬物摩擦和穿刺弱，一旦破损其强度会急剧降低。

3. 材料的地域性

建材是建筑工程中不可或缺的重要组成部分，其地域性在不同的地区有着显著的特点。我们从地理环境、文化因素、技术特点等方面探讨建材的地域性，并分析其对建筑设计和施工的影响。

地理环境对建材选材的影响。例如，在湿润的地区，建筑结构需要考虑抗湿防腐，应选择耐湿性强的建材，如水泥、钢筋等。而在干旱地区，建筑物极易遇到高温和干燥的气候，因此需要选用能够隔热和保温的材料，如石膏板等。地理环境的差异导致不同地区在建材选择上的差异。

文化因素对建材选择的影响。不同地区的生活习惯、风土人情、民俗传统都会反映在建筑物的材料选择上。例如，中国南方地区普遍使用木材作为建筑的主要材料，发挥了木材自然环保，取材便捷，通风良好，与南方民族文化相契合的作用，如木质结构的吊脚楼、干栏式建筑和水乡小桥。而在北方地区，砖石结构更为常见，原因是北方气候寒冷，需要更加耐寒保温的建筑材料。

技术特点对建材选择的影响。不同地域的技术特点也会对建材的选择产生影响。比如，在沿海地区，建筑物常年受到海洋气候的侵蚀，需要抵御海水腐蚀和台风的侵袭，因此需要选择具有抗腐蚀和抗台风的建材，如不锈钢、耐候钢等。而在高海拔地区，气温低且氧气稀薄，建筑物需要选择具有抗寒能力和轻便的材料，如岩棉板、气窗等。技术特点的不同也导致建材选择上的差异。

因此，在进行建筑设计和施工时，必须充分考虑建材的地域性，选择适合当地环境和需求的建材，以确保建筑的质量和使用寿命。只有深入了解、合理运用建材的地域性优势，才能打造出真正适应当地环境和人文环境特点的建筑作品。

---

① AVID设计. 未来社会的实验室－2025年大阪世博会［EB/OL］.（2024-04-21）［2025-04-28］. https://baijiahao.baidu.com/s?id=1829993244437186004&wfr=spider&for=pc.

## （二）常用的建筑材料

材料是建筑形态、样式、风格与结构的载体，建筑赋予材料设计思想，并把这种思想变为现实的存在（表7-5）。

表7-5　常用建筑材料

| 材料名称 | 特　　　性 | 表　现　力 | 使用范围 |
|---|---|---|---|
| 木材 | 纹理、绝缘、质量轻、强度高、隔热、弹性韧性较好、便于加工 | 自然、亲切 | 结构、表平皮、地面 |
| 人造木材 | 人工材料、结实、再生材料 | 仿自然、温馨 | 结构、装饰、地面 |
| 砖石 | 砌体、受压、质脆 | 地域性、历史感、冰冷感 | 结构、表皮、地面 |
| 竹材 | 轻质、生态、经济 | 自然、亲切、 | 结构、表皮、墙体 |
| 工程石材 | 规整、耐久、稳定 | 自然、高级、华丽（抛光） | 结构、表皮、地面 |
| 混凝土 | 人工材料 | 力量、粗糙（除清水类） | 结构、表皮、室内 |
| 钢材 | 坚固、线性 | 力量、现代 | 结构、表皮 |
| 不锈钢 | 防腐、反光、轻量 | 镜面 | 表皮、装饰 |
| 玻璃 | 人工材料、质脆、透光 | 透明、明亮 | 表皮、门窗、墙体 |
| 纸管 | 轻质、好加工、可再生、环保 | 轻盈、温暖、便捷、可再生 | 结构、墙、表皮 |

木材给人以自然、温暖、亲切和安全感；砖石（天然石）给人历史地域感；竹材给人以生态、凉爽、柔韧、自然、轻盈感；工程石材给人以坚固、冰冷与高贵的华丽感；混凝土给人以厚重、粗糙（清水混凝土除外）、高效、经济实用感；钢材给人以冰冷、结实有力感，同时又具有延展柔韧性和传导可塑性等特性；玻璃给人以通透、轻盈、明亮、易碎和耐腐蚀感等心理感受与认知；纸管给人以轻盈、温暖、便捷感，同时又具有环保、可重复利用、低碳等特性。

### 1. 木材与应用

木材指树木的躯干，它是天然生长的有机高分子材料。自新石器时代开始，木建营造便是中国人起居生活空间中深情的依托。传统的中国木构建筑是将木材作为结构材料和装饰材料融为一体的杰出建筑艺术形式，《考工记》《木经》《营造法式》《天工开物》等建筑技术书籍体现出木艺技术和建筑艺术的完美融合（图7-2）。

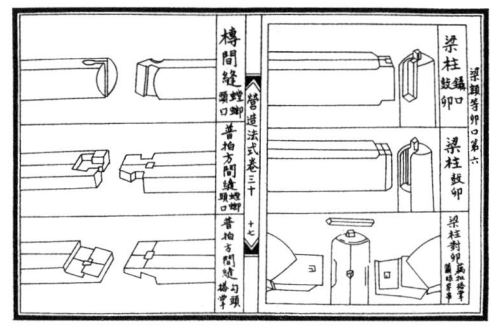

图7-2[①]　宋代李诫《营造法式》卯榫图例

---

① 马炳坚.中国古建筑木作营造技术［M］.北京：科学出版社，1992：125.

东方特色的卯榫结构技术的营造方式、文化心理，植根于几千年来中国人的生产与生活方式之中，承载了礼仪、厚德的道德理想。对于延续几千年的中国古代建筑而言，木构造凝聚、体现了东方匠心的极致与灵魂，在世界建筑文化史上，是最能形象具体地表现出中国文化中人文精神的典型代表之一。

早在北宋（960—1127年）时期，深受理学哲思与算术等科学精神濡染，以木构建筑为主体的建筑技术书籍《营造法式》[①]就明确规定"凡屋宇之高深，名物之短长，曲直举折之势，规矩绳墨之宜，皆以所用材之分，以为制度焉"。"材分"制是宋代古建筑中常用的建筑模数制度，是在建筑设计、施工和估算工料等方面所遵循的一整套思维原则和操作规范，关于木材的使用模数，《营造法式》规定"材"的高度分为十五"分"，以十"分"为其厚，以及斗栱的两层之间高度定位六"分"，称之为"栔"。还规定八个标准规格等级的"材""栔"和各等材用材之"分"的尺寸规定及其应用范围。《营造法式》中开章明义："凡构屋之制，皆以材为祖"，"材"指的是标准木材。《营造法式》把这个标准材的断面规定为3∶2，让它具有了很高的科学受力性能。并且把这个"材"分成八个等级，用在等级、规模、大小、规制不等的建筑上。

《营造法式》中规定"凡用柱之制，若殿阁，即径为两材两栔至三材；若厅堂柱，即径两材一栔；余屋，即径一材一栔至两材。若厅堂等屋内柱，皆随举势（屋面坡度）定其短长，以下檐柱为则（原注：若副阶廊舍，下檐柱随长，不越间之广）"[②]。其中涉及的"材""栔"是代表宋代建筑中的木材大小的计量单位、标准与依据（图7-3、表7-6）。

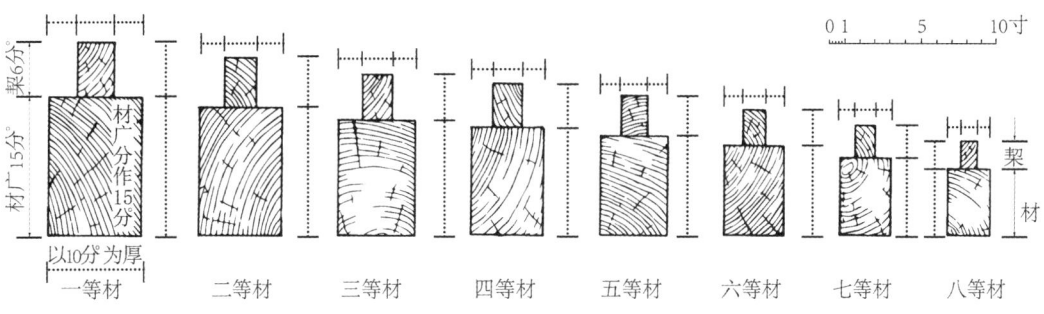

图7-3 《营造法式》大木作用材制度

表7-6 《营造法式》大木作用材尺寸

| 等级 | 第一等 | 第二等 | 第三等 | 第四等 | 第五等 | 第六等 | 第七等 | 第八等 |
|---|---|---|---|---|---|---|---|---|
| 广 | 九寸 | 八寸二分 | 七寸五分 | 七寸二分 | 六寸六分 | 六寸 | 五寸二分 | 四寸五分 |
| 厚 | 六寸 | 五寸五分 | 五寸 | 四寸八分 | 四寸四分 | 四寸 | 三寸五分 | 三寸 |

---

① 宋代李诫创作的建筑学著作，在两浙工匠喻皓《木经》的基础上编成的。它不但是北宋官方颁布的一部建筑设计、施工的规范书，而且是中国古代最完整的建筑技术书籍，标志着中国古代建筑已经发展到较高阶段。
② 潘谷西.中国建筑史［M］.北京：中国建筑工业出版社，2015：274.

受中国建筑文化影响，在汉字文化圈（朝鲜半岛、日本、越南、新加坡及东亚部分地区），我们所熟知的奈良法隆寺（607年）、唐招提寺金堂（759年）、五台山佛光寺大殿（857年）、应县木塔、故宫、侗族程阳桥等，以及东南亚地区的很多建筑，不同程度地受中国传统建筑卯榫结构的影响，不用一个金属钉子而全部用木材搭建而成（图7-4）。

图7-4a[①]　法隆寺五重塔、讲堂、唐招提寺金堂

图7-4b　山西应县木塔（谢璞　绘）

图7-4c[②]　侗族程阳风雨桥

---

[①] Henri Stierlin.図集世界の建築［M］.鈴木博之，訳.東京：鹿島出版会，1979：334.
[②] 涓.三江程阳侗族八寨［EB/OL］.（2018-08-08）［2024-09-20］.https://www.meipian.cn/1iajaq9i.（本书引用该图片做部分处理。）

人类无法在别的地方找到比古老的木建筑更伟大的结构进化和理智的秩序，那里储存了世世代代的才智（密斯·凡德罗语）。中国传统建筑、人与自然环境"天人合一"的理念，充分表达了对木材自然属性的尊重，赋予其生命延伸的能量，以榫卯、斗拱等结构特征，呈现出轻巧的线性艺术与美的结构形式，形成了亲切宜人、灵动飘逸、巧夺天工的独特民族文化最具代表性的艺术符号之一。

木材作为建筑结构材料与装饰材料，具有很多优点：质量轻、强度高、便于加工，能制成形状不一的产品；绝缘性能强，导热性能低，隔热保温性能较好；有较好的弹性与韧性，能承受冲击和振动；保养适当，可具有较好的耐久性；纹理美观、色调温和、无毒。

木材也有许多缺点：构造不均匀，存在各向异性差；自然缺陷多，影响材质和使用率；具有湿胀干缩的特点，使用不当容易产生干裂和翘曲；易腐朽、霉烂和虫蛀；耐火性差，易燃烧等。

① 木材的分类（表7-7）。

表7-7　木材树种分类

| 分　类 | 构　造 | 性　能 | 应　用 |
|---|---|---|---|
| 针叶树 | 树干通直高大，易得大材，其纹理顺直，材质均匀，木质较软而易于加工 | 强度较高，表观密度和胀缩变形较小，耐腐性较强 | 广泛用作承重构件、制作模板、门窗等，常用树种：松、杉、柏等 |
| 阔叶树 | 树干通直部分较短，材质坚硬，较难加工，故又称硬木材 | 表观密度较大，自重较重，强度较高，但湿胀干缩和翘曲变形较针叶树显著，易开裂 | 用作尺寸较小的构件，常用树种：水曲柳、榉木、柞木、榆木等 |

② 木材的构造（表7-8）。

木材的构造决定了其性质，针叶树和阔叶树的构造不完全相同，其性质也有差异。木材的构造通常从树干的三个切面进行观察，即横切面，垂直于树轴的面；径切面，通过树轴的纵切面；弦切面，平行于树轴的纵切面（图7-5）。

表7-8　木材结构

| 宏观构造 | 由树皮、木质部和髓心（易腐）组成，接近径切面树干中心者，称心材，靠近外围的部分，称边材，心材比边材的利用价值大 |
|---|---|
| 微观结构 | 由无数管状细胞紧密结合而成，它们绝大部分为纵向排列，少数横向排列（如木射线）。木材的细胞腔越小，其密度与强度越大，但胀缩变形也越大 |

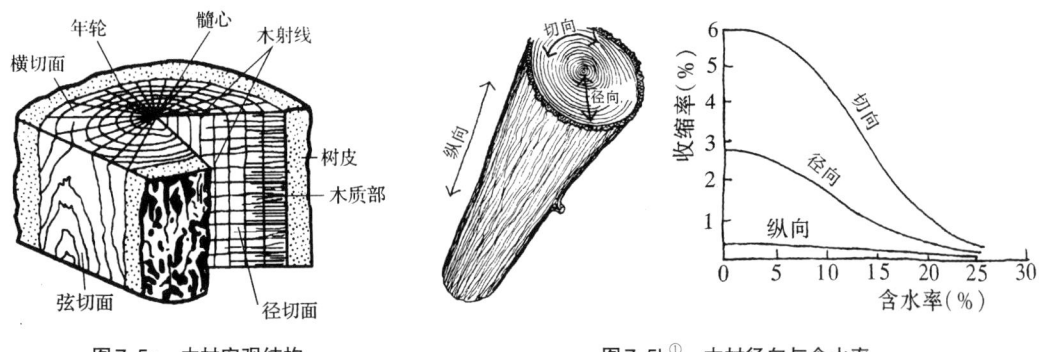

图7-5a　木材宏观结构　　　　图7-5b[①]　木材径向与含水率

③ 木材的性能及应用。

第一，木材的性能。

A. 木材的含水量。新伐木材含水量在35%以上；潮湿木材含水量20%—35%；风干木材含水量15%—25%；室内干燥木材含水量8%—15%。

B. 木材的湿胀干缩与变形。木材具有显著的湿胀干缩性，当含水率大于纤维饱和点时，体积膨胀，含水率减小，体积收缩；而当含水率小于纤维饱和点时，体积不发生变化。

木材胀缩变形纵向（即顺纤维方向）最小。如木材干燥时，径向干缩约为3%—6%，纵向仅为0.1%—0.35%。干缩会造成木结构拼缝不严、接榫松弛、翘曲开裂，而湿胀又会使木材产生突起变形。

C. 木材的强度。主要是指其抗拉、抗压、抗弯和抗剪强度。木材的强度与顺纹强度和其横纹强度有很大差别（表7-9）。

表7-9　木材各种强度

| 抗　压 | | 抗　拉 | | 抗　弯 | 抗　剪 | |
| --- | --- | --- | --- | --- | --- | --- |
| 顺　纹 | 横　纹 | 顺　纹 | 横　纹 | | 顺　纹 | 横　纹 |
| 1 | 1/10—1/3 | 2—3 | 1/20—1/3 | 1.5—2 | 1/7—1/3 | 1/2—1 |

注：表中为顺纹抗压强度为1时，木材理论上各强度大小关系。

第二，木材制品的种类（表7-10）。

---

① 爱德华·艾伦.建筑初步（第三版）[M].冯刚，汪江华，译.南京：江苏凤凰科学技术出版社，2020：212.

表 7-10 木材形态分类

| 原木 | 砍伐后的树木剥掉树皮以后剩余的原形树干部分 |
|---|---|
| 原条 | 除去皮、根、树梢的木料 |
| 锯材 | 已经加工锯解成材的木料，宽度为厚度的3倍或以上的叫板材，不足3倍的称为枋材 |

第三，胶合木与人造板材（表7-11）。

表 7-11 胶合木分类

| 胶合木 | 层板胶合木 | | 定义：即胶合层积材、集成材或简称胶合木。层板胶合木是由厚度为20—45 mm含水率不高于18%的木板刨光后，经涂胶层叠加压后胶合成各种形状和截面尺寸的木材 |
|---|---|---|---|
| | | | 应用：结构的梁、柱，加工成拱形、楔形等曲线，补强木料长度、张力、局限性和压力的不均匀性的缺点 |
| | | | 优点：避开自然木材中的节疤、开裂等天然缺陷，具有均匀的结构强度；经过化学处理，提升了木材的防腐性、防火性、耐久性、安全性；突破自然原木尺寸的限制，摆脱传统木结构造型的限制，提高了结构技术的进步，为木建筑的形态构建提供了更大的可能性和自由度 |
| | 木基复合材 | 刨花板 | 定向刨花板是将厚度为1 mm、长度为80 mm的多层木片按不同方向排布，最后胶粘起来的结构板材，其提高了刨花的利用率 |
| | | 结构胶合板 | 结构胶合板是将旋切木片分层放置，每层木片相互垂直，并将其胶粘而成的结构板材，其对降低成本、保护资源起到积极作用 |

人造木材就是将木材加工过程中的大量边角、碎料、刨花、木屑等，经过再加工处理，制成的各种板材，可有效地提高木材利用率。常用的人造板材有：胶合板、纤维板、刨花板、木丝板、木屑板、细木工板、实木复合地板等。

**2．木结构建筑**

木材可以提供温暖和自然的感觉，其纹理和色调能够为建筑增添艺术氛围。木材有其独特性：木材是绿色、低碳的材料；木材是强重比最佳的材料，远优于钢材与混凝土；木材是无公害的材料，是唯一可再生和重复利用的材料。

现代木结构建筑，指主要结构构件采用标准化的木材或胶合木（工程木）产品，构件连接节点采用金属连接件连接的建筑。现代木结构分为轻型桁架木结构和重型梁柱木结构。

现代木结构建筑特点：木结构使用寿命长，只要维护得当，几百年上千年的木结构建筑皆有存续；施工容易、建设工期短；具有个性化室内外设计，亲近自然、造型别致；冬暖夏凉、环境友好；具极佳的抗震性能；可拆卸和整体移动，具有节能、低碳特性，特别在使用过程中还能起到保温隔热作用，唯一美中不足的是遇火易燃和易被虫蛀。胶合集成木材已被广泛应用于建筑领域。

如安第斯山间住宅设计，其是木材工艺与数字技术完美结合的设计案例，其设计概念在视觉上让建筑与周围自然景观相融合，通过采用可持续的"层压胶合木结构"系统，给建筑增添了自然的感觉。设计从材料到形式上"回归田园"，重新使用木材、石头和黏土，通过"连续的波浪"木构胶合梁屋顶，呈现出现代轻盈、通透的建筑外观，模糊了室内外空间界限。设计师应用计算机参数化模型对特定的建筑梁和屋顶模块化设计，实现了经济、节能、高效和高质量的施工落地（图7-6）。

图7-6a[①]　厄瓜多尔安第斯山间住宅

图7-6b[②]　剖面图

又如西班牙古城塞维利亚的巨型木结构建筑"城市阳伞"（Metropol Parasol），由高度为28.5米波动起伏的木板组合而成，堪称当今世界上规模最大的木结构建筑。其木板采用了最新环保技术"木材喷涂聚亚安酯"涂料，满足最严苛的防火要求。从空中俯瞰整个建筑就像一把巨大的都市"云伞"，顶部为城市观景露台，下方结合剧院、农贸市场、架空广场和餐厅等功能，旨在开发广场及周边的商业潜力，与周围中世纪风格的建筑形成了有趣的对话关系，同时彰显了具有城市文化特色的城市现代广场的开放性多功能复合特色。白天人们在这座神奇"大伞"的庇护下举办各种展销会和文化活动；夜晚"城市阳伞"发出绚丽的灯光，成为上演都市夜生活的重要叙事舞台空间（图7-7）。

东京新国立竞技场同样以木材和钢构件为营造主材建造，成为东京奥运会巨大的主会场建筑。其建材全部来自日本全国47个都道府县提供的杉木和松木，以"木与绿体育场"为主题，打造出高度49米，契合周边环境与森林氛围的低碳、本土化的原木建筑。屋顶采用现代生态观念，结合东亚的自然环境、历史诠释、传统文化与材料技术打造出一幢绿色环保建筑。360度围绕的外檐屋顶竞技场，让建筑与周边的明治神社森林

---

[①] 木屋世界.数字技术与木材工艺的完美结合，安第斯山间住宅［EB/OL］.（2022-06-06）［2024-09-21］. https://www.sohu.com/a/554739733_120067046?scm=&spm=smpc.channel_248.feed-slideload-author-data-1.1.1659927570293 GdoMvpt_324.

[②] 木屋世界.数字技术与木材工艺的完美结合，安第斯山间住宅［EB/OL］.（2022-06-06）［2024-09-21］. https://www.sohu.com/a/554739733_120067046?scm=&spm=smpc.channel_248.feed-slideload-author-data-1.1.1659927570293 GdoMvpt_324.

融为一体，使得周围的环境原貌得到了充分尊重与保护（图7-8）。

图7-7① 城市阳伞（J. Mayer H. Architects 设计）

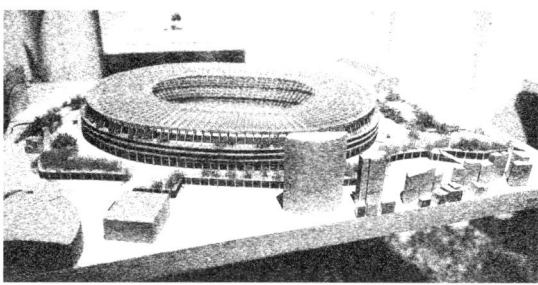

图7-8 国立新东京竞技场（隈研吾 设计 谢璞 摄）

木构建筑已经发展成为与自然融合的有效符号。如梼原木桥博物馆（图7-9）、汉诺威世博会瑞士馆（图7-10a）、上海世博会挪威馆（图7-11）、大阪世博会环形巨构回廊（图7-11a）以及大阪世博会巴林馆等（图7-11b）等都有不同程度的木结构应用。

图7-9 梼原木桥博物馆（隈研吾 设计 谢璞 摄）

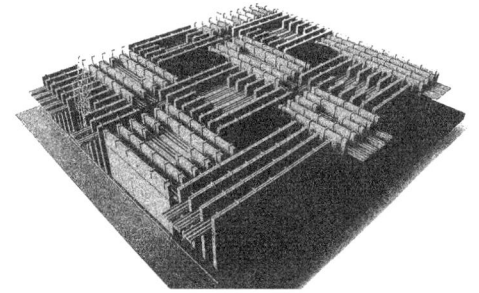

图7-10a 汉诺威世博会瑞士馆Sound Box建筑模型（李钊 绘）

城都天府国际会议中心，堪称亚洲第一的木构直线长廊（长430米），采用了胶合木直接替代传统大木结构的东方意蕴的空间表达方法。在确保木结构性能和装饰效果的基础上，减少了大木结构对原木的依赖及生态环境的破坏，实现了传统大木结构无法实现的大跨度施工的创新工艺，为胶合集成木在现代木结构建筑中的应用提供了有益的经验与借鉴价值（图7-12）。

3．纸管

纸管建筑因其独特的可塑性、可持续性及环保性，引起了广泛关注。纸管，即筒状纸，在经过加工处理后具有防水耐燃的特性，材料便宜易得，并且可直接在基地加工、制造，使用后也方便回收、拆卸、运输和储藏。对环境威胁甚小，可循环使用，是作为

---

① HI设计.世界规模最大的木结构建筑：西班牙Metropol Parasol［EB/OL］.（2014-06-25）［2024-09-21］. http://www.hisheji.com/project/space-type/archi-design/2014/06/25/2229.

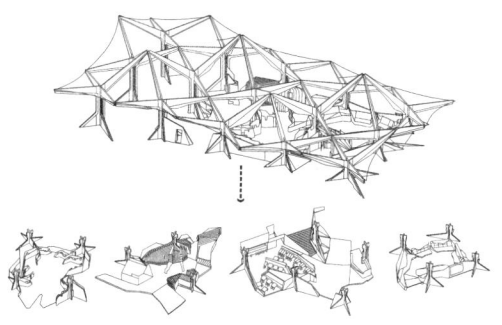

图7-10b　上海世博会挪威馆木构造（李钊　绘）

图7-11a[①]　大阪世博会环形巨构回廊（藤本壮介　设计）

图7-11b[②]　大阪世博会巴林馆（Lina Ghotmeh　设计）

图7-12a[③]　天府之檐的天府国际会议中心（汤桦　设计）　　图7-12b[④]　天府国际会议中心复合木的使用

---

① GA环球建筑.2025日本大阪世博会环形场馆已正式开建，将成为世界最大的木结构建筑［EB/OL］.（2023-09-11）［2025-06-20］. https://mp.weixin.qq.com/s/ogcoDbRb2XZXkpOkw2N7eA．
② ArchDaily.大阪世博会巴林馆，驶向未来的木构方舟/Lina Ghotmeh［EB/OL］.（2025-04-25）［2025-06-20］.https://www.archdaily.cn/cn/1029402/da-ban-shi-bo-hui-ba-lin-guan-shi-xiang-wei-lai-de-mu-gou-fang-zhou-lina-ghotmeh.
③ 光明网.天府国际会议中心年底投入使用［EB/OL］.（2020-06-22）［2024-09-21］. https://news.qq.com/rain/a/20200622A02G1800?pc.
④ 胖叮菜爱玩啦.天府国际会议中心［EB/OL］.（2024-08-05）［2024-09-18］. https://mbd.baidu.com/newspage/data/dtlandingsuper?nid=dt_5693057758325194284.

过渡性建筑的优选材料。获得普林茨克奖的建筑大师板茂，因善于利用纸质材料而闻名于世。他设计的很多纸质建筑被大量用于灾后的临时庇护所及博览会的临时性建筑。

（1）纸管建筑的优势

轻巧坚固：由纸浆制成的纸管经过特殊处理，可达到足够的强度和耐用性，同时相较于传统的建筑材料更加轻便。

易塑性：纸管材料可以通过切割、折叠和加工等方式，在形状和长度上有很大的可塑性，为建筑师提供了更多的自由设计的可能性。

可循环再利用：纸管是一种可再生材料，易于回收再利用，降低了建筑材料的浪费和环境负荷。

（2）纸管建筑的应用领域

临时建筑：纸管建筑因其便携性和易于搭建的特点，被广泛应用于临时建筑，如展览馆、各类活动的临时场馆等。

展示空间：纸管建筑以其别致的外观和灵活性，成为展览、艺术品展示等场所的理想选择。

包装设计：纸管本身具有良好的物理保护性能，因此也被广泛应用于产品包装设计中，既美观又具有环保性质。

游乐设施：用纸管可以打造各种各样的儿童游乐设施，如迷宫、滑梯等，带给孩子们乐趣的同时，还可以培养他们的创造力和团队精神。

（3）纸管建筑对环境的积极影响

节约资源：纸管作为可再生的材料，相对于传统的建筑材料，对自然资源的消耗更少，从而节约资源。

减少污染：纸管建筑制作过程中所产生的废弃物更易于处理和回收，从而减少产生的污染物，保护环境。

提高能源效率：纸管建筑隔热性能优越，能够有效降低能耗，减少能源的浪费。

坂茂建筑设计事务所，通过高超的纸管材料的建筑技艺，为遭受自然灾害地区的无家可归者和丧失财产者提供了过渡建筑的志愿服务，强调对新材料和技术的运用，创造许多经典的纸管建筑。如在日本阪神地震、印度古吉拉特邦地震、汶川地震所在地以及成都市华林小学教室等地点应急建造的临时设施，又如爱马仕专卖店、富山武馆等纸管建筑（图7-13）。

纸管建筑以其轻巧坚固、易塑性和可循环再利用的特点，成为当今建筑界备受关注的重要材料。它在临时建筑、展示空间、包装设计以及儿童游乐设施方面都有着广泛的应用。同时，纸管建筑低碳、环保的特性能够减少人类对自然资源的过度消费与依赖。

**4．砖瓦、琉璃瓦件**

（1）砖

砖块作为一种常见的建筑材料，可以通过不同的颜色和形状来创造出多样化的外观效果。如烧结普通砖、烧结多空砖、烧结空心砖、蒸压灰砂砖、蒸压粉煤砖。

354 | 建筑原理——空间叙事的方法

图7-13a[①] 2001年印度古吉拉特邦地震后的纸管房屋（板茂 设计）

图7-13b 成都市华林小学（李钊 绘）

图7-13c 爱马仕专卖店（李钊 绘）

图7-13d[②] 富山武馆　　图7-13e 再生纸馆穹顶

---

① 关福. 55张图片让你全方位了解坂茂［EB/OL］. (2016-05-21)［2024-09-22］. http://www.360doc.com/content/16/0521/15/5373706_561090476.shtml.
② 坂茂建筑设计. Toyama Martial Arts Hall［EB/OL］.［2024-09-25］. https://shigerubanarchitects.com/works/toyama-martial-arts-hall/.

（2）瓦

烧结屋顶用瓦。我国在"西周时期（前1046—前771年）已出现板瓦、筒瓦、人字形断面的脊瓦和圆形瓦钉"[1]，建筑从"茅茨土阶"阶段进入了"烧结砖瓦"的较高级阶段。伴随着时代发展，瓦出现了新的表现形式与功用（图7-14）。

（3）砌砖

常见的有混凝土小型空心砌块、轻骨料混凝土小型空心砌块、蒸压加气混凝土砌块等。

（4）砖雕

① 砖雕是一门艺术

砖雕作为一种精湛的艺术形式，早期出现在古代的寺庙、宫殿以及皇家陵墓中，以复杂的花纹和精致的雕刻为建筑增添了无尽的魅力。无论在古代还是现代，砖雕都成为

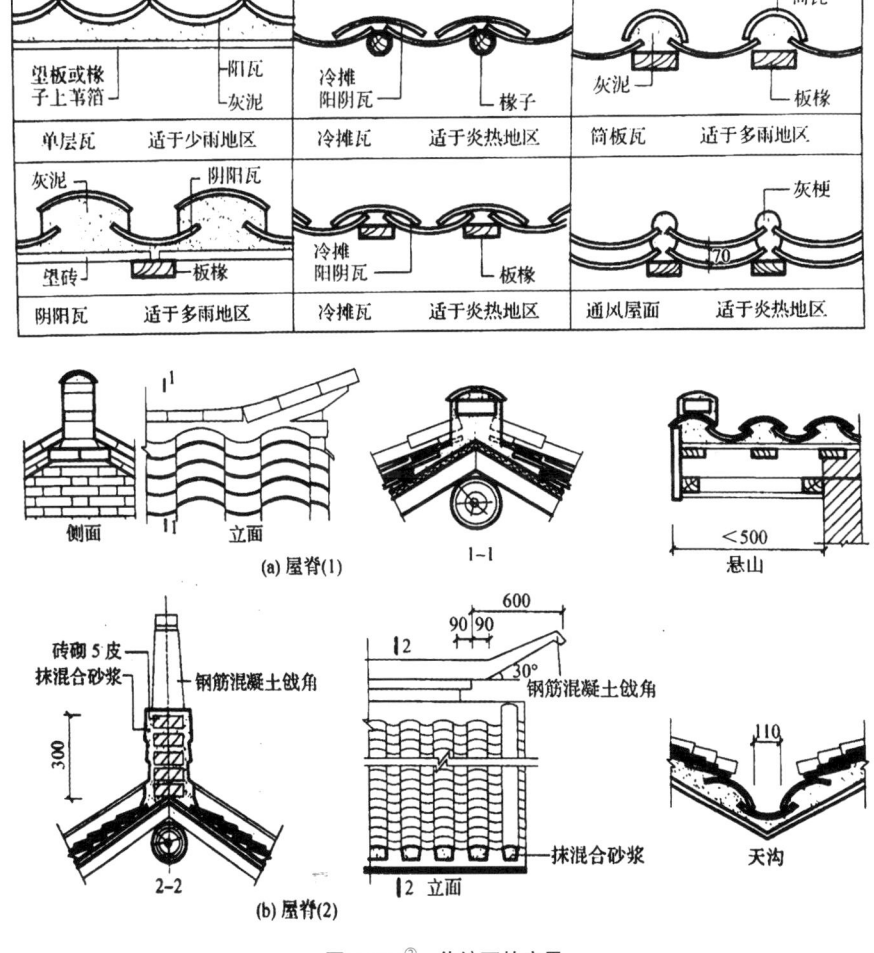

图7-14a[2]　传统瓦的应用

---

[1] 刘敦桢.中国古代建筑史[M].北京：中国建筑工业出版社，2009：39.
[2] 艾学明.建筑材料与构造[M].南京：东南大学出版社，2020：234.

图7-14b　国美民艺馆（王雪薇　绘）　　图7-14c　上海1862艺术中心（李钊　绘）　　图7-14d　成都新津·知美术馆（王雨薇　绘）

人们表现建筑艺术的一个重要手段，它可以用于纪念碑、雕塑、园林等诸多建筑领域。

材料与工具：主要材料是精选的陶土砖。这些砖既有足够的硬度，又可以满足雕刻的需要。而雕刻的工具主要有刻刀、雕刀以及其他成形的工具，这些工具使得雕刻师能够将想象转化为具体的艺术作品。

艺术技巧：常见的有浮雕和镂空两种形式。浮雕是将砖雕的图案在原有的平面基础上生成立体图案的效果。而镂空则是将砖雕中多余的部分刻削掉，留下只在外表面展现的图案。

② 砖雕对文化传承、推广和创新的意义

砖雕作为传统艺术形式的重要代表，将我国悠久的历史与文化传统融入作品之中。通过对砖雕作品的保护和传承，我们能够更好地了解古代的建筑和工艺，从而更好地保护和传承我们的历史遗产。

砖雕作品以独特的造型和精工细琢的技艺，展现了中国独特的艺术风格，向人们传播中国传统文化的魅力，能够从一个侧面增强人们对传统文化的认知和理解。

砖雕不仅是对传统的继承，也是对艺术的创新。在保留传统元素的基础上，砖雕艺术家不断尝试新的技艺和创作方式，使得砖雕艺术在不断发展中焕发出新的生机和活力（图7-15a、图7-15b、图7-15c）。

（5）其他砌体材料

通常是指水泥、石膏类墙板、复合类墙板（钢丝网架水泥聚苯乙烯夹芯板、EPS轻质隔热夹芯板、钢丝网架石棉夹芯板、轻质大型墙板SCH）、隔热保温压型板等。

建筑家刘家琨，从2008年汶川地震的废墟中回收利用材料，复活了材料和其中所蕴含的精神，并用当地麦秆纤维和水泥进行强化，生产出物理强度和经济效益均高于原生材料的"再生砖"，它既是废弃材料在物质方面的"再生"与环保产品，又是灾后重建在精神和情感方面的"再生"。他设计的"中国白酒第一坊"——以遗址为核心的水井街坊遗址博物馆，通过"再生砖"技术和在地性设计，将酿酒工艺与城市记忆紧密联结。"再生砖"的粗糙质感与遗址的沧桑感形成对话，既凸显了酒坊600年的历史厚度，又传递出"循环共生"的可持续发展理念，更为这座城市带来了独特的文化地标和情感共鸣。水井坊博物馆建筑外墙采用与传统材料近似的再生砖、重组竹等现代环保材料，构建手法现代而韵味传统的建筑群落。博物馆采用与相邻街区近似的民居尺度，新建建筑环绕古作坊布局，以合抱的姿态融入水井坊历史文化街区。新老建筑共同使水井坊遗址博物馆成为集保护、展示、生产、交流于一体的"活着的"文化遗产（图7-15d）。

图7-15a　阮氏双碑楼（谢璞 摄）

图7-15b　砖雕照壁（谢焱 摄）

图7-15c[①]　砖雕小品

图7-15d[②]　水井坊再生砖（刘家琨 设计）

5．石材

石材在建筑及室内装饰中的应用历史悠久，尤其是在西方古代建筑中，众多优秀的石材建筑更是保留了下来。天然石材经过处理后，色彩天然且丰富，强度、硬度都较高，并且耐磨、耐久，不仅对建筑和室内墙体地面具有很好的保护作用，而且具有装饰效果（图7-16）。

一般石材分类如下所示（表7-12）。

（1）天然石材

① 花岗石

花岗石是公认的高级建筑结构与装饰材料，但由于开采运输困难，加工及铺贴施工耗工费时造价较高，一般只用在一些重要工程的重点装饰部位，例如：城市雕塑、广场地面、纪念碑、墓碑、铭牌、街边石、栏杆、檐口、柱面、台阶、基座、踏步、门厅地面、墙面等。

---

① 中共临夏州委宣传部.临夏砖雕［M］.北京：中国农业出版社，2021：164.
② 家琨建筑［EB/OL］.(2025.02.16). https://www.jiakun.com/project/detail?id=11.

图7-16a 石头建筑布达拉宫（谢璞 摄）　　图7-16b 林芝民居（谢璞 摄）　　图7-16c 泉州开元寺石塔（谢璞 摄）

图7-16d 泉州开元寺石塔（谢璞 摄）　　图7-16e 腾冲石头纪酒店（畏研吾 设计 李钊 绘）　　图7-16f 大阪世博会石头廊（李钊 绘）

表 7-12 石材分类

| 分　类 | 形　成 | 特　点 |
| --- | --- | --- |
| 天然石材 | 由自然界中各种各样的矿物组成 | 硬度大、自重大、质脆 |
| 火成岩（深成岩、喷出岩和火山岩） | 地壳内部岩浆冷却凝固形成 | 占地壳总质量的89% |
| 沉积岩 | 露出地表的各种岩石（母岩）在外力作用下，经风化、搬运、沉积、成岩四个阶段在地表及地下不太深的地方形成 | 密实度较差，吸水率较大，强度较低，耐久性也较差，建筑上常用的有砾岩、石膏、石灰岩 |
| 变质岩 | 地壳中原有的原岩变质再结晶使矿物成分、结构等发生改变而形成 | 常用的变质岩有大理岩、石英岩和片麻岩等 |

花岗石板材的品种：我国较著名的花岗石品种有济南青、将军红、白虎涧、莱州白（青、黑、红、棕黑）、岑溪红等。国际上著名的花岗石品种有印度红、啡铅、巴拿马黑、蓝眼睛、积架红、蓝珍珠、拿破仑红、巴西黑、绿星石等。

② 辉绿岩

辉绿岩是岩浆岩中的喷出岩，它的主要矿物成分是石英、辉石、角闪石、斜长石等，它的主要化学成分如表7-13所示。

表 7-13 辉绿岩主要化学成分

| 化学成分(%) | $SiO_2$ | $TiO_2$ | $Al_2O_3$ | $Fe_2O_3$ | $FeO$ |
|---|---|---|---|---|---|
|  | 55.48 | 1.45 | 15.34 | 3.84 | 7.78 |
| 化学成分(%) | $MgO$ | $CaO$ | $Na_2O$ | $K_2O$ | $H_2O$ |
|  | 5.79 | 8.94 | 3.07 | 0.97 | 1.89 |

辉绿岩为多斑状结构，斑晶一般为斜长石，晶粒较细密。辉绿岩抗压抗折强度比花岗石高，硬度较花岗石略低，也有很强的耐酸碱性。因此，辉绿岩具有较好的雕刻性，广泛地被用于浮雕、沉雕或人物肖像影雕等。

③ 大理石

大理石原指产于云南省大理的白色带有黑色花纹的石灰岩，剖面可以形成一幅天然的水墨山水画，古代常选取具有成型花纹的大理石用来制作画屏或镶嵌画。大理石的主要矿物成分和化学成分是由石灰岩、白云岩变质而成的变质岩，主要矿物成分是白云石、方解石。

大理石的主要物理力学特性：结构密实、抗压强度高、吸水率低、表面硬度不大，属中硬度石材。大理石的优点：天然大理石属于中硬石材，其颜色花色多样，色泽鲜艳、材料致密、抗压性强、吸水率小。大理石地面耐磨，耐酸碱，耐腐蚀，不变形，易清洁，能产生微弱的镜面效果。

国产天然大理石板材的品种有汉白玉、丹东绿、雪浪、秋景、雪花、艾叶青、东北红等。世界较著名的有印度红、巴西蓝、挪威蓝、卡拉奇白、金花米黄、大花绿等。

天然大理石板材为高级饰面材料，适用于大型建筑如图书馆、机场、车站、展览馆、剧院、商场、宾馆等建筑物的室内地面、柱面、墙面、造型面、酒吧台侧立面与台面、服务台立面与台面、电梯间门厅等。天然大理石板材耐磨性相对较差，不宜用于人流较多场所的地面，一般只适用于室内。

④ 其他

砂岩。砂岩是一种由石英颗粒和其他矿物质天然黏结并压实而成的砂质岩石。它的种类由不同的胶凝材料和含有不同的其他矿物质所确定。

石灰岩。石灰岩是沉积岩中最重要的一种，主要由方解石组成的石灰质岩石，往往含有化石。石灰岩还可以用来砌筑基础、勒脚、墙体、拱、柱、挡土墙等。石灰岩中的湖石和英石是砌筑假山的主要材料。

青白石。青白石是一种比较贵重的水层变质岩，色青带灰白。南方地区多称其为青石，北方地区称其为青石白碴、艾叶青、砖渣石、豆瓣绿等。青白石质感细腻、质地较硬、表面光滑、不易风化。多用于高级建筑的柱顶石、阶条石、铺地石、栏板和石雕等。

砾石与卵石。砾石是经流水冲击磨去棱角的岩石碎块。砾石的色彩在浅铜黄色、银色、黄褐色、棕褐色的范围内变化。一般可以用于铺设车道或人行道。具有造价便宜、维护费用低廉的特点。

在园林工程中，天然的砾石与卵石都能做成半渗透路面，有利于承受沉陷与冻胀。在种植物或水塘附近，还可将卵石与其他铺面材料掺合在一起使用改善环境；或将卵石做成护树铺面，阻碍人或车辆靠近，以防其伤害树根；或用砾石在道路交会处做成主题标记，突出空间场景的主题等。

（2）常用人造石材

人造石材是人们模仿高级天然石材的花纹色彩，通过人工合成方法生产出来的人造石，主要模仿大理石和花岗石，因而其又被称为人造大理石或人造花岗石，被应用于一些高级建筑与装饰工程中。

① 人造石材的类型

人造石材按材料通常可分为四类：有机型人造石材、无机型人造石材、烧结型人造石材、复合型人造石材。

有机型人造石材是以有机树脂为胶黏剂，与石硫、石粉固化剂、促进剂及颜料等配制成混合物，经浇注成型、固化、脱模、烘干、抛光等工序而制成，有机树脂常用不饱和聚酯树脂。

无机型人造石材由无机胶凝材料为胶黏剂，掺入各种装饰骨料颜料，经配制、搅拌、成型、养护、磨光等工序而制成。无机胶凝材料常用白水泥、高铝水泥或氯氧镁水泥为原料。

烧结型人造石材的生产方法与陶瓷工艺相似，是将长石、石英辉绿石、方解石等粉料和赤铁矿粉，以及一定量的高岭土共同混合，一般配合比为石粉60%，高岭土40%，然后用混浆法制备坯料，用半干压法成型，再在窑炉中以1 000℃左右的高温焙烧而成。

复合型人造石材是用无机胶凝材料（如水泥）和有机高分子材料（如树脂）作为胶结料。制作时先用无机胶凝材料将碎石、石粉等集料胶结成型并硬化，再将硬化体浸渍于有机单体中，使其在一定的条件下集合而成。

② 人造石材的常用品种

人造石材的常用品种有：树脂型人造石材、微晶玻璃装饰板、水磨石板、仿花岗石水磨石砖等。

树脂型人造石材是以不饱和聚酯树脂为胶结料而生产出的聚酯合成石。聚酯合成石由于生产时所加颜料不同，采用的天然石料的种类、粒度和纯度不同，以及制作的工艺方法不同，可制成仿天然大理石、天然花岗石、天然玛瑙石的花纹和质感，故其根据上述不同可分别被称为人造大理石、人造花岗石和人造玛瑙石。其特点为装饰性好、强度高、耐腐蚀、耐久性好、制作简单、装饰性好等。树脂型人造石材的表面光泽度高，色彩花纹仿真性强，质感与装饰效果完全可与天然大理石和天然花岗石媲美。主要用于室内地面、柱面、墙面，也可用于一些工作台面板、卫生洁具等，还可以做成建筑浮雕、壁画等。

微晶玻璃装饰板结构致密、强度高、耐磨、耐蚀，在外观上纹理清晰、色泽鲜艳、无色差不褪色。除比天然石材具有更高的强度、耐磨性、耐蚀性外，还具有吸水率小、无放射性污染、颜色可调整、规格大小可控制的优点，其还能生产弧形板。目前已代替天然花岗石用于墙面、柱面、地面等。

预制水磨石板一般是以普通混凝土为底层，以添加颜料的白水泥和彩色水泥与各种大理石粉末拌制的水泥石屑面层所组成。水磨石板具有美观、适用、强度高、施工方便等特点，颜色根据需要可任意配制，花色品种多，并可在使用施工时拼铺成各种不同的图案。适用于建筑物的地面、墙面、窗台踢脚、台面、楼梯踏步、柱面等处，还可制作成水池、户外桌面等。

仿花岗石水磨石砖是使用颗粒较小的碎石，加入各种颜色的色料，采用压制、粗磨、磨光、打蜡等生产工艺制成。其砖面的颜色、纹理和花岗石十分相似，光泽度较高，装饰效果好。常应用于内外墙面和地面。

艺术石。由精选硅酸盐水泥、轻骨料、氧化铁混合加工倒模而成。所有石模都是精心挑选的天然石材制造，具有质量轻、吸水率低、耐光、隔热、吸声、强度高、耐腐蚀、耐风化、抗冻、不变形、不褪色、无毒等特点，质感、色泽和纹理与天然石材无异，富有原始、古朴的雅趣。常应用于内外墙面、园林景观等场所。

（3）石材的选用

石材的主要用途是用作装修，因石材是天然矿石，所以在色系、质感、施工及材料的获得等方面与其他装修材料相比有着独特的优势。

石材的耐久性不仅可以保证建筑外装的美观，而且可以确保其安全性。因此，选用石材时应尽量选择满足以下4个条件：

① 吸水率低：吸水率越大越容易吸附水分和空气中的可溶性成分或盐分，造成石材强度降低。

② 孔径小、孔隙率低：孔隙率越高，吸水率越大，越容易因风化而造成强度降低。

③ 密度大：密度大可增加结构体的载重，降低对振动的抵抗。

④ 具有不同方向的结构强度：选用有方向性层理的石材应注意其是否具有不同方向的结构强度。

6．竹材

竹原产于中国，分布在热带、亚热带和温带地区。竹材生长周期短、强度高、韧性好、能耗低、可生物降解、一次栽培可永续利用，是工程材料的理想材料；竹结构房屋具有保温隔热、轻量、抗震、居住舒适等特点；生产过程清洁，能耗低且环保。竹材对二氧化碳的吸收量是普通树木的4倍，加工过程中具有可雕、可车、可铣的工艺性能；相同的建筑面积，竹材与混凝土的能耗比为1∶8，与钢材的能耗比为1∶50（表7-14）。

表 7-14[①]　竹子与其他材料对比

| 项　　目 | 竹　子 | 云　杉 | 钢　材 | 混凝土 |
| --- | --- | --- | --- | --- |
| 抗拉强度/（N/mm$^2$） | 100—250 | 90 | 250—350 | 1.26—12.6 |
| 抗压强度/（N/mm$^2$） | 64—110 | 43 | 250—350 | 12.6—126 |
| 再生能力/7年<br>成熟期/年<br>施工污染 | 80%<br>1<br>很低 | 3%—6%<br>60—80<br>很低 | 无再生<br>—<br>中等 | 无再生<br>—<br>严重 |
| 废弃处理 | 生物降解 | 生物降解 | 回收利用 | 作为建筑垃圾丢弃 |

中国是世界上主要的竹产国，竹资源十分丰富。竹类资源开发和利用最早可以追溯到新石器时代。从竹筷子到竹楼，竹材料广泛运用于人们日常生活中，形成了独具特色的竹文化，是中国传统文化的重要组成部分。

竹材是植物界中最适用于空间结构的材料之一。首先，竹子是一种优秀的生态材料，是自然生长的植物，作为建设材料应用于建筑、景观等方面，且竹材吸湿吸热性能好，温度变化相对平缓，因此竹材景观建筑具有冬暖夏凉的生态优势；其次，竹材生态优势显著，建造相同面积的建筑，竹材与钢材、混凝土、木材的能耗之比非常低；第三，竹材生长周期短，其整个生命周期循环是一种原生态的自然循环，竹材是抗施工污染、生物降解等性能优异的低碳环保材料，具有可再生、可降解、一次成林可多次利用等生态属性；第四，竹子材质轻、抗拉强度高、力学性能优良且易弯曲加工，可以相对灵活地实现自由多样的造型效果和空间形态。

竹材通过与现代竹构工艺技术的结合，便于在工厂，甚至施工现场进行可控的定型加工，定型干燥后放置室外不易变形。加工成型的竹材与钢构件的插、栓、锚、钉、绑等建构方式，加强了竹结构的稳定性和整体性，能够实现空间形态的快速建造。

如上海世博会的"中德同行"馆、越南馆。"中德同行"馆把德国制造与中国原产竹相结合，既传达了国家友谊，又将时代潮流与生态建材进行了完美融合；米兰世博会结合地域竹材料特色建造的世博越南馆也体现了融合之美（图7-17）。

国际竹藤组织采用不同竹材，在2021年扬州世界园艺博览会上，打造了一座风格迥异、融合现代与传统元素的展馆建筑"鱼乐竹馆"（图7-18）。

随着生态环保和复兴地域文化理念的深入，加之竹材工业化加工技术的日趋完善，设计师利用竹材再生特性强与低碳环保的特点，保障了竹材的工业化批量生产和稳定耐久性，使其在现代建筑中被重新开发使用，并得到公众广泛的认可。如冯继忠设计的松江方塔园何陋轩、隈研吾设计的竹屋及竹涧、武重义设计的越南兰哈湾竹度假酒店，成

---

[①] 胡安庆，陈杨，何跃军. 新型竹钢材料在西南地区建筑中的应用［J］. 建筑技术开发，2021，48（17）.

第七章　建筑的材料、设备 | 363

图7-17a①　上海世博"德中同行"馆

图7-17b②　上海世博越南馆

图7-17c③　米兰世博越南馆（武重义　设计）

都新希望种子乐园竹亭、安吉的风之亭等，展现了轻盈、古朴、柔美的室内空间与五彩斑斓的竹艺术品交相辉映的空间表达手法，孕育出一种东方意蕴的简约、高雅空间意境与格调（图7-19）。

7．混凝土和砂浆

（1）混凝土

混凝土作为一种坚实和持久的材料，可以通过不同的表面处理方式来呈现出多样性。

图7-18④　扬州鱼乐竹馆

---

① 建筑师的非建筑．9个优秀建筑告诉你，竹材在8年前的上海世博会是如何大放异彩的［EB/OL］．（2018-11-12）［2024-09-22］．https://www.163.com/dy/article/E0ECP3L305208I7T.html.
② 建筑师的非建筑．9个优秀建筑告诉你，竹材在8年前的上海世博会是如何大放异彩的［EB/OL］．（2018-11-12）［2024-09-22］．https://www.163.com/dy/article/E0ECP3L305208I7T.html.
③ 搜建筑．意大利·2015年米兰世博会越南馆——Vo Trong Nghia［EB/OL］．（2014-07-17）［2025-05-06］．https://www.soujianzhu.cn/NewProject/Display.aspx?id=2526.
④ 旭东，解丹．国际竹藤组织园："植物钢材"绽放绿竹人居魅力｜"扬州世园会"［EB/OL］．（2021-10-04）［2024-09-22］．https://weibo.com/ttarticle/p/show?id=2309404688561378296476.

图7-19a① 松江方塔园何陋轩（冯继忠 设计）

图7-19b 何陋轩竹结构（谢璞 摄）

图7-19c② 阿那轩室内

图7-19d③ 竹屋（隈研吾 设计）

图7-19e 艺术装置《竹涧》（隈研吾 设计 谢璞 摄）

图7-19f④ 越南兰哈湾竹度假酒店（武重义 设计）

---

① 年年有余.上海松江"方塔园"游记[EB/OL].（2017-03-02）[2024-09-23].https://www.meipian.cn/e7hubof.
② 年年有余.上海松江"方塔园"游记[EB/OL].（2017-03-02）[2024-09-23].https://www.meipian.cn/e7hubof.
③ xiaomao.竹屋（长城脚下的公社）[EB/OL].(2006-03-12)[2025-06-20].https://www.zhulong.com/bbs/d/10000148.html.
④ 设计时讯.越南兰哈湾竹度假酒店，武重义建筑事务所设计[EB/OL].（2019-03-28）[2024-09-23］.https://baijiahao.baidu.com/s?id=1629223653391852373&wfr=spider&for=pc.

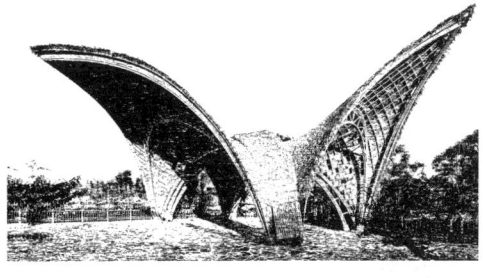

图7-19g 成都新希望种子乐园竹亭（蓝海景观设计）

图7-19h 风之亭（同济大学建筑与城规学院 设计）

图7-19i 天人山水大地艺术园竹桥（包立 绘）

图7-19j 施桥园竹院茶屋（包立 绘）

图7-19k 大阪世博会中国馆（包立 绘）

凡由胶凝材料、颗粒状的粗细骨料和水，按适当比例配制，经均匀搅拌、密实成型，并经过硬化后形成的一种人造石材称为混凝土。混凝土是一种常见的建筑材料，是由水泥、砂、石料等组成的人造材料。

（2）建筑砂浆

建筑砂浆是由胶凝材料、细骨料、掺加料和水按一定的比例配制而成的建筑材料。建筑砂浆为细骨料混凝土，根据不同用途，建筑砂浆主要分为砌筑砂浆、抹面砂浆（普通抹面砂浆、防水砂浆、装饰砂浆等）、特种砂浆（如隔热砂浆、耐腐蚀砂浆、吸声砂浆等）。按所用的胶凝材料不同，建筑砂浆分为水泥砂浆、石灰砂浆、石膏砂浆、混合砂浆和聚合物水泥砂浆等。常用的混合砂浆有水泥石灰砂浆、水泥黏土砂浆和石灰黏土砂浆。

（3）水泥和其他胶凝材料

建筑工程中，将散粒材料（如砂子、石子）或块状材料（如砖或石块）黏合为一个整体而得出的材料，统称为胶凝材料。胶凝材料是建筑工程中重要的建筑材料，常用的胶凝材料类型如下（表7-15）。

水泥是水硬性矿物胶凝材料，是建筑工程中用量最大的建筑材料之一，是制造混凝土、钢筋混凝土、预应力混凝土构件的最基本的组成材料，广泛用于各类工程。

---

① 蓝海景观.新希望种子乐园，成都［EB/OL］.（2020-10-23）［2024-09-25］. https://www.gooood.cn/newhope-real-estate-seed-park-china-by-bsed.htm.

② 同济大学建筑与城市规划学院.风之亭，安吉［EB/OL］.（2021-10-19）［2024-09-25］. https://www.gooood.cn/pavilion-of-wind-china-by-caup.htm.

表 7-15　常用的胶凝材料类型

| 胶凝材料 | 有机胶凝材料 | 沥青类、天然树脂类、合成树脂类 | |
|---|---|---|---|
| | 无机胶凝材料 | 气硬性胶凝材料 | 石膏、石灰、水玻璃、菱苦土 |
| | | 水硬性胶凝材料 | 硅酸盐水泥、铝酸盐水泥、其他水泥 |

水泥按其主要水性矿物名称分为硅酸盐系水泥、铝酸盐系水泥、硫酸盐系水泥和硫铝酸盐系水泥、磷酸盐系水泥等。

建筑工程常用的是硅酸盐系水泥，包括：砖酸盐水泥、普通硅酸盐水泥、火山灰质硅酸盐水泥、矿渣硅酸盐水泥、粉煤灰硅酸盐水泥、复合硅酸盐水泥等。

清水混凝土是随着模板技术的完善，根据混凝土冷硬成型的特点，在混凝土常温养护、模板拆除之后，将混凝土模板技术的烙印留在混凝土上形成的，这是清水混凝土一个非常重要的特点。

混凝土作为一种重要的建材，在建筑、基础建设和水利工程等领域扮演着关键角色。在工程中，应用最广的是以水泥为胶凝材料，以砂、石为骨料，加水拌制成混合物，经一定时间硬化而成的水泥混凝土，简称普通混凝土。如马赛公寓、圣保罗体育俱乐部等建筑都是著名的混凝土建筑（图7-20a、图7-20b）。

混凝土按胶结材料可分为：水泥混凝土、石膏混凝土、沥青混凝土及聚合物混凝土等（图7-20c）。

图7-20a[①]　马赛公寓（勒·柯布西耶　设计）

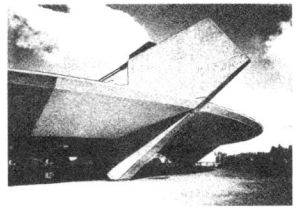

图7-20b[②]　圣保罗体育俱乐部（保罗·达·洛查　设计）

图7-20c　各种类型的混凝土（谢璞　摄）

---

① 益汇达.勒·柯布西耶：现代建筑标杆［EB/OL］.（2021-07-14）［2024-09-25］. http://yhdqs.com/info.aspx?t=23& ContentId=104.
② Echo ARCH.悼念：巴西最负盛名的建筑师，2006普奖得主-保罗·门德斯·达·洛查逝世，向大师致敬！［EB/OL］.（2021-05-25）［2024-09-25］. https://zhuanlan.zhihu.com/p/375185317.

未来，随着人们对环保性能和施工效率的要求，混凝土建材将会得到继续优化和发展。

① 特点：可塑性好、耐久性强、施工便捷等。混凝土以其独特的物理化学性质，在建筑和工程领域中扮演着重要角色。

② 应用领域：A. 混凝土在建筑领域中应用广泛，如房屋结构、地基、墙体等方面。混凝土的可塑性使其可以被轻松塑造出各种形状，实现设计理念，并提供强大的结构支撑。B. 混凝土在基础建设中起到关键作用，如道路、桥梁、隧道等方面的建设。由于混凝土具有出色的耐久性和承载能力，它成为基础建设的首选材料之一。C. 混凝土在水利工程中具有重要地位，如大坝、渠道和水处理设备等方面的工程。混凝土不仅能够抵抗水的腐蚀，还能够承受水压力，保障水利工程的安全和稳定运行。

③ 混凝土建材的优化与发展。A. 环保性加强：通过优化混凝土配合比、减少能源消耗和减少废弃物等方式，降低对环境的影响，实现可持续发展。B. 强度与性能提升：通过添加新型掺合料、改善施工工艺和提升混凝土强度等，满足更高强度和特殊要求的工程需求。C. 智能化施工：借助先进的技术，混凝土建材的施工方式也在不断改进。以3D打印为代表的智能化施工不仅降低了人力成本，提高了施工效率，还可以更好地保障施工质量和安全。

如彼得·卒姆托设计的菲尔德克劳斯兄弟田野礼堂（2001年），建筑起初是一个由112根树干支起的棚顶框架和外侧模板，将其用24层混凝土层层浇筑、夯实固定，接着点燃，燃烧尽内部的木棚顶框，而加固模板的钢管形成了分布均匀的孔洞，留下一个内部中空的黑腔和烧焦的混凝土墙壁，赋予了混凝土空间历经炼狱般的顽强生命力（图7-21a）。

再如成都天府美术馆室内的混凝土挂板，先将混凝土浇成巨大的薄板方块，再切成小板材后挂上去，给人轻盈灵动、干脆利落的视觉表达（图7-21b）。

通过改善混凝土建材的环保性能，提升其强度和性能，实现智能化施工，可以使其满足不同工程的需求，推动建筑和基础设施领域的可持续发展。随着科技的进步和人们

图7-21a[①]　菲尔德克劳斯兄弟田野礼堂（彼得·卒姆托 设计）

---

① 筑龙学社.菲尔德克劳斯兄弟礼堂［EB/OL］.（2009-04-15）［2024-09-25］. https://bbs.zhulong.com/101010_group_201808/detail10028175/.

图7-21b　天府美术馆（中建西南院　设计　崔轲淞　绘）

对环境保护意识的增强，混凝土建材将继续进化、演变，相信将成为更加环保高效、可持续发展的重要建筑材料。

8. 建筑陶瓷（琉璃）

（1）琉璃瓦件

琉璃瓦件作为一种古老而有独特魅力和价值的建筑材料，在我国建筑史上扮演了重要的角色。下面从琉璃瓦件的起源、特点和应用领域三个方面来探讨。

① 琉璃瓦件，又称琉璃瓦、琉璃砖，是一种以琉璃为主要原料制作而成的瓦、砖及建筑装饰件。因制作琉璃瓦件需要独特的烧制工艺和精湛的手工技艺，所以在古代琉璃瓦件被视为一种高贵、珍稀的建筑装饰材料。

② 琉璃瓦件特点：美观瑰丽（具有丰富的颜色、独特的纹理，可为建筑增添绚丽的色彩）；经久耐用（具有色的耐久性，可抵御风雨侵蚀和紫外线辐射，保持长久的寿命）；精湛工艺（经巧手细工、严控温度和时间烧制）赋予了琉璃瓦件无可替代的艺术价值。

③ 多元化的琉璃瓦件应用：A. 官式建筑。古代官式建筑中广泛采用琉璃瓦件。琉璃瓦件的华丽和庄重与宫殿等官式建筑相得益彰。B. 寺庙建筑。琉璃瓦件的特色纹饰和独特光泽能够为寺庙增添庄严肃穆、神秘庄重感的宗教意义，在寺庙建筑中的应用也非常广泛。C. 园林建筑。通过其精致的纹理和鲜艳的色彩，琉璃瓦件可为园林建筑增添浓厚的艺术氛围，使得整个园林建筑更加富有东方气质与韵味。D. 现代建筑。琉璃瓦件在一些现代建筑中得以应用，它能够为现代建筑提供一种独特的视觉效果与文化底蕴，具有一定的防水、防腐、隔音功能，可提升建筑的实用性和舒适性（图7-22）。

图7-22a　河津灰陶琉璃瓦
（谢璞　摄）

图7-22b　介休太和岩琉璃牌楼
（罗宏才　摄）

图7-22c　故宫文渊阁琉璃瓦
（韩阳　绘）

琉璃瓦件不仅仅是一种建筑材料，更能体现建筑艺术内涵、文化底蕴与特色，具有不可替代的魅力和价值。随着我们对民族传统文化遗产保护、文化自信与创新意识的提高，琉璃瓦件必将继续在建筑材料领域发挥重要的作用。

（2）建筑陶瓷

建筑陶瓷窑温高，是融合了艺术与工艺、传统与现代的建筑装饰材料。其卓越的性能和独特的外观，在建筑材料里扮演着重要角色。作为一种结合了传统与现代的建筑装饰材料，其拥有悠久的历史与现代的创新精神。

① 古老的艺术遗产

古代建筑陶瓷作为中国文化的代表，拥有丰富多彩的艺术源泉。从古代的瓷器制作技术到建筑立面的雕塑和屋顶的动植物和人物塑像，古人以独特的技艺创造了令人叹为观止的陶瓷建筑艺术作品，这不仅展现了古代人们的智慧和创造力，也成为当代设计的构思启发灵感的来源。

② 现代建筑陶瓷的特点

第一，建筑陶瓷具有卓越的耐火性，能够抵抗高温和火灾。第二，建筑陶瓷具有良好的耐候性和抗老化能力，不易受到自然环境的侵蚀。第三，建筑陶瓷的色彩纹理多样，能够满足各种建筑风格和设计需求。

③ 在现代建筑中的应用

建筑陶瓷常用于建筑外立面装饰，赋予建筑以独特的艺术魅力。用于建筑屋顶的覆盖材料，不仅能够有保温、防水的作用，还能增添建筑的品位和风格。用于室内墙面、地板以及装饰物品等，可提升整体空间的质感。

④ 建筑陶瓷的创新与未来

在现代建筑设计中，建筑陶瓷的创新应用不断涌现。陶瓷材料的开发与改良使得其性能更加出色，能够满足更多领域的需求；设计师们通过对建筑陶瓷的形态构思和工艺创新，为建筑带来了更多可能性，如通过采用先进的制作工艺和技术手段，创造出更多的形态和纹理变化，丰富建筑表面的装饰艺术效果；结合数字化设计和先进的制造技术，对建筑陶瓷进行个性化定制，满足不同建筑项目的需求。

9. 建筑石膏

① 建筑石膏技术要求：石膏是以硫酸钙为主要成分的气硬性胶凝材料，其系列制品具有优良性质，在建筑与室内装修领域中有广泛的应用。建筑石膏是建筑工程中最常用的品种，主要成分是β型半水石膏，它是将天然二水石膏在107—170℃温度下煅烧成半水石膏，经磨细而成的一种粉末状材料。

② 建筑石膏的特性与应用：建筑石膏具有凝结硬化快、硬化初期体积略有膨胀、孔隙率大、隔热性好、防火性好、耐水性差、塑性变形大等特性。在建筑工程中用途广泛，目前主要用于室内抹灰与粉刷、生产石膏装饰制品和各种石膏板等。

10. 石灰

石灰是人类在建筑中最早使用的胶凝材料之一，生产石灰的主要原料是以碳酸钙为主要成分的天然岩石，常用的有石灰石、白云石、白垩等。另外，也可以利用化学工业副产品生产石灰，例如用电石（碳化钙）制取乙炔时的电石渣，其主要成分是氢氧化钙，即消石灰。

11. 菱苦土

菱苦土是一种气硬性无机胶凝材料，是由含有（MgCO）为主的原料在750—850℃高温条件下煅烧，经磨细而得到的一种白色或黄色的粉末，其主要成分是氧化镁（MgO），属镁质胶凝材料。

12. 金属材料

金属材料可以建造出现代感和工业风格的建筑，同时也可以通过其镜面效果和质感来吸引人们的目光。

（1）钢材

碳素结构钢、低合金结构钢等。在普通钢材基体中添加多种元素或在基体表面上进行艺术处理，可使普通钢材不失为一种金属感强、美观大方的装饰材料。

以各种金属作为建筑装饰材料，有着源远流长的历史。北京颐和园中的铜亭，武当山天柱峰、泰山岱庙顶上的铜殿，昆明鸣凤山的金殿等都是古代留下来使用金属材料的典范。在现代建筑中，金属材料更是以它独特的耐腐、轻盈、高雅、明亮、高质地与力度性能越来越受到关注。从高层建筑的金属幕墙、铝门窗到围墙、栅栏、阳台、入口、柱面、楼梯扶手等，金属材料无处不在。

建筑装饰工程中常用的钢材制品，主要有不锈钢钢板与钢管、彩色不锈钢板、彩色涂层钢板、彩色压型钢板、镀锌钢卷帘门板及轻钢龙骨等（图7-23）。

（2）铝和铝合金

① 铝的特性

有色金属中的轻质金属铝，铝的密度为2.78 g/cm³，熔点为660℃，银白色、导电导

图7-23a 上海外白渡桥（谢璞 摄）

图7-23b 上海中心的双层钢结构（周燕丽 摄）

图7-23c 兰州黄河铁桥（郭忠 摄）

图7-23d 迪拜世博会钢结构穹顶（谢璞 绘）

图7-23e 大阪世博会奥地利馆（包立 绘）

图7-23f 大阪世博会生命的共鸣区（SANAA 设计 包立 绘））

热性好，在空气中容易生成一层氧化膜，起到防护作用。

铝具有良好的可塑性（伸长率可达50%），可加工成管材、板材、薄壁空腹型材，还可压延成极薄的铝箔，厚度为（6—5×10—3 mm），并具有极高的光、热反射比（87%—97%），但铝的强度和硬度较低（屈服强度为80—100 MPa，布氏硬度为200）。

② 铝合金及其特性

因往铝中加入适量合金元素而得到的金属被称为铝合金。通过在铝中添加镁、锰、铜、硅、锌等合金元素形成铝合金，可改变铝的某些性质，提高铝的实用价值。因此，结构及装修工程常使用的是铝合金。

③ 铝合金常见用途

除在建筑工程中被大量制成铝合金门窗外，铝合金还被制成多种其他制品，如各种板材、楼梯栏杆及扶手、百叶窗、铝箔、铝合金搪瓷制品、铝合金装饰品等。

铝合金还被广泛使用于外墙贴面、金属幕墙、隔断、顶棚龙骨及罩面板、地面、家具设备及各种内部装饰和配件以及城市大型隔音降噪屏障、花圃栅栏、建筑回廊、轻便小型房屋、亭阁等（图7-24）。

图7-24a 金属与四合院更新改造（隈研吾 设计 张洋 绘）　图7-24b 金属构造（隈研吾 设计 娜仁托雅 摄）　图7-24c 金属结构（娜仁托雅 摄）

（3）铜与铜合金

铜属于用途较广的有色金属，我国是历史上使用铜较早的国家。在古建筑装饰中，铜材是一种高档的装饰材料，多用于宫廷、寺庙、纪念性建筑以及商店招牌等（图7-25）。在现代建筑中，铜仍是高级装饰材料，可使建筑物显得光彩耀目、富丽堂皇。

图7-25a 颐和园铜亭（包立 摄）　图7-25b 大昭寺铜瓦（谢璞 摄）　图7-25c 大阪世博会法国馆铜楼梯步道（崔轲淞 绘）

13. 玻璃与玻璃钢

（1）建筑玻璃

玻璃是一种透明的，经高温熔制的无定形硅酸盐固体物质。生产玻璃的主要原料是氧化硅、纯碱、长石及石灰石等，如果是彩色玻璃，还需要在其中加入一些相应颜色的金属氧化物着色剂。

玻璃作为透明的建筑材料，可以为建筑物提供光线和视觉的连通性，同时其单调性也可以通过纹理、质感来打破。玻璃除了具有透光性、耐腐蚀性、隔声和绝讯外，还具有艺术装饰作用。在建筑设计中，设计师越来越多地采用玻璃门窗、玻璃外墙、玻璃制品及玻璃物件，以达到控光、控温，防辐射、防噪声以及美化环境的目的（图7-26）。

图7-26a[①]　玻璃建筑幕墙（[法] FJMT 设计）

图7-26b　水玻璃（畏研吾设计　包立　绘）

玻璃品种很多，其中主要有平板玻璃、安全玻璃、绝热玻璃和玻璃制品。

① 普通平板玻璃

普通平板玻璃是建筑玻璃中用量最大的一种玻璃。其厚度为2—12 mm。具有良好的透光性能，有较高的化学稳定性和耐久性，广泛用于建筑物的门窗采光、采光屋面和

---

[①] Dopress Books.绿色建筑·公共 [M].南京：凤凰传媒出版社，2011：94-95.

商店橱窗。

② 安全玻璃

安全玻璃包括钢化、夹丝和夹层玻璃。主要特性是力学强度高、抗冲击性能较好、韧性好，即便碎也不会飞溅伤人，并兼有防火功能和装饰效果。钢化玻璃主要用于高层建筑物的门、窗、幕墙、隔墙、屏蔽及商店橱窗、汽车的玻璃；夹丝玻璃用于公共建筑的走廊、防火门、楼梯间、厂房天窗和各种采光屋顶；抗冲击性和抗穿透性好的夹层玻璃主要用于做防弹玻璃以及有特殊要求的建筑门窗。

③ 绝热玻璃

绝热玻璃包括吸热玻璃、热反射玻璃、光致变色玻璃及中空玻璃。绝热玻璃具有特殊的保温绝热功能，除用于一般门窗之外，常作为幕墙玻璃。

④ 玻璃制品

主要包括"异形玻璃"和"空心砖玻璃"两种类型。异形玻璃具有机械强度高、透光、隔热、隔声、使用安全，装饰效果好等特点，适用于建筑物围护结构、内隔墙、天窗、透光屋面走廊等；空心砖玻璃具有绝热、隔声、光线柔和等特点，可用于砌筑透光墙壁、隔断、门厅和通道等。

⑤ 其他玻璃

主要包括磨光玻璃、磨砂玻璃、花纹玻璃、彩色玻璃等。玻璃与钢两种材料相伴给建筑带来既有强度又轻盈浮游、透明精美的空间质感表达效果（图7-27）。

（2）玻璃钢

玻璃钢建材是一种具有优异性能的建筑材料，是用玻璃纤维及其织物合成的树脂胶合材料，由玻璃纤维和树脂组成，具有较高的强度，不导电，耐腐蚀，可以代替金属、玻璃做波形瓦、采光罩、建筑和船舶外壳等。

玻璃钢建材广泛应用于建筑领域，如墙板、屋顶、地板等。它不仅具有轻质、耐久的特点，还具备隔热、防水和防火等优势。

图7-27a[①]　卢浮宫玻璃金字塔（贝聿铭 设计）

图7-27b[②]　卢浮宫玻璃金字塔

---

[①] 高清图库.美景高清图：法国卢浮宫玻璃金字塔四宫格［EB/OL］.（2019-05-17）［2024-09-26］. http://k.sina.com.cn/article_5680335321_p1529309d902700gmzw.html?kfrome=travel&subch=0&vt=4.
[②] 九婉读书白悠悠.贝聿铭金字塔：古今完美结合［EB/OL］.（2024-11-24）［2025-05-08］.https://mbd.baidu.com/newspage/data/dtlandingsuper?nid=dt_4631303887837629132.

图7-27c　陆家嘴苹果旗舰店（娜仁托雅　摄）　　　图7-27d　HARAKADO（平田晃久 设计　仲树声 绘）

14．塑料

（1）塑料的基本组成

建筑上常用的塑料绝大多数都是以合成树脂为基本材料，按一定的比例加入填充料、增塑剂、着色剂、稳定剂等材料，经混炼、塑化，在一定压力和温度下制成，也有不加任何外加剂的塑料，如有机玻璃、聚乙烯等。

① 合成树脂

合成树脂是用人工合成的高分子聚合物，是组成塑料的基本材料。一般塑料中约占30%—60%合成树脂，有的甚至更多。

树脂在塑料中主要起胶结作用，通过胶结作用把填充料等胶结成坚实整体。因此，塑料性质主要取决于树脂的性质。合成树脂主要是由碳、氢和少量的氧、氮、硫等原子以某种化学键结合而成的有机化合物。

② 外加剂

合成树脂中加入所需的外加剂后，可改善塑料的某些性质，改进其加工和使用性能。不同塑料加入的外加剂不同，常用的外加剂类型有：填充料、增塑剂、稳定剂与润滑剂。

（2）塑料的分类及主要性质

① 塑料的分类

塑料的品种很多，分类方法也很多。通常按树脂的合成方法，分为聚合物塑料和缩合物塑料；按树脂在受热时所发生的变化不同，分为热塑性塑料和热固性塑料，以热塑性树脂为基材添加增强材料或助剂所得的塑料称为热塑性塑料，在热固性树脂中添加增强材料、填料及各种助剂所制得的塑料称为热固性塑料。

② 塑料的主要性质

A．质量轻。塑料制品的密度通常在0.8—2.2 g/cm$^3$，约为钢材的1/5、铝的1/2、混凝土的1/3，与木材相近，既可降低施工的劳动强度，又可减轻建筑物的自重。

B．强度高。塑料按单位质量计算的强度已接近甚至超过钢材，是一种优良的轻质高强材料。

C．保温绝热性好。热导率小（约为0.020—0.046 W/m·K），特别是泡沫塑料的导热性更小，是理想的保温隔热材料。

D. 加工性能好。塑料可以采用较简便的方法加工成多种形状的产品，有利于机械化大规模生产。

E. 富有装饰性。塑料制品不仅可以着色，而且色彩鲜艳耐久。通过照相制版印制，模仿天然材料的纹理，其可以达到以假乱真的程度。

塑料虽具有以上许多优点，但其缺点是易老化、易燃、耐热性差、刚性差等。如在配方中加入适当的稳定剂和优质颜料，可以改善其老化性能；加入较多的无机矿物质填料，可明显改变其可燃性；加入复合纤维增强材料，可大大提高其强度和刚度等。

（3）建筑塑料的常用品种

① 聚乙烯塑料（PE）

聚乙烯塑料由乙烯单体聚合而成。所谓单体，是能起聚合反应而生成高分子化合物的简单化合物。聚乙烯塑料具有较高的化学稳定性和耐水性，强度虽不高，但低温柔韧性大。掺入适量炭黑，可提高聚乙烯的抗老化性能。

② 聚氯乙烯塑料（PVC）

聚氯乙烯塑料由氯乙烯单体聚合而成，是建筑上常用的一种塑料。聚氯乙烯的化学稳定性高，抗老化性好，但耐热性差，在100℃以上时会引起分解、变质而破坏，通常使用温度应在60℃—80℃以下。根据增塑剂掺量的不同，可制得硬质或软质聚氯乙烯塑料。

③ 聚苯乙烯塑料（PS）

聚苯乙烯塑料由苯乙烯单体聚合而成。其透光性好，易于着色，化学稳定性高，耐水、耐光，成型加工方便，价格较低。但聚苯乙烯性脆，抗冲击韧性差，耐热性低，易燃，这使其应用受到一定限制。

④ 聚丙烯塑料（PP）

聚丙烯塑料由丙烯单体聚合而成。其特点是质轻（密度为0.90 g/cm$^3$），耐热性高（100—120℃），刚性、延性和抗水性均匀。但低温脆性较显著，抗大气性差，适用于室内。

⑤ 聚甲基丙烯酸甲酯（PMMA）

聚甲基丙烯酸甲酯是由甲基丙烯酸甲酯加聚而成的热塑性树脂，俗称有机玻璃。它的透光性好，低温强度高，吸水性低，耐热性和抗老化性好，成型加工方便。缺点是耐磨性差，价格较贵。

⑥ 聚酯树脂（PR）

聚酯树脂由二元或多元醇和二元或多元酸缩聚而成。聚酯树脂具有优良的胶结性能，弹性和着色性好，柔韧，耐热、耐水。

⑦ 酚醛树脂（PF）

酚醛树脂由酚和醛在酸性或碱性催化剂作用下缩聚而成。酚醛树脂的黏结强度高，耐光、耐水、耐热、耐腐蚀，电绝缘性好，但性脆。在酚醛树脂中掺加填料、固化剂等可制成酚醛塑料制品。这种制品表面光洁，坚固耐用，成本低，是最常用的塑料品种之一。

⑧ 有机硅树脂（SI）

有机硅树脂由一种或多种有机硅单体水解而成。有机硅树脂耐热、耐寒、耐水、耐化学腐蚀，但机械性能不佳，黏结力不高。用酚醛、环氧、聚酯等合成树脂或用玻璃纤维、石棉等可增强提高其机械性能和黏结力。

⑨ 建筑塑料制品的应用

A．塑料门窗

塑料门窗是由聚氯乙烯（PVC树脂）为胶结料，加入稳定剂、润滑剂、填料、颜料经混料、捏合、挤出、冷却定形成异形材后，再经焊接、拼装、修整成的门窗制品。

塑料门窗可分为全塑门窗、复合门窗和聚氨酯门窗。目前大量采用的是由硬聚氯乙烯（PVC）异形钢内腔加衬"增强型钢"，经热焊接加工制成的门窗。

B．塑料管材

C．塑料壁纸

D．塑料地板

塑料地板与传统的地面材料相比，具有质轻、美观、耐磨、耐腐蚀、防潮、防火、吸音、绝热、弹性好、施工简便、易于清洗与保养等特点。

15．密封材料

建筑密封材料是能承受位移以达到气密、水密目的而嵌入建筑接缝中的材料。按其性能可分为弹性密封材料和塑性密封材料；按使用时的组分可分为单组分密封材料和双组分密封材料。双组分密封材料，按组成的材料可分为改性沥青密封材料和合成高分子密封材料；按形状可分为定型（如密封条、密封带、密封垫等）和不定型（如黏稠状的密封膏或嵌缝膏）密封材料。

16．绝热与吸声材料

（1）绝热材料

在建筑领域，习惯上把用于控制室内热量外流的材料叫作保温材料；把防止室外热量进入室内的材料叫作隔热材料。保温、隔热材料统称为绝热材料。

（2）吸声材料

声音起源于物体的振动，而把发出声音的发声体叫声源。当声波遇到建筑物构件时，一部分被反射，一部分穿透材料，相当一部分转化为热能被吸收。

被材料吸收的声能和原先传递给材料的全部声能之比，被称为吸声系数，吸声系数是评定材料吸声好坏的指标。

① 吸声材料

吸声材料是指吸声系数大于0.2的材料。吸声材料的吸声性能除与材料本身的组成性质、厚度及表面的条件（有无空气层及空气层的厚度）有关外，还与声波的入射角和频率有关，同一材料对于高、中、低不同频率的吸声系数不同。

② 隔音材料

隔音材料是指能够减弱声音传播的材料。隔声性能以隔音量表示，隔声是一种材料入射声能与透过声能相差的分贝数,差值越大,其隔声性能越好。

17．装饰材料

(1)装饰材料的类型

装饰材料可分为墙柜体材料、地面材料、装饰线、顶部材料和紧固件、连接件及胶黏剂等大类别。

墙体材料及柜体材料常用的有壁纸、墙面砖、涂料、油漆、饰面板、密度板、防火板等。

地面材料有实木地板、复合木地板、天然石材、人造石材、地砖、地毯、竹地板、人造制品地板等。

装饰线板包括木质顶棚角线、门边线、收边线、踢脚板等各种木线、装饰石膏角线。

顶部材料有铝扣板、纸面石膏板、复合PVC扣板、艺术玻璃等。

(2)常用的装饰材料

凡是用于建筑工程的陶瓷制品,称为建筑陶瓷。建筑陶瓷具有强度高、性能稳定、耐腐蚀性好、耐磨、防水、防火、易清洗及装饰性好等优点。在建筑工程及装饰工程中应用较多的建筑陶瓷制品有釉面砖、墙地砖、陶瓷锦砖及卫生陶瓷等。

A. 釉面砖。釉是由石英、长石、高岭土等为主要原料,再配以其他成分,研制成浆体,喷涂于陶瓷坯体的表面,经高温焙烧后,在坯体表面形成的一层淡玻璃质层。

B. 墙地砖。墙地砖包括外墙面砖和室内外地面铺贴用砖,是以优质陶土原料加入其他材料配成生料,经半干压成形后于1 100℃左右焙烧而成,分有釉和无釉两种。有釉的称为彩色釉面陶瓷墙地砖,无釉的称为无釉墙地砖。

墙地砖主要用于建筑物外墙贴面和室内外地面装饰铺贴用砖。用于外墙面的常用规格为150 mm×75 mm、200 mm×100 mm等,用于地面的常用规格有300 mm×300 mm、400 mm×400 mm、600 mm×600 mm、800 mm×800 mm、1 000 mm×1 000 mm,其厚度大多在9—12 mm之间。

C. 陶瓷锦砖。俗称马赛克,它是以优质瓷土为主要原料,以半干法压制成型,经1 250℃高温烧制成边长不大于40 mm的方形、长方形或六角形等薄片状小块瓷砖后,再通过铺贴盒将其按设计图案反贴在牛皮纸上而成的。

陶瓷锦砖具有色泽明净、图案美观、质地坚实、抗压强度高、耐污染、耐腐蚀、耐磨、耐水抗火、抗冻、不吸水、不滑、易清洗等特点,并且坚固耐用,造价低。

D. 卫生陶瓷。卫生陶瓷是由瓷土烧制的细炻质制品,如洗面器、大小便器、水箱水槽等,主要用于浴室、盥洗室、厕所等处。

(三)施工材料常识

(1)门窗框与墙体间缝隙不得用水泥砂浆填塞,应采用弹性材料填嵌饱满,表面应用密封胶密封。

(2)石膏板和加气混凝土砌块均不宜用作潮湿房间的隔墙。

（3）混凝土路面，胀缝内木嵌条的高度应为混凝土厚度的2/3。

（4）地板价格：强化地板＜实木复合地板＜竹地板＜实木地板。

（5）合成树脂的耐磨性能很强，电绝缘性能好，能制成各种形状，不易变形，不溶于水。

（6）屋面外排水的雨水管管材不得采用铸铁管。

（7）采用胶缝传力的全玻璃幕墙，胶缝应采用硅酮结构密封胶。

（8）采光顶用聚碳酯板的耐候性不小于15年。

（9）木材的顺纹抗拉强度最高，横纹抗拉强度最低。

（10）水泥玻纤空心条板隔墙立于楼、地面时其底部可不筑条基。

（11）高层建筑室外楼梯作为辅助疏散楼梯使用时，其扶手高度应不小于1.1 m。

### 三、防水材料

防水材料是指具有防止房屋建筑遭受雨水、地下水、生活用水侵蚀的材料。

防水材料按状态可分为防水卷材（如SBS改性沥青防水卷材、APP改性沥青防水卷材、EPDM防水卷材、PVC防水卷材等）、防水涂料（如高聚物改性沥青涂料、合成高分子涂料等）、密封材料（如沥青嵌缝油膏、丙烯酸密封膏、聚氨酯密封膏、聚硫密封膏、硅酮密封膏等）以及刚性防水材料等四大系列；防水材料按其组成可分为沥青材料、沥青基制品防水材料、改性沥青防水材料和合成高分子防水材料等。

#### （一）沥青防水材料

沥青是一种憎水性的有机胶凝材料，在常温下呈黑色或黑褐色的黏稠状液体、半固体或固体。沥青具有良好的不透水性、黏结性、塑性、抗冲击性、耐化学腐蚀性及电绝缘性等，可用来制造防水卷材、防水涂料、防水油膏、胶黏剂及防锈防腐涂料等。

#### （二）防水卷材

防水卷材是可卷曲成卷状的柔性防水材料。它是目前我国使用量最大的防水材料。防水卷材主要包括普通沥青防水卷材、高聚合物改性沥青防水卷材和合成高分子防水卷材三个系列。

#### （三）防水涂料

防水涂料是在常温下呈无定形液态，经涂布能在结构物表面固化形成具有相当厚度并有一定弹性的防水膜的物料总称。

防水涂料广泛适用于工业与民用建筑的屋面防水工程，地下室防水工程和地面防潮、防渗等。按主要成膜物质可分为沥青类防水涂料、高聚物改性沥青类防水涂料、合成高分子类防水涂料和聚合物水泥类防水涂料等。

### 四、材料特征与设计思维

建筑材料不是冰冷的物质，是承载人类感情的容器和表达空间叙述情感的手段。即便是最简单的一座房子，其也会包含两方面的价值：一是建筑满足基本使用功能需求；二是建筑空间给人以特定的知觉情感特征，建筑师通过建筑设计让建筑空间具有特定的"五感"知觉并赋予其情感特点。建筑材料的表达通常表现为感知性、时间性和戏剧性等特征。

### （一）材料的设计特征

1. 感知性

建筑材料不仅具有物理属性，还具备"五感"特征。材料中的感官系统，如视觉系统、听觉系统、嗅觉系统、味觉系统、触觉系统等，赋予了材料不同的感知表现与意义，不同的材质、形态、光线、动线、声音与气味条件下，人可以感受到建筑质感与纹理、颜色与光影、形态与结构的持续、微妙的动态变化，即建筑实现了具体的感知特征。

2. 时间性

建筑中的材料始终不是静态的，它一直存在于时间当中。材质在时间流逝过程中不断变化老去，材料拥有了生命的印记，改变了建筑的形态与人们的感知情感及空间性质。这样的过程构成了建筑材料的时间性，使建筑能够沉浸在历史的长河中。

如传统建材的再利用，即体现了地域传统的建造体系以及材料的色彩、质感和语境融入自然生态循环的叙事体系序列；又如旧材料的回收，可储存时间记忆与见证已在消亡的历史；特殊构筑工艺的改良与创新，可使原本面临失传的物质遗产和非物质技艺焕发出新的活力。

3. 戏剧性

建筑材料承载着某种信息和意图，其包含了许多具体的情境，如模糊、错觉、矛盾、对比、透明、悬浮、浮游、轻量、科技、陌生化等，承载着人类的生活印记与共同情感。建材不仅是用来建造建筑物的工具，还是可以通过形状、颜色和纹理来传达情感和表达主题的艺术手段。建筑材料可以呈现出各种各样的外观和质感，从光滑与柔和到粗糙与坚实，甚至可以模仿自然界中的元素。这些材料包括砖块、木材、玻璃、金属和混凝土等，在建筑设计中扮演着极其重要的角色。

通过选择适合的材料和运用创意设计，建筑师可以打造出独一无二的建筑作品。建筑材料的戏剧性不仅表现在外观上，还能影响到建筑物的功能和使用品质体验。通过运用不同的材料和创造性的设计，建筑师能够赋予建筑物独特的外观、质感和意义，进而与观众产生深入的情感连接。

### （二）材料的设计思维

1. 材质的单一性

建筑材质的单一性具备其独特的魅力，能够赋予空间独特的抽象表现力。建筑师在设计中运用单一材质时，通过巧妙的空间呈现形式表现和纹理变化来增强建筑的美感和整体协调性，采用单一建筑材料有助于简化建筑的形式，强调其空间特征和结构表达。

在单一材质建筑中，建筑师通过巧妙的灯光运用，使建筑物在不同时间和天气条件下呈现出不同的光影效果，从而创造出不同语境的视觉冲击力。同时，相同材质的运用降低了建筑材料的浪费率，提升了建筑的抽象表现力，减少了对环境的负担，可助力建筑的可持续性发展。

建筑师通过表面的纹理、模具的设计和处理技巧来打造出丰富多变的外观效果，使建筑物融入周围环境并与之形成和谐统一的整体。

材料的相互位置关系不仅限定了空间的区域，也区别了空间的等级关系与秩序系统。材料不仅是被用来构建建筑物的工具，而且还成了建筑空间的一部分，与环境和人们的互动产生了独特的化学反应。在建筑空间中，材料的渗透不仅是一种物质上的变化，更是一种与人交互的方式。当人们置身于这些材料以及浸润着的建筑空间中，能够感受到材料与环境协调下产生的共鸣，体验到建筑物所带来的舒适与美好，实现与周围环境相互融合，创造出独特的美感和舒适的空间情感体验。

2．材料的空间契合性

建筑材料经过精心的砌筑或浇筑，在体现差异性的同时，其通过精湛工艺技术留存痕迹的完美表述使建筑质感特征和建造的真实性相契合，建筑材料的空间契合性直接影响着建筑的空间情感感知和印象功能性。

第一，在设计过程中，需要考虑材料的质地、颜色、形状以及纹理等因素，以确保它们与建筑空间的整体风格和氛围相契合。

第二，在选择和使用建筑材料时，需要考虑其功能性和实用性。例如，在一个商业建筑中，需要选择耐磨、易清洁的地板材料，以满足高人流量和频繁使用的需求。

第三，在选择和使用建筑材料时，需要考虑建筑材料的环保性，选择可持续发展的绿色材料，以减少对环境的负面影响。例如，在一个现代风格的建筑中，我们可以选择使用金属、玻璃和混凝土等材料，以创造出简洁、干净的外观，打造出一个独特而富有个性的建筑空间，呈现建筑物的美观度和功能性。

第四，在设计的过程中，需要将建筑材料与建筑空间的整体布局和功能需求结合起来综合考量。通过合理的材料选择和运用，可以创造出一个既美观又实用的建筑空间。这种空间契合性的体现使人们生发出一种舒适和精神愉悦感，同时也能够为使用者提供一个舒适、美观且实用的工作、生活、文化、娱乐环境。

3．材料与光

光被视为一种重要的建筑材料，它可以塑造空间、营造氛围，并且与其他材料相互作用，可以创造出令人感叹的效果。光的运用不仅可以改变建筑物的外观，还可以影响人们在其中的感受和体验。光线的进入和分布，可以改变建筑内部的色彩、形状和纹理，使空间更加丰富多样。光线的强度、方向和颜色也可以通过不同的设计手法进行调节，从而创造出不同的空间表达氛围和情感。

4．白墙与光空间

白墙是一种纯净、透明而静谧的存在，没有繁杂的色彩和杂乱的物品，随着时间的流逝，光与影不断产生变化，光让建筑成为主角。白墙能够将光线反射出来，使室内更加明亮，营造出开阔的空间感。光线在白墙上的反射和折射，形成了独特的光影效果，使整个空间充满了变幻莫测的美感，才使建筑形式成为"阳光下壮丽的表演者"。建筑师通过白色隐匿构造建筑的真实材料及其具体的感官感受，凸显建筑形式和空间的抽象品质。

白墙空间的简约和明亮使其成为一种经典的设计元素，它不仅是一种装饰材料，更是一种建筑文化的象征。它通过与光线、其他元素以及周围环境的互动对话，展现出独特的美感和空间叙事的永恒魅力。

## 第二节 建筑设备

人们在一座建筑中的日常生活和工作总是离不开水、空气、燃气和电，我们把提供这些必需物的设备称为建筑设备，如给水排水、采暖通风和空调以及电力电气等系统。这些设备保证了健康舒适的建筑室内环境。

### 一、采暖通风与空调

人们对于冷暖的感受主要是通过空气而获得的，因空气质量如湿度、污染颗粒等是直接影响人们舒适、健康的因素。

在没有通风设备和空调设备以前，我们主要通过开门、开窗进行自然通风，解决闷热、潮湿问题，但大部分地区处于"冬冷夏热"的环境中，同时有些室内存在无法开窗的封闭空间。因此，为改善室内空气环境，满足健康舒适的要求，我们需设置采暖、通风和空调系统。

#### （一）采暖系统

采暖系统是由散热器、阀门和管道组成的，根据热媒的不同，管道中有热水、蒸汽等。我国北方地区在寒冷的季节需采取集中供暖方式，如使用产生热水或蒸汽的锅炉房供暖；南方地区的冬天使用空调，有的采用局部供暖的方式，如使用热风管道供暖。

上述供暖方式通常需消耗相当的能源，如煤、油、气、电等。近年来，人们环保、生态意识日益增强，通过努力发现了多种绿色能源供暖方式，如利用地热等为室内供暖（图7-28）。

#### （二）通风系统

通风系统是为解决空气中有湿气、余热、粉尘和有害气体的问题，通过风口、管道、风机等设备，输入室外新鲜空气，排出室内不良空气（图7-29）的建筑设备。

空气与水体相似，都是有压力的，风向总是顺着压力大（正）向压力小（负）的方向流动。因此，后疫情时代的医院通风系统的设计，行之有效的办法是让室内污染的不良空气处于负压空间，避免从污染区流向清洁区。

此外，通风系统往往与消防排烟系统综合考虑，即其平时作为通风换气系统使用，火灾时转换成为排烟系统。

382 | 建筑原理——空间叙事的方法

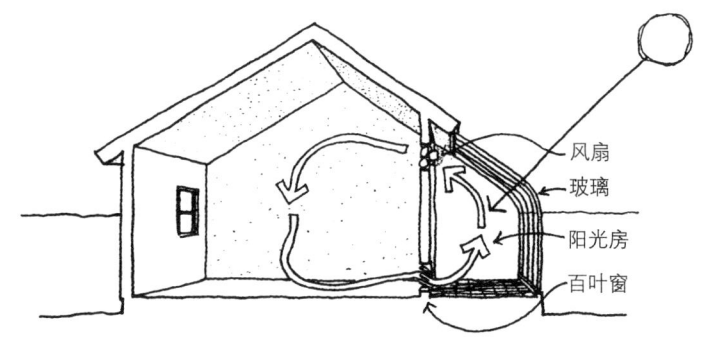

图7-28a① 冬季自然采暖系统

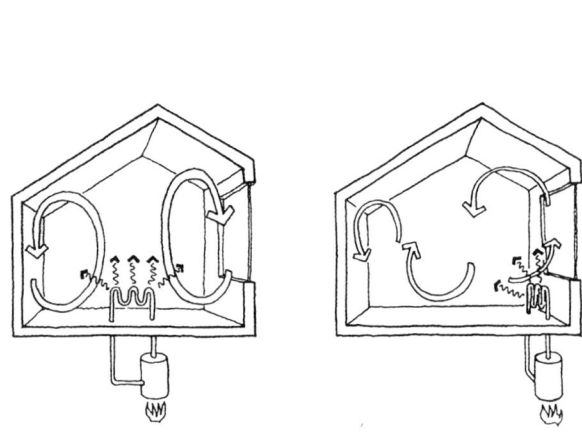

图7-28b② 地暖、暖气采暖

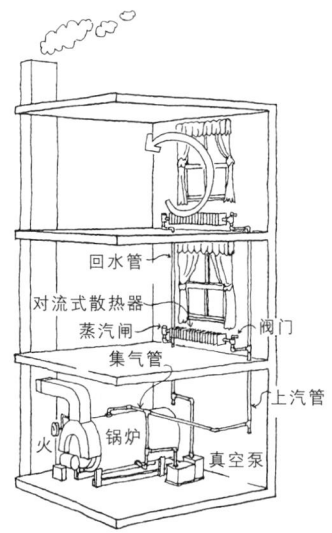

图7-28c③ 水蒸气供热系统

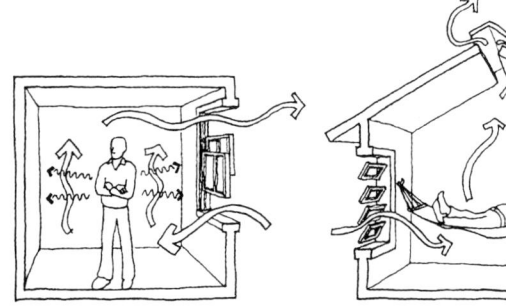

图7-29a④ 对流风

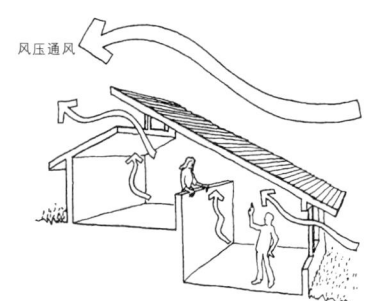

图7-29b⑤ 风压通风

---

① 爱德华·艾伦.建筑初步[M].冯刚,汪江华,译.南京:江苏凤凰科学技术出版社,2020:95.
② 爱德华·艾伦.建筑初步[M].冯刚,汪江华,译.南京:江苏凤凰科学技术出版社,2020:91.
③ 爱德华·艾伦.建筑初步[M].冯刚,汪江华,译.南京:江苏凤凰科学技术出版社,2020:97.
④ 爱德华·艾伦.建筑初步[M].刘晓光,汪江华,林冠新,译.北京:中国水利水电出版社,2008:86.
⑤ 爱德华·艾伦.建筑初步[M].刘晓光,汪江华,林冠新,译.北京:中国水利水电出版社,2008:86.

### (三) 空调系统

目前，我国多数民用建筑均设有用于改善室内空气温度和湿度的空调系统。空调系统分为集中空调和局部空调。局部空调较简单，家用的空调机就是局部空调；而集中空调系统则较复杂，一般由风口、空调机、风管、冷水管、制冷机、热媒等组成，该系统造价高，耗能大，排放污染较多（图7-30）。

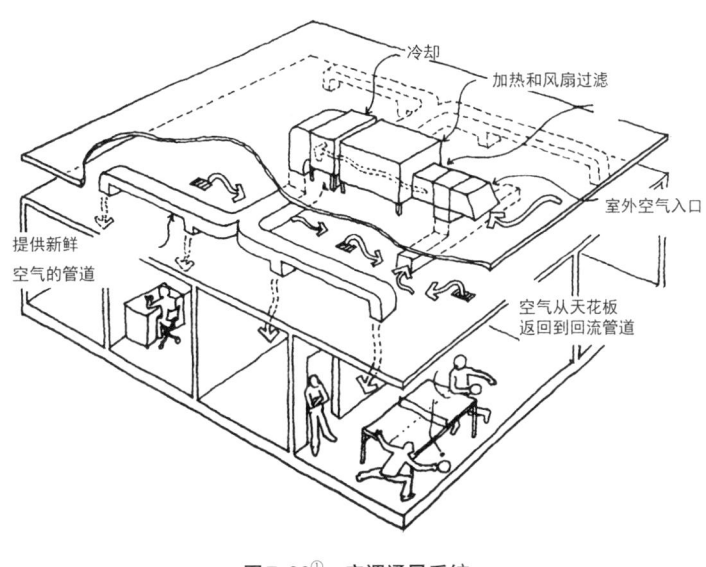

图7-30[①]　空调通风系统

许多绿色建筑的设计，都是将创造的室内空间尽量不使用空调或少使用空调的绿色建筑作为奋斗目标。如采用保温隔热的围护结构、低能耗玻璃、节能门窗，还有通过"呼吸幕墙"等新兴的节能技术加以实现。

## 二、给水与排水

随着社会科技不断地发展，我们只要打开"自来水龙头"就可以得到水。然而，这些"自来水"仍然源于对江河、雨水、地下水的收集、积蓄、净化，并由市政管道引入建筑。所以，我们不仅要了解建筑给水系统，而且还要有珍惜每一滴水和保护水资源的意识。

### （一）给水系统

室内给水系统由管道、阀门和用水设备等组成，除了生活用水，还有消防用水以及工业建筑用水。室内管道的供给来自市政管网，多数的生活用水是经过净化，并具有一定水压的。

对较高楼层的建筑，市政水压不足以供给，需设置水泵、水池和水箱等，并通过如稳压、增压等技术来保证供水需求（图7-31）。

---

① 爱德华·艾伦.建筑初步［M］.刘晓光，汪江华，林冠新，译.北京：中国水利水电出版社，2008：90.

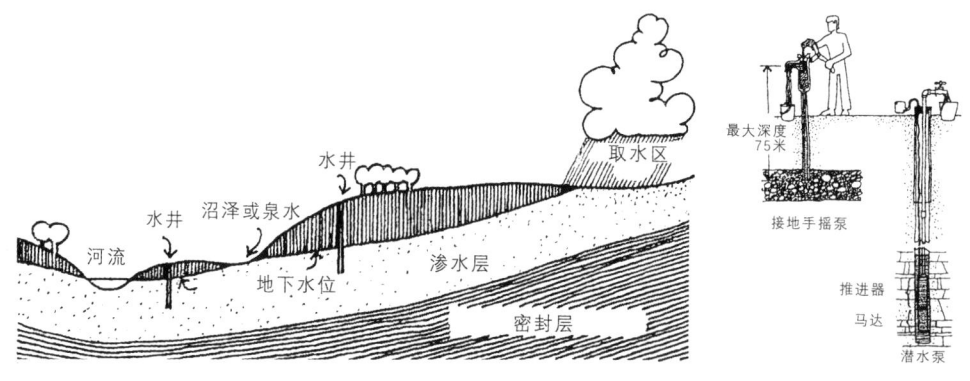

图7-31a[①]  水井给水系统示意

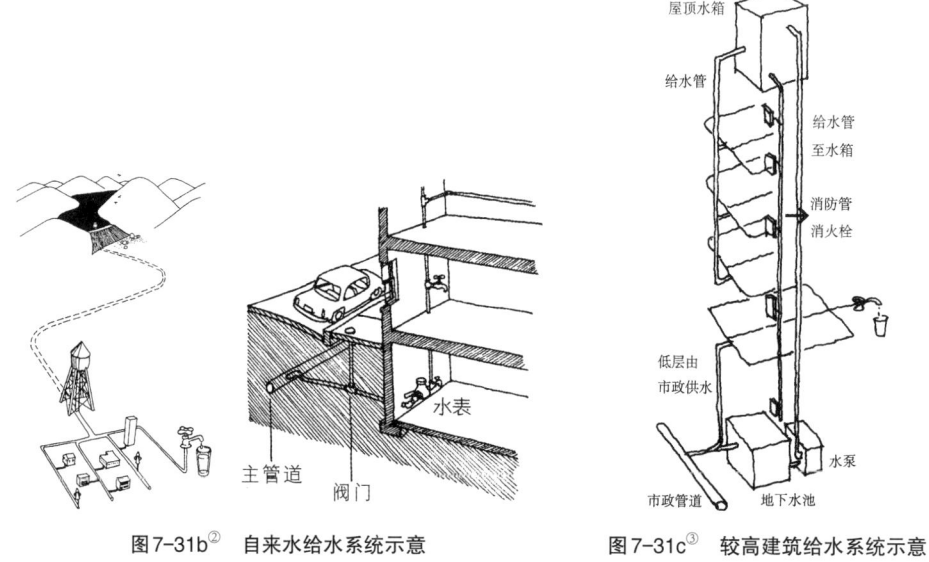

图7-31b[②]  自来水给水系统示意　　图7-31c[③]  较高建筑给水系统示意

消防给水系统是建筑物防火灭火的主要设备,针对不同的建筑类型、建筑高度、使用对象有不同的建筑防火等级和分类,对消防给水的要求也不尽相同。

(二) 排水系统

室内排水系统的组成与给水系统相似,室内管道收集的污水、雨水排入市政雨污管网。与给水系统不同的是,排水管道的水压是依靠其自身重力由高向低流动的,所以排水管道要有一定的坡度,否则会产生堵、漏情况。

排水系统除了要保证其畅通以外,还必须防止污染扩散。所以,建筑室内排水要求雨污分流、油污分流,部分排水可以经过处理循环使用,这些循环使用的水可用于灌溉、洗车等(图7-32)。

---

① 爱德华·艾伦.建筑初步 [M].冯刚,汪江华,译.南京:江苏凤凰科学技术出版社,2020:43
② 爱德华·艾伦.建筑初步 [M].冯刚,汪江华,译.南京:江苏凤凰科学技术出版社,2020:41.
③ 李延龄.建筑设计原理 [M].北京:中国建筑工业出版社,2020:168.

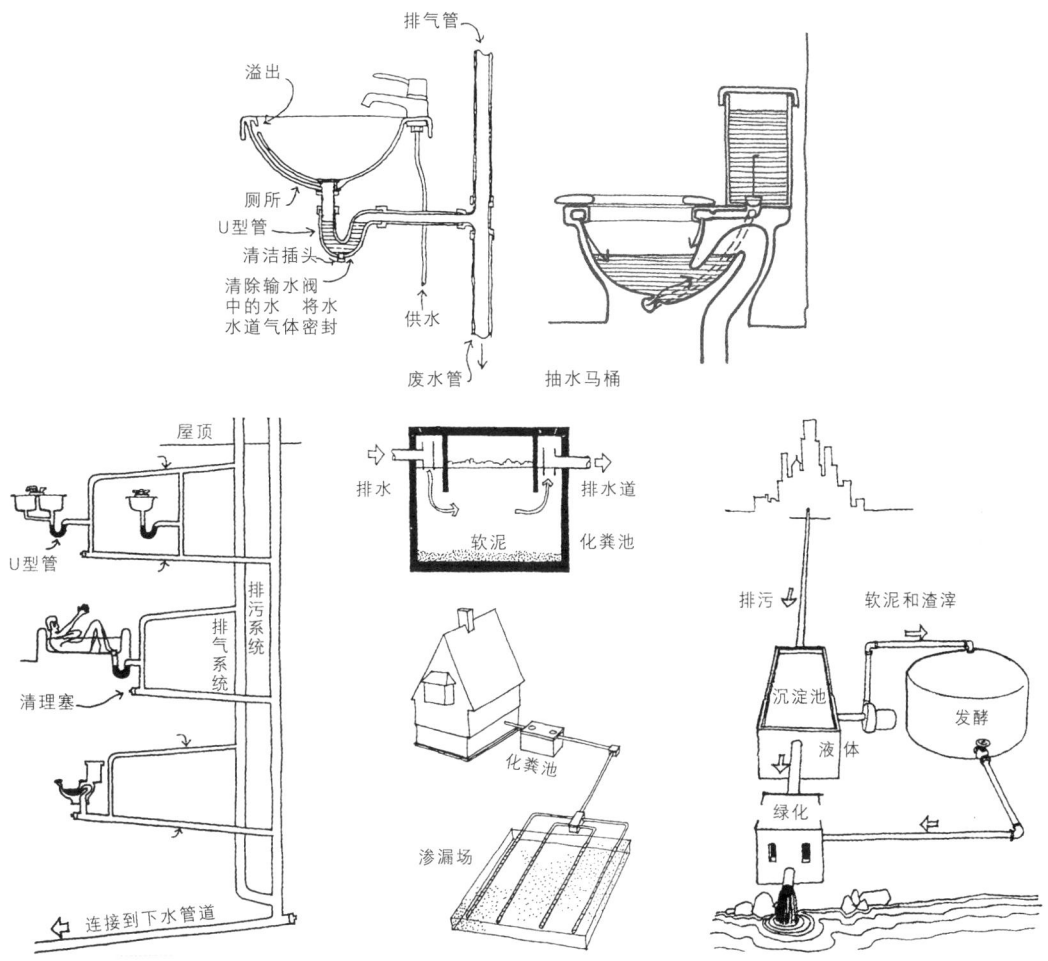

图7-32[①]　建筑中的废水处理系统示意

## 三、电力电气

室内照明是人们在室内最需要的光源，电灯不仅给人们带来光明，也给予人们安定温馨的精神需求。建筑内的照明有赖于电，"电"包括电力电气等强电系统以及包括电话、电视、安保在内的弱电系统。

### （一）电力电气系统

室内电力电气系统包含配线、配电、插座开关、灯具和一切用电设备。我国民用建筑的室内电力电气线路的电压通常有220 V和380 V两种，以满足不同电流负载的用电设备。

一般民用建筑室内线路多为暗敷设，即电线穿套管埋设于墙体和楼板里，在一定的使用区间，设置一个配电箱，并加载短路保护、过载保护。

---

[①] 爱德华·艾伦.建筑初步［M］.冯刚，汪江华，译.南京：江苏凤凰科学技术出版社，2020：50-53.

灯具的设计是室内设计的重点之一，既需有效，还要美观，选择时优先考虑高效节能的LED灯。

室内供电来自市政电网，某些重要建筑往往设置自备电源和应急电源，即通过发电机组进行室内供电，满足临时应急需要。

### （二）弱电系统

建筑弱电系统一般包括网络通信、无线网、有线电视、安保监控、消防报警、背景广播等，其中智能化综合系统包含安全防范系统、通信自动化、信息应用系统、机房工程等（图7-33）。

建筑物的防雷也属于弱电的范畴。建筑防雷是通过避雷针、引下线和接地极等组成的，有些摩天大楼顶部的避雷针还起到一定的装饰作用（图7-34）。

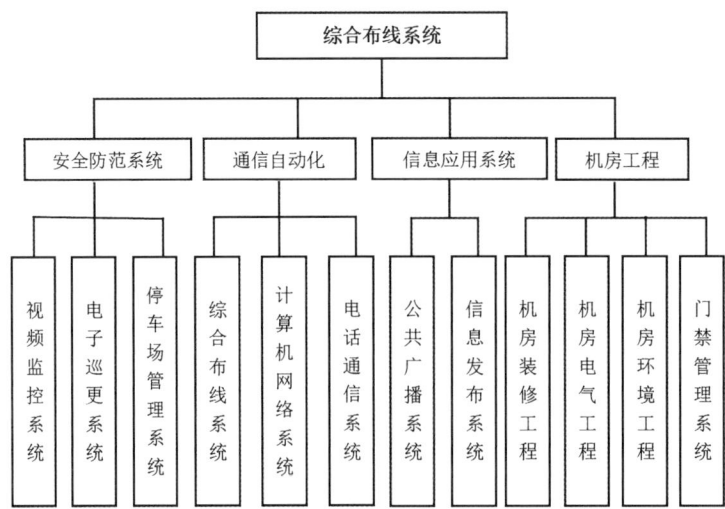

图7-33　弱电综合布线系统

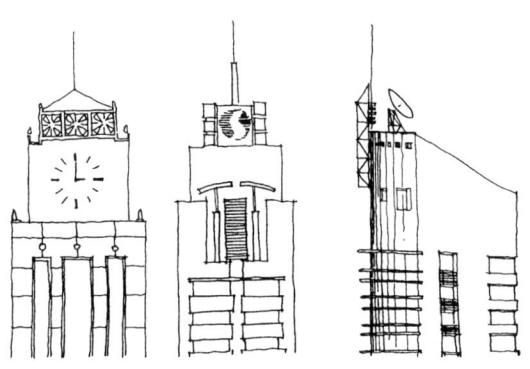

图7-34[①]　高层建筑顶部的避雷针

---

① 李延龄.建筑设计原理［M］.北京：中国建筑工业出版社，2020：170.

随着国家对建筑节能的日趋关注，楼宇的智能化管理技术也得到了越来越多的应用，如照明节能智能化、电梯智能化、空调智能化等电气技术。

## 单元练习

# 案例调研与项目设计系统

### 一、案例、项目解读

内容包括：建筑师背景、建筑概况、建筑与场地关系、平面与功能、竖向组织、形体特征、结构形式、空间布局特点、交通流线组织、建筑立面、建筑剖面、建筑设备、建筑材料的运用与细部构造等方面。

参考书：王小红.大师作品分析——解读建筑［M］.北京：中国建筑工业出版社，2005.
艾学明.建筑材料与构造［M］.南京：东南大学出版社，2020.

### 二、复习思考

1. 材料按化学成分可分为哪三大类？
2. 什么是材料的密度、表观密度、堆积密度？
3. 什么是材料的吸水性和吸湿性？
4. 常用的天然石材有哪些？花岗岩和大理石的物理特性是什么？
5. 常用的人造石材品种有哪些？
6. 水泥按其主要水硬性矿物名称分为哪几类？建筑工程中，常用的硅酸盐系水泥有哪些？
7. 普通硅酸盐水泥有什么特性？
8. 建筑石膏、石灰分别有哪些特性与用途？

### 三、系统设计训练

#### （一）系统设计训练

1. 调研报告和任务书制订。
2. 基地调研。对建筑周边建筑（整体透视、完整立面及局部）进行观察、比价分析，体会材料的色彩、肌理、质感、体量对空间感知的影响，体会不同距离与观察角度下材料所呈现的差异。
3. 提取设计要素绘制 Diagram。将 A4 白纸对折 4 次，形成 16 个等分长方形分割单元，绘制 16 幅不同的 Diagram。
4. 各小组依据优选出的 Diagram 3—4 幅，制作不少于 4 个类型的实体空间概念模型。应用折叠、错位、旋转、拉伸、挤压、切割、凸凹、押入、里外翻转等手法，进行

2.5维创意空间可能性的探索与考察。

（二）**辅导与互动**

1. 沟通基本设计系统项目。

2. 辅导基本设计系统项目的设计思路、实现路径、步骤方法和表达手段。

3. 通过Diagram2.5制作和建筑功能需求分析，进一步明确设计主题Conceptual model、制作Start model并细化功能分区与总平面布局图。

# 第八章
# 建 筑 模 型

## 章前导言

  本章内容涉及建筑模型的种类与空间元素、建筑模型材料、建筑模型制作、建筑模型的未来与展望等四部分。

  建筑模型的种类与空间元素，涉及建筑模型的定义与意义、建筑模型的历史演变及应用、建筑模型的材质分类与制作流程、建筑模型的空间元素、设计模型的表达形式等五个方面的内容。

  建筑模型材料：从建筑模型的主料、建筑模型的辅料、常用的环境模型材料、模型工具四个角度进行讲述。

  建筑模型制作的程序与方法：以建筑模型制作的程序、建筑模型的制作方法（包含制订模型制作计划、模型制作操作顺序）为主线展开。

  建筑模型的未来与展望：从未来的建筑模型、远程协作与人工智能、可持续发展与绿色环保、创新高效与模型进化四个方面进行讲述。

  随着新兴科技的不断涌现和应用，模型继续在建筑设计与行业的创新、发展中发挥着不可替代的积极作用。

## 本章聚焦

  在学习建筑模型概念、种类、历史演变及其意义的基础上，熟练掌握建筑模型材质分类与制作流程、空间元素和设计模型的空间形式表达。

## 学习目标

  初步掌握建筑模型种类与空间元素的定义、建筑模型的历史演变及应用，熟悉建筑模型常用的材料与应用，学习建筑模型制作的工作程序和方法并灵活应用到自己的设计项目与课题实践当中。将建筑学空间的研究与模型制作技术相结合，掌握面向未来的建筑模型制作程序、制作方法、材料应用，以及建筑模型的表现风格和表达路径，并对模型空间把握与制作实践手法展开深入的探讨。

**知识点导图**

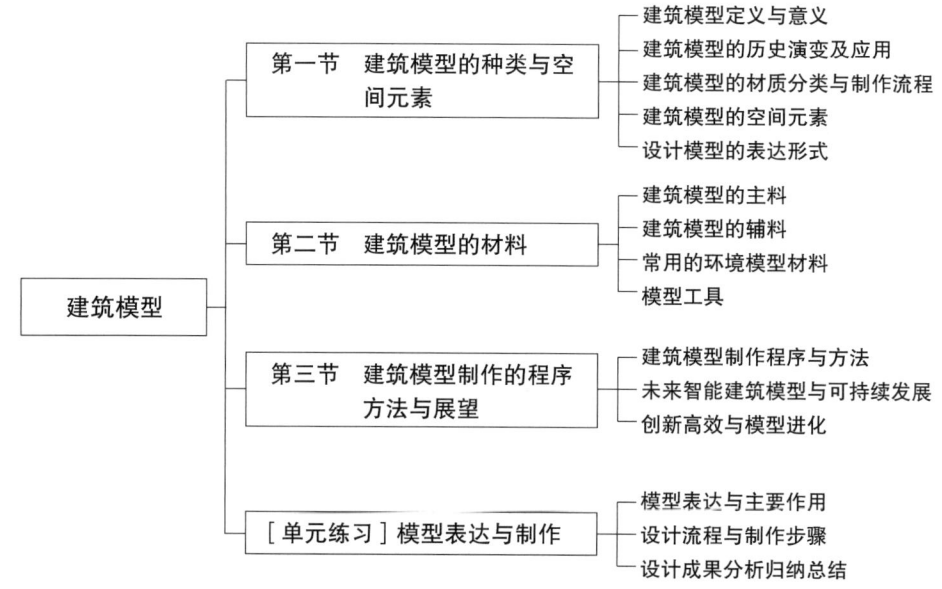

## 第一节　建筑模型的种类与空间元素

模型是对现实世界或事物的抽象和简化描述，是用于解释和预测现象、问题或系统的工具和方法。模型可以是经济定量或定性的，可以是数学的、统计的、图形的或物理的，等等，根据其特性和应用领域的不同，可以将模型分为多种类型。

建筑模型是推敲、思考、演绎、归纳空间的有效媒介与手段；是为业主、相关部门和民众提供交流的媒介以及评选方案的主要途径；是相关部门、出资人、使用者评选方案、选择设计师的主要依据；是以直观的建筑形式展示设计成果的沟通工具；是施工设计阶段的重要参考依据及施工阶段与施工单位交流落实设计要求的辅助工具。

## 一、建筑模型定义与意义

### （一）建筑模型定义

建筑模型，作为建筑设计、空间表达和呈现的一个关键组成部分，不仅是简单的物理构造或设计的小型复制品。以最基本的层面而言，建筑模型是建筑或结构设计的缩小比例的三维表达。模型还是一种有效的空间思考媒介沟通工具，帮助建筑师向投资方、客户与公众展示和说明自己的设计意图。在一般情况下，模型成了设计过程的催化剂，激发新的创意和解决方案。模型提供了能够让设计者、投资方、客户、业主与公众在建造之前体验和理解空间的一种有效介质与方式。相对不同于平面的图纸或数字渲染，实体模型提供了一种唯一的、可以触摸和围绕观察空间布局构成的具体方式，以此使人们更好地感受设计的尺度、比例和空间关系。

模型与图纸的具体表现方式不同。模型是以支柱、片板构成元素来模拟、记录设计者的创造想象；利用材料构成的体量将其转化为三维空间形体的创意概念、构成过程与成果表达；而图形是利用图解的方式，以线条和平面元素来记录和表达设计的意图与图式化过程；模型与图纸彼此之间各司其职又相辅相成、互为转化。

模型是建筑师与设计构思的对话介质、设计与空间互动，以及创意与现实之间造型空间建筑语言沟通的具体化组成形态。建筑模型的定义已超越了其物理表现，延伸至建筑创作和沟通过程中的多重空间表达，是具体功能呈现的最有效途径（图8-1）。

图8-1a 浦东新区文化建筑群（谢璞 摄）

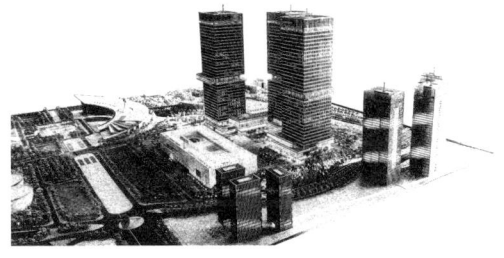
图8-1b 浦东新区文化设施模型沙盘（谢璞 摄）

建筑模型是建筑三维形态与空间的多重形态具象化的表述"语言"，它是融合了由空间、形态、结构、体量、比例、色彩肌理等组成的系统性关系，及材料、质感、视觉效果为一体的综合性空间叙述表达构成。

建筑模型在城市规划、建筑设计、当代新质生产力发展中同样起到积极、有效的作用，可引领建设原创性、颠覆性的创新发展，既可以展望未来，也可以追忆过去，是建筑行业与建筑学构成中不可或缺的重要组成部分。

如设计类模型，其主要作用是协助建筑师从三维角度分析建筑空间组织构成，更直观地呈现建筑空间的策划、规划与设计等不同阶段的方案；同时可以转换成展览模型供人们参观探讨、研究。展览模型，如城市规划沙盘，是向人们展示城市规划与未来发展的空间模型,包括地形、地貌、绿化、水系、交通、大型基础设施、建筑等综合、整体性的呈现,使用声、光、电等多媒体等媒介,展现城市未来总体规划与发展目标;纪念研究类模型,是对现存代表性建筑、经典建筑或考古挖掘、已经消失的建筑进行论证复原的空间模型,为建筑鉴赏、建筑文化研究结构与空间类型的系统形态提供帮助、诠释与媒介支持(图8-2)。

### (二)建筑模型的意义

模型的意义大体可分为三个层面:应用意义、研究意义、商业意义。应用意义,主要是指在设计过程中模型作为重要介质对建筑设计的创意概念、体块功能、交通组织、建筑的可行性及美观性的空间研究的意义;研究意义,主要体现在建筑研究的过程中,借助模型展开的对建筑历史性、纪念性和文化性的深入探讨;商业意义,主要体现在商业展览模型为商业项目以及城市发展带来的经济价值。

根据模型的功能类型与用途,可将其分为设计模型、展览模型、研究模型、纪念模型等;根据模型解决不同阶段的问题和表现的内容与形式,可将其分为策划模型、概念模型、认知模型、物理模型、数字模型、仿真模型、混合模型及可持续发展模型等。

建筑上常用的模型为设计模型、展览模型、研究模型三种类型。设计模型包括概念模型、结构模型、体块模型、表面模型、山地模型、景观模型、室内模型、工业模型等。

图8-2a 兰州中川机场T3模型(谢璞 摄)

图8-2b 古建斗拱研究展示模型(谢璞 摄)

图8-2c 苏州博物馆模型(谢璞 摄)

图8-2d　展示模型① 　　　图8-2e　展示模型② 　　　图8-2f　展示模型③

## 二、建筑模型的历史演变及应用

### （一）建筑模型的历史

建筑模型作为表达建筑想法和设计的工具，其历史可以追溯到古埃及的陵墓模型、中国古代的明器④、古希腊和古罗马的城市模型，这些早期的建筑模型用于记录、规划和展示建筑与城市规划的深远历史。

在古埃及，建筑模型常被放置在陵墓中，用作对死后世界的象征，模型不仅反映了古埃及人对建筑和空间的认识，而且还揭示了他们对死后世界的信仰和期望。模型通常是木制的，详细表现、展示了住宅、农场和工作场所。

模型的应用在古希腊和古罗马时期很普遍，建筑模型则用于展示和规划公共空间与重要建筑。古罗马的模型尤其精细，展示了古罗马城市的布局和建筑的古罗马城市模型。这些模型不仅是展示工程和建筑的工具，也是向公众展示力量与财富象征的有效手段。

随后至中世纪，建筑模型的使用有所减少，但在文艺复兴时期再次兴起。文艺复兴时期的建筑师，菲利波·布鲁内列斯基和达·芬奇（Leonardo da Vinci），使用模型来测试他们革新性的建筑理念。这一时期的模型通常制作精细，用于演示复杂的结构理念和设计原则。

中国古建筑的"烫样"便是当时的模型，其主要是为了给皇帝御览而制作的实体比例组合模型工具。因为需要熨烫，所以称烫样。烫样是我国古代表现建筑设计意图的一种形式，是传统建筑设计的一个重要环节，它融合建筑、雕塑、绘画于一体（图8-3）。

---

① Ai行旅. 艺术馆的斗拱装置有点好看. [EB/OL]. (2024-04-10) [2025-04-29]. https://www.xiaohongshu.com/discovery/item/6615f8aa000000001b01393d?source=webshare&xhsshare=pc_web&xsec_token=ABaAK2FuXnUlyJQ9TSemEQbU-BJTS8JgcESpdpHJUFEdY=&xsec_source=pc_share.
② Ai行旅. 艺术馆的斗拱装置有点好看. [EB/OL]. (2024-04-10) [2025-04-29]. https://www.xiaohongshu.com/discovery/item/6615f8aa000000001b01393d?source=webshare&xhsshare=pc_web&xsec_token=ABaAK2FuXnUlyJQ9TSemEQbU-BJTS8JgcESpdpHJUFEdY=&xsec_source=pc_share.
③ bob design for fun. 模型做这么好，该申请哈佛还是蓝翔？[EB/OL]. (2024-07-08) [2025-04-29]. https://www.xiaohongshu.com/discovery/item/668a5024000000001f006565?source=webshare&xhsshare=pc_web&xsec_token=AB7i-4EuzF23QeNVucqYZ_GQJRKJirEgHLb-GWHp4-3Og=&xsec_source=pc_share.
④ 指的是古代人们下葬时带入地下的随葬器物，即冥器。

图8-3a[①]　圆明园廓然大公烫样，故宫博物馆藏　　图8-3b[②]　圆明园廓然大公烫样局部

建筑模型最初是为了更好地呈现和理解三维空间而制作的三维工具。在过去它们通常是手工制作的，使用如木材、泡沫等传统材料。这些模型在早期主要用于展示和演绎设计思想，帮助建筑师、客户和公众理解建筑的空间和形态。

工业革命为建筑模型的发展带来了重大改变。新的制造技术和材料（如钢铁、玻璃及石油产品）使得更大规模和更为复杂的设计成为可能。建筑师开始使用新材料和新技术探索模型的潜力，来展示他们的创新设计。

进入20世纪，随着现代主义的兴起，特别是在大型项目和建筑比赛中，建筑模型开始被更广泛地使用。国际上著名的现代主义建筑师，如勒·柯布西耶、密斯·凡德罗、弗兰克·劳埃德·赖特、丹下健三、矶崎新、安藤忠雄、伊东丰雄、SANAA、山本理显等，我国著名建筑师吴良镛、齐康、彭一刚、程泰宁、张锦秋、何镜堂等，无不通过模型来梳理、推导、展示他们的设计理念与建筑作品。

模型不仅展示了建筑的物理形态，还强调了功能组织、空间虚实、日照时间、光和空间类型、美的形式等之间的系统性关系。当下，尽管数字渲染、3D打印、人工智能技术已经与我们的日常生活密切关联，但是实体模型仍然是建筑设计、空间创意、环境设计、形式表达、空间相互关系推敲、研究讨论和展示呈现的重要手段与最有效的工具之一。

从精致的小型模型到复杂的全尺寸结构模拟，建筑模型在展示、沟通和实践建筑设计中发挥着关键作用。这些模型不仅承载着建筑的历史和文化，也代表着对未来建筑空间和形式的不断探索。

从古代到现代，建筑模型的历史反映了人类对空间和建筑的理解、技术的进步，以及建筑作为文化与空间艺术表现形式的发展历程。这段历史不仅揭示了建筑模型的实用

---

① 木石小屋. 故宫圆明园皆出自他手，享誉200年的建筑师究竟厉害在哪？［EB/OL］.（2019-10-17）［2025-05-06］. https://www.163.com/dy/article/ERN996M105419W3R.html.
② 木石小屋. 故宫圆明园皆出自他手，享誉200年的建筑师究竟厉害在哪？［EB/OL］.（2019-10-17）［2025-05-06］. https://www.163.com/dy/article/ERN996M105419W3R.html.

性,还展现了它们作为辅助人类发挥想象力与创造力的有效媒介以及表现空间的重要手段与途径的重要性。

### (二)建筑模型的演变

建筑模型从传统的手工制作到现代的数字化技术的演变,展示了建筑设计和表现方式在时间推移中的深刻变化。这一演变不仅体现了制作技术的改进,也反映了设计理念和工具的革新以及空间叙事形式的新理念。

传统上,建筑模型通过手工制作完成,需要精湛的工艺技能和对材料特性的深刻理解。木材、泡沫板和卡纸等材料被精心挑选和加工,以创造出具备空间关系与展示设计意图的模型。这种方法的主要优点在于它的直观性,可体现模型的质地、肌理和触感。建筑师通过亲手剪切、粘贴和雕刻,可以直接推敲空间构成的关系和形状样貌。

然而,随着模型制作方法的进化,手工制作的局限性开始显现,尤其是在处理更复杂的设计或大型项目时,可能需要数周甚至数月的时间来完成一个模型,这限制了设计的迭代和多视角的思考与探索。

随着计算机辅助设计(CAD)、应用软件和数字模型逐渐成为建筑设计领域的主流与标配。计算机辅助设计和三维建模软件允许建筑师在数字环境中快速迭代和修改设计。这种方法的优势在于其精确度和灵活性。建筑师通过计算机模拟可以轻松调整尺寸、更改材料或重新配置空间布局,这在传统手工制作的模型中几乎不可能实现(图8-4)。

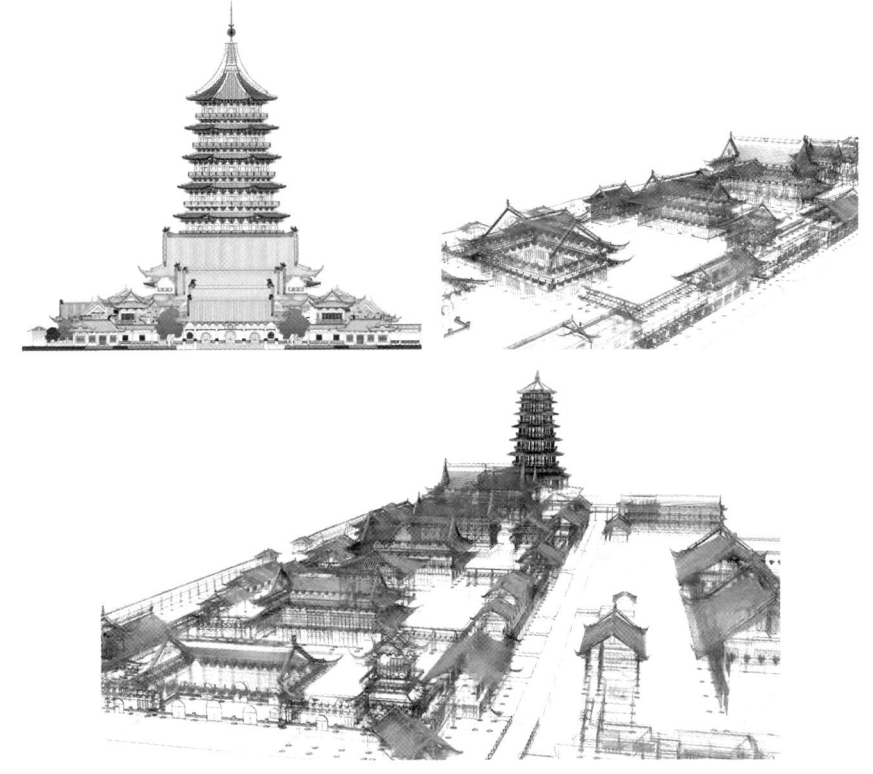

图8-4 扬州泰山殿数字化模型(谢璞 设计 谢璞 制作)

数字化技术进一步解放了生产力，使得建筑师能够探索更加复杂的结构和形式。例如，通过参数化设计，建筑师可以编程生成复杂的几何形状，在数字模型中提前进行合理性修正和优化改进，这些往往在手工制作时难以实现。此外，数字模型也为结构分析和环境模拟提供了可靠的数据与形态依据，帮助设计师更全面地理解他们的设计如何在现实世界中运作。

3D打印技术是数字化建筑模型领域的一次重大突破。这项技术使建筑师能够将他们的数字模型直接转换为物理实体模型。与传统手工制作相比，3D打印具有快速精准的特性，允许复杂的设计快速成型，并且在几何形状的精确复现方面远超传统方法。

3D打印技术的发展将颠覆建筑模型的制作方式。未来的3D打印机能够打印出更大尺寸的模型，并且使用更多种类的材料，包括强度更高、环境性能更友好的材料。此外，3D打印技术的速度和精度也将得到提升，使得制作大型或复杂模型变得更加可行。

此外，3D打印还减少了材料浪费，并允许使用多种不同材料，包括塑料、金属甚至生物材料。使用3D打印技术，建筑师可以在设计过程中快速制作多个模型版本，以探索不同的设计选项。这不仅加速了设计过程，也促进了更大胆的创新和设计实验。

例如，复杂的有机形态或非标准化的建筑空间和形态元素，在3D打印的技术支持下都可以轻而易举地制作出来（图8-5）。

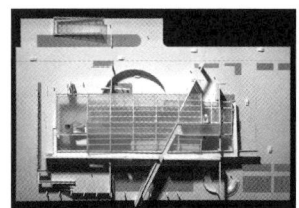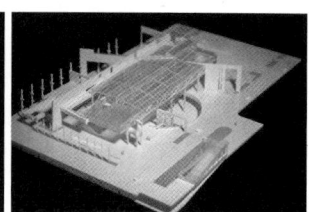

图8-5　3D打印模型（谢璞 指导　危正 设计）

数字化技术改变了建筑设计的本质，它不仅提高了效率和精度，还扩展了设计的边界。建筑师可以探索以前难以或无法实现的设计，如自由流动的曲线、错综复杂的网络结构和基于算法生成的空间呈现形式。这些技术也使得建筑师能够更紧密地与工程师和构造师协作，从而在设计阶段就可以提前预见并解决可能出现的结构和施工问题。

此外，数字化技术也改变了客户和公众对建筑设计的参与方式。通过虚拟现实（VR）、增强现实（AR）或混合虚拟现实（MR）技术，人们可以在数字模型被实际建造之前就"走进"设计的虚拟数字模型中，从而在早期设计阶段便发现问题并提供反馈信息。这种参与不仅改善了设计的结果，也增强了公众对建筑项目的接受度和参与度。

建筑模型的演变反映了建筑设计领域技术和理念的不断进步与发展。从手工制作到数字化，再到3D打印技术的引入，这一过程不仅提高了建筑模型制作的效率和精确度，也拓宽了建筑设计与建筑施工工艺更多的可能性。现代技术使建筑师能够以前所未有的方式探索空间叙事的形式与表达方法，同时为建筑师与客户和公众互动体验提供了新路径。随着人工智能技术的进一步发展，期待建筑模型继续在创新和沟通建筑设计中扮演越来越重要的角色（图8-6）。

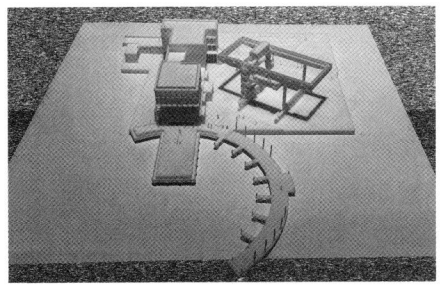  

图8-6a  3D打印模型（谢璞 指导  陈雨璠 设计）　　图8-6b  3D打印模型（谢璞 指导  郁嘉萱 设计）　　图8-6c[①]  3D打印模型（MAD 设计）

### （三）建筑模型的应用

当代建筑模型的应用已经远远超越了传统建筑领域的界限，建筑模型已成为一种多功能的工具，不仅用于设计展示、艺术创作、逆向工程、建筑打印等，并在与客户沟通和教育中发挥重要作用。

在当代建筑实践中，模型的使用已经变得更加多样化和高效。随着技术的进步，尤其是数字化和3D打印技术的发展，建筑模型不再仅限于物理实体。数字模型和虚拟现实（VR）模拟为我们提供了一种全新的方式来探索和呈现建筑设计。需要指出的是实体模型仍然被广泛使用，特别是在项目的最终演示阶段，它们能够提供一种直观的、可触摸的表达方式，帮助人们更好地理解设计表达的空间关系和尺度。而数字模型在设计的早期阶段更为常见，它们允许快速修改、更正与迭代，以及进行更复杂的空间和结构深入分析等工作（图8-7）。

在项目演示方面，建筑模型无可替代。无论是物理模型还是数字模拟，它们都能以一种非常直观和引人入胜的方式展示设计。对于那些难以通过传统平面图纸理解的复杂结构或空间布局，模型提供了一个立体和直观的视角。

此外，通过增强现实（AR）、虚拟现实（VR）或混合现实（MR）技术，参与者可以获得一种更为沉浸式的体验，仿佛置身于未来建筑之中。这种互动性不仅加深了参与者对建筑空间与环境设计的理解，还能激发更多直接详尽的讨论和反馈，有助于改进设计方案。

增强现实（AR）、虚拟现实（VR）和混合现实（MR）技术在未来建筑模型制作中的应用将更加广泛。这些技术能够为用户提供一种沉浸式的体验，使他们能够在虚拟环境中"步入"模型之内，从而更好地理解和感受设计。此外，AR和VR也为设计师和客户提供了一种新的沟通与合作方式，使得设计过程更加具有直观性、即时性和互动性。

通用人工智能（AGI）的集成将为建筑模型制作带来新的维度。它可以帮助优化设

---

① PrettyScenery. 山水城市概念模型. [EB/OL]. (2022-03-24) [2025-05-06]. https://www.xiaohongshu.com/discovery/item/623c35e800000000010256a2?source=webshare&xhsshare=pc_web&xsec_token=ABFzUBRef8FCGVDt2Ni97LaDmk6ofBr7NukG4I_Aq4BHE=&xsec_source=pc_share.

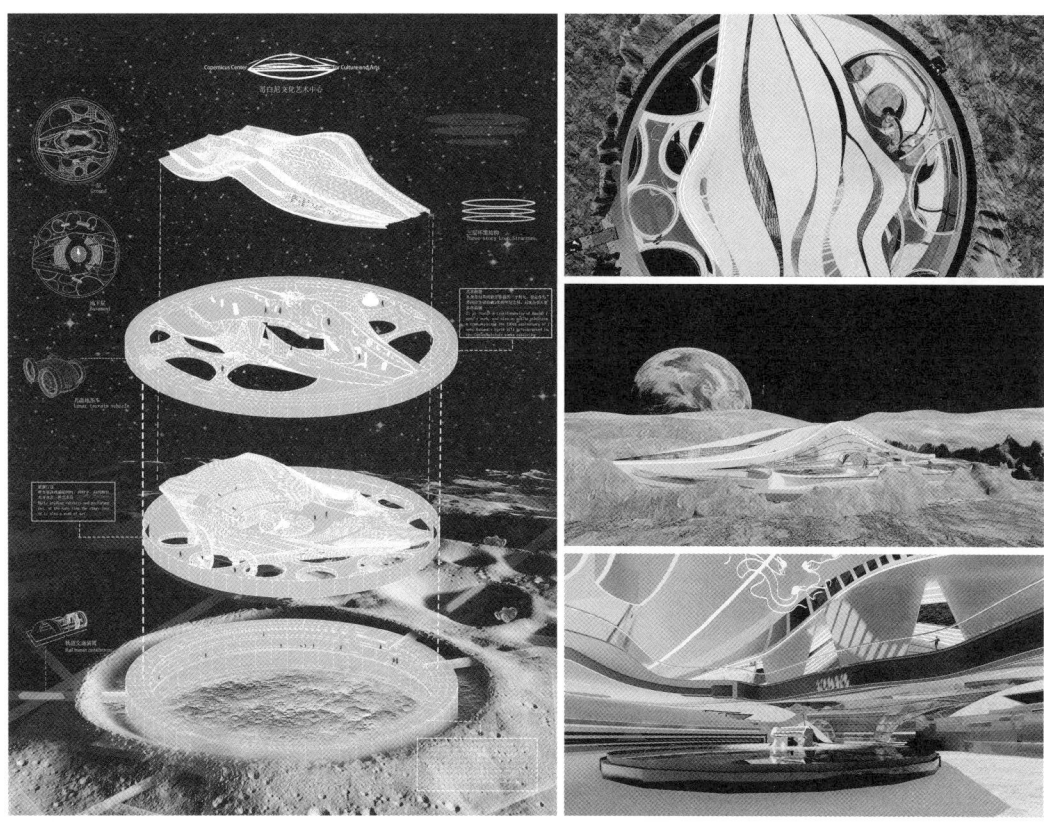

图 8-7　数字模型（谢璞 指导　吴卓群 朱家磊 设计）

图 8-7b　常州宝林寺数字模型场景（谢璞 设计）

计，通过分析大量数据来提出建筑设计的改进建议。此外，AGI 也可以用于模拟空间和分析建筑对环境的影响，比如能效、光照和通风模式，从而帮助创建更加可持续和适应性强的建筑设计，在交互性、灵活性与可变性上具有绝对优势。

在与客户的沟通中，建筑模型是一种强大的工具。模型能够帮助建筑师更有效地向客户展示和解释设计理念。特别是对于那些没有专业建筑背景的客户，三维模型比平面图更容易让人理解。实体模型在这方面尤其有效，因为它们提供了一种真实的触感和尺度感。而数字模型则允许实时调整和修改，使得客户可以立即看到他们的反馈如何被整合到设计中。这种即时的互动和参与不仅提高了客户满意度，还加强了设计师与客户之间的信任和合作关系。

在建筑教育中，模型的应用同样至关重要。通过制作模型，学员可以深入理解建筑的空间、结构和材料。模型制作不仅是一个学习建筑原理的实践过程，也是一种创造性思维和解决问题的能力的培养方式。在教学中，教师可以使用模型来演示复杂的建筑概念和技术，帮助学员更直观地理解建筑设计、力学原理、材料属性等各个方面。随着技术的发展，数字建模打印和虚拟现实已被纳入建筑教育中，提供了一种新的学习和探索空间的方式（图8-8）。

图8-8a　上美宝武校区模型（谢璞　摄）

图8-8b　上海艺术中心改造（程雪松 指导　窦志宸 设计）

图8-8c　张家桐艺术酒店（魏枢 指导　史馨然 设计）

图8-8d[①]　义务大剧院（Mad 设计）

图8-8e[②]　安吉文化艺术中心（Mad 设计）

---

① ky . Mad 事务所模型分享［EB/OL］.（2024−08−10）［2025−06−02］. https://www.xiaohongshu.com/discovery/item/66b70d360000000025033bb7?source=webshare&xhsshare=pc_web&xsec_token=CBI9Y0BbPNC-POE-fY92ZZOAOZM10VNtsMQJ-ymRIPy70=&xsec_source=pc_share.

② ky . Mad 事务所模型分享［EB/OL］.（2024−08−10）［2025−06−02］. https://www.xiaohongshu.com/discovery/item/66b70d360000000025033bb7?source=webshare&xhsshare=pc_web&xsec_token=CBI9Y0BbPNC-POE-fY92ZZOAOZM10VNtsMQJ-ymRIPy70=&xsec_source=pc_share.

当代建筑模型的应用已经成为建筑设计和呈现不可或缺的一部分。无论是在项目演示、客户沟通还是教育中,它们都发挥着重要的作用。随着技术的不断进步,建筑模型变得更加高效和多样化,不仅为建筑师提供了更强大的设计和表现工具,也为公众和学员提供了更深入理解和参与建筑设计的有效途径。未来,随着新技术跨学科教学的发展和融合,数字化(如数字孪生)模型将在各个行业中扮演着越来越重要的角色。

### 三、建筑模型的材质分类与制作流程

#### (一)模型的材质分类

根据材质分为常见的黏土模型、油泥模型、石膏模型、塑料模型、木质模型、金属模型、综合模型。

黏土模型。黏土具有一定的黏合性,可塑性极强,在塑造过程中可以反复修改任意调整,使用修、刮、填、补等手法比较方便;油泥可塑性强,黏性、韧性比黄泥(黏土模型)强,使用方便,成型过程中可随意雕塑、修整,成型后不易干裂,可反复使用;石膏价格经济,质地细腻防潮,成型后易于进行表面装饰、加工修补、长期保存,方便使用、加工,用于陶瓷、塑料、硅胶等各种模型制作方面,便于陈列展示。

塑料模型。这类塑料主要品种有50多种,常用的有热塑性塑料聚氯乙烯PVC(耐热性低,可用压塑成型、吹塑成型、压铸成型等多种成型方法)、聚苯乙烯、ABS工程塑料(熔点低,用电烤箱、电炉等加热,很容易使其软化,可热压、连接多种复杂的形体)、有机玻璃板材和泡沫塑料板材等。

木质模型。我们常用的木材一般都是经过二次加工后的原木材和人造板材。人造板材常有胶合板、刨花板、细木工板、中密度纤维板等。木头是制作家具模型的常用材料。

金属模型。钢铁材料应用较多,如制作各种规格的钢铁、管材、板材等,也有用铝合金等其他金属作为材料制作的材料。其制作表达准确、效果精致、耐候性强,也可用作3D打印材料,但成本较高。

综合模型。综合模型选用两种或两种以上多种材料,经过综合的加工制作而成,或是以一种材料为主料,其他只是局部使用到。这样制作的模型,整体感统一、后期装饰处理便捷、成本估算方便。

#### (二)建筑模型的制作流程

第一,参照设计手绘草图和徒手制作草模,读解搜索、发觉、发现空间新的可能性,快速构建创意模型,同时进行平面与竖向分析、展开空间架构,记录初步设计构思基本理念、功能组织、空间布局与基本形态及发展过程;第二,转换收集到的各项文字信息、二维图形媒介、建构、推敲三维设计概念体块模型草案,直观传递三维空间的虚实转换、动线组织、功能体块、主从关系、空间叙事表达构成的形态样式;第三,在草图到模型转换的不断推敲、筛选优化过程中,确定比例、材料和效果预想,进一步明确设计方案;第四,落实场地,进行场地制作、地形制作以及配景制作;第五,在大体块草模的基础上扩展模型空间的表达力,即进入到正模型制作,如进行图纸准备、效果

设计、比例定制、材料选择、图纸打印、底盘制作、空间制作（深化如出入口、开窗、通风口、建筑立面形态等细节方案形式），进行建筑形体美"点、线、面、对比、韵律"等构成手法和美学塑造，深化呈现空间叙事构成的重要环节；第六，进行场地与地形制作、水体与道路制作、配景制作（同比例人物、草地、乔木和灌木、交通工具、室内环境、照明制作）等，与环境氛围烘托。

在实际课程学习与作业过程中，常常需要把拓展模型和成品模型结合起来制作，在创意概念→草图→概念模型→草模→拓展模型→修正图纸→成品具象模型的全过程中进行不可或缺的核心内容表达与呈现。

### 四、建筑模型的空间元素

#### （一）基地环境

基地环境围绕主体，而主体赖以存在的条件是周边条件的总和。基地环境的营造，应关注人与自然、人与社会、人与自我等三个层次的关系。同样，作为先决条件，建筑模型只有放置在整体的周边环境当中才能判断其是否适合，模型不能独立于所在的环境而独自存在。应正确适度处理好基地地形、植被、河流、水面、道路、交通、基础设施、使用者构成等与建筑主体的协调关系，使建筑主体更加突出、协调、趋向完美（图8-9）。

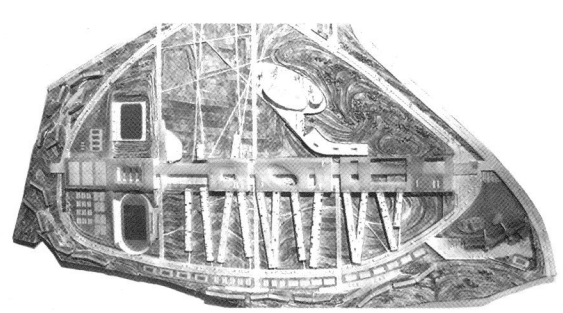

图8-9a　大连医科大规划与建筑设计（新井清一　谢璞　设计　谢璞　包立等　制作）

图8-9b　大连外国语大学基地环境模型（新进清一　谢璞　设计　谢璞　包立　制作）

#### （二）模型主体

建筑模型主体是指建筑模型空间主体和空间结构支撑部分，包括模型屋面、墙体、标准层、内部空间、通道、地下室、承台底板等。模型主体制作时，材料应尽可能简单明了、协调统一，避免复杂烦琐，按比例规划墙体的厚度、门洞大小，遵守设计规范（图8-10）。

#### （三）模型构件

模型构件是设计建筑模型的重要组成部分，如门窗、台阶、楼梯、玻璃、装饰等，其主要是指除建筑模型主体外的模型构成组件。模型基础组件制作的好坏，会直接影响整体模型的最终呈现，因此需要用心制作（图8-11）。

### 五、设计模型的表达形式

建筑模型是建筑设计和空间形式表达的一个不可或缺的组成部分。它们通过提供一

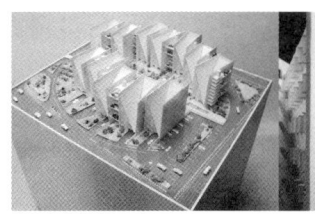

图8-10　北京丰盛地区改造计划（谢璞　设计　包立　制作）

  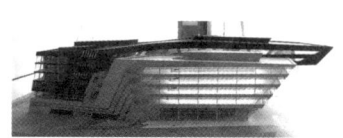

图8-11a[①]　德国柏林国会大厦改扩建（诺曼·福斯特 设计）　　图8-11b[②]　英国伦敦彭博欧洲新总部大楼（理查德·罗杰斯 设计）　　图8-11c[③]　奥地利维也纳经济大学（WU）学习中心（扎哈·哈迪德 设计）

种三维、直观和互动的设计表现形式，不仅帮助设计师更好地理解和发展他们的创意，也为客户与公众提供了理解和评价建筑设计的途径。随着数字化技术的发展，建筑模型的制作和应用正变得更加多样和高效，从而为建筑设计和建造领域带来新的可能性。

模型按阶段性主题类别可以分为：概念模型、规划模型、建筑模型、内部模型、结构模型、局部细节模型、展览模型等类型。每种类型都有其独特的目的和应用场景，按设计的整个过程，又可分为三个阶段：概念模型、工作模型和成果模型。在不同阶段，模型的功能、内容和制作方法方面都各有侧重点，需要区别对待（表8-1）。

表8-1　建筑模型分类

| 模型类型 | 概念模型 | 规划模型 | 建筑模型 | 内部模型 | 结构模型 | 局部细节模型 | 展览模型 |
| --- | --- | --- | --- | --- | --- | --- | --- |
| 阶段模型 | 概念模型 | | 工作模型 | | | 成果模型 | |

### （一）概念模型

概念模型是设计模型的一种初期理念阶段的表现形式，它是设计前期对体块、形体空间把握的研究方法。设计师通过体块搭建空间虚实关系、忽略细节，给人更多的空间想象，便于把控空间。

---

① 建材U选.模型中的建筑世界［EB/OL］.（2019-08-29）［2024-09-28］. http://www.bml365.com/show/study/detail/134.
② 建材U选.模型中的建筑世界［EB/OL］.（2019-08-29）［2024-09-28］. http://www.bml365.com/show/study/detail/134.
③ 建材U选.模型中的建筑世界［EB/OL］.（2019-08-29）［2024-09-28］. http://www.bml365.com/show/study/detail/134.

概念模型是在设计策划的基础上，前期对建筑理念、形体、体块或某种制约条件的回应与概念性的表达，留给设计师更多的想象空间，通常有抽象空间、空间体块、结构空间、表皮形态表达四种形式。

1. 抽象空间的表达

抽象空间模型是对文字描述、二维概念图等设计理念的三维立体转换与抽象表达。通常这类创意模型表达具体形态的创新概念和设计个性，以及甚至在现实中无法落成实现的概念模型，更多地作为设计研究前期的主题概念被推导制作而成（图8-12）。

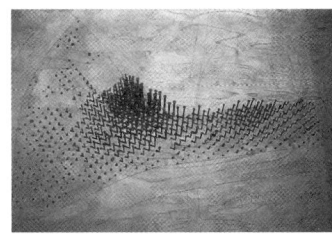  

图8-12a　概念模型（谢璞　摄）　　　　　　图8-12b[①]　概念模型

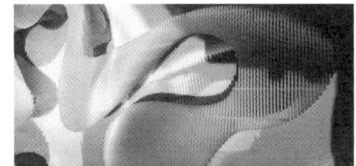  

图8-12c　概念模型（初漪　指导　朱红艳　设计）

2. 空间体块的表达

概念模型的体块是空间理念的表达，通常表示未完成的前期研究成果，帮助设计师、观摩者理解设计理念、图形或三维转换的过程节点统一概括的空间形态（图8-13）。

3. 结构空间的表达

概念模型有多种空间表达形式，结构空间的表达强调建筑框架的抽象或局部结构的表达（图8-14）。

图8-13a　概念模型（娜仁托雅　摄）　　　图8-13b　空间体块模型（娜仁托雅　摄）

---

① gooood.在海外专辑第三十期——黄中汉［EB/OL］.（2015-06-07）［2025-06-02］. https://www.gooood.cn/oversea-30-zhonghan-huang.htm?is_mobile=true.

 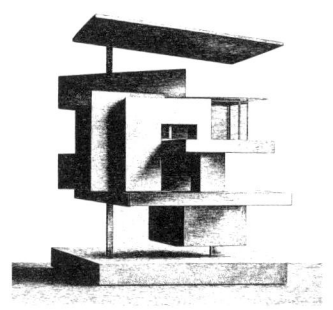 

图8-13c① 概念模型　　　　图8-13d② 概念模型　　　　图8-13e 空间体块模型（娜仁托雅 摄）

图8-14a③ 空间体块模型　　图8-14b④ 空间概念模型　　图8-14c⑤ 空间体块模型

  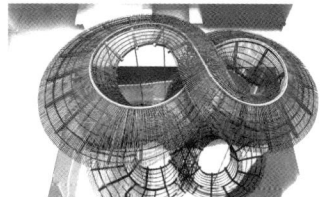

图8-14d⑥ 概念模型　　　　图8-14e 抽象结构模型（娜仁托雅 摄）　　图8-14f 竹结构模型竹里（娜仁托雅 摄）

---

① Fafa. 灵感采集丨不可能的建筑. ［EB/OL］.（2024-01-18）［2025-05-06］. https://www.xiaohongshu.com/discovery/item/65a928e6000000002900c0fa?source=webshare&xhsshare=pc_web&xsec_token=ABH1yKq_fJMy-tEJJJe4v_Wr0KeTxdamsGzlSSED2XX3A=&xsec_source=pc_share.
② 米理学长黄老师. 建筑概念模型丨立体几何山水亭［EB/OL］.（2024-12-03）［2025-04-29］. https://www.xiaohongshu.com/discovery/item/674ee4750000000006016e83?source=webshare&xhsshare=pc_web&xsec_token=ABeZh_tSJMCxv7_iwUJ-A5m9maC0WnQ-XVblarsv3nEQE=&xsec_source=pc_share.
③ 米理学长黄老师. 建筑概念模型丨向上生长的乌托邦［EB/OL］.（2024-11-20）［2025-05-06］. https://www.xiaohongshu.com/discovery/item/673dc5c00000000006015d70?source=webshare&xhsshare=pc_web&xsec_token=AB7R7jXlcQCuaaKOqlKZpbeO1fmbK7BLnLLqMvO3JhTs0=&xsec_source=pc_share
④ 攸攸然. 赫斯维克模型大展. ［EB/OL］.（2024-02-27）［2025-05-06］. https://www.xiaohongshu.com/discovery/item/65dcb24b000000000b00f0d9?source=webshare&xhsshare=pc_web&xsec_token=ABWWWXRW0RDb9ww5heivsrj1lAc6-3m0AAdbfSVuz5rQU=&xsec_source=pc_share.
⑤ 设计艺客. 爱玩水泥的建筑师，用水泥来表达他对建筑空间的痴迷……［EB/OL］.（2024-06-09）［2025-04-29］. https://k.sina.cn/article_5776829712_p158536d1002701862e.html.
⑥ zzlarki设计日记. 毕设灵感116丨不可能建筑 系列作品（二）［EB/OL］.（2024-01-15）［2025-05-06］. https://www.xiaohongshu.com/discovery/item/65a53dbb000000001a001cec?source=webshare&xhsshare=pc_web&xsec_token=ABc4lGRS3xrn_yco4oUVrw3FPi9EDw-jGHXMmkKrItQgg=&xsec_source=pc_share.

4. 表皮形态的表达

建筑表皮的设计理念与风格，直接影响到建筑最终完成的审美取向与艺术风格，它对公众产生的正向或负面的直接影响和引导作用不可小觑（图8-15）。

图8-15a[①]　伦敦彭博欧洲新总部大楼建筑表皮（理查德·罗杰斯 设计）　　图8-15b　建筑表皮形态表现（娜仁托雅 摄）　　图8-15c　建筑表皮形态表现（包立 摄）

图8-15d　展示模型（包立 摄）　　图8-15e　建筑方案　卡塔尔国家博物馆"沙漠玫瑰鸟瞰"（让·努维尔 设计）　　图8-15f　建筑表皮（皮阿诺 罗杰斯 设计 娜仁托雅 摄）

### （二）多维空间类型

1. 无维：点，即奇点。只有单纯的一个点，没有长、宽、高，如黑洞就是奇点。

2. 一维：线，即只有长度的线。

3. 二维：面，即只有长和宽的平面世界。

4. 三维：体，即立体空间，有长、宽、高等三种维度，是由三维坐标系决定的三维空间。

5. 四维："空间+时间轴"的一个时空概念。宇宙是由空间和时间构成的。阿尔伯特·爱因斯坦（Albert Einstein）在《广义相对论》《狭义相对论》中提及"四维空间"概念而被人们所公认。

概念模型用于在设计过程的初期阶段表达和探索基本的设计理念。这些模型通常采用简单技术、工具和材料，用小于最终成果要求的模型比例，以较为简约、抽象的形式

---

[①] 建材U选.模型中的建筑世界［EB/OL］.（2019-08-29）［2024-09-28］. http://www.bml365.com/show/study/detail/134.

制作，更多地关注设计的基本形式和空间关系的探讨，而不是细节或材料。如区域性规划与建筑体量关系模型（图8-16）；2010年上海世博会的西班牙馆外表采用覆盖特制藤条编制的设计概念的初始表达，使得馆内部空间后来才有了像林荫树下凉亭一般的舒适空间体验（图8-17）。

图8-16a　大连外国语大学模型（新井清一　谢璞　设计　谢璞　包立等　制作）

图8-16b　概念体块模型（包立 摄）　　图8-16c　概念体块模型（谢璞 摄）　　图8-16d　概念体块模型（包立 摄）

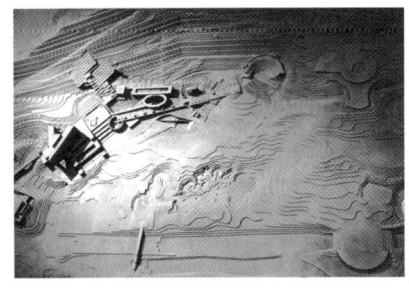  

图8-16e　淡路岛梦之舞台（安藤忠雄 设计　包立 摄）　　图8-17a　设计概念模型西班牙馆（包立 摄）　　图8-17b　西班牙馆建筑实体（包立 摄）

### （三）具象模型

即实用模型，包含拓展模型和成品模型。我们生活中常见的大多数模型是具象模型，它是在前期抽象概念模型的基础上深化内容、反复推敲的结果。拓展模型是介于前期概念模型和最终成品模型之间的模型，属于成品模型的过渡模型。模型制作中常常会把拓展模型和成品模型结合在一起，如沙盘模型、建筑竞标作品等。

为实现最终目标，展示模型侧重细节，是通常被用来向客户或公众展示的最终设计成果模型。这类模型高度精细，强调材料、纹理和颜色，以便尽可能真实地再现最终建造的建筑。此外，这类模型用材料准确、精致，局部雕琢、点缀建筑与环境的氛围与意境，是独具风格特色和艺术效果的成果模型。

1. 工作模型

工作模型。建筑模型在设计工作过程中的作用不容小觑。它们是设计者探索和评估不同设计方案的重要工具。通过工作过程中的模型建造和研究，建筑师可以更好地理解空间布局、光线分布以及结构元素之间的相互作用，有效地推进设计方案的进展和深化，这是变化频繁、持续长久的模型表达阶段。其工作重点为：建筑与周边环境、地段，建筑功能布局、形体与建筑外观等。此外，工作模型是一个更加功能性的工具，用于解决设计过程中的具体问题，如结构稳定性、光线分析或空间流动性、动线组织、空间叙事结构关系等，要求制作比例准确、细致（图8-18）。

  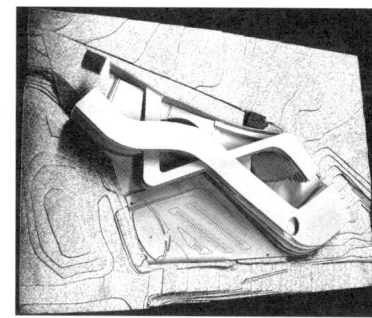

图8-18a 工作草模型（谢璞 设计制作）　　图8-18b 工作模型（谢璞 设计制作）　　图8-18c 工作模型（谢璞 设计制作）

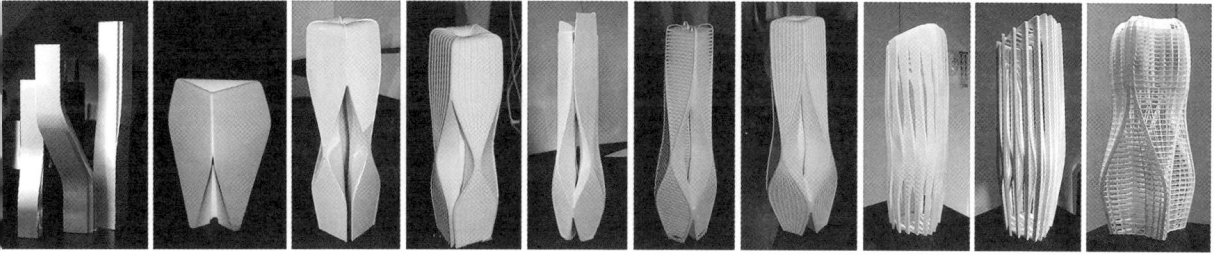

图8-18d[①] 设计演变工作草模型

2. 研究模型

研究模型通常是指建筑文化遗产的研究模型，如古建筑构架的研究模型、中国不同时期古建斗拱的研究模型、江南古典园林的研究模型、现代钢结构大跨距模型等（图8-19）。

---

① 建材U选. 模型中的建筑世界［EB/OL］.（2019-08-29）［2024-09-28］. http://www.bml365.com/show/study/detail/134.

图 8-19a　唐代佛光寺大殿模型（魏子覬 摄）

图 8-19b　建筑立面局部研究模型（谢璞 摄）

图 8-19c[①]　研究模型局部

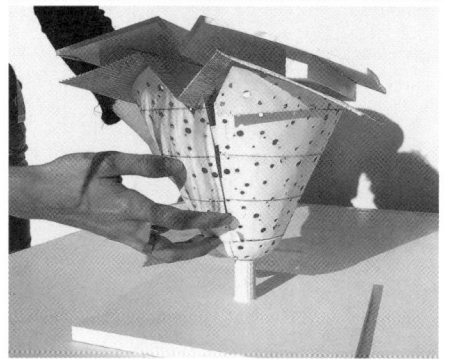
图 8-19d[②]　研究模型巨人网络上海总部（塞非西斯 设计）

### 3. 展览模型

（1）以设计展览为目的制作的模型

为便于让观者理解与沟通，此类模型通常从制作主题，创作实体概念模型到以具象的形式，按照准确的比例完成原大或缩小的局部模型，再到以模拟真实场景的表现方式，按一定的缩小比例呈现给观者，以建筑空间设计的全过程展示叙事形式，呈现建筑设计作品（图8-20）。

---

[①] Integrated Design Associates. 麦克坦-宿雾国际机场2号客运大楼，菲律宾［EB/OL］.（2020-06-30）［2024-09-22］. https://www.gooood.cn/mactan-cebu-international-airport-terminal-2-by-integrated-design-associates.htm.

[②] 原源. 错动裂变：巨人网络总部办公楼　墨菲西斯［EB/OL］.（2018-02-27）［2024-09-28］. https://www.archiposition.com/items/20180525114836.

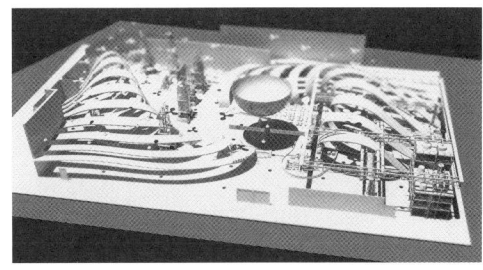
图8-20a 克拉玛依科技博物馆（谢璞 设计）

图8-20b① 大英博物馆扩建（诺曼·福斯特 设计）

图8-20c 工业遗产改造（谢璞 指导 郁嘉萱 设计）

图8-20d 一大会址展览模型（谢璞 摄）

（2）以商业运营为目的，非学院派的展览模型

此类模型是无须构思的单纯制作，依据设计公司提供的场地布局图、平面图、立面、剖面图纸，借助激光雕刻或3D打印机等，精雕细刻，将切割好的模型材料拼接组合起来构成。如商业楼盘沙盘、展会模型，借助声光电、VR、MR等技术，可更真实地展示建筑项目。一般情况下，此类模型的体量比较大，建筑只做外形的围合和表皮，重点保证建筑立面的商业展示效果（图8-21）。

图8-21a 集市（黄祎华 指导 祝纪伟 设计）

图8-21b 上海朱家角展览模型（谢璞 摄）

---

① 建材U选.模型中的建筑世界［EB/OL］.（2019-08-29）. http://www.bml365.com/show/study/detail/134.

图8-21c　拉卜楞寺全景模型（娜仁托雅 摄）　　　　　　　图8-21d　展览模型（张洋 摄）

图8-21e　展览模型　　　图8-21f　展览模型（娜仁托雅 摄）　　图8-21g　展览模型（娜仁托雅 摄）
（娜仁托雅 摄）

（3）城市规划展、博物馆展览的模型

此类模型是通常出现在城市规划、非营利机构的公共文化事业性质的展览模型，具有城市发展规划展示、文化知识传播的积极作用（图8-22）。

图8-22a　上海规划展览馆模型（包立 摄）　　图8-22b　上海嘉定新城远香文化源　　图8-22c　大吴淞口生态规划模型（包立 摄）
　　　　　　　　　　　　　　　　　　　　　　　　规划模型（包立 摄）

## 第二节　建筑模型材料

在材料和制作工艺方面，建筑模型的制作经历了从传统手工技艺到现代技术的转变。传统模型使用木材、泡沫和有机塑料等材料手工制作，要求建筑师具备一定的工艺技能和对材料特性的深入理解。遇到更加复杂和有挑战性的设计模型时，一些传统模型制作方法可能难以快速呈现。现代技术，如激光切割和3D打印，为建筑模型的制作带来了革命性的变化。这些技术允许自由曲面、更精确的细节刻画，同时也大大缩短了制作时间。

建筑模型的材料有主料、辅料、黏合剂等。

### 一、建筑模型的主料

制作建筑模型常用的主要模型材料：纸板、PVC、木材、泡沫板、玻璃和金属等类别。

#### （一）纸板

纸板是建筑模型制作最基本、最简便、采用最广泛的材料。纸板的种类很多，常用的厚度为0.5—3 mm，色彩丰富。材料的特点是：使用范围广，品种、规格、色彩多样，容易切割和折叠，加工方便，表现力强。这种材料物理特性较差，强度低，吸湿性强，受潮后易变形，高强度纸板适合制作建筑周边地形和建筑与基地地形的底台承板（图8-23）。

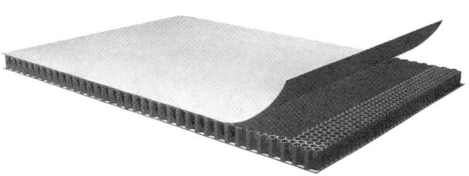

图8-23a　高强度纸板

图8-23b[①]　纸板模型

图8-23c　纸板建筑（谢璞　设计制作）

#### （二）ABS板与EVA板

ABS板是一种新型材料，白色不透明，厚度为0.5—5 mm，是比较流行的手工及雕刻机加工建筑模型的主要材料。材料的特点为适用范围广，材质挺括、细腻，便于加工，着色及可塑性强（图8-24）。

图8-24a　ABS板图

---

① Cris小红薯事务所.落叶林 | 手作模型.［EB/OL］.（2024-09-11）［2025-05-11］.https://www.xiaohongshu.com/discovery/item/66e0fd4800000000250338c2?source=webshare&xhsshare=pc_web&xsec_token=AB2CCEatgVD7lNJUfSvLvjvp-wMbb1ccavhVKlHj_Kvl0=&xsec_source=pc_share.

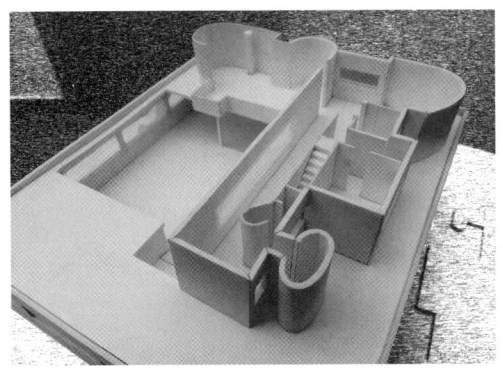

图8-24b[①]　萨伏伊别墅（勒·柯布西耶 设计）　　图8-24c[②]　古根海姆博物馆（弗兰克·劳埃德·赖特 设计）

ABS方管：宽3.0、4.0、5.0、6.0、8.0、10.0 mm。

ABS瓦面：尺寸450×300、297×210、600×430 mm，厚度1.0、1.6 mm。

ABS方格板：厚0.5、0.8、1.0、1.2、1.5、2.0、3.0、4.0、6.0 mm。

ABS墙面砖：尺寸600×430、600×900、1 200×60 mm，厚度0.8、1.0、1.2、1.4、1.6 mm。

EVA板（ethylene-vinyl acetate copolymer），中文乙烯—醋酸乙烯酯共聚物，可弯曲、韧性高、回弹性大、抗张力高，具有良好的曲面塑型、防震、缓冲性能。其为密闭泡孔结构，隔音、不吸水、防潮、耐水性能良好，易于进行热压、剪裁、涂胶、贴合等加工。

### （三）有机玻璃板

有机玻璃板分为透明与不透明两种，厚度一般为1—3 mm，色彩丰富，是理想的建筑模型材料。有机玻璃的颜色有淡绿、淡蓝、无色。材料的特点是可塑性强、材质细腻、挺括，热加工后可以制作各种曲面造型，但这种材料易老化，制作工艺复杂（图8-25）。

图8-25a　有机板（鲁晓雨 制作）

---

① noorahc.萨伏伊别墅模型［EB/OL］.（2024-05-16）[2024-09-29］. https://www.zcool.com.cn/work/ZMzY5NDgwNzI=.html.
② 建材U选.模型中的建筑世界［EB/OL］.（2019-08-29）[2024-09-29］. http://www.bml365.com/show/study/detail/134.

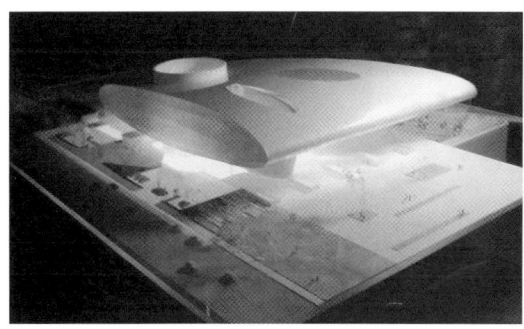

图8-25b 沈阳妇女儿童活动中心（新井清一 谢璞 设计制作）

图8-25c 商业综合体模型（包立 摄）

图8-25d 义乌大剧院（MAD 设计）

常见的有机板厚约0.5、1.0、1.5、3.0、4.0、5.0、6.0 mm。尺寸：830×830、1 000×1 000、1 170×1 100、1 470×970、1470×1 100、1 670×1 170 mm。

有机玻璃管：直径6.0、8.0、10.0、12.0、14.0、16.0、18.0、20.0 mm。

水纹玻璃：1 800×900 mm。

**（四）PC板**

PC板又称聚碳酸酯板，具有优秀的物理热性能，是一种综合性极佳的工程塑料，有质轻、透光率高、防紫外线、表面光泽、阻燃、耐候等优点，被称为"透明塑料之王"。广泛应用于温室、商场等公共场所，如民用建筑的采光、挡雨棚，高架路隔音墙等方面，是目前最理想的光棚材料之一。可制作模型的隔断、玻璃窗、水面等（图8-26）。

**（五）木板材**

木板材又称航模板，是由泡桐木经过化学处理而制成的板材。材料质地细腻易于加工、造型和黏接，纹理清晰、自然表现力强。但吸湿性强、易变形。通常软木板厚：10、1.5、2.0、30、4.0、50、6.0 mm（图8-27）。

**（六）泡沫板**

泡沫板又称白纸贴面，内心为高密发泡材料。轻便，易切割、黏接，厚3、5、7、10 mm。用泡沫制作建筑体块非常方便，其一般用于方案的构思阶段。材料规格有厚度

图8-26a　PC阳光板　　　　　图8-26b　PC阳光板　　　　　图8-26c　PC板模型（贝聿铭 设计　谢璞 摄）

图8-27a　中国馆模型（何镜堂 设计　娜仁托雅 摄）　　　图8-27b　木板模型（畏研吾 设计　娜仁托雅 摄）

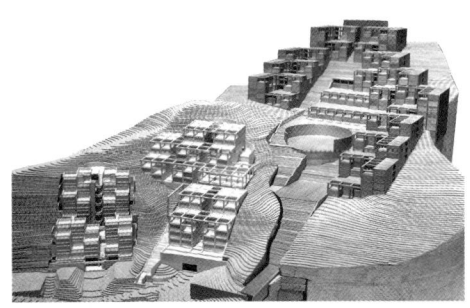 

图8-27c　木板模型（安藤忠雄 设计　张洋 摄）　　　图8-27d　木板模型（畏研吾 设计　谢璞 摄）

图8-27e　木板、塑胶、金属模型（贝聿铭 设计　谢璞 摄）

为 30 mm、50 mm、80 mm、100 mm、200 mm，平面尺寸为 1 000 mm × 2 000 mm。制作时可以使用剪刀、钢锯或电热切割器进行切割，厚度不够可以用乳白胶粘贴加厚。该材料的优点为：易于加工、质轻、易保管。易于制作大型模型；缺点是表面粗糙，不精致（图 8-28）。

图 8-28a　高密度发泡贴纸板（谢璞 设计　包立 制作）

图 8-28b　高密度发泡板等（贝聿铭 设计　谢璞 摄）

图 8-28c　邻里宠物中心（谢璞 指导　赵隽哲 唐怡凡 设计）

**（七）地、墙、砖纸**

建筑模型制作中，纸质材料是不可或缺的重要组成部分。纸类材料是模型制作最基本、最简便，也是被广泛采用的一种材料。纸的原料主要是植物纤维，原料中除含有纤维素、半纤维素、木素三大主要成分外，还含有少量的树脂、灰分等。按纸张的厚薄和重量纸质材料分为纸和纸板。一般比重在 200 g/m² 以下的称为纸，以上的称为纸板。可以通过剪裁、折叠改变其原有的形态；通过折皱使其产生各种不同的肌理；通过渲染改变其固有色，故其具有较强的可塑性。其中，地面纸、墙纸和砖纸是常用的纸质材料，它们能够为模型增添丰富的细节和真实感。

（1）地面纸

地面纸是建筑模型中重要的一部分，它能够为模型增添现实感和氛围感。地面纸是专门用来制作模型地面的纸质材料，通常采用特制的纸张制成，质地柔软而且易于加工，表面通常印有逼真的地面纹理，常见的有草地、土地、石板等图案的地面纹理。可以根据模型的需要选择合适的地面纸。如绒毛均匀的植绒纸可以用来做草坪、绿地、球场、底台面等，原本用来打磨其他材料的砂纸也可用来做球场、路面，甚至刻成字贴到模型底台上，效果上乘。

（2）墙纸

墙面是建筑模型中另一个重要的组成部分，墙纸是专门用来制作模型墙面的纸质材料，能够为模型增添视觉立体感和细节。墙纸通常采用特制的纸张制成，质地坚固而且易于加工，表面通常印有逼真的墙面纹理，包括砖墙、混凝土墙、木质墙等。制作模型墙面，只需要根据模型的需要选择大小、比例合适的墙纸尺寸，粘贴在模型的墙体上即可，也可以根据需要将不同颜色和纹理的墙纸组合在一起，制作出更加多样化的墙面效果。

（3）砖纸

砖纸也叫砖面纸，是一种专门用来制作模型砖墙的纸质材料。通常采用特制的纸张制成，表面印有逼真的砖纹，质感非常逼真。通常有多种颜色，包括红色、黄色、灰色等，可以根据模型的需要选择适合的颜色。其规格、尺寸有多种可供选择，包括不同大小和形状的砖块，可以根据模型的需要选择适合的尺寸。制作模型砖墙，只需要将砖面纸剪裁成合适的尺寸，然后粘贴在模型的墙体上即可。还可以使用不同颜色和尺寸的砖面纸制作出多样化的效果，增添模型的真实感和立体感。

此外，市场上也有系列仿石材和各种地、墙面砖的型材纸张。这类型材纸张仿真程度高、使用简便，简化了模型制作过程。在选用这类型材纸时，应注意造型图案的比例及型材纸张须与模型制作的整体风格契合统一。

## 二、建筑模型的辅料

建筑模型的辅料主要用于制作建筑模型主体之外的部分，如建筑细部、建筑配景。建筑模型的辅料很多，主要包括以下类别。

### （一）金属材料

金属材料适合曲面异形模型的制作和3D打印模型，制作成本较高。模型局部形态分为板、线、管材三大类，常用的金属材料有铁丝、钢丝、铜丝、铝箔、铝塑板等，用于建筑的特殊部位，也可应用金属材料制作概念模型（图8-29）。

### （二）仿真草皮

仿真草皮用于模型中绿地的制作。材料质感好，色彩逼真，使用方便，仿真程度高（图8-30）。

### （三）草地粉

草地粉常用于山地和树木的制作。材料为粉末状，色彩丰富，可适合多种场合的需要（图8-31）。

第八章 建筑模型 | 417

图8-29a 大兴机场金属屋顶（扎哈 设计 包立 摄）

图8-29b 金属概念模型（扎哈 设计 谢璞 摄）

图8-29c 金属模型（谢璞 摄）

图8-29d 金属模型（贝聿铭 设计 谢璞 摄）

图8-30 仿真草皮

图8-31a 绿地粉

图8-31b 绿地粉（娜仁托雅 制作）

### （四）型材

型材即将原材料加工成各种造型、尺寸的备用材料，如常见的有人物、汽车、树木、路、栅栏等。

### （五）黏合剂

黏合剂在建筑模型制作中具有非常重要的黏合作用。不同的建筑模型材料适合不同的黏合剂，通过黏合将已经加工好的零件组织在一起形成立体三维空间建筑模型。

1. 纸板类的黏合剂

乳白胶、胶水、喷胶、双面胶带等。

2. 塑料类的黏合剂

主要有德国UHU透明胶、北京502胶水、日本ABS胶水、热熔胶等（图8-32）。

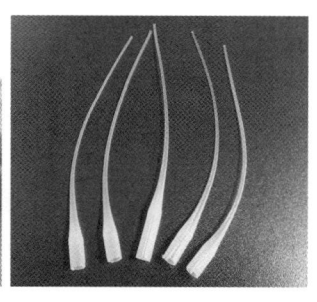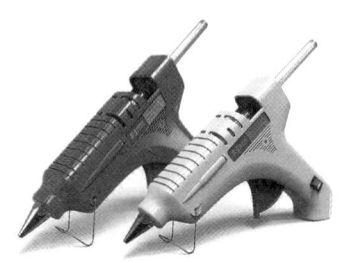

图8-32　黏合剂与配套工具

3. 木材类的黏合剂

白乳胶、万能胶、4115建筑胶等。

### 三、常用的环境模型材料

仿真雪（一套2罐）。

仿真水（一套2罐）。

尼龙草绒：厚1.5、3 mm，10千克一袋。

粘胶草绒：厚1.5 mm，10千克一袋。

草皮：规格2.5×1.0 mm，10千克一袋。

草粉：10千克一袋。

白海绵：厚约5.0、10.0、20.0（小孔）10.0、20.0、30.0（中孔）5.0、10.0、20.0 mm（大孔）。

着色海绵：厚5.0、10.0、20.0（小孔）10.0、20.0、30.0（中孔）5.0、10.0、20.0 mm（大孔）。

彩色小人：规格1∶20、1∶25、1∶30、1∶50、1∶75、1∶100、1∶150、1∶200。

白色小人：规格1∶100、1∶150、1∶200。

仿真小树：100个一袋。

仿真小轿车：比例1∶100、1∶150、1∶200。

室内家私：比例1∶20、1∶25、1∶30。

各式栏杆：比例1∶100、1∶200，100 mm长左右。

以上材料可根据实际模型比例与制作需求，提前在网上灵活选购。

## 四、模型工具

加工模型材料的工具常常决定模型制作的精细程度,并最终决定模型的品质。在"细节决定成败"的现代社会,精致的模型细节,无论是来自设计还是加工常会打动客户。

常用的模型工具有:中国台湾1316刀片、日本BD-100刀片、钩刀片(图8-33);刻刀垫板(长度15 000 mm,宽度1.8、3.6、4.0、4.8、5.0 mm)。精雕机、微型砂轮机、泡沫切割机、万用拉花锯、轻型台式转床、3D打印机等(图8-34)。

  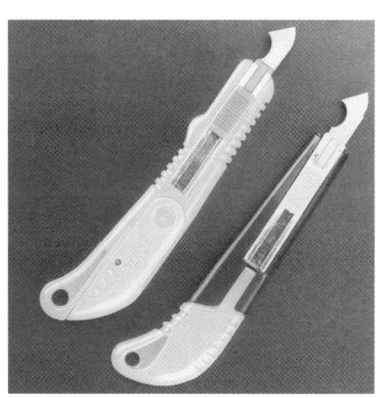

图8-33 切割工具

图8-34a 模型工坊(穆杰 摄)

 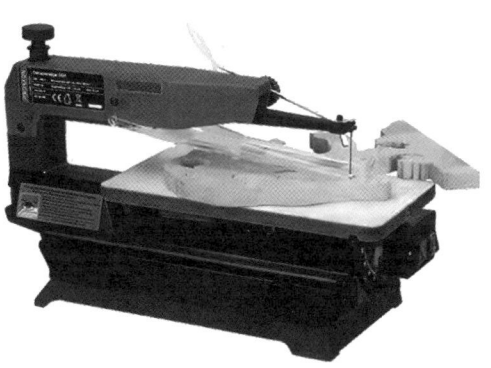 

图8-34b 砂轮打磨机　　　　图8-34c 切割机　　　　图8-34d 3D打印机

## 第三节 建筑模型制作的程序方法与趋势

### 一、建筑模型制作程序与方法

#### （一）建筑模型制作程序

建筑模型制作的程序，要根据模型对象的复杂性、规模性、目的性来决定，一些小型的、方案性的模型，在程序上可以缩减或省略，一般情况下其制作程序如下：

（1）建筑模型制作计划
（2）建筑模型制作准备
（3）底盘放样
（4）制作建筑场地（地形）
（5）建筑模型构建制作
（6）建筑模型整体拼装
（7）建筑模型环境氛围调整

#### （二）建筑模型制作方法

建筑模型制作方法包括建筑模型制作计划、基底制作方法、底盘放样、配件制作等多个部分，是一个相对复杂、细致的工作。

1. 制订模型制作计划

建筑模型制作计划的内容主要是探讨表现方法、比例、单件、色彩、组装等方面的问题，并进行周密的计划。按照"表现方法"来确定制作方向、比例、选用材料以及色彩、组装程序等。在建筑模型制作中必须把握好模型的比例。如果选择的比例不当，会使人觉得"失真"，以至于产生"不信任感"。因此，比例的选择需要根据不同的对象来决定。

例如城市规划、社区规划，一般选择1∶5 000—1∶3 000的比例；单体建筑物的比例常为1∶200—1∶50；若是组合建筑，则采用1∶400、1∶200的比例等。模型通常采用与设计图相同比例的居多（图8-35）。

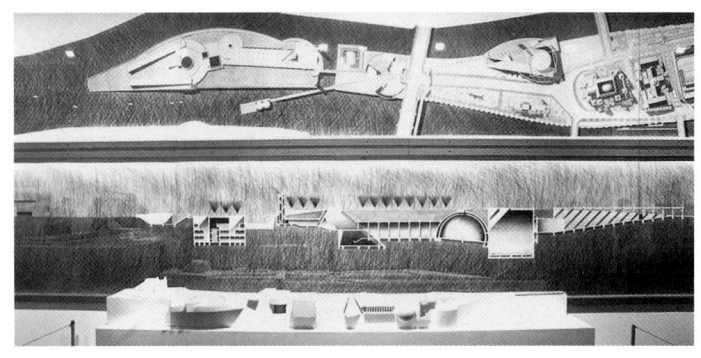

图8-35a 中之岛项目—底层空间方案（安藤忠雄 设计 张洋 摄）

图8-35b 六甲集合住宅（安藤忠雄 设计 张洋 摄）

图8-35c Time's商场模型（安藤忠雄 设计 包立 摄）　　图8-35d[①] 厦门湿地公园模型（AEOM 设计）

图8-35e[②③] 厦门城市规划方案（安藤忠雄 设计）

---

① QZY Models 奇之艺模型. AECOM | 厦门湿地公园TOD模型 奇之艺作品［EB/OL］.（2023-04-19）［2025-05-06］. https://www.xiaohongshu.com/discovery/item/68036024000000001b03ed20?source=webshare&xhsshare=pc_web&xsec_token=ABd1UQ3etW4twUqvQAokrBF1DdBNGyopElhn5fCgXs4us=&xsec_source=pc_share.
② QZY Models 奇之艺模型. 模型案例26·Aecom 厦门城市规划方案［EB/OL］.（2023-05-07）［2025-05-06］. https://www.xiaohongshu.com/discovery/item/64578736000000000140252a1?source=webshare&xhsshare=pc_web&xsec_token=ABG0FjsgFAeonhfIaq3WNO4z-G2byx-EM9IvFFNJxZQ7M=&xsec_source=pc_share.
③ QZY Models 奇之艺模型. 模型案例26·Aecom 厦门城市规划方案［EB/OL］.（2023-05-07）［2025-05-06］. https://www.xiaohongshu.com/discovery/item/64578736000000000140252a1?source=webshare&xhsshare=pc_web&xsec_token=ABG0FjsgFAeonhfIaq3WNO4z-G2byx-EM9IvFFNJxZQ7M=&xsec_source=pc_share.

图8-35f① 北京科技园区（Foster 设计）

图8-35g② 腾讯大铲湾方案（NBBJ 设计）

图8-35h③④ 腾讯会议中心（NBBJ 设计）

图8-35i 上海天文馆（娜仁托雅 摄）

图8-35j 上海苏州河与外滩（娜仁托雅 摄）

---

① QZY Models 奇之艺模型.福斯特 | 北京科技园区模型 奇之艺模型作品 [EB/OL].（2024-01-15）[2025-05-06]. https://www.xiaohongshu.com/discovery/item/6803b23b000000001d01b7d9?source=webshare&xhsshare=pc_web&xsec_token=ABd1UQ3etW4twUqvQAokrBF1id4zKn7_D8v-gJ33FLaK0=&xsec_source=pc_share.
② QZY Models 奇之艺模型.好在有设计|模型案例17·NBBJ腾讯大铲湾 [EB/OL].（2023-06-19）[2025-05-06]. https://www.xiaohongshu.com/discovery/item/6426d13e000000002701238e?source=webshare&xhsshare=pc_web&xsec_token=ABp1HFER7ZzVlqU-PeB9bh6s78gwcGNi7wdRul9i6x-Qc=&xsec_source=pc_share.
③ QZY Models 奇之艺模型.好在有设计|模型案例21·NBBJ腾讯会议中心 [EB/OL].（2023-04-07）[2025-05-06]. https://www.xiaohongshu.com/discovery/item/64300d46000000000800ec2d?source=webshare&xhsshare=pc_web&xsec_token=ABppJirAoLE5ExywsvsNezT-ozHh1lV0dhojLHzyQzXnI=&xsec_source=pc_share.
④ QZY Models 奇之艺模型.好在有设计|模型案例21·NBBJ腾讯会议中心 [EB/OL].（2023-04-06）[2025-05-06]. https://www.xiaohongshu.com/discovery/item/642eac73000000001203d0aa?source=webshare&xhsshare=pc_web&xsec_token=ABXlJ-rAeIUVg9MUoGPtvhF4-SpkJUnke2_GA_AU_W8X0=&xsec_source=pc_share.

图8-35k 外滩（娜仁托雅 摄）　　图8-35l 外滩与陆家嘴（娜仁托雅 摄）

图8-35m 上海世博文化园温室花园（娜仁托雅 摄）　　图8-35n[①] 鹿特丹FENX移民博物馆（MAD 设计）

若是住宅等需细节表现的模型，则与其他模型略有不同，如果建筑物体量不是很大，为了尽可能使人看得清楚，通常采用1∶50的比例（图8-36）。

建筑模型制作计划除了确定比例外，要弄清楚模型与地形地貌的关系，建立景观印象，通过大脑进行计划立意处理。接着，对模型的关键部分进行研究分析，最后再着手进行模型制作。

2．模型制作操作顺序

下面一起来探讨模型的制作方法和流程。首先从准备基本工具开始：界刀、切圆器、45度切割刀、UHU胶、切割板、剪刀、尺子、乳胶、双面胶。接着是准备基本材料：各色卡纸、KT板、航模木板、塑料棒、透明胶片、磨砂胶片、人、草屑、色纸、树、黏土、丙烯颜料。

（1）绘制场地图

绘制与实际场地尺寸相符合的CAD场地布局平面图、剖面图（明确标高）。

---

① 拿铁的设计杂货铺.mad马岩松 | FENIX移民美术馆［EB/OL］.（2023-10-18）[2025-05-16］. https://www.xiaohongshu.com/discovery/item/652f0ddb000000001e032931?source=webshare&xhsshare=pc_web&xsec_token=ABZAoEMnKXXKK-PYY2kD6HeCmw4KOr1OGWrew2RsOawBo=&xsec_source=pc_share.

图8-36a　剖面模型（包立　摄）　　　　　图8-36b　住宅模型（包立　摄）

图8-36c[①]　苏州恒力大厦（Foster+Partber　设计）

---

[①] QZY Models 奇之艺模型. 好在有设计s|模型案例14·福斯特办公设计局部［EB/OL］.（2023-03-21）［2025-05-06］. https://www.xiaohongshu.com/discovery/item/64199c3d0000000027013f24?source=webshare&xhsshare=pc_web&xsec_token=ABZWG9OQJtrLRrsFpXJXLv0pskmw7GBO5eSSQGbBk8ElM=&xsec_source=pc_share.

（2）建筑模型基座制作

建筑模型的大小与基座有着直接的关系。制作基座则需注意，既要依据建筑设计的实际高度、体量、地面积的大小等方面，也要依据委托方的要求等相关方面的因素综合决定做出比例。之后，便可按模型基座、建筑场地的空间顺序开始制作。此时要根据实际大小，考虑把建筑模型做成"一体式"的定型模型形式还是做成方便移动、搬运、组装等有利展出的组合式模型形式。

（3）模型制作计划

有时为了仔细地研究和表达一个结构或者建筑细节，常常会把建筑局部做成1:5甚至更大的建筑研究模型。

总之，模型比例的选择从设计出发，应视具体情况具体分析。一般情况下，制作顺序是先确定比例，再做建筑用的场地模型，模型的制作者也必须清楚地形高差、景观印象等，通过大脑进行计划立意处理，然后再多做几次研究分析，就可以着手制作模型了。

（4）建筑场地（环境）模型

制作建筑场地模型值得注意的是，不宜在地形模型上过多和过细地表现，这样容易顾此失彼，使主体建筑物相对逊色。因此，在制作地形模型时，应充分考虑对建筑物表现的环境衬托效果，要能够正确处理好建筑模型与场地的主次关系。

如果建筑场地是平坦的，则制作建筑场地模型也简单易行；如果建筑场地高低不平，并且表现要求上需要有周围邻近的建筑物，则依据测量方法的不同，模型的制作方法也会有所区别。特别是针对复杂地形和城市规划等较大场地时，应将场地模型事先做好，再结合场地，从概念模型到方案CAD图纸与模型的探讨，再到方案模型的细节制作（图8-37）。

图8-37a　建筑与场地模型（贝聿铭 设计　谢璞 摄）

图8-37b　建筑与场地模型（贝聿铭 设计　谢璞 摄）　　图8-37c[①]　等高线模型

---

① 建筑路跑者. 日常工作模型［EB/OL］.（2024-02-27）［2025-05-06］. https://www.xiaohongshu.com/discovery/item/65ddb6df0000000007025584?source=webshare&xhsshare=pc_web&xsec_token=ABRvCk0Cz5KYpNqnq5YNBCeIkBjyuyBPcDco7kxC5W-9s=&xsec_source=pc_share.

① 等高线做法（多层粘贴法）。

如果场地地形高差较大，就应采用等高线做法。在用等高线制作模型时，要事先按比例做成与等高线符合的板材，沿等高线的曲线切割，粘贴成梯田形式的地形。

在这种情况下，所选用的材料以软木板和苯乙烯纸最为方便，尤其是苯乙烯吹塑纸板，其可用电池火热切割器快速切割出流畅的曲线。

② 草地。

如果面积不大，可以选用色纸，面积稍大可以选用草皮或草屑。用草皮时，直接粘在基地表面即可。如果用草屑，就要事先在基地表面涂一层白乳胶，然后再把草屑均匀撒在有草的地方，等乳胶干后即可。如果是表现整个大规模区域的较大型模型，则需要根据地形切割块表现大片植被的材料，然后着色，干后撒上一层薄薄的粘贴剂，形成地面的材料和色粉之后，再栽上些用灌木丛做的小树堆，最后可利用细锯末创造出一种像草丛的肌理。

③ 水景。

关于水景处理，水面不大时，一般采用象征性手法，即采用蓝色有机玻璃（或在透明的有机玻璃背后做蓝色底）衬底即可；水面较大时，可采用硅胶做水纹、喷泉等，也可以多用玻璃板或丙烯之类的透明板，在其下面可贴色纸，也可直接着色，表示水面的感觉。若希望水面有动感，则可利用一些反光纹理材料做表面，下面同样着色，给人一种水流动反射倒影的感觉。

应注意的是，蓝色有机玻璃的设置一定是在地形的最底层，即铺满整个地形，也可采用局部铺底的做法。局部铺底的好处是节约材料，但是操作较为麻烦，尽量让切割下来的余料可以重复利用。

（5）建筑模型

① 制作概念模型

② 制作草模型

③ CAD绘制建筑平面图、立面图（四个面）、剖面图（内部隔墙、楼梯、电梯等）、屋顶展开图。

④ 打印纸质或超薄有机材料膜图纸（比例控制在1∶100、1∶50、1∶20之间），喷胶附着在各自不同模型材料上切割部件，再喷脱胶雾，完成制作部件模型。

⑤ 使用不同材料由内至外黏接组装模型

卡纸是最常用的模型材料，你可以根据你的需要选择不同的卡纸，如：白卡、灰卡、色卡。单层白卡，通常用来做概念模型、草模型，双层白卡一般用来做正模型，灰卡可以用来表现素混凝土的材质，色卡则用来表现不同饰面。

表现混凝土的办法也很多，除了灰卡纸，还可选用软质木板，其具有粗糙特性，上色后可制成纹理粗糙的模型，表现混凝土的肌理感；也可用泡沫苯乙烯的板面上所固有的粗糙麻面上色，来表现混凝土。

此外，还有一些材料如树皮和胶合板等，其表面看上去像混凝土的材料，也可用来表现混凝土。

用卡纸做模型要想做得比较好看，墙与墙的交接很关键。

当需要把两片墙材黏合成垂直形态时，先将黏接处用45度角切割器切割，那样模型交接缝的制作效果会更好看。

切圆、切弧线时，逆时针来切会比较好，用拇指、食指中指夹刀，以小指做支点，切的时候刀绕小指指尖旋转，用无名指控制刀锋走向，就可切出比较圆滑的弧线。

灵活运用轻木料木材所具有的柔软而粗糙的材料肌理及加工方便的特点，可以产生各种不同的表现效果。切割薄而细的软木材板料时，要尽可能使用薄形刀具，细小的软木在切割时，应使用安全刀片的刃口精切，当切割范围很小时，应在木材下面贴上一层赛璐珞透明纸带，这样可以增加其强度，使切割不受影响。

使用木板制作模型时，建议大家选用0.7—2 mm的航模木板。不过要注意的是垂直于木纹切割时不要太用力，由浅至深多切割几次，否则很容易切坏。

另外还可以用泡沫苯乙烯纸做，这种材料最适合做草模型和研究模型，非常便于加工。至于有机玻璃，由于这种材料很难切割，要用专门的刀才能切开。

有机玻璃也可用来做一些研究性模型。对于塑料板这种材料模型公司用得较多，一般用于非常正式的模型，加工起来比较麻烦。

⑥ 配景模型制作

主要是指室外环境的植物、人物、汽车、小品、石景以及水景等配景元素，制作方法分为以下几种。

A. 植物、人物、汽车。

植物主要指乔木与灌木，植物基本是由绿色的叶子和树的枝干构成的。绿色的叶子可用锯末、海绵、丝瓜瓤等材料制作，树的枝干造型可用粗细不同的铁丝或铜丝等材料来实现。一般的模型中植物造型有两种：乔木与灌木（草丛）的制作。

人物与汽车在环境中主要起点缀与陪衬的作用。以上这些配景模型在环境布置中，所需数量较大，因而要尽量多做一些备用，特别是植物（图8-38）。

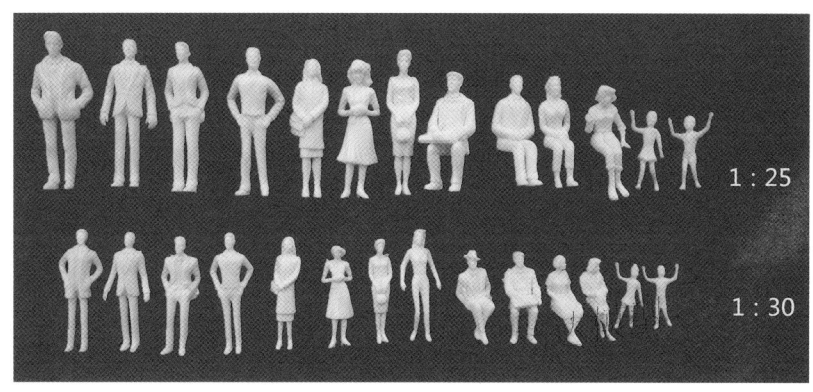

图8-38a　人物模型

图 8-38b　人物模型

图 8-38c　汽车模型

图 8-38d　植物模型

B. 小品。

环境小品类的模型包括亭子、小桥、小型雕、石景以及小型建筑（大门、房门）、构筑物等，这一类的配景件在模型商店有售。有专门需要时就要亲手制作，采用的材料有石膏、黄泥、油泥、软木等，并与纸、塑料、牙签等综合材料配合使用（图8-39）。

C. 石景。

石景一般可以采用泡沫苯乙烯之类表面松软的材料来处理。最好是用工具按压或绘制成石材的方式，同时要善于发现和利用其他材料，如石英石、风凌石、鸡蛋壳等石面

图 8-39a　建筑景观小品模型（谢璞　摄）

第八章　建筑模型 | 429

图8-39b　建筑景观小品模型（谢璞 摄）　　　图8-39c　景观模型（杜守帅 指导　朱诗琪 设计）

效果的做法。对于建筑墙面、地面的处理，均采用刻画工艺，也可以用计算机雕刻技术将AS胶板材料雕刻成石块形态，然后在其上面添加理想的石材色彩即可（图8-40）。

图8-40a[①]　石景中的建筑

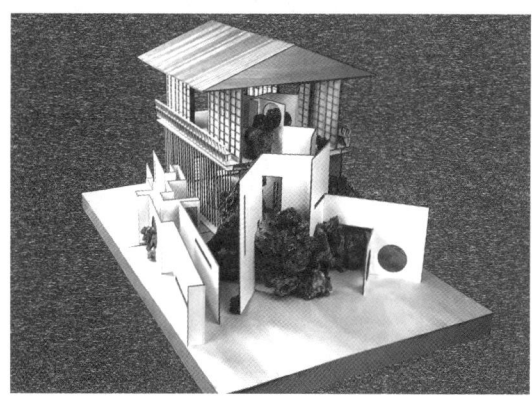
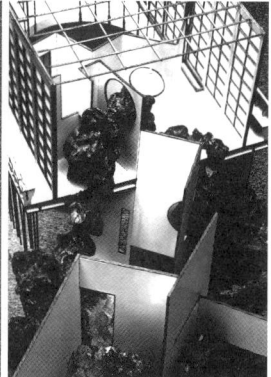

图8-40b[②]　建筑中的石景

---

① 居园工作室.【教学】理壁掇山（造园模型）—须弥山听雨［EB/OL］.（2024-02-27）［2025-05-18］. https://www.xiaohongshu.com/discovery/item/65ddbf390000000007006558?source=webshare&xhsshare=pc_web&xsec_token=ABZJTOX-jch9-kJpdGKZwpImq1iDmDK3zBiBwTdCuVK0I=&xsec_source=pc_share.
② 居园工作室.【教学】理壁掇山（造园模型）—屏山造梦［EB/OL］.（2023-12-19）［2025-05-18］. https://www.xiaohongshu.com/explore/657597450000000038025b0d?xsec_token=ABipr8xytf67KFIZPJ8wjhFzvoVvidQx7J6gwmhRzVtdM=&xsec_source=pc_user.

图8-40c[①]　石景与建筑

### 二、未来智能建筑模型与可持续发展

#### （一）未来的建筑模型

随着数字化技术的不断革新，建筑模型的发展已迈入一个充满无限可能的人工智能时代。未来的建筑模型制作不仅将更加高效、精确，还将提供更加沉浸式和互动性的数字场景服务体验。

伴随着建筑模型制作深度融合数字技术，如三维建模、计算机辅助设计（CAD）、人工智能以及数字大模型工具，建筑设计将更加精确和高效，同时错误和返工的可能性将大大降低，可支持更加复杂的设计和更精准的细节表现。

未来的建筑模型，会越来越多地使用交互式和演变、转化的要素。这些模型可以根据不同的空间表达情景和需求进行调整，更加灵活地展示设计表达的不同主题和重点关注的方面。例如，一个可变形的模型可以用来展示建筑在不同时间和不同环境条件下的功能、外观、跨学科的创新研究成果，实现应用场景再现和动态工作原理模拟等。

#### （二）远程协作与通用人工智能

1. 云计算和远程协作

随着云计算技术的发展，建筑师和设计团队将能够更加便捷地进行远程协作。设计文件和模型可以存储在云端，方便团队成员无论身处何地都能随时访问并修改数字模型。这不仅提高了工作效率，也为国际化的项目合作提供了更大的灵活性、便捷性、跨专业性和远程协作性。

2. 通用人工智能

通用人工智能（AGI）在建筑设计领域的应用，正开启一场创新革命，并促进了设计效率和创造性数字模型的提升。AGI能够通过分析历史数据和现有趋势，提出建筑设计方案，不仅加快了设计过程，还能在保持设计师创造力的同时，提供更多元化的设计数字模型选择。例如，AGI可以模拟多种环境和材料对建筑的影响，帮助设计师做出更合理的模型演绎决策，根据不同用户的需求和偏好，提供定制化的未来建筑方案与数字

---

[①] 居园工作室.【教学】理壁掇山（造园模型）——循山缘水［EB/OL］.（2024-02-08）［2025-05-18］. https://www.xiaohongshu.com/discovery/item/65c4bd13000000002c02a4cf?source=webshare&xhsshare=pc_web&xsec_token=ABEBkvjBlJPENGwnucwP_Op8fzGcZdFMk0vWDNbsLX0ag=&xsec_source=pc_share.

模型（图8-41）。

图8-41[①]　AI生成的建筑模型

### （三）可持续发展与绿色环保

未来建筑模型的制作，将更加注重可持续发展性和绿色环保。使用可回收材料和环保材料、采用环保工艺制作的模型将越发受到重视，可减少对环境的影响。同时，模型制作过程中也会更加注重综合能效的整合和资源利用的优化。

## 三、创新高效与模型进化

### （一）创新、高效、灵活和互动

随着新技术的不断发展和应用，未来的建筑模型制作将更加创新、高效、灵活和更具互动性，建筑模型不仅将成为展示设计的工具，而且能成为探索新想法、优化设计和促进合作的平台。从AR与VR到AGI和3D打印，这些先进的技术将使设计师能够以前所未有的方式来创建和展示他们的设计构想，同时为建筑行业带来了新的挑战和机遇。在未来，可以期待建筑模型继续在推动设计创新、提升建筑空间叙事性情境表达，以及提升新质生产力方面发挥关键作用。

### （二）建筑模型的进化

建筑模型的进化、演变是建筑行业发展历史中的一个不可忽视的重要篇章。从最初的简单模型到现今的高度复杂和技术驱动的建筑模型，甚至3D打印建筑，建筑模型的进化不仅反映了技术的进步，还展示了设计理念和表达方式的转变。这一演变过程不仅提高了设计的效率和准确性，也扩展了建筑探索过程中更多的可能性，为建筑师提供了更为广阔的创作空间。

随着计算机技术和数字建模工具的深度应用，建筑模型的制作经历了革命性的变化。这些新技术使得建筑师可以更快速地探索创意设计思路，更精确地探讨、表达、呈现和展示复杂的结构和空间关系。数字模型的引入不仅解放了生产力，加速了设计过程，也使得设计师能够集中精力，更为深入、精准地分析和模拟不同思路下的设计方案的可能性及其优势。

---

[①] AIIDC.未来之城：科技与可持续发展的壮丽融合［EB/OL］.（2023-05-23）［2025-05-11］. https://www.xiaohongshu.com/discovery/item/646b8e11000000002702b613?source=webshare&xhsshare=pc_web&xsec_token=AB07lRXHlyNG6CmCVddOzVVjzym-wfCzPb99Qtxs8FAFE=&xsec_source=pc_share.

技术革新极大地改变了建筑模型的制作、表达和使用方式。3D打印技术的发展为建筑模型的快速制作提供了可能，同时也使得设计师能够更加自由地探索和实现复杂的设计。增强现实（AR）、虚拟现实（VR）和混合现实（MR）技术的引入更是将建筑模型的应用推向了一个新的高度，并且提供了一种全新的、沉浸式的体验方式，使设计师、客户和公众能够以前所未有的方式体验和理解建筑设计、感知空间与环境的特色。

此外，通用人工智能（AGI）的应用也开始影响建筑设计和模型制作。这些技术不仅可以帮助优化设计，还可以预测建筑的使用性能、能效等，促进建筑可持续发展。这种数据驱动的设计方法为建筑行业带来了新的机遇，使建筑设计更加高效、智能化。

### （三）创新形式与结构探索

#### 1. 研究创新

尽管建筑模型的制作和应用已经取得了显著的进步，但持续的研究和创新仍然至关重要。随着科技的发展进步，新的工具和技术将不断出现，为建筑设计和模型制作带来新的可能性。例如，可持续性和生态友好型材料的研究将为环保设计提供更多的选择。同样，对AR、VR和MR技术的进一步研究将使这些工具更加高效和易于使用，为建筑设计提供更加直观和交互的表现方式。

#### 2. 设计理念与结构的探索

除了技术创新，对设计理念和方法的探索也同样重要。建筑不仅是一种技术活动，也是一种文化和艺术形式呈现的载体。因此，可持续发展的理论和实践探索对于推动建筑设计的深度和广度至关重要，这不仅包括对新形式和结构的探索，还包括对建筑在社会、政治、经济、文化和环境中角色的不断反思和开拓创新。

总之，建筑模型的演变反映了建筑设计在技术、理念和实践方面发生的深刻变革。从手工制作到数字化，再到高度互动和技术驱动的模型，这一进程不仅展示了科学技术的进步，也揭示了跨学科设计理念创新的发展趋势。未来，随着以AI大模型为代表的人工智能的加速，新兴科技的不断涌现和应用，建筑模型将继续在推动建筑行业的创新和发展中发挥重要作用。

## 单元练习

# 模型表达与制作

## 一、模型表达与主要作用

### （一）建筑模型表达

通过模型实物构成具象空间，是具体呈现和传达建筑设计理念与实体方案最重要、最有效的方法之一。它能够直观地展示建筑的空间结构、形式和细节，帮助设计师、投资方、客户和施工方更好地理解和沟通设计意图。

工作模型注重制作过程中的动手能力训练，以及对构思方案的反复推敲、比较、修改订正，制作者可以使用各自认为适宜的制作材料与制作手段，并随时做出改进、修正和变更，循序渐进地推进方案设计的深化。

方案阶段的模型，重点探讨建筑空间的形态、动线组织与功能布局，为突出建筑空间、造型与采光本体，建筑模型主体一般采用一种统一材料制作。此外，成品模型则应尽可能准确、真实地展示设计方案成果，与建成后的建筑保持一致，以减少设计方案预期效果与建成后实体建筑之间的差异；同时也是培养准确判断建筑模型效果表达能力的重要途径和手段。

建筑模型一般采用大比例尺度（1:1000、1:500、1:200）的构思工作模型，再采用较小比例尺度（1:100、1:50、1:20、1:10、1:5、1:2），模型尺度越大、越能精确呈现局部精致的细节。

建筑模型可以根据制作材料、工艺的不同分为多种类型。传统的建筑模型通常采用纸、木板、泡沫板、卡纸、塑料等材料制作，通过手工或机械加工成型。现代建筑模型越来越多地采用新材料和新工艺，如3D打印技术、激光切割技术等。这些技术能够快速地制作出高质量的模型，可以大大提高模型制作的精度和效率，使设计师提前发现问题与设计缺陷，有效地优化、修正设计存在的隐性问题与不足。

**（二）模型的主要作用**

1. 空间推敲和优化：在设计过程中，模型可以帮助设计师进行空间的推敲和优化。通过模型，设计师可以更直观地感受空间的比例和布局，从而进行改进和调整。

2. 直观展示设计：模型可以将平面图纸转化为立体的实物，使设计方案更加直观、具体。客户和其他非专业人士通过模型可以更直观地了解建筑的整体形态和空间布局，便于沟通和决策。

3. 施工指导：建筑模型还可以作为施工的参考和指导工具。在施工前，施工方可以通过模型了解建筑的细节和构造，提前发现和解决可能存在的问题，减少施工中的误差和返工。

4. 展示和宣传：在建筑项目的展示和宣传中，模型可以作为重要的展示工具。通过模型，公众可以更直观地了解项目的特色和优势，从而提高项目的吸引力和认可度。

## 二、设计流程与制作步骤

**（一）设计流程**

搜索、发现、解读多维度视角下空间多样性地表达建筑的可能，快速构建创意模型，同时进行平面与竖向分析，展开空间体块关系的架构。

第一，落实场地，进行地形与场地制作，以及配景制作；第二，转换收集的各项文字信息、二维图形媒介，建构、推敲三维设计概念体块模型草案；第三，手绘草图，快速记录设计构思基本理念、空间布局、功能组织与基本形态及不同的发展过程；第四，直观表达三维空间的虚实转换、动线组织、功能体块、主从关系及基本样式，确定比例、材料和预想效果，明确细化设计方案；第五，进行场地与地形制作、水体与道路制作、配景制作（同比例人物、草地、乔木和灌木、交通工具、室内环境、照明制作）等；第六，使主题建筑在大体块草模的基础上扩展模型表现力；第七，进入正式模型制作，绘制CAD图纸，进行效果设计、比例定制、材料选择、图纸打印、底盘制作、空间制作（深化出入口、开窗、通风口、建筑立面形态等形式），结合建筑形体"点、线、面、对比、节奏、韵律"等构成手法，从美学角度塑造、深化空间的情境叙事。

### （二）制作步骤

一般情况下，模型制作的步骤需遵循创意概念→草图→概念模型→草模→拓展模型→修正CAD图纸→软件三维建模→部件加工→定制或3D打印模型的程序，结合场地模型→组装完成成品模型→演讲发布设计作品流程。

1. 依据概念模型Concept model：制作Start model，细化平面、竖向功能布局与动线组织关系。
2. 方案设计：根据建筑设计绘制CAD图纸和方案，确定模型的制作方案，包括模型的比例、材料、工艺等。
3. 材料准备：根据制作方案准备所需的材料和工具，如纸张、模型木片、ABS板、EVA板、有机板、3D打印材料等。
4. 模型制作：根据CAD图纸和方案进行模型制作。包括切割、组装、黏接等工艺，这需要较高的精度和细部表达。
5. 细节处理：对室内陈设、家具及涂装、装饰等模型进行细节处理，使模型更加逼真和美观。
6. 展示呈现：制作完成后，听取各方意见和建议，进行必要的调整和改进，做好展示和演讲准备工作。

### 三、设计成果分析归纳总结

在已完成的方案设计成果基础之上，总结分析叙事表达空间的具体方式、方法和实现路径。

1. 场地空间（总平图、设计元素轴侧图、各类因子关系叠层爆炸图）
2. 交通系统（道路与管道设备的层级关系、位置关系、尺度关系）
3. 景观系统（景观设计节点、绿植水景生态修复设计策略、景观意象与空间效果）
4. 重要节点（平面图、轴侧图、剖面图、结构节点）
5. 技术整合（水岸湿地、设施利用、生态技术系统应用等）
6. 成果表达与艺术表现（建筑形态元素、总平图、立面图、剖面图、透视图、轴测图、爆炸图、效果图、色彩材质、场景动画）

从以上六个层面展开分析，理解各自提取的艺术元素、大师建筑思想与设计理念、社会需求，并形成基本观点，进而思考建筑室内外空间环境和使用者日常工作、生活方式之间的积极关系。思考如何将以上观点转换到自己的建筑设计实践项目和空间环境的综合表达当中。

# 第九章
# 经济技术与建筑更新

## 章前导言

　　本章内容涉及建筑经济技术与节能、保持建筑的生命力、建筑再生与微更新及项目设计制作辅导与互动研讨四部分内容。

　　建筑经济技术与节能，主要从经济技术指标（包含建筑面积、单位造价、平面系数、体形系数、建筑密度、容积率、绿化率、建筑红线、建筑高度与层高等）；建筑节能（涉及节约资源、导体和热容量、水蒸气、气密性、温度、辐射温度调节等方面）；建筑综合评价内容（包含可持续发展、保护环境、综合评价）等方面展开讲述。

　　保持建筑的生命力，从建筑的安全与维护（稳固建筑地基、防腐防蚁防漏、定期维护）、不良建筑综合征与日常维护、动态变化与翻新扩建等三个方面展开。

　　建筑再生与微更新，从建筑再生类型与流程、建筑诊断（诊断的目的与内容、再生清单与调查、诊断方法）、结构安全改善（结构主体把握、抗震加固、空间探讨）、微更新（建筑微更新、性能形象与设备提升）四个方面进行讲解。

## 本章聚焦

　　在理解建筑经济技术、绿色节能与建筑生命力的基础之上，聚焦探讨再生理念下的建筑微更新设计的实践方法。

## 学习目标

　　初步掌握建筑经济技术与节能概念和核算方法，懂得保持建筑生命力与再生的方法与途径，学习建筑更新的系统与结构，结合工作程序、方法、管理和工具，将其灵活应用到自己的设计项目与课题实践当中。将建筑再生理论研究与社会转型和当代科技相结合，建立建筑更新设计的科学、逻辑秩序的设计依据、方式，以及进行延长建筑生命周期的建筑再生与微更新的策略、方法和实现路径的学习、实践应用探讨。

## 知识点导图

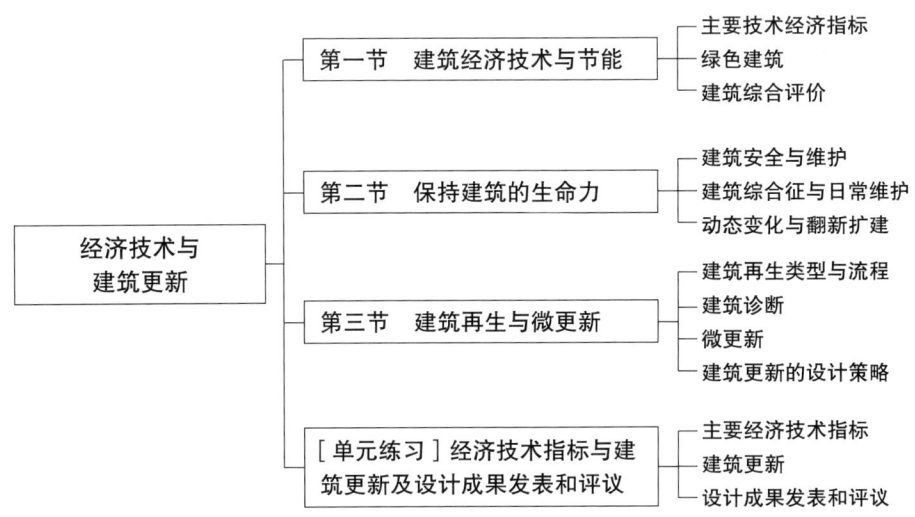

## 第一节　建筑经济技术与节能

### 一、主要技术经济指标

#### （一）建筑面积与单位造价

1. 建筑面积

建筑面积是指建筑物各层水平面积的总和，它包括使用面积、辅助面积和结构面积。使用面积是指建筑物各层平面中直接为生产和生活使用的部分所占的净面积。辅助面积是指建筑物各层平面中为辅助生产或辅助生活的部分所占的净面积，如居住建筑中的楼梯、阳台、走道、厕所、厨房所占的面积。建筑使用面积和辅助面积的总和称为"有效面积"。结构面积是指建筑物各层平面中墙、柱等结构所占的面积。

沿建筑物外墙所围合的各层水平投影面积之和为建筑面积，包括阳台、挑廊、储藏室、设备间、地下室、室外楼梯等。这些建筑物应该是层高2.2 m以上的有顶盖着的坚固性建筑，否则建筑面积的计算需折减。我国定义优质住宅层高为不小于3 m，一些城市和地区还规定，当建筑物层高超过5.0 m时建筑面积应乘以1.5。建筑面积是国家控制建筑规模、评价建筑经济的重要指标。

**2．单位造价**

单位造价是按建筑工程建成后所实现的每单位面积的工程造价，也称单方造价、每平方米的工程造价，以元/$m^2$表示，是控制和评价建筑工程的投资、经济效益和质量标准的重要指标。

在我国涉及单位造价的建筑工程包括土建工程（如墙体、混凝土、门窗、装饰等）和管道设备安装工程，除特殊情况，一般不包括室外工程和室内的装修，如家具设备等。

建筑质量标准的高低对单位造价产生直接影响，同样影响单位造价的因素还有建筑材料本身的市场价格、工程设计、施工能力、劳动力成本、项目管理等，不同国家和不同地区单位造价存在很大差异。

为保证工程项目的投资规模、质量标准的执行落地，在建筑设计初期需计算确定工程估算和工程概算，当详细的施工图纸完成时，应提供工程预算。工程竣工后，由施工承建单位计算工程决算，以获得准确的单位造价、总造价和平衡投资。

## （二）平面系数与体形系数

**1．平面系数**

建筑物的经济性还与其使用面积的大小有很大关系，考察它的主要的技术经济指标是平面系数（即常说的得房率），以K表示，其计算公式如下：

$$K=使用面积（m^2）/建筑面积（m^2）\times 100\%$$

其中，使用面积是指扣除结构（如墙、柱、管道井、烟囱等）面积和交通面积后的建筑面积。可见，多而厚的墙体以及过多的走道、楼梯会使平面系数减小，使建筑的使用率、实用性降低。因此，应减小结构构件的尺寸，减少隔间、隔墙、交通部分，力求做到简捷、经济。

一般住宅建筑的平面系数K在65%—85%之间，而公共建筑需要较多的交通辅助面积，故其K较小，一般约为60%。

**2．体形系数**

另一个评价建筑的经济指标系数便是体形系数，用S表示。我国《民用建筑节能设计标准》给出的定义为：建筑物与室外大气接触的外表面积与其所包围的体积的比值。S值越小，则该建筑越符合节能要求，我国寒冷地区的S值应不大于0.4。

因此，从节能观点出发，建筑的体形宜简单、低矮，而凹凸过多、体形过大会导致过多的能耗。

## （三）建筑密度、绿化覆盖率、建筑容积率

**1．建筑密度**

建筑密度（D）是指在一定范围内，建筑物的基底面积总和与占用地面积的比例，

即建筑物的覆盖率,具体指项目用地范围内所有建筑的基底总面积与规划建设用地面积之比,它可以反映出一定用地范围内的空地率和建筑密集程度。建筑覆盖率的算法,指项目用地范围内所有建筑物、构筑物的基底面积之和与规划建设用地总面积之比,用D(%)表示,D值越大,即建筑密度越高。

$$建筑密度 D(\%) = 建筑基地面积总和 \div 规划用地面积$$

### 2. 绿化覆盖率

绿化覆盖率(G)是指规划建设用地范围内的绿地面积与规划建设用地面积之比。

$$绿化覆盖率 G(\%) = 绿化面积(包括覆土绿化和实土绿化) \div 规划面积$$

绿地面积越大,建筑的室外空间越可以获得更好的景观环境和空气质量,但是建造的房屋面积则减小。所以,绿化覆盖率不但影响室外环境质量,也影响建筑的经济性,设计时需要科学地平衡好这一矛盾关系。

### 3. 建筑容积率

建筑容积率(R)是指项目规划建设用地范围内的全部建筑面积与规划建设用地面积之比。即地上项目规划建设用地范围总建筑面积与净用地面积的比率。

$$容积率 R(\%) = 总建筑面积 \div 建筑净用地面积$$

容积率与居住舒适度息息相关,也是衡量建设用地使用强度的一项重要指标。容积率越低,居民的舒适度越高;反之则舒适度越低。在计算时,一部分建筑面积不计入容积率,如地下室面积等。建筑容积率是反映建设项目经济性的一个重要指标,R值越大,建设用地范围内的可建造面积越大,建筑外部空间就越拥挤(图9-1)。

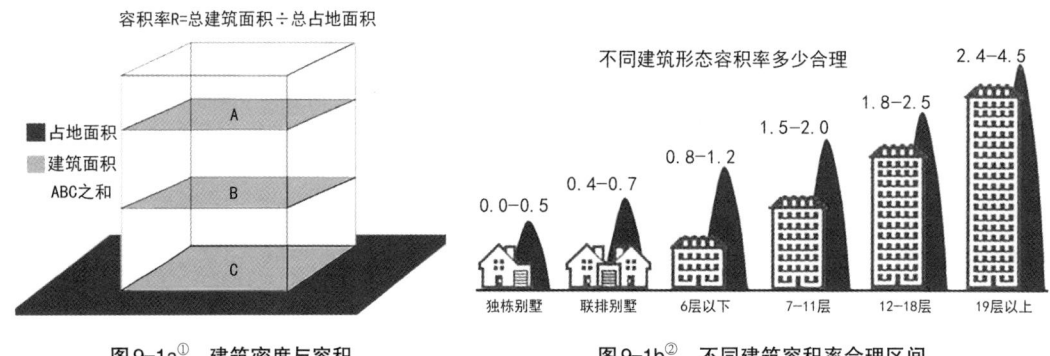

图9-1a[①]　建筑密度与容积　　　　图9-1b[②]　不同建筑容积率合理区间

---

[①] 齐家网.建筑容积率的计算公式是什么[EB/OL].(2020-05-09)[2024-10-08]. https://zixun.jia.com/jxwd/905066.html.
[②] 齐家网.建筑容积率的计算公式是什么[EB/OL].(2020-05-09)[2024-10-08]. https://zixun.jia.com/jxwd/905066.html.

优质的高层小区容积率一般在5以下，多层小区在3以下，绿化覆盖率应在30%以上。容积率越低，业主舒适度越高；而容积率过高，舒适度相对比较低。一个住宅区、一座城市，都应该有合理的建筑密度和容积率，不能追求片面的利益，为提高密度和容积率而降低居民的生活品质；反之，会造成土地资源的浪费。

### （四）建筑红线、高度与层高

#### 1. 建筑红线

即"建筑控制线"，是控制城市道路两侧沿街建筑物临街面的界线，任何临街建筑物或构筑物都不得超过建筑红线，有时因城市规划的需要，"建筑控制线"还需后退，原来的建筑红线称为"道路红线"，而后退了的控制线称为"建筑后退红线"。后退红线的目的是使道路的上部空间得到伸展加宽，从而有可能获得更好的街道景观和视线。

#### 2. 建筑高度、净高与层高

建筑高度是指建筑物室外地坪至建筑檐口或女儿墙顶的总高度。凸出屋顶的烟囱、避雷针、旗杆等不计入总高度，当凸出屋顶的楼梯间、电梯间、水箱等构筑物的面积不超过屋顶总面积的1/5时，其高度也不计入建筑的高度。城市规划部门一般会对建设项目的建筑高度有所限制，有时则对建筑的层数有所限制，称为"建筑限高"，以避免建筑过高带来的负面影响。

建筑净高是指建筑室内地坪到楼板梁底或吊顶的垂直距离。

建筑层高是指楼层地坪至上一楼地坪的垂直距离，即净高与楼板结构之和，它包括结构构造的厚度。前面的章节已经讲述了"建筑各部分高度"，层高与建筑的使用功能结构类型以及楼面构造等有关。

## 二、绿色建筑

建筑节能所指的"绿色建筑"并不是简单指那些墙面被植物覆盖、屋顶有立体绿化的房屋，"绿色建筑"是指能最大限度地利用天然能源，节约资源、保护环境和减少污染，为人们提供健康、适用和高效的使用空间，并与自然和谐共生的建筑（图9-2）。

绿色建筑通常被称为"生态建筑""节能建筑"或"可持续建筑"，以上名称都体现了"绿色建筑"的主要理念，但并未完整地覆盖其全部内涵。

建筑学充分吸收生态学理念，重视生态技术的开发与应用，使建筑与生态环境有机地融入生态建筑。其核心内容是要充分考虑使用绿色能源、再生可循环利用的材料，注重环境保护与乡土有机结合，尊重地域环境和历史文化，继承城市文脉，遵循可持续发展战略，以达到与自然和谐共生的效能。

生态建筑作为生态工程的重要领域引起建筑界的高度重视。生态建筑学（arcology）是建立在研究自然界生物与环境共生关系的生态学（ecology）基础之上的建筑策划、规划与设计方法，是建筑学领域的一个类别。生态建筑学既要强调有效利用资源，提高生产力效能和人类生活水平，把握时代脉搏，维持和提高环境质量；又要对资源的获取和利用进行有效的分配，进而形成社会结构的优化和可持续发展。

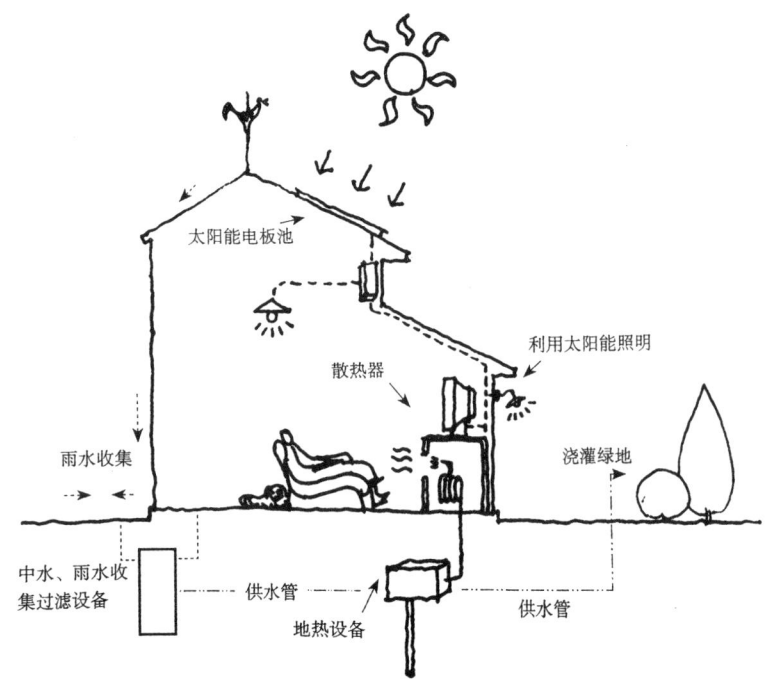

图9-2① 天然能源的利用

## （一）节约资源

在房屋的建造过程中要尽量减少资源的使用，力求使资源可再生利用。如节约土地，节约水、电和其他能源，尽量利用可再生的材料代替不可再生的建筑材料。所以，在建筑设计时，应努力设法降低建筑密度（建筑占地率），提升绿化覆盖率（绿化面积），充分利用太阳能、风能、地热能等天然可再生资源。

### 1. 节约建筑用地和土地资源

节约建筑用地和土地资源是实现可持续发展的关键。节约建筑用地和土地资源不仅是对环境保护的需求，也是社会经济可持续发展的必然选择。有效的土地利用策略能够缓解城市拥挤，保护自然生态，促进经济的合理增长。

土地资源的有限性。世界上适合居住和建设的土地资源有限，尤其是伴随着全球人口的增长和城市化进程的加快，对土地资源的需求不断扩大。必须合理规划使用每一寸珍贵的土地，确保资源的可持续性。

保护生态环境和合理利用土地资源能够促进经济发展。通过节约土地资源，能更有效地保护和修复生态环境，维持生物多样性；土地资源的有效利用不仅能够提高土地价值，还能促进建筑业、房地产业、旅游业等相关行业的健康发展。

缓解社会问题，防止城市化盲目扩张。节约土地资源有助于解决城市拥挤、居住环

---

① 李延龄.建筑设计原理[M].北京：中国建筑工业出版社，2020：71.

境恶化等社会问题。合理的土地规划能够有效分配居住、工业、娱乐等区域，改善居民生活质量，防止城市急速盲目扩张和土地资源的过度开发。

政策管理缺陷与公众意识不足。普遍存在的对土地资源重要性的认识不足，土地管理和规划政策不完善，监管机制薄弱等问题，导致土地资源的浪费和不合理分配，进而导致在日常生活和工业生产中大量的土地资源浪费。

技术创新的不足。虽然现代技术为土地资源的节约提供了可能，但在实际应用中，技术创新仍然不足。为实现节约土地的策略与措施，制定执行严格的土地政策，政府应该引导制定科学合理的土地使用规划和政策，限制非必要的土地开发，优化土地资源的分配和使用。

推广绿色建筑和城市规划。通过绿色建筑的设计和建造减少对土地资源的消耗。城市规划中应考虑生态廊道、绿色空间等元素，保护自然环境。强化土地管理和监管。通过法律和行政手段加强对土地使用的监管，严格执行土地规划，防止非法占用和滥用土地。提高公众意识和参与度，通过教育、媒体宣传等手段，增强公众节约土地资源的意识，鼓励公众积极参与土地资源的保护和合理利用。

推动多功能土地使用。鼓励开发多功能用地，如将购物中心、办公区和住宅区结合起来综合开发，减少单一功能用地对土地资源的需求。鼓励技术创新和应用。采用新技术，如 GIS、遥感技术、大数据分析等，提高土地规划的科学性和精确性。

跨部门协调与合作。土地资源管理需要不同部门的合作，如城市规划、交通、环境保护等，确保政策的一致性和有效实施。通过科学合理的土地规划、绿色建筑推广、技术创新等措施，可以有效提升土地资源的利用效率，保护、节约和改善生态环境，促进经济和社会的可持续发展。

2．节约用水

水是生命之源，自古人类就傍水而居、逐水而迁。水焕发着阡陌街巷的生命活力。历史上的著名亲水城市，如我国江南地区苏州、杭州，意大利的威尼斯、荷兰的阿姆斯特丹等，都各自形成了独特的滨水、亲水城市文化特征。

水具有美化环境、增加负氧离子的作用。在江河两岸、绿色山林、湖海之滨等，借水之势，修堤造景，可适当增加和设置喷泉、瀑布、水幕，塑造、美化、展示滨水环境特色；在公园里设置较大水体面积，设置喷泉，可改善区域环境和调节微气候，起到有益的生态效应；在风景区、绿化带布置喷泉、水帘，可使每立方厘米的空气负氧离子达到 1 000 个以上的保健作用的水平；公共空间多置小瀑布、水帘、喷雾等水盆景，可调节空气湿度并增加负氧离子含量；新建城区，应考虑一定比例的水体面积，让水在建筑与环境建设中发挥积极作用，营造出风景如画、自然宜人的景色和良好的生态环境。

"仁者乐山，智者乐水"，山无水不秀，人无水不生，城无水不可持续。要改善水环境，第一，要扩大水体面积，因地制宜，净化水源，挖湖造山，清淤疏浚，使活水长流，增强水体自净能力，改善水体系统水质。第二，让水保持高速运转，建造人工水幕、瀑布、喷灌、喷泉等，这些都是增加空气中负氧离子的有效方法与途径。第三，使水与绿化有机融合，让城市获得山林之性，为当地居民和经济发展创造生态宜居的城市和乡村环境。

建筑与水生态。最大限度利用水资源，建筑所在区域生活污水经净化处理后，可回收用于杂用水、雨水、绿化景观用水等环境用水的自然渗透补给地下水。采取分质供水，直饮水、生活用水符合国家标准，再生水用作建筑杂用水和城市杂用水；应满足符合用水目标额定量的用水量合理要求；防止运行管材、附件与供水设备的二次污染发生；排水系统实行雨水、污水分流，实施雨水收集和污水、废水排放；单独收集优质水、杂排水分流，防止排水系统渗漏和水质的交叉感染等。

建筑节水。积极配合推进节水技术升级换代。在水资源匮乏地区提高污水资源的复用率。对饮用水水源和补充水等要求高的复用水水质，采取高级深度工艺处理；收集雨水，利用设计系统用水技术建设生态小区，充分利用湿地处理雨水和生活污水净化工程；推进公共场所采用感应式或延时自闭式龙头节水措施；开发多种节水卫生洁具及其配件系统；安装分户水表计量考核，杜绝水资源的浪费；近海地区利用海水冲厕；供水水压减至 0.3—0.35 MPa；开发各种循环冷却或加热水系统的智能化节能控制系统。

关注建筑消防节水。建筑消防在以消防栓为主要手段的前提下，强化建筑室内自动喷淋灭火的效能。为保障水资源的有效控制、精确用水、处理污染、循环再生、高效应用，达到节水装备的快速提升，应采取改善诸如加压动力设备（大流量泵站、高扬程泵站、污水处理泵、喷灌与微灌泵）、供水用水管网（雨水、上水、中水、排水、排污管网）、闸门与阀门、灌溉系统设备、污水处理等设备的有效措施。各相关学科与建筑学协同协作，让水生态系统自然净化、美化环境，为人类提供健康、优质的生存环境发挥积极的作用。

3. 再生材料

再生建筑材料指的是通过回收和再利用过程得到的建筑材料。与传统建筑材料相比，它们在生产过程中减少了能源消耗和污染物排放。

再生建筑材料作为一种可持续且节约资源的建筑材料，其优势在于能够减少资源消耗、降低能源需求、提升环保意识和促进经济建设的可持续发展。再生建筑材料成为现代建筑业发展的大势所趋。在建筑材料的生产过程中，传统材料的制造通常伴随着大量的能源消耗和大气污染物排放。为解决这些环境问题，回收和再利用建筑材料成为极其重要的必然选择。

再生材料的回收与再利用。回收材料在重复利用前需要经过加工，而再利用材料可以直接使用。尽管回收材料的加工过程会消耗能源，但相比于新材料的生产加工，其能源效率更低。

成本效益与环境优势。再生建筑材料通常具有更好的成本效益，尤其在能源转化率方面，它们可能优于传统材料。例如，使用再生塑料替代沥青可以降低制造温度，减少能源消耗。

利用废弃物作为建筑材料，有助于减少自然资源的开采，从而减少资源消耗，保护自然环境和生物多样性。

建筑拆除废料，如混凝土、砖块和木材，在经过分类和粉碎后，可以用作新建筑的原料。除传统建筑废料外，轮胎、一次性包装物等普通材料也可用于城市建设。如废旧轮胎可以加工成橡胶颗粒，用于制造运动场地的地面材料。世界各地出现了许多创新的再生材料应用，如使用回收玻璃或塑料制作透明地板、利用旧衣物纤维加强混凝土强度等。

再生材料的加工和应用需要先进技术、持续的技术创新和研发投入，保证再生材料的质量和性能控制，建立严格的质量标准和检测体系。可通过政府补贴和税收优惠政策缓解短期内可能面临成本较高的问题。制定相关政策，鼓励再生材料的研发和使用，是促进其发展的关键。应对再生材料的环境影响进行全面评估，确保其在减少资源消耗的同时，不会带来其他环境污染问题。通过教育和宣传，提高公众对再生材料的认知，是提升其市场接受度的有效途径。

再生材料在建筑领域有着巨大的潜力。通过技术创新、质量控制、政策支持等措施，再生建筑材料有望在全球范围内得到更广泛的推广与应用，为资源节约和绿色环保可持续发展做出贡献。

### （二）保护环境

首先，须减轻环境的负荷，减少污染。建筑节能是建筑设计的主要任务与重要考查指标之一，不仅针对新建筑，对既存建筑的更新、微更新同样以节能和资源再利用为关键策略。

其次，须结合具体区域场地、地形地貌、气候环境、植被土壤、风俗习惯、地域文化特征，以满足建筑环境的物质功能需求的核心要素进行设计。

再次，须满足建筑环境的生态文明与精神文化功能需求，即行为与文化内涵相互协调的功能需求。不仅通过人的审美取向、行为规律、心理活动等体验感受环境；而且通过具有历史文化特征的空间要素的营造，赋予建筑与环境丰富的人文内涵，可以起到陶冶情操、提升修养等教化作用。

最后，须满足环境生态体系的需要，保持建筑、人工生态系统的物质、文化系统与自然环境三位一体的和谐发展，促进在地人员积极参与，构建保护环境利益共同体，促进项目协调组织与落地。在创造优美的工作和生活环境的同时，最大限度地降低能耗、减少环境污染，保持建筑与地球生态环境的平衡和可持续发展。

### （三）节能

材料对热传导的阻值是隔热性的量度标准。在稳定的室内和室外温度下，建筑通过墙壁任何部分温度的升高或降低的速度与室内或室外的温差成正比，与墙壁本身的总体热阻值成反比。应最大限度地提高墙壁、天花板和地板的热阻值，如此既能保证人体的舒适度，又能节约能源。

节能材料的纤维由密度较高的材料纺织而成，对热量流动具有很强的抗阻性，会对空气循环造成阻力，使空气保持静止，是很好的隔热材料。

空气在建筑的内表面和外表面起到微小却十分重要的隔热作用。每个表面通过和空气的摩擦保留了一层薄薄的空气膜，作为"隔热面膜"。表面越粗糙、膜越厚，绝缘值就越高。

图9-3　上海中心大厦的双层结构（谢璞　摄）

木头是非常好的热绝缘体，但金属和石头建筑常常是充满热量的"桥梁"，即"冷桥"现象，这些"桥梁"易导致隔热良好的构件损失大量热量。

一些设计师尝试建造双层腔体建筑或双层密封建筑，这些建筑有两层独立的外墙和屋顶绝缘层，就像在一栋建筑内再建一个建筑。如之前描述的上海中心大厦，就是双层结构的节能建筑（图9-3）。

在某些情况下，绝缘层间的空间在天冷时被加热，在天热时要对其进行通风或冷却。此类建筑的室内温度和体感能达到令人满意的舒适度，缺点是楼外面积增大了很多，建筑外墙成本几乎会翻一番，经济性有待商榷。关于配有双层窗户的大型建筑的大量统计数据说明，设计和建造双层或多层密封窗户，能够减少建筑的能耗损失。

热容量——材料加热时能够吸收热量、冷却时能够释放热量的性质，即储存热量的能力，是建筑材料的重要特性。热容量与材料质量成正比，密度较大的材料具有较高的热容量，蓬松的材料和小块材料具有较小的热容量。热容量通过测量单位体积或单位质量温度提高1度所需的热量来计算。在常温条件下，水比其他材料的热容量要高（除个别在正常温度下结冰并融化的物质），泥土、砖、石头、石膏、金属和混凝土具有较高的热容量，纤维与热绝缘材料的热容量较低（表9-1）。

表 9-1[①]　几种常用材料导热系数和比热

| 材料名称 | 导热系数 λ [W/(m·K)] | 比热 c [J/(g·K)] | 材料名称 | 导热系数 λ [W/(m·K)] | 比热 c [J/(g·K)] |
| --- | --- | --- | --- | --- | --- |
| 钢　材 | 55 | 0.46 | 隔热纤维板 | 0.05 | 1.46 |
| 花岗岩 | 2.9 | 0.8 | 玻璃棉板 | 0.04 | 0.88 |
| 普通黏土砖 | 1.8 | 0.88 | 泡沫塑料 | 0.03 | 1.3 |
| 普通混凝土 | 0.55 | 0.84 | 密闭空气 | 0.025 | 1.0 |
| 松　木 | 0.15 | 1.63 | 水 | 0.6 | 4.19 |

① 艾学明.建筑材料与构造［M］.南京：东南大学出版社，2020：7.

建筑使用者所要的内部理想舒适模式，如墙壁和房顶的最佳吸热厚度可定制，以达到白天有太阳时比周围凉爽，晚上比周围要温暖的效果。经过人们数千年的摸索，此模式已日臻成熟。在许多地区，提高热效能的方法是将建筑外墙壁表面粉刷成白色，这样可以反射太阳大部分的红外辐射，从被其晒热的建筑表面向外散发出长波红外线散热。墙壁与屋顶开窗普遍较小，在夜晚最冷时和白天最热时必须紧闭，以免对流传热作用于窗户和屋顶。

高热阻材料通常可以与高热容量材料相结合，使建筑内部达到所需的热量。在砖石墙壁外增加一层隔热层，有助于厚重、温暖的建筑更有效地发挥作用。隔热材料减小了石头暴露在外的温度波动幅度，使室内温度更稳定，外侧隔热为保护建筑提供了额外的帮助。在各种气候条件下，建筑外墙结构的高隔热性是建筑需要的理想属性，特别是房顶，因其需要吸收大量太阳能，并防止热量流失。

由于土壤的高热容量，与地面接触的建筑表面，如地下室的墙壁或堆放土壤的墙壁，全年保持在恒定的温度范围内。在冬季，也不会像室外那样寒冷；在夏季，保持比室外凉爽。

充分利用新能源和绿色能源（太阳能、风能、地热、潮汐、生物质能）等可再生能源，以太阳能供热、制冷、风能发电等为主要目标，提升保温隔热技术，降低对矿物质能源的消耗。

### （四）水蒸气与气密性

水蒸气是一种无色无味的气体，散布于空气中，含量各不相同。空气越温暖，包含的水蒸气相对会越多。建筑材料和水蒸气的相互作用对建筑的热性能影响至关重要。如桑拿房、浴室或游泳馆等设施的空气中，水蒸气的相对湿度能达到100%，当空气无法再容纳水蒸气，水蒸气会凝结成雾状。

随着温度的降低，空气中水蒸气的质量保持不变，但承载水蒸气的空气减少了，相对湿度升高，如果温度下降到足够低，会达到露点，即空气中含有100%的水蒸气。空气越潮湿，露点越高；空气越干燥，露点越低。

建筑室内的空气常因接触寒冷的表面而使得自身温度降至露点以下。管道表面和水槽中的冷凝水滴也会导致水污染、发霉和建筑的腐烂。在冬季，空气冷却至露点以下最明显的表现是室内水蒸气在窗户表面凝结。窗户表面结霜和雾气在窗框上聚集成液态，易导致窗框生锈或腐烂，水蒸气在建筑隔热组件（如外墙）上凝结时，会对建筑造成严重的损害。

空气中的水蒸气密集会产生压力，即蒸气压。蒸气压迫使水蒸气由压力大的区域向压力小的区域迁移，最终达到平衡。墙壁两侧若存在蒸气压，造成水蒸气穿透墙壁，由空气潮湿一侧的墙壁向干燥一侧的墙壁流动，导致墙壁快速传热，建筑需要更多的燃料来补充室内的热量损失。墙体结构的腐坏是墙体内水蒸气凝结的副作用，可造成建筑结构性的破坏。

为了在房屋施工过程中取得良好的效果，应当在保温侧安装完成后，在建筑结构的高温内侧设置防潮层。寒冷地区的建筑，防潮层通常设置在建筑内侧，而在热带气候条件下人工制冷的建筑，防潮层则设置在建筑外侧。

在屋顶和墙体的空气渗透中，热量损失常常通过以下两种方式发生：一是室内外冷热空气交换，二是水蒸气在温度较低的区域冷凝。不同的建筑采用不同的气密层构造措施。在砖墙结构中，通常在墙体空腔内的砖表面刷一层乳胶。在框架结构建筑的墙体中，通常在墙面装饰材料内部粘贴连续的薄片材料，确保正常应用密封层不让气流通过，隔气层材料确保隔气层附着在墙体的高温侧，并起到防潮层的作用。

### （五）温度感受与辐射温度调节

#### 1. 温度感受

温度感受是指人们触摸各种建筑材料时冷热舒适度的直观感受，也是建筑构件另一个重要的热力学特征。在选择地板、护墙板、桌椅、沙发及床上用品等材料时，热舒适度是一个非常重要的因素。

低热容、高热阻的材料，由于热传导作用迅速使其表面温度很快能达到与人体皮肤相近的温度，因此人们觉得这种材料比较温暖，如木地板、护墙板、门和门套、地毯、室内家具、床上用品等都是低热容、高热阻的材料。而低热阻、高热容的材料让人感到冰冷，当我们触摸面积较大、温度较低的石头或砖头、水泥、金属、石膏等表面时，这些材料会迅速从人体表面吸取热量。

#### 2. 辐射温度调节

在夏季，照射窗户的阳光加热了室内的表面和房间内的空气，最好利用树木、葡萄藤、房顶的悬挑、遮阳板或雨棚、卷帘百叶窗和窗帘等遮阳装置进行遮光处理，用来减少建筑热量吸收的高反射外表面。应对夏季高温干燥的天气，屋顶上可以设置水池或泳池，白天帮助建筑降温，夜间通过与水的接触进行屋顶冷却。

在北方的冬季，屋顶和墙壁吸收的太阳辐射有利于补充室内热量，需要对建筑的外墙面进行良好的隔热处理，从而减少热量的损失。在晴朗天气时通过朝南开大窗吸收太阳辐射，这个季节太阳高度降低，更多的阳光射入房间使人感到舒适温暖。阴雨雪天，用百叶窗、大型窗帘或反射长波红外线的屏障对朝南方向的墙进行封闭，以阻止或减少建筑的热量损耗。

许多生态技术融合设计，能够创造出宜人的室内微气候，借助自然资源调节内部气流和空气质量，将糟糕的气候隔绝在外。通过建筑内部设置自然通风竖井，形成"室外—环保罩—室内空间—通风竖井—室外"的流动系统，减少空调能耗、提高自然通风效率及质量，让使用者在舒适宜人的温度与湿度中获得理想体感。

## 三、建筑综合评价

### （一）可持续发展

对于一座建筑或是一个社区的建筑经济评价，不能停留在它具有多大的建筑面积、它的单方造价的多少等固化概念上，而应该以综合的、科学的、前瞻性的和可持续发展的态度来看待。

之前我们提到的结构形式、建筑材料、建筑设备、建筑体形、施工方法以及建筑容积率、建筑密度和绿化覆盖率等，都是影响建筑经济性的主要因素。合理的设计就是科学地解决各种矛盾，即要选择恰当的结构形式和空间形态，选用环保健康的建筑材料，运用节能设备，充分利用天然能源和再生资源，以融于环境和保护生态等为设计的基本理念，创造未来的建筑、住区乃至城市与乡村。

如以黑川纪章为代表的"新陈代谢派"设计的装配式建筑的经典案例"中银胶囊塔"（Nakagin Capsule Tower），它是由总计140个提前在工厂生产好的胶囊（4×2.5 m）运至施工现场堆叠而成的一栋14层的高楼。它以不同的角度绕着中心核旋转，每个胶囊单元仅靠四枚高张力螺钉安装在混凝土中心核结构上，计划每隔25年进行更换，以便永久更新建筑物（图9-4）。

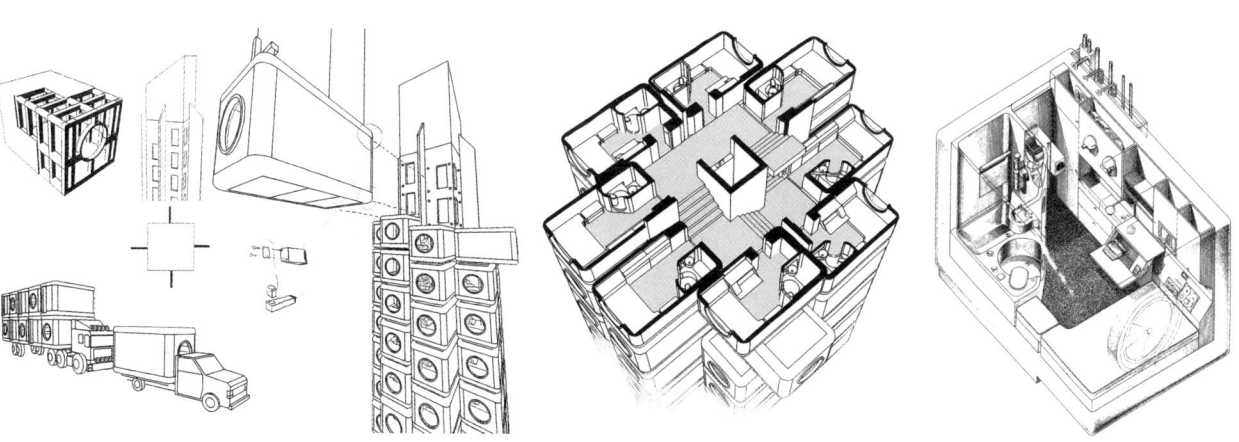

图9-4① 工业建筑装配化

然而，2022年4月12日，建于1972年的中银胶囊塔正式开始拆除，迫使人们重新思考可持续发展的建筑设计的策略与方法路径。如果胶囊旅馆一开始就采用生态建筑材料，利用太阳能、风能等绿色能源，降低能源消耗，提高自身可持续性，进一步优化经济效益与社会综合效益，那么，中银胶囊塔可能是另外一个结果。

建筑大师矶崎新认为"新陈代谢运动"是"20世纪最后一波现代主义建筑运动"。雷姆·库哈斯评价"新陈代谢运动"是"第一场非西方的建筑先锋运动"，其更大的意义或许是为在土地匮乏的密集型大都市中心生活的普通工薪层提供了更多居住模式的选择；建筑也应该如同生命一般循环地生长与变化，设计师应尝试对一个如细胞一样进行"有机更新"的建筑类型展开思考与社会实践。

2021年3月发布的《中华人民共和国国民经济和社会发展第十四个五年规划和2035年远景目标纲要》中，"有机更新"首次被提出，后来更是被提到了前所未有的高度。

---

① 有方.经典再读19 | 中银胶囊大厦：东京"宇宙飞船"［EB/OL］.（2019-03-19）［2024-10-10］. https://www.archiposition.com/items/20190319092511.

可以预见在城市更新与和美乡村建设中，建筑再生一定会发挥积极的引导、推动作用。

### （二）保护环境

保护环境即减轻环境的负荷，减少污染。人们越来越认识到，建筑使用能源所产生的二氧化碳是造成气候变暖的主要原因之一。因此，世界各国对建筑节能的关注程度正日益提高。建筑节能已成为建筑设计关注的主要任务，不仅对新建筑如此，对既存建筑的更新也以节能和资源再利用为关键策略。

建筑需要在设计理念、哲学和美学形态等方面与自然环境相呼应。建筑的形态仿佛是被风蚀刻出来一般，宛如大漠堆聚、侵蚀的沙丘，或海岸线起伏的沙滩，或退潮后海边陡峭崎岖的岩石暗礁。设计师应从自然环境有机形态的深层次中获得启示和设计灵感，大胆想象、细心求证，力求灵活与现实功能需求取得有效变通、协调与融合，如成都大熊猫繁育研究基地扩建项目（图9-5）。

例如，绍兴的创新水资源管理项目，设计师结合区域的地形大胆传承创新设计，有效融合运河和古镇的桥梁，地区的乡土和水景化为设计项目服务。绍兴安澜府项目入口设计应用传统屋顶元素使重叠的凹槽砖瓦与雨水流经装置巧妙结合，当暴雨来临之际这些装置巧妙地兼作水管理装置，让人产生浑然天成之感，既有怀旧的建筑空间叙事环境烘托，又兼具引流防洪、保护环境的功效（图9-6）。

图9-5[①] 成都大熊猫繁育研究基地扩建项目
（成都建筑设计院 设计）

图9-6[②] 安澜府入口环境设计（AAI 设计）

### （三）综合评价

建筑设计应该使建筑的室外空间与周边环境相融合、和谐、互补，做到融于生态、保护生态，同时还要营造出舒适健康、以人为本的室内空间，避免使用对人体健康有害的建筑材料、装饰材料和家具陈设，不能追求过度的奢华以免浪费。

我们在设计建造绿色建筑时，要避免陷入"绿色建筑不便宜，经济性建筑不绿色"的误区，而应以可持续的态度，着眼未来，对建设成本与回报、项目运营与管理等多

---

① 骊歌声声慢.破土而出的景观设计［EB/OL］.（2023-01-08）［2024-10-11］. https://fashion.sohu.com/a/634960573_121124716.
② 陌小离陌.【会所+样板间】——绍兴 安澜府"光之墅"& 安Lounge会所［EB/OL］.（2024-05-22）［2024-09-22］. https://news.sohu.com/a/780694454_120234417.

方面进行综合评价。应从国情与中国式现代化战略需求出发，以节约能源，有效利用资源，人与自然和谐发展，节能、节地、节水、节材和保护环境的角度，提出发展"节能、省地型住宅和公共建筑"，注重以人为本，强调生态与可持续发展。

我国公共建筑中的办公建筑、商场、旅馆和住宅建筑等的绿色建筑评价标准的主要指标评价体系有以下几个方面：

（1）节地和室外环境；

（2）节能与能源利用；

（3）节水与水资源利用；

（4）节材与材料资源利用；

（5）室内环境质量；

（6）运营管理（住宅建筑）和全生命周期综合性能（公共建筑）。

可参照国际上公认的较为权威的生态建筑评价体系GBTool和LEED，将其与《中国生态住宅技术评估手册》和《绿色建筑评价标准》进行比较，为今后的生态建筑评估体系的比较、借鉴、完善、创新提供新思路。参见国内外生态建筑评估体系比较（表9-2）。

表9-2[①]　生态建筑评估体系比较

| | GBTool | LEED | 中国生态住宅技术评估手册（2003版） | 绿色建筑评价标准 |
|---|---|---|---|---|
| 评价内容 | \multicolumn{4}{c}{A 可持续发展现场} ||||
| | 对现场和邻近建筑物的影响 | 1. 开发现场选择<br>2. 可供选择的交通工具、公共设施<br>3. 减少对现场的干扰 | 1. 小区区位选址<br>2. 小区交通<br>3. 规划有利于施工<br>4. 改善小区微观环境 | 1. 区位选址<br>2. 场地的环境<br>3. 场地的公共服务设施和公共交通 |
| | \multicolumn{4}{c}{B 能源消耗} ||||
| | 全生命周期能源使用 | 1. 最优能源绩效<br>2. 重复使用能源<br>3. 附加任命<br>4. 计量和证明<br>5. 绿色能源 | 1. 建筑主体节能<br>2. 常规能源系统的优化作用<br>3. 可再生能源<br>4. 能源对环境的影响 | 1. 建筑主体节能<br>2. 常规能源系统的优化利用<br>3. 可再生能源 |
| | \multicolumn{4}{c}{C 材料和资源的消耗} ||||
| | 1. 土地使用和土地生态价值变化<br>2. 材料净使用 | 1. 建筑重新使用<br>2. 施工废物管理<br>3. 资源重新使用<br>4. 地方和地区材料<br>5. 迅速重复使用材料<br>6. 证明的木材 | 1. 使用绿色建材<br>2. 就地取材<br>3. 资源再利用<br>4. 住宅室内装修 | 1. 使用可再循环建筑材料<br>2. 建筑固体废弃物分类处理、回收、利用<br>3. 就地取材 |

---

① 朱鹏飞.建筑生态学［M］.北京：中国建筑工业出版社，2017：233.

（续　表）

| | GBTool | LEED | 中国生态住宅技术评估手册（2003 版） | 绿色建筑评价标准 |
|---|---|---|---|---|
| 评价内容 | \multicolumn{4}{c}{D 水环境系统} |||||
| | 1. 水的净使用<br>2. 液体排放物 | 1. 景观用水效率<br>2. 创新废水技术<br>3. 减少用水 | 1. 用水规划<br>2. 给水排水系统<br>3. 污水处理与回收利用<br>4. 使用非传统水源<br>5. 节水器具与设施 | 1. 综合利用各种水资源<br>2. 避免管网漏损<br>3. 节水器具与设施<br>4. 使用非传统水源 |
| | \multicolumn{4}{c}{E 气环境系统} |||||
| | 1. 建筑物气体排放<br>2. 使臭氧减少的物质排放<br>3. 导致酸雨的其他排放<br>4. 空气质量和通风 | 1. 二氧化碳检测<br>2. 增加通风有效性<br>3. 低放射材料<br>4. 室内化学和污染源控制<br>5. 系统可控性 | 1. 小区空气质量<br>2. 室内空气质量 | 1. 室内、外空气质量<br>2. 自然通风技术 |
| | \multicolumn{4}{c}{F 声环境系统} |||||
| | 噪声和声学 | — | 1. 降低噪声污染（小区规划）<br>2. 室内声环境 | 1. 降低噪声污染<br>2. 室内声环境<br>3. 建筑合理布局 |
| | \multicolumn{4}{c}{G 光环境} |||||
| | 日光照明和可视通道 | 采光和景观 | 1. 日照与采光（小区规划）<br>2. 室内光环境 | 1. 日照与采光<br>2. 室内光环境 |
| | \multicolumn{4}{c}{H 热环境系统} |||||
| | 空气温度 | — | 室内热环境 | 室内热环境 |
| | \multicolumn{4}{c}{I 废弃物管理（固体）} |||||
| | 固体废弃物 | 施工废物管理 | 垃圾处理 | 1. 施工废物管理<br>2. 垃圾处理 |
| | \multicolumn{4}{c}{J 绿化系统} |||||
| | — | — | 小区绿化 | 小区绿化 |
| | \multicolumn{4}{c}{K 经济性能} |||||
| | 1. 全生命周期成本<br>2. 投资成本<br>3. 运行和维护费用 | — | — | 经济效益、社会效益和环境效益相统一 |
| | \multicolumn{4}{c}{L 创新} |||||
| | — | 1. 设计创新<br>2. LEED 职业评估 | — | — |

（续　表）

| | GBTool | LEED | 中国生态住宅技术评估手册（2003版） | 绿色建筑评价标准 |
|---|---|---|---|---|
| 特点 | 1. 指标繁多，过于细腻，难以操作<br>2. 具有国际性和地区性，评价准则灵活<br>3. 从全生命周期角度来评价<br>4. 考虑土地指标和经济指标 | 1. 具有透明性和可操作性<br>2. 指标要素考虑了可持续的要求<br>3. 对一些管理方面的规划方案要求高 | 1. 更多关注整个小区环境质量<br>2. 对各系统的要点和技术提出了具体要求 | 1. 重点突出"四节"（节能、节地、节水、节材）和环境保护<br>2. 定性与定量相结合<br>3. 体现过程控制 |
| 评价对象 | 新建或改建的中等规模办公建筑、学校及住宅 | 评价新建和已建的商业住宅、公共住宅及高层住宅建筑 | 新建住宅小区 | 评价住宅建筑和公共建筑中的办公建筑、商场建筑和旅馆建筑 |
| 评分机制 | 所有性能标准和子标准的评价等级设定为：−2分到+5分8个等级，低层次指标得分乘以权重后相加得到高层次指标分数。评价结果不分等级，仅用于和其他项目进行横向和纵向比较 | 共69个得分点，分4级：<br>通过：26—32分<br>银奖：33—38分<br>金奖：39—51分<br>白金：52—69分 | 分为5个指标体系，各体系满分为100分，5个体系得分都在60分以上，可被定为绿色生态住宅；80分以上可进行单项认定 | 绿色建筑必须满足控制项要求。按满足一般项和优选项的程度，绿色建筑划分为3个等级 |

## 第二节　保持建筑的生命力

建筑在完工之前，其所处的外部自然环境就已经从各方面开始对建筑造成破坏。如重力荷载、风荷载和地震荷载不断考验着建筑结构的稳定性；阳光中的紫外线分解建筑有机材料的分子，使其褪色；空气中的二氧化碳和二氧化硫溶入雨水，形成弱性碳酸和硫酸，腐蚀石头，加速金属氧化；雨水使建筑受潮，从而使靠在一起且活泼性不同的两种金属间产生电流，加速分解作为阳极的金属材料；水滋生霉菌和真菌，并腐蚀建筑材料，特别是木制品；水不仅促使毁坏木材的昆虫生长，也利于植物生长，如野草、藤蔓和树，它们的根系钻进建筑裂缝将其撑大；下雨溅起的泥土在建筑外墙靠近地面的部分滋生昆虫和霉菌；土壤中的水受冷冻结，导致建筑地基和铺地隆起断裂；水冻结后，混凝土和砖石表面可能会产生龟裂；风中夹带的尘土、孢子和种子会落在建筑上进而生长；老鼠在建筑内搭窝打洞，家养的动物会摩蹭、啃咬或抓挠建筑表面，并在死角留下粪便等。

此外，人随身携带的湿气和尘土会对建筑造成破坏。氧化、酸雨、腐蚀、污染、烧焦、撞击、剐蹭、划伤等因素也会损坏建筑。大自然因为地壳运动，自然界同时也在削平山脉、改道河流、变湖泊为草地、变草地为森林、完成它的新陈代谢。变化是自然界永恒的规律，出生、生长、成熟、老化、死亡、腐烂和再生，是大自然的物质世界与生物世界发展的循环规律，建筑也不例外。人们总想控制建筑的自然生命周期，以满足物理与非物理的各项需求（图9-7）。

图9-7a① 中央美院美术馆外立面岩板被氧化的铁锈斑　　图9-7b 上海大学图书馆外立面被氧化的铝塑板（谢璞 摄）

## 一、建筑安全与维护

建筑受到的破坏通常可分为三类：第一类，对建筑的一系列使用给建筑造成的巨大或直接的破坏，此类破坏必须尽量避免；第二类，不可避免的自然力量，但此类破坏能通过日常处理来解决；第三类，合理利用建筑给建筑带来的自然损耗。合理利用建筑可以让建筑更加美观、实用，把对建筑造成的破坏降至最低限度。建筑的维护可以通过稳固地基、防腐防蚁防漏、定期维护等有效措施与路径实现。

### （一）稳固建筑地基

第一类破坏中最危险的是对建筑地基的稳固性造成的威胁。为了避免土壤冻结膨胀所造成的隆起，应将建筑建在冬天结冰的土层以下。为了避免建筑过度沉降，设计时应充分考虑土壤的承载能力。为了防止土壤从四周和底部对地基基础造成侵蚀，应确保屋顶的排水系统运行正常，并定期维护建筑内部或周围可能发生渗漏的管道。在干旱、多风地区，应使用植物或其他保护设备，防止风侵蚀土壤。不在紧邻地下室外墙的地方种树，以防止根系破坏建筑。要定期检查位于未经处理的木桩上的建筑，确保附近的井或泵中的水位在防腐木桩以上，否则木桩易被腐蚀。如果建筑地基开始沉降，但建筑未出现实质性的破坏，及时对地基进行有效的加固补救措施很有必要。结构支撑不足也属于危险因素，建筑结构起初是足够坚固的，但如果设计不当或后期使用时增加的荷载超出它的承受范围，就应增加新的梁、柱或支撑构件。

---

① tiger.中央美术学院美术馆　中央美院美术馆名录［EB/OL］.（2023-04-04）［2024-10-11］. http://news.whbyjx.com/suixin/73610.html.

## （二）防腐防蚁防漏

若将未经处理的建筑木构件下伸到土壤中，或附近的土壤中埋有木层板或树桩，建筑就很容易受到白蚁的破坏。白蚁会通过把地面的水分带进到木材中，破坏干燥的木材。地下白蚁把巢建在土壤中，从地上建筑的木料中获取食物。为了爬到建筑中，在人们建造建筑地基时，白蚁用土、木屑及排泄物建造隐蔽的蚁道，方便其随时进入木材获取食物。

在蚁害普遍的地方，应在建筑周边的土壤中施加杀虫剂，并在建筑地基和木结构之间安装金属防蚁板。防蚁板虽然无法阻挡白蚁的入侵，但能让它们将蚁道建在防蚁板上，而非建筑地基的缝隙中。防蚁板上如果有蚁道，就可以用杀虫剂对土壤实施进一步处理。

在热带及亚热带的木质建筑中常出现干木白蚁，它们几乎不需要水分，也无须和土壤接触。遭受蚁害的建筑应用塑料膜封闭，用杀虫气体进行熏蒸。其他类型的白蚁以及对木头具有破坏性的昆虫分布在世界各地，都需要采取专门的防治措施。

大多数对木材有破坏性的生物都以木材为食，依靠水分和空气来生存。控制这些生物的主要方法是给木材施加化学药物，使木材完全干燥，阻断生物所需的水分，或让木材完全浸泡在水中，以阻断空气。

除了地震和火灾，屋顶漏水造成的内部腐烂会迅速地损坏建筑。因此，建筑漏水防护措施必须到位，屋顶、排水系统、墙体和窗户的防水必须做到全面的维护，及时处理管道漏水和冷凝水过多的情况。

在木结构房子中，冷凝水造成的腐烂多见于木窗上玻璃的下槽和马桶水箱下边的木地板。漏水问题及其造成的损坏和腐烂多见于烟囱旁或屋顶的水沟附近。屋顶漏水如果不及时处理，漏水周围的板材会逐渐腐蚀，这样一来，情况就变得更加严重。屋顶的维护包括使排水系统正常运行，防渗漏、堵塞，清除土壤和植物藤蔓，经常检查是否有漏水或老化的迹象。

各种木盖板都会被水、冰和风逐渐侵蚀，或因太阳照射而老化，或被冰、风或树枝掀起、折断。屋盖卷材的老化速度较慢，但屋顶的膨胀和收缩、起泡、破裂以及过多的踩踏等会对其造成破坏。

在工业生产中，通常使用防腐剂来预防昆虫和真菌，如果防腐剂只涂抹在木材表面，则不太有效，必须在工厂中以加压的形式将其压入木料细胞。个别木材含有化学成分，本身可以抗虫、防腐，如红木、柏木和雪松等。

放在基础墙凹槽中的木梁也应做类似的保护处理，并在每一侧留出足够的空间，让木材"呼吸"。无论木结构是否直接与基础墙接触，都最好在室外采用经防腐剂处理过的木材。埋在土里或靠近土壤的木材极易受损。直接放在砖石基础上的木材，应搭配防水塑料或沥青防潮层，隔绝砖石孔隙中的水。

如果无法对木结构节点进行防风雨保护，可以使用防腐剂进行处理或刷油漆、涂料或沥青，还应尽量避免木结构节点裸露在外，以减缓腐朽过程。

### （三）定期维护

定期对建筑的结构、外观和内部设施进行全面检查，及时发现问题并采取有效维护措施很有必要。钢结构物件应注意防潮、防锈，利用建筑外围护结构进行保护，或在构件外露的表皮上涂抹油漆或其他保护性涂层。木结构中，采用螺栓连接的部位必须保持紧固，以防建筑在建成初期受热后木材收缩，应在覆盖的材料上预留检修口，清除木结构里的真菌、蛀虫。

砌体间的砂浆接缝特别容易吸收水分形成反复冻结而受到破坏。需将砂浆缝挤压定形，使其疏水而非吸水。砂浆缝通常会在几年后逐渐老化，应定期清理损坏的部分，重新填入砂浆，修补老化接缝。

爬藤类植物会加速砂浆缝的老化，因其根系伸入砂浆缝，植物的叶子会阻碍水分的蒸发。但爬藤类植物深受人们的喜爱，因其夏季可降温，冬季可形成庇护。故需要在两者间进行权衡并定期检查，并将火灾隐患降至最低。

应及时清理垃圾，定期检查维护烟囱、家电以及电路负荷，确保安全运行。应保持出入口畅通，关闭防火门，但须保证其能正常使用。应及时补齐、更换错放、丢失或过期的灭火器，也应随时检查警报和紧急照明系统。为了确保人身安全，在人员聚集、密集型的建筑，如学校、体育竞技场，应定期进行防火演习、定期维护、修缮堵塞、漏水或被冻裂的管道以及排除有问题的水暖设备、给水暖系统等造成的安全隐患。

建筑维护的另一个重要问题是人为破坏，如故意毁坏和纵火等。常言道"房子要有人住"，有人使用且修缮良好的建筑，通常可能被蓄意破坏的概率相对要低，除非它们对肇事者在心理上构成威胁。除某些特殊目的，毁坏和纵火多发生在修缮不佳或废弃的建筑中。让每位建筑使用者都获得归属感、责任到人或许是个不错的解决办法，但目前在这方面需要尽快制订明确的导则。

建筑中的机械系统均需要进行系统性维护。应定期清理或更换加热器、通风机和制冷设备中的空气过滤器。应对电机、电扇、水泵和压缩机进行润滑，并更换橡胶带。应经常清理水暖设备，确保排水通畅。应经常维修水龙头和马桶水阀。供水管在使用一段时间内可能堵满水垢，需要更换。下水管很容易被毛发、纸张、餐厨油脂或落叶、树根堵塞，建议定期用硬铁丝或专用工具疏通管道。

除了机械设备，部分建筑部件也需要维护。应定期调整和润滑抽屉、门窗，合页、插销、门锁等很容易磨损或断裂的部件。应定期对市场、单位及其他公共建筑的大门进行维护，并更换磨损的零件。

电热水器特别容易产生水垢，应对电气组件或燃气部件定期检查，LED灯和变压器是建筑电气系统中最应定期更换的构件，其接头应经常清理，并应清洁天花板和墙面，以提高反射效率，从而保证电气照明系统处于最佳运行状态。

开关和电器的磨损比较快。电气系统中的其他部件磨损虽不是很快，但整个电气系统老化迅速。一般来说，旧系统承受的用电负荷太小，没有足够的插座，也无法满足接地保护的需求。通常现有建筑线路体系中比较容易安装新线，特别是在管道空间充足的地方。

出于安全考虑，升降电梯和自动扶梯通常由专业人员与设备制造商一起进行定期维护，政府部门会按时检查其安全状况。特别是升降电梯，因其运行与控制比较复杂，容易受到严重的磨损，必须定期对其进行全面的维护。

## 二、建筑综合征与日常维护

### （一）不良建筑综合征

传统的房子有较好的透气性，依靠自身可以实现自然通风。近年，为了提高能效，有些建筑近乎是封闭的。建筑内如果不使用机械通风设施，室内湿度达到一定程度时，会使建筑表面或管道内长出霉菌。合成材料被越来越广泛地使用，但有些会释放甲醛等有害物质。此外，封闭的建筑还会造成燃气设备的使用问题，空气不足，导致无法充分燃烧，从而释放二氧化碳和一氧化碳。此类问题可能引发"不良建筑综合征"，室内空气质量差等诸多因素可导致建筑使用者生病，因此很难及时地、准确地判定不良建筑综合征的成因。在大多数情况下我们可以找到原因并采取相应的措施，如清理空调管道，及时拆除或更换发霉的材料，在炉子上安装送风管道，这些措施可以减少燃烧中产生的二氧化硫和一氧化碳等有害物质。在这些问题解决之前人最好不要入住。

在炎热潮湿的气候条件下，内墙上的乙烯覆层可能引发问题。这些材料通常不透水且具有气密性，室外温度高于室内温度时，聚集在隔汽层较冷的一面。水汽积聚在墙面覆层的背面，为霉菌的生长创造了理想的条件。材料厂在生产过程中用长效抗菌药物对材料进行处理，可以解决这一问题。

### （二）建筑日常修缮

建筑的日常修缮包括各种形式的维修、更新和清洁操作。建筑外部，如瓷砖、钢板、玻璃、铝以及不锈钢等防水墙面，在正常环境下能使用很长时间，除了定期清洁和偶尔处理一下构件间的砂浆接缝和密封胶，无须过多维护。

室外的油漆、涂料、清漆等因日晒雨淋而迅速老化，每隔几年应重新粉刷。虽然白漆老化快，但反复粉刷和清洗墙漆表层仍可以让建筑干净、明亮。

窗户玻璃面很快会积攒灰尘，久而久之，会影响视线和采光。有一种外侧带透明催化层的玻璃，在阳光的作用下可以把大部分灰尘转化成可溶物，可溶物可以被雨水冲刷走，缺点是这种玻璃价格较高。大多数玻璃密封胶容易老化变硬、开裂脱落，应及时更换。也应及时检查窗框，查看是否被腐蚀、老化漏风、开关过紧及五金件是否磨损、断裂等。

建筑室内一般不会因风吹、雨淋、日晒等自然因素遭到破坏，但人为因素容易使其磨损、剐蹭或沾上尘土。在厨房、卫生间等处，墙面容易变脏，光面或哑光瓷漆更容易清洗，潮湿的地方最好用釉面瓷砖或塑料板做护墙板。

门窗以及门套、窗套等处通常会使用光面或哑光的饰面，方便擦掉附着异物及手印。重新粉刷室内时，应先填平石膏裂痕，出现严重的裂痕表明结构上有问题或某处漏水，在解决好这些问题之前不要将它们填平。

在入口处使用门垫或地格栅，可以避免大部分尘土被踩进屋里。给室内一些地面打蜡，既可避免磨损，又方便清洗。硬质瓷砖能很好地抗磨损，并便于清洗。软质瓷砖或木地板容易受损，在实木地板磨损后，应将其打磨平整并重新上漆，软质瓷砖则需要更换。公共楼梯磨损格外严重，受损后的楼梯存在安全隐患，因此在楼梯踏步处应使用硬质、耐磨的防滑面材修缮处理。

如果台面、地板和墙板表面斑驳或有一定的条纹，则其相较于单色表面比较容易维护，也更美观。纹理能够掩饰一些斑点或污渍，使其看上去不那么明显。

在建筑修缮时使用相似的材料和技术进行修复，以尽可能保留建筑的历史信息、原始外观和性能。最好应用现代科学技术和采用更高效的维修方法进行修缮。修缮工作应适应环境变化，使用环境友好和节能的材料和技术，降低建筑对环境的影响。需要考虑其对周边环境和社区文化的影响，确保修缮活动的和谐性。

应合理规划预算并寻求政府补助或社区支持，通过定期的检查和维护来预防大型的维修工程，减少长期成本和维护工作量。随着技术的进步和可持续发展理念的普及，修缮工作过程中人们越来越重视环境保护，采用更多创新的材料和方法。同时，数字化和智能化技术的应用将使修缮工作更加高效和精确。

### 三、动态变化与翻新扩建

#### （一）动态变化

经验丰富的设计师最娴熟的技艺是运用自然老化的力量使建筑历久弥新。没有什么能比一栋建筑历久弥新而非日益破旧更令人欣慰。为了实现这个目标，设计师应当意识到，建筑外表既能被人所见，也要承受阳光、风雨、煤烟、灰尘及人类、动物磨损等损伤，应避免使用日趋破损衰败的建筑材料。

用雪松板建造的建筑坡屋顶，刚装上时色彩夺目，但在阳光和雨水的长期作用下很快变灰。几个月后，板材就不那么漂亮了，并且有一点污迹。之后，颜色开始加深，屋顶呈现出柔和的银灰色。微弱的雨水侵蚀会增加木板的纹理，地衣或苔藓也会为之增色，在不进行维护的情况下，屋顶不仅能使用数十年，而且会变得越来越好看。建造雪松屋顶时没有刻意地考虑美观问题，其却能够随着岁月的流逝越发尽显迷人的风采。

很多建筑材料拥有类似的特性。红木和柏木在自然环境中的风化特征与雪松木类似。室内用于桌面、门和扶手上的未加涂层的木头，过一段时间因手的接触而显得斑驳，随后反而因为长久岁月氧化和自然接触打磨包浆而质感润泽发亮。

如金属黄铜门把手被手汗腐蚀，呈现出漂亮的金属晶体纹理，室外的铜慢慢会从明亮反光的橙黄色变成丰富的蓝绿色，铜、铅板屋顶因氧化变成美丽的绿色、白色。当氧化物紧紧附着在金属表面，应当尽可能防止其被进一步腐蚀。铝也有类似的氧化层，但看上去有些脏，因此大部分用在室外的铝在生产时会进行氧化处理，使其看上去不那么难看。大多数黑色金属会生锈，铝合金具有致密的氧化保护层，使用一段时间后会呈现漂亮的颜色和纹理。

砖、石材料通常也会随着灰尘的累积和砂浆的风化越来越漂亮，爬藤植物也会逐年变得美观。无釉瓷砖地面或天然石材地面在脚下被磨出好看的痕斑，砖、石上的釉面不随时间的流逝而产生很大的改观，反而会与周围柔和的深色材料相互映衬。时间会让其颜色变深，所以相较于浅色，深色表面随时间的流逝而变得更加柔和。经常维护砖石的表面，经过一段时间其纹理会变得柔和，更能衬托材料坚韧、细腻、纯粹、雅致的质感美。

二手材料在外观方面有很多优势：它们受到磨损和风雨的侵蚀，随时间的打磨而变得温润坚固。很多时候，它们有漂亮的纹理。二手材料比新材料细节沉淀更丰富，也更便宜，能给新建筑带来历史感、沧桑感。随着受损或维修痕迹的产生及其自身的变化，二手材料与新建筑的融合会越来越自然，在建筑外立面上留下历史叙事表达的符号印记（图9-8）。

图9-8a[①] 富阳富春山馆（王澍 设计）

图9-8b[②] 宁波博物馆的再生材料（王澍 设计）

图9-8c[③] 中国美院象山校区（王澍 设计）

图9-8d 再生砖（谢璞 摄）

---

① 建道筑格 ArchiDogs.普奖得主王澍的25岁毕设：从狂傲不羁到埋头造房子［EB/OL］.（2023-07-28）［2024-09-21］. https://www.163.com/dy/article/IAO2IQ8N0515AJG5.html.
② 艺术与设计.五一假期何处去？普利兹克奖建筑师的中国佳作等着你！［EB/OL］.（2020-05-04）［2024-10-11］. https://www.163.com/dy/article/FBQG6GEA05148Q26.html.
③ juggernash.中国美术学院校园写生［EB/OL］.（2016-03-05）［2024-10-11］. https://www.zcool.com.cn/work/ZMTUyOTYxMzI=.html?switchPage=on.

应确保建筑能够承受使用周期中的各种磕碰，且不会因此变得难看。正常的风吹、日晒和磨损不影响其美观性，各种表面上的灰尘和污渍看上去也无大碍。人们日常生活中的各种物品稍微杂乱些也无妨，建筑不是为极其挑剔的"外星来客"建造的。建筑维护的最终目的，是为了让使用者和居住其中的人生活品质变得更加美好。

### （二）翻修扩建

翻修和扩建对大多建筑而言是很重要的。经过翻修或扩建，建筑得以改善，适应人们不断变化的需求，延长使用周期。翻修时通常需要拆除一些室内饰面、隔墙和机械设备等，像混凝土建筑那样，若室内承重墙较多或楼板结构不易切割、调整，那么翻修则比较困难。如果隔墙、楼板、楼梯以及机械设备易于拆除，翻修则简单一些。扩建可以是水平横向、垂直纵向的，或两者兼有。

曾获得普利兹克奖的安妮·拉卡顿（Anne Lacaton）和让菲利普·瓦萨尔（Philippe Vassal）在保持建筑的生命力方面，做出了令人瞩目的成绩。他们不仅重新定义了一种更新遗产建筑的方法，而且还对建筑专业这一定义本身提出了调整。他们拒绝在建筑质量、环境责任和社会道德方面追求之间的任何非此即彼的对立。其作品对这个时代的气候和生态紧急状况以及社会窘况做出了回应，尤其在城市住房领域，解决了空间的约束和问题，找到可以引发使用、情感和感觉的空间，并由此重新点燃了现代主义建筑师改善大众生活的希望和梦想。他们以设计行动让建筑师的工作重点重新回到解决问题的本源上，在此基础上找到可以引发、传递信息和释放、交流情感的建筑空间与环境。

例如，在他们进行的法国波尔多地区"普雷特大楼"改造施工项目过程中，居民无须搬离现有住所，这不仅帮助户主维持了稳定的租金，重塑了社会住宅（公租房）的艺术美感，还对此类社区设置的本意和实施的各种可能性提出了新的构想。这些住宅始建于20世纪60年代，由于年久失修，急需更新升级基础设施、水暖、通风和电气设备。他们的设计改造方案一经提出就取代了2003年以来国家对于大型住宅项目所推行的"拆除重建"政策。

其具体措施为通过移除旧建筑多余的建筑立面，将室内空间向外扩展创造出新的开放阳台式空间，形成随气候变换的四季花园或阳光露台，这极大地提升了空间的品质感与舒适感。改造后一些单元的面积几近翻倍增加，并颠覆了人们对公租房一成不变的传统审美观念，带来让人眼前一亮的社区空间品质提升与生活环境重塑的新路径与积极效应。

如前面介绍的成都水井坊博物馆的设计，其巧妙地将历史街区肌理与扩建建筑相融合，采用聚合的小体量和错动的手法柔化建筑边界，使博物馆的空间与环境形态仿佛从历史中自然生长而出。用回收材料结合当地麦秆纤维和水泥创造出来的"再生砖"不仅具有较高的物理强度和经济效益，还赋予了废弃材料新的生命。通过对空间、光线和材料的精心把控，再生砖与水井坊遗址相得益彰，成功地将传统文化与现代建筑理念相结合，将水井坊博物馆打造成为一个具有深厚文化内涵和独特美学价值的建筑作品——一个连接过去与现在、传统与现代的文化地标。水井坊博物馆建筑外墙采用与传统材料近似的再生砖、重组竹等现代环保材料，构建起手法现代而韵味传统的建筑翻新与扩建群落。博物馆采用与相邻街区近似的民居尺度，新建建筑环绕古作坊布局，以合抱的姿态融入水井坊历史文化街区，使水井坊博物馆成为集保护、展示、生产、交流于一体的"活着的"文化遗产载体。

## 第三节　建筑再生与微更新

### 一、建筑再生类型与流程

#### （一）建筑再生

对既有建筑进行一定的改造活动，无论程度如何只要使建筑已丧失的功能得到重新的满足，都可称之为"建筑再生"（图9-9）。

竣工后，伴随着时间推移，建筑发生物理、化学、生物方面的老化，造成建筑的性能降低；社会变迁、技术进步，以及维护方法与费用的变化使得建筑的功能日渐被削弱；地域环境的变化，使得空间与使用者、地域需求产生错位，建筑空间无法完全适应新的使用需求。

首先，需要对旧建筑采取以再生为目的的诊断和确定再生方针（图9-10a）。

其次，对建筑再生实施中的项目可行性进行概念性的策划与决策（图9-10b）。

存量建筑特别是历史建筑的再生对于建筑文脉的延续，城市、乡镇及新农村建设，以及文化的传承有着极为重要的意义。应在充分地保证原有历史建筑或存量建筑基本框

图9-9a[①]　巴黎世博会奥赛火车站

图9-9b[②]　改建成博物馆之前的奥赛火车站

图9-9c[③]　奥赛美术馆

---

[①] 澎湃新闻."奥赛全开"扩大展示印象派画作，奥赛博物馆启动扩建［EB/OL］.（2020-03-12）［2024-09-22］. https://www.thepaper.cn/newsDetail_forward_6451936.
[②] 风笛艺术.在电影中"穿越"，回顾西方艺术的美好时代［EB/OL］.（2020-06-09）［2024-09-22］. https://www.thepaper.cn/newsDetail_forward_7376358.
[③] 游小云旅游分销.迷念巴黎博物馆，文艺青年的艺术天堂［EB/OL］.（2018-06-29）［2024-10-12］. https://www.163.com/dy/article/DLFC0UO90524C0N8.html.

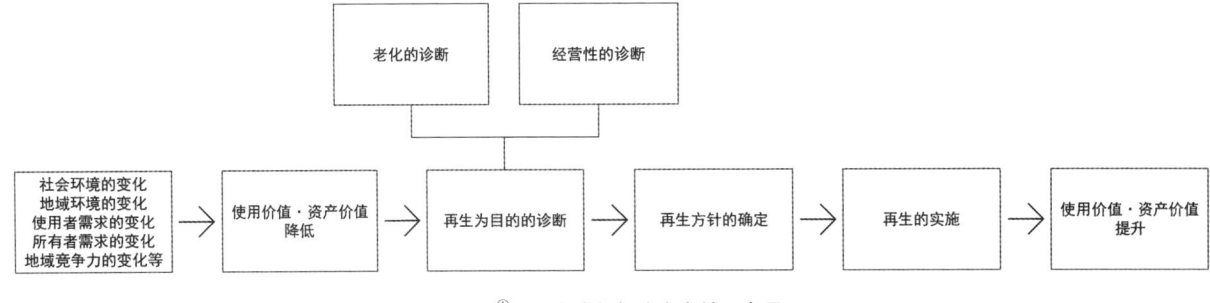

图9-10a① 再生诊断与确定方针示意图

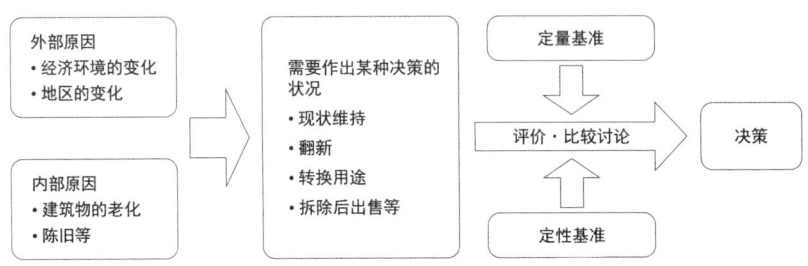

图9-10b② 再生决策模型

架不变的前提下，通过整合空间关系，对建筑局部进行结构与整体性的视觉形象设计与空间叙事表达的重构，从而给建筑带来一种新的功能与生命活力，改变原有历史建筑或存量建筑的使用功能。"再生"的关键在于建筑的功能性再利用，改造旧的存量建筑是延续建筑生命、传承建筑文化的重要形式，使作为"建筑"本质的特征——空间物质功能与场所精神功能再次得以彰显，使建筑得以重生（图9-11）。

运用良好的建筑工业化技术积淀以及高水平研发和政策支持，逐步形成对存量建筑对策和再生建造体系的更新改造，这种理念已成为社会各界的共识。

图9-11a③ 大运河杭钢遗址公园（刘家琨 设计）

如德国议会大厦改造项目应用半圆形玻璃穹顶新技术，在其内部沿着环形通风口设置了螺旋式回游步道，可以经其俯视整个议会大厅。此项目已成为翻新改造建筑的经典代表之一（图9-11e）。

如改造工业时代落幕的伦敦巨型火电厂，再造城市活力新中心项目。始建于20世纪30年代的巴特西火力发电站，曾代表英国工业时代的繁荣，也见证了

---

① 参照：松村秀一.建筑再生学：理论·方法·实践[M].北京：中国建筑工业出版社，2023：43.
② 松村秀一.建筑再生学：理论·方法·实践[M].北京：中国建筑工业出版社，2023：20.
③ 家琨建筑[EB/OL].[2025-02-16].https://www.jiakun.com/project/detail?id=11.

图9-11b① 上海张园　　　　图9-11c② 民生码头筒仓美术馆立面（大舍 设计）

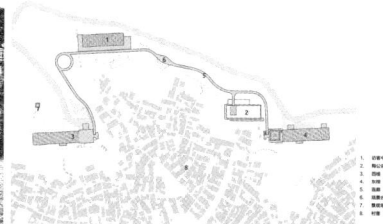

图9-11d③ 宁波院士中心（吴志强 团队设计）

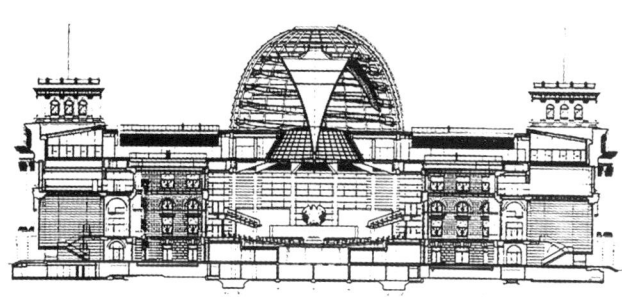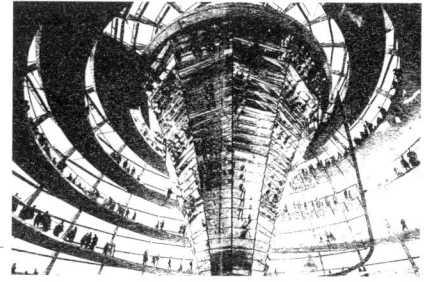

图9-11e④ 德国议会大厦

英国在工业时代从辉煌到落幕的全过程，是伦敦市的标志性建筑之一。曾经的传奇Pink Foloyd摇滚乐队将电站作为自己专辑的封面，后来巴特西发电站还成了许多电影、电视节目、音乐和游戏视频的拍摄地点，其形象早已深入人心，作为建筑遗产与地标和文化

---

① 旅游时报.今天的张园真美！"海上第一名园"焕新回归［EB/OL］.（2022-11-27）［2024-10-13］. https://news.sohu.com/a/610828934_101437.
② 不过是个造房子的.民生码头八万吨筒仓改造［EB/OL］.（2023-07-05）［2024-10-13］. https://mbd.baidu.com/newspage/data/dtlandingsuper?nid=dt_3236153374593762743.
③ 同济大学建筑设计研究院.BIM建筑|宁波院士中心［EB/OL］.（2022-05-08）［2024-10-13］. https://www.uibim.com/291074.html.
④ 筑龙学社.德国国会大厦(Reichstags-Gebaude)［EB/OL］.（2006-05-15）［2024-09-22］. https://www.zhulong.com/bbs/d/10003823.html.

符号被保留了下来。

这座建筑从发电站退役了近半个世纪后，经过建筑翻新改造再生，成为一个包含电影院、烟囱观光塔、旧址纪念馆、活动场地、商铺、时尚品牌商家、餐厅、休闲娱乐场所、高端办公及居住场所等综合性的城市新活力中心，四个高耸的烟囱变成了观光电梯，为人们俯瞰伦敦与泰晤士河提供了一个新的视角（图9-12）。

图9-12a[①②]　伦敦巴特西发电站改造前　　　　图9-12b[③]　伦敦巴特西发电站更新后

在我国，吴良镛先生提出了"有机更新"的思想，他主张城市微更新，即采用小而灵活的方式进行城市更新。他提倡作为城市细胞的住宅与居住区，它的肌理与质地对于构成历史文化名城的建筑环境体系至关重要，宜顺其发展，不宜随便破坏。

如20世纪70年代三线建设时期在成都地区遗留下的老厂房，通过建筑再生的酒店空间，讲述了我国改革开放之前的一个过往时代的故事。在建筑再生与空间营造上，充分发挥、利用三线建筑在自然中的消解与隐蔽的特色；强调细腻的空间体验而非简单的展示欣赏，以达到"身在此，心已远"的场域情境空间回溯性的叙事感。新旧建筑在基地内相互注解、对比关照，形成一种新旧互文对照的系统关系，这并非一种现在对过去单一的颠覆，而是历史、现在和对未来空间叙事的一种层级的叠加与重构。酒店空间通过具有剖面关系的设计表达，使住客能够更加深刻地体验到设计更新与保留交织所带来的感官触动与内心情感精神世界的碰撞与演绎。

其中客房区与各工业LOFT区各占整体区位东西两侧，中间功能配套区作为过渡空间连接这两个区域。为拓展酒店的社交行为空间，设计师特意将传统的娱乐配套区域的"内部空间"进行"外部化"延伸处理。同时，为满足住客的多样化使用需求，将休闲栈道区包括酒吧、多功能厅、会议室、棋牌室、露天温泉和景观泳池等在内的配套娱乐设施进行了室外化处理（图9-13）。

---

① 一起设计.伦敦百年发电站坚决不拆，耗时40年变身超级综合体［EB/OL］.（2023-09-27）［2024-09-22］.https://m.sohu.com/a/724140524_565993/?pvid=000115_3w_a.
② 一颗旅行的心.伦敦巴特西发电站终于完工！这近40年来一波N折改造历程！它到底经历了什么？［EB/OL］.（2022-10-10）［2024-09-22］.https://m.sohu.com/a/591671111_121124400/?pvid=000115_3w_a.
③ 一起设计.伦敦百年发电站坚决不拆，耗时40年变身超级综合体［EB/OL］.（2023-09-27）［2024-09-22］.https://m.sohu.com/a/724140524_565993/?pvid=000115_3w_a.

图9-13　成都1979厂房改造的精品酒店（OAD 设计　崔轲淞 绘）

在新农村建设方面，我国一些地区建设者拯救落寞乡村，改造废弃矿山，重塑新生态，再造新故乡，走出了一条特色之路。如江西上饶望仙谷的建设，以山、水、谷、村、林、田、寺为资源底色，以本土文化为根基，以生态可持续为理念。在规划建设设计过程中，尊重自然生态、尊重环境与本土文化、复原村落、就地取材，营造整体性东方审美景观情境表达呈现格局，体现地域景观意境的独特性。设计师通过深入探索挖掘当地历史、地域特色、民间民俗、传统农耕文化等构成要素，打造了江西特色民宿、戏曲表演、多媒体剧，展演在地生产手工艺品作坊、非遗体验项目等系列可观、可赏、可游、可互动参与的体验式文化项目。旨在建设一个集在地生产、山水人文景观、休闲度假、户外漂流、健康美食、民俗为一体的新型文旅项目模式（图9-14）。

图9-14[①]　江西上饶望仙谷

又如，激发出"艺术装置"的空间灵动与海派文化精神的活力的"上海民生码头筒仓改造设计项目"。设计师将一个8万吨的码头筒散粮仓改造成能够存储艺术的美术馆，设计项目充分利用了48米高的筒仓建筑的底层和顶层空间，有效利用外挂的电动扶梯将人流引向顶层展厅空间，实现了充分利用场地特色优势眺望民生路码头乃至黄浦江的壮观景色的目标。设计通过增加"寄生式"的适应性再利用改造，使一个曾经储存8万吨散粮的混凝土筒仓褪去其作为旧工业遗产建筑的沉重感，重塑了建筑城市文化设施仓储艺术策源地的新功能（图9-15）。

---

① 爵爷talks说.望仙谷，一个挂在悬崖上的世界［EB/OL］.（2023-11-03）［2024-10-12］. https://mbd.baidu.com/newspage/ data/dtlandingsuper?nid=dt_4218844146911733711.

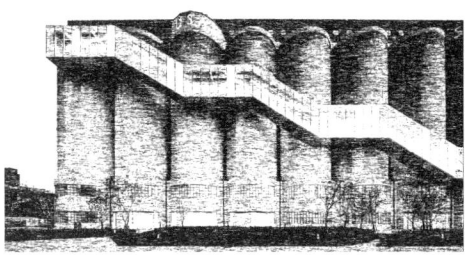  

图9-15① 上海民生码头筒仓美术馆

### （二）再生的种类

建筑再生常见的相关种类有维护、改修、改装、改造、改建、改善、更新；修补、修缮、修复、增建、大规模修缮、保全、保存；空间转换、功能转换、翻新、改良、重塑等。

建筑再生的相关概念类型：

1. 维护（maintenance），指为了维持建筑建成之初的性能以及机能而进行的行为。

2. 改修（improvement/modifying/renovation），指将已经劣化的建筑性能改善到建成之初的水平之上，其中包括修缮。

3. 改装（refinishing/refurbishment/renovation），指改变建筑物的外装、内装等面层部分外观。

4. 改造（remodeling/renovation/alteration），指对建筑某部分进行加建或拆除，改变建筑物理形态或者空间构成的行为。

5. 改建（rebuilding/modifying），指将建筑物全部或部分予以拆除，在不显著改变建筑构造、规模、功能的前提下进行的原址重建。

6. 改善（improvement/modifying/renovation），指将已经劣化的建筑性能、机能提升到初期水平以上。

7. 更新（renewal/replacement），指将已经劣化的结构材料、部品或设备等用新的加以取代。同时，采用当时已经普及的技术及设备。

8. 修补（repair/maintenance），指仅将劣化的结构主体、结构材料、部品、设备等的性能或机能恢复至不影响使用的状态，多用于表述应急措施。

9. 修缮（repair），指将劣化的结构主体、结构材料、部品、设备等的性能或机能恢复至原状或不影响使用的状态，以整体耐久性的提升、可长期使用为目的。

10. 修复（restoration），指将经过长期劣化，已无法满足使用的建筑物进行修缮或改良，使其可满足使用或恢复至良好的状态。

---

① ANT.民生码头8万吨筒仓改造项目［EB/OL］.（2019-07-10）［2024-10-12］. https://archiant.com/bbs/thread-5246-1-1.html.

11. 增建（addition/expansion/extension），指增加已有建筑物的建筑面积。在同一基地内有多栋的情形，只有将基地作为整体考虑才称之为增建。

如西澳大利亚新博物馆（Boola Bardip），它是珀斯文化中心地带核心区的一个地标性建筑。其建筑设计将历史建筑融合在一起，同时创造了精彩的新旧空间叙事体验的公共文化建筑，这是让西澳大利亚人引以为傲的博物馆建筑更新代表性项目之一（图9-16）。

12. 大规模修缮（large scale repair），指对建筑中一半以上的一种或几种主要结构构件进行修缮。

其中，主要结构构件指承重墙、柱、楼板、梁、屋面以及楼梯，不包含建筑构造上相对次要的隔墙、间柱、壁柱、最底层的地板、建筑周边的地板、次梁、挑

图9-16 西澳大利亚新博物馆（Hassell + OMA 设计 戚鑫杰 绘）

檐、局部的小台阶、室外台阶以及其他类似部分。其不同于改良，仅将劣化的结构主体、结构材料、部品、设备等的性能或机能恢复至不影响使用的状态。未必以提升耐久性为目的，多作为应急的措施。

13. 保全（maintenance and modernization），指以建筑物（含设备）及其附属设施、构件、绿植等为对象，以使其满足使用目的为目标，对其整体及部分的机能及性能进行改良的各种行为。

14. 保存（preservation/conservation），指针对具有历史价值的建筑物，为防止其价值流失而采取适宜的改善措施，以恢复其价值。

15. 空间转换（rearrangement/alteration），指由于用途变更、功能老化，在不显著改变主要构造的前提下，对建筑物的面层及空间隔断等进行变更。

16. 功能转换（conversion），指改变建筑功能用途的行为，也称为"用途变更""转用"。将空置废弃的建筑改造成画廊、艺术社区、企业宿舍、住宅及适老性居住设施等。

17. 更新（renewal），英文中有"Urban Renewal（都市再开发）"等的表达，与拆除重建表达的意思相近。

18. 改造（renovation），指代不改变建筑功能用途的大规模再生行为。

19. 改善（refining），原意表示"提炼""改善"，用来指代大规模的再生改造活动。

20. 翻新（refurbishment），经过常年使用的建筑有了一定的磨损，性能各方面跟原建之初的时候有差距，经过修复，使它的外观使用功能恢复到接近原建之初的状态，叫作翻新。

21. 改良（upgrade），指对建筑重新改造优化的更新。

22. 重塑（remodeling），多指对住宅的修缮或加改建的再生活动。

（三）再生流程

建筑再生项目的流程：诊断→策划→落实资金→设计→施工→竣工→入住→维护（图9-17）。

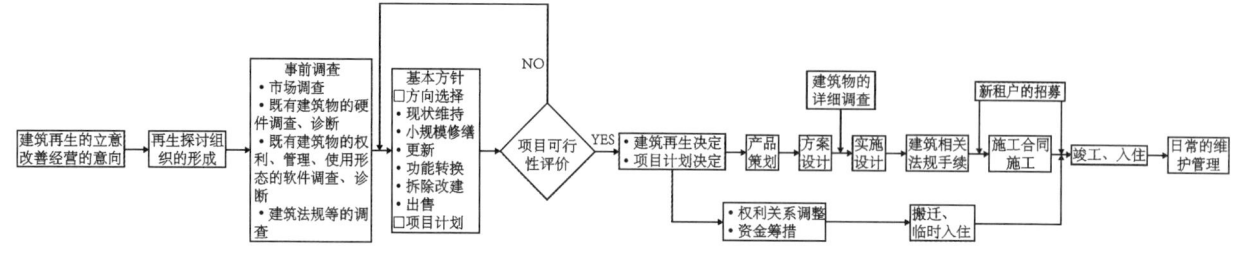

图9-17　再生项目的流程图（项楚洁　绘）

1. 前期调研。对再生建筑的周边地域的场所、再生建筑及其使用者、所有者与既有建筑的权利与合同关系，管理形式，维护成本，建筑实体软、硬件既有条件以及对既有建筑的再生法律、法规的调研。

2. 诊断。对既存建筑的诊断是再生最基本的工作内容。除需要对建筑各组成部分的性能现状进行了解外，还需要明确其使用者或所有者的要求及不满意见，这也包含着很多隐性的问题。因此，必须对建筑的各种现状诊断技术进行学习创新。同时，不仅要清晰明确既有建筑存在的客观缺陷，而且要发现、提升、创造其潜质空间的可能性。

3. 策划。确定建筑再生的基本指导方针、具体选项、可行性与风险评估。新建建筑项目对建筑的功能用途与规模有清晰明确的要求。再生时，即使目的非常明确，可能仍无法一下清晰表明具体的建筑改造施工内容。因此，策划阶段重要的内容是明确提供满足管理机构或业主目的的再生设计内容及施工范围。

为了获取良好的策划成效，实现再生目标的多样化途径尤为重要。因此，多数情况下需要与具有经济学知识或了解某一专业功效的市场环境并具有实施能力的人合作，才能解决相关专门业务问题，如资金落实、设计、施工等问题。

4. 落实资金。新建项目的资金筹措方式多种多样，其相关的各种制度也十分完善。而再生项目资金筹措的各种制度有待完善，成熟定型的模式也非常有限。因此，一般而言，落实资金成为能够决定再生项目成功与否的极其重要的阶段性工作，对专业知识的要求相对会更高。为了使建筑再生拓展到更广泛的领域，培养此类专门人才或组织机构尤其重要。

5. 设计。第一，建筑师必须具有深刻理解诊断阶段反映出的问题及原因的能力。同时，为了判断既有建筑理应保留的部分以及需要改造的部分，必须根据既有建筑物的实际状态推进设计工作。此外，再生项目多数包含对既有建筑的改造，建筑师也必须具有既有建筑规格类型及其相应改造方法的专业知识储备。第二，由于施工相关的周边环境以及既有建筑部分拆除的范围等具有很强的特殊性，建筑师在设计时也需要考虑施工次序等因素，这也是相对于新建项目要求更高的地方。第三，这部分的业务内容虽然最符合建筑师的职责，但建筑师也需要注意对新技术、新材料等专业知识进行学习。

6. 施工。再生建筑除项目规模、形态千差万别外，还有个别部分拆除施工、在不影响使用的前提下施工等多种情形，施工条件较之新建项目更加苛刻。临时搭建计划、起重作业计划、降低噪声对策等方面也需要具有高度的灵活性。此外，新建项目中存在不少低效率的工种统筹，需要利用预制化、工种复合化、人员编组等新的手法对应不同的再生项目，确立与其相适应的施工方案。

7. 评价。再生项目的最初目的相对明确，因此，其成果与新建项目相比也更加容易以一种清晰的形式进行表达。从专业提升性能的观点出发，与项目最初的目的相对照，业主、投资方、所有者或使用者对项目成效进行共同评价、改进建议会大有益处，并有望形成可以推广的案例。

综上所述，再生项目的从业者与新建项目的从业者相比存在相当大的差异性。需要将这一系列业务进行充分的整合并形成组织，这样或可以出现以此为目标的新型企业。

建筑功能与服务对象的转型改造。例如，杭州西湖区转塘镇双流水泥厂改造前，原来是4个巨大的熟料存放区圆筒结构空间，经改造更新开业后成为Even Buyer买手店，之后便新晋为时尚打卡地标。40年前的水泥厂是为城市建设提供原料的空间加时间媒介，40年后的"熟料空间"成为讲述都市先锋时尚空间叙事的据点，精致的货架和家具细部与粗粝的工业空间质感的原生肌理的对话，表征着后工业风格介入时尚的消费态度。从工业到文化的转变，在城市进阶的路径中，借助设计语言使熟料存放获得了新颖而独特的空间叙事内容（图9-18）。

图9-18a[①] 艺创小镇创意园区杭州西湖区转塘镇双流水泥厂

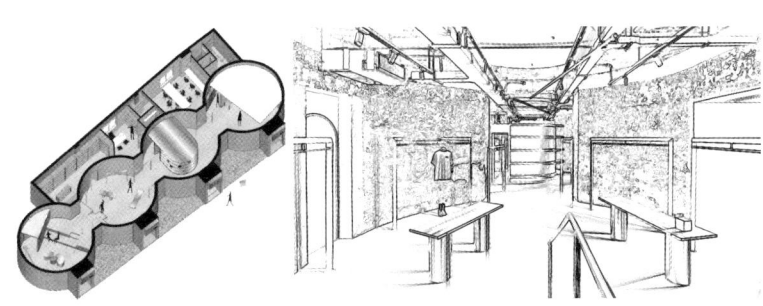

图9-18b[②] 杭州Even Buyer买手店的更新设计

---

① 浙江国土.短短10年，废弃水泥厂就这样变成"创新策源地"[EB/OL].（2019-09-27）[2024-10-12］. https://m.sohu.com/a/343862438_822829/?pvid=000115_3w_a.
② 蒋杰室内设计工作室.水泥厂建筑变身时尚打卡地[EB/OL].（2020-12-08）[2024-10-12］. https://www.gooood.cn/evenbuyer-china-by-jiangjie-design.htm.

建筑剔除粉刷面层后，其原有墙体呈现出原始毛坯状态，独特的肌理成为时代话语框架性的"容器"。在时空坐标下，不锈钢及镜面材质注入强烈反差；圆与方、粗糙与精致、原生肌理与现代材质、极简设计语言与时下潮流单品，无不构成了有趣的互文及对"意义"的回应，并最终汇聚为张弛有度、富有韵律，空间储存形式和时尚理念风格的表征与空间叙事表达。

## 二、建筑诊断

### （一）诊断目的与内容

诊断的目的是获得准确的建筑再生方针判断依据。包括物质层面的诊断、使用者满意度视角的诊断、经营层面的诊断以及与地域环境变化之间关系的诊断等。

#### 1. 诊断的必要

随着时间的推移，建筑在物理、化学、生物等方面发生了潜在变化，建筑的功能与性能日渐老旧、衰退，可称之为"劣化"。但是，可以通过修缮使建筑基本恢复，达到建成初期的性能。

由于社会的变迁以及科学技术的进步，老旧建筑的性能及功能日趋衰退或面临着功能转型。如陈旧化的经营模式、使用者的满意度与地域大环境的变化紧密关联。

第一，随着社会时代的变迁与建筑技术的进步，旧建筑空间与使用者需求之间的矛盾日趋尖锐。不排除也有在建造交付时就存在错位的情况，建筑随着使用年数的增加，"陈旧化"问题变得更加凸显，已不能适应新的空间使用需求。

第二，使用者需求的不断变化。社会环境、经济环境、地域环境、所有者与使用者需求的变化、地区竞争力的变化等，常常导致使用价值与资产价值降低。

第三，老旧设备维护方法以及人工费用的变化。例如，老旧设备的维护需要的费用很高，相比支付的费用而言，其所取得的成效不明显，效益低下，形成经济上的老化，难以取得良好的市场价值。

第四，地区环境的变化。例如，大量制造业的搬迁造成地区的空心化，活力丧失，对办公楼的需求进而减少。

#### 2. 经营性诊断

租赁型建筑，需确保其被租住才能产生收益。无论是持有销售型不动产还是持有型不动产的人，均追求其在出售时的收益最大化。因此，交易利益或收益性与运行成本相比的效率，便成为经济性诊断的基准。

其一，收益性低。除了存在使用者需求与空间的错位之外，首先便是空间老化与更新价格之间的价值诊断错位；更新的建筑高于市价或者其品质（如家具、装饰或设备的品质）与租金不相符。

其二，空间与功能之间存在错位。例如，建筑场地条件不适合将高层楼面作为店铺，或不适合建造停车库等。

其三，空间所有形式的错位。例如，相较于租用，购买下来更经济的话，便不会有人去租用。又如，场地在人口稀少、交通不便的地方，则基本上不会有人租用面积达上万平方米的商场、超市。

其四，空间与场地条件的错位。例如，在场地条件非常不好的情况下，不会有人去租或去买超出市场价格且特别昂贵的公寓。

如果在建造建筑时，充分的市场调查并未实施，以防止建成后的错位，则有必要在后续的管理中加以考虑和纠正。同时，随着建筑使用年数的增长，这种错位易于扩大化，即随着时间的推移、需求的变化，空间上更无法与之对应。此外，最终选择采用何种再生清单，需要充分考虑不同再生手法下项目的可行性以及各项支出的性价比（表9-3）。

表9-3[①]  诊断项目

| | | 劣 化 诊 断 |
|---|---|---|
| 老化的诊断 | 陈旧化诊断 | 1. 不符合社会发展水平 |
| | | 不适应当下的生活方式、无法适应信息技术化等 |
| | | 2. 不符合使用者需求 |
| | | 家庭人数的变化、使用者的高龄化等 |
| | | 3. 维护保护性价比低 |
| | | 地区需求下降等 |
| 经营性的诊断 | 经济性诊断 | 经济性和交易收益降低与使用者需求错位 |
| | | 价格的错位、功能的错位<br>所有形式的错位、场地条件的错位等 |

## （二）可行性评估与产品策划

从建筑所有者的角度出发，对建筑再生设计实施的项目进行探讨研究。因外部或内部原因，需要对既有建筑做出决策。通常有四种类型可以比选：现状维持、维修翻新、功能转换、拆除新盖或出售土地等，其概念决策模型如下：根据设定好的条件，选择最适合的建筑再生方案，并在项目进行过程中对可能存的问题、风险进行有效的可行性评估（图9-19）。

建筑再生产品策划，是指设定再生建筑物的使用群体，根据具体使用者的诉求，针对建筑物的构成、提供方式、价格、诉求方法等相关问题共享新想法，并对其进行解析探讨、确定的行为研究、实施和技术再定位，专门适用于建筑再生的项目。特别是功能转换的建筑改造，需要充分利用既有建筑物的特色，在满足功能性、设计性、空间性的诉求之上，激活其塑造独特风格的建筑魅力。相比新建筑产品策划，建筑再生产品策划

---

[①] 松村秀一.建筑再生学：理论·方法·实践［M］.姜涌，李㶞彬，译.北京：建筑工业出版社，2019：44.

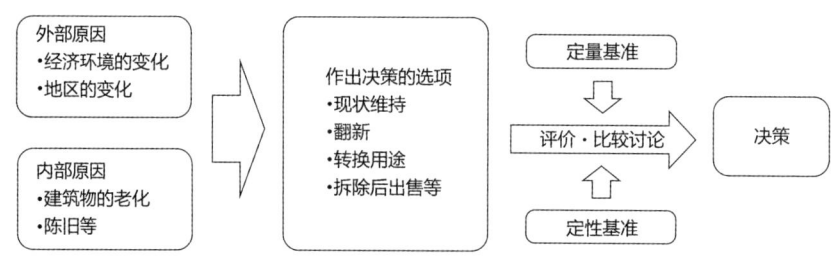

图9-19① 建筑再生概念性决策模型构成

更关注建筑物既有的材料、历史氛围感、亲和力，注重调动人们美好记忆与空间的叙事性表达，以获得客户群的认同与共鸣，实现可持续性。

**（三）再生设计、施工研讨事项**

确定了建筑再生方向，即可进行可行性评估，进一步明确建筑产品的策划后，进入设计环节，须根据既有建筑的实际状态推进设计工作。

第一，检查完善再生建筑对象的建筑行政许可审评的图纸、机构计算书、竣工图、增改建图纸的资料齐备的项目，检查在各种资料不全、建成的实际建筑与图纸差别较大的情况下，所采取的对应措施和解决方法与路径。

第二，必须完成对既有建筑的详细现状调研，并根据调研结果，建筑报审等法规程序和设计内容进行调整。

第三，在设计开始时，要特别重视对既有建筑结构的抗震性诊断、评估结果，由此做出加强抗震性的结构设计方案和成本投入计划。建筑再生项目定位和成本验证，是判断、决定设计方向的主要因素。在此基础上有无明确对方案设计进行调整，决定是否可以进行下一步施工图设计。

第四，再生建筑权利关系的调整和资金筹措。获取建筑项目和土地的相关所属权等实际涉及各方的书面同意，如土地管理部门和所有者的同意承诺。调整现有抵押、担保关系方的权益。与现有使用者（包括租户转移与清退等）进行协商，经过业主委员会或村委会的讨论与最终决议，在居住者积极发表改造意见的同时，充分利用好建筑维修基金，提升性价比，发挥其经济效益与社会效益。

第五，施工方选定与签订合同。由于再生建筑大多无法像新建筑那样全面、准确获取施工预算，要留有一定的调整空间，如结构改造往往有拆除作业图，有些是要根据现场实际反馈数据逐一判断，很难精确到图纸并通过一次性报价就能解决招标问题。

第六，从方案设计开始，要与多家有意向的施工单位接触，就施工方法、工艺、报价进行多轮咨询、谈判，通过公开、公正的招投标法规、程序，择优选取值得信赖的企业签订施工合同。

---

① 松村秀一.建筑再生学：理论·方法·实践［M］.姜涌，李翥彬，译.北京：建筑工业出版社，2019：20.

### 三、微更新

#### （一）建筑微更新

建筑微更新作为一种小规模渐进式的可持续保护街区的更新方式，成为存量建筑和历史文化街区保护与发展的一种适宜性探索，并在国内逐步开展。微更新在对原有旧空间肌理和风貌采取整体保护的基础上，以自下而上的方式，尊重城镇及乡村本来的社会空间秩序与发展规律，掌握各个片区系统的关键问题，采取适当的尺度、合理的规模来进行存量优化的更新改造方式，更能够适应现在区域性的可持续发展。

当前，在我国城市快速发展的背景下，建筑微更新作为一种重要的城市更新手段，以其灵活性和针对性越来越受到重视。其强调在小尺度上进行细致的干预，以保护和活化城市与乡村的建筑遗产。建筑微更新主要针对现存建筑进行局部改造，以提升建筑的功能性、舒适性及美学价值。其核心在于保护和增强建筑原有的历史、文化价值，同时满足现代生活的需求。

1．微更新的定义与特性

建筑微更新是指对现有建筑进行的小规模、高频率、低成本的维修、改造和优化。包括但不限于建筑立面的修缮、室内空间的优化、能源系统的改进以及周边环境的改善。这种更新模式的特点在于其可持续性、低干预性和对历史文化的尊重。与传统的大规模建筑改造相比，它着眼于建筑的局部和细节，更注重保持建筑原有的风格和时代特色。

2．微更新的重要性

通过对历史建筑的微更新，可以保留城市的历史记忆和空间叙事中的特色，维护其文化价值；相较于大规模重建，对环境更加友好，可以减少建筑废料和能源消耗，保障环境的可持续性；可以鼓励居民参与决策过程，提升社区与乡村的凝聚力和居住满意度。

3．微更新的应用策略

立面修缮：注重保护和恢复建筑原有风貌，同时引入当代元素；

内部空间优化：重新规划建筑内部空间布局，提升使用功能和舒适性；

结构加固与改造：对老旧建筑进行结构加固，确保其安全使用。

4．局部改善

针对建筑的特定部分进行改造，例如更新入口区域或改善通风系统等。

5．功能性增强

对建筑的功能布局进行调整，以适应现代生活的需求。

6．美观提升

通过简单有效的方式提升建筑的外观，如重新粉刷或添加绿化元素。

#### （二）微更新措施、挑战与趋势

1．微更新措施

老建筑的节能改造：通过添加隔热层、更新老化的管线和电路系统，提升建筑的能效表现。

历史商业街区的活化：在保留原有建筑风貌的基础上，修复老旧建筑，提升公共设施，对商业街区进行功能性调整，以适应当代商业新模式的需求。

2. 面临的新挑战

资金和资源的分配：寻求多元化的资金来源，包括政府补贴、私人投资和社区众筹。

历史保护与现代需求的平衡：创新设计理念，确保在满足现代功能需求的同时，尊重和保护建筑的历史价值，在尊重历史的基础上，巧妙融入现代元素。

社区参与的推动：加强与社区居民的沟通，确保更新项目符合居民的需求和期望。

3. 未来发展趋势

技术创新应用：运用新技术和新材料，提高更新效率，减少对环境的影响。

可持续性追求：确保微更新项目的长期可行性和生态友好性。

社区主导更新模式：强化社区在建筑更新中的作用，实现更加人性化和定制化的更新方案，强化社区居民在更新过程中的主导地位和决策权。

建筑微更新在我国多数城市规划中扮演着越来越重要的角色。通过小规模、"针灸式"的干预，不仅可以保护和强化建筑的历史与文化价值，还能够促进建筑与其所处环境的和谐共生。未来，随着技术的发展和社会对可持续性的追求，以及建筑与其所处环境的和谐共生，建筑微更新将展现出更大的潜力和社会价值。

## （三）建筑形象与设备

建筑可以很好地满足随时间变化而产生的时代与社会需求。

如"中共一大会址"是中国共产党的诞生地，位于上海市兴业路76号，是一幢沿街砖木结构、坐北朝南的住宅建筑。1920年与左右紧邻四幢同类房屋同时建成，是上海典型的石库门建筑样式，现为中国共产党第一次全国代表大会会址纪念馆，全国爱国主义教育示范基地，是近代建筑成功再利用的典范（图9-20）。

定期翻修和不断维护有助于延长建筑的使用寿命。中世纪时期的很多建筑如今依

图9-20a　中共一大会址（谢璞 摄）

然坚固耐用，有些木结构的建筑即便遭遇火灾、水灾也能留存好几个世纪，全球每天都有发生建筑被废弃或被拆除的事情，这同时也给建筑的功能、形象转型和创新带来契机。

如意大利的维罗纳古堡博物馆，其旧址是始建于中世纪的军事建筑设施，建筑大师卡洛·斯卡帕（Carlo Scarpa）将钢、玻璃和混凝土等现代材料与古堡旧建筑材质巧妙融合，让新材质的运用与原建筑材质之间产生奇妙的时空叙事性对话。在室内空间中运用与原建筑不同的门、窗系统，既保留了原建筑的历史风貌又符合现代展示空间实际的功能需求。古老砖墙材料与现代玻璃钢架材质在这里对比融合，在新与旧、并存与冲突中，达成历史与现代的共生效应，给参观者带来了非凡的、戏剧性时空穿越的插叙叙事空间体验，使之成为建筑形象改变与再利用的经典案例（图9-21）。

图9-21　维罗纳古堡博物馆（卡洛·斯卡帕 设计　包立 绘）

建筑在使用过程中，有时是因为人的健康或安全问题，有时是因为建筑太小或不好改造，无法满足现代人的生活需求，更多时候是因为业主需求改变、维修和维护成本过高，或地块很值钱，业主想建造一栋更大的建筑，使投资回报最大化，所以在大多数情况下，建筑没能摆脱被施工队拆除、运走，有些构件可能被留下或卖掉，整栋建筑最终变成一片废墟的命运。

人类在建筑中居住、学习、沟通以及经商，很多建筑经历了几个世纪，随时间的流逝而不断变化。如果建筑有大而无碍的线性空间、可拆掉的隔墙以及方便使用的电器设备，那么很容易被重新利用。如果建筑内部有承重墙，结构跨度较小，或像工业设施、剧院等有特定功能用途的空间形式，那么其可以被重新定位利用，形成较为符合时代发展需求的复杂新功能。如上海油罐艺术中心的系统性功能改造项目，已经成为上海工业建筑再利用的重要代表之一（图9-22）。

## 四、建筑更新的设计策略

建筑更新的设计旨在通过对现有建筑的改造和提升，使其适应时代需求，延长使用寿命，同时改善其功能性、美观性和空间叙事意境的表达。建筑更新设计的策略主要包括以下几个方面：

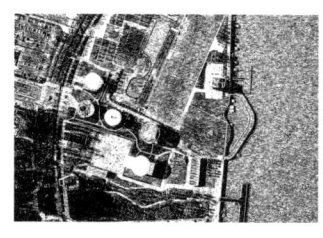

图9-22① 上海油罐艺术中心

### （一）功能调整与优化

思考如何提升城市活力、街区功能，提升策划、分析的能力；针对历史建筑改造，建立评估体系，使其适应当代的功能需求。通过重新规划和分配空间，既保留原有建筑的特色，又赋予其新的功能和活力。

### （二）结构加固与改造

针对历史建筑改造、修缮，进一步推进精细化研究。许多老旧建筑在结构上都存在安全隐患，需要通过结构加固与改造来提高其安全性和耐久性。常见的方法包括增加支撑构件、更换老化的结构材料、采用先进的加固技术，这不仅可以延长建筑的使用寿命，还能提升其抗震、防火等性能，发挥其综合经济价值。

### （三）节能改造与环保措施

通过节能改造，可以大幅降低建筑的能耗，减少环境污染。具体措施包括更换高效的空调和供暖系统、安装太阳能光伏板、采用保温隔热材料、优化采光和通风设计等。此外，还可以通过雨水收集、绿化屋顶等方式提升建筑的生态效益。

大自然温柔而耐心地侵蚀着坚硬的砖石、水泥，风吹日晒将其表面风化，藤蔓植物钻进细小的缝隙并一点点楔入，回归尘土，绿叶和鲜花慢慢地将坍塌的建筑覆盖起来，建筑融入地景。大自然将以其欣欣向荣的、富有生命力的环境取代破旧的建筑，新生命诞生的意义使之保持着循环往复式的演化更新和可持续发展。

### （四）立面更新与美化

建筑的外立面是其最直观的形象，也是城市景观与环境的重要组成部分。通过立面更新与美化，可以提升建筑的外观品质和视觉效果。常见的方法包括更换或修复外墙材料、增加立面装饰、采用绿色植物覆盖等。现代技术还允许在立面上融入LED显示屏、互动式多媒体等元素，增强建筑的交互性与科技感。

### （五）智能化改造

随着通用人工智能技术的发展，智能化改造成为建筑更新的重要策略。通过引入智能控制系统，可以实现对建筑设备和环境的自动化管理，提高舒适度和安全性。例如，智能照明系统、智能安防系统、智能温控系统等，人们可以根据实际需求自动调节，提

---

① 油罐中的水粒子世界. OPEN事务所设计的上海油罐艺术中心将举办teamLab最新大展［EB/OL］.（2019-02-21）［2025-07-08］. https://www.gooood.cn/teamlab-universe-of-water-particles-in-the-tank.htm.

升建筑的智能化水平。

### （六）文化传承与创新

建筑更新设计不仅要注重功能和技术的提升，还应考虑文化传承与创新。对于具有历史价值的建筑，设计师应尽量保留其独特的历史风貌和人文元素，通过创新设计使其焕发新的生命力。例如，在保留历史建筑原有结构和装饰的基础上，融入现代设计理念和技术，将传统与当代发展前瞻性的需求进行有机融合。

让建筑唤起使用者丰富的情感，并进一步产生一定的象征意义。建筑形式应围绕以人为核心的具体存在显性空间的叙事性而产生场所的意义，应从真实的现象中汲取建筑思想的灵感和建筑空间叙事与场所精神的隐性联系。

### （七）社区参与和公众互动

在建筑更新过程中，必须重视公众参与和多元主体的诉求，通过设计、运营、内容植入等方式的价值提升，提高城市可持续运营能力。城市建设需要适应新时代发展的需求，坚持底线思维，探索政府引导、企业参与、受益主体共担的策略、路径、机制。通过公众参与，设计师可以更好地了解社区的实际需求和期望，从而制订出符合实际需求与可持续发展的更新方案。在设计过程中可以组织公众讨论会、意见征集等活动，增强人们对社区的认同感和参与感。

我国少子化、老龄化日趋严重，人口构成多元化，这个现状对建构城市生活15分钟生活圈提出了新的需求。总之，供给端的建筑更新设计已成为一项复杂而系统的工作，需要综合考虑功能、结构、环保、美观、智能化、文化和社会公众参与等多个方面。通过合理运用这些策略，可以使老旧建筑焕发新的活力，适应现代生活的需求，同时保留其独特的历史、文化价值。

## 单元练习

## 经济技术指标与建筑更新及设计成果发表和评议

### 一、主要经济技术指标

1. 如何计算建筑面积？
2. 如何计算建筑密度？
3. 容积率和面积的关系如何？如何计算？
4. 如何计算绿化率？

### 二、建筑更新

1. 建筑再生的概念是什么？
2. 建筑再生的类型有哪些？

3. 建筑再生的一般流程是什么？
4. 建筑更新设计通常采取哪些策略？

### 三、设计成果发表和评议

1. **主题构思立意与思想表达**

基于问题意识目标导向和设计项目制订的核心设计理念、构思方法、实现路径，符合建筑空间与环境设计叙事表达规律和设定目标的功能定位需求。

2. **场地契合度与成果完成度**

结合主题理念，针对场地展开多视角、多元素、多层次的，针对问题解决的有效性性能指标，才能显著提升完整系统性成果的设计方案。

3. **空间功能布局合理性**

关注社会生活，解决现实问题，基于团队协作的理论、实证、社会实践的功能布局与综合系统建构与表达。

4. **社会贡献**

关注社会问题，通过建筑空间与环境设计课题，对公共事业做出积极、创新的推动。关注生态环境、注重可持续发展，以社会责任担当和提升人民群众幸福感、社会贡献度的视野做出设计方案与进行社会实践。

5. **设计系统、目标成果发表与集体评议**

（1）系统考察掌握造型艺术规律与建筑设计原理发展的重要思想、观点、方法，能够从建筑空间与环境设计表达的角度，逻辑清晰地理解、分析和解决问题，具有呈现创新设计成果的综合能力。

（2）通过设计实操训练，在理论学习、设计实践的基础上，全面考察、评议学员对建筑设计方案的系统性表述、呈现和表达推介能力。

（3）具备清晰的专业沟通和组织能力，能够分析、提出相应的问题和设计解决方案，并做出对社会发展和城乡建设改善产生积极影响的创新设计成果。

# 参 考 文 献

［1］艾学明.建筑材料与构造［M］.南京：东南大学出版社，2020.
［2］爱德华·T.怀特.建筑语汇［M］.林敏哲，林明毅，译.大连：大连理工大学出版社，2021.
［3］爱德华·艾伦.建筑初步［M］.冯刚，汪江华，译.南京：江苏凤凰科学技术出版社，2020.
［4］白涛.新思维手绘表现［M］.天津：天津大学出版社，2006.
［5］坂本一成，塚本由晴，岩冈竜夫，等.建筑构成学——建筑设计的方法［M］.陆少波，译.上海：同济大学出版社，2018.
［6］陈新生.手绘室内外设计效果图［M］.合肥：安徽美术出版社，2006.
［7］陈志华.外国建筑史［M］.北京：中国建筑工业出版社，2005.
［8］程大锦.建筑：形式·空间和秩序［M］.天津：天津大学出版社，2008.
［9］程新宇，柴宗刚.建筑设计初步［M］.北京：清华大学出版社.2020.
［10］范凯熹.建筑与环境模型设计与制作［M］.广州：广东科技出版社，2002.
［11］冯友兰.中国哲学简史［M］.赵复三，译.北京：新世界出版社，2004.
［12］服部岑生，佐藤平，荒木兵一郎，等.建筑设计与前期策划［M］.崔正秀，崔硕华，译.北京：中国建筑工业出版社，2019.
［13］宫宇地一彦.建筑设计的构思方法—拓展设计思路［M］.马俊，里妍，译.北京：中国建筑工业出版社2018.
［14］赫曼·赫茨伯格.建筑学教程1设计原理［M］.仲德崑，译.天津：天津大学出版社，2015.
［15］赫兹伯格.建筑学教程［M］.种德坤，译.天津：天津大学出版社，2019.
［16］胡滨.空间与身体：建筑设计基础教程［M］.上海：同济大学出版社，2018.
［17］Lens，安藤忠雄.安藤忠雄：建造属于自己的世界［M］.北京：中信出版集团，2018.
［18］郎世奇.建筑模型设计与制作［M］.北京：中国建筑工业出版社，2005.
［19］黎志涛.建筑设计方法入门［M］.北京：中国建筑工业出版社，2004.
［20］黎志涛.快速建筑设计100例［M］.南京：江苏科学技术出版社，2003.
［21］李延龄.建筑设计原理［M］.北京：中国建筑工业出版社，2020.
［22］林源.古建筑测绘学［M］.北京：中国建筑工业出版社，2003.
［23］刘敦桢.中国古代建筑史［M］.北京：中国建筑工业出版社，1986.
［24］刘先觉.阿尔瓦·阿尔托：设计精品［M］.北京：中国建筑工业出版社，1998.
［25］刘宇，马振龙.现代环境艺术表现技法教程［M］.北京：中国计划出版社，2006.
［26］龙迪勇.空间叙事学.［M］.北京：生活·读书·新知三联书店，2015.
［27］娄永琪，杨皓.环境设计［M］.北京：高等教育出版社，2021.
［28］陆邵明.建筑体验—空间中的情节［M］.北京：中国建筑工业出版社，2008.
［29］罗玲玲.建筑设计创造力开发教程［M］.北京：中国建筑工业出版社，2012.
［30］罗文媛.建筑设计初步［M］.北京：清华大学出版社，2005.
［31］罗小未.外国近现代建筑史［M］.北京：中国建筑工业出版社，2005.

［32］罗哲文，王振复.中国建筑文化大观［M］.北京：北京大学出版社，2010

［33］潘谷西.中国建筑史［M］.北京：中国建筑工业出版社，2004.

［34］彭一刚.建筑空间组合论［M］.北京：中国建筑工业出版社，2004.

［35］沈福煦，李彦伯.建筑美学［M］.北京：中国社会科学出版社，2021.

［36］沈福煦.建筑概论［M］.上海：同济大学出版社，2003.

［37］世界现代建筑史［M］.北京：中国建筑工业出版社，2008.

［38］舒平，连海涛，严凡，等.建筑设计基础［M］.北京：清华大学出版社，2018.

［39］松村秀一.建筑再生学：理论·方法·实践［M］.北京：中国建筑工业出版社，2023.

［40］松村秀一.建筑再生学：理论·方法·实践［M］.姜涌，张鼍彬，译.北京：中国建筑工业出版社，2019.

［41］宋晓波，王晓芬.艺术设计造型基础［M］.北京：化学工业出版社，2006.

［42］唐家路，张爱红.中国设计原理［M］.济南：山东教育出版社，2018.

［43］田学哲，郭逊.建筑初步［M］.北京：中国建筑工业出版社，2019.

［44］田学哲，郭逊.建筑初步［M］.北京：中国建筑工业出版社，2020.

［45］田学哲.建筑初步［M］.北京：中国建筑工业出版社，2003.

［46］田云庆，胡新辉，程雪松.建筑设计基础［M］.上海：上海人民美术出版社，2006.

［47］托伯特·哈姆林.建筑形式美的原则［M］.邹德侬等，译.武汉：华中科技大学出版社，2020.

［48］W·博奥席耶.勒·柯布西耶全集·第6卷·1952—1957年［M］.牛燕芳，程超，译.同济大学出版社，2005.

［49］汪丽君.建筑类型学［M］.北京：中国建筑工业出版社，2019.

［50］王小红.大师作品分析—解读建筑［M］.北京：中国建筑工业出版社，2005.

［51］王昀.绘画与建筑［M］.北京：中国电力出版社，2016.

［52］维克多·马林格，理查德·布坎南.设计的观念：《设计问题》读本［M］.南京：江苏凤凰美术出版社.2021.

［53］畏研吾.点·线·面［M］.陆宇星，译.北京：中信出版集团，2021.

［54］畏研吾.我在东京的建筑师生活［M］.王冲，译.武汉：华中科技大学出版社，2022.

［55］薛恩伦.勒柯布西耶［M］.北京：中国建筑工业出版社，2011.

［56］杨秉德.建筑设计方法概论［M］.北京：中国建筑工业出版社，2020.

［57］俞挺，戎武杰，邓威.草图中的建筑师世界［M］.北京：机械工业出版社，2003.

［58］原口秀昭.路易斯·I.康的空间构成［M］.北京：中国建筑工业出版社，2021.

［59］詹姆斯·威廉姆森.路易斯·康在宾夕法尼亚大学［M］.张开宇，李冰心，译.南京：江苏凤凰科学技术出版社，2021.

［60］张汉平，种付彬，沙沛.设计与表达［M］.北京：中国计划出版社，2004.

［61］张嵩，史永高.建筑设计基础［M］.南京：东南大学出版社，2018.

［62］郑时龄.建筑批评学［M］.北京：中国建筑工业出版社，2016.

［63］郑时龄.建筑艺术［M］.北京：中国建筑工业出版社，2021.

［64］周立军.建筑设计基础［M］.哈尔滨：哈尔滨工业大学出版社，2003.

［65］周忠凯，赵继龙.建筑设计的分析与表达图示［M］.南京：江苏凤凰科学技术出版社，2020.

［66］朱德本，朱琦.建筑初步新教程［M］.上海：同济大学出版社2010.

［67］朱鹏飞.建筑生态学［M］.北京：中国建筑工业出版社，2017.

［68］朱松伟.上海百年室内设计1843—1949［M］.北京：中国社会科学出版社，2021.

［69］庄惟敏.建筑策划与设计［M］.北京：中国建筑工业出版社，2020.

外文：

［1］Henri Stierlin.図集世界の建築［M］.鈴木博之，訳.東京：鹿島出版会，1979.

［2］Le Corbusier.Towards a new architecture［M］.New York：Dover，1986.